Thermodynamik für Maschinen- und Fahrzeugbau

Cornel Stan

Thermodynamik für Maschinen- und Fahrzeugbau

Grundlagen, Anwendungen, Übungen, Prozesssimulationen

4. Auflage

Cornel Stan
Forschungs- und Transferzentrum e.V.
Westsächsische Hochschule Zwickau
Zwickau, Deutschland

ISBN 978-3-662-61789-2   ISBN 978-3-662-61790-8 (eBook)
https://doi.org/10.1007/978-3-662-61790-8

Die Deutsche Nationalbibliothek verzeichnet diese Publikation in der Deutschen Nationalbibliografie; detaillierte bibliografische Daten sind im Internet über http://dnb.d-nb.de abrufbar.

© Springer-Verlag GmbH Deutschland, ein Teil von Springer Nature 2004, 2012, 2017, 2020
Das Werk einschließlich aller seiner Teile ist urheberrechtlich geschützt. Jede Verwertung, die nicht ausdrücklich vom Urheberrechtsgesetz zugelassen ist, bedarf der vorherigen Zustimmung des Verlags. Das gilt insbesondere für Vervielfältigungen, Bearbeitungen, Übersetzungen, Mikroverfilmungen und die Einspeicherung und Verarbeitung in elektronischen Systemen.
Die Wiedergabe von allgemein beschreibenden Bezeichnungen, Marken, Unternehmensnamen etc. in diesem Werk bedeutet nicht, dass diese frei durch jedermann benutzt werden dürfen. Die Berechtigung zur Benutzung unterliegt, auch ohne gesonderten Hinweis hierzu, den Regeln des Markenrechts. Die Rechte des jeweiligen Zeicheninhabers sind zu beachten.
Der Verlag, die Autoren und die Herausgeber gehen davon aus, dass die Angaben und Informationen in diesem Werk zum Zeitpunkt der Veröffentlichung vollständig und korrekt sind. Weder der Verlag, noch die Autoren oder die Herausgeber übernehmen, ausdrücklich oder implizit, Gewähr für den Inhalt des Werkes, etwaige Fehler oder Äußerungen. Der Verlag bleibt im Hinblick auf geografische Zuordnungen und Gebietsbezeichnungen in veröffentlichten Karten und Institutionsadressen neutral.

Springer Vieweg ist ein Imprint der eingetragenen Gesellschaft Springer-Verlag GmbH, DE und ist ein Teil von Springer Nature.
Die Anschrift der Gesellschaft ist: Heidelberger Platz 3, 14197 Berlin, Germany

*„Alles sollte so einfach wie möglich gemacht werden,
aber nicht einfacher"*

Albert Einstein (1879 – 1955)

Vorwort

Dieses Lehrbuch wurde auf der Grundlage des Springer-Professional Buches „Thermodynamik des Kraftfahrzeugs", welches in 3. Auflagen 2004, 2012 und 2016 erschienen ist, aufgebaut und auf den Maschinenbau ausgedehnt.

Das Hauptanliegen dieses Lehrbuches ist, Studenten und Entwicklungsingenieure in den Bereichen Maschinen- und Kraftfahrzeugbau geeignete Werkzeuge und Herangehens Methoden zu verschaffen die sie in die Lage versetzen, umweltfreundliche technische Systeme und Prozesse zu gestalten. Dabei sollen Energieumwandlungen und Energieübertragungen mit den Energieformen Wärme und Arbeit, ihr Austausch und die Verbrennung sowohl klassischer als auch recyclebarer Energieträger analysiert, berechnet und optimiert werden.

Prozesse in Maschinen und Anlagen, in Otto- und Dieselmotoren und in Gasturbinen, zukunftsträchtige Kraftstoffe, Wärmepumpen und weitere thermische Systeme werden auf Basis thermodynamischer Grundlagen über Energiebilanz, Energieumwandlung, Arbeitsmedien, Kreisprozesse, Verbrennung und Wärmeübertragungsformen erklärt.

Das Lehrbuch bietet eine methodische Verkettung der theoretischen Grundlagen, ihrer mathematischer Darstellung, der typischen Anwendungsfälle in Maschinenbau und Kraftfahrzeugtechnik und viele spezifische Übungen und Beispiele. Die Formeln werden stets vom physikalischen Vorgang bis zur Endform abgeleitet, Formelbrüche und Koeffizienten ohne Zusammenhang mit der Ableitung werden streng vermieden – damit wird das logische um Nachteil des auswendigen Lernens unterstützt. In jedem Kapitel werden gelöste Übungen, aber auch Fragen und Aufgaben angeboten. Die Fragen und Aufgaben stammen größtenteils aus Prüfungen, die der Autor in den vergangenen 30 Jahren für seine Studenten an mehreren Hochschulen gestaltet hat – ihr Schwierigkeitsgrad und ihre Wirkung sind demzufolge ausreichend geprüft.

Der Autor empfiehlt jedem Leser, nach dem Studium eines Kapitels die Fragen ohne jegliche Unterlagen zu beantworten, dann die Aufgaben – wie ein Ingenieur bei der Arbeit – mit allen Unterlagen von Thermodynamikbüchern bis zu Tabellen und Formelsammlungen zu lösen. Die Lösungen für die Fragen und Aufgaben sind am Ende jedes Kapitels zu finden.

Die Betrachtung eines Vorgangs von dem theoretischen Modell, über seine mathematische Beschreibung, bis hin zur Anwendungsanalyse und Rechenbeispielen erhöht die Effektivität jeder objektbezogenen thermodynamischen Analyse.

Diese Betrachtungsweise ist insbesondere bei der zunehmend angewandten numerischen Simulation der Prozesse in modernen Modulen und Systeme im Maschinen- und Fahrzeugbau von Vorteil.

In Hinblick auf diese Zielrichtung wurden in diesem Buch theoretische Betrachtungen und Darstellungsformen, die dem modernen Stand der Technik nicht mehr entsprechen oder von einer technischen Anwendung zu weit entfernt sind, bewusst nicht einbezogen.

Umfangreiche Forschungsprojekte des Autors und seines Teams – von Aufladesystemen, Direkteinspritzverfahren, unkonventionellen Verbrennungskonzepten, alternativen Antriebssystemen, alternativen Kraftstoffen bis hin zu Wärmetauschern, Wärmepumpen und Brennstoffzellen – bilden die Erfahrungsbasis für die theoretischen und praktischen Betrachtungen in diesem Buch.

Die Anregungen für Aufbau, Anpassung oder Weiterleitung einzelner Themen und ihrer Darstellungsform in diesem Thermodynamik Buch gewann der Autor in dem stets interaktiven Dialog mit den Forschungspartnern und -kollegen, aber auch mit den Studenten und Doktoranden im Rahmen seiner Lehr- und Forschungstätigkeit in den Universitäten von Berkeley (USA), Catania (I), Guimaraes (P), Kronstadt (RO), Paris (F), Perugia (I), Pisa (I), Queens/Belfast (GB), Vigo (E) und nicht zuletzt in der Westsächsischen Hochschule Zwickau – als exzellente und traditionsreiche Schmiede von Maschinenbau- und Kraftfahrzeugingenieuren.

Mai 2020 *Cornel Stan*

Inhaltsverzeichnis

Vorwort V

Inhaltsverzeichnis VII

Liste der Formelzeichen XIII

1 Grundlagen der Technischen Thermodynamik 1
   1.1 Gegenstand und Untersuchungsmethodik 1
   1.2 Thermodynamisches System 4
   1.3 Austausch zwischen System und Umgebung 6
   1.4 Thermische Zustandsgrößen; Thermische Zustandsgleichungen .. 9
   1.5 Thermodynamische Zustandsänderungen 14
   1.6 Anwendbarkeit von Differentialquotienten der Zustandsgrößen .. 17
   1.7 Reversible und irreversible Zustandsänderungen 19
   1.8 Formen der Energieübertragung zwischen System und Umgebung .. 21
       1.8.1 Volumenänderungsarbeit 21
       1.8.2 Druckänderungsarbeit 29
       1.8.3 Wärme 35
   Anwendungsbeispiele und Übungen zu Kapitel 1 39
       Anwendbarkeit von Differentialquotienten der Zustandsgrößen .. 39
       Reversible und irreversible Zustandsänderungen 46
       Volumenänderungs- und Druckänderungsarbeit 52
   Fragen zu Kapitel 1 65
   Aufgaben zu Kapitel 1 67
   Lösungen zu den Fragen von Kapitel 1 69
   Lösungen zu den Aufgaben von Kapitel 1 71
   Literatur zu Kapitel 1 77

2 Energiebilanz: Der erste Hauptsatz der Thermodynamik 79
   2.1 Einführung; Erläuterung 79
   2.2 Energiebilanz für Zustandsänderungen in geschlossenen Systemen;
       Innere Energie 82
       2.2.1 Innere Energie 84

2.3 Energiebilanz für Zustandsänderungen in offenen Systemen
(stationäre Prozesse); Enthalpie 88
   2.3.1 Enthalpie 91
   2.3.2 Gegenüberstellung der inneren Energie und der Enthalpie 94
2.4 Energiebilanz auf Basis der Enthalpie für Zustandsänderungen in
geschlossenen und in offenen Systemen 95
2.5 Anwendung des Ersten Hauptsatzes in elementaren Prozessen 97
   2.5.1 Elementare Prozesse in geschlossenen Systemen 97
   2.5.2. Elementare Prozesse in offenen Systemen 100
Anwendungsbeispiele und Übungen zu Kapitel 2 105
   Energiebilanz, Innere Energie, Enthalpie 105
Fragen zu Kapitel 2 115
Aufgaben zu Kapitel 2 116
Lösungen zu den Fragen von Kapitel 2 117
Lösungen zu den Aufgaben von Kapitel 2 119
Literatur zu Kapitel 2 123

3 Arbeitsmedien: Gase und Gasgemische 125
3.1 Ideale und reale Gase 125
   3.1.1 Thermische Zustandsgleichung für ideale Gase 125
   3.1.2 Universelle (allgemeine; molare) Gaskonstante 128
   3.1.3 Molar-spezifische Größen 130
   3.1.4 Normkubikmeter 131
   3.1.5 Reale Gase 132
3.2 Spezifische Wärmekapazität der idealen Gase 134
   3.2.1 Gesetz der inneren Energie bei idealen Gasen (Joule) 134
   3.2.2 Formen der spezifischen Wärmekapazität 135
   3.2.3 Zusammenhang der spezifischen Wärmekapazität bei
konstanten Volumen und bei konstanten Druck 140
3.3 Das ideale Gasgemisch 143
   3.3.1 Die Gaskonstante eines Gasgemisches 144
   3.3.2 Molare Masse, Dichte, Zusammenhänge der Massen- und
Volumenanteile 147
   3.3.3 Innere Energie, Enthalpie und spezifische Wärmekapazität eines
Gasgemisches 150
3.4 Elementare Zustandsänderungen in gasförmigen Arbeitsmedien 153
   3.4.1 Isochore Zustandsänderung (V = konst.) 153
   3.4.2 Isobare Zustandsänderung (p = konst.) 157
   3.4.3 Isotherme Zustandsänderung (T = konst.) 161
   3.4.4 Adiabate Zustandsänderung (pV^k = konst.) 164
   3.4.5. Polytrope Zustandsänderung (pV^n = konst.) 170
Anwendungsbeispiele und Übungen zu Kapitel 3 177

Inhaltsverzeichnis IX

    Zustandsänderungen in Gasen und Gasgemischen 177
  Fragen zu Kapitel 3 205
  Aufgaben zu Kapitel 3 207
  Lösungen zu den Fragen von Kapitel 3 209
  Lösungen zu den Aufgaben von Kapitel 3 213
  Literatur zu Kapitel 3 221

4 Energieumwandlung: Der zweite Hauptsatz der Thermodynamik 223
  4.1 Formulierungen 223
  4.2 Thermischer Wirkungsgrad 226
  4.3 Entropie reversibler (idealer) Prozesse 228
  4.4 Entropie irreversibler (natürlicher) Prozesse 238
  4.5 Berechnung der Entropie 243
  4.6 Darstellungsformen von Prozessen mittels Entropie:
      (T,s), (U,s), (h,s) - Diagramme 246
    4.6.1 T,s-Diagramme (Wärmediagramme) 246
    4.6.2 Elementare, reversible Zustandsänderungen im T,s-Diagramm .. 250
    4.6.3 u,s- und h,s-Diagramme 255
  4.7 Exergie und Anergie 257
  Anwendungsbeispiele und Übungen zu Kapitel 4 259
    Berechnung der Entropie in thermodynamischen Vorgängen 259
  Fragen zu Kapitel 4 270
  Aufgaben zu Kapitel 4 271
  Lösungen zu den Fragen von Kapitel 4 273
  Lösungen zu den Aufgaben von Kapitel 4 277
  Literatur zu Kapitel 4 279

5 Prozesse in thermischen Maschinen 281
  5.1 Kreisprozesse in Wärmekraftmaschinen 281
    5.1.1 Rechtslaufende Kreisprozesse 281
    5.1.2 Kreisprozesse in Wärmekraftmaschinen mit sukzessiven
          Zustandsänderungen 283
    5.1.3 Kreisprozesse in Wärmekraftmaschinen mit simultanen
          Zustandsänderungen 300
  5.2 Kreisprozesse in Klimaanlagen und Wärmepumpen 307
    5.2.1 Linkslaufende Kreisprozesse 307
    5.2.2 Kreisprozesse in Kältemaschinen 309
    5.2.3 Kreisprozesse in Wärmepumpen (Heizanlagen) 316
  Anwendungsbeispiele und Übungen zu Kapitel 5 319
    Kreisprozesse in Wärmekraftmaschinen 319

Fragen zu Kapitel 5 349
Aufgaben zu Kapitel 5 351
Lösungen zu den Fragen von Kapitel 5 355
Lösungen zu den Aufgaben von Kapitel 5 363
Literatur zu Kapitel 5 379

6 Arbeitsmedien: Dämpfe und Gas-Dampf-Gemische 381
6.1 Phasen und Komponenten eines Dampfes 381
6.2 Diagrammdarstellungen der Zustands- und energetischen Größen eines Dampfes 385
6.3 Kreisprozesse mit Dampf in der Technik 394
    6.3.1 Rechtslaufende Kreisprozesse mit Dampf in Kraftanlagen 394
    6.3.2 Linkslaufende Kreisprozesse mit Dampf in Klimaanlagen 396
    6.3.3 Linkslaufende Kreisprozesse mit Dampf in Wärmepumpenanlagen 398
    6.3.4 Drosselung von Nassdampf 399
6.4 Gas-Dampf-Gemische 401
    6.4.1 Kenngrößen der Gas-Dampf-Gemische 401
    6.4.2 Kenngrößen der Gas-Dampf-Gemische in Diagrammform 410
    6.4.3 Zustandsänderungen der feuchten Luft in der Technik 413
Anwendungsbeispiele und Übungen zu Kapitel 6 425
    Dampf und Gas-Dampf-Gemische 425
Fragen zu Kapitel 6 436
Lösungen zu den Fragen von Kapitel 6 437
Literatur zu Kapitel 6 441

7 Verbrennung 443
7.1 Kraftstoffe 443
7.2 Kraftstoff-Luft-Gemische 450
7.3 Heizwerte 452
7.4 Verbrennungsrechnung 461
    7.4.1 Verfahren zur Verbrennungsrechnung 461
    7.4.2 Stöchiometrischer Luftbedarf 464
    7.4.3 Zusammensetzung der Abgaskomponenten bei vollständiger Verbrennung 466
    7.4.4 Zusammensetzung der Abgaskomponenten bei unvollständiger Verbrennung 470
7.5 Ablauf der Verbrennungsreaktionen 476
7.6 Verbrennungsformen in Otto- und Dieselmotoren 485
Anwendungsbeispiele und Übungen zu Kapitel 7 497
    Verbrennung 497
Fragen zu Kapitel 7 508

Aufgaben zu Kapitel 7 509
Lösungen zu den Fragen von Kapitel 7 511
Lösungen zu den Aufgaben von Kapitel 7 519
Literatur zu Kapitel 7 533

8 Wärmeübertragung 537
8.1 Arten der Wärmeübertragung 537
8.2 Die Wärmeleitung 540
    8.2.1 Elementares Modell der Wärmeleitung 540
    8.2.2 Wärmeleitung durch eine ebene Wand 543
    8.2.3 Wärmeleitung durch Rohrwände 546
8.3 Der Wärmeübergang (die Konvektion) 549
    8.3.1 Elementare Modelle der Konvektion 549
    8.3.2 Grundlagen der Ähnlichkeitstheorie im Bezug auf die
          Konvektion 555
    8.3.3 Wärmetauscher 562
8.4 Die Wärmestrahlung 564
    8.4.1 Elementare Modelle der Wärmestrahlung 564
    8.4.2 Wärmeübertragung durch Strahlung zwischen
          Körperoberflächen 573
Anwendungsbeispiele und Übungen zu Kapitel 8 575
    Wärmeleitung 575
    Konvektion 579
    Strahlung 584
Fragen zu Kapitel 8 587
Aufgaben zu Kapitel 8 588
Lösungen zu den Fragen von Kapitel 8 589
Lösungen zu den Aufgaben von Kapitel 8 593
Literatur zu Kapitel 8 597

9 Messung thermodynamischer Größen 599
9.1 Thermodynamische Messgrößen in der Technik 599
    9.1.1 Arbeitsmedium 599
    9.1.2 Verhalten des Arbeitsmediums in thermodynamischen
          Prozessen 601
    9.1.3 Fahrzeugmodul als thermodynamisches System 602
9.2 Messung von Zustandsgrößen in Arbeitsmedien 602
    9.2.1 Druckmessung 602
    9.2.2 Temperaturmessung 606
    9.2.3 Feuchtemessung 609
    9.2.4 Wegmessung 610
9.3 Ermittlung von Zustandsänderungen 612

Literatur zu Kapitel 9 615

10 Grundlagen und Beispiele der Prozesssimulation 617
10.1 Einführung 617
10.2 Ablauf der Modellierung mittels numerischer Simulation 625
    10.2.1 Modularisierung des physikalischen Systems 626
    10.2.2 Mathematische Formulierung 629
    10.2.3 Diskretisierung 631
    10.2.4 Numerische Lösung 634
10.3 Beispiele zur numerischen Simulation der Prozesse in einem Kolbenmotor 634
    10.3.1 Luftströmung am Einlass des Zylinders 634
    10.3.2 Einfluss konstruktiver Parameter auf Massenströme in und aus einem Motorzylinder 640
    10.3.3 Direkteinspritzung des Kraftstoffes in den Brennraum eines Kolbenmotors und Bildung eines Kraftstoff- Luftgemisches 642
    10.3.4 Verbrennung eines Kraftstoff- Luft- Gemisches im Brennraum eines Kolbenmotors 650
    10.3.5 Simulation eines gesamten Motorprozesses, von Ladungswechsel, Kraftstoffdirekteinspritzung und Gemischbildung bis zur Verbrennung, mittels gekoppelter ein- und dreidimensionalen Programme 653
    10.3.6 Simulation eines Kühlmittelkreislaufes im Kraftfahrzeug 661
Literatur zu Kapitel 10 669

11 Klimaschutz durch Thermodynamik 673
11.1 Einführung 673
11.2 Kohlendioxidfressende Otto- und Dieselmotoren 674
11.3 Wärme, Strom und Kraftstoff aus Müll 678
11.4 Wärme, Strom und Kraftstoff aus Biogas 681
11.5 Wärmepumpen mit Abwasser und wirkungsgradmaximierte Verbrennungsmotoren 687
11.6 Mensch und Motor: Energieverbrauch und Kohlendioxidemission im Vergleich 693
Literatur zu Kapitel 11 701

Verzeichnis angeführter Thermodynamiker 703

Sachwortverzeichnis 707

Liste der Formelzeichen

A	$[m^2]$	Fläche
a	$[-]$	Absorptionskoeffizient bei Wärmestrahlung
a	$\left[\dfrac{m^2}{s}\right]$	Temperaturleitzahl bei Konvektion
C_s	$\left[\dfrac{W}{m^2 K^4}\right]$	Konstante bei Wärmestrahlung
c	$\left[\dfrac{m}{s}\right]$	Geschwindigkeit
c	$\left[\dfrac{kgC}{kgKst}\right]$	Kohlenstoffanteil im Kraftstoff (Kst) bei Verbrennung
c_p	$\left[\dfrac{kJ}{kgK}\right]$	spezifische Wärmekapazität bei konstantem Druck
c_V	$\left[\dfrac{kJ}{kgK}\right]$	spezifische Wärmekapazität bei konstantem Volumen
d	$[-]$	Durchlasskoeffizient bei Wärmestrahlung
d	$[m]$	Durchmesser
E	$[J, kJ]$	Energie

Symbol	Einheit	Bedeutung
E	$\left[\dfrac{N}{m^2}\right]$	Elastizitätsmodul
F	$[N]$	Kraft
f	$[Hz]$	Frequenz
G	$[J, kJ]$	freie Enthalpie bei Verbrennung
Gr	$[-]$	Grashof-Zahl bei Konvektion
g	$\left[\dfrac{m}{s^2}\right]$	Erdbeschleunigung
H	$[J, kJ]$	Enthalpie
H^*	$[J, kJ]$	Ruheenthalpie
H_U	$\left[\dfrac{J}{kg}, \dfrac{kJ}{kg}\right]$	unterer Heizwert von Kraftstoffen bei Verbrennung
H_G	$\left[\dfrac{J}{kg}, \dfrac{kJ}{kg}\right]$	Gemischheizwert (massenbezogen) bei Verbrennung
H_g	$\left[\dfrac{J}{m^3}, \dfrac{kJ}{m^3}\right]$	Gemischheizwert (volumenbezogen) bei Verbrennung
h	$\left[\dfrac{J}{kg}, \dfrac{kJ}{kg}\right]$	spezifische Enthalpie
h^*	$\left[\dfrac{J}{kg}, \dfrac{kJ}{kg}\right]$	spezifische Ruheenthalpie
I_λ	$\left[\dfrac{W}{m^3}\right]$	Strahlungsintensität bei Wärmestrahlung

Liste der Formelzeichen

K_p	$[-]$	Gleichgewichtskonstante bei Verbrennung
k	$[-]$	Isentropenexponent
k	$\left[\dfrac{kg\,CO_2}{kg\,Kst}\right]$	Kohlendioxidkonzentration im Abgas bei Verbrennung
L_{st}	$\left[\dfrac{kg\,Luft}{kg\,Kst}\right]$	stöchiometrischer Luftbedarf bei Verbrennung
l	$[m]$	Länge
$\overline{M}$	$\left[\dfrac{kg}{kmol}\right]$	molare Masse
$\overline{N}$	$[kmol]$	Kilomol-Anzahl
n	$[s^{-1}, min^{-1}]$	Drehzahl
n	$[-]$	Polytropenexponent
O	$[kg\,O_2]$	Sauerstoffanteil im Abgas bei Verbrennung
O_{st}	$\left[\dfrac{kg\,O_2}{kg\,Kst}\right]$	stöchiometrischer Sauerstoffbedarf bei Verbrennung
o	$\left[\dfrac{kg\,O_2}{kg\,Kst}\right]$	Sauerstoffanteil im Kraftstoff (Kst) bei Verbrennung
o	$\left[\dfrac{kg\,O_2}{kg\,Kst}\right]$	Sauerstoffkonzentration im Abgas bei Verbrennung
P	$[W, kW]$	Leistung
Pe	$[-]$	Péclet-Zahl bei Konvektion

Pr	$[-]$	Prandtl-Zahl bei Konvektion
p	$\left[\dfrac{N}{m^2}\right]$	Druck
p_i	$\left[\dfrac{N}{m^2}\right]$	Partialdruck
Q	$[J, kJ]$	Wärme
$\dot{Q}$	$[W, kW]$	Wärmestrom
q	$\left[\dfrac{J}{kg}, \dfrac{kJ}{kg}\right]$	spezifische Wärme
$\dot{q}$	$\left[\dfrac{W}{m^2}, \dfrac{kW}{m^2}\right]$	Wärmestromdichte bei Wärmeübertragungen
$\overline{R}$	$\left[\dfrac{J}{kmolK}\right]$	universelle (molare, allgemeine) Gaskonstante
R	$\left[\dfrac{J}{kgK}\right]$	spezifische Gaskonstante
R	$\left[\dfrac{K}{kW}\right]$	Wärmewiderstand bei Wärmeübertragungen
Ra	$[-]$	Rayleigh-Zahl bei Konvektion
Re	$[-]$	Reynolds-Zahl bei Konvektion
r	$[m]$	Radius
r	$[-]$	Volumenanteil im Gasgemisch
r	$[-]$	Reflexionskoeffizient bei Wärmestrahlung

Liste der Formelzeichen

r	$\left[\dfrac{J}{kg}, \dfrac{kJ}{kg}\right]$	spezifische Verdampfungsenthalpie
S	$\left[\dfrac{J}{K}, \dfrac{kJ}{K}\right]$	Entropie
s	$\left[\dfrac{J}{kgK}, \dfrac{kJ}{kgK}\right]$	spezifische Entropie
s	$\left[\dfrac{kgS}{kgKst}\right]$	Schwefelanteil im Kraftstoff (Kst) bei Verbrennung
T	$[K]$	Temperatur
t	$[°C]$	Temperatur
t	$[s]$	Zeit
U	$[J, kJ]$	innere Energie
u	$\left[\dfrac{J}{kg}, \dfrac{kJ}{kg}\right]$	spezifische innere Energie
V	$[m^3]$	Volumen
v	$\left[\dfrac{m^3}{kg}\right]$	spezifisches Volumen
W	$[J, kJ, Nm, kNm]$	Arbeit
w	$\left[\dfrac{J}{kg}, \dfrac{kJ}{kg}\right]$	spezifische Arbeit

x	$[-]$	absolute Feuchte
x_D	$[-]$	Dampfanteil im Nassdampf
x_{DS}	$[-]$	Sättigungsdampfgehalt
Z	$[-]$	Realgasfaktor
z	$[m]$	Höhe
z	$\left[\dfrac{kg\,CO}{kg\,Kst}\right]$	Kohlenmonoxidkonzentration im Abgas bei Verbrennung
α	$[rad]$	Drehwinkel, Winkel
α	$\left[\dfrac{W}{m^2 K}\right]$	Wärmeübergangskoeffizient bei Konvektion
α	$[K^{-1}]$	thermischer Ausdehnungskoeffizient
β	$[K^{-1}]$	Spannungskoeffizient
δ	$[m, mm]$	Wandstärke bei Wärmeleitung
ε	$[-]$	Emissionskoeffizient bei Wärmestrahlung
ε	$[-]$	Verdichtungsverhältnis
φ	$[-]$	relative Feuchte
η	$[-]$	Wirkungsgrad
η	$\left[\dfrac{N}{m^2}\cdot s\right]$	dynamische Viskosität bei Konvektion
η_{th}	$[-]$	thermischer Wirkungsgrad

Liste der Formelzeichen

λ	$\left[\dfrac{m^2}{N}\right]$	Kompressibilitätskoeffizient
λ	$[-]$	Luftverhältnis bei Verbrennung
λ	$[m, \mu m]$	Wellenlänge bei Strahlung
λ	$\left[\dfrac{W}{mK}\right]$	Wärmeleitfähigkeit bei Wärmeleitung
ν	$\left[\dfrac{m^2}{s}\right]$	kinematische Viskosität bei Konvektion
ξ	$[-]$	Masseanteil im Gasgemisch
π	$[-]$	Druckverhältnis
ρ	$\left[\dfrac{kg}{m^3}\right]$	Dichte
σ	$\left[\dfrac{W}{m^2 K^4}\right]$	Stefan-Boltzmann Konstante bei Wärmestrahlung
ω	$[s^{-1}]$	Winkelgeschwindigkeit
Ψ	$[-]$	Sättigungsgrad

1 Grundlagen der Technischen Thermodynamik

1.1 Gegenstand und Untersuchungsmethodik

Die Technische Thermodynamik hat sich im letzten Jahrhundert zu einer eigenständigen Wissenschaft entwickelt, deren Hauptgebiete

- die Energieumwandlung und
- die Energieübertragung

in technischen Systemen sind.
Dabei werden für den Energieaustausch zwischen einem System und seiner Umgebung insbesondere die Energieformen

- Wärme und
- Arbeit

bzw. für den Energie-Inhalt eines Systems die Energieformen

- Innere Energie und
- Enthalpie

in Betracht gezogen.
Der energetische Zustand eines Systems oder sein Energieaustausch mit der Umgebung werden allgemein anhand der in der Praxis üblichen Arbeitsmedien untersucht, die ein System beinhalten kann.
Als Arbeitsmedien gelten insbesondere:
- Gase, Gasgemische,

   Beispiele: *Luft, Wasserstoff, Abgasgemische*

- Dämpfe,

   Beispiel: *Wasserdampf*

- Gas-Dampf-Gemische.

   Beispiele: *feuchte Luft, Luft-Kraftstoff-Gemisch*

Die Betrachtung fester Körper als Arbeitsmedien erfolgt in der Technischen Thermodynamik allgemein während der Energieübertragung.

Beispiele: *Wärmeleitung, Wärmestrahlung*

Die Änderung des energetischen Zustandes eines Arbeitsmediums während eines Energieaustausches mit der Umgebung bedingt die Variation von Systemgrößen.

Beispiele: *Druck, Temperatur, Volumen*

Die Erfassung dieser Systemgrößen und ihrer Variation – die im Bild 1.1 dargestellt sind – ist für die Entwicklung und Auslegung der entsprechenden Maschine von besonderer Bedeutung.

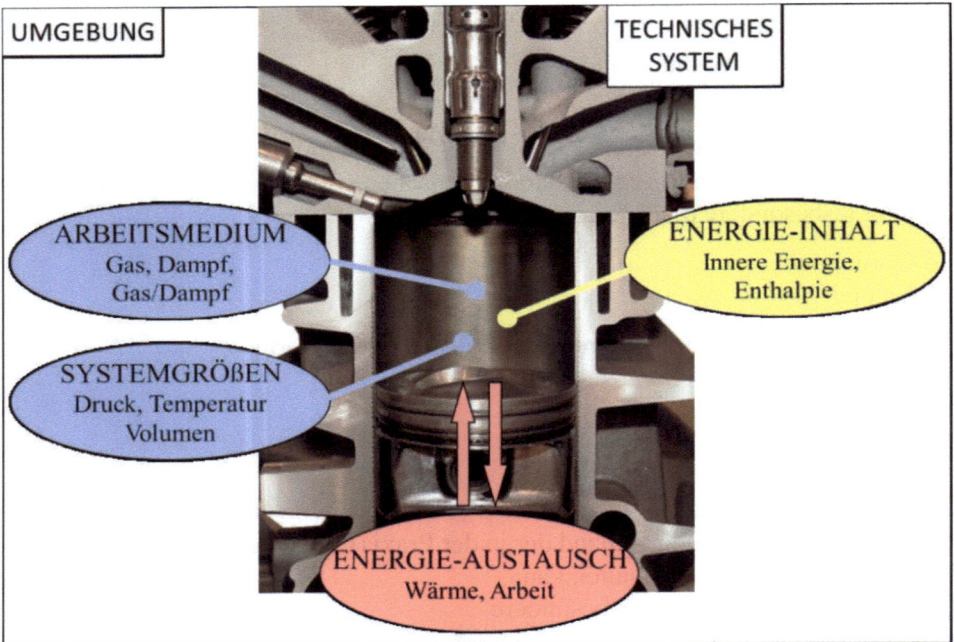

Bild 1.1 Begriffe zum Gegenstand der Technischen Thermodynamik, dargestellt anhand der Kolben/Zylindereinheit eines Verbrennungsmotors

Als eigenständige Wissenschaft hat die Technische Thermodynamik sowohl eigene Gesetze, als auch eine eigene Untersuchungsmethodik. Die Notwendigkeit dieser Spezifika, die ursprünglich durch Ableitungen physikalischer Gesetzmäßigkeiten entstanden, ist in der großen Anzahl der Elementarteile des Arbeitsmediums in einem System begründet.

1.1 Gegenstand und Untersuchungsmethodik

Die Gesetze, die für ein derartiges System als Ganzes gelten, unterscheiden sich von den Gesetzen, die für Teilkomponenten – in diesem Fall einzelne Luftmoleküle – zutreffen.

Beispiel:
Die Anzahl der Luftmoleküle im Zylinder eines Verbrennungsmotors mit einem Volumen von 500 [cm]³ beträgt bei einem Druck von 0,1 [MPa] und bei einer Temperatur von 290]K], als atmosphärische Bedingungen bei der Zylinderfüllung, 75.216.812 · 10¹⁴ Moleküle

Das Verhalten jeder Teilkomponente bedingt zwar die Gesetze im Gesamtsystem; es genügt jedoch nicht für ihre Begründung.

Beispiel:
Temperatur: *im mikroskopischen Maßstab, d.h. in Bezug auf jedes einzelne Molekül, hat die Größe Temperatur keinen Sinn. Im makroskopischen Maßstab ist die Temperatur eine vereinbarte Ausdrucksform für die kinetische Energie der Moleküle in einem Medium.*

Ein solcher Unterschied zwischen Gesetzen für Teilsysteme und für das System als Ganzes erfordert eine eigene Untersuchungsmethodik.

Determinismus, als analytische Untersuchungsmethodik – anwendbar für Vorgänge in der Physik oder in der Technischen Mechanik – ist hierfür nicht mehr geeignet. Determinismus kann allgemein für eine begrenzte bzw. kontrollierbare Anzahl von materiellen Teilchen angewandt werden: So kann beispielsweise aus der Ermittlung der Bewegungsbedingungen jedes Teilchens in jedem Moment und an jedem Ort sowohl der aktuelle, als auch ein späterer Bewegungszustand im gesamten System ermittelt werden.

Die große Anzahl der Teilchen im Arbeitsmedium eines technischen Systems zwingt allerdings zu geänderten Betrachtungsformen.

Die ***Phänomenologie*** ist die übliche Untersuchungsmethode thermodynamischer Vorgänge in technischen Anlagen. Dabei werden die makrosko-pischen Erscheinungen in einem Medium betrachtet, ohne Bezug auf seine mikroskopische Struktur. Die Grenze zwischen makroskopischer und mikroskopischer Struktur entspricht dem Wirksamkeitsbereich eines dafür geltenden Gesetzes bzw. dem Bereich, in dem eine Größe gemäß ihrer Definition noch messbar ist.

Alle Gesetze werden experimentell ermittelt, wodurch sie hypothesenfrei sind. Experimentell bedeutet jedoch nicht empirisch: anstatt einen einzelnen Vorgang in einer mathematisch zugeschnittenen Form auszudrücken (empirische Methode), werden experimentell gewonnene Erkenntnisse für eine möglichst große Anzahl ähnlicher Vorgänge als Gesetz formuliert und meistens auch mathematisch ausgedrückt (phänomenologische Methode). In diesem Fall genügt allerdings ein einziges Experiment, welches dem Gesetz widerspricht, um das Gesetz generell – oder für einen Teil seines Wirkungsbereiches – ungültig zu machen.

Deswegen sind für jedes Gesetz, welches phänomenologisch abgeleitet wurde, folgende Kriterien zu beachten:

– Voraussetzungen,
– Gültigkeitsbereich,
– Randbedingungen.

Ein gewisser Nachteil der phänomenologischen Untersuchungsmethodik besteht darin, dass fundierte physikalische Erklärungen der experimentell gewonnenen Erfahrungen durch deren makroskopische Betrachtung nicht möglich sind. Solange aber diese Methode die Simulation, Extrapolation und Reproduzierbarkeit von Vorgängen bei der Entwicklung technischer Anlagen gewährt, ist ein solcher Kompromiss dennoch vertretbar.

Die *atomistisch-statistische Untersuchungsmethodik* ist eine Alternative zur Phänomenologie, die eher in der physikalischen Analyse thermodynamischer Medien bzw. Vorgänge angewandt wird: dabei wird das Verhalten eines Mediums im mikroskopischen Maßstab, mit deterministischen Methoden analysiert. Für den Übergang zum makroskopischen Verhalten werden statistische Verfahren angewandt. In dieser Weise können bei Bedarf auch physikalische Begründungen für phänomenologisch abgeleitete Gesetzmäßigkeiten gefunden werden.

1.2 Thermodynamisches System

Ein technisches System enthält allgemein, zwecks Austausch von Wärme und Arbeit mit seiner Umgebung, ein Arbeitsmedium (Gas, Dampf, Flüssigkeit, Gas/Dampf-Gemisch), welches Zustandsänderungen erfährt.

Definition

Thermodynamisches System: *abgrenzbarer Bereich eines technischen Systems oder eines Arbeitsmediums, welches mittels thermodynamischer Untersuchungsmethodik bezüglich seines Verhaltens*
– *nach innen (Zustandsänderungen) und*
– *nach außen (Wechselwirkungen mit der Umgebung)*
analysiert wird.

1.2 Thermodynamisches System

Zur Präzisierung des thermodynamischen Systems in einer Umgebung ist eine reale oder eine vereinbarte Grenze (Wand) erforderlich.

Funktion der Grenze: Bilanzieren des Masse- und Energieaustausches zwischen dem thermodynamischen System und seiner Umgebung.

Eigenschaften der Grenze: Sie hat keine eigene Masse und kann keinen Anteil der ausgetauschten Energie speichern.

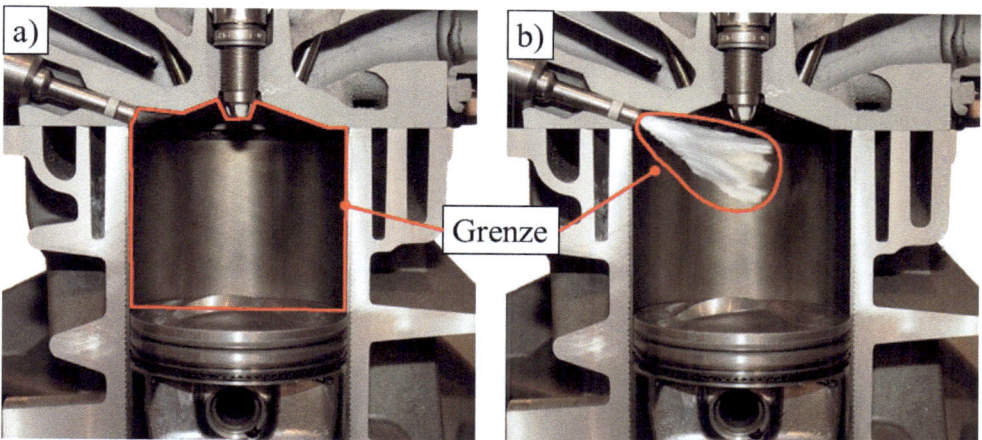

Bild 1.2 Thermodynamisches System mit realer Grenze (**a**) und mit vereinbarter Grenze (**b**), dargestellt anhand der Kolben/Zylindereinheit eines Verbrennungsmotors vor (a) und während (b) der Kraftstoff-Direkteinspritzung

Wie aus Bild 1.2 ableitbar, kann es vorkommen, dass die Grenze in zeitlichen Abschnitten neu zu definieren ist.

Andererseits sind oft heterogene thermodynamische Systeme – wie im Bild 1.2b dargestellt – zu analysieren, was wiederum Grenzen zwischen homogenen Untersystemen erfordert.

> *Definition*
>
> **Homogenes System:** *Alle makroskopischen Eigenschaften sind in allen Teilen des Systems identisch.*
> **Heterogenes System:** *Mindestens eine makroskopische Eigenschaft weist eine Unstetigkeit auf.*

Verschiedene Komponenten und Phasen, die in einem realen thermodynamischen System vorkommen – wie in Bild 1.2b als Luft (Gas) und Kraftstoff (Flüssigkeit) – können in eine finite Anzahl homogener Elemente eingeteilt werden.

1.3 Austausch zwischen System und Umgebung

Ein thermodynamisches System – allgemein als Arbeitsmedium in einem technischen System vorhanden – kann während eines Prozesses als Materie mit der Umgebung ausgetauscht werden. Entsprechend den Erscheinungsformen der Materie – als Masse und Energie – sind folgende Austauschformen zwischen einem thermodynamischen System und seiner Umgebung möglich:

– Massenaustausch (Bild 1.3)
  - massendichtes System   → geschlossenes System
  - massendurchlässiges System → offenes System

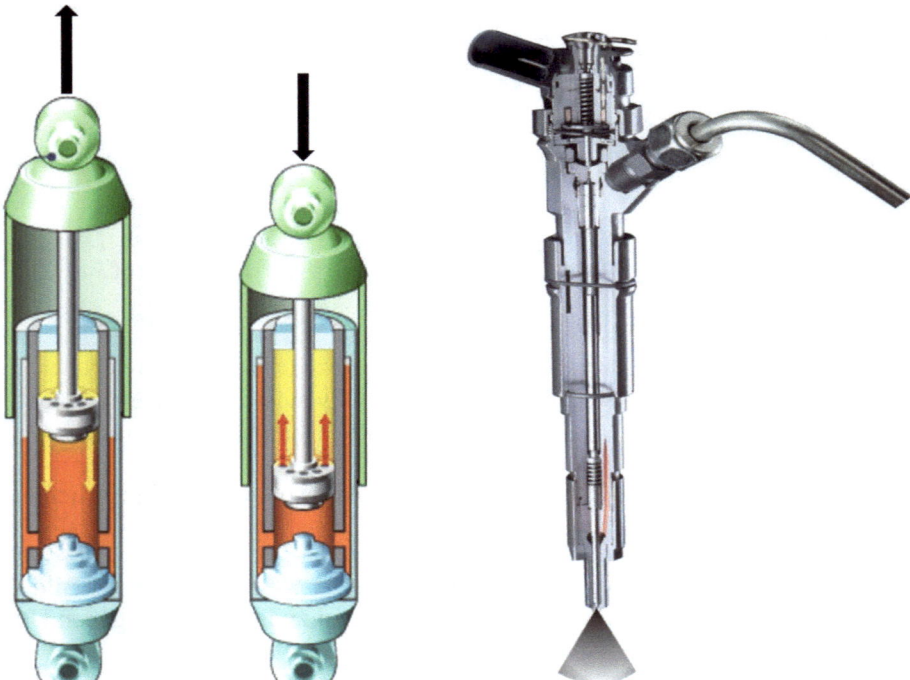

a) Stoßdämpfer eines Automobils

b) Einspritzdüse für einen Verbrennungsmotor

Bild 1.3 Geschlossenes (massendichtes) **(a)** und offenes (massendurchlässiges) **(b)** System

– Energieaustausch [Arbeit (Bild 1.4), Wärme (Bild 1.5)]
  - Arbeitsdichtes System
  - Arbeitsdurchlässiges System

1.3 Austausch zwischen System und Umgebung

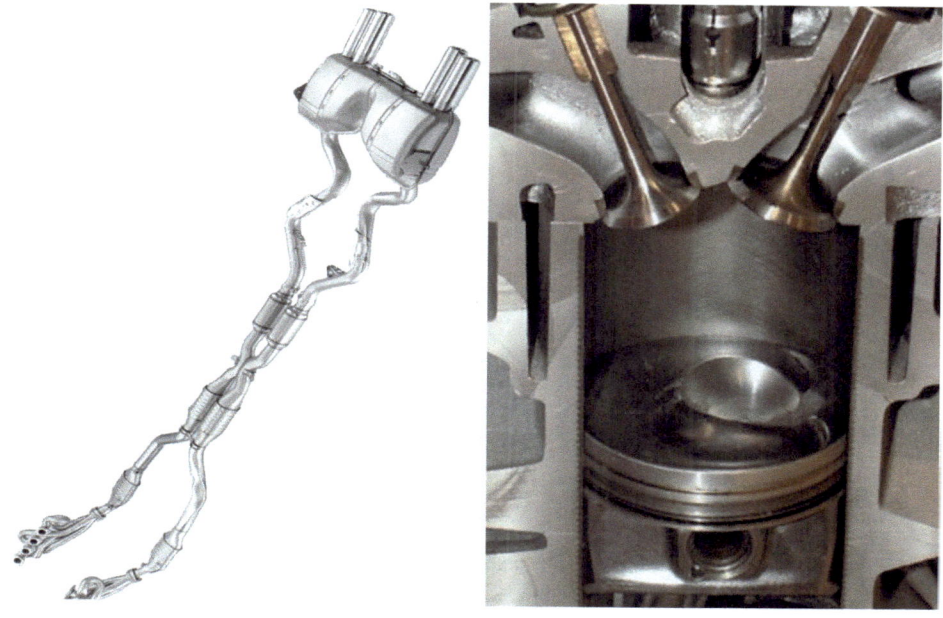

a) Auspuffanlage

b) Kolbenmotor während der Expansion

Bild 1.4 Arbeitsdichtes (a) und arbeitsdurchlässiges (b) System

- wärmedichtes System (adiabat)
- wärmedurchlässiges System (diathermal)

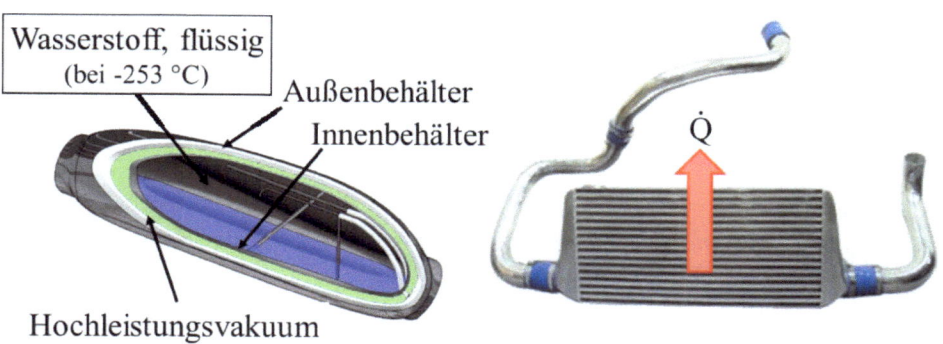

a) kryogener Wasserstofftank

b) Ladeluftkühler in einem Automobil

Bild 1.5 Wärmedichtes (adiabates) (a) und wärmedurchlässiges (diathermales) (b) System

Zwischen den erwähnten Formen des Masse- und Energieaustausches sind zahlreiche Kombinationen möglich. Bild 1.6 zeigt eine solche Kombination am Beispiel eines Verbrennungsmotors:

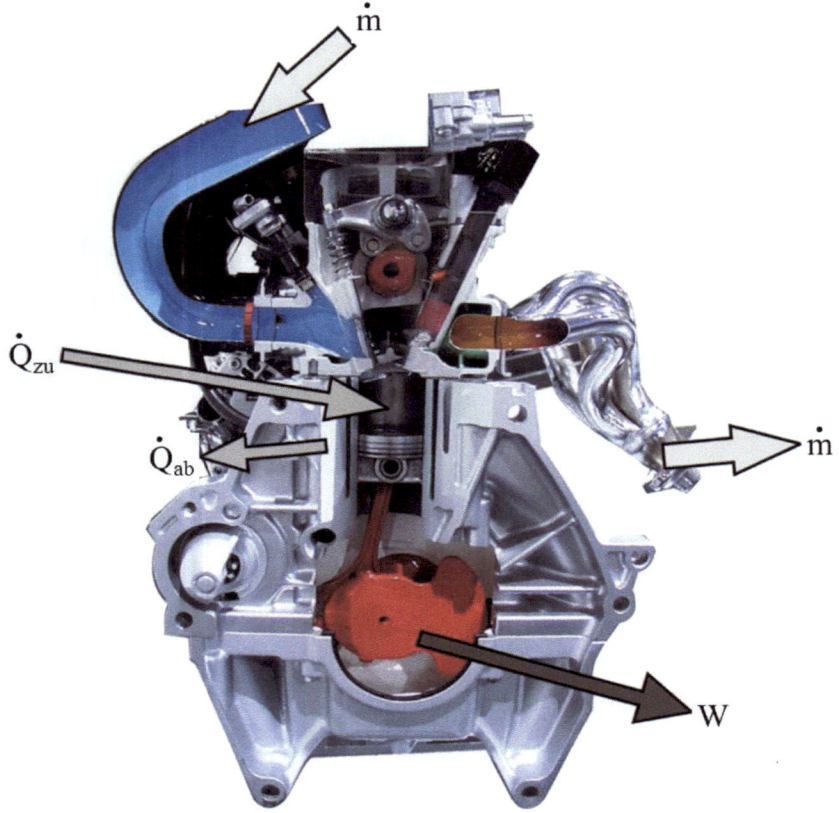

Bild 1.6 Kolbenmotor als System mit kombiniertem Austausch von Masse, Arbeit und Wärme

Beispiele:
Dem funktionierenden Verbrennungsmotor werden Luft und Kraftstoff zugeführt. Aus dem Motor wird Abgas abgeführt.

Ein Teil der Wärme, die aus der Verbrennung des Luft/Kraftstoff Gemisches resultiert, wird in mechanische Arbeit umgewandelt, welche dem Fahrzeugantriebssystem übertragen wird.

Der Rest der Wärme wird über das Kühlwasser/Schmieröl sowie über die Abgase der Umgebung übertragen.

1.4 Thermische Zustandsgrößen; Thermische Zustandsgleichungen

Der momentane Zustand eines thermodynamischen Systems – ausgedrückt durch die Werte seiner Eigenschaften – ist nur in einem Gleichgewicht feststellbar.

Ein momentanes Gleichgewicht in einem homogenen System oder Systemteil wird nach folgenden Kriterien bemessen:

- Innerer Zustand:
  - mechanisch → konstanter Druck
  - thermisch → konstante Temperatur
  - stoffmäßig → konstante Dichte (bei konstanter Masse oder bei konstantem Massenstrom)

- Energieaustausch mit der Umgebung:
  - kein Arbeitsaustausch → an der gesamten Fläche der Systemgrenze sind der innere und äußere Druck gleich (oder die Grenze ist arbeitsdicht)

  - kein Wärmeaustausch → an der gesamten Fläche der Systemgrenze sind die innere und äußere Temperatur gleich (oder die Grenze ist wärmedicht)

Im mikroskopischen Maßstab ist zwar eine ständige Bewegung der bzw. in den Molekülen vorhanden; soweit sich jedoch diese innere Bewegung in einem dynamischen Gleichgewicht befindet, ist ihre Wirkung im makroskopischen Maßstab im betrachteten momentanen Zustand wirkungslos.

Zur Präzisierung des Systemverhaltens in einem solchen Zustand werden folgende Definitionen eingeführt:

Definition

Thermischer Zustand (Zustand): *Gleichgewicht eines thermodynamischen Systems im makroskopischen Maßstab, welches auf einem dynamischen Gleichgewicht im mikroskopischen Maßstab beruht.*

Thermische Zustandsgröße (Zustandsgröße): *Größe, die eine makroskopische Eigenschaft des thermodynamischen Systems in einem Zustand charakterisiert und durch Maßeinheiten quantitativ erfassbar ist.*

Bei der Entwicklung von Maschinen bzw. von Fahrzeugmodulen ist die vollständige Präzisierung jedes Zustandes des jeweiligen thermodynamischen Systems (im wesentlichen des Arbeitsmediums in dem Modul) erforderlich, um absolut ähnliche Vorgänge zu anderer Zeit oder in ähnlichen Modulen durchführen zu können.

Andererseits ist nur durch die vollständige Präzisierung eines jeden Zustandes die rechnerische Simulation und Optimierung solcher Vorgänge möglich.

Es entsteht dabei das Problem, die Anzahl der Eigenschaften (Zustandsgrößen) zu minimieren, die für einen eindeutigen Zustand zu messen oder zu berechnen sind.

Die Eigenschaften eines Systems im makroskopischen Maßstab werden durch experimentell vereinbarte Größen wie Temperatur, Druck oder Volumen dargestellt, ebenso gut könnten es Farbe, Geruchs- oder Geräuschintensität sein.

Wenn durch die Wertepaarungen einer geringen Anzahl voneinander unabhängiger Größen ein Zustand präzisierbar ist, dann sind sonstige Größen auch davon ableitbar.

In diesem Sinne entsteht folgende Definition:

> *Definition*
>
> ***Freiheitsgrade eines Thermodynamischen Systems:*** *Thermische Zustandsgrößen, die unabhängig voneinander wählbar sind, um den Zustand eines Systems eindeutig zu präzisieren.*

Die **Phasenregel (Gibbs)** schafft als phänomenologisch abgeleitetes Gesetz für alle Systeme in der Natur einen eindeutigen Zusammenhang zwischen den Freiheitsgraden (F), der Anzahl der chemischen Komponenten im System (K) und der jeweiligen Phasen P (gasförmig, flüssig, fest) für jede Komponente:

$$F = K - P + 2 \qquad (1.1)$$

Beispiele:

Für ein homogenes System mit einer Komponente und einer Phase gilt nach Gl. (1.1):

$$1 - 1 + 2 = 2$$

1.4 Thermische Zustandsgrößen; Thermische Zustandsgleichungen

Bei Erwärmung von flüssigem Wasser (offener Behälter) ändern sich Temperatur und Dichte. Ihre Messung zu einer bestimmten Zeit gibt vollständige Auskunft über den momentanen Zustand b des Systems – Bild1.7a.

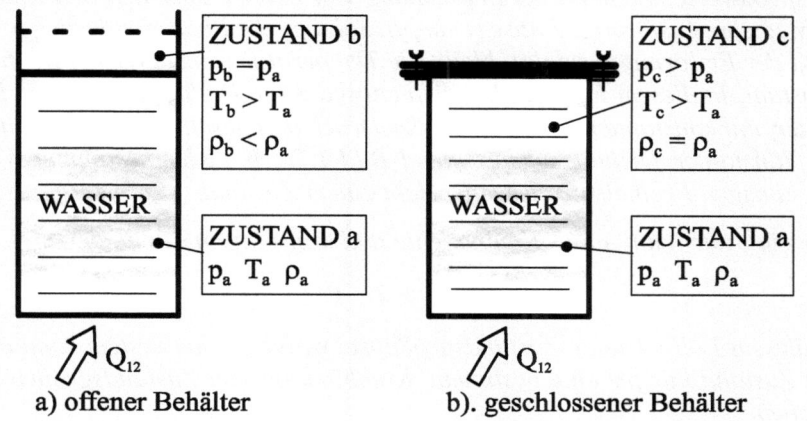

a) offener Behälter   b). geschlossener Behälter

Bild 1.7   Freiheitsgrade eines Systems mit einer Komponente und einer Phase

Bei einer ähnlichen Erwärmung im geschlossenen Behälter (vollständig mit Wasser gefüllt) ändern sich wiederum Temperatur und Druck – ihre Messung in einer bestimmten Zeit genügt ebenfalls, um den momentanen Zustand c eindeutig zu charakterisieren – Bild 1.7b.

Die Zusammenhänge innerhalb der zwei beschriebenen Prozesse erscheinen noch deutlicher, wenn das Medium ein Gas ist. Zwischen den Zustandsgrößen gilt in diesem Fall gemäß der thermischen Zustandsgleichung (Kap. 3.1):

$$\frac{p}{\rho} = C_1 \cdot T$$

Das heißt, sobald zwei Zustandsgrößen – p und V oder T und p – messbar sind, ist die übrige Größe auch eindeutig ableitbar.

Für ein System mit einer Komponente und zwei Phasen gilt nach Gl.(1.1):

$$1 - 2 + 2 = 1$$

In diesem Fall ist nur eine Zustandsgröße frei wählbar, die anderen hängen dann davon ab:

Beispielsweise erscheint bei Erwärmung von Wasser über den Siedepunkt hinweg eine gasförmige Phase (Dampf). Solange die Phasenänderung während der Erwärmung erfolgt, bleibt die Temperatur trotz der Wärmezufuhr konstant. In diesem Falle ändert sich entweder die Dichte (bei offenen Behälter, mit konstantem Druck) oder der Druck (bei geschlossenen Behälter, mit konstanter Dichte), entsprechend Bild 1.7a, b. Jeder bestimmte Wert des einzigen Freiheitsgrades entspricht einem Zustand.

Für ein System mit einer Komponente und drei Phasen gilt nach Gl. (1.1):

$$1 - 3 + 2 = 0$$

In diesem Fall ist keine Zustandsgröße frei wählbar, das System kann diesen Zustand nur für eine bestimmte Kombination von Zustandsgrößen erreichen.

Das Wasser kann beispielsweise gleichzeitig alle drei Phasen – Flüssigkeit, Gas und Eis – für folgende Kombination der Zustandsgrößen aufweisen:

$$p = 0{,}0006112 \ [MPa]$$
$$T = 273{,}15 \ [K]$$

In technischen Anwendungen werden die Arbeitsmedien häufig als homogen – bestehend aus einer Komponente und einer Phase – betrachtet; demzufolge sind in jedem Zustand zwei Zustandsgrößen zu bestimmen, von denen dann die übrigen Zustandsgrößen abhängen.

Allgemein werden Druck (p), Volumen (V) und Temperatur (T) als relativ einfach messbare Zustandsgrößen vereinbart.

Aus der Phasenregelung resultiert in diesem Fall:

$$p = f_1(V,T) \ ; \ V = f_2(T,p) \ ; \ T = f_3(p,V) \tag{1.2a,b,c}$$

oder allgemein:

$$f(p,V,T) = 0 \tag{1.3}$$

als allgemeine thermische Zustandsgleichung.

Beispiele:

Ideale Gase *(Kap. 3.1):*

$$pV = mRT \qquad m \ [kg] \qquad \text{- Masse des Gases}$$

oder $pv = RT \qquad R \left[\dfrac{J}{kg \cdot K}\right] \qquad$ - spezielle Gaskonstante

$$v = \dfrac{V}{m}\left[\dfrac{m^3}{kg}\right] \qquad \text{- spezifisches Volumen}$$

In der Gleichungsform (1.2 a,b,c) resultiert:

$$p = \dfrac{mRT}{V} \quad ; \quad V = \dfrac{mRT}{p} \quad ; \quad T = \dfrac{pV}{mR}$$

oder in der Gleichungsform (1.3)

$$pV - mRT = 0$$

Diese Zusammenhänge sind ähnlich für folgende Fälle:

Reale Gase $\quad pV = ZmRT \quad Z\ [-]$ – Korrekturfaktor (Realgasfaktor)

oder $\qquad pv = ZRT$

– <u>van der Waals</u> *(bedingt anwendbar)*

$$\left(p + \dfrac{a}{v^2}\right)(v - b) = RT$$

– <u>Berthelot</u> *(bedingt anwendbar)*

$$\left(p + \dfrac{a}{v^2 T}\right)(v - b) = RT$$

mit $\qquad a \left[\dfrac{Pa \cdot m^6}{mol^2}\right] \qquad$ - Kohäsionsdruck

$$b \left[\dfrac{m^3}{mol}\right] \qquad \text{- spezifisches Kovolumen}$$

1.5 Thermodynamische Zustandsänderungen

In der Umgebung eines thermodynamischen Systems können Änderungen auftreten, die als Variation einer Zustandsgröße über die Systemgrenze hin auf das System einwirken können. Bild 1.8 stellt einen solchen Zusammenhang dar. In diesem Fall entstehen im System so lange Ungleichgewichtszustände, bis ein neues Gleichgewicht zwischen System und Umgebung erreicht wird.

Im System findet somit eine thermodynamische Zustandsänderung zwischen zwei Gleichgewichtszuständen statt.

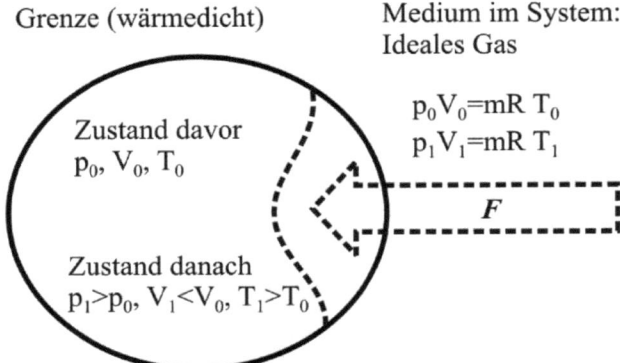

Bild 1.8 Zustandsänderung in einem thermodynamischen System durch eine Krafteinwirkung aus der Umgebung (Die Systemgrenze ist elastisch)

Zur Vereinfachung der grundlegenden Zusammenhänge wird zunächst vereinbart, dass eine äußere Änderung ohne Zeitverzug auf das System und innerhalb dessen wirkt. Das System befindet sich also ständig unendlich nahe an einem jeweiligen Gleichgewichtszustand (quasistatischer Vorgang).

Konsequenz: bei konstanter Systemmasse kann der Zustand in einem homogenen System mit einer Komponente und einer Phase zu jedem Zeitpunkt eindeutig durch die drei thermischen Zustandsgrößen – Druck, Volumen, Temperatur – beschrieben werden. Dabei ist die Bestimmung bzw. Messung von mindestens zwei Zustandsgrößen erforderlich, die dritte Größe ist von der Wertekombination der ersten zwei Größen abhängig. Das trifft auch für thermodynamische Vorgänge zu, die ständig Ungleichgewichtszustände erfahren.

1.5 Thermodynamische Zustandsänderungen

Beispiel:

für ein ideales Gas ist in jedem Punkt das Gleichgewicht durch die Zustandsgleichung definiert. Es gilt:

$$pV = mRT$$

bzw. $p\dfrac{V}{m} = RT$ wobei $\dfrac{V}{m} = v \left[\dfrac{m^3}{kg}\right]$ – spezifisches Volumen

$pv = RT$ $\rho = \dfrac{1}{v} \left[\dfrac{kg}{m^3}\right]$ – Dichte

oder $\dfrac{p}{\rho} = RT$

Das System ist bei einer Zustandsänderung von 1 bis 2 (entsprechend der Funktion im Bild 1.9 für ein geschlossenes System) in jedem Punkt zwischen den Extrempunkten 1, 2 im Gleichgewicht.

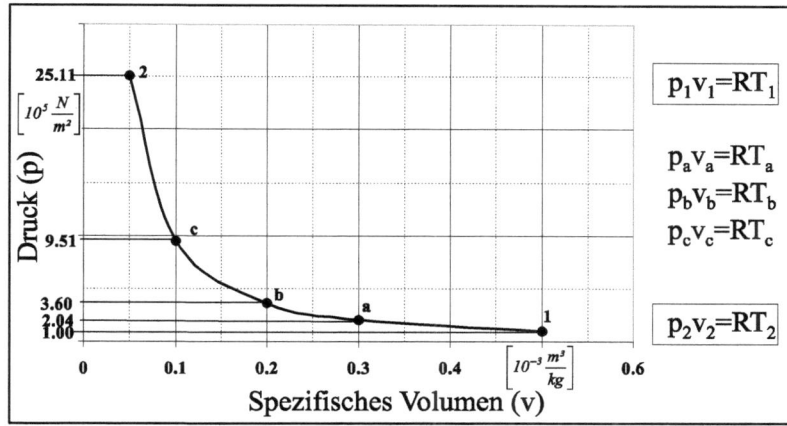

Bild 1.9 Zustandsänderung 1 – 2 als quasistatischer Vorgang in einem geschlossenen System von Gleichgewicht zu Gleichgewicht in einem idealen Gas

Allgemein gilt:

$$p_o v_o = RT_o \quad , \ldots p_i v_i = RT_i \quad , \ldots p_n v_n = RT_n \tag{1.4}$$

16   1. Grundlagen der Technischen Thermodynamik

Die Zustandsänderungen können zwischen zwei unterschiedlichen Zuständen 1,2 oder zyklisch – mit Rückkehr zum gleichen Zustand – ablaufen.

Während einer elementaren (finiten) Zustandsänderung des Typs a → b ist die Änderung einer beliebigen Größe in einem System mit einer Komponente und einer Phase von der Änderung zwei anderer Größen entsprechend Gl. (1.2a,b,c) abhängig.

$$(1.2a) \rightarrow dp = \left(\frac{\partial p}{\partial v}\right)_T dv + \left(\frac{\partial p}{\partial T}\right)_v dT \qquad (1.5a)$$

$$(1.2b) \rightarrow dv = \left(\frac{\partial v}{\partial p}\right)_T dp + \left(\frac{\partial v}{\partial T}\right)_p dT \qquad (1.5b)$$

$$(1.2c) \rightarrow dT = \left(\frac{\partial T}{\partial v}\right)_p dv + \left(\frac{\partial T}{\partial p}\right)_v dp \qquad (1.5c)$$

Die drei Änderungen sind durch die allgemeine thermische Zustandsgleichung (1.3) gebunden. Die Determinante der drei homogenen Gleichungen (1.5a,b,c) hat also den Wert Null.

$$\begin{vmatrix} -1 & \left(\frac{\partial p}{\partial v}\right)_T & \left(\frac{\partial p}{\partial T}\right)_v \\ \left(\frac{\partial v}{\partial p}\right)_T & -1 & \left(\frac{\partial v}{\partial T}\right)_p \\ \left(\frac{\partial T}{\partial p}\right)_v & \left(\frac{\partial T}{\partial v}\right)_p & -1 \end{vmatrix} = 0 \qquad (1.6)$$

Daraus resultiert – entsprechend der Übung Ü 1.1 :

$$\left(\frac{\partial p}{\partial v}\right)_T \left(\frac{\partial v}{\partial T}\right)_p \left(\frac{\partial T}{\partial p}\right)_v + 1 = 0 \text{ bzw. } \left(\frac{\partial p}{\partial T}\right)_v \left(\frac{\partial T}{\partial v}\right)_p \left(\frac{\partial v}{\partial p}\right)_T + 1 = 0 \quad (1.7), (1.7a)$$

Alle Formen von Zustandsgleichungen – (ideales Gas, reales Gas, van der Waals, Berthelot) – sind kompatibel mit dieser Bedingung.

1.6 Anwendbarkeit von Differentialquotienten der Zustandsgrößen

In der Gleichung

$$\left(\frac{\partial p}{\partial v}\right)_T \left(\frac{\partial v}{\partial T}\right)_p \left(\frac{\partial T}{\partial p}\right)_v + 1 = 0 \text{ bzw. } \left(\frac{\partial p}{\partial T}\right)_v \left(\frac{\partial T}{\partial v}\right)_p \left(\frac{\partial v}{\partial p}\right)_T + 1 = 0 \qquad (1.7), (1.7a)$$

haben die auftretenden Quotienten eine eindeutige Signifikanz in Bezug auf technische Anwendungen.

Beispiele:

$\left(\dfrac{\partial v}{\partial p}\right)_T$ — *Änderung des spezifischen Volumens infolge einer Druckeinwirkung auf das System, wobei die Temperatur konstant bleibt. Bei Druckeinwirkung von der Umgebung auf ein Fluid oder auf ein Pressteil kann in diesem Fall sein spezifisches Volumen sinken, bzw. seine Dichte zunehmen, wie im Bild 1.10 dargestellt ist.*

$\left(\dfrac{\partial v}{\partial T}\right)_p$ — *Änderung des spezifischen Volumens infolge der Temperaturänderung (beispielsweise durch Wärmezufuhr im System) bei konstantem Druck. Dies findet bei jeder Erwärmung eines festen Körpers oder eines Fluids statt, soweit kein Druck von der Umgebung ausgeübt wird, wie es im Bild 1.10 illustriert ist.*

$\left(\dfrac{\partial p}{\partial T}\right)_v$ — *Änderung des Druckes infolge der Temperaturänderung (beispielsweise durch Wärmezufuhr im System) bei konstanten Volumen. Bei Erwärmung eines Metallteils, welches sich konstruktionsbedingt nicht ausdehnen kann, entsteht eine Spannung $\sigma = \Delta p \; [N/m^2]$ wie im Bild 1.10 exemplifiziert ist.*

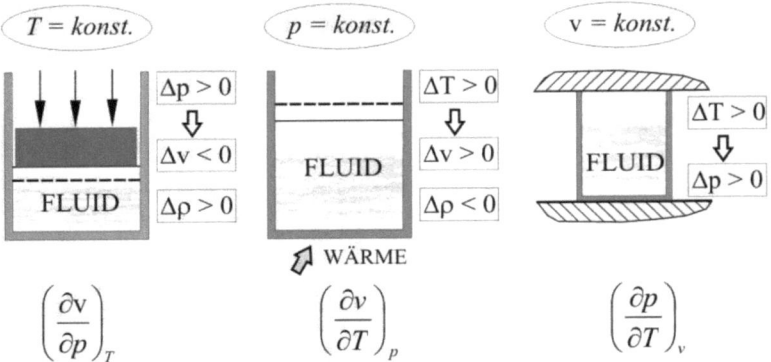

Bild 1.10 Zusammenwirkende Änderungen von Zustandsgrößen

Folgende stoffabhängige Größen sind in der Technik üblich:

Definition

Kompressibilitätskoeffizient $\lambda \quad \left[\dfrac{m^2}{N}\right]$

$$\lambda = -\dfrac{1}{V_0}\left(\dfrac{\partial V}{\partial p}\right)_T, \quad bzw. \quad \lambda = -\dfrac{1}{v_0}\left(\dfrac{\partial v}{\partial p}\right)_T$$

Elastizitätsmodul $\quad E \quad \left[\dfrac{N}{m^2}\right]$

$$E = \rho_0\left(\dfrac{\partial p}{\partial \rho}\right)_T = -v_0\left(\dfrac{\partial p}{\partial v}\right)_T \quad mit \quad \rho = \dfrac{1}{v} \quad und$$

$$d\rho = d\left(\dfrac{1}{v}\right) = -\dfrac{1}{v_0^2}dv \quad \Longrightarrow \quad \boxed{E = \dfrac{1}{\lambda}}$$

Thermischer Ausdehnungskoeffizient $\alpha \quad \left[K^{-1}\right]$

$$\alpha = \dfrac{1}{V_0}\left(\dfrac{\partial V}{\partial T}\right)_p \quad bzw. \quad \alpha = \dfrac{1}{v_0}\left(\dfrac{\partial v}{\partial T}\right)_p$$

Spannungskoeffizient $\beta \quad \left[K^{-1}\right]$

$$\beta = \dfrac{1}{p_0}\left(\dfrac{\partial p}{\partial T}\right)_v$$

1.7 Reversible und irreversible Zustandsänderungen

Entsprechend Gl. (1.7) gilt:

$$\alpha = p_0 \cdot \beta \cdot \lambda \qquad (1.8)$$

Daraus kann beispielsweise abgeleitet werden, dass es zwischen Spannungen und Verformungen, die in komplexen Fahrzeugfunktionsmodulen auftreten, stets einen expliziten Zusammenhang gibt, wie in der Ü 1.3 exemplifiziert wird.

1.7 Reversible und irreversible Zustandsänderungen

Ein thermisches oder mechanisches Ungleichgewicht zwischen einem thermodynamischen System und seiner Umgebung wirkt – entsprechend der Ausführungen in Kap. 1.5 – als Zustandsänderung (Prozess, Vorgang) zwischen 2 Gleichgewichtszuständen

> *Definition*
>
> ***Reversible (umkehrbare) Zustandsänderung:*** *Das System kann ohne Änderungen in der Umgebung in seinen Anfangszustand zurückgebracht werden. Anderenfalls ist die Zustandsänderung **irreversibel (unumkehrbar)**.*

Alle Ausgleichsprozesse – beispielsweise ein Druck- oder ein Temperaturausgleich – sind irreversibel.

Das entspricht den natürlich ablaufenden Vorgängen. Dagegen durchläuft ein reversibler Prozess eine Folge von Gleichgewichtszuständen zwischen denen kein Ungleichgewicht wahrgenommen (gemessen) werden kann.

Beispiel: *Überströmprozess (Druckausgleich) – Bild 1.11*

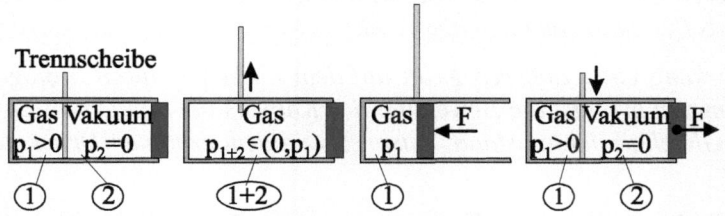

Bild 1.11 Umkehrung eines Druckausgleichs bis zum ursprünglichen Zustand mit Energiezufuhr aus der Umgebung (irreversibler Prozess)

Im Raum 1 des thermodynamischen Systems befindet sich zu Beginn des Prozesses ein Gas. Im Raum 2 herrscht Vakuum. Nach Entfernen der

Trennscheibe zwischen den Räumen strömt das Gas auch in den Raum 2. Das Systemvolumen ist gewachsen, der Systemdruck ist gesunken. Die freiwillige Rückkehr aller Gasmoleküle nach Raum 1, was eine Druckerhöhung bzw. eine Volumenminderung des Gases zu Folge hätte, widerspricht der Erfahrung. Der Vorgang kann nur mit Energiezufuhr von der Umgebung rückgängig gemacht werden (Bewegung des Kolbens unter Einwirkung der Kraft F bis zur Trennlinie). Der Prozess ist also irreversibel.

Beispiel: *Kolbenbewegung in einem Gas – Bild 1.12*

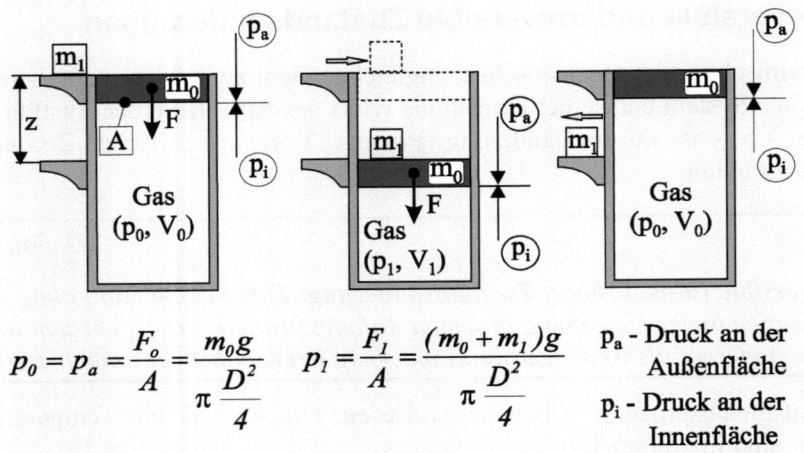

$$p_0 = p_a = \frac{F_o}{A} = \frac{m_0 g}{\pi \frac{D^2}{4}} \qquad p_1 = \frac{F_1}{A} = \frac{(m_0 + m_1)g}{\pi \frac{D^2}{4}}$$

p_a - Druck an der Außenfläche

p_i - Druck an der Innenfläche

Bild 1.12 Selbständige Rückkehr des Systems in den ursprünglichen Zustand, mit Änderungen in der Umgebung, die nur durch Energieaufwand kompensierbar sind (irreversibler Prozess)

In einem geschlossenen System (Zylinder) befindet sich ein Gas.

Am oberen Ende des senkrecht stehenden Zylinders ist ein Kolben vorgesehen. Das System ist im Gleichgewicht.

Die Wirkung einer äußeren Kraft auf dem Kolben – durch Auflage einer Zusatzmasse m_1 – ist die Bewegung des Kolbens nach unten bis zu einem neuen Gleichgewichtszustand, entsprechend dem erhöhten Druck des Gases.

Wenn Reibung, plastische Verformungen und Gasverluste ausgeschlossen werden, kehrt das System durch Entfernen der Zusatzmasse vom Kolben genau zum ursprünglichen Zustand zurück (Druck und Volumen des Gases weisen die ursprünglichen Werte auf).

Der Vorgang ist dennoch irreversibel:

Die Zusatzmasse ist in der unteren Lage geblieben, was eine niedrigere potentielle Energie als im ursprünglichen Zustand zur Folge hat. Diese Änderung in der Umgebung könnte nur mit einem Energieaufwand $E = m_1 \cdot g \cdot z$ korrigiert werden.

Ein reversibler Prozess setzt voraus, dass die hin- und die rücklaufende Zustandsänderung auf dem gleichen Weg verlaufen

1.8 Formen der Energieübertragung zwischen System und Umgebung

Die energetische Wechselwirkung zwischen System und Umgebung kann in Form von Arbeit und Wärme stattfinden. Die Art der Arbeit während einer Zustandsänderung unterscheidet sich nach dem Massenaustausch vom/zum System wie folgt:

- für geschlossene Systeme (massendicht): Volumenänderungsarbeit

- für offene Systeme (massendurchlässig): Druckänderungsarbeit

    (In früheren Literaturquellen „Technische Arbeit")

1.8.1 Volumenänderungsarbeit

$$W_v \ [J] \ , \ w_v \ \left[\frac{J}{kg}\right]$$

Die Volumen (Raum) -änderungsarbeit W_v stellt den Energieaustausch zwischen einem geschlossenen thermodynamischen System und seiner Umgebung dar, wenn zwischen beiden eine Kraft wirkt, wodurch eine Volumenänderung verursacht wird.

Im Bild 1.13 sind solche Vorgänge anhand eines Druckspeichers dargestellt.

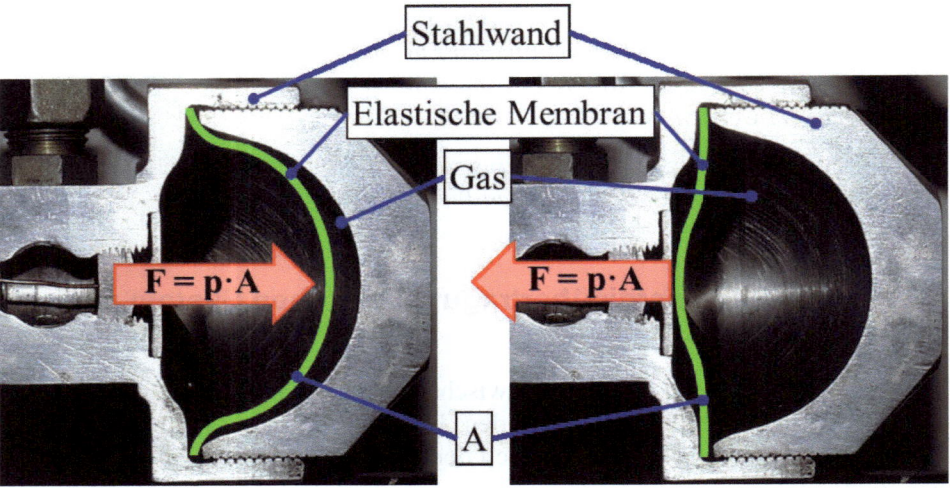

Bild 1.13 Volumenänderungsarbeit, die zwischen einem geschlossenen System und seiner Umgebung durch die Verschiebung der Systemgrenze (elastische Membrane in einem Druckspeicher) erscheint

Besonderheiten:

– Die Volumenänderung wird als Verschiebung der Systemgrenze festgestellt.

– Die Arbeit kann nur außerhalb des thermodynamischen Systems (an der Grenze, auf der Außenseite) gemessen werden, wo Kräfte entstehen.

Zur Bewertung der energetischen Wechselwirkungen zwischen System und Umgebung werden in der Thermodynamik Vorzeichenvereinbarungen getroffen.

In der technischen Thermodynamik und insbesondere in fahrzeugtechnischen Anwendungen, wo die Umwandlung verschiedener Energieformen in nutzbare Arbeit im Mittelpunkt steht, wird jene Arbeit als positiv betrachtet, die im System entsteht und außerhalb genutzt werden kann. Die Zeichenregelung ist demzufolge:

- dem System zugeführte Arbeit: $W-$
- aus dem System abgeführte Arbeit: $W+$

In der physikalischen Thermodynamik gilt die umgekehrte Regelung.

Angesichts der praktischen Anwendungen bei der Entwicklung fahrzeugtechnischer Systeme wird die 1. Regelung bevorzugt.

1.8 Formen der Energieübertragung zwischen System und Umgebung 23

Zur Ableitung der Volumenänderungsarbeit als Funktion von Zustandsgrößen im Arbeitsmedium wird das thermodynamische System im Bild 1.14 zugrunde gelegt.

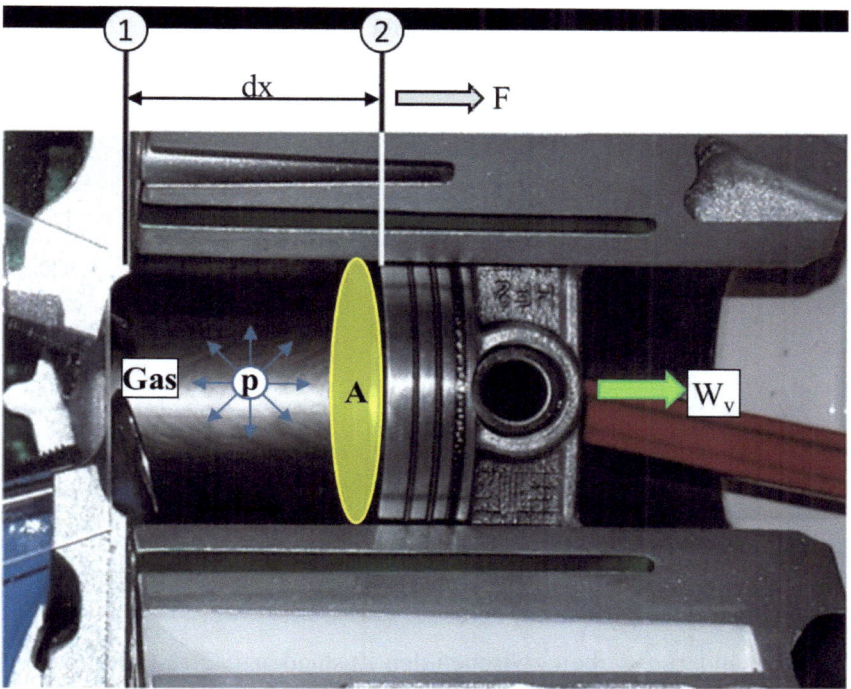

Bild 1.14 Schematische Darstellung eines geschlossenen (massendichten) Systems zur Ableitung der Volumenänderungsarbeit in Abhängigkeit von Zustandsgrößen im Arbeitsmedium (Gas) in einer Hubkolbenmaschine

Der Kolben wird durch das sich ausdehnende Gas von der Stellung 1 auf die Stellung 2 gebracht.

Voraussetzungen:

- der Kolben schließt das System dicht
- die Bewegung ist reibungsfrei
- die Zustandsänderung ist quasistatisch (durchläuft stets Gleichgewichtszustände im Gas)
- die Kolbengeschwindigkeit ist viel geringer als die Schallgeschwindigkeit im Gas, mit welcher sich alle Zustandsänderungen in das gesamte Gasvolumen fortpflanzen

Für eine Wegänderung dx gilt:

$$dW_v = F \cdot dx$$

Die Kraft, die das Gas auf den Kolben ausübt, resultiert aus:

$F = p \cdot A$; wobei für die Kolbenfläche in diesem Fall $A = \dfrac{\pi D^2}{4}$ gilt

Hieraus entsteht:

$$dW_v = pAdx; \quad \text{dabei ist } A\,dx = dV$$

Daraus resultiert:

$$dW_v = p\,dV \quad [J] \tag{1.9}$$

Dieser Zusammenhang ist nur für reversible Prozesse gültig, bei denen stets an der inneren und an der äußeren Fläche des Kolbens der Druck gleich ist $(p_i = p_a)$.

Nur dadurch ist eine Messung der Arbeit außerhalb des Systems bei Kenntnis aller momentanen Druckwerte möglich.

Die Volumenänderungsarbeit zwischen den Zuständen 1, 2 resultiert aus der Integration der Gl. (1.9):

$$W_v = \int_{V_1}^{V_2} p\,dV \tag{1.10}$$

Um die Arbeit qualitativ bewerten zu können – das heißt unabhängig von der Größe eines Systems – wird ihr Bezug auf die Masse des Arbeitsmediums im System empfohlen (Transformation einer absoluten in eine spezifische Größe).

Es gilt: $\quad w_v \left[\dfrac{J}{kg}\right] = \dfrac{W_v}{m} \dfrac{[J]}{[kg]}$

Analog $\quad v \left[\dfrac{m^3}{kg}\right] = \dfrac{V}{m} \dfrac{[m^3]}{[kg]}$

1.8 Formen der Energieübertragung zwischen System und Umgebung

Daraus resultiert:

$$w_v = \int_{v_1}^{v_2} p \, dv \qquad (1.10a)$$

Die Volumenänderungsarbeit ist entsprechend dem Zusammenhang in der Gl. (1.10), (1.10a) keine Zustandsgröße, also keine Systemeigenschaft. Es gilt:

$p = f(v)$

Diese Funktion muss bekannt sein, um die Arbeit zu ermitteln.

Definition
*Die **Volumenänderungsarbeit** ist eine wegabhängige Größe (Prozessgröße).*

Dieser Zusammenhang wird durch seine graphische Darstellung deutlicher:

Es wird ein Zustandsdiagramm in folgenden Koordinaten definiert:

- Variable V (oder v) auf Abszisse
- Variable p auf Ordinate.

In diesem Koordinatensystem ist die Arbeit entsprechend Gl. (1.10), (1.10a) als Fläche zwischen der Zustandsänderungskurve und der Abszisse wie im Bild 1.15 darstellbar.

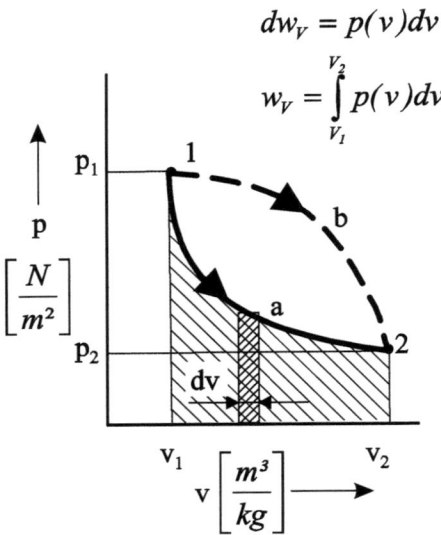

Bild 1.15 Darstellung der Volumenänderungsarbeit (geschlossenes System) auf Basis des bekannten Druckverlaufs zwischen zwei Volumina

In Abhängigkeit vom Verlauf der Zustandsänderung p = f(v) – graphisch durch unterschiedliche Kurvenverläufe a, b dargestellt – ergibt sich zwischen den 2 Referenzzuständen 1,2 ein jeweils anderer Flächeninhalt.

Physikalisch ist dW_v eine finite Quantität von Arbeit und keine finite Variation einer Arbeit. Arbeit erscheint als Energieform NUR während Zustandsänderungen infolge einer Energieumwandlung, beispielsweise aus Wärme, sie kann nicht in einem Zustand gespeichert werden. Deswegen ist der Zusammenhang in der Gl. (1.10) nicht als

$W_{V_2} - W_{V_1} = \int_{V_1}^{V_2} p \, dV$, sondern nur in der Form $W_{V_{12}} = \int_{V_1}^{V_2} p \, dV$ möglich.

Der absolute Druck ist immer eine positive Größe (p > 0)

Aus Gl. (1.10) resultiert

- für dV > 0 (Ausdehnung, Expansion) → dW_v > 0 positive Arbeit, vom System verrichtet bzw.

- für dV < 0 (Verdichtung, Kompression) → dW_v < 0 negative Arbeit, auf das System ausgeübt

Im Bild 1.16 sind diese möglichen Ablaufrichtungen dargestellt.

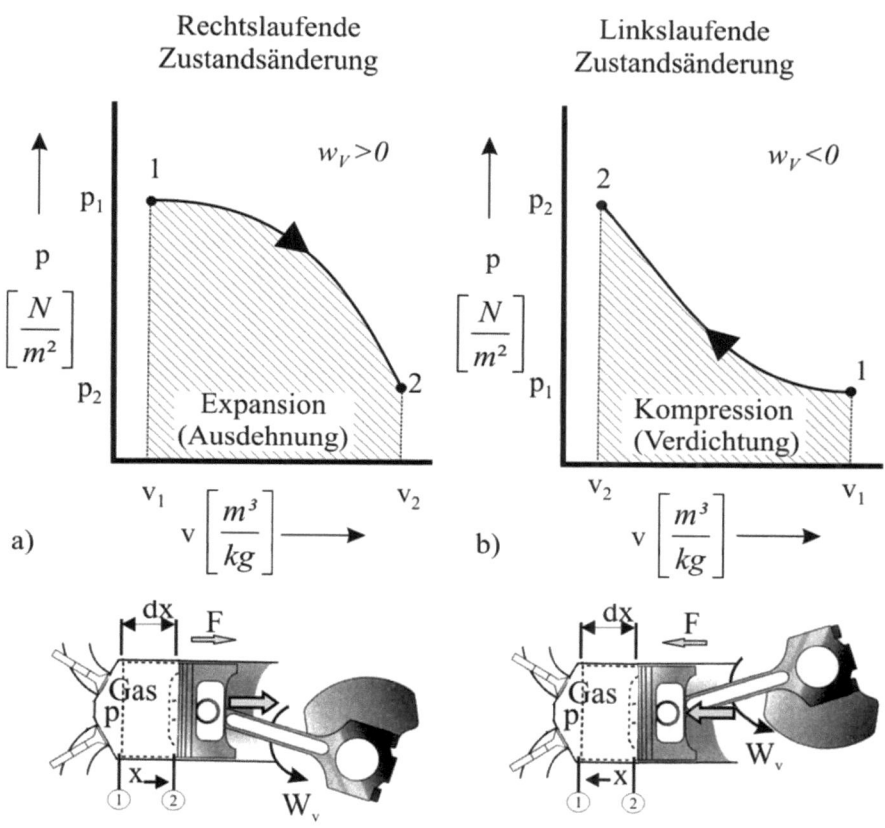

Bild 1.16 Ablaufrichtungen von Zustandsänderungen in einem geschlossenen System (Hubkolbenmaschine)

In einer zyklischen Zustandsänderung (Kreisprozess) – bei der Ursprungs- und Endzustand gleich sind – resultiert die Volumenänderungsarbeit aus der Differenz der Kompressions- und Expansionsarbeiten zwischen dem minimalen und dem maximalen Volumen.

Solche Prozesse sind im Bild 1.17 dargestellt.

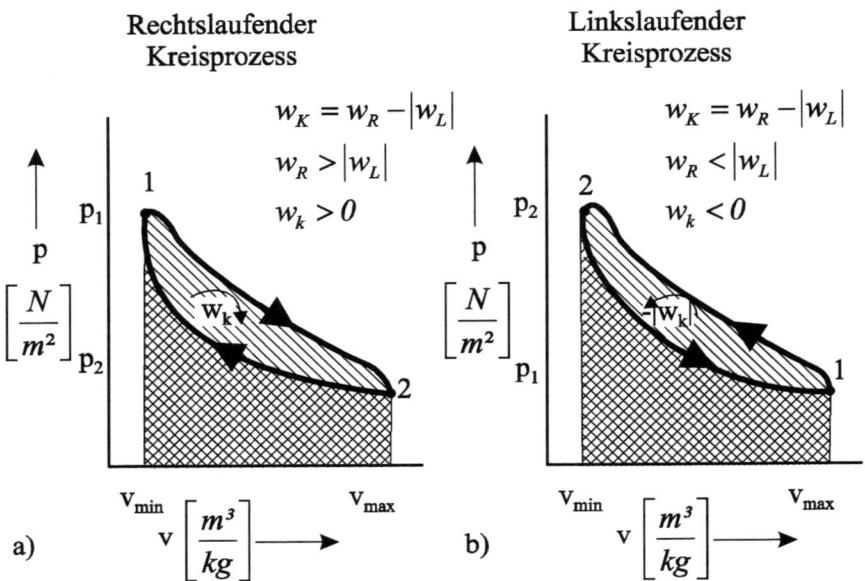

Bild 1.17 Kreisprozesse in einem geschlossenen System – links-/ rechtslaufende Kreisprozesse

Die mit der Umgebung ausgetauschte Arbeit resultiert in diesem Fall aus der Fläche innerhalb der geschlossenen Zustandsänderungskurve.

In einem Kreisprozess, der in Uhrzeigersinn verläuft (rechtslaufender Prozess) ist die Kreisprozessarbeit W_K positiv, in einem linkslaufenden Prozess ist die Kreisprozessarbeit W_K negativ.

Ein solcher Verlauf kann experimentell – wie im Kap. 9 dargestellt wird – mittels Druck- und Weggeber, die die Signale an einen Speicheroszilloskopen weiterleiten, ermittelt werden.

Die Arbeit ist eine makroskopische Größe, weil sie aus makroskopisch vereinbarten Zustandsgrößen (p, V) abgeleitet wird.

Die Arbeit ist keine im System gespeicherte Energie, sondern eine Energieform, die nur während einer Energieumwandlung erscheint.

Ein System kann chemische, innere, potentielle oder kinetische Energie der Moleküle beinhalten, jedoch keine Arbeit. Deswegen erscheint die Arbeit nur in finiter Quantität bei einer Umwandlung der systemeigenen Energieformen.

1.8.2 Druckänderungsarbeit [1]

W_p $[J]$, w_p $\left[\dfrac{J}{kg}\right]$

Die Druckänderungsarbeit, die bei offenen thermodynamischen Systemen auftritt – z.B. in Axial- und Radialverdichtern und Turbinen – wird kontinuierlich zu- oder abgeführt. Meist wird sie in Form eines Momentes mittels einer Welle der Umgebung übertragen.

Es gilt allgemein:

- für Translationsbewegungen $dW = F\,dx$
- für Rotationsbewegungen $dW = M_d\,d\alpha$

Bei Maschinen mit kontinuierlichem Austausch von Arbeit bei kontinuierlichem Massenstrom des Arbeitsmediums ist die ständige Rotation vorteilhaft und wird auch allgemein angewandt.

Im Bezug auf die ausgetauschte Masse des Arbeitsmediums gilt:

$$W_p = m w_p \qquad \text{und daraus}$$

$$dW_p = d(m w_p) \quad \rightarrow \quad d(m w_p) = M_d\,d\alpha$$

Im Bezug auf einen Zeitabschnitt resultiert

$$\dfrac{d(m w_p)}{dt} = \dfrac{M_d\,d\alpha}{dt} \qquad \text{bzw.} \qquad w_p \dfrac{dm}{dt} + m \dfrac{dw_p}{dt} = M_d \dfrac{d\alpha}{dt}$$

Für einen stationären Vorgang, in dem keine Änderung des Massenstroms, des Drehmomentes oder der Winkelgeschwindigkeit betrachtet werden, wird daraus folgender Zusammenhang abgeleitet:

$$\boxed{\dot{m} \cdot w_p = M_d \cdot \omega} \qquad \text{wobei} \qquad \omega = 2\pi n$$

daraus resultiert: $\dot{m} \cdot w_p = M_d \cdot 2\pi n$

---

1) In verschiedenen Literaturquellen als „technische" Arbeit (W_t) bezeichnet.

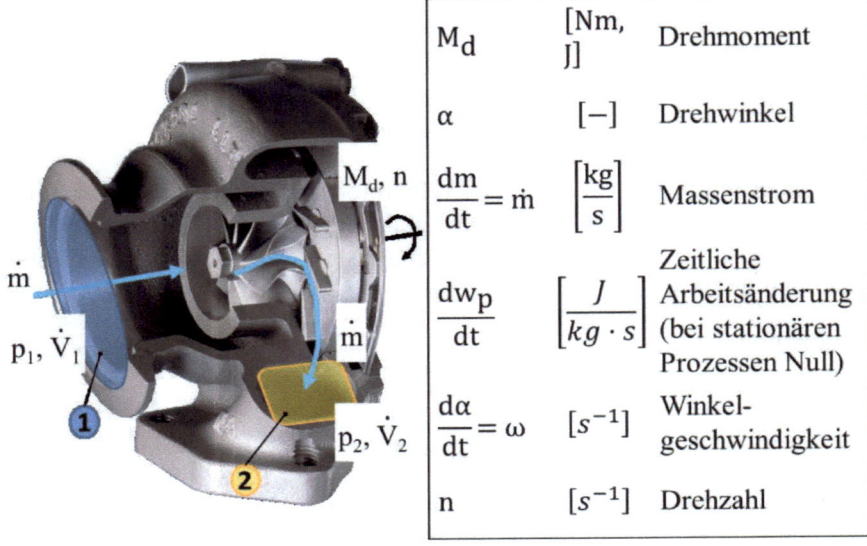

Bild 1.18 Schematische Darstellung eines offenen (massendurchlässigen) Systems zur Ableitung der Druckänderungsarbeit in Abhängigkeit von Zustandsgrößen im Arbeitsmedium (Gas) in einem radialen Luftverdichter

Zur Berechnung der Druckänderungsarbeit wird ein System wie im Bild 1.18 zugrunde gelegt.

Das System stellt einen Verdichter dar. Der Massenstrom des Gases $\dot{m}_1$ tritt in das System durch die Stelle 1 ein, der Massenstrom $\dot{m}_2$ durch die Stelle 2 aus.

Zur Ableitung einer kontinuierlichen unvariablen Druckänderungsarbeit wird der Prozess zunächst als stationär betrachtet.

Daraus folgt:

- beide Ströme bleiben konstant mit der Zeit: $\quad \dfrac{d\dot{m}}{dt} = 0$

Wenn der gesamte durch die Stelle 1 zugeführte Massenstrom nur durch die Stelle 2 abgeführt wird, gilt auf Grund der Massenerhaltung in gleicher Betrachtungsdauer: $\dot{m}_1 = \dot{m}_2 = \dot{m}$

- die Arbeit erfährt keine Änderung: $\quad \dfrac{dw_p}{dt} = 0$

1.8 Formen der Energieübertragung zwischen System und Umgebung

Die Definition der Arbeit bleibt prinzipiell wie im Kap. 1.8.1, sie entspricht also jener von der Volumenänderungsarbeit – Gl.(1.9).

$$dW_v = pdV$$

Bei einem offenen System, in diesem Fall dargestellt von einer Maschine mit stationärer Strömung, ist allerdings die Variation des Gasvolumens im System nicht explizit darstellbar.

Dagegen ist der Druck für die Extremzustände, die diesmal räumlich – am Ein- und Ausgang des Systems – und nicht zeitlich ermittelt werden, messbar.

Eine Zustandsänderung zwischen zwei Zuständen 1,2 resultiert in diesem Fall aus einer „Druckänderungsarbeit". Der Zusammenhang kann ebenfalls anhand eines p, v-Diagramms – wie im Bild 1.19a – graphisch dargestellt werden.

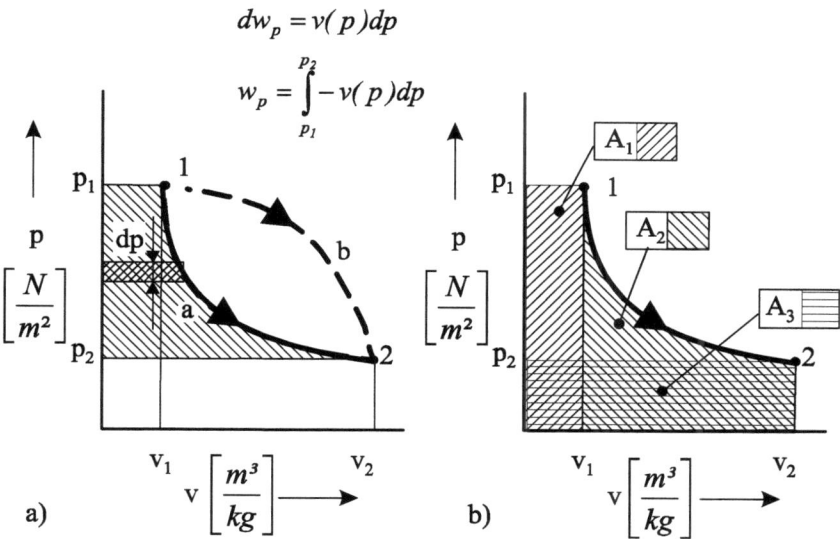

Bild 1.19 Darstellung der Druckänderungsarbeit (offenes System) auf Basis des bekannten Druckverlaufs zwischen zwei Extremdrücken

Die Arbeit, die der Zustandsänderung 1,2 entspricht, umfaßt in diesem Fall den gesamten Prozess zwischen dem Eingangs- und dem Ausgangsdruck $p_1 - p_2$.

Durch die entsprechende Variablenänderung in Gl. (1.9) (dV) → (-dp) für eine gleiche Zustandsänderung (1a2) oder (1b2) in den Bildern 1.15 und 1.19 (Drucksenkung bei Volumenzunahme) oder (12) im Bild 1.16b (Volumensenkung bei Druckzunahme) resultiert:

$$dW_p = V(-dp) \qquad (1.11)$$

bzw.

$$dw_p = v(-dp) \qquad (1.11a)$$

woraus zwischen zwei Extremdrücken p_1 und p_2 folgende Druckänderungsarbeit resultiert:

$$W_p = \int_{p_1}^{p_2} -V\, dp \qquad (1.12)$$

bzw.

$$w_p = \int_{p_1}^{p_2} -v\, dp \qquad (1.12a)$$

Diese Arbeit kann auch aus der Differenz der Flächen mit den Eckpunkten p1-1-2-v2-0-p1 (Flächen $A_1 + A_2$) und p2-2-v2-0-p2 (Fläche A_3) im Bild 1.19b abgeleitet werden:

$$w_p = A_1 + A_2 - A_3$$

$$w_p = A_1(p_1 - 1 - v_1 - 0 - p_1) + A_2(1 - 2 - v_2 - v_1 - 1) - A_3(p_2 - 2 - v_2 - 0 - p_2)$$

$$W_p = \left(p_1 V_1 + \int_{V_1}^{V_2} p\, dV \right) - p_2 V_2 = \int_{V_1}^{V_2} p\, dV + (p_1 V_1 - p_2 V_2) \qquad (1.13)$$

bzw.

$$w_p = \left(p_1 v_1 - \int_{v_1}^{v_2} p\, dv \right) - p_2 v_2 = \int_{v_1}^{v_2} p\, dv + (p_1 v_1 - p_2 v_2) \qquad (1.13a)$$

1.8 Formen der Energieübertragung zwischen System und Umgebung

Die Differenz $(p_1v_1 - p_2v_2)$ ist als Verschiebearbeit definiert. Sie charakterisiert in der Kraftfahrzeugtechnik beispielsweise den Ladungswechsel in einem Kolbenmotor, in einem Kompressor oder in einer Turbine.

Die Gleichungen (1.12),(1.12a) beschreiben die gleiche Fläche in den Koordinaten pV bzw. pv wie die Gl.(1.13),(1.13a).

In Abhängigkeit vom Verlauf der Zustandsänderung v=f(p) – der in den Bildern 1.15 und 1.19 zum Vergleich der Volumenänderungs- mit der Druckänderungsarbeit als gleich auf der Strecke a bzw. b erscheint – ergibt sich zwischen den zwei Referenzzuständen 1,2 ein jeweils anderer Flächeninhalt.

> *Definition*
> Die **Druckänderungsarbeit** *ist eine wegabhängige Größe (Prozessgröße)*.

Physikalisch ist dW_p eine finite Quantität von Arbeit und keine finite Variation einer Arbeit. Arbeit erscheint als Energieform NUR während Zustandsänderungen infolge einer Energieumwandlung, beispielsweise als Wärme, sie kann nicht in einem Zustand gespeichert werden. Deswegen ist der Zusammenhang in der Gleichung (1.12) nicht als

$$W_{p2} - W_{p1} = \int_{p_1}^{p_2} -Vdp \quad \text{sondern nur in der Form}$$

$$W_{p12} = \int_{p_1}^{p_2} -Vdp \quad \text{möglich.}$$

Das Volumen ist stets eine positive Größe (V > 0).

Aus Gleichung (1.12) resultiert :

- für $dp < 0$ (Ausdehnung; Expansion) $\rightarrow dW_p > 0$ – positive Arbeit, vom System realisiert

- für $dp > 0$ (Verdichtung, Kompression) $\rightarrow dW_p < 0$ – negative Arbeit, auf das System ausgeübt.

Im Bild 1.20 sind diese möglichen Ablaufrichtungen dargestellt.

Aus dem Vergleich der Bilder (1.16)/(1.20) bzw. der Gleichungen (1.10)/(1.12) kann abgeleitet werden, dass eine Ausdehnung stets positive (abgeführte) und eine

Kompression stets negative (zugeführte) Arbeit zur Folge hat, unabhängig davon, ob das System offen oder geschlossen ist.

In einer zyklischen Zustandsänderung (Kreisprozess) – bei der Ursprungs- und Endzustand gleich sind – resultiert die Druckänderungsarbeit aus der Differenz der Kompressions- und Expansionsarbeiten zwischen dem minimalen und dem maximalen Druck. Das ergibt die Fläche innerhalb der geschlossenen Zustandsänderungskurve.

In diesem Fall hat die Einteilung in Volumenänderungsarbeit und Druckänderungsarbeit keine Bedeutung, weil die Beträge gleich sind, wie aus den Bildern 1.17a, 1.17b offensichtlich ableitbar ist.

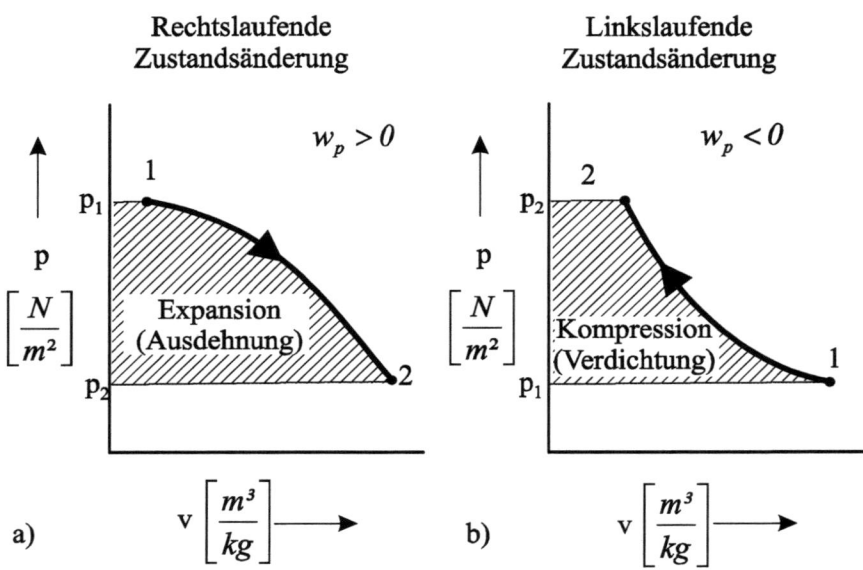

Bild 1.20 Ablaufrichtungen von Zustandsänderungen in einem offenen System

Wie im Falle der Volumenänderungsarbeit ist auch die Druckänderungsarbeit eine Energieform, die nur während einer Energieumwandlung erscheint. Sie kann nicht gespeichert werden und erscheint bei Umwandlungen nur als finite Quantität.

1.8.3 Wärme

$$Q \;[J] \;, \; q \;\left[\frac{J}{kg}\right]$$

Der Austausch einer Arbeit zwischen einem System und seiner Umgebung setzt entweder eine Änderung der Kenngrößen an der Außenseite der Systemgrenze oder die Bewegung des gesamten Systems in Bezug auf die Referenzachsen voraus.

Außer dieser energetischen Wechselwirkung zwischen System und Umgebung ist noch eine andere möglich, bei der die genannten Voraussetzungen nicht zwingend sind. In diesem Fall gilt als Bedingung, dass die Temperatur des Systems bzw. der Umgebung unterschiedlich und die Grenze nicht thermisch isoliert ist.

Definition

*Die **Wärme** ist die Energieform, die zwischen zwei Systemen (oder zwischen System und Umgebung) unterschiedlicher Temperaturen infolge ihres thermischen Kontaktes übertragen wird – ohne zwingende Änderung der makroskopischen Eigenschaften des Systems, also ohne zwingenden Austausch von Arbeit.*

Im Falle einer thermisch dichten Systemgrenze (adiabates System) ist selbst im Falle einer Temperaturdifferenz kein thermischer Kontakt gegeben – es erscheint dann auch keine Wärme.

Bild 1.21 stellt einen solchen Vorgang dar.

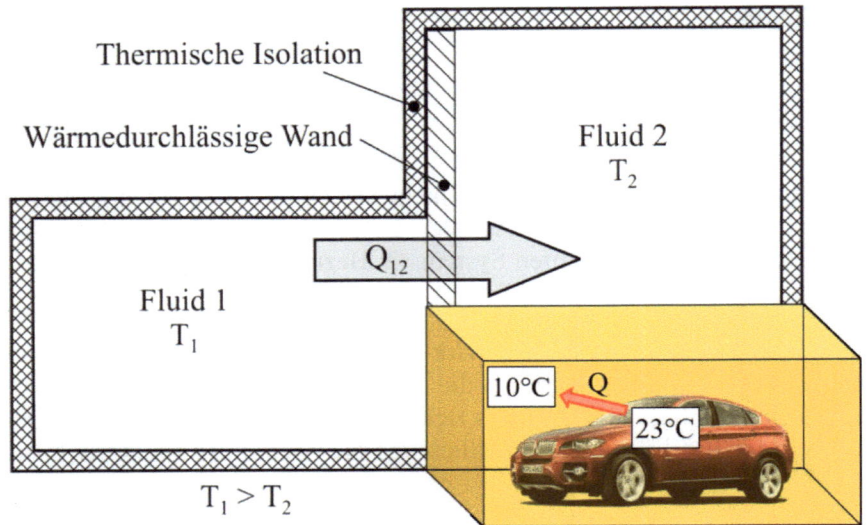

Bild 1.21 Austausch von Wärme zwischen zwei thermodynamischen Systemen, die im direkten thermischen Kontakt stehen – zwei Fluide in getrennten Räumen, bei unterschiedlichen Temperaturen, getrennt von einer wärmedurchlässigen Wand bzw. ein betriebswarmes Fahrzeug in einer kalten Garage

> *Definition*
>
> *Die **Wärme** ist – wie auch die Arbeit – eine wegabhängige Größe (Prozessgröße).*

Die Wärme ist keine Energie, die im System gespeichert wird, sie tritt nur an der Systemgrenze während einer Energieumwandlung auf.

Das System selbst besitzt eine innere Energie, die Wärme ist nur eine Form der Energieübertragung beim thermischen Kontakt zwischen zwei Systemen.

Frühere Bezeichnungen wie „Wärmekapazität, Wärmespeicherung" sind der inneren Energie eines Systems bzw. eines Arbeitsmediums zuzuordnen.

Ein Wärmeaustausch findet nicht im makroskopischen Bereich statt. Eine Analyse des Wärmeaustausches ist nur auf Basis der Molekularstruktur der Materie möglich.

In jedem Fall ist aber ein Wärmeaustausch an eine materielle Basis gebunden.

Als Einheit für die Wärme gilt wie im Falle der Arbeit:

1.8 Formen der Energieübertragung zwischen System und Umgebung

- $dQ\,[J]$ → Q_{12} ist dabei eine finite Größe, die bei einer Zustandsänderung von 1 nach 2 auftritt. Ein Ausdruck der Form $Q_1 - Q_2$ hat physikalisch keinen Sinn, es gibt keine gespeicherte Wärme, daher keine Differenz.

- $dq\left[\dfrac{J}{kg}\right]$ → spezifische Wärme, aus $q_{12} = \dfrac{Q_{12}}{m}\quad \dfrac{[J]}{[kg]}$

Als Vorzeichenregelung gilt in der physikalischen wie in der technischen Thermodynamik:

- dem System zugeführte Wärme: Q +
- aus dem System abgeführte Wärme: Q -

Anwendungsbeispiele und Übungen zu Kapitel 1

Anwendbarkeit von Differentialquotienten der Zustandsgrößen

Ü 1.1 Der Zusammenhang der thermischen Zustandsgrößen entsprechend Gl. (1.7) ist durch Berechnung der Determinante (1.6) abzuleiten.

Lösung:

$$\underbrace{\begin{vmatrix} -1 & \left(\dfrac{\partial p}{\partial v}\right)_T & \left(\dfrac{\partial p}{\partial T}\right)_v \\ \left(\dfrac{\partial v}{\partial p}\right)_T & -1 & \left(\dfrac{\partial v}{\partial T}\right)_p \\ \left(\dfrac{\partial T}{\partial p}\right)_v & \left(\dfrac{\partial T}{\partial v}\right)_p & -1 \end{vmatrix}}_{=0} \cdot \underbrace{\begin{vmatrix} dp \\ dv \\ dT \end{vmatrix}}_{\substack{\neq 0 \\ \text{während} \\ \text{einer} \\ \text{Zustandsänderung}}} = 0$$

Die Berechnung der Determinante ergibt:

$$\begin{vmatrix} -1 & \left(\dfrac{\partial p}{\partial v}\right)_T & \left(\dfrac{\partial p}{\partial T}\right)_v & -1 & \left(\dfrac{\partial p}{\partial v}\right)_T \\ \left(\dfrac{\partial v}{\partial p}\right)_T & -1 & \left(\dfrac{\partial v}{\partial T}\right)_p & \left(\dfrac{\partial v}{\partial p}\right)_T & -1 \\ \left(\dfrac{\partial T}{\partial p}\right)_v & \left(\dfrac{\partial T}{\partial v}\right)_p & -1 & \left(\dfrac{\partial T}{\partial p}\right)_v & \left(\dfrac{\partial T}{\partial v}\right)_p \end{vmatrix} = 0$$

$$-1 + \left(\dfrac{\partial p}{\partial v}\right)_T \left(\dfrac{\partial v}{\partial T}\right)_p \left(\dfrac{\partial T}{\partial p}\right)_v + \left(\dfrac{\partial p}{\partial T}\right)_v \left(\dfrac{\partial v}{\partial p}\right)_T \left(\dfrac{\partial T}{\partial v}\right)_p +$$

$$\left(\dfrac{\partial p}{\partial T}\right)_v \left(\dfrac{\partial T}{\partial p}\right)_v + \left(\dfrac{\partial v}{\partial T}\right)_p \left(\dfrac{\partial T}{\partial v}\right)_p + \left(\dfrac{\partial p}{\partial v}\right)_T \left(\dfrac{\partial v}{\partial p}\right)_T = 0$$

mit $\left(\dfrac{\partial p}{\partial v}\right)_T \left(\dfrac{\partial v}{\partial T}\right)_p \left(\dfrac{\partial T}{\partial p}\right)_v = x$ und $\left(\dfrac{\partial p}{\partial T}\right)_v \left(\dfrac{\partial T}{\partial v}\right)_p \left(\dfrac{\partial v}{\partial p}\right)_T = \dfrac{1}{x}$

bzw. für $\left(\frac{\partial p}{\partial T}\right)_v \left(\frac{\partial T}{\partial p}\right)_v = 1$; $\left(\frac{\partial v}{\partial T}\right)_p \left(\frac{\partial T}{\partial v}\right)_p = 1$;

$\left(\frac{\partial p}{\partial v}\right)_T \left(\frac{\partial v}{\partial p}\right)_T = 1$ gilt:

$-1 + x + \frac{1}{x} + 3 = 0$; $\frac{x^2 + 1 + 2x}{x} = 0$; $\frac{(x+1)^2}{x} = 0$

für $\underbrace{x \neq 0}_{\rightarrow Zustandsänderung}$ $x + 1 = 0$

Daraus resultiert $\left(\frac{\partial p}{\partial v}\right)_T \left(\frac{\partial v}{\partial T}\right)_p \left(\frac{\partial T}{\partial p}\right)_v + 1 = 0$ (1.7)

Bemerkung: bei der Bezeichnung des Terms

$\left(\frac{\partial p}{\partial T}\right)_v \left(\frac{\partial T}{\partial v}\right)_p \left(\frac{\partial v}{\partial p}\right)_T = x$

würde resultieren $\left(\frac{\partial p}{\partial v}\right)_v \left(\frac{\partial v}{\partial T}\right)_p \left(\frac{\partial T}{\partial p}\right)_v = \frac{1}{x}$

und daraus $\left(\frac{\partial p}{\partial T}\right)_v \left(\frac{\partial T}{\partial v}\right)_p \left(\frac{\partial v}{\partial p}\right)_T + 1 = 0$

Beim Vergleich der Gl. (1.7) und (1.7a) kann festgestellt werden, dass nur der Weg des Differenzierens unterschiedlich ist. Dieses ist ein wegunabhängiges (exaktes, vollständiges) Differential.

Ü 1.2 Es ist zu zeigen, dass die Bedingung (1.7) von folgenden Zustandsgleichungen erfüllt wird:

a) Ideales Gas $\quad pv = RT$

b) Wasserdampf $\quad \left(p + \frac{a}{v^2}\right) \cdot (v - b) = RT$ (van der Waals)

Anwendungsbeispiele und Übungen zu Kapitel 1

Lösung:

a) aus $pv = RT$ $\quad p = \dfrac{RT}{v} \quad v = \dfrac{RT}{p} \quad T = \dfrac{pv}{R}$

$$\dfrac{\partial p}{\partial v} = -\dfrac{RT}{v^2} \qquad \dfrac{\partial v}{\partial T} = \dfrac{R}{p} \qquad \dfrac{\partial T}{\partial p} = \dfrac{v}{R}$$

Einsetzen in Gleichung (1.7)

$$-\dfrac{RT}{v^2} \cdot \dfrac{R}{p} \cdot \dfrac{v}{R} + 1 = 0 \qquad pv = RT$$

b) aus $\left(p + \dfrac{a}{v^2}\right)(v-b) = RT$ resultiert:

$$p = \dfrac{RT}{v-b} - \dfrac{a}{v^2} \qquad T = \dfrac{1}{R}\left(p + \dfrac{a}{v^2}\right)(v-b)$$

Die Umstellung nach v für die Gleichung (1.7) ist explizit nicht möglich → Gleichung (1.7) wird selbst wie folgt umgestellt:

$$\left(\dfrac{\partial p}{\partial v}\right)_T \left(\dfrac{\partial T}{\partial p}\right)_v = -\left(\dfrac{\partial T}{\partial v}\right)_p$$

$$\left(\dfrac{\partial p}{\partial v}\right)_T = -\dfrac{RT}{(v-b)^2} + \dfrac{2a}{v^3} \qquad \left(\dfrac{\partial T}{\partial p}\right)_v = \dfrac{1}{R} \cdot (v-b)$$

$$\left(\dfrac{\partial T}{\partial v}\right)_p = \dfrac{1}{R}\left(p - \dfrac{a}{v^2} + \dfrac{2ab}{v^3}\right)$$

$$\rightarrow \left(\dfrac{-RT}{(v-b)^2} + \dfrac{2a}{v^3}\right) \cdot \left(\dfrac{1}{R}(v-b)\right) = -\dfrac{1}{R}\left(p - \dfrac{a}{v^2} + \dfrac{2ab}{v^3}\right)$$

das entspricht $\quad \left(p + \dfrac{a}{v^2}\right)(v-b) = RT$

Ü 1.3 Ein geringfügig dehnbarer Aluminiumstab in einer metallischen Struktur mit einer Länge von 300 [mm] und mit konstanten, runden Querschnitt erwärmt sich infolge Sonneneinstrahlung von 20 [°C] auf 40 [°C].

Fragen: Um wie viel wird der Stab länger? (Die Querschnittsänderung ist vernachlässigbar)

Wie ändert sich das Ergebnis, wenn das Aluminium durch Stahl ersetzt wird?

Angaben: Thermische Ausdehnungskoeffizienten:

$$\alpha_{Al} = 23{,}8 \cdot 10^{-6} \left[K^{-1}\right]$$

$$\alpha_{St} = 10{,}0 \cdot 10^{-6} \left[K^{-1}\right]$$

Lösung: Aus der Definition des thermischen Ausdehnungskoeffizienten (Kapitel 1.6)

$$\alpha = \frac{1}{V_0}\left(\frac{\partial V}{\partial T}\right)_p$$

resultiert anhand von Differenzen (Δ)

$$\alpha V_0 = \frac{\Delta V}{\Delta T} \quad \text{bei} \quad p = \text{konst.}$$

woraus $\quad \Delta V = \alpha V_0 \Delta T$

oder $\quad \Delta l \cdot A = \alpha l_0 A \Delta T \quad$ mit $\quad \Delta l = l - l_0$

wodurch $\quad l = l_0 (1 + \alpha \Delta T)$

Daraus resultiert für den Aluminiumstab:

$$l = l_0 \left(1 + 23{,}8 \cdot 10^{-6}\left[K^{-1}\right] \cdot 20[K]\right) = 0{,}3[m]\left(1 + 0{,}476 \cdot 10^{-3}\right)$$
$$= 0{,}3 \cdot 1{,}000476[m] = 0{,}3001428[m]$$

Die Änderung beträgt $0{,}1428\,[mm]$.

Analog gilt für Stahl $\Delta l = 0{,}06\ [mm]$.

Kommentar: Die Überschreitung der Ausdehnungstoleranzen würde zu Druckspannungen führen, ausgedrückt durch den Spannungskoeffizienten β.

Ü 1.4 Infolge einer fortlaufenden Druckwelle wird ruhendes Wasser bei 20 [°C] in der Stahlleitung eines Hydraulikkreislaufes mit einem Druck von 100 [MPa] beaufschlagt, wodurch eine geringfügige Kompression des Wassers bei unveränderter Temperatur erfolgt.

Frage: Wie viel Prozent beträgt die Kompression (Dichteänderung) des Wassers, wenn die Stahlleitung keine Ausdehnung zulässt?

Angaben: Stoffwerte für Wasser bei t=20 [°C], p_0=0,1 [MPa]:

$$E = 2 \cdot 10^9 \left[\frac{N}{m^2}\right]\ ;\ \rho = 10^3 \left[\frac{kg}{m^3}\right]\ ;$$

Lösung: Aus der Definition des Elastizitätsmoduls (Kapitel 1.6) $E = \rho_0 \left(\dfrac{\partial p}{\partial \rho}\right)_T$ resultiert anhand von Differenzen (Δ):

$$\frac{E}{\rho_0} = \frac{\Delta p}{\Delta \rho}$$

und daraus

$$\frac{\Delta \rho}{\rho_0} = \frac{\Delta p}{E}$$

mit $\Delta \rho = \rho - \rho_0\ ;\ \Delta p = p - p_0$

Das ergibt:

$$\frac{\rho - \rho_0}{\rho_0} = \frac{(100 - 0{,}1) \cdot 10^6 \left[\frac{N}{m^2}\right]}{2 \cdot 10^9 \left[\frac{N}{m^2}\right]} \cdot 100\,[\%]$$

Die Änderung beträgt 4,995%.

bzw. $\quad \dfrac{\rho - \rho_0}{\rho_0} = 0{,}04995$

$$\rho = \rho_0 (1 + 0{,}04995)$$

$$\rho = 10^3 \left[\dfrac{kg}{m^3}\right] \cdot 1{,}04995 = 1049{,}95 \left[\dfrac{kg}{m^3}\right]$$

Kommentare:

- Flüssigkeiten sind bei Drücken in der erwähnten Höhe geringfügig kompressibel.
- Wenn die Leitung elastisch (dehnbar) ist, wird die Energie der Druckwelle zwischen Leitungsausdehnung und Flüssigkeitskompression aufgeteilt.
- Solche Vorgänge finden in den Leitungen von Hochdruckeinspritzsystemen statt. Bei Dieseleinspritzanlagen sind Drücke im Bereich von 200 [MPa] Stand der Technik.
- Ein solcher Vorgang tritt in Wasserleitungen beim Entstehen eines Wasserschlags (Effekt des hydraulischen Widders) auf, wodurch Resonanzwellen in der Leitung hervorgerufen werden.

Ü 1.5 Ein massendichter Stahlbehälter ist vollständig mit Wasser gefüllt. Das Wasser wird erwärmt, wodurch seine Temperatur von 20 [°C] auf 90 [°C] zunimmt. Der Stahlbehälter ist nicht ausdehnbar.

Frage: Auf welchen Wert steigt der Wasserdruck, wenn sein Wert vor der Erwärmung p=0,1 [MPa] beträgt?

Angaben: Thermischer Ausdehnungskoeffizient des Wassers:
$\alpha = 210 \cdot 10^{-6} \left[K^{-1}\right]$

Elastizitätsmodul: $\quad E = 2 \cdot 10^9 \left[\dfrac{N}{m^2}\right]$

Lösung: Aus dem Zusammenhang der Zustandsgrößen während einer thermodynamischen Zustandsänderung (Kapitel 1.6)

$$\left(\frac{\partial p}{\partial v}\right)_T \left(\frac{\partial v}{\partial T}\right)_p \left(\frac{\partial T}{\partial p}\right)_v = -1 \qquad \text{(Gl. 1.7)}$$

und aus der Definition des Elastizitätsmoduls (E) und des thermischen Ausdehnungskoeffizienten (α) (Kapitel 1.6)

$$E = \rho_0 \left(\frac{\partial p}{\partial \rho}\right)_T \text{ bzw. } \lambda = \frac{1}{E} = -\frac{1}{v_0}\left(\frac{\partial v}{\partial p}\right)_T ; \; \alpha = \frac{1}{v_0}\left(\frac{\partial v}{\partial T}\right)_p$$

wird abgeleitet:

$$\left(\frac{\partial p}{\partial T}\right)_v = -\left(\frac{\partial p}{\partial v}\right)_T \cdot \left(\frac{\partial v}{\partial T}\right)_p = \frac{\left(\frac{\partial v}{\partial T}\right)_p}{-\left(\frac{\partial v}{\partial p}\right)_T} = \frac{\alpha v_0}{\lambda v_0}$$

Daraus resultiert $\quad \left(\dfrac{\partial p}{\partial T}\right)_v = \dfrac{\alpha}{\lambda} = \alpha E$

Das liefert den Zusammenhang p, T bei konstantem Volumen.

Für eine Temperaturdifferenz gilt: $\left(\dfrac{\partial p}{\partial T}\right)_v dT = \alpha \cdot E \cdot dT$

Durch Integration bei $\alpha, E = konst.$ $\quad \int_{p_1}^{p_2}\dfrac{dp}{dT}\cdot dT = \alpha \cdot E \cdot \int_{T_1}^{T_2} dT$

$$p_2 - p_1 = \alpha \cdot E (T_2 - T_1)$$

bzw.

$$p_2 - p_1 = \alpha \cdot E \cdot (t_2 - t_1)^{2)}$$

Daraus resultiert:

[2)] Eine Temperaturdifferenz in [K] bzw. [°C] hat den gleichen Zahlenwert.
$T_2 - T_1 = (273,15 + t_2) - (273,15 + t_1)$

$$p_2 - p_1 = 29{,}4 \ [MPa]$$

Die Änderung beträgt:

$$29{,}4 - 0{,}1 = 29{,}3 \ [MPa] \text{ bzw. } 293 \ [bar]$$

Kommentar: In Kraftstoffbehältern, insbesondere bei flüssigen Kraftstoffen, könnte die Temperaturzunahme des Behälters durch atmosphärische Bedingungen oder durch Wärmestrahlung benachbarter Funktionsteile einen nicht vernachlässigbaren Druckanstieg bewirken, was zu Abweichungen in der Kraftstoffdosierung oder Funktionsstörungen führen könnte. Aus diesem Grund werden heute entsprechende Ventile zum Druckausgleich eingebaut.

Reversible und irreversible Zustandsänderungen

Ü 1.6 In einem stehenden Zylinder bewegt sich reibungsfrei ein Kolben mit der Masse m_0. Das System ist im Bild 1.12 dargestellt. Es befindet sich im Gleichgewicht, wenn der auf die Grenze des Systems von außen wirkende Druck p_a vom Gasdruck auf der inneren Seite der Grenze p_i ausgeglichen wird. Bei der gegebenen Masse des Kolbens ist $p_i = p_a$

mit $\quad p_0 = p_a = \dfrac{F}{A} = \dfrac{m_0 g}{A}$

Auf den Kolben wird eine Zusatzmasse m_1 aufgesetzt, wodurch der Außendruck an der Systemgrenze p_a zunimmt. Es gilt:

$$p_a = p_1 = \frac{(m_0 + m_1)g}{A}$$

Die Zusatzmasse ist so bemessen, dass $p_1 = 4 \cdot p_0$.
Infolge der dadurch auftretenden Druckdifferenz an der Systemgrenze $p_a > p_i$ bewegt sich der Kolben bis zum neuen Gleichgewichtszustand ①.

Anwendungsbeispiele und Übungen zu Kapitel 1   47

Unter der Voraussetzung, dass während der Zustandsänderung die Temperatur unverändert blieb, gilt: $V_1 = \dfrac{V_0}{4}$

Durch Entfernen der Zusatzmasse m_1 im Zustand ① wird eine Zustandsänderung in umgekehrter Richtung realisiert. Unter den vereinbarten Bedingungen – der Kolben bewegt sich reibungsfrei und massendicht – erreicht das System den ursprünglichen Zustand (p_0, V_0).

Aufgabe: Berechnung der Volumenänderungsarbeit für beide Zustandsänderungen und Arbeitsbilanz für den gesamten Prozess mit Darstellung der beiden Zustandsänderungen im p,V-Diagramm.

Lösung: Im ursprünglichen Zustand ⓪ gilt: $p_a = p_i = p_o$

Beim Auflegen der Zusatzmasse wird $p_a \gg p_i$

Während der Zustandsänderung ⓪→① gilt: $p_a > p_i$

Im Zustand ① wird wieder $p_a = p_i = p_1$

Für die umgekehrte Zustandsänderung wird die Zusatzmasse in der Lage ① entfernt. Dadurch wird schlagartig: $p_i \gg p_a$. Beide Drücke werden erst im Gleichgewichtszustand ⓪ wieder gleich: $p_i = p_a$.

Im System haben somit zwei Zustandsänderungen stattgefunden:

⓪→①   Kompression

①→⓪   Expansion

Der thermische Endzustand entspricht dem ursprünglichen Zustand ⓪. Nach der Rückkehr in den Zustand ⓪ ist im System selbst keine Änderung zu verzeichnen.

In der Umgebung ist jedoch eine Änderung aufgetreten: die Zusatzmasse m_1 ist von der Lage ⓪ in die Lage ① versetzt worden. Diese Änderung kann nur durch einen

Energieaufwand entsprechend der geänderten potentiellen Energie m_1gz korrigiert werden.

Die Darstellung im p,V-Diagramm dient der Ermittlung der zwischen System und Umgebung ausgetauschten Arbeit. Entsprechend der Erläuterungen in Kapitel 1.8.1 ist Arbeit <u>nur</u> an der äußeren Seite der Systemgrenze messbar. Das heißt, für die ausgetauschte Arbeit sind die Druckänderungen an der Außenseite der Grenze p_a und die von innen verursachten Volumenänderungen aufschlussreich. Die Druckänderungen im Gas selbst (p_i) könnten nur dann herangezogen werden, wenn in jedem Stadium der Zustandsänderung $p_a = p_i$ wäre, was in diesem Fall offensichtlich nicht erfolgt.

Bei der Auflage der Masse m_1 auf den Kolben ändert sich p_a schlagartig von p_0 auf $p_1 = 4p_0$. Das ergibt im p,V-Diagramm an der Außenfläche der Systemgrenze die Zustandsänderung ⓪→a.

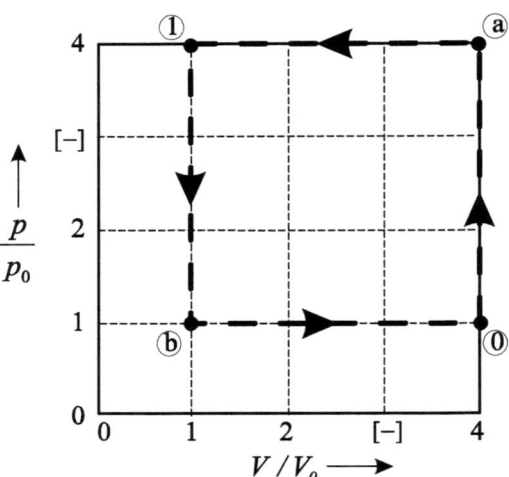

Bild Ü1.6 Zustandsänderungen an der Außenseite der Systemgrenze für das System im Bild 1.12

Infolge des Ungleichgewichtes $p_a \gg p_0$ sinkt das Volumen entsprechend der Zustandsänderung a→①. Während dieses Vorgangs bleibt $p_a = p_1$. Im Gas nimmt während dessen der

Druck infolge der Volumensenkung zu, bis zum Gleichgewicht im Zustand ① $p_a = p_i = p_1$.

Beim Entfernen der Masse m_1 im Zustand ① gilt:

$(p_a = p_0) \ll (p_i = p_1)$, was an der Außenfläche der Systemgrenze die Zustandsänderung ①→b zur Folge hat.

Die Volumenentlastung b→⓪ führt zum erneuten Gleichgewicht $p_i = p_a = p_0$.

Als Verdichtungsarbeit gilt entsprechend dem p,V-Diagramm:

$$|W_V| = W_{0-a-1} = p_1(V_1 - V_0)$$

Analog gilt bei Entlastung:

$$W_E = W_{1-b-0} = p_0(V_0 - V_1)$$

Es kann festgestellt werden, dass $\quad |W_V| > W_E$,

also trotz Rückkehr des Systems in den ursprünglichen Zustand von der Umgebung während der Verdichtung eine größere Arbeit geleistet worden ist, als vom System selbst während der Entlastung.

Mit den angegebenen Zahlenwerten gilt

$$W_E - |W_V| = -3p_0(V_0 - V_1)$$

Diese Arbeit entsteht aufgrund der Differenz der Potentialenergien der Zusatzmasse auf den zwei Höhen 0,1.

Für $V_1 = \dfrac{V_0}{4}$ gilt: $\quad W_K = W_E - |W_V| = -\dfrac{9}{4} p_0 V_0$

Ü 1.7 Im System von **Ü 1.6** werden die gleichen Zustandsänderungen – Verdichtung/Entlastung – ausgehend vom gleichen Zustand ⓪ stufenweise realisiert. Anstatt einer Zusatzmasse m_1 werden 3 Zusatzmassen m_{11}, m_{12}, m_{13} jeweils in den Kolbenhöhen 11, 12, 13 aufgelegt wie in Bild Ü 1.7/1 dargestellt. Es gilt dabei:

$$m_1 = m_{11} + m_{12} + m_{13}$$

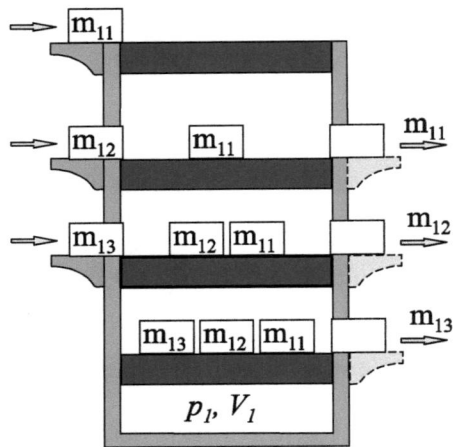

Bild Ü1.7/1 Selbständige Rückkehr des Systems in den ursprünglichen Zustand bei sukzessiver Auflage / Rücknahme von 3 Massen (Vgl. Bild 1.12)

Die Zusatzmassen sind so bemessen, dass:

für m_{11} ⇨ $p_{11} = 2p_0$ ⇨ $V_{11} = \dfrac{V_0}{2}$

für m_{12} ⇨ $p_{12} = 3p_0$ ⇨ $V_{12} = \dfrac{V_0}{3}$

für m_{13} ⇨ $p_{13} = 4p_0$ ⇨ $V_{13} = \dfrac{V_0}{4}$

Damit sind die Zustände ⓪ und ① die gleichen wie in Ü 1.6.

Bei sukzessiver Entfernung der Zusatzmassen auf den jeweiligen Höhen in umgekehrter Reihenfolge (m_{13}, m_{12}, m_{11}) erreicht das System die gleichen Gleichgewichtszustände wie bei der Auflage der Zusatzmassen.

Aufgaben: Berechnung der Volumenänderungsarbeit für den gesamten Prozess und Darstellung der Zustandsänderungen im p,V-Diagramm.

Vergleich mit den Ergebnissen der Ü 1.6.

| Lösung: | Für die Verdichtungsarbeit wird an der Außenseite der Systemgrenze folgendes ermittelt:

$$|W_v| = W_{0-1} = -\frac{11}{6} p_0 V_0$$

Für die Entlastungsarbeit gilt analog:

$$W_{2-0} = \frac{13}{12} p_0 V_0$$

Die Zustandsänderungen sind im Bild Ü1.7/2 dargestellt.

Die Kompressionsarbeit ist kleiner als im ersten Beispiel.

Die Expansionsarbeit ist größer.

Für die gesamte Volumenänderungsarbeit gilt:

$$W_E - |W_V| = -\frac{3}{4} p_0 V_0$$

Der Wert ist kleiner als in Ü 1.6.

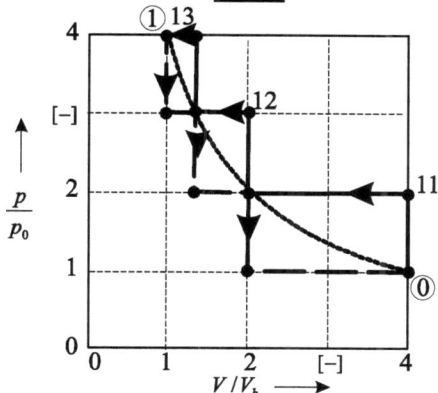

Bild Ü1.7/2: Zustandsänderungen an der Außenseite der Systemgrenze für das System in Bild Ü1.7/1

| Kommentar: | Die gesamte Volumenänderungsarbeit nähert sich dem Wert Null, je größer die Anzahl der Zwischen-Gleichgewichtszustände wird.

Im Extremfall, in dem der Abstand zwischen zwei folgenden Zuständen – als Zustandsänderung, bzw. die Druckdifferenz zwischen Außen- und Innenseite an der Systemgrenze $(p_a - p_i)$ – nicht mehr messbar ist, kann der Prozess als reversibel betrachtet werden:

- die Kompression und die Expansion verlaufen auf dem gleichen Weg (Bild Ü1.7/2)
- die Kompressions- und Expansionsarbeit sind identisch
- die gesamte Volumenänderungsarbeit ist gleich Null

Nur in einem solchen Fall kann der Druckverlauf im Arbeitsmedium selbst, also auf der Innenseite der Systemgrenze – beispielsweise in einem Verbrennungsmotor – zur Ermittlung des Arbeitsaustausches herangezogen werden.

Daher werden Zustandsänderungen allgemein in einer Verkettung von sukzessiven Gleichgewichtszuständen betrachtet.

Volumenänderungs- und Druckänderungsarbeit

Ü 1.8 In einer Kolbenmaschine – wie im Bild 1.14 dargestellt – erfolgt die Ausdehnung eines Gases bis $V_2 = 3V_1$. Während der Ausdehnung bleibt der Gasdruck im Zylinder konstant, infolge einer entsprechenden Energiezufuhr – beispielsweise als Wärme.

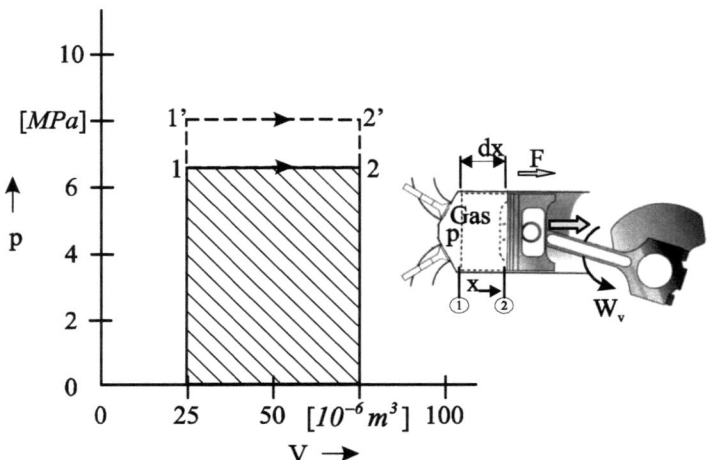

Bild Ü1.8 Darstellung der Entlastung in einer Kolbenmaschine bei konstantem Druck im p,V-Diagramm

Anwendungsbeispiele und Übungen zu Kapitel 1

| Fragen: | Wie viel Volumenänderungsarbeit liefert das System infolge dieser Zustandsänderung nach außen? |

Die Zustandsänderung und die Arbeit sind im p,V-Diagramm darzustellen.

Welche Änderungen treten auf, wenn der Prozess bei einem höheren Druck (p' > p) stattfindet?

| Angaben: | $p = 6{,}6\,[MPa]$; $p' = 8\,[MPa]$; $V_1 = 25\,cm^3$ |

| Lösung: | $W_{12} = p\int_{V_1}^{V_2} dV = p(V_2 - V_1)$ (1.10); |

für $V_2 = 3V_1$ gilt:

$W_{12} = 2pV_1 \qquad W_{12} = 2 \cdot 6{,}6 \cdot 10^6 \cdot 25 \cdot 10^{-6} = 330\,[J]$

$W'_{12} = 2 \cdot 8{,}0 \cdot 10^6 \cdot 25 \cdot 10^{-6} = 400\,[J]$

| Kommentar: | Eine solche Zustandsänderung entspricht der Wärmezufuhr im idealen Kreisprozess eines Dieselmotors |

Ü 1.9 Es ist die reversible spezifische Pumpenarbeit in der Zahnradpumpe eines Saugrohr-Einspritzsystems für Ottomotoren zu bestimmen, mit der Benzin bei einer Dichte $\rho = 736\left[\dfrac{kg}{m^3}\right]$ von $p_1 = 1\,[bar]$ auf $p_2 = 5\,[bar]$ bei annähernd konstanter Temperatur $t = 20\,[°C]$ gepumpt wird.

| Aufgaben: |

- Die Zustandsänderung und die Arbeit sind im p,v-Diagramm darzustellen.

- Wieviel Leistung ist für diesen Prozess erforderlich, wenn der gepumpte Volumenstrom $6\,[l/min]$ beträgt?

- Welche Änderungen treten auf, wenn der Prozess bei einer höheren Temperatur stattfindet?

1. Grundlagen der Technischen Thermodynamik

Lösung:

Benzin ist bei diesem Druckniveau praktisch inkompressibel

$$\Rightarrow v = \frac{1}{\rho} = konst.$$

Das System ist offen, für die spezifische Arbeit gilt die Gleichung (1.12a)

- Druckänderungsarbeit: $w_p = \int\limits_{p_1}^{p_2} -v\,dp$

Bei $v = konst.$ wird daraus abgeleitet:

- $w_p = v(p_1 - p_2) = \dfrac{1}{\rho}(p_1 - p_2)$

$$w_p = \frac{1}{736}(1-5)\cdot 10^5 = -543{,}5 \left[\frac{J}{kg}\right]$$

- $P_p = |\dot m w_p| = \left|\rho \dot V \cdot \dfrac{1}{\rho}(p_2 - p_1)\right| = |\dot V \cdot \Delta p|$

$$P_p = \frac{6\cdot 10^{-3}}{60}\left[\frac{m^3}{s}\right]\cdot 4\cdot 10^5 \left[\frac{N}{m^2}\right] = 40\,[W]$$

- aus $\alpha = \dfrac{1}{v_0}\left(\dfrac{\partial v}{\partial T}\right)_p$ - thermischer Ausdehnungskoeffizient

(Kap. 1.6)

resultiert: $v = v_0(1 + \alpha t)$

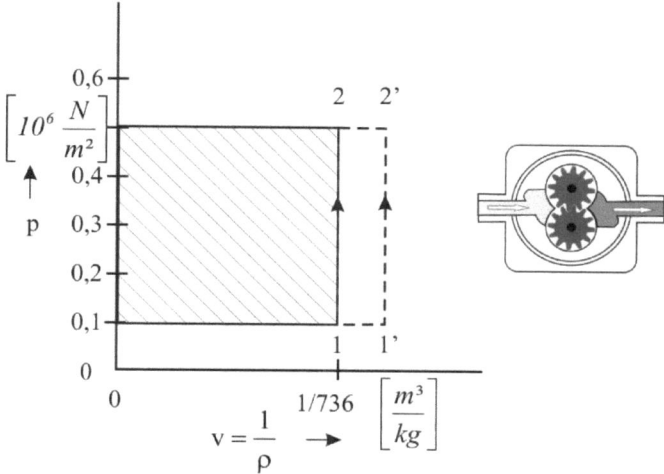

Bild Ü1.9 Zustandsänderungen in einer Benzin-Zahnradpumpe – dargestellt im p,v-Diagramm

Die Zunahme der Benzintemperatur bewirkt die Zunahme seines spezifischen Volumens. Entsprechend der geänderten Zustandsänderungen im Bild Ü1.9 wird in diesem Zusammenhang die Pumparbeit größer.

Kommentar: Die Auswirkung der von der Temperatur mitverursachten Viskositätsänderung wird in diesem Beispiel nicht betrachtet.

Ü 1.10 In einem Ottomotor wird atmosphärische Luft durch die Öffnung von Einlassventilen angesaugt. Anschließend werden die Einlassventile geschlossen und durch die Bewegung des Kolbens vom maximalen zum minimalen Volumen die Luft verdichtet. Das Verhältnis beider Volumina wird allgemein als Verdichtungsverhältnis ε bezeichnet. Während der Verdichtung wird der Zylinder durch ummantelndes Kühlwasser mehr oder weniger gekühlt, wodurch die Funktion $p = f(v)$ unterschiedliche Verläufe annimmt.

Es werden folgende Fälle analysiert:

a) keine Kühlung (thermische Isolation):

$$p = \frac{konst.}{V^{1,4}} \rightarrow pV^{1,4} = konst.$$

b) sehr starke Kühlung (konstante Temperatur der Luft während Verdichtung):

$$p = \frac{konst.}{V^1} \rightarrow pV = konst.$$

c) übliche Kühlung:

$$p = \frac{konst.}{V^{1,2}} \rightarrow pV^{1,2} = konst.$$

Aufgaben:

1. Darstellung der Zustandsänderung während der Verdichtung im p,V-Diagramm für die drei Kühlvarianten, bei zwei möglichen Verdichtungsverhältnissen $\varepsilon_1, \varepsilon_2$.

2. Berechnung der Zustandsgrößen Druck und Temperatur in der Luft am Ende der Verdichtung für die drei Kühlvarianten bei zwei möglichen Verdichtungsverhältnissen $\varepsilon_1, \varepsilon_2$ (prinzipieller Verlauf).

3. Berechnung der spezifischen Verdichtungsarbeit für die gleichen Varianten.

4. Vergleich der spezifischen Verdichtungsarbeit für die gleichen Funktionen $p = f(v)$ beim Einsatz eines Radialverdichters (offenes System) anstatt des Kolbenverdichters.

Kenngrößen der Luft: $R = 287{,}04 \dfrac{J}{kgK}$

$p_{atm} = 1 bar$; $T_{atm} = (273{,}15 + 15)[K]$

Verdichtungsverhältnis: $\varepsilon_1 = \dfrac{V_H + V_C}{V_C} = 10$

$\varepsilon_2 = 13$

Anwendungsbeispiele und Übungen zu Kapitel 1

Zustandsänderungen:
a) $pV^{1,4} = konst$

b) $pV = konst.$

c) $pV^{1,2} = konst$

Bild Ü1.10/1: Ottomotor

Lösung:

1. Darstellung der Zustandsänderung

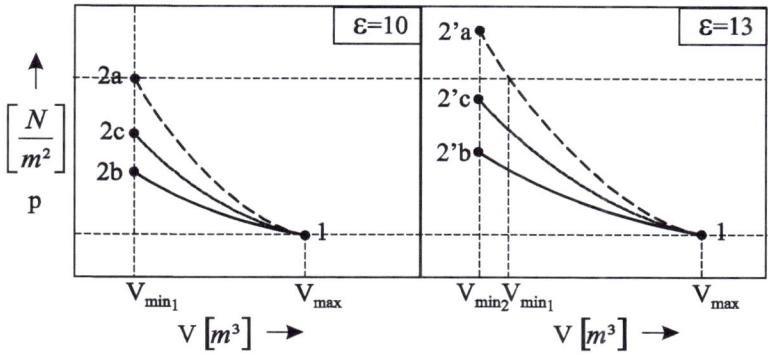

Bild Ü1.10/2: Zustandsänderungen für drei Kühlvarianten

2. $p_1V_1^n = p_2V_2^n \quad p_2 = p_1\left(\dfrac{V_1}{V_2}\right)^n, \quad p_2 = p_1\left(\dfrac{V_{max}}{V_{min}}\right)^n$

$p_2V_2 = mRT_2 \quad \Rightarrow \quad T_2 = \dfrac{p_2V_2}{mR} \quad \text{mit } m = \dfrac{p_1V_1}{RT_1}$

Daraus $\quad T_2 = \dfrac{p_2V_2}{p_1V_1} \cdot \dfrac{RT_1}{R}, \quad T_2 = \dfrac{p_2}{p_1} \cdot \dfrac{1}{\varepsilon} \cdot T_1$

	$\varepsilon = 10$		$\varepsilon = 13$	
	$p_2\left[\dfrac{N}{m^2}\right]$	T_2 [K]	$p_2\left[\dfrac{N}{m^2}\right]$	T_2 [K]
n = 1,4	25,12 · 10⁵	723,80	36,27 · 10⁵	803,89
n = 1	10 · 10⁵	288,15	13 · 10⁵	288,15
n = 1,2	15,8 · 10⁵	456,69	21,71 · 10⁵	481,29

3. Für ein geschlossenes System gilt:

$$w_v = \int_{v_1}^{v_2} p\,dv \tag{1.10a}$$

Nach Punkt 2) ist

$$p_1V_1^n = p_2V_2^n \rightarrow p_1v_1^n = p_2v_2^n = pv^n$$

Daraus resultiert: $p = p_1\left(\dfrac{v_1}{v}\right)^n = p_1\left(\dfrac{V_1}{V}\right)^n$

$$w_{v_{12}} = \int_{v_1}^{v_2} p_1v_1^n \cdot \dfrac{1}{v^n}\cdot dv = p_1v_1^n \cdot \dfrac{v_2^{1-n} - v_1^{1-n}}{1-n}$$

Mit $\varepsilon^n v_2^n = v_1^n$ gilt :

$$w_{v12} = \frac{p_1}{1-n}\left(\varepsilon^n \cdot v_2^n \cdot v_2^{1-n} - v_1^{n+1-n}\right)$$

$$w_{v12} = \frac{p_1}{1-n}\left(\varepsilon^n \cdot \frac{v_1}{\varepsilon} - v_1\right) \quad \text{wobei} \quad \frac{v_1}{\varepsilon} = v_2$$

mit $\quad pV = mRT$
oder $\quad pv = RT$

$$w_{12} = \frac{W_{v_{12}}}{m} = \frac{RT_1}{1-n}\left(\varepsilon^{n-1} - 1\right)$$

	$\varepsilon = 10$	$\varepsilon = 13$
	$w_{12}\left[\dfrac{kJ}{kg}\right]$	$w_{12}\left[\dfrac{kJ}{kg}\right]$
n = 1,4	-312,62	-370,09
n = 1,2	-241,88	-277,20
n = 1$^{*)}$	-190,45	-212,15

$$^{*)}\text{ bei n = 1 gilt: } w_{v_{12}} = \int_{v_1}^{v_2} p\, dv = \int_{v_1}^{v_2} \frac{p_1 v_1}{v} \cdot dv$$

$$= p_1 v_1 \ln\frac{v_2}{v_1}$$

$$= RT_1 \ln\left(\frac{1}{\varepsilon}\right)$$

4. Entsprechend Gl. (1.12a) gilt für offene Systeme:

$$w_p = \int_{p_1}^{p_2} -v\, dp$$

Daraus wird mit:

$$p_1 V_1^n = p_2 V_2^n = p V^n$$

$$\rightarrow \quad V = \left(\frac{p_1}{p}\right)^{\frac{1}{n}} \cdot V_1 \quad \text{bzw.} \quad v = \left(\frac{p_1}{p}\right)^{\frac{1}{n}} \cdot v_1$$

$$w_{P_{12}} = \int_{p_1}^{p_2} -\frac{p_1^{\frac{1}{n}}}{p^{\frac{1}{n}}} \cdot v_1 \cdot dp = -\frac{p_1^{\frac{1}{n}} \cdot v_1}{1-\frac{1}{n}} \cdot \left(p_2^{1-\frac{1}{n}} - p_1^{1-\frac{1}{n}}\right)$$

Daraus resultiert:

$$w_{P_{12}} = \frac{n}{1-n} \cdot v_1 \left(p_2^{1-\frac{1}{n}} \cdot p_2^{\frac{1}{n}} \cdot \frac{1}{\varepsilon} - p_1^{1-\frac{1}{n}+\frac{1}{n}} \right)$$

$$\text{wobei} \quad p_2^{\frac{1}{n}} \cdot \frac{1}{\varepsilon} = p_1^{\frac{1}{n}}$$

$$w_{p12} = \frac{n}{1-n} \cdot v_1 \left(p_2 \cdot \frac{1}{\varepsilon} - p_1 \right) \quad \text{und mit} \quad p_2 = p_1 \cdot \varepsilon^n$$

$$w_{p12} = \frac{n}{1-n} \cdot v_1 \left(p_1 \varepsilon^{n-1} - p_1 \right) \quad \text{bzw.}$$

$$w_{P_{12}} = \frac{n}{1-n} p_1 v_1 \left(\varepsilon^{n-1} - 1 \right)$$

und mit $pv = RT$

$$w_{P_{12}} = \frac{n}{1-n} RT_1 \left(\varepsilon^{n-1} - 1 \right)$$

Bei offenen Systemen ist ε kein geometrisch bestimmtes Verdichtungsverhältnis sondern ein Faktor, der aus der jeweiligen Funktion pV^n resultiert.

Der Vergleich mit w$_{V12}$ für geschlossene Systeme ergibt:

Anwendungsbeispiele und Übungen zu Kapitel 1

$$w_{p_{12}} = n \cdot w_{v_{12}}$$

Die Arbeit beim Einsatz eines offenen Systems zur Luftverdichtung ist um den Faktor n größer als beim Einsatz eines geschlossenen Systems.

Bei n = 1 sind die Arbeiten gleich (die Zustandsänderung ist im p,V-Diagramm eine symmetrische Hyperbel).

Kommentar: Die intensivere Kühlung während der Verdichtung, wodurch der Faktor n sinkt, führt zu geringeren Werten bei der Berechnung der Verdichtungsarbeit. Das darf nicht zur Schlussfolgerung führen, dass die Kühlung einen geringeren Energieeinsatz bei einer Verdichtung mit gleichem Verdichtungsverhältnis führt: dabei wird vielmehr ein Teil der Energie dem Kühlmedium in Form von Wärme übertragen.

Ü 1.11 In der Turbine, die einem Kolbenmotor nachgeschaltet ist, wird das Abgas nach einer vorgegebenen Zustandsänderung pv^n entlastet.

Fragen:

1. Wie groß ist die Abgastemperatur am Turbinenausgang? Ist diese Temperatur von der Art oder Zusammensetzung des Abgases abhängig?

2. Wie viel spezifische Arbeit leistet das Abgas in der Turbine?

3. Wie viel Leistung resultiert daraus bei einem Abgasmassenstrom von 50 [g/s]?

Angaben: $p_1 = 7\,[bar]$; $p_2 = 1{,}2\,[bar]$; $T_1 = 1800\,[°C]$

Zustandsänderung $pv^{1{,}33} = konst.$

$$R_{Abg} = 273{,}63 \left[\frac{J}{kgK}\right]$$

Lösung:

1. $T_2 = \dfrac{p_2 v_2}{R}$; aus $p_1 v_1^{1,33} = p_2 v_2^{1,33}$ resultiert

$$\to v_2 = v_1 \left(\dfrac{p_1}{p_2}\right)^{\frac{1}{1,33}}$$
↓

wobei $v_1 = \dfrac{RT_1}{p_1}$

$$T_2 = \dfrac{p_2}{R} \cdot \dfrac{RT_1}{p_1} \cdot \left(\dfrac{p_1}{p_2}\right)^{\frac{1}{1,33}}$$

$$T_2 = \dfrac{p_2}{p_1} \cdot \left(\dfrac{p_1}{p_2}\right)^{\frac{1}{1,33}} \cdot T_1 = \left(\dfrac{p_2}{p_1}\right)^{1-\frac{1}{1,33}} \cdot T_1 = \left(\dfrac{p_2}{p_1}\right)^{\frac{1,33-1}{1,33}} \cdot T_1$$

$$T_2 = \left(\dfrac{1,2 \cdot 10^5}{7 \cdot 10^5}\right)^{\frac{1,33-1}{1,33}} \cdot (1800 + 273,15) = 1338,4 \, [K]$$

$$bzw. \, 1065,25 \, [°C]$$

Die Zusammenhänge von Druckverhältnissen und Temperaturen beinhalten keine stoffabhängigen Koeffizienten – dadurch sind sie unabhängig von der Art oder Zusammensetzung des jeweiligen Abgases.

2. $w = \int_{p_1}^{p_2} -v dp$ \hfill (1.12a)

In der Ü 1.10 wurde für offene Systeme abgeleitet:

$$w_{p_{12}} = \dfrac{n}{1-n} RT_1 \left(\varepsilon^{n-1} - 1\right)$$

Dabei gilt: $\varepsilon = \dfrac{v_1}{v_2}$; mit $p_1 v_1^n = p_2 v_2^n$ wird:

$$\varepsilon = \left(\dfrac{p_2}{p_1}\right)^{\frac{1}{n}}$$

Daraus resultiert:

$$w_{p_{12}} = \dfrac{n}{1-n} RT_1 \left[\left(\dfrac{p_2}{p_1}\right)^{\frac{n-1}{n}} - 1\right]$$

$$w_{p_{12}} = 810{,}27 \left[\dfrac{kJ}{kg}\right]$$

Die Arbeit ist abhängig von der Zusammensetzung des Abgases.

3. $P_{Turbine} = \dot{m} w_{p_{12}}$

$P_{Turbine} = 40{,}51\,[kW]$

Fragen zu Kapitel 1

-zu beantworten ohne Unterlagen –
(Lösungen am Ende des Kapitels)

F 1.1 Was kann ein thermodynamisches System während eines Prozesses mit seiner Umgebung austauschen?

F 1.2 In einem geschlossenen Behälter mit festen Wänden wird flüssiges Wasser erwärmt bis ein gasförmiger Wasseranteil entsteht und darüber hinaus, bis die ganze Wassermenge gasförmig ist. Welche thermischen Zustandsgrößen bleiben konstant und welche ändern sich während jedem der 3 Prozessabschnitte?

F 1.3 Mit welcher Gleichung wird das Gleichgewicht eines idealen Gases in jedem Zustand während einer quasi-statischen Zustandsänderung beschrieben?

F 1.4 Wie werden der Kompressibilitätskoeffizient, der Elastizitätsmodul, der thermische Ausdehnungskoeffizient und der Spannungskoeffizient in Differenzialform beschrieben und welcher Zusammenhang besteht zwischen diesen Größen?

F 1.5 Zur Verdichtung von Luft werden wahlweise Kolbenverdichter (geschlossene Systeme) oder Radialverdichter, Axialverdichter, Schraubenlader (offene Systeme) verwendet. Wie soll die Zustandsänderung verlaufen, wenn die erforderliche Arbeit mittels geschlossener oder offener Systeme unverändert bleiben soll?

Aufgaben zu Kapitel 1

-zu lösen mit Hilfe von Unterlagen –
(Lösungen am Ende des Kapitels)

A 1.1 Mittels eines Kolbenverdichters mit dem Verdichtungsverhältnis $\varepsilon=3$ wird atmosphärische Luft (p=1 [bar], t1=20 [°C]) verdichtet.
    1.1.1 Die jeweiligen Zustandsänderungen sind im pV-Diagramm darzustellen.
    1.1.2 Welcher Druck wird am Ende der Verdichtung nach einer Zustandsänderung $pV^{1,2} = konst.$ erreicht.
    1.1.3 Welche Wirkung hat eine Änderung des Umgebungszustands (p=0,98 [bar], t=-10 [°C]) auf den gesamten Vorgang?

A 1.2 Mittels einer Wärmekraftmaschine wird ein Kreisprozess durchgeführt, dessen idealer Verlauf im Bild A1.2 dargestellt ist.

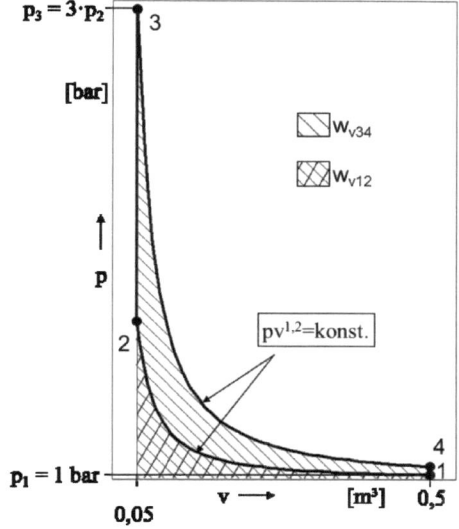

Bild A1.2

    1.2.1 Wie groß sind die Drücke und Volumina in den Zuständen 2, 3 und 4?
    1.2.2 Wie viel spezifische Arbeit entsteht in diesem Prozess?

A 1.3 Der Kreisprozess nach A 1.2 wird entsprechend Bild A1.3 geändert. Die Zustände 1, 2, 4 bleiben unverändert.

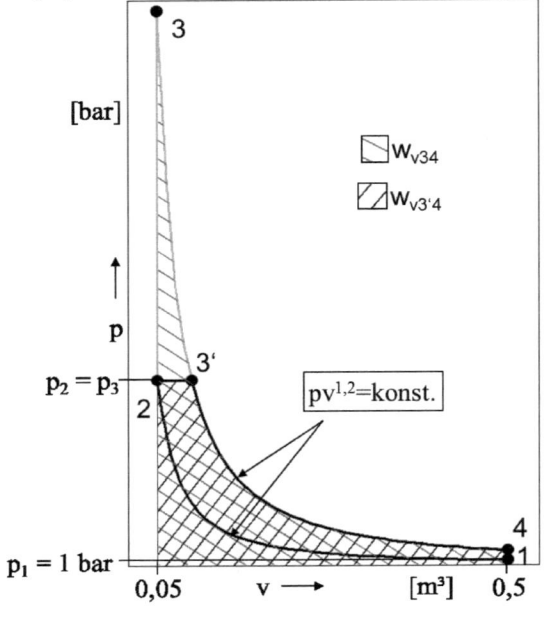

Bild A1.3

Wie ändert sich dabei die Prozessarbeit?

A 1.4 In einer Turbine wird ein Abgasstrom mit einer Dichte von 2,18 [kg/m³] von 7 [bar] auf 1 [bar] entlang einer Zustandsänderung $pV^{1,33} = konst.$ entlastet.
Wie viel spezifische Arbeit entsteht dabei?

Lösungen zu den Fragen von Kapitel 1

F 1.1
- Masse
- Energie in Form von Arbeit und/oder Wärme

F 1.2
flüssiges Wasser: V = konst.; p und T variabel
flüssiges Wasser mit Dampfanteil: V und T = konst.; p variabel
gasförmiges Wasser: V = konst.; p und T variabel

F 1.3
Zustandsgleichung eines idealen Gases
$$pV = mRT, \quad pv = RT, \quad \frac{p}{\rho} = RT$$

F 1.4
Zustandsgleichung eines idealen Gases
Kompressibilitätskoeffizient λ und Elastizitätsmodul E
$$\left. \lambda = \frac{1}{v_0}\left(\frac{\partial v}{\partial p}\right)_T \right\| \rightarrow \underline{\underline{E = \frac{1}{\lambda}}}$$
$$\left. E = -v_0\left(\frac{\partial p}{\partial v}\right)_T \right\|$$

Ausdehnungskoeffizient α und Spannungskoeffizient β
$$\left. \alpha = \frac{1}{v_0}\left(\frac{\partial v}{\partial T}\right)_p \right\| \rightarrow \underline{\underline{\alpha = p_0 \cdot \beta \cdot \lambda}}$$
$$\left. \beta = \frac{1}{p_0}\left(\frac{\partial p}{\partial T}\right)_v \right\|$$

F 1.5

$$w_v = \int_1^2 p\,dv, \quad w_p = \int_1^2 -v\,dp, \quad w_v = w_p$$

$$\int_1^2 pv \cdot \frac{dv}{v} = \int_1^2 -pv \cdot \frac{dp}{p} \rightarrow \int_1^2 \frac{dv}{v} = \int_1^2 -\frac{dp}{p}$$

$$\ln\frac{v_2}{v_1} = \ln\frac{p_1}{p_2} \rightarrow p_1 v_1 = p_2 v_2$$

aus der Zustandsgleichung eines idealen Gases folgt

$$pv = konst, \quad pv = RT \rightarrow T = \underline{konst}$$

→ Isotherme Zustandsänderung

Lösungen zu den Aufgaben von Kapitel 1

A 1.1 1.1.1

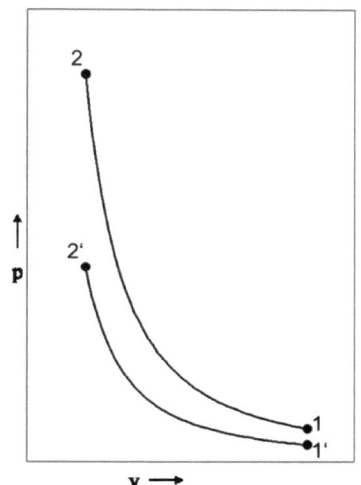

1.1.2 $p_1=1$ [bar], $t_1=20[°C]$:

Druck

$$p_1 V_1^{1,2} = p_2 V_2^{1,2} \rightarrow p_2 = \left(\frac{V_1}{V_2}\right)^{1,2} = \varepsilon^{1,2} = 1 \cdot 3^{1,2}$$

$\underline{\underline{p_2 = 3{,}74 \ [bar]}}$

Temperatur

$$\left. \begin{array}{l} p_1 V_0 = m_1 R T_1 \\ p_2 \dfrac{V_0}{\varepsilon} = m_1 R T_2 \end{array} \right\| \rightarrow \frac{p_2}{p_1} \cdot \frac{1}{\varepsilon} = \frac{T_2}{T_1} \rightarrow T_2 = T_1 \cdot \frac{p_2}{p_1} \cdot \frac{1}{\varepsilon}$$

$$T_2 = 293{,}15 \cdot \frac{3{,}73}{3}$$

$\underline{\underline{T_2 = 365{,}19 \ [K]}}$ $(\rightarrow t_2 = 92{,}04 \ [°C])$

1.1.3 $p_1'=0{,}98$ [bar], $t_1'=-10$[°C]:

Druck
$$p_2' = p_1' \cdot \varepsilon^{1,2}$$
$$\underline{\underline{p_2' = 3{,}66 \ [bar]}}$$

Temperatur
$$T_2' = T_1' \cdot \frac{p_2'}{p_1} \cdot \frac{1}{\varepsilon} = 263{,}15 \cdot \frac{3{,}662}{3} =$$
$$\underline{\underline{T_2' = 321{,}22 \ [K]}} \rightarrow (t_2' = 48{,}07 \ [°C])$$

Masse

$$\left. \begin{array}{l} p_1 V_0 = m_1 R T_1 \\ p_1' V_0 = m_1' R T_1' \end{array} \right\| \rightarrow \left\| \begin{array}{l} m_1 = \dfrac{p_1}{T_1} \cdot \dfrac{V_0}{R} = \dfrac{1 \cdot 10^5}{293{,}15} \cdot \dfrac{V_0}{R} \\ m_1' = \dfrac{p_1'}{T_1'} \cdot \dfrac{V_0}{R} = \dfrac{0{,}98 \cdot 10^5}{263{,}15} \cdot \dfrac{V_0}{R} \end{array} \right\|$$

$$\rightarrow \frac{m_1'}{m_1} = \frac{0{,}98}{1} \cdot \frac{293{,}15}{263{,}15}$$

$$\underline{\underline{\frac{m_1'}{m_1} = 1{,}092}}$$

A 1.2 1.2.1 Drücke und Volumina in den Eckpunkten

$$p_2 = p_1 \cdot \varepsilon^{1,2} = 1 \cdot 10^{1,2}$$
$$\underline{\underline{p_2 = 15{,}85 \ [bar]}}$$
$$\underline{\underline{p_3 = 3 p_2 = 47{,}55 \ [bar]}}$$
$$p_4 = p_3 \cdot \left(\frac{1}{\varepsilon}\right)^{1,2} = 47{,}547 \cdot \left(\frac{1}{10}\right)^{1,2}$$
$$\underline{\underline{p_4 = 3{,}0 \ [bar]}}$$

	Einheit	1	2	3	4
p	[bar]	1	15,85	47,55	3,0
V	[10^{-3}m³]	0,5	0,05	0,05	0,5

Lösungen zu den Aufgaben von Kapitel 1   73

1.2.2 Verdichtungs-, Entlastungs- und Kreisprozessarbeit

$$W_{v12} = \int_{V_1}^{V_2} p\,dV = \int_{V_1}^{V_2} p_1 V_1^{1,2} \frac{dV}{V^{1,2}}$$

$$W_{v12} = p_1 V_1^{1,2} \cdot \frac{1}{-0,2}\left(V_2^{-0,2} - V_1^{-0,2}\right)$$

$$W_{v12} = \frac{1\cdot 10^5}{-0,2} \cdot (0,5\cdot 10^{-3})^{1,2}\left((0,05\cdot 10^{-3})^{-0,2} - (0,5\cdot 10^{-3})^{-0,2}\right)$$

$$\underline{\underline{W_{v12} = -146,22 \ [Nm],[J]}}$$

$$W_{v34} = \int_{V_3}^{V_4} p\,dV = \int_{V_3}^{V_4} p_3 V_3^{1,2} \frac{dV}{V^{1,2}}$$

$$W_{v34} = p_3 V_3^{1,2} \cdot \frac{1}{-0,2}\left(V_4^{-0,2} - V_3^{-0,2}\right)$$

$$W_{v34} = \frac{47,54\cdot 10^5}{-0,2} \cdot (0,05\cdot 10^{-3})^{1,2}\left((0,5\cdot 10^{-3})^{-0,2} - (0,05\cdot 10^{-3})^{-0,2}\right)$$

$$\underline{\underline{W_{v34} = 438,61 \ [Nm],[J]}}$$

$$W_k = W_{34} - |W_{12}| = 438,61 - 146,22$$

$$\underline{\underline{W_k = 292,45 \ [Nm],[J]}}$$

A 1.3 Drücke in den Eckpunkten

$$p_2 = p_1 \cdot \varepsilon^{1,2} = 1\cdot 10^{1,2}$$

$$\underline{\underline{p_2 = 15,85 \ [bar]}}$$

$$\underline{\underline{p_3 = p_2 = 15,85 \ [bar]}}$$

$$\underline{\underline{p_4 = 3,0 \ [bar]}} \quad (Aufgabe \ A2.1)$$

Volumen im Punkt $V_3{'}$

$$p = p_3\left(\frac{V_3}{V}\right)^{1,2} \quad p = p_2 = p_3' \to V_3' = V_3\left(\frac{p_2}{p_3}\right)^{-\frac{1}{1,2}} \quad mit \quad \frac{p_2}{p_3} = \frac{1}{3}$$

$$V_3' = 0,05 \cdot \left(\frac{1}{3}\right)^{-\frac{1}{1,2}}$$

$$V_3' = 0,125 \cdot 10^{-3} \; [m^3]$$

	Einheit	1	2	3	4
p	[bar]	1	15,85	15,85	3,0
V	[10^{-3} m³]	0,5	0,05	0,125	0,5

Verdichtungs-, Entlastungs- und Kreisprozessarbeit

$$W_{v12} = \int_{V_1}^{V_2} p\,dV = \int_{V_1}^{V_2} p_1 V_1^{1,2} \frac{dV}{V^{1,2}}$$

$$W_{v12} = p_1 V_1^{1,2} \cdot \frac{1}{-0,2}\left(V_2^{-0,2} - V_1^{-0,2}\right)$$

$$W_{v12} = \frac{1 \cdot 10^5}{-0,2} \cdot (0,5 \cdot 10^{-3})^{1,2}\left((0,05 \cdot 10^{-3})^{-0,2} - (0,5 \cdot 10^{-3})^{-0,2}\right)$$

$$\underline{W_{v12} = -146,22 \; [Nm], [J]}$$

$$W_{v23'} = \int_{V_{21}}^{V_{3'}} p\,dV = \int_{V_2}^{V_{3'}} p_2\,dV$$

$$W_{v23'} = p_2(V_{3'} - V_2) = 15,85 \cdot 10^5 \cdot (0,125 \cdot 10^{-5} - 0,05 \cdot 10^{-5})$$

$$\underline{W_{v23'} = 118,71 \; [Nm], [J]}$$

$$W_{v3'4} = \int_{V_{3'}}^{V_4} p\,dV = \int_{V_{3'}}^{V_4} p_{3'} V_{3'}^{1,2} \frac{dV}{V^{1,2}}$$

$$W_{v3'4} = p_{3'} V_{3'}^{1,2} \cdot \frac{1}{-0,2} \left(V_4^{-0,2} - V_{3'}^{-0,2} \right)$$

$$W_{v3'4} = \frac{15,85 \cdot 10^5}{-0,2} \cdot (0,125 \cdot 10^{-3})^{1,2} \left(\begin{array}{c} (0,5 \cdot 10^{-3})^{-0,2} \ldots \\ \ldots -(0,125 \cdot 10^{-3})^{-0,2} \end{array} \right)$$

$$\underline{\underline{W_{v3'4} = 239,79\ [\text{Nm}], [\text{J}]}}$$

$$W_K = W_{v23'} + W_{v3'4} - |W_{v12}| = 118,71 + 239,79 - 146,22$$

$$\underline{\underline{W_K = 212,28\ [\text{Nm}], [\text{J}]}}$$

A 1.4 Turbinenarbeit

$$p_1 v_1^{1,33} = p_2 v_2^{1,33} \rightarrow v_2 = v_1 \cdot \left(\frac{p_1}{p_2} \right)^{\frac{1}{1,33}} = 0,458 \cdot 7^{\frac{1}{1,33}}$$

$$\underline{\underline{v_2 = 1,978\ \frac{m^3}{kg}}}$$

$$w_{p12} = \int_{p_1}^{p_2} -v\,dp = \int_{p_1}^{p_2} -p^{\frac{1}{1,33}} v_1 \frac{dp}{p^{\frac{1}{1,33}}}$$

$$w_{p12} = p_1^{\frac{1}{1,33}} v_1 \cdot \frac{1,33}{0,33} \cdot \left(p_2^{\frac{0,33}{1,33}} - p_1^{\frac{0,33}{1,33}} \right)$$

$$w_{p12} = (7 \cdot 10^5)^{\frac{1}{1,33}} 0,458 \cdot \frac{1,33}{0,33} \cdot \left((7 \cdot 10^5)^{\frac{0,33}{1,33}} - (1 \cdot 10^5)^{\frac{0,33}{1,33}} \right)$$

$$\underline{\underline{w_{p12} = 494,83\ \left[\frac{kNm}{kg} \right], \left[\frac{kJ}{kg} \right]}}$$

Literatur zu Kapitel 1

[1] Baehr, H. D.; Kabelac, St.: Thermodynamik, 16. Auflage
   Springer Vieweg, 2016
   ISBN 978-3-662-49567-4

[2] Cerbe, G.; Wilhelms, G.: Einführung in die Thermodynamik,
   18. Auflage
   Carl Hanser Verlag, 2017
   ISBN 978-3-446-45119-3

[3] Eastop, T.: Applied Thermodynamics for Engineering Technologists,
   5. Edition,
   Longman Group, 1993
   ISBN 0-582-09193-4

[4] Elsner, N.; Dittmann, A.: Grundlagen der Technischen Thermodynamik: Energielehre und Stoffverhalten, 8.Auflage
   Akademie- Verlag Berlin, 1993
   ISBN 3-05-501390-5

[5] Elsner, N.; Fischer, S.; Huhn, J.: Grundlagen der Technischen Thermodynamik: Wärmeübertragung, 8.Auflage
   Akademie-Verlag Berlin, 1993
   ISBN 3-05-501389-1

[6] Hahne, E.: Technische Thermodynamik, 5. Auflage
   De Gruyter Oldenbourg, 2010
   ISBN 978-3-486-59231-3

[7]   Lucas, K.: Thermodynamik: Die Grundgesetze der Energie- und Stoffumwandlungen, 7.Auflage
Springer Verlag, 2011
ISBN 978-3-540-42034-7

[8]   Stephan, K.; Schaber, K.: Thermodynamik, 19.Auflage
Springer Verlag, 2013
ISBN 3-642-300974

2 Energiebilanz: Der erste Hauptsatz der Thermodynamik

2.1 Einführung; Erläuterung

Der 1.Hauptsatz der Thermodynamik (1.HS) entspricht dem aus der Physik bzw. der Mechanik bekannten Satz der Erhaltung und Umwandlung der Energie. Er wird in der Thermodynamik für die Systeme angewandt, die mit der Umgebung Wärme und Arbeit austauschen.

Die Haupterscheinungsformen der Materie sind Masse und Energie. Andererseits stellen sowohl die Wärme als auch die Arbeit Energiearten dar.

Demzufolge ist grundsätzlich die Änderung der Energie eines Systems von einer Änderung seiner Masse begleitet.

Nach Einstein gilt:

$$\Delta E = \Delta m \cdot c^2 \qquad (2.1)$$

Das bedeutet beispielsweise, dass jede Energiezufuhr einen Massenzuwachs verursacht. Die Änderung der Energie eines thermodynamischen Systems erfolgt jedoch in einem Wertebereich, dem eine praktisch vernachlässigbare Massenänderung des Systems entspricht. Üblicherweise erfolgt der intensivste Energieaustausch in kraftfahrzeugtechnischen Anwendungen durch die Verbrennung eines Kraftstoffs. Die in Form von Wärme erscheinende Energie kann aus dem Heizwert des jeweiligen Kraftstoffes abgeleitet werden.

Für ein übliches Benzin mit einem Heizwert von 42700 $\left[\dfrac{kJ}{kg}\right]$, bei Annahme der Lichtgeschwindigkeit im Vakuum von

$$c = 3 \cdot 10^8 \left[\dfrac{m}{s}\right]$$

beträgt die Massenvariation nach Gl. (2.1):

$$\Delta m = \frac{\Delta E}{c^2} \;,\; \Delta m = \frac{42{,}7 \cdot 10^6}{9 \cdot 10^{16}} = 0{,}474 \cdot 10^{-9} = 0{,}474 \cdot 10^{-6} \left[\frac{g}{kg}\right]$$

Eine Massenänderung von $0{,}474 \cdot 10^{-6}$ [g/kg] verbrannten Kraftstoffs erscheint als vernachlässigbar.

Selbst bei Verbrennung von Wasserstoff, mit einem mehr als dreifachen Heizwert gegenüber Benzin, ist die entsprechende Massenänderung vernachlässigbar.

Es ist weiterhin zu beachten, dass Kraftstoffe nur in Verbindung mit Sauerstoff – meist aus der Luft – verbrennen, wobei ein wesentlich geringerer Gemischheizwert gilt. Ein Energieaustausch infolge Wärmeübertragung erfolgt offensichtlich auf noch niedrigerem Niveau.

Demzufolge wird in den technischen Anwendungen der Thermodynamik angenommen, dass die Energieumwandlungen in einem System keine Veränderung seiner Masse verursachen.

Das führt zur folgenden Erläuterung des Ersten Hauptsatzes der Thermodynamik:

> *__Der erste Hauptsatz – allgemein__*
>
> *Zwischen den Teilsystemen eines energetisch dichten Systems kann ein Energieaustausch derart erfolgen, dass sich die Energie einzelner Teilsysteme verändert. Die gesamte Energie des Systems, als Summe der Energien der Teilsysteme bleibt jedoch konstant.*

Dieser Zusammenhang ist im Bild 2.1 dargestellt.

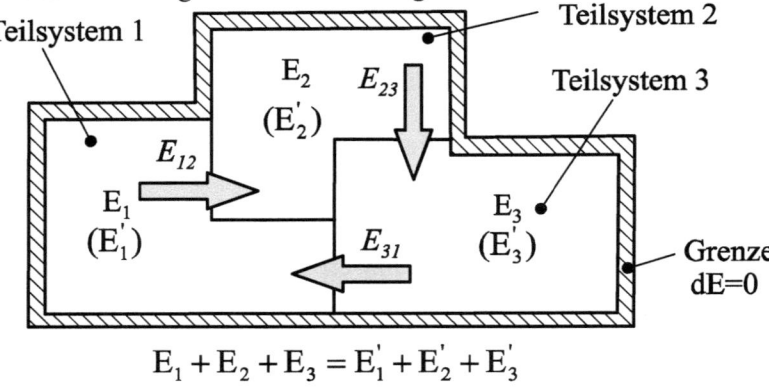

Bild 2.1 Energieaustausch zwischen Teilsystemen eines energetisch dichten Systems

2.1 Einführung; Erläuterung

Die Gesamtheit System-Umgebung ist auch ein energetisch dichtes System (Die Grenze der Umgebung an der Unendlichkeit ermöglicht keinen weiteren Energieaustausch). Daraus resultiert folgende Formulierung des 1.HS:

> **Der erste Hauptsatz – Austausch System-Umgebung**
>
> *Während eines Energieaustausches zwischen System und Umgebung – beispielsweise als Wärme oder Arbeit – bleibt die Summe aller Energieformen des Systems und der Umgebung konstant.*

Die Änderung aller Energieformen des Systems ist gleich der Änderung aller Energieformen der Umgebung.

Dieser Zusammenhang ist im Bild 2.2. exemplifiziert.

Dabei gilt:
$$E_U + E_S = [E_U - (E_{U1} + E_{U2} + E_{U3}) + (E_{S1} + E_{S2} + E_{S3})] + [E_S - (E_{S1} + E_{S2} + E_{S3}) + (E_{U1} + E_{U2} + E_{U3})]$$

- darin sind:
  - $E_{U1} + E_{U2} + E_{U3}$ – Energie, die von der Umgebung abgeführt und dem System zugeführt ist (als Betrag)
  - $E_{S1} + E_{S2} + E_{S3}$ – Energie, die vom System abgeführt und der Umgebung zugeführt wird (als Betrag)

Bild 2.2 Energieaustausch zwischen System und Umgebung

Daraus wird abgeleitet, dass ein Antrieb ständig Arbeit leisten kann, wenn ihm ständig eine entsprechende Energie zugeführt wird.
Ein Antrieb, der ohne entsprechende Energiezufuhr Arbeit leisten würde, wird als **Perpetuum Mobile 1. Ordnung** bezeichnet.

2.2 Energiebilanz für Zustandsänderungen in geschlossenen Systemen; Innere Energie

Zur Ableitung eines quantitativen Ausdrucks des ersten Hauptsatzes wird ein geschlossenes (massendichtes) System betrachtet, in dem ein Kreisprozess stattfindet (Zustandsänderung mit Rückkehr in den ursprünglichen Zustand). Während eines solchen Prozesses werden zwischen System und Umgebung Arbeit und Wärme ausgetauscht. Die Energie im System vor und nach dem Austausch ist gleich, entsprechend dem gleichen Zustand. Ein solcher Vorgang ist im Bild 2.3 dargestellt.

Unabhängig von:

- Art und Menge des Arbeitsmediums im System
- Art und Richtung der Zustandsänderungen
- Umfang des Kreisprozesses

sind die Summen von ausgetauschter Wärme und Arbeit gleich.

Quantitativ gilt:

$$E_U + E_S = [E_U - (|Q_{zu}| + |W_{zu}|) + (|Q_{ab}| + |W_{ab}|)] + \\ [E_S - (|Q_{ab}| + |W_{ab}|) + (|Q_{zu}| + |W_{zu}|)]$$

- darin sind:

  - $|Q_{zu}| + |W_{zu}|$ Wärme und Arbeit, die von der Umgebung ins System zugeführt werden

  - $|Q_{ab}| + |W_{ab}|$ Wärme und Arbeit, die vom System in die Umgebung abgeführt werden

Für ein System, welches vor und nach dem Prozess den gleichen Zustand und damit die gleiche Energie hat, resultiert aus dieser Bilanz:

$$|Q_{zu}| + |W_{zu}| = |Q_{ab}| + |W_{ab}|$$

2.2 Energiebilanz für Zustandsänderungen in geschlossenen Systemen; Innere Energie

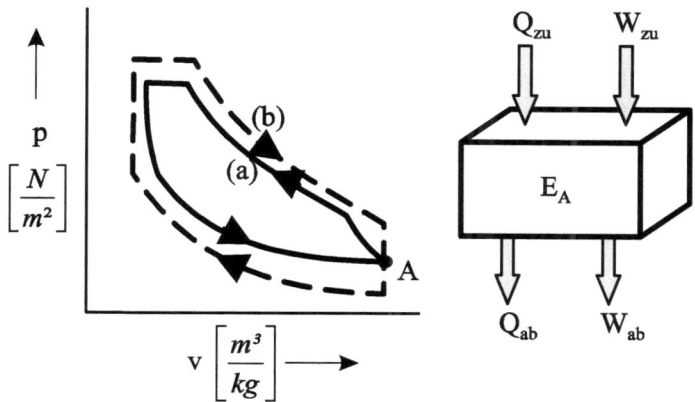

Bild 2.3 Kreisprozess in einem thermodynamischen System, mit Austausch von Wärme und Arbeit – dargestellt im p,V-Diagramm

Mit der vereinbarten Vorzeichenregelung

$$Q_{zu} = +|Q_{zu}|; \quad Q_{ab} = -|Q_{ab}|$$
$$W_{zu} = -|W_{zu}|; \quad W_{ab} = +|W_{ab}|$$

gilt: $\quad Q_{zu} - W_{zu} = -Q_{ab} + W_{ab}$

bzw. $\quad Q_{zu} + Q_{ab} = W_{ab} + W_{zu}$

oder allgemein, für einen mehrfachen, beliebigen Austausch von Wärme und Arbeit während der Zustandsänderungen im Kreisprozess:

$$\sum Q_i = \sum W_i \tag{2.2}$$

Gleichung (2.2) gibt eine Berechtigung der im Kap. 1.8 vorgenommenen Vorzeichenregelung für den Arbeitsaustausch:

- Wenn ein System beispielsweise positive Energie aufnimmt (in diesem Fall Wärmezufuhr $+|Q_{zu}| - |Q_{ab}| > 0$), so wird diese Energie auch positiv umgesetzt (vom System insgesamt resultierende Arbeit $+|W_{ab}| - |W_{zu}| > 0$). Diese Vereinbarung erlaubt eine klare Bilanz zwischen Aufwand und Nutzen bzw. ein übersichtliches Energie-Management.

- Die Vereinbarung in der Form: $+|Q_{zu}|-|Q_{ab}|>0$ aber $-|W_{ab}|+|W_{zu}|<0$, wie in der physikalischen Thermodynamik, erscheint für technische Anwendungen als umständlich.

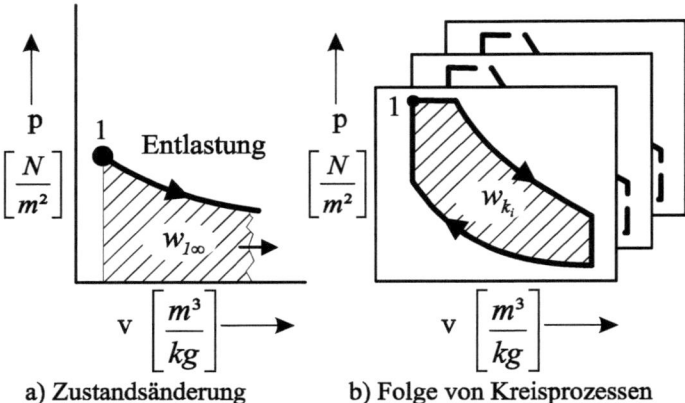

a) Zustandsänderung   b) Folge von Kreisprozessen

Bild 2.4 Ständige Arbeitsverrichtung in einem geschlossenen System während einer Zustandsänderung (a) bzw. während einer Folge von Kreisprozessen (b)

Ein geschlossenes System, beispielsweise ein Kolbenmotor (der Massenaustausch während des Ladungswechsels wird beim idealen Prozess als Wärmeaustausch im unveränderten Arbeitsmedium betrachtet), kann ständig Arbeit leisten, wenn es eine Folge von Kreisprozessen durchläuft. Eine einzige Zustandsänderung – beispielsweise eine Entlastung – ist immer begrenzt. Dieser Zusammenhang ist im Bild 2.4 verdeutlicht. Um unendlich Arbeit zu leisten, müssen unendlich viele Kreisprozesse realisiert werden. In jedem Kreisprozess ist für die Gewährleistung der Arbeit die Zufuhr einer äquivalenten Energie (in diesem Fall Wärme) erforderlich. Die Realisierung eines Perpetuum Mobile erster Ordnung ist also nicht möglich.

2.2.1 Innere Energie

$U[J], \quad u\left[\dfrac{J}{kg}\right]$

Die Energiebilanz in einem Kreisprozess zeigt, dass für den gleich gebliebenen Energiezustand des Systems die erfolgte Energiedurchströmung höchstens die Energieformen, aber nicht ihren Gesamtwert ändern kann. Von konkretem Nutzen in technischen Anwendungen wird aber die Bilanz von ausgetauschten

2.2 Energiebilanz für Zustandsänderungen in geschlossenen Systemen; Innere Energie   85

Energien (Form und Wert) für eine beliebige Zustandsänderung zwischen zwei unterschiedlichen Zuständen 1, 2 sein, wie es im Bild 2.5 dargestellt ist.

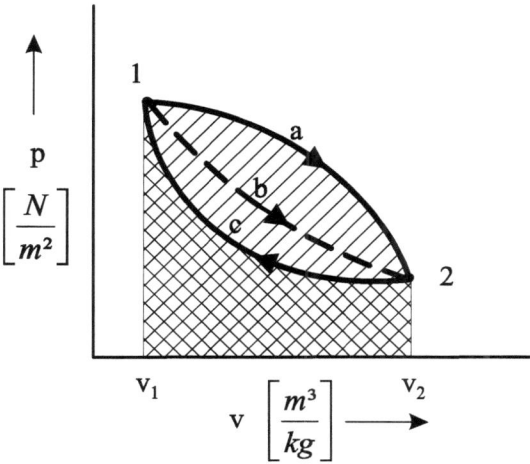

Bild 2.5 Ermittlung des Energieaustausches in einem geschlossenen System während einer Zustandsänderung 1,2 – dargestellt im p, v- Diagramm

Eine Zustandsänderung 1,2 kann prinzipiell auf unterschiedlichen Wegen (a,b) erfolgen. Die Arbeit, die der Zustandsänderung (1–a–2) entspricht, ist größer als über den Weg (b), wie die Fläche unter der jeweiligen Zustandsänderung zeigt. Zur Anwendung des 1.HS werden die 2 Zustandsänderungen in einem jeweiligen imaginären Kreisprozess eingeschlossen, in dem zwischen den Zuständen 2, 1 eine Referenz-Zustandsänderung (2-c-1) betrachtet wird.

Für die Kreisprozesse

$$1-a-2-c-1$$
$$1-b-2-c-1$$

gilt entsprechend der Gl. (2.2):

$$Q_{1a2} + Q_{2c1} = W_{1a2} + W_{2c1} \tag{2.3a}$$

$$\underline{Q_{1b2} + Q_{2c1} = W_{1b2} + W_{2c1}} \tag{2.3b}$$

$$Q_{1a2} - Q_{1b2} = W_{1a2} - W_{1b2} \tag{2.3}$$

Aus Gl.(2.3) resultiert:

$$Q_{1a2} - W_{1a2} = Q_{1b2} - W_{1b2} = konst. \tag{2.4}$$

Dieser Zusammenhang ist unabhängig von der Art der Zustandsänderung 1a2 bzw. 1b2 (wegunabhängig).

Obwohl die Arbeit und die Wärme Prozessgrößen (wegabhängig) sind, ist ihre algebraische Summe eine Zustandsgröße (wegunabhängig), also eine Systemeigenschaft.

Diese Systemeigenschaft stellt eine energetische Änderung des Systems zwischen diesen Zuständen dar.

> *Definition*
>
> *Die **innere Energie** wird als Summe aller systemeigenen Energieformen betrachtet, die während einer thermodynamischen Zustandsänderung verändert werden.*

Die innere Energie umfasst mehrere Energieformen, die im mikroskopischen Maßstab erfassbar sind – beispielsweise die potentielle und kinetische Energie der Moleküle und Atome (solange die chemische Struktur des Systems unverändert bleibt). In diesem Fall kann der Ursprung der inneren Energie bei $T = 0\ [K]$ festgelegt werden, wodurch absolute Werte abgeleitet werden können.

Die innere Energie eines Systems kann gemäß dem Zusammenhang in der Gl. (2.4) durch einen Energieaustausch mit der Umgebung – in Form von Wärme oder Arbeit – geändert werden, soweit die ausgetauschten Energien nicht gleich sind.

Für eine Zustandsänderung 1,2 gilt:

$$Q_{12} - W_{v12} = U_2 - U_1 \tag{2.5}$$

(bei $Q_{12} = W_{v12}$ gilt $U_2 = U_1$, demzufolge $\Delta U = 0$)

Für eine elementare Zustandsänderung resultiert daraus:

$$dQ - dW_v = dU \tag{2.6}$$

Wie die Wärme und die Arbeit ist die innere Energie abhängig von der Stoffmasse.

Als spezifische innere Energie gilt analog:

2.2 Energiebilanz für Zustandsänderungen in geschlossenen Systemen; Innere Energie

$$q = \frac{Q}{m}\left[\frac{J}{kg}\right] \quad und \quad w_v = \frac{W_v}{m}\left[\frac{J}{kg}\right]$$

$$auch \quad u = \frac{U}{m}\left[\frac{J}{kg}\right]$$

Daraus resultiert entsprechend Gl. (2.5) und (2.6)

$$q_{12} - w_{v12} = u_2 - u_1 \tag{2.5a}$$

$$dq - dw_v = du \tag{2.6a}$$

> *Der erste Hauptsatz – Zustandsänderungen in geschlossenen Systemen*
>
> *Der Austausch von Wärme und Arbeit zwischen einem geschlossenen System und seiner Umgebung während einer Zustandsänderung entspricht der Änderung seiner inneren Energie.*

Die Zusammenhänge, die durch die Gl.(2.5) und (2.6) dargestellt wurden, gelten sowohl für reversible, als auch für irreversible Zustandsänderungen.

Für die reversiblen Zustandsänderungen können diese Beziehungen mittels der Umstellung $dW_v = p\,dV$ bzw. $dw_v = p\,dv$ – anhand der Zustandsgrößen im Arbeitsmedium dargestellt werden.

Es gilt:

$$Q_{12} - \int_{V_1}^{V_2} p\,dV = U_2 - U_1 \tag{2.7}$$

$$q_{12} - \int_{v_1}^{v_2} p\,dv = u_2 - u_1 \tag{2.7a}$$

$$dQ - p\,dV = dU \tag{2.8}$$

$$dq - p\,dv = du \tag{2.8a}$$

Für eine finite Zustandsänderung 1,2 gilt:

$$Q_{12} = U_2 - U_1 + \int_{V_1}^{V_2} p \, dV \tag{2.9}$$

bzw.

$$q_{12} = u_2 - u_1 + \int_{v_1}^{v_2} p \, dv \tag{2.9a}$$

2.3 Energiebilanz für Zustandsänderungen in offenen Systemen (stationäre Prozesse); Enthalpie

Ein offenes System tauscht mit der Umgebung Masse (Arbeitsstoff) aus. Folgende Beispiele sind dafür repräsentativ: Kolbenmotoren (während des Ladungswechsels), Gasturbinen, Kraftstoff- und Wasserpumpen, Wärmetauscher, Düsen.

Anders als bei geschlossenen Systemen wird für einen ständigen Vorgang in einem offenen System allgemein kein Kreisprozess in einem einzelnen Systemmodul, sondern eine Verkettung einzelner Zustandsänderungen in konsekutiven Systemmodulen durchgeführt.

Zur Erstellung der Energiebilanz in einem solchen Fall wird ein offenes System betrachtet, welches sowohl Wärme als auch Druckänderungsarbeit mit der Umgebung austauscht. Ein derartiges System ist im Bild 2.6 schematisch dargestellt.

2.3 Energiebilanz für Zustandsänderungen in offenen Systemen

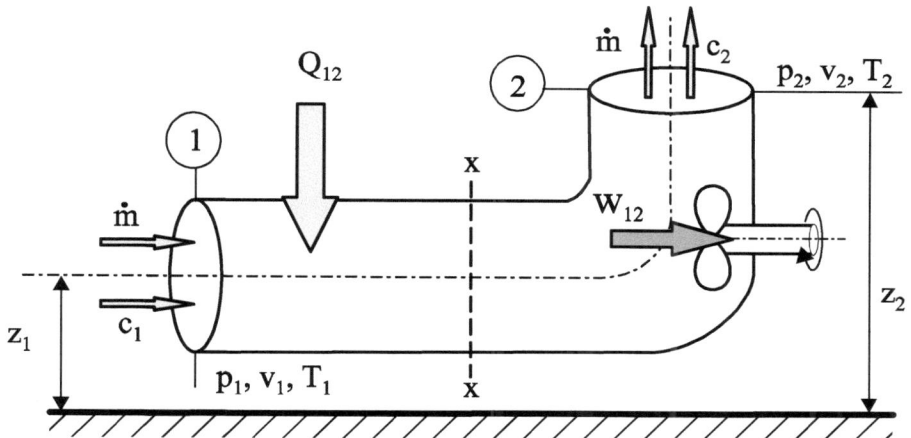

Bild 2.6 Energieaustausch und Zustandsgrößen am Ein- und Ausgang eines offenen Systems welches sich in der Luft über die Erde befindet (z.B. ein Strahltriebwerk) – schematisch

Es werden zunächst folgende vereinfachenden Bedingungen vereinbart:
- die Strömung ist stationär – ihre Zustandsgrößen sind also in jedem Punkt zeitunabhängig. Daraus resultiert zuerst die Konstanz der Massenströmung

$$\dot{m}_1 = \dot{m}_2 = \dot{m} \qquad \text{(Kontinuitätsgleichung)}$$

- die Strömung ist eindimensional (Fadenströmung). In jedem Querschnitt zur Strömungsrichtung sind die Zustandsgrößen sowie die Strömungsgeschwindigkeit konstant. Für die Geschwindigkeit kann auch ein mittlerer Wert, im Einklang mit der Kontinuitätsgleichung angenommen werden, wie es im Bild 2.7 dargestellt ist:

$$c_m = \frac{1}{A} \cdot \oint c \, dA$$

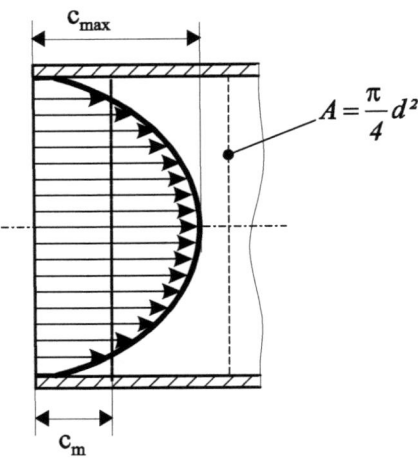

Bild 2.7 Geschwindigkeitsprofil und mittlere Geschwindigkeit (c_m) in einer stationären, eindimensionalen Strömung eines Fluids in einem Rohr

- Die Arbeit, die durch Reibung entsteht, wird vollständig in Wärme umgesetzt. In der Energiebilanz heben sich die jeweiligen Beträge auf.
- Aufgrund der stationären Strömung kann das System statisch betrachtet werden, in dem die Massenströmung für eine Zeit dt als Masse $m = \dot{m}\, dt$ eingeht. Umgekehrt, bei der Einbeziehung der Massenströme, wären alle Energieformen mit Energieströmen zu ersetzen (Wärmestrom anstatt Wärme, Leistung anstatt Arbeit).

Daraus resultiert folgende Energiebilanz für eine Schnittstelle x–x zwischen 1 und 2:

Energieform	von 1	zu 2
Wärme	$Q_{12} = m\, q_{12}$	-
Arbeit	-	$W_{p12} = m\, w_{p12}$
Innere Energie (z.B. kin. Energie – mikroskopisch)	$U_1 = m \cdot u_1$	$U_2 = m\, u_2$
Strömungsenergie (Verschiebearbeit)	$p_1 V_1 = m \cdot p_1 v_1$	$p_2 V_2 = m\, p_2 v_2$
Kinetische Energie (makroskopisch)	$\dfrac{m\, c_1^2}{2}$	$\dfrac{m\, c_2^2}{2}$
Potentielle Energie	$m g z_1$	$m g z_2$

2.3 Energiebilanz für Zustandsänderungen in offenen Systemen

Entsprechend dem ersten Hauptsatz ist die Summe der Energieformen, die von 1 nach 2 übertragen werden, konstant.
Für einen übersichtlichen Vergleich mit der Energiebilanz bei Zustandsänderungen in geschlossenen Systemen wird die Differenz von Wärme und Arbeit explizit abgeleitet. Es gilt:

$$m(q_{12} - w_{p12}) = m\left[(u_2 - u_1) + (p_2 v_2 - p_1 v_1) + \left(\frac{c_2^2}{2} - \frac{c_1^2}{2}\right) + g(z_2 - z_1)\right] \quad (2.10)$$

Daraus wird zunächst ersichtlich, dass die Betrachtung von Masse oder Massenstrom für stationäre Strömungen gleichwertig ist.
Die Masse bzw. der Massenstrom kann außer Betracht gelassen werden. Es gilt dann:

$$q_{12} - w_{p12} = (u_2 - u_1) + p_2 v_2 - p_1 v_1 + \frac{c_2^2}{2} - \frac{c_1^2}{2} + g(z_2 - z_1) \quad (2.10a)$$

Ein Vergleich der Energiebilanz für geschlossene Systeme (2.5a) und offene Systeme (2.10a) deutet auf folgenden Unterschied hin:
Die Differenz zwischen der ausgetauschten Wärme und Arbeit während einer Zustandsänderung in einem geschlossenen System ist in der Variation der inneren Energie erkennbar.
Bei offenen Systemen, die eine Strömung voraussetzen, ändern sich außer der inneren Energie auch die strömungsspezifischen Energieformen – wie Pumparbeit, kinetische oder potentielle Energie.

Für eine Zustandsänderung in einem offenen System wird dementsprechend der Erste Hauptsatz wie folgt formuliert:

> *Der erste Hauptsatz – Zustandsänderungen in offenen Systemen*
> *Der Austausch von Wärme und Arbeit zwischen einem offenen System und seiner Umgebung während einer Zustandsänderung entspricht der Änderung seiner Gesamtenergie, die aus mehreren Formen besteht.*

2.3.1 Enthalpie

$$H\,[J], \qquad h\left[\frac{J}{kg}\right]$$

Der erste Hauptsatz für eine Zustandsänderung in offenen Systemen bzw. sein quantitativer Ausdruck mittels Gl. (2.10a) führen zu der Erkenntnis, dass eine

Zusammenfassung aller systemeigenen Energieformen, einschließlich der inneren Energie, eine effektivere Handhabung zulässt.

Allerdings sind die Anteile der Energieformen an der gesamten Energie eines Systems in der Praxis sehr unterschiedlich.

Aus Stofftabellen können beispielsweise folgende Werte der inneren Energie ermittelt werden:

bei p = 1 bar	$u_0\ (20°C)$ $\left[\dfrac{kJ}{kg}\right]$	$u_1\ (100°C)$ $\left[\dfrac{kJ}{kg}\right]$
für Wasser	1225,37	1559,77
für Luft	215,75	274,64

Dagegen wird die potentielle Energie eines Arbeitsmediums in einer Maschine mit 10 [m] Höhenunterschied zwischen Ein- und Ausgang:

$$g\,\Delta z \;=\; 9{,}81 \cdot 10 \;=\; 98{,}1 \;=\; 98{,}1\cdot 10^{-3}$$

$$\left[\dfrac{m}{s^2}\right]\quad [m]\quad \left[\dfrac{m^2}{s^2}\right]\quad \left[\dfrac{kJ}{kg}\right]$$

$$\left[\begin{array}{l}\textit{Bemerkung : die Ableitung der Einheiten ergibt :}\\[4pt]\left[\dfrac{kJ}{kg}\right]\to\left[10^3\,\dfrac{J}{kg}\right]\to\left[10^3\,\dfrac{Nm}{kg}\right]\to\left[10^3\,\dfrac{kg\cdot m}{s^2}\cdot\dfrac{m}{kg}\right]\to\dfrac{m^2}{s^2}\end{array}\right]$$

Prozentual spielt daher die potentielle Energie keine Rolle in der Gesamtbetrachtung der Energie in einer Maschine mit üblichen Abmessungen. Dabei ist die absolute Höhe, in der sich die Maschine befindet nicht von Bedeutung: für die Bilanz zählt nur der Höhenunterschied zwischen Ein- und Ausgang aus der Maschine.

- andererseits ist die kinetische Energie nur bei hohen Strömungsgeschwindigkeiten von Bedeutung. Beispielsweise, ergibt

2.3 Energiebilanz für Zustandsänderungen in offenen Systemen

$$c = 50 \left[\frac{m}{s}\right] \quad \rightarrow \quad \frac{c^2}{2} = 1{,}25 \cdot 10^3 \left[\frac{m^2}{s^2}\right] \rightarrow 1{,}25 \left[\frac{kJ}{kg}\right]$$

$(180 \, [km/h])$

was auch im Bereich von unter 1% im Vergleich zur inneren Energie von Luft oder Wasser bleibt.

Das führt unter Berücksichtigung der Gl. (2.10a) zur folgenden Zusammenfassung der System, eigenen Energieformen:

Definition

Enthalpie H,   **spezifische Enthalpie h**

$$H = U + pV \quad (2.11)$$

bzw.

$$h = u + pv \quad (2.11a)$$

mit $h = \dfrac{H}{m}$ wobei $H\,[J]$ als   Enthalpie

bzw.

$h\left[\dfrac{J}{kg}\right]$ als   spezifische Enthalpie

bezeichnet werden.

Für Strömungen mit höherer Geschwindigkeit wird die kinetische Energie auch in Betracht gezogen und die Enthalpie wie folgt erweitert:

$$H^* = H + \frac{mc^2}{2} \quad \rightarrow \quad H^* = U + pV + \frac{mc^2}{2} \quad (2.12)$$

bzw.

$$h^* = h + \frac{c^2}{2} \quad \rightarrow \quad h^* = u + pv + \frac{c^2}{2} \quad (2.12a)$$

H^* wird oft als „Ruheenthalpie" bezeichnet: wenn eine Strömung mit höherer Geschwindigkeit zum Stillstand gebracht wird, so wandelt sich der kinetische Anteil der Energie in Enthalpie H um.

2.3.2 Gegenüberstellung der inneren Energie und der Enthalpie

Physikalische Bedeutung:

- die innere Energie ist die Summe aller Energieformen der Moleküle im System
- die Enthalpie ist die Gesamtheit der Energieformen, die dazu beigetragen haben, einen bestimmten Zustand des Systems zu erreichen

Ursprung:

- im Temperaturursprung $T = 0\,[K]$, wo keine Bewegung im mikroskopischen Maßstab erfolgt, gilt

$$U_0 = 0\,[J] \qquad H_0 = 0\,[J]$$

Messung:

- Innere Energie wird innerhalb des Systems gemessen
- Enthalpie wird an der Außenseite der Systemgrenze gemessen

Diese Zusammenhänge sind im Bild 2.8. schematisch dargestellt.

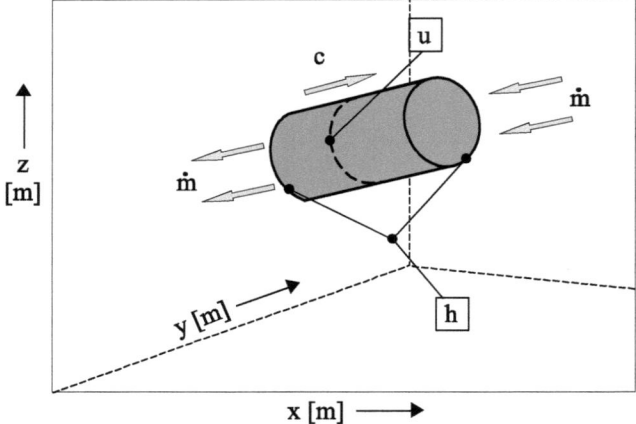

Bild 2.8 Innere Energie und Enthalpie, dargestellt anhand eines offenen Systems welches sich in der Luft über die Erde befindet (z.B. ein Strahltriebwerk) – schematisch

Größenart:

- Innere Energie und Enthalpie sind Zustandsgrößen (unabhängig von dem Weg der Zustandsänderungen zwischen den betrachteten Zuständen 1, 2)

2.4 Energiebilanz auf Basis der Enthalpie für Zustandsänderungen in geschlossenen und in offenen Systemen

Der Enthalpieausdruck

$$h = u + pv \qquad (2.11a)$$

führt zu der Differentialform:

$$dh = du + d(pv)$$

bzw.

$$dh = du + p\,dv + v\,dp \qquad (2.13a)$$

Geschlossene Systeme:

Aus dem Ausdruck des Ersten Hauptsatzes in Differentialform für reversible Zustandsänderungen:

$$dq - p\,dv = du \qquad (2.8a)$$

resultiert

$$du + p\,dv = dq$$

Damit ergibt Gl. (2.13a):

$$dh = dq + v\,dp \qquad (2.14a)$$

bzw.

$$dq = dh - v\,dp \qquad (2.15a)$$

Offene Systeme:

Aus dem Ausdruck des Ersten Hauptsatzes in offenen Systemen:

$$q_{12} - w_{p12} = (u_2 - u_1) + (p_2 v_2 - p_1 v_1) + \left(\frac{c_2^2}{2} - \frac{c_1^2}{2}\right) + g(z_2 - z_1) \qquad (2.10a)$$

unter Berücksichtigung des Ausdrucks für Enthalpie

$$h^* = u + pv + \frac{c^2}{2}$$

bzw. $\quad h^* = h + \frac{c^2}{2}$ (2.12a)

und bei Vernachlässigung des Anteils an potentieller Energie – wie bereits erwähnt – resultiert:

$$q_{12} - w_{t12} = h_2^* - h_1^*$$ (2.16a)

Bei Strömungsgeschwindigkeiten die den kinetischen Energieanteil vernachlässigbar machen, beispielsweise c ≤ 50 m/s gilt:

$h^* \cong h$

Damit wird Gl. (2.16a) zu:

$$q_{12} - w_{p12} = h_2 - h_1$$ (2.17a)

Für eine Zustandsänderung in einem offenen System wird der Erste Hauptsatz entsprechend der Gl. (2.16a), (2.17a) wie folgt formuliert:

Der erste Hauptsatz – Zustandsänderungen in offenen Systemen

Der Austausch von Wärme und Arbeit zwischen einem offenen System und seiner Umgebung während einer Zustandsänderung entspricht der Änderung seiner Enthalpie.

In Differentialform gilt entsprechend:

$$dq - dw_p = dh$$ (2.18a)

Für reversible Zustandsänderungen in offenen Systemen gilt:

$$dw_p = -v\, dp$$ (1.11a)

Damit wird Gl. (2.18a) zu

$$dh = dq + v\, dp$$ (2.14a)'

bzw. $\quad dq = dh - v\, dp$ (2.15a)'

Es kann festgestellt werden, dass der Ausdruck des Ersten Hauptsatzes für Zustandsänderungen in geschlossenen und in offenen Systemen – entsprechend Gl. (2.14a), (2.14a)' bzw. (2.15a), (2.15a)' – bei Anwendung der Enthalpie identisch wird.

Das entspricht der Tatsache, dass die Enthalpie, als Gesamtenergie – welche die innere Energie einschließt – die Bilanz der ausgetauschten Wärme und Arbeit während einer Zustandsänderung unabhängig von der Systemart darstellt.

2.5 Anwendung des Ersten Hauptsatzes in elementaren Prozessen

In einer Reihe repräsentativer Prozesse in technischen Systemen oder Systemmodulen kommt jeweils eine der Energieformen Wärme oder Arbeit nicht vor. Das vereinfacht die Analyse der ausgetauschten Energie bzw. die Ermittlung der anfallenden Leistung. Aufgrund ihrer Häufigkeit in der Kraftfahrzeugtechnik werden folgende Anwendungsformen dargestellt:

2.5.1 Elementare Prozesse in geschlossenen Systemen

Verdichtung oder Entlastung ohne Wärmeaustausch

Anwendungsbeispiele:
Kolbenverdichter,
Kolbenmotoren (Bild 2.9) (außer bei Ladungswechsel),
Stossdämpfer, Membranspeicher,
Pneumatische Aktuatoren

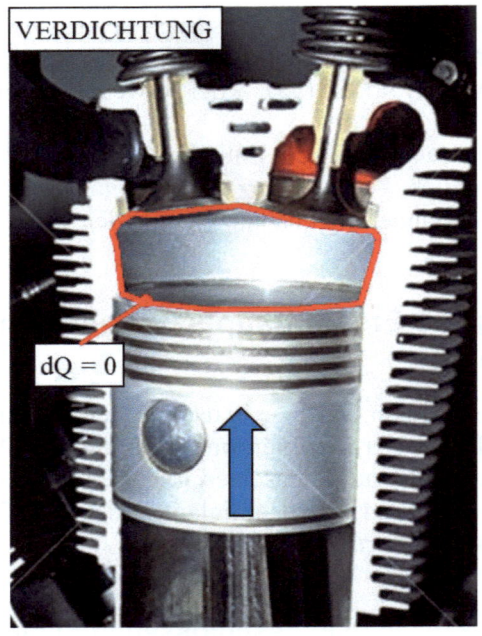

Bild 2.9 Arbeitsaustausch ohne Wärmeaustausch – geschlossenes System

In einer solchen Anwendung – die im Bild 2.9 dargestellt ist – wird der Wärmeaustausch während der Verdichtung bzw. der Entlastung oft vernachlässigbar im Vergleich mit dem Arbeitsaustausch.

Der Erste Hauptsatz ergibt für einen derartigen Fall:

$\cancel{Q_{12}} - W_{v12} = U_2 - U_1$ (2.5)   wobei $Q_{12} = 0$ → $W_{v12} = U_1 - U_2$ (2.19)

$\cancel{q_{12}} - w_{v12} = u_2 - u_1$ (2.5a)   → $w_{v12} = u_1 - u_2$ (2.19a)

bzw. für Zustandsänderungen, die als reversibel angenommen werden können:

$$\int_{V_1}^{V_2} p\, dV = U_1 - U_2 \tag{2.20}$$

$$\int_{v_1}^{v_2} p\, dv = u_1 - u_2 \tag{2.20a}$$

Aus dem ersten Hauptsatz auf Basis der Enthalpie resultiert für solche Anwendungen

$\cancel{dq} = dh - vdp$ (2.15a) $dh = vdp$

bzw. $\int_{p_1}^{p_2} v\, dp = h_2 - h_1$ (2.21a)

Wärmeaustausch ohne Arbeit

Anwendungsbeispiele:
Verbrennungsvorgang in Ottomotoren (idealer Prozess), (Bild 2.10a);
Wärmeübertragung in abgeschlossenen Behältern, Reifen (Bild 2.10b)

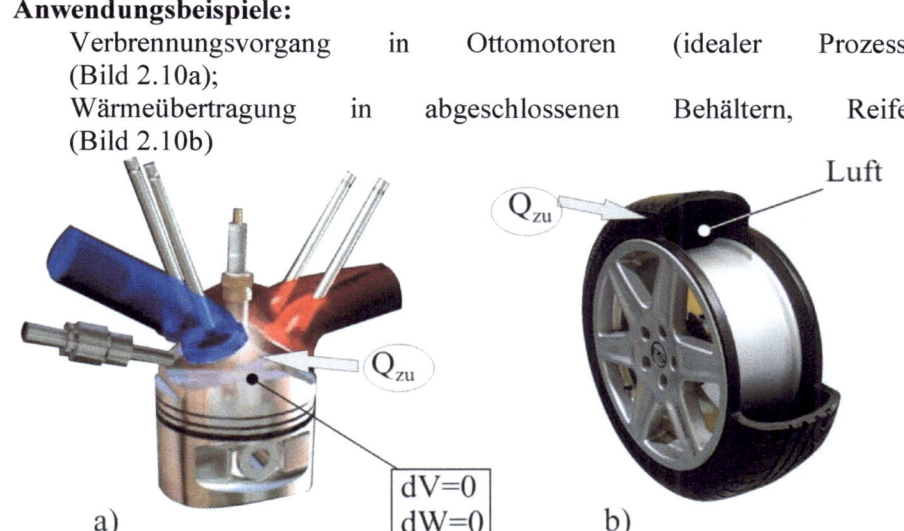

a)   b)

Bild 2.10 Wärmeaustausch ohne Arbeitsaustausch – geschlossene Systeme

Bild 2.10 zeigt schematisch solche Anwendungen. Der erste Hauptsatz führt in einem solchen Fall zu folgenden Ableitungen (für reversible oder irreversible Zustandsänderungen):

$Q_{12} - \cancel{W_{12}} = U_2 - U_1$ (2.5) $Q_{12} = U_2 - U_1$ (2.22)

$q_{12} - \cancel{w_{v12}} = u_2 - u_1$ (2.5a) $q_{12} = u_2 - u_1$ (2.22a)

Wie es im Kapitel 3.2 gezeigt wird, können sowohl die innere Energie als auch die Enthalpie für jedes bestimmte Arbeitsmedium als Funktion der Temperatur ausgedrückt werden. Die energetische Bilanz für die dargestellten Anwendungsfälle erscheint daher als sehr einfach ableitbar oder messbar.

2.5.2. Elementare Prozesse in offenen Systemen

Wärmeaustausch ohne Arbeit

Anwendungsbeispiele:

Wärmetauscher (Kühler, Heizkörper), (Bild 2.11a)

Heizkessel,

Wärmezufuhr durch Kraftstoffverbrennung in einer Strömungsmaschine (Gasturbine)

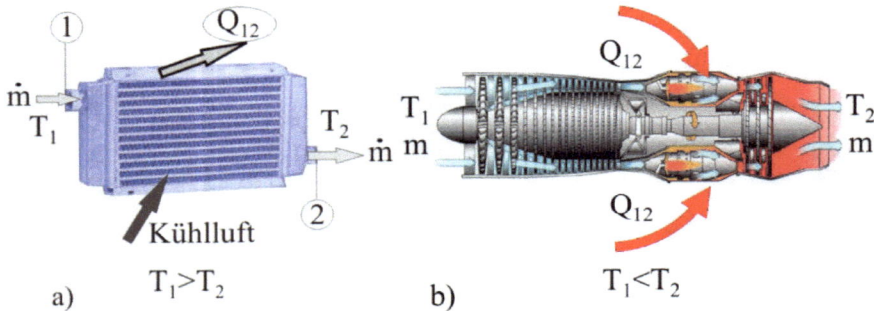

Bild 2.11 Wärmeaustausch ohne Arbeitsaustausch – offene Systeme

Für solche Fälle, die im Bild 2.11 schematisch dargestellt sind, werden aus dem ersten Hauptsatz folgende Ausdrücke abgeleitet:

$$q_{12} - \cancel{w_{p12}} = h_2 - h_1 \quad (2.17a) \quad \rightarrow \quad q_{12} = h_2 - h_1 \quad (2.23a)$$

$$\left[bei \ c \leq 50 \left[\frac{m}{s}\right] \quad \Rightarrow \quad h^* \cong h \right]$$

Für reversible Zustandsänderungen resultiert der gleiche Zusammenhang als:

$$dq = dh - \cancel{vdp} \quad (2.15a) \quad \rightarrow \quad q_{12} = h_2 - h_1 \quad (2.23a)$$

2.5 Anwendung des Ersten Hauptsatzes in elementaren Prozessen

In derartigen Anwendungen ist es meist erforderlich, die Heizleistung bzw. den Leistungsverlust durch Kühlung zu ermitteln. Bei gegebenem Massenstrom gilt:

$$\dot{m} \cdot q_{12} = P_{12} \quad \text{bzw.} \quad P_{12} = \dot{m}\,(h_2 - h_1) \tag{2.24}$$

$$\left[\frac{kg}{s}\right]\left[\frac{J}{kg}\right] \quad [W]$$

Der Ausdruck der Enthalpien mittels Temperatur vereinfacht die Leistungsermittlung: bei Kenntnis des entsprechenden Stoffwertes genügt dafür die Messung des Massenstromes und der Temperaturdifferenz am Ein- und Ausgang des Wärmetauschers.

Arbeitsaustausch in wärmedichten Systemen

Anwendungsbeispiele:

Turbinen (Bild 2.12a),

Verdichter (axial, radial) (Bild 2,12b),

Pumpen

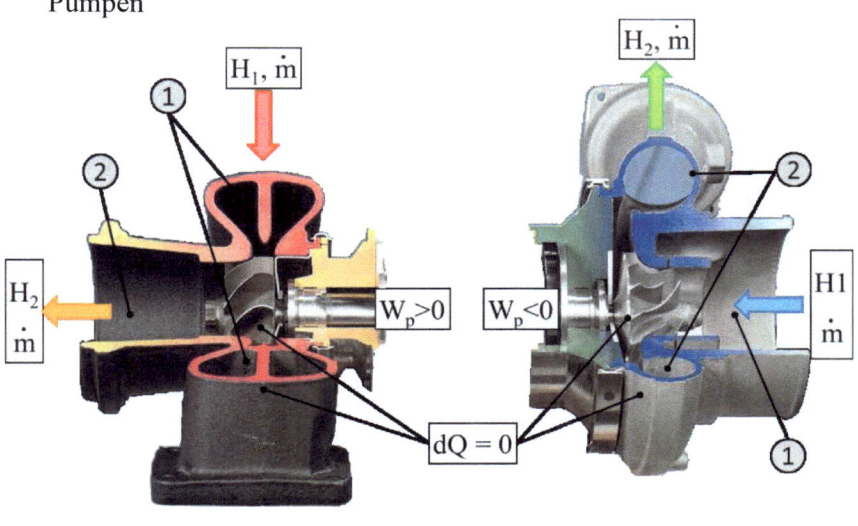

a) Turbine: $H_1 > H_2$ b) Verdichter: $H_2 > H_1$

Bild 2.12 Arbeitsaustausch ohne Wärmeaustausch – offene Systeme

2 Energiebilanz: Der erste Hauptsatz der Thermodynamik

Allgemein ist in solchen Anwendungen der Wärmeaustausch mit der Umgebung vernachlässigbar im Vergleich zum Arbeitsaustausch. Bild 2.12 stellt zwei in der Kraftfahrzeugtechnik übliche Anwendungsfälle dar. Aus der Energiebilanz wird abgeleitet:

$$\cancel{q_{12}} - w_{p12} = h_2^* - h_1^* \quad (2.16a) \quad \rightarrow \quad w_{p12} = h_1^* - h_2^* \quad (2.25a)$$

bzw. für relativ niedrige Strömungsgeschwindigkeiten, z.B.

$$c \le 50 \left[\frac{m}{s}\right] \quad \rightarrow \quad w_{p12} = h_1 - h_2 \quad (2.25a)'$$

Für reversible Zustandsänderungen gilt:

$$dw_p = -v dp \quad (1.11a)$$

und damit

$$\cancel{dq} = dh - v dp \quad (\text{Bild 2.15a})' \quad \rightarrow \quad \int_{v_1}^{v_2} v\, dp = h_2 - h_1$$

In derartigen Fällen ist die Ermittlung der Leistung ein Hauptkriterium für die Wahl bzw. für die Optimierung der jeweiligen Maschine. Analog der Gl. (2.24) wird bei gegebenen Massenstrom aus Gl. (2.25a)' folgende Leistung abgeleitet:

$$P_{12} = \dot{m}(h_1 - h_2) \quad (2.26)$$

In einer Turbine wird allgemein die Enthalpie eines Mediums genutzt, um daraus Arbeit bzw. Leistung zu gewinnen. Demzufolge resultiert aus der Enthalpiesenkung

$h_2 < h_1$ ☐ $P_{12} > 0$ (von der Maschine geleistet)

Umgekehrt, wird mit Pumpen oder Verdichtern die Enthalpie erhöht

$h_2 > h_1$ ☐ $P_{12} < 0$ (der Maschine zugeführt)

Strömungen ohne Wärme- und Arbeitsaustausch

Anwendungsbeispiele:

Strömungen durch wärmeisolierte Rohre wie

Ansaugrohre	(Bild 2.13a)
Düsen	(Bild 2.13b)
Venturi-Düsen	(Bild 2.13c)

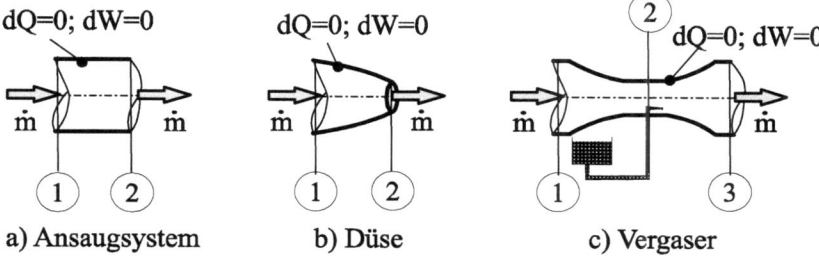

a) Ansaugsystem   b) Düse   c) Vergaser

Bild 2.13 Strömungsvorgänge ohne Wärme- und Arbeitsaustausch – offene Systeme

Im Bild 2.13 sind einige in der Kraftfahrzeugtechnik übliche Anwendungsfälle schematisch dargestellt. Aus der Energiebilanz wird abgeleitet:

$$\cancel{q_{12}} - \cancel{w_{p12}} = h_2^* - h_1^* \quad (2.16a) \quad \rightarrow \quad h_2^* = h_1^* = konst \quad (2.27)$$

$$bzw. \quad h_2 = h_1 = konst$$

für geringe Strömungsgeschwindigkeiten

Obwohl die Enthalpie der Strömung für einen solchen Fall konstant bleibt, können sich die Verhältnisse zwischen den Energieformen innerhalb der Enthalpie durchaus ändern. Solche Effekte werden oft in kraftfahrzeugtechnischen Anwendungen genutzt.

- für eine Düse – die durch abnehmenden Querschnitt definiert ist – resultiert aus Gl. (2.27) und (2.12a):

$$h_2^* = h_1^* \qquad u_2 + p_2 v_2 + \frac{c_2^2}{2} = u_1 + p_1 v_1 + \frac{c_1^2}{2}$$

Bei einer Flüssigkeitsströmung mit vernachlässigbarer Reibung gilt:

$$u_2 = u_1 \quad \text{und} \quad v_2 = \frac{1}{\rho_2} = v_1 = \frac{1}{\rho_1}$$

Daraus resultiert:

$$\frac{p_2}{\rho} + \frac{c_2^2}{2} = \frac{p_1}{\rho} + \frac{c_1^2}{2}$$

bzw.

$$p_2 + \frac{\rho \cdot c_2^2}{2} = p_1 + \frac{\rho \cdot c_1^2}{2} \tag{2.28}$$

(Bernoulli- Gleichung)

Bei abnehmendem Querschnitt resultiert aus der Kontinuitätsgleichung:

$$\dot{m}_1 = \dot{m}_2 \quad \text{bzw.} \quad A_1 c_1 = A_2 c_2$$

und mit

$$A_2 < A_1 \quad \Rightarrow \quad c_2 > c_1$$

Das Verhältnis der Energieformen innerhalb der Enthalpie – pv bzw. $\frac{c^2}{2}$ – ändert sich, obwohl die gesamte Enthalpie konstant bleibt:

die Bernoulli- Gleichung ergibt

$$\text{für} \quad c_2 > c_1 \quad \Rightarrow \quad p_2 < p_1$$

- ein solcher Effekt kommt auch in Rohrverengungen vor. In einer definierten Verengung kann durch die Geschwindigkeitszunahme der Hauptströmung eine gezielte Drucksenkung hervorgerufen werden, die einen Sogeffekt für ein weiteres Medium impliziert, welches im Bereich der Verengung zugeführt wird. Im Bild 2.13c ist eine solche Anordnung – als Funktionsprinzip eines Vergasers – schematisch dargestellt. In einem solchen Fall wird allerdings auch die Kompressibilität des strömenden Gases $\rho_1 \neq \rho_2$ einbezogen.

In den meisten offenen Systemen treten die beschriebenen elementaren Prozesse in Kombinationen oder Verkettungen auf.

Anwendungsbeispiele und Übungen zu Kapitel 2

Energiebilanz, Innere Energie, Enthalpie

Ü 2.1 Ein massendichtes hydraulisches System enthält 5 Liter Wasser bei 0,1 [MPa] (1 [bar]) und 293,15 [K] (20 [°C]). Aus Stofftabellen sind folgende Kennwerte für diesen Zustand des Wassers ermittelbar:

Spezifische innere Energie: $u = 1225{,}37 \left[\dfrac{kJ}{kg}\right]$

bzw. Dichte $\rho = 1000 \left[\dfrac{kg}{m^3}\right]$

Fragen:

1. Wie groß ist die Enthalpie des Wassers in diesem Zustand?
2. Wie groß wäre die Enthalpie von Luft, die in diesem System bei gleichem Zustand das Wasser ersetzen würde?
3. Wie groß sind die Anteile der inneren Energie an der Enthalpie in beiden Fällen?

Angaben: spezifische innere Energie der Luft $215{,}75 \left[\dfrac{kJ}{kg}\right]$;

Luftdichte: $1{,}188 \left[\dfrac{kg}{m^3}\right]$

Lösung:

1. Das System ist geschlossen, es erfolgt keine Strömung.
   $\Rightarrow$ $H^* = H$ für $c = 0$
   Damit gilt: $H = U + pV$ (2.11)

   bzw. $H = mu + pV = \rho V u + pV$

$$H = 1000 \left[\frac{kg}{m^3}\right] \cdot 5 \cdot 10^{-3} [m^3] \cdot 1225{,}37 \cdot 10^3 \left[\frac{J}{kg}\right] +$$

$$0{,}1 \cdot 10^6 \left[\frac{N}{m^2}\right] \cdot 5 \cdot 10^{-3} [m^3]$$

$$= 6126 \cdot 10^3 [J] + 0{,}5 \cdot 10^3 [J] = 6126{,}5 \cdot 10^3 [J]$$

2. $H = \rho V u + pV$

$$H = 1{,}188 \left[\frac{kg}{m^3}\right] \cdot 5 \cdot 10^{-3} [m^3] \cdot 215{,}75 \cdot 10^3 \left[\frac{J}{kg}\right] +$$

$$0{,}1 \cdot 10^6 \left[\frac{N}{m^2}\right] \cdot 5 \cdot 10^{-3} [m^3]$$

$$= 1{,}2815 \cdot 10^3 [J] + 0{,}5 \cdot 10^3 [J] = 1{,}7815 \cdot 10^3 [J]$$

3. Anteil der Inneren Energie an der Entahlpie:
in Wasser: 99,99% ; in Luft: 71,93%

Kommentar: Bei Flüssigkeiten in geschlossenen Systemen ist die Enthalpie in einem Zustand allgemein gleich der inneren Energie. Dabei spielt sowohl die Dichte als auch die spezifische innere Energie eine entscheidende Rolle.

Bei Gasen sind beide Werte grundsätzlich geringer, wodurch die innere Energie nur einen – wenn auch maßgeblichen – Anteil der Enthalpie ausmacht.

Ü 2.2 In einem Kolbenmotor wird Luft zwischen zwei Zuständen mit vorgegebenen Zustandsgrößen verdichtet (s. Bild 2.9). Die Änderung der inneren Energie ist anhand der Temperaturvariation aus Stofftabellen ermittelbar.

Frage: Wie ändert sich die Enthalpie der Luft zwischen diesen Zuständen?

Angaben:

	Zustand 1	Zustand 2
$p [MPa]$	0,1	2,512
$V [m^3]$	$0{,}5 \cdot 10^{-3}$	$0{,}05 \cdot 10^{-3}$
$u \left[\frac{kJ}{kg}\right]$	215,75	541,96
$\rho \left[\frac{kg}{m^3}\right]$	1,188	11,88

Lösung: Das System ist während der Zustandsänderung geschlossen. Die Enthalpie der Luft in einem Zustand ist entsprechend Ü 2.1:

$$H = U + pV \tag{2.11}$$

Demzufolge gilt als Enthalpie-Differenz zwischen den 2 Zuständen

$$\Delta H = (U_2 + p_2 V_2) - (U_1 + p_1 V_1)$$
bzw. $\Delta H = (U_2 - U_1) + (p_2 V_2 - p_1 V_1)$
oder $\Delta H = m(u_2 - u_1) + (p_2 V_2 - p_1 V_1)$
wobei $m = \rho_1 V_1 = \rho_2 V_2$

$$\Rightarrow m = 1{,}188 \left[\frac{kg}{m^3}\right] \cdot 0{,}5 \cdot 10^{-3} [m^3] = 0{,}594 \cdot 10^{-3} [kg]$$

$$\Delta H = 0{,}594 \cdot 10^{-3} [kg] \cdot (541{,}96 - 215{,}75) \cdot 10^3 \left[\frac{J}{kg}\right]$$

$$+ 2{,}512 \cdot 10^6 \left[\frac{N}{m^2}\right] \cdot 0{,}05 \cdot 10^{-3} [m^3] - 0{,}1 \cdot 10^6 \left[\frac{N}{m^2}\right] \cdot 0{,}5 \cdot 10^{-3} [m^3]$$

$$\Delta H = 193{,}77 [J] + (125{,}6 - 50)[J] = 269{,}37 [J]$$

Kommentar: Der Anteil der inneren Energie an der Enthalpie bleibt nach der Zustandsänderung unverändert, in diesem Fall bei 72%.

Ü 2.3 In das Ansaugsystem eines Formel 1 Autos (Bild Ü2.3) wird Luft aus der Umgebung bei 0,1 [MPa] (1[bar]) und 293,15 [K] (20 [°C]) angesaugt. Die spezifische innere Energie der Luft in diesem Zustand beträgt $u = 215{,}75 \left[\frac{kJ}{kg}\right]$ (siehe auch Ü 2.2) und die Luftdichte $\rho = 1{,}188 \left[\frac{kg}{m^3}\right]$.

Fragen:

1. Wie ändert sich die Enthalpie der Luft vom Stand (bei laufendem Motor) bis zu einer Fahrgeschwindigkeit von 320 [km/h]?
2. In welcher Form kann die Enthalpiedifferenz der Luft vom Eintritt im Ansaugsystem bis zum Eintritt im Zylinder genutzt werden?

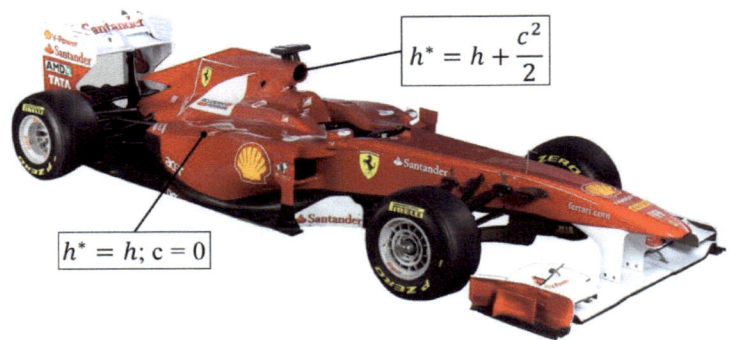

Bild Ü2.3 Enthalpie und Ruheenthalpie der Luft am Eintritt in das Ansaugsystem bzw. im Zylinder eines Kolbenmotors

Lösung:

1. Für die allgemeine Form der Enthalpie (Ruheenthalpie) gilt:

$$h^* = u + pv + \frac{c^2}{2} \qquad (2.12a)$$

bzw. $\quad h^* = u + \frac{p}{\rho} + \frac{c^2}{2}$

Daraus resultiert:

- im Stand (c=0) $\quad \Rightarrow \quad h^* = h = u + \frac{p}{\rho}$

$$h = 215{,}75 \cdot 10^3 \left[\frac{J}{kg}\right] + \frac{1 \cdot 10^5 \left[\frac{N}{m^2}\right]}{1{,}188 \left[\frac{m^3}{kg}\right]}$$

$$h = (215{,}75 + 84{,}175) \cdot 10^3 \left[\frac{J}{kg}\right] = 299{,}92 \cdot 10^3 \left[\frac{J}{kg}\right]$$

- bei 320 [km/h] $h^* = h + \frac{c^2}{2} = u + \frac{p}{\rho} + \frac{c^2}{2}$

$$h^* = 299{,}92 \cdot 10^3 \left[\frac{J}{kg}\right] + \frac{\left(\frac{320}{3{,}6}\right)^2}{2} \left[\frac{m^2}{s^2}\right]$$

dabei ist $\left[\dfrac{J}{kg}\right] \rightarrow \left[\dfrac{Nm}{kg}\right] \rightarrow \left[\dfrac{kg \cdot m}{s^2} \cdot \dfrac{m}{kg}\right] \rightarrow \left[\dfrac{m^2}{s^2}\right]$

$$h^* = 299{,}92 \cdot 10^3 \left[\dfrac{J}{kg}\right] + 3{,}95 \cdot 10^3 \left[\dfrac{J}{kg}\right]$$

$$= 303{,}88 \cdot 10^3 \left[\dfrac{J}{kg}\right]$$

Die Enthalpie nimmt um 1,3% zu.

2. Die Luft, die mit 320 [km/h] in das Ansaugsystem des Motors einströmt, überquert die Ansaugrohre und das Filtersystem, wo sie nahezu vollständig abgebremst wird. Ungeachtet einiger Reibungsverluste bleibt die Gesamtenergie (Ruheenthalpie) der Luft erhalten: die kinetische Energie wird dabei in Enthalpie umgewandelt (das berechtigt den Begriff Ruheenthalpie). Es gilt:

$$h^* = konst.$$

$$h^* = u + \dfrac{p}{\rho} + \dfrac{c^2}{2}$$

Der Term $\dfrac{c^2}{2}$ nimmt dabei ab, zugunsten des Terms $\dfrac{p}{\rho}$.

Abgesehen von Reibungsverlusten bleibt im Ansaugsystem $u \cong konst.$, bzw. $T \cong konst.$ Die Zunahme des Druckes bzw. der Dichte der Luft durch ihre Abbremsung führt zu einer Erhöhung der Luftmasse im Zylinder.

Es gilt: $m = \rho V$ mit $\rho = \dfrac{p}{RT}$ (aus $pV = mRT$ bzw. $\dfrac{p}{\rho} = RT$).

Dementsprechend kann auch mehr Kraftstoff zugeführt werden, wodurch die Motorleistung zunimmt.

Gegenüber dem ursprünglichen Wert

$\dfrac{p}{\rho} = h - u$ im Stand (c=0)

wird $\dfrac{p}{\rho} + \dfrac{c^2}{2} = h^* - u$

Es gilt:

$$\frac{p}{\rho} = 299{,}92 \left[\frac{kJ}{kg}\right] - 215{,}75 \left[\frac{kJ}{kg}\right] = 84{,}17 \left[\frac{kJ}{kg}\right] \text{ bei } c = 0$$

bzw. $\frac{p}{\rho} + \frac{c^2}{2} = 303{,}88 \left[\frac{kJ}{kg}\right] - 215{,}75 \left[\frac{kJ}{kg}\right] = 88{,}1 \left[\frac{kJ}{kg}\right]$

bei $c = 88{,}8 \frac{m}{s}$

Die Zunahme des Terms $\frac{p}{\rho}$ beträgt damit 4,6%.

Diese Art der dynamischen Aufladung wird allgemein bei Flugzeugmotoren genutzt, wo der Geschwindigkeitsanteil noch höher ist.

Selbst bei einem Fahrzeugmotor kann der Leistungsgewinn spürbar sein:

Bei einem Formel 1 Motor mit einer Leistung von 600 [kW] würde eine Erhöhung der Luftmasse und demzufolge der Gemischmasse um 4,6 [%] theoretisch zu einer Leistungssteigerung um 27,6 [kW] führen.

Ü 2.4 Im Kühler eines Motors (Bild Ü.2.4) wird Wasser von 110 [°C] auf 90 [°C] gekühlt. Der Volumenstrom beträgt 6 Liter pro Minute.

Frage: Wie viel Leistung wird vom Motor durch die Kühlung theoretisch abgegeben?

Angaben: aus Stofftabellen für Wasser:

$$h_{110°C} = 419{,}06 \left[\frac{kJ}{kg}\right] \; ; \; h_{80°C} = 334{,}92 \left[\frac{kJ}{kg}\right]$$

$$\rho \big|_{80}^{100} = 964{,}832 \left[\frac{kg}{m^3}\right]$$

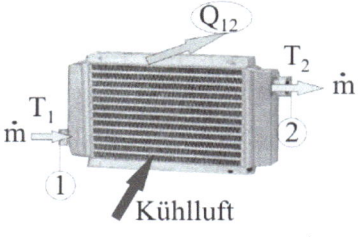

Bild Ü2.4 Wärmeaustausch (ohne Arbeitsaustausch) im Kühler eines Motors

Lösung: Entsprechend dem Anwendungsfall im Kapitel 2.5.2 gilt:
$$P = \dot{m} q_{12} = \dot{m}(h_2 - h_1) \qquad (2.24)$$

Andererseits gilt: $\dot{m} = \rho \dot{V}$

$$P = 6 \cdot \frac{10^{-3}}{60} \left[\frac{m^3}{s}\right] \cdot 964{,}832 \left[\frac{kg}{m^3}\right] \cdot (419{,}06 - 334{,}92) \left[\frac{kJ}{kg}\right]$$
$$= 8{,}118 [kW]$$

Ü 2.5 Das Abgas eines Kolbenmotors mit einem Hubvolumen von 2 Litern wird einer Turbine zugeführt. Durch die Entlastung in der Turbine sinkt die Abgastemperatur von 900 [°C] auf 600 [°C].

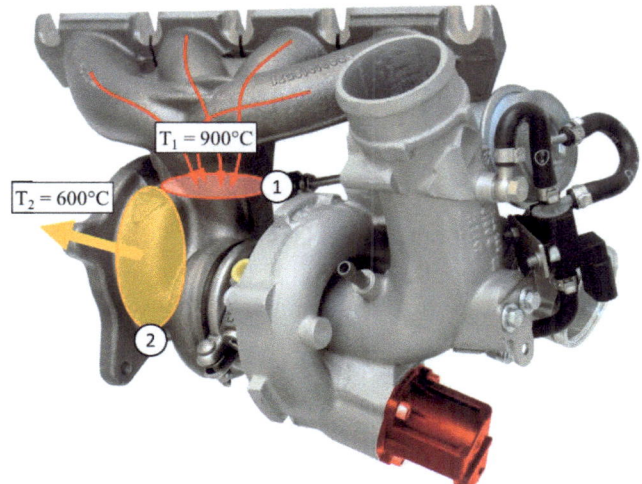

Bild Ü2.5 Kolbenmotor mit Turbine; ① Turbineneingang, ② Turbinenausgang

2 Energiebilanz: Der erste Hauptsatz der Thermodynamik

Fragen:

1. Wie viel spezifische Arbeit kann theoretisch durch diese Entlastung gewonnen werden?
2. Welcher Leistung entspricht diese spezifische Arbeit bei einem Abgasmassenstrom von $59{,}43 \cdot 10^{-3} \left[\dfrac{kg}{s}\right]$ welcher bei diesem Hubvolumen, bei Volllast einer Motordrehzahl von $3000 \left[\dfrac{U}{min}\right]$ entspricht?

Angaben: theoretisches Abgasgemisch ohne Wasserdampfanteil

$$(CO_2 + N_2) \Rightarrow \quad h_{900\,°C} = 1179{,}01 \left[\dfrac{kJ}{kg}\right]$$

$$h_{600\,°C} = 877{,}51 \left[\dfrac{kJ}{kg}\right]$$

Lösung:

1. Dieser Anwendungsfall wurde in Kapitel 2.5.2 beschrieben. Es gilt gemäß Gl. (2.25a):

$$w_{P_{12}} = h_1 - h_2 = h_{900} - h_{600} = 301{,}50 \left[\dfrac{kJ}{kg}\right]$$

2. Nach Gl.(2.26) gilt dann:

$$P = 59{,}43 \cdot 10^{-3} \left[\dfrac{kg}{s}\right] \cdot 301{,}50 \left[\dfrac{kJ}{kg}\right] = 17{,}92\,kW$$

Ü 2.6 Aus einem Behälter strömt Wasser über eine thermisch isolierte Düse aus. Die Austrittsgeschwindigkeit beträgt 20 [m/s]. Am Eingang in der Düse – auf der Behälterseite – kann die Geschwindigkeit vernachlässigt werden.

Fragen:

1. Wie hat sich die Enthalpie des Wassers vom Einlauf bis zum Auslauf der Düse verändert?
2. Wie ändert sich das Ergebnis von 1.) wenn anstatt Wasser ein Gemisch von Wasser / Frostschutzmittel in gleichen Massenanteilen gespritzt wird?

Lösung:

1. Entsprechend der Ausführungen in Kapitel 2.5.2 und Bild 2.13b gilt:

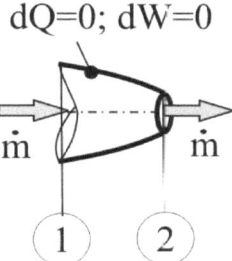

Bild Ü2.6 Strömungsvorgang ohne Wärme- und Arbeitsaustausch in einer Düse

$$h_1^* = h_2^* = konst \qquad (2.27)$$

bzw.

$$h_1 + \frac{c_1^2}{2} = h_2 + \frac{c_2^2}{2} \quad \text{wobei} \quad c_1 = 0$$

$$\Rightarrow \quad h_1 - h_2 = \frac{c_2^2}{2}$$

$$\Delta h = \frac{20^2}{2}\left[\frac{m^2}{s^2}\right] = 200\left[\frac{J}{kg}\right]$$

2. Die Enthalpieänderung ist nicht von der Art des Mediums sondern nur von der Geschwindigkeitsänderung abhängig.

Ü 2.7 Durch eine thermisch isolierte Düse strömt Benzin von einem Einspritzsystem zum Brennraum eines Kolbenmotors.

Frage: Wie groß ist die Geschwindigkeit des Einspritzstrahles beim Austritt aus der Düse wenn die Druckdifferenz zwischen Düseneingang (Benzindruck) und Düsenausgang (Gegendruck des Gases im Brennraum) 6 [MPa] beträgt?

Angabe: Benzindichte: $736\left[\dfrac{kg}{m^3}\right]$

Lösung: Auch in diesem Fall gilt entsprechend Ü 2.6 :

$$\underbrace{q_{EA}}_{=0} - \underbrace{w_{P_{EA}}}_{=0} = h_A^* - h_E^*$$

$$h_E + \frac{c_E^2}{2} = h_A + \frac{c_A^2}{2} \qquad (2.27)$$

Im Einspritzsystem, bis zum Düseneingang gilt:

$$c_E = 0$$

Daraus resultiert:

$$c_A = \sqrt{2(h_E - h_A) + c_E^2}$$

Benzin ist in dieser Anwendung als inkompressibel zu betrachten, woraus

$$\rho = \frac{1}{v} = konst. \quad bzw. \quad \rho_E = \rho_A \text{ resultiert.}$$

Andererseits ist zwischen Ein- und Ausgang der thermisch isolierten Düse keine wesentliche Änderung der Temperatur und somit der inneren Energie zu verzeichnen.

Es gilt: $\quad u_E = u_A \qquad$ mit $h = u + \dfrac{p}{\rho}$

gilt $\qquad c_A = \sqrt{2\dfrac{p_E - p_A}{\rho} + c_E^2}$

bzw. $\quad c_A = \sqrt{2\dfrac{p_E - p_A}{\rho}}$, da $c_E = 0$

Daraus resultiert:

$$c_A = \sqrt{2\frac{\Delta p}{\rho}} = \sqrt{\frac{2 \cdot 6 \cdot 10^6}{736}} \frac{m}{s} = 127{,}69 \frac{m}{s}$$

Kommentar: Die abgeleitete Gleichungsform für die Austrittsgeschwindigkeit c_A ist als Ausflussgleichung bekannt und wird in der Kraftfahrzeugtechnik in zahlreichen Anwendungen bei Strömung von Flüssigkeiten durch Düsen eingesetzt.

Fragen zu Kapitel 2

-zu beantworten ohne Unterlagen -
(Lösungen am Ende des Kapitels)

F 2.1 Leiten Sie die Energiebilanz zwischen Anfangs- und Endzustand des Arbeitsmediums für die jeweilige Zustandsänderung in folgenden Systemen ab: *gekühlter Kolbenverdichter / wärmedichte Turbine / Wasserkühler*

Wie ändert sich die Temperatur des Mediums in jeder dieser Anwendungen?

F 2.2 Leiten Sie die Energiebilanz zwischen Anfangs- und Endzustand des Arbeitsmediums bei der Wärmezufuhr im Brennraum folgender Wärmekraftmaschinen ab: Ottomotor, Dieselmotor, Strömungsmaschine (Joule-Kreisprozess).

F 2.3 Durch eine thermisch isolierte Düse strömt Benzin von einem Einspritzsystem zum Brennraum eines Kolbenmotors. Leiten Sie aus der entsprechenden Energiebilanz zwischen Ein- und Ausgang der Düse eine Gleichung zur Berechnung der Austrittsgeschwindigkeit des Benzins aus der Düse ab. Die Eingangsgeschwindigkeit ist dabei Null, die Druckdifferenz zwischen Eingang (p_E) und Ausgang (p_A) bekannt, die innere Energie und die Benzindichte bleiben zwischen Ein- und Ausgang unverändert.

Aufgaben zu Kapitel 2

-zu Lösen mit Hilfe von Unterlagen -
(Lösungen am Ende des Kapitels)

A 2.1 Es wird eine Gasverdichtung nach der Zustandsänderung pv^k=konst. (mit k=1,4) von 10 [°C] und 1 [bar] auf 7 [bar] in folgenden Varianten realisiert.
A) mit einem Radialverdichter (offenes System)
B) mit einem Kolbenverdichter (geschlossenes System)

Aufgaben:
2.1.1 Darstellung der Zustandsänderung in p,v-Diagramm für jeden Verdichter.
2.1.2 Berechnung der spezifischen Arbeit mit jedem der beiden Verdichtern – die entsprechende Fläche in p,v-Diagramm ist jeweils zu schraffieren.
2.1.3 Berechnung der Temperaturänderung nach dem Verdichter und der jeweiligen Arbeit, wenn durch Kühlung des jeweiligen Verdichters der Vorgang mit (n=1,001) anstatt k=1,4 verläuft.

A 2.2 Ein ideales Gas erfährt als Arbeitsmedium in einer pneumatischen Anlage eine Zustandsänderung von p_1=1 [bar] und V_1=0,5 [m³] auf p_2= 4 [bar] und V_2=0,2 [m³]. Die innere Energie des Gases sinkt dabei um 120 [kJ].

Aufgaben:
2.2.1 Berechnung der Enthalpieänderung zwischen den zwei Zuständen
2.2.2 Berechnung des Druckes im Zustand 2 (V_2=0,2 [m³], unverändert), bei welchem die Änderung der Enthalpie und der inneren Energie gleich wären.

Lösungen zu den Fragen von Kapitel 2

F 2.1 gekühlter Kolbenverdichter (geschlossenes System)

$Q_{12} - W_{12} = U_2 - U_1 \quad mit \quad U = mc_v T$

$Q_{12} - W_{12} = mc_v(T_2 - T_1)$

für $Q_{12} > W_{12} \rightarrow T_2 > T_1 \rightarrow T \uparrow$

für $Q_{12} = W_{12} \rightarrow T_2 = T_1 \rightarrow T = konst.$

für $Q_{12} < W_{12} \rightarrow T_2 < T_1 \rightarrow T \downarrow$

Ein Kolbenverdichter ist ein geschlossenes System in dem ein Arbeitsmedium (zum Beispiel Luft) komprimiert wird, wofür Arbeit aus der Umgebung erforderlich ist. Während dieser Zustandsänderung kann dem Arbeitsmedium durch Kühlung Wärme entzogen werden, dabei findet ein Wärmeaustausch statt. Ein Wärme- und/oder Arbeitsaustausch in einem geschlossenen System bewirkt eine Änderung der inneren Energie des Arbeitsmediums.

Wärmedichte Turbine (offenes System)

$Q_{12} - W_{12} = H_2 - H_1 \quad mit \quad Q_{12} = 0 \quad und \quad H = mc_p T$

$-W_{12} = mc_p(T_2 - T_1) \quad bzw. \quad W_{12} = mc_p(T_1 - T_2)$

für $W_{12} > 0 \rightarrow T_1 \geq T_2 \rightarrow T \downarrow (Grenzwert: T = konst.)$

Eine wärmedichte Turbine ist ein offenes System in welchem ein Arbeitsmedium entlastet wird. Ein Wärme- und/oder Arbeitsaustausch bewirkt die Änderung der Enthalpie des Arbeitsmediums.

Wasserkühler (offenes System)

$Q_{12} - W_{12} = H_2 - H_1 \quad mit \quad W_{12} = 0 \quad und \quad H = mc_p T$

$Q_{12} = mc_p(T_2 - T_1)$

für $Q_{12} < 0 \rightarrow T_2 < T_1 \rightarrow T \downarrow$

Ein Wasserkühler ist ein offenes System, über dessen Bauteilwandungen Wärme ausgetauscht wird. Von dem Arbeitsmedium wird dabei keine Arbeit. Ein Wärme- und/oder Arbeitsaustausch bewirkt die Änderung der Enthalpie des Arbeitsmediums.

F 2.2 Ottomotor (geschlossenes System)

$$Q_{12} - W_{12} = U_2 - U_1 \quad \text{mit} \quad U = mc_v T \quad \text{und} \quad W_{12} = W_{12}$$

$$Q_{12} - W_{12} = mc_v(T_2 - T_1)$$

Dieselmotor (geschlossenes System)

$$Q_{12} - W_{12} = U_2 - U_1 \quad \text{mit} \quad U = mc_v T \quad \text{und} \quad W_{12} = W_{12}$$

$$Q_{12} - W_{12} = mc_v(T_2 - T_1)$$

Strömungsmaschine (offenes System)

$$Q_{12} - W_{12} = H_2 - H_1 \quad \text{mit} \quad H = mc_p T \quad \text{und} \quad W_{12} = W_{12}$$

$$Q_{12} - W_{12} = mc_p(T_2 - T_1)$$

F 2.3 Ottomotor / Dieselmotor (geschlossenes System)

$$\dot{Q}_{EA} - \dot{W}_{EA} = \dot{H}_A^* - \dot{H}_E^* \qquad \dot{m} = \frac{m}{dt} = konst.$$

$$\dot{m}(q_{EA} - w_{EA}) = \dot{m}(h_A^* - h_E^*) \qquad q_{EA} = 0, \quad w_{EA} = 0$$

$$h_A^* = h_E^* \qquad \text{mit} \quad h^* = h + \frac{c^2}{2} = u + \frac{p}{\rho} + \frac{c^2}{2}$$

$$u_A + \frac{p_A}{\rho} + \frac{c_A^2}{2} = u_E + \frac{p_E}{\rho} + \frac{c_E^2}{2} \quad u_A = u_E, \quad c_E = 0 \quad \rho = konst.$$

$$c_A = \sqrt{\frac{2(p_E - p_A)}{\rho}}$$

Lösungen zu den Aufgaben von Kapitel 2

A 2.1 2.1.1 p-v-Diagramm der Zustandsänderung

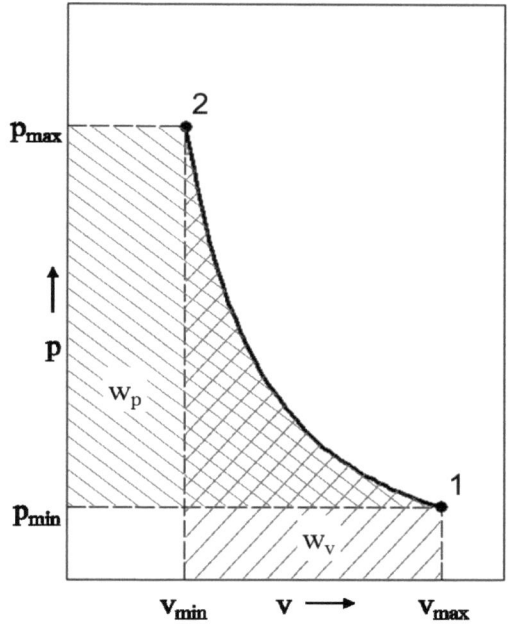

2.1.2 spezifische Arbeit bei Kompression im Kolbenverdichter

$$w_{v12} = \int_{v_1}^{v_2} pdV \quad mit \quad p = p_1 \cdot \left(\frac{v_1}{v}\right)^k$$

$$w_{v12} = \int_{v_1}^{v_2} p_1 v_1^k \cdot \frac{dv}{v^k} = p_1 v_1^k \int_{v_1}^{v_2} v^{-k} dv = \frac{p_1 v_1^k}{1-k}\left(v_2^{1-k} - v_1^{1-k}\right)$$

$$w_{v12} = \frac{p_1}{1-k}\left(\frac{v_1^k v_2}{v_2^k} - \frac{v_1^k v_1}{v_1^k}\right) = \frac{p_1}{1-k}\left(\frac{v_1^k v_2}{v_2^k v_1}v_1 - \frac{v_1^k v_1}{v_1^k}\right)$$

$$\text{mit} \quad p_2 = p_1\left(\frac{v_1}{v_2}\right)^k \rightarrow \left(\frac{v_1}{v_2}\right) = \left(\frac{p_2}{p_1}\right)^{\frac{1}{k}}$$

$$w_{v12} = \frac{p_1 v_1}{1-k}\left[\left(\frac{p_2}{p_1}\right)^{\frac{k-1}{k}} - 1\right] \quad \text{mit} \quad p_1 v_1 = RT_1$$

$$w_{v12} = \frac{RT_1}{1-k}\left[\left(\frac{p_2}{p_1}\right)^{\frac{k-1}{k}} - 1\right]$$

$$w_{v12} = \frac{0{,}287 \cdot 283{,}15}{1-1{,}4}\left[\left(\frac{7}{1}\right)^{\frac{1{,}4-1}{1{,}4}} - 1\right]$$

$$\underline{\underline{w_{v12} = -151{,}08 \left[\frac{kJ}{kg}\right]}}$$

spezifische Arbeit bei Kompression im Radialverdichter

$$w_{p12} = \int_{p_1}^{p_2} -v\,dp \quad \text{mit} \quad v = v_1 \cdot \left(\frac{p_1}{p}\right)^{\frac{1}{k}}$$

$$w_{p12} = \int_{p_1}^{p_2} -p_1^{\frac{1}{k}} v_1 \cdot \frac{dp}{p^{\frac{1}{k}}} = p_1^{\frac{1}{k}} v_1 \int_{p_1}^{p_2} P^{\frac{-1}{k}} dv = -\frac{p_1^{\frac{1}{k}} v_1}{\frac{k-1}{k}}\left(p_2^{\frac{k-1}{k}} - p_1^{\frac{k-1}{k}}\right)$$

$$w_{p12} = \frac{kv_1}{1-k}\left(\frac{p_1^{\frac{1}{k}} p_2}{p_2^{\frac{1}{k}} p_1} p_1 - \frac{p_1^{\frac{1}{k}}}{p_1^{\frac{1}{k}}} p_1\right) \quad \text{mit} \quad p_1 v_1 = RT_1$$

$$w_{p12} = \frac{kRT_1}{1-k}\left[\left(\frac{p_2}{p_1}\right)^{\frac{k-1}{k}} - 1\right]$$

$$w_{p12} = \frac{1,4 \cdot 0,287 \cdot 283,15}{1-1,4}\left[\left(\frac{7}{1}\right)^{\frac{1,4-1}{1,4}} - 1\right]$$

$$w_{p12} = -211,51 \left[\frac{kJ}{kg}\right]$$

2.1.3 Temperatur am Ende der Verdichtung mit (n=1,001)

$$p_1 v_1^n = p_2 v_2^n \quad mit \quad pv = RT \to v = \frac{RT}{p} \quad und \quad R_1 = R_2$$

$$\frac{p_1}{p_2} = \left(\frac{T_2}{p_2}\frac{p_1}{T_1}\right)^n \to \frac{T_2}{T_1} = \left(\frac{p_1}{p_2}\right)^{\frac{1-n}{n}} \to T_2 = T_1\left(\frac{p_2}{p_1}\right)^{\frac{n-1}{n}}$$

$$T_2 = 283,15\left(\frac{7}{1}\right)^{\frac{1,001-1}{1,001}}$$

$$\underline{\underline{T_2 = 283,70 \ [K]}}$$

Für diese Zustandsänderung ist die Volumenänderungsarbeit bei der Verdichtung gleich der Druckänderungsarbeit, da die Funktion pv^n mit n≈1 eine symmetrische Hyperbel ist.

A 2.2 2.2.1 Enthalpieänderung infolge Zustandsänderung und Senkung der inneren Energie

$$H_2 - H_1 = (U_2 - U_1) + (p_2 V_2 - p_1 V_1)$$
$$\Delta H = \Delta U + (p_2 V_2 - p_1 V_1)$$
$$\Delta H = -120 \cdot 10^3 + 4 \cdot 10^5 \cdot 0,2 - 1 \cdot 10^5 \cdot 0,5$$
$$\underline{\underline{\Delta H = -90 \ [kJ]}}$$

2.2.2 Druck p$_2$ für ΔH = ΔU

$$H_2 - H_1 = U_2 - U_1 \to p_2 V_2 = p_1 V_1 \quad p_2 = p_1 \frac{V_1}{V_2}$$

$$p_2 = 1 \cdot 10^5 \cdot \frac{0,5}{0,2}$$

$$\underline{\underline{p_2 = 2,5 \ [bar]}}$$

Literatur zu Kapitel 2

[1] Baehr, H. D.; Kabelac, St.: Thermodynamik, 16. Auflage
    Springer Vieweg, 2016
    ISBN 978-3-662-49567-4

[2] Cerbe, G.; Wilhelms, G.: Einführung in die Thermodynamik,
    18. Auflage
    Carl Hanser Verlag, 2017
    ISBN 978-3-446-45119-3

[3] Eastop, T.: Applied Thermodynamics for Engineering Technologists,
    5. Edition,Longman Group, 1993
    ISBN 0-582-09193-4

[4] Elsner, N.; Dittmann, A.: Grundlagen der Technischen Thermodynamik: Energielehre und Stoffverhalten, 8.Auflage
    Akademie- Verlag Berlin, 1993
    ISBN 3-05-501390-5

[5] Elsner, N.; Fischer, S.; Huhn, J.: Grundlagen der Technischen Thermodynamik: Wärmeübertragung, 8.Auflage
    Akademie-Verlag Berlin, 1993
    ISBN 3-05-501389-1

[6] Hahne, E.: Technische Thermodynamik, 5. Auflage
    De Gruyter Oldenbourg, 2010
    ISBN 978-3-486-59231-3

[7] Lucas, K.: Thermodynamik: Die Grundgesetze der Energie- und Stoffumwandlungen, 7.Auflage
    Springer Verlag, 2011
    ISBN 978-3-540-42034-7

[8] Mills, A. F.; Coimbra, C.F.M.: Basic Heat and Mass Transfer
     Temporal Publishing, LLC, 2015
     ISBN 978-0096 3053 03

[9] Stephan, K.; Schaber, K.: Thermodynamik, 19.Auflage
     Springer Verlag, 2013
     ISBN 3-642-300974

[10] Wetzel, Th. (Hrsg.) VDI Wärmeatlas, 12.Auflage
     Springer Vieweg Verlag, 2019
     ISBN 978-3-662-52988-1

3 Arbeitsmedien: Gase und Gasgemische

3.1 Ideale und reale Gase

3.1.1 Thermische Zustandsgleichung für ideale Gase

Die Arbeitsmedien, die zur Durchführung oder Steuerung von Prozessen in Kraftfahrzeugmodulen eingesetzt werden, sind zum überwiegenden Teil Fluide. Sie können in folgenden Phasen auftreten:

- 1 Phase   –   flüssig (weitgehend inkompressibel)
- 1 Phase   –   gasförmig (kompressibel)
- 2 Phasen   –   flüssig und gasförmig, als Dampf.

In all diesen Phasen kann ein Arbeitsmedium aus einer oder aus mehreren Komponenten bestehen.

Beispiele:
- *Sauerstoff, gasförmig: 1 Komponente, 1 Phase*
- *Luft: mehrere Komponenten (Stickstoff, Sauerstoff, geringfügig andere Gase), 1 Phase (gasförmig)*
- *Wasserdampf: 1 Komponente (Wasser), 2 Phasen (Gas, Flüssigkeit)*
- *Feuchte Luft in der Atmosphäre: 2 Komponenten (Luft, Wasser), 2 Phasen (Luft (Gas), Wasserdampf (Gas und Flüssigkeit) oder Luft (Gas) und Wasser (Flüssigkeit))*
- *Luft/Kraftstoffgemisch: mehrere Komponenten (Luft, Kraftstoffverbindungen), 2 Phasen in feuchter Luft bzw. im zerstäubten und teils verdampften Kraftstoff*
- *Abgas: mehrere Komponenten (CO_2, CO, C_mH_n, H_2O, N_2, NO, NO_2), 2 Phasen (Gas, Dampf, Gas und Flüssigkeit)*

Für eine systematische und übersichtliche Betrachtung erscheint es als sinnvoll, die thermodynamischen Vorgänge in einem System zunächst anhand eines einfachen Arbeitsmediums (1 Komponente, 1 Phase) zu analysieren.

Die Gase unterscheiden sich von Flüssigkeiten und festen Körpern durch ein einfacheres thermisches Verhalten. Ein Gas nimmt das ganze zur Verfügung stehende Volumen in Anspruch, was auf sehr niedrige Wechselwirkungskräfte zwischen seinen Molekülen hindeutet. Diese Wechselwirkungskräfte werden umso kleiner, je niedriger der Druck bzw. je höher die Temperatur des Gases ist. Dadurch werden die Abstände zwischen den Molekülen eines Gases derart groß, dass das eigene Volumen der Moleküle vernachlässigbar wird.

Durch Extrapolation dieser Voraussetzungen bis zu einem Extremzustand wird das Modell eines idealen Gases gebildet. Der Vorteil des Modells liegt in einer einfacheren, übersichtlicheren Analyse der thermodynamischen Vorgänge bei Gasen.

Für das ideale Gas gelten folgende vereinfachte Eigenschaften, die im Bild 3.1 schematisch dargestellt sind:

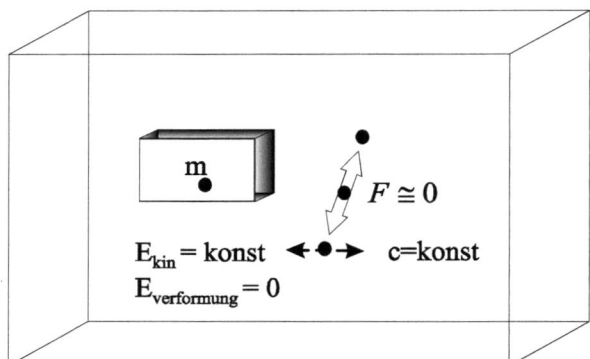

Bild 3.1 Eigenschaften idealer Gase - schematisch

- die Gasmoleküle sind punktförmig (ohne eigenes Volumen). Die Masse eines Moleküls ist in einem solchen Punkt (Schwerpunkt) konzentriert. Dadurch steht das ganze Volumen, in dem das Gas eingeschlossen ist, für die Bewegung der Moleküle zur Verfügung.

- zwischen den Molekülen wirken keine Wechselwirkungskräfte. Dadurch ist die Bewegung eines Moleküls zwischen zwei nacheinander folgenden Stößen geradlinig und beschleunigungsfrei.

- die Moleküle sind elastisch: bei einem Stoß zwischen 2 Molekülen wird keine kinetische Energie für plastische Verformungen verbraucht.

Unter diesen Voraussetzungen gilt folgende thermische Zustandsgleichung:

$$pV = mRT \qquad (3.1)$$

wobei $\dfrac{V}{m} = v$

daraus resultiert $\qquad pv = RT \qquad (3.1.a)$
(siehe auch 1.4)

bzw. $\qquad \dfrac{p}{\rho} = RT \qquad (3.1.b)$

mit $\qquad \rho = \dfrac{1}{v} = \dfrac{m}{V}$

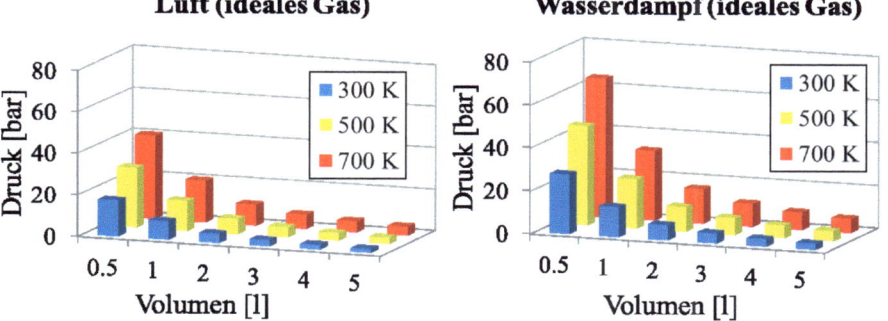

Bild 3.2 Graphische Darstellung der Zustandsgleichung für 2 unterschiedliche ideale Gase (jeweils 1 Gramm)

Diese Zustandsgleichung eines idealen Gases resultiert aus der Vereinigung von zwei experimentell ermittelten Gasgesetzen von Boyle-Mariotte bzw. Gay-Lussac.
Dabei stellt R [J/kg K] eine Gaskonstante dar, die für jedes Gas einen spezifischen Wert hat

Im Bild 3.2 ist die Zustandsgleichung für 2 ideale Gase - Luft und Wasserdampf – mit jeweils konstanten Werten für die Temperatur, als Parameter, dargestellt..

3.1.2 Universelle (allgemeine; molare) Gaskonstante

In der Gl. (3.1; 3.1.a; 3.1.b) stellt die Gaskonstante R [J/kg K] eine Energie dar, die von einem Massenelement bei konstantem Druck ausgetauscht wird, wenn sich die Temperatur des Systems um 1 [K] ändert.
Die Gaskonstante ist stets positiv. Ihr Wert hängt von der Art des Gases ab.
Die quantitative Ermittlung einer Gaskonstante basiert auf Gesetzen der Molekular-Theorie.
Entsprechend dem Gesetz von Avogadro besitzen unterschiedliche ideale Gase bei gleichem Druck und gleicher Temperatur die gleiche Anzahl von Molekülen, wenn sie das gleiche Volumen beanspruchen.

Beispiel:

Bei Betrachtung des Sauerstoffs O_2 und des Stickstoffs N_2 als ideale Gase entsprechend der Bedingungen von Kap. 3.1.1 gilt bei gleichem Volumen:

Für $p_{O_2} = p_{N_2}$ und $T_{O_2} = T_{N_2}$ $\Rightarrow$ $\overline{N}_{O_2} = \overline{N}_{N_2}$

Dieser Zusammenhang ist im Bild 3.3 schematisch dargestellt:

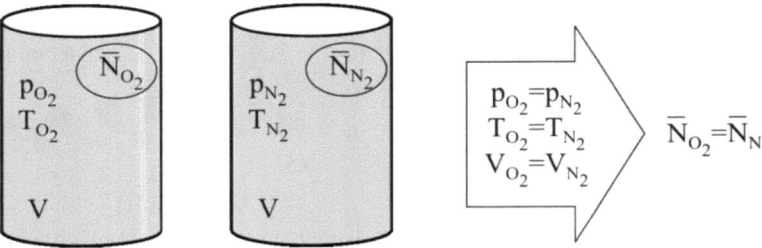

Bild 3.3 Gesetz von Avogadro – schematisch

Bei einer Molekülanzahl von $6{,}0231 \cdot 10^{26}$ (Loschmidtsche Zahl) hat die Masse jedes Gases in Kg den gleichen Zahlenwert wie seine molare Masse (kmol).

Definition

*Ein **Kilomol** ist jene Stoffmasse in Kilogramm, die mit der relativen Molekülmasse des Stoffes als Zahlenwert identisch ist.*

$\overline{M}\left[\dfrac{kg}{kmol}\right]$ Masse des Kilomols eines bestimmten Stoffes.

Beispiele: $\overline{M}_{O_2} = 32 \dfrac{kg}{kmol}$ $\overline{M}_{N_2} = 28 \dfrac{kg}{kmol}$

3.1 Ideale und reale Gase

Ein **Kilomol** ist also eine Masseneinheit, die bei jedem Gas die gleiche Anzahl von Molekülen beinhaltet: $6,0231 \cdot 10^{26}$.

Die Einführung des Kilomols ermöglicht eine quantitative Verbindung zwischen dem mikroskopischen und dem makroskopischen Bereich.

Bei einer gleichen Anzahl von Molekülen unterschiedlicher Gase – unter gleichen Druck-, Temperatur- und Volumenbedingungen – ist folgende Anzahl der Kilomols $\overline{N}$ ableitbar:

$$\overline{N}_a = \frac{m_a}{\overline{M}_a} \quad \frac{[kg]}{\left[\frac{kg}{kmol}\right]} \qquad \overline{N}_b = \frac{m_b}{\overline{M}_b} \quad \frac{[kg]}{\left[\frac{kg}{kmol}\right]}$$

wobei $\overline{N}_a = \overline{N}_b = \overline{N}$

Daraus resultiert:
$$m_a = \overline{N} \cdot \overline{M}_a \quad [kg]$$
$$m_b = \overline{N} \cdot \overline{M}_b \quad [kg]$$

(Bemerkung: einem Kilomol jedes Stoffes entspricht $\overline{N} = 1$)

Die thermische Zustandsgleichung (3.1; 3.1.a; 3.1.b) kann damit für ein Kilomol eines beliebigen idealen Gases wie folgt ausgedrückt werden:

$$\left.\begin{array}{l} p\overline{v} = \overline{M}_a R_a T \\ p\overline{v} = \overline{M}_b R_b T \end{array}\right\} \Rightarrow \quad \overline{M}_a R_a = \overline{M}_b R_b = \overline{M}_i R_i = konst.$$

$$\overline{M}_i R_i = \overline{R} \left[\frac{J}{kmol\,K}\right] \tag{3.2}$$

Dabei stellt $\overline{v} \left[\frac{m^3}{kmol}\right]$ das Volumen je Kilomol dar,

wobei $\overline{v} = \frac{V}{\overline{N}}$

$\overline{R}$ wird als universelle, allgemeine oder molare Gaskonstante bezeichnet. Sie hat für alle idealen Gase annähernd den gleichen Wert:

$$\overline{R} = 8314 \pm 0,4 \quad \left[\frac{J}{kmol\,K}\right]$$

Wie aus der Gl. (3.2) ersichtlich ist, kann die spezifische Gaskonstante eines beliebigen idealen Gases durch den Bezug der universellen Gaskonstante auf die Masse eines Kilomols des jeweiligen Stoffes ermittelt werden.

Beispiel:

$$\text{Sauerstoff:} \quad R_{O_2} = \frac{\overline{R}}{\overline{M}_{O_2}} = \frac{8314 \left[\dfrac{J}{kmol\,K}\right]}{2 \cdot 15{,}998 \left[\dfrac{kg}{kmol}\right]} = 259{,}84 \left[\dfrac{J}{kg\,K}\right]$$

$$\text{Stickstoff:} \quad R_{N_2} = \frac{\overline{R}}{\overline{M}_{N_2}} = \frac{8314 \left[\dfrac{J}{kmol\,K}\right]}{2 \cdot 14{,}01 \left[\dfrac{kg}{kmol}\right]} = 296{,}71 \left[\dfrac{J}{kg\,K}\right]$$

3.1.3 Molar-spezifische Größen

Zu einer besseren Vergleichbarkeit von Eigenschaften unterschiedlicher Arbeitsmedien, die mit unterschiedlichen Massen an Prozessen beteiligt sind, werden spezifische Größen, durch den Bezug auf die Stoffmasse, eingeführt:

$$v = \frac{V}{m}\left[\frac{m^3}{kg}\right] \ ; \ u = \frac{U}{m}\left[\frac{J}{kg}\right] ; \ h = \frac{H}{m}\left[\frac{J}{kg}\right] ; \ q = \frac{Q}{m}\left[\frac{J}{kg}\right] \ ; \ w = \frac{W}{m}\left[\frac{J}{kg}\right]$$

In vielen Anwendungen ist der Bezug absoluter Größen auf ihre molare Menge $\overline{N}$ ebenfalls sehr vorteilhaft. Es gilt:

$$\overline{v} = \frac{V}{\overline{N}}\left[\frac{m^3}{kmol}\right] , \ \overline{u} = \frac{U}{\overline{N}}\left[\frac{J}{kmol}\right] , \ \overline{h} = \frac{H}{\overline{N}}\left[\frac{J}{kmol}\right] , \ \overline{q} = \frac{Q}{\overline{N}}\left[\frac{J}{kmol}\right] , \ \overline{w} = \frac{W}{\overline{N}}\left[\frac{J}{kmol}\right]$$

Ausgehend von $\overline{N} = \dfrac{m}{\overline{M}}$ resultiert ein häufig genützter Zusammenhang zwischen spezifischen und molaren Größen:

3.1 Ideale und reale Gase

$$v = \frac{\overline{v}}{M} \quad ; \quad \underbrace{u = \frac{\overline{u}}{M} \; ; \; h = \frac{\overline{h}}{M} \; ; \; q = \frac{\overline{q}}{M} \; ; \; w = \frac{\overline{w}}{M}}$$

$$\left[\frac{m^3}{kg}\right] \rightarrow \frac{\left[\dfrac{m^3}{kmol}\right]}{\left[\dfrac{kg}{kmol}\right]} \qquad \left[\frac{J}{kg}\right] \rightarrow \frac{\left[\dfrac{J}{kmol}\right]}{\left[\dfrac{kg}{kmol}\right]}$$

3.1.4 Normkubikmeter

Neben dem Kilomol wird gelegentlich auch der Normkubikmeter als Mengeneinheit verwendet.

> *Definition*
>
> *Ein **Normkubikmeter** ist diejenige Gasmenge, die im Normzustand (p_N, T_N) das Volumen von 1 m^3 einnimmt.*

Als Normzustand wurde vereinbart $p_N = 1{,}01325 * 10^5 \, Pa \; ; \; T_N = 273{,}15 K$.

Diese Vereinbarung zeigt, dass eine solche Größe in wenigen praktischen Fällen Anwendung finden kann. Sie wird an dieser Stelle nur aufgrund verschiedener Angaben in dieser Form in der älteren Fachliteratur aufgeführt.

Aus der Zustandsgleichung für ein Kilomol, gilt unabhängig von der Gasart:

$$p\overline{v} = \overline{R} \cdot T; \text{ Daraus resultiert: } \overline{v} = \frac{\overline{R} \cdot T}{p} = \frac{8314 \cdot 273{,}15}{1{,}01325 \cdot 10^5} \Rightarrow \overline{v} = 22{,}413 \, [m^3]$$

für ein Kilomol

Ein Normkubikmeter wird somit wie folgt abgeleitet:

$$1 \, Nm^3 = \frac{1 \, kmol}{22{,}414} \quad \text{oder} \quad 1 Nm^3 = \frac{\overline{M}\left[\dfrac{kg}{kmol}\right]}{22{,}414} \tag{3.3}$$

Ein Normkubikmeter stellt kein Volumen, sondern eine Stoffmenge dar: im mikroskopischen Bereich bedeutet diese Menge eine Anzahl von Molekülen, im makroskopischen Bereich eine Masse in Kilogramm. Das entspricht der Beziehung

$$1 \text{ kmol} = \overline{M} \text{ kg}$$

Ein Normkubikmeter beinhaltet eine gleiche Anzahl von Molekülen, unabhängig von der Art des idealen Gases:

$$1 \text{ Nm}^3 = \frac{6{,}0231 \cdot 10^{26}}{22{,}414} \tag{3.4}$$

3.1.5 Reale Gase

Das Modell des idealen Gases und die daraus resultierenden Zusammenhänge entsprechend Kap. 3.1.1. sind in einem breiten Feld von Druck- und Temperaturwerten für jedes reale Gas mit ausreichender Genauigkeit anwendbar. Abweichungen – beispielsweise von der Zustandsgleichung – werden mit zunehmendem Druck bzw. sinkender Temperatur, je nach Gasart, mehr oder weniger deutlich. Die einfachste Methode, das Verhalten eines realen Gases in einem Zustand oder während einer Zustandsänderung zu analysieren, ist die gleichzeitige Messung von Druck, Volumen bzw. Dichte und Temperatur.

Für häufig verwendete Gase liegen solche Werte in thermodynamischen Tabellen vor.

Um gleichzeitig eine effektive Handhabung und die Abschätzung der Abweichung vom idealen Gasverhalten zu gewähren, wird dabei der Zusammenhang zwischen Zustandsgrößen als Zustandsgleichung für ideale Gase mit einem Korrekturfaktor (Realgasfaktor Z) dargestellt. Es gilt

$$p \cdot V = Z \cdot mRT \tag{3.1R}$$

Die grafische Darstellung der Realgasfaktoren für Luft in Abhängigkeit von Druck bzw. von Temperatur im Bild 3.4 verdeutlicht für diesen Fall sowohl das Ausmaß der Abweichung vom idealen Verhalten, als auch die unterschiedlichen Einflüsse: Im oberen Bild, in dem der Druck als Variable und die Temperatur als Parameter dargestellt ist, wird eine rasche Zunahme der Abweichung Z mit dem Druckanstieg deutlich. In umgekehrter Darstellung, mit der Temperatur als Variablen und dem Druck als Parameter wird ersichtlich, dass der

Temperatureinfluss geringer ausfällt – bei atmosphärischem Druck (0,1 Mpa) – ist die Annahme der Luft als ideales Gas praktisch für jede Temperatur zulässig.

Ab welcher prozentualen Abweichung die Berechnung eines Prozesses mit realem Gas durchzuführen ist, bleibt eine Ermessensfrage für den Entwicklungsingenieur. Es ist dennoch allgemein unumgänglich, bei der ersten Berechnung eines Prozesses mit dem gewählten Arbeitsmedium vom idealen Gas auszugehen, um zunächst Basiswerte für Druck und Temperatur zu schaffen.

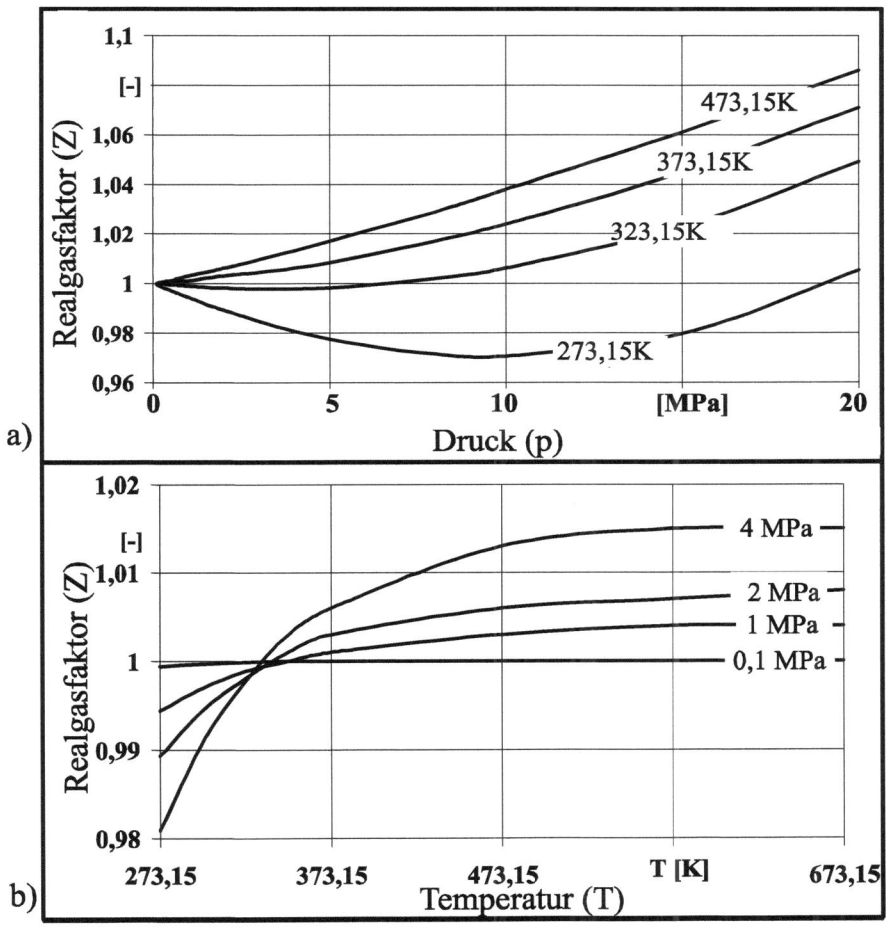

Bild 3.4 Realgasfaktoren für Luft in Abhängigkeit von Druck (a) und von Temperatur (b)

3.2 Spezifische Wärmekapazität der idealen Gase

3.2.1 Gesetz der inneren Energie bei idealen Gasen (Joule)

Allgemein ist die innere Energie als Zustandsgröße von anderen Zustandsgrößen abhängig (siehe Kap. 2.2.). Für ein homogenes System gilt:

$u = f(p, v, T)$

In Anbetracht der Gl. (1.2a, b, c) gilt:

$u = f_1(p, v)$
$u = f_2(v, T)$ (3.5)
$u = f_3(T, p)$

Ein Experiment von Joule zeigt, dass im Falle eines idealen Gases die innere Energie unabhängig von Druck und Volumen ist.

$u = f(T)$ (3.6)

Daraus resultiert auch für die Enthalpie eines idealen Gases, gemäß der Gleichungen

$h = (T) + pv$ und (2.11a)

$pv = RT$ dass (3.1a)

$h = u(T) + RT \rightarrow h = f(T)$ (3.7)

Das Experiment von Joule wird anhand von Bild 3.5 dargestellt:

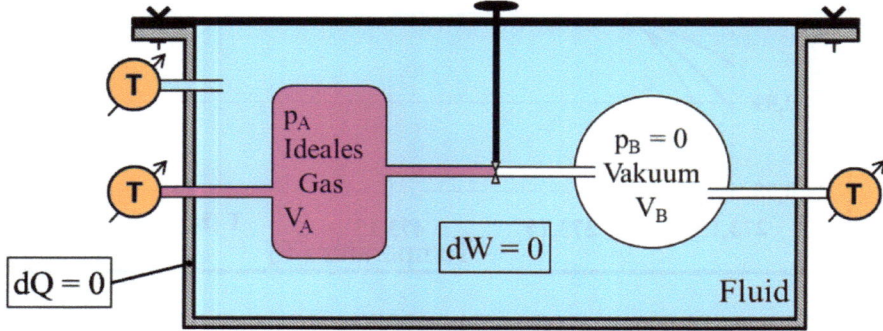

Bild 3.5 Experimentelle Anordnung zur Ableitung der Funktion u(T) – nach Joule

3.2 Spezifische Wärmekapazität der idealen Gase

Zwei Behälter A,B werden durch eine Leitung verbunden, die durch einen Hahn gesperrt werden kann. Zwischen diesem System und der Umgebung wird keine Wärme ausgetauscht – dafür befindet sich das System in einem Fluid mit konstanter Temperatur.
In der ersten Phase ist die Leitung gesperrt. Im Behälter A befindet sich ein ideales Gas, im Behälter B herrscht Vakuum.
Die Temperatur ist um beide Behälter gleich. Beim Öffnen des Hahnes besetzt das Gas das gesamte Volumen ($V = V_A + V_B$) aufgrund der Druckdifferenz $p_A > p_B$. Es wird festgestellt, dass auch nach dem Druckausgleich die Temperatur im System unverändert bleibt.
Während der beschriebenen Zustandsänderung wurden trotz Volumenänderung im System keine Kräfteänderungen außerhalb des Systems gemessen. Es entstand also keine Volumenänderungsarbeit.
Die Zustandsänderung ist irreversibel (vgl. Prozess im Bild 1.11).
Aus dem 1.HS für geschlossene Systeme – Gl.(2.6) – resultiert:

$$dQ - dW = dU \rightarrow \quad \text{für} \quad dQ, dW = 0$$

gilt dann: $\quad dU = 0$

oder $\quad U_2 - U_1 = 0 \quad ; \quad U_2 = U_1 \text{ bzw. } u_2 = u_1$

Die innere Energie bleibt in diesem Fall konstant, trotz Änderung des Druckes und des Volumens.

$$U \neq f(p,V)$$

Bei idealen Gasen gilt also nur:

$$U = f(T) \quad \text{bzw.} \quad u = f(T) \tag{3.6}$$

Die Begründung liegt darin, dass im Falle eines idealen Gases keine Wechselwirkungskräfte zwischen seinen Molekülen wirken. Die innere Energie des Gases resultiert nur aus der Summe der kinetischen Energien der Moleküle. Diese hängen nur von der Temperatur ab. Der Druck beeinflusst im mikroskopischen Maßstab nur die potentielle Energie, ausgedrückt in dem Abstand zwischen den Molekülen. Bei fehlenden Wechselwirkungskräften ist eine solche Energieform nicht vorhanden.

3.2.2 Formen der spezifischen Wärmekapazität

Definition

*Die **spezifische Wärmekapazität** ist als Energie (in Form von Wärmezufuhr) definiert, die für die Erhöhung der Temperatur der Masseneinheit (1 [kg]) eines bestimmten Stoffes um 1 [K] benötigt wird.*

Es gilt:
$$c = \frac{\Delta Q}{m \cdot \Delta T} \quad \text{bzw.} \quad c = \frac{\Delta q}{\Delta T}$$

Unter Berücksichtigung weiterer Zustandsgrößen gilt das partielle Differential:

$$c = \frac{\partial q}{\partial T} \left[\frac{J}{kg\, K} \right] \text{ bzw. mit molarspezifischen Größen}$$

$$\bar{c} = \frac{\partial \bar{q}}{\partial T} \left[\frac{J}{kmol\, K} \right] \tag{3.8}$$

Die Definition zeigt, dass die spezifische Wärmekapazität – wie die Wärme selbst – eine Prozessgröße ist. Sie ist also von der Art der Zustandsänderung abhängig.

$$c_x = \left(\frac{\partial q}{\partial T} \right)_x, \quad \text{wobei x die Art der Zustandsänderung darstellt} \tag{3.9}$$

Die Kenntnis über die spezifische Wärmekapazität eines Stoffes ermöglicht die Ableitung der ausgetauschten Wärme mit seiner Umgebung in einem Temperaturbereich T_1, T_2

$$q_{12} = \int_{T_1}^{T_2} c_x dT \tag{3.10}$$

Aus der Vielfalt der möglichen spezifischen Wärmekapazitäten, entsprechend der Arten von Zustandsänderungen in einem System (x), wird die spezifische Wärmekapazität bei konstantem Volumen (v) bzw. bei konstantem Druck (p) am häufigsten verwendet.

$$c_v = \left(\frac{\partial q}{\partial T} \right)_{v=konst.} \; ; \; c_p = \left(\frac{\partial q}{\partial T} \right)_{p=konst.} \tag{3.9a, b}$$

Für reversible Zustandsänderungen in einem homogenen Arbeitsmedium wurden folgende Beziehungen für den Wärmeaustausch abgeleitet:

$$dq = du + pdv \tag{2.8a}$$

$$dq = dh - vdp \tag{2.15a}$$

3.2 Spezifische Wärmekapazität der idealen Gase

Für die spezifische innere Energie u und Enthalpie h im Falle eines Arbeitsmediums mit einer Komponente und einer Phase (2 Freiheitsgrade) gilt allgemein nach einer Funktion der Form (3.5):

$$u = f(T,v) \rightarrow du = \left(\frac{\partial u}{\partial T}\right)_v dT + \left(\frac{\partial u}{\partial v}\right)_T dv \qquad (3.11a)$$

$$h = f(T,p) \rightarrow dh = \left(\frac{\partial h}{\partial T}\right)_p dT + \left(\frac{\partial h}{\partial p}\right)_T dp \qquad (3.11b)$$

Aus den Gl. (2.8a),(3.11a) bzw.(2.15a),(3.11b) resultiert:

$$dq = \left(\frac{\partial u}{\partial T}\right)_v dT + \left[\left(\frac{\partial u}{\partial v}\right)_T + p\right] dv \qquad (3.12a)$$

$$dq = \left(\frac{\partial h}{\partial T}\right)_p dT + \left[\left(\frac{\partial h}{\partial p}\right)_T - v\right] dp \qquad (3.12b)$$

Für eine Zustandsänderung bei konstantem Volumen – entspr. Gl. (3.9a) wird dv=0 und damit aus Gl. (3.12a):

$$c_v = \left(\frac{\partial q}{\partial T}\right)_v = \left(\frac{\partial u}{\partial T}\right)_v \qquad (3.13a)$$

Für eine Zustandsänderung bei konstantem Druck – entspr. Gl. (3.9b) wird dp=0 und damit aus Gl.(3.12b):

$$c_p = \left(\frac{\partial q}{\partial T}\right)_p = \left(\frac{\partial h}{\partial T}\right)_p \qquad (3.13b)$$

Die Gleichungen (3.13a,b) sind für jedes homogene Gas gültig. Für ein ideales Gas gelten die vereinfachten Bedingungen

$$u = f(T) \qquad (3.6)$$

$$h = f(T) \qquad (3.7)$$

Daraus wird abgeleitet:

$$c_v = \frac{du}{dT}\left[\frac{J}{kg\,K}\right] \quad , \quad \bar{c}_v = \frac{d\bar{u}}{dT}\left[\frac{J}{kmol\,K}\right] \qquad (3.14a)$$

$$c_p = \frac{dh}{dT}\left[\frac{J}{kg\,K}\right] \quad , \quad \bar{c}_p = \frac{d\bar{h}}{dT}\left[\frac{J}{kmol\,K}\right] \qquad (3.14b)$$

Die spezifische innere Energie bzw. Enthalpie eines idealen Gases können also mittels spezifischer Wärmekapazitäten wie folgt ermittelt werden:

$$u_2 - u_1 = \int_{T_1}^{T_2} c_v dT \qquad (3.15a)$$

$$h_2 - h_1 = \int_{T_1}^{T_2} c_p dT \qquad (3.15b)$$

Die spezifische Wärmekapazität ist abhängig von der Art des Stoffes – in diesem Fall des Gases – und kann experimentell ermittelt werden.

Im Bild 3.6 ist als Beispiel dargestellt, in welcher Weise die spezifische Wärmekapazität für Luft bei konstantem Volumen oder bei konstantem Druck ermittelt werden kann: bei Messung der Heizleistung (P) und des jeweiligen Temperaturanstieges (T) in gleichen Zeitabständen (t) ist die Wärmezufuhr (Q) für die Stoffmenge (m) – und damit die spezifische Wärmekapazität als

$$c = \frac{\Delta Q}{m \cdot \Delta T}$$

ableitbar. Aus den gemessenen Werten für Luft sind zwei Folgerungen ableitbar:

- die spezifische Wärmekapazität ist abhängig von der Temperatur

$$c_v = c_v(T), c_p = c_p(T)$$

- die Werte der spezifischen Wärmekapazität bei konstantem Druck bzw. Volumen sind unterschiedlich

$$c_p(T) > c_v(T)$$

Allgemein wird auch eine leichte Abhängigkeit der spezifischen Wärmekapazität von dem jeweiligen Druck des Arbeitsmediums festgestellt, die jedoch im Vergleich zu der Temperaturabhängigkeit weitgehend vernachlässigbar ist.

- die spezifische Wärmekapazität bei konstantem Volumen bzw. bei konstantem Druck hängen von dem jeweiligen Stoff ab. Bild 3.7 zeigt als Beispiel die spezifische Wärmekapazität bei konstantem Druck für Luft, Wasser, Kohlendioxid und Methan bei vergleichbaren Temperaturen.

3.2 Spezifische Wärmekapazität der idealen Gase

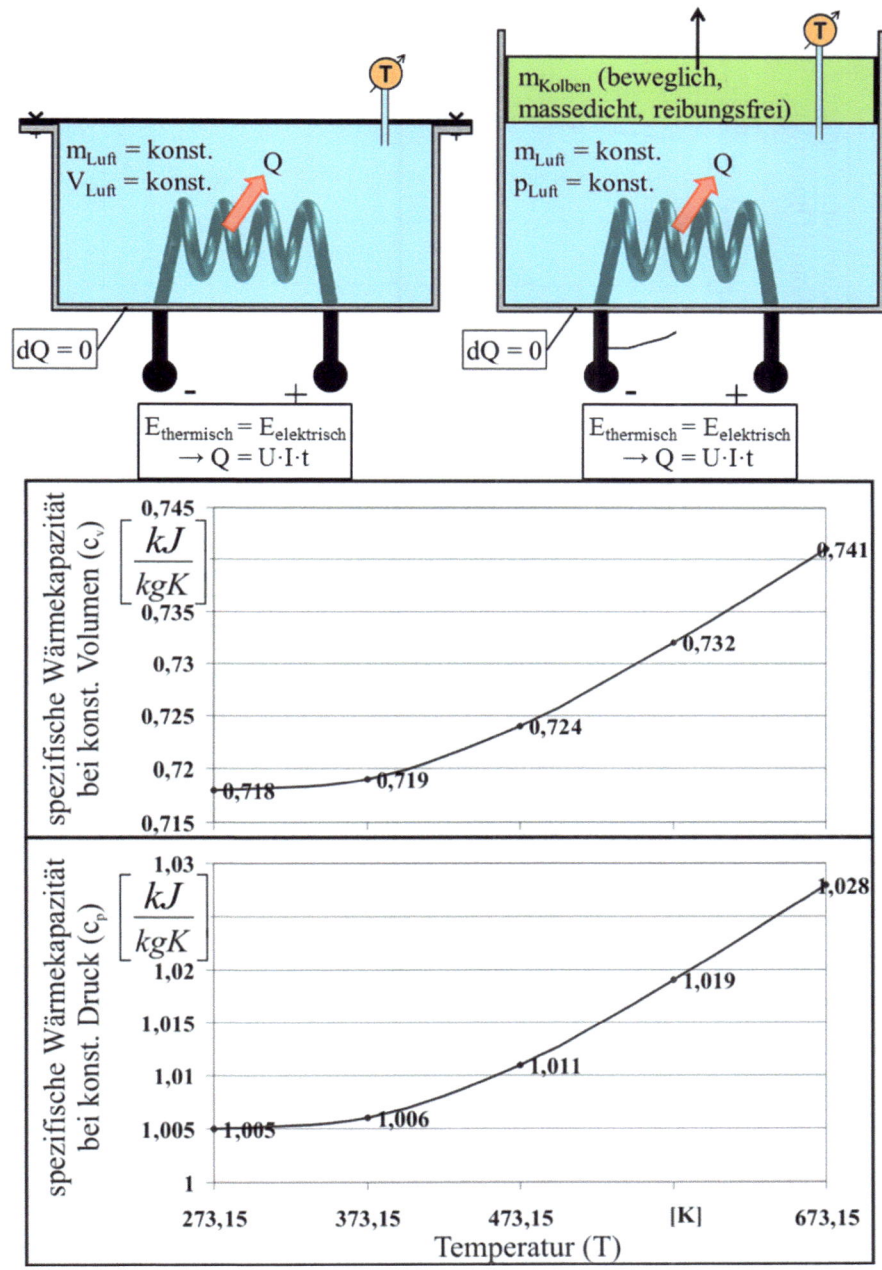

Bild 3.6 Ermittlung der spezifischen Wärmekapazität eines Stoffes bei konstantem Volumen oder bei konstantem Druck – schematisch

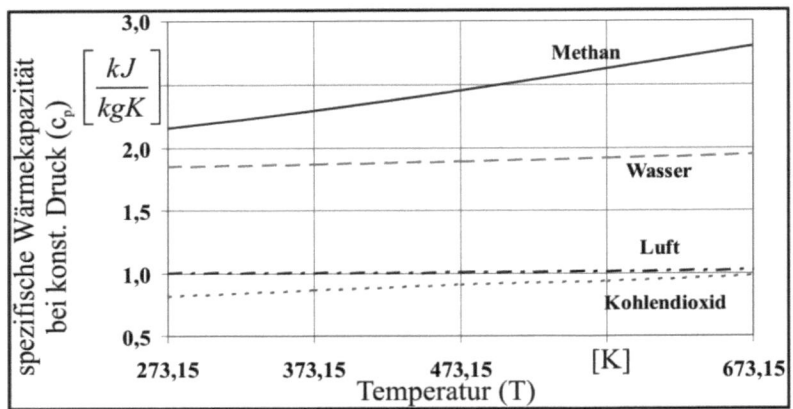

Bild 3.7 Spezifische Wärmekapazität bei konstantem Druck in Abhängigkeit von der Temperatur für unterschiedliche Stoffe

3.2.3 Zusammenhang der spezifischen Wärmekapazität bei konstanten Volumen und bei konstanten Druck

Das Einsetzen des Ausdrucks (3.14a) in die Gl. (3.12a) ergibt für ein ideales Gas folgende Form des allgemeinen Differentials $c_x = \left(\dfrac{\partial q}{\partial T}\right)_x$:

$$c_x = c_v + \left[\left(\dfrac{\partial u}{\partial v}\right)_T + p\right]\left(\dfrac{\partial v}{\partial T}\right)_x \tag{3.16}$$

Gl.(3.16) stellt spezifische Wärmekapazität für eine beliebige Zustandsänderung x dar, ausgedrückt mit Hilfe von c_v.

Für eine Zustandsänderung bei konstanten Druck wird x = p und damit:

$$c_p = c_v + \left[\left(\dfrac{\partial u}{\partial v}\right)_T + p\right]\left(\dfrac{\partial v}{\partial T}\right)_p \tag{3.17}$$

Für ein ideales Gas gilt dabei: $\dfrac{\partial u}{\partial v} = 0$, weil u = u (T)

3.2 Spezifische Wärmekapazität der idealen Gase

Andererseits gilt $\quad pv = RT \quad \rightarrow \quad \left(\dfrac{\partial v}{\partial T}\right)_{p=konst} = \dfrac{R}{p}$

Das ergibt den Zusammenhang:

$$c_p = c_v + p \cdot \frac{R}{p} \quad \Rightarrow \quad c_p = c_v + R \tag{3.18a}$$

$$\text{oder } \overline{c}_p = \overline{c}_v + \overline{R} \tag{3.18b}$$

Die spezifische Wärmekapazität bei konstantem Druck ist aufgrund des energetischen Unterschiedes im System stets höher als jene bei konstantem Volumen. Dieser Unterschied entspricht der Definition der universellen Gaskonstante.

Der für ein ideales Gas geltende Zusammenhang

$$c_p = c_v + R \tag{3.18a}$$

kann für einen Zustand auch aus der Definition der Enthalpie abgeleitet werden:

Aus $\quad h = u + pv \tag{2.11a}$

mit $\quad u = c_v \cdot T \quad\quad\quad\quad$ entsprechend (3.14a) für einen Zustand

$\quad\quad\;\; h = c_p \cdot T \quad\quad\quad\quad$ entsprechend (3.14b) für einen Zustand

resultiert:

$\quad\quad c_p \cdot T = c_v \cdot T + pv \quad\quad$ wobei für ideale Gase $\quad pv = RT$

Das ergibt: $\quad c_p \cdot T = c_v \cdot T + RT \quad \rightarrow \quad c_p = c_v + R$

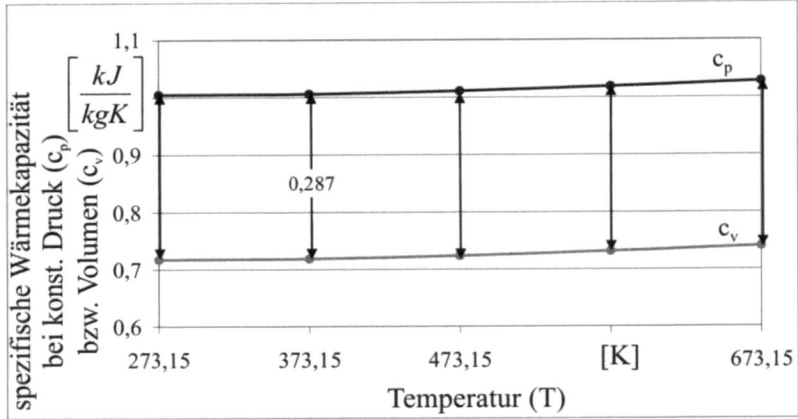

Bild 3.8 Spezifische Wärmekapazität bei konstantem Druck und bei konstantem Volumen für Luft in Abhängigkeit von der Temperatur

Bild 3.8 zeigt auf Basis der Bilder 3.6a, b den Zusammenhang der Werte c_p, c_v für Luft. Es ist dabei deutlich, dass ihre Differenz bei jeder Temperatur der Gaskonstante für Luft entspricht. Dadurch wird sowohl die Ermittlung als auch die Anwendung der spezifischen Wärmekapazität erleichtert: es genügt, nur einen der beiden Werte bei der jeweiligen Temperatur für einen Stoff zu kennen, um den anderen abzuleiten.

Die Kenntnis der spezifischen Wärmekapazität eines Arbeitsmediums, welches Zustandsänderungen in einem Kraftfahrzeugmodul erfährt, erleichtert die Ermittlung der Energiebilanz während des jeweiligen Prozesses. Für solche Ableitungen des Energieaustausches entsprechend Kap. 2.5 – in Verdichtern, Turbinen, Wärmetauschern, Pumpen oder Düsen – genügt dann die Ermittlung der Temperatur vor und nach dem Vorgang, entsprechend Gl. (3.15a), (3.15b).

Die Verwendung mittlerer spezifischer Wärmekapazitäten c_{vm} = konst. , c_{pm} = konst. vereinfacht weiterhin solche Analysen.

Eine spezifische Wärmekapazität wird im gegebenen Temperaturbereich als konstant betrachtet, wenn der Energieaustausch wie beim Einsatz der realen (mit der Temperatur variablen) Wärmekapazität erfolgt, wie in Gl. (3.15a) und (3.15b) dargestellt.

3.3 Das ideale Gasgemisch

Es gilt

$$c_{vm}(T_2 - T_1) = \int_{T_1}^{T_2} c_v(T)\,dT \quad , \quad c_{vm}\Big|_{T_2}^{T_1} = \frac{1}{T_2 - T_1} \int_{T_1}^{T_2} c_v(T)\,dT \qquad (3.19a)$$

$$c_{pm}(T_2 - T_1) = \int_{T_1}^{T_2} c_p(T)\,dT \quad , \quad c_{pm}\Big|_{T_1}^{T_2} = \frac{1}{T_2 - T_1} \int_{T_1}^{T_2} c_p(T)\,dT \qquad (3.19b)$$

$$c_{pm} = c_{vm} + R \qquad (3.19c)$$

Dieser Zusammenhang ist im Bild 3.9 für Luft dargestellt.

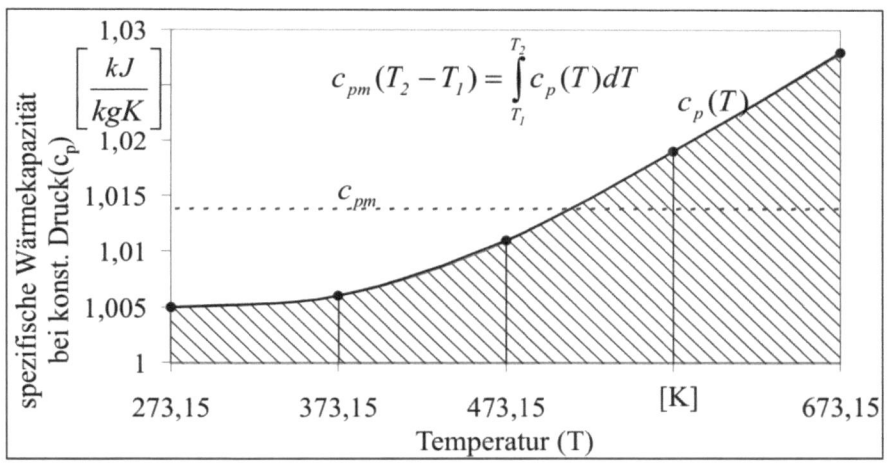

Bild 3.9 Mittlere spezifische Wärmekapazität bei konstantem Druck für Luft in einem Temperaturbereich von 400 K – entsprechend Bild 3.8

3.3 Das ideale Gasgemisch

Bei der Durchführung thermodynamischer Prozesse in der Kraftfahrzeugtechnik besteht das Arbeitsmedium häufig aus einem Gasgemisch.

Beispiele:

- *die Luft* (N_2, O_2)

- *die Abgase eines Verbrennungsmotors*
  (CO_2, CO, C_mH_n, NO_2, NO, H_2O, N_2, O_2)

- *das Erdgas als Kraftstoff (CH_4, N_2)*

Zur Beschreibung der Zustände und der Zustandsänderungen in idealen Gasgemischen gelten folgende vereinfachende Voraussetzungen:

- ein ideales Gasgemisch besteht aus einzelnen idealen Gasen, die miteinander chemisch nicht reagieren.
- ein ideales Gasgemisch ist homogen und befindet sich thermisch und mechanisch im Gleichgewicht.
- die Eigenschaften eines idealen Gasgemisches unterscheiden sich von denen jeder einzelnen Komponente, werden jedoch durch diese bestimmt.

Ein ideales Gasgemisch wird durch die Ermittlung seiner Gaskonstante und einer energetischen Größe – der inneren Energie, der Enthalpie oder der spezifischen Wärmekapazität – charakterisiert.

3.3.1 Die Gaskonstante eines Gasgemisches

Die Masse eines Gasgemisches aus n Komponenten beträgt:

$$m_G = \sum_{i=1}^{n} m_i \quad [kg] \tag{3.20}$$

Beispiel: 2 kg Luft = 0,464 kg O_2 + 1,536 kg N_2

Definition

Massenanteil einer Komponente $\quad \xi_i = \dfrac{m_i}{m_G} \quad [-] \tag{3.21}$

Beispiel:
Die Massenanteile der Komponenten in 2 kg Luft
$\xi_{O_2} = \dfrac{0,464}{2} = 0,232 \quad ; \quad \xi_{N_2} = \dfrac{1,536}{2} = 0,768$

Aus der Definition des Massenanteils resultiert:

$$\sum_{i=1}^{n} \xi_i = 1 \tag{3.22}$$

Beispiel: für Luft $\quad 0,232 + 0,768 = 1$

3.3 Das ideale Gasgemisch

Nach dem Gesetz von Dalton expandiert jedes Einzelgas eines Gemisches unabhängig von den übrigen Gemischkomponenten auf das gesamte zur Verfügung stehende Volumen. Dieser Zusammenhang ist im Bild 3.10 dargestellt:

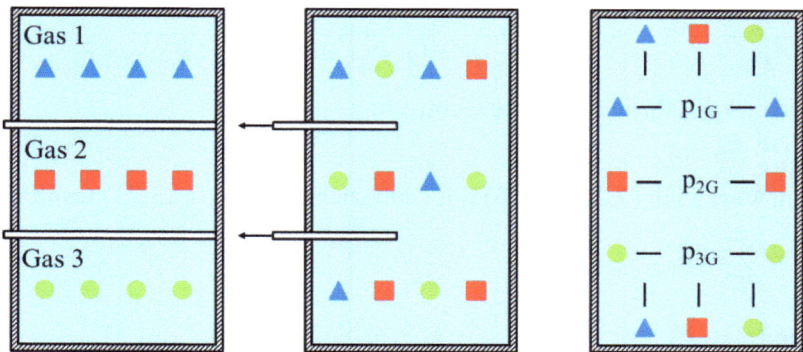

Bild 3.10 Expansion der Komponenten in einem Gasgemisch

Die Moleküle jedes einzelnen Gases sind entsprechend der formulierten Voraussetzungen im gesamten Volumen $V = V_1 + V_2 + V_3$ homogen verteilt. Jedes einzelne Gas übt also auf die Wände des Volumens V den Druck p_{iG} aus, den es ausüben würde, wenn es bei der Gemischtemperatur T das gesamte Volumen V allein ausfüllen würde.

Definition

Partialdruck p_{iG}

Der Druck jeder einzelnen Gaskomponente in einem Gemisch.

Der Partialdruck einer Gaskomponente im gesamten Volumen V ist offensichtlich nicht gleich dem Druck dieser Komponente im eigenen Volumen V_i vor dem Mischen

$$p_i \neq p_{iG}$$

In einem Gasgemisch ist die Messung einzelner Partialdrücke nicht möglich. Der messbare Gesamtdruck im Gemisch ist die Summe der Partialdrücke. Es gilt:

$$p_G = \sum_{i=1}^{n} p_{iG} \qquad (3.23)$$

Jede einzelne Komponente eines idealen Gasgemisches ist selbst ein ideales Gas. Für jede Komponente gilt also die Zustandsgleichung. Unter Anwendung der Partialdrücke p_{iG} im Gemisch gilt für jede Komponente:

$$p_{IG}V = m_I R_I T$$

$$p_{2G}V = m_2 R_2 T$$
$$p_{iG}V = m_i R_i T$$
$$p_{nG}V = m_n R_n T$$

$$(p_{1G} + p_{2G} + ... + p_{iG} + ... p_{nG})V = (m_1 R_1 + m_2 R_2 + ... + m_i R_i ... + m_n R_n)T \quad (3.24)$$

Andererseits gilt für das gesamte Gemisch:

$$p_G V = m_G R_G T \quad (3.25)$$

Aus dem Vergleich (3.24), (3.25) mit Einbeziehung der Gl. (3.23) resultiert:

$$m_G R_G = \sum_{i=1}^{n} m_i R_i \quad (3.25a)$$

und damit:

$$R_G = \frac{\sum_{i=1}^{n} m_i R_i}{m_G} \quad (3.26)$$

Die Gl.(3.26) wird mit Hilfe der Massenanteile – Gl.(3.21) – wie folgt geschrieben:

$$R_G = \sum_{i=1}^{n} \xi_i R_i \quad (3.27a)$$

Definition

*Die **Gaskonstante eines idealen Gasgemisches** ist die Summe der Gaskonstanten der Komponenten, die jeweils mit dem Massenanteil der entsprechenden Komponente multipliziert sind.*

Für den Ausdruck der Gaskonstante mit Hilfe von Molargrößen wird von der Gl. (3.2) ausgegangen:

$$\overline{M}_i R_i = \overline{R} \quad \text{bzw.} \quad \overline{M}_G R_G = \overline{R} \quad (3.2)$$

Daraus resultiert:
$$R_G = \frac{\overline{R}}{\overline{M}_G} \quad (3.27b)$$

Dabei ist die molare Masse des Gemisches eine scheinbare Größe – es gibt keine Moleküle von Mischgas. Als Berechnungsgröße ist die molare Masse des Gemisches dennoch sehr effektiv.

3.3.2 Molare Masse, Dichte, Zusammenhänge der Massen- und Volumenanteile

Molare Masse des Gemisches

Die molare Masse eines Gemisches wird anhand des physikalischen Modells im Bild 3.11 abgeleitet:

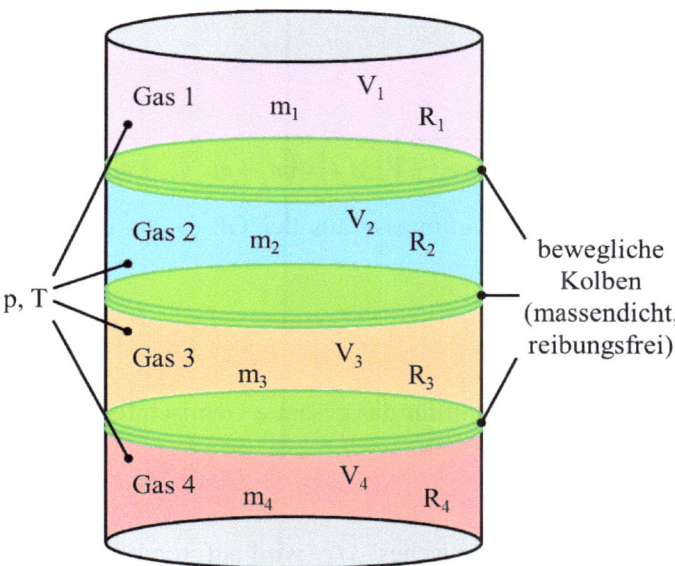

Bild 3.11 Modell zur Ermittlung der scheinbaren molaren Masse eines Gemisches

In einem Behälter mit dem Gesamtvolumen V werden reibungslos Kolben mit vernachlässigbarer Masse und Volumen bewegt. Jede Komponente des Gasgemisches wird in den Raum zwischen 2 Kolben gefüllt. Jedes dieser Teilvolumen ist dicht, so dass eine Gasmischung nicht möglich ist. Der Druck wird durch die Kolbenbewegung, die Temperatur durch Wärmeübertragung zwischen den Kolben ausgeglichen. Nach dem das Gleichgewicht im System in dieser Weise eingestellt ist, können für die einzelnen Gaskomponenten folgende Zustandsgleichungen geschrieben werden:

$$pV_1 = m_1 R_1 T$$
$$pV_2 = m_2 R_2 T$$
$$pV_i = m_i R_i T$$
$$pV_n = m_n R_n T$$

(3.28)

Dabei ist p = konst. → p = p$_G$

Mit Hilfe der Gl. (3.2) wird Gl. (3.28) zu:

$$pV_1\overline{M}_1 = m_1\overline{R}T$$

$$pV_2\overline{M}_i = m_2\overline{R}T$$

$$pV_i\overline{M}_i = m_i\overline{R}T \quad (3.29)$$

$$pV_n\overline{M}_n = m_n\overline{R}T$$

$$p(V_1\overline{M}_1 + V_2\overline{M}_2 + ... + V_i\overline{M}_i + ... + V_n\overline{M}_n) = (m_1 + m_2 + ... + m_i + ... + m_n)\overline{R}T$$

Mit dem Ausdruck der Gesamtmasse aus der Gl. (3.20) wird die Summe der Gl.(3.29) zu:

$$p\sum_{i=1}^{n} V_i\overline{M}_i = m_G\overline{R}T \quad (3.30)$$

Ausgehend von Gl. (3.25) kann für das gesamte Gemisch folgende Zustandsgleichung formell aufgestellt werden:

$$pV_G = m_G R_G T \quad \rightarrow \quad pV_G\overline{M}_G = m_G\overline{R}T \quad (3.25')$$

Die molare Masse des Gemisches $\overline{M}_G$ wird aufgrund des Vergleichs der Gl. (3.25') und (3.30) wie folgt abgeleitet:

$$\overline{M}_G = \frac{\sum_{i=1}^{n} V_i\overline{M}_i}{V_G} \quad (3.31)$$

Definition

Volumenanteil einer Komponente:
Analog dem Massenanteil einer Komponente – Gl. (3.21).

$$r_i = \frac{V_i}{V_G} \quad (3.32)$$

Dabei ist $\quad \sum_{i=1}^{n} r_i = 1 \quad (3.33)$

3.3 Das ideale Gasgemisch

Mit dem Ausdruck (3.32) wird Gl. (3.31) zu:

$$\overline{M}_G = \sum_{i=1}^{n} r_i \overline{M}_i \qquad (3.34)$$

> **Definition**
> Die **Masse des Kilomols eines idealen Gasgemisches** ist die Summe der Molmassen der Gaskomponenten, die jeweils mit dem Volumenanteil der entsprechenden Komponente multipliziert sind.

Andererseits resultiert aus Gl. (3.25') die Form:

$$pV = \frac{m_G}{\overline{M}_G}\overline{R}T \qquad \text{mit} \qquad \overline{N}_G = \frac{m_G}{\overline{M}_G}$$

folgt $\quad pV_G = \overline{N}_G \overline{R} T \qquad (3.35)$

Zusammenhang zwischen Massen- und Volumenanteil

Allgemein gilt für eine Gemischkomponente im Gesamtvolumen V_G:

$$p_{iG} V_G = m_i R_i T \qquad (3.24)$$

oder mit molaren Größen, analog der Gl.(3.35):

$$p_{iG} V_G = \overline{N}_i \overline{R} T \qquad (3.36)$$

Durch Dividieren der Gl.(3.36) und (3.35) resultiert:

$$\frac{p_{iG} V}{p V_G} = \frac{\overline{N}_i \overline{R} T}{\overline{N}_G \overline{R} T} \rightarrow \frac{p_{iG}}{p} = \frac{\overline{N}_i}{\overline{N}_G} \qquad (3.37a)$$

Das Dividieren der Gl. (3.30) und (3.35) ergibt andererseits:

$$\frac{p V_i}{p V_G} = \frac{\overline{N}_i \overline{R} T}{\overline{N}_G \overline{R} T} \rightarrow \frac{V_i}{V} = \frac{\overline{N}_i}{\overline{N}_G} \qquad (3.37b)$$

Aus Gl. (3.37a,b) resultiert bei Einführung des Volumenanteils – Gl. (3.32):

$$\frac{p_{iG}}{p_G} = \frac{V_i}{V_G} = \frac{\overline{N}_i}{\overline{N}_G} = r_i \qquad (3.37)$$

Demzufolge ist der Partialdruck einer Gaskomponente in einem Gemisch von deren Volumenbeteiligung, d.h. von dem Anteil ihrer Moleküle im Gemisch abhängig.

Der Zusammenhang zwischen Massen- und Volumenanteilen der Komponenten eines Gasgemisches resultiert aus Gl. (3.29) und (3.25'):

$$\frac{pV_i\overline{M}_i}{pV_G\overline{M}_G} = \frac{m_i\overline{R}T}{m_G\overline{R}T} \rightarrow \frac{V_i}{V_G} \cdot \frac{\overline{M}_i}{\overline{M}_G} = \frac{m_i}{m_G} \rightarrow r_i \frac{\overline{M}_i}{\overline{M}_G} = \xi_i \qquad (3.38)$$

Dichte eines Gemisches

Aus der Definition der Dichte gilt: $\quad \rho_i = \dfrac{m_i}{V_i}; \; \rho_G = \dfrac{m_G}{V_G}$

Daraus resultiert: $\quad \dfrac{\rho_i}{\rho_G} = \dfrac{m_i}{m_G} \cdot \dfrac{V_G}{V_i} = \dfrac{\xi_i}{r_i} \qquad (3.39)$

Mit dem Ausdruck (3.38) für einen Massenanteil resultiert:

$$\frac{\rho_i}{\rho_G} = \frac{\overline{M}_i}{\overline{M}_G} \qquad (3.40)$$

Die Dichte einer Komponente in einem Gasgemisch entspricht dem Verhältnis ihrer Molmasse zur scheinbaren Molmasse des Gemisches.

3.3.3 Innere Energie, Enthalpie und spezifische Wärmekapazität eines Gasgemisches

In praktischen Anwendungen gelangen die Gaskomponenten bei unterschiedlichen Temperaturen ins Gemisch : T_1, T_2, T_i, T_n.

Es wird vorausgesetzt, dass bei Betrachtung eines solchen Vorgangs das System wärmedicht in Bezug auf die Umgebung ist. Wenn alle Komponenten im System vorhanden sind, wird das System auch als massendicht (geschlossen) betrachtet. Jede Komponente verhält sich wie im Vakuum, das heißt, für ihre Expansion auf das gesamte Systemvolumen wird keine Arbeit verrichtet.

Die innere Energie eines solchen Gasgemisches ist unter diesen Voraussetzungen die Summe der inneren Energien der Komponenten:

3.3 Das ideale Gasgemisch

$$U_G = U_1 + U_2 + ... + U_i + ... + U_n \tag{3.41}$$

Andererseits beträgt die Gemischmasse:

$$m_G = m_1 + m_2 + ... + m_i + ... + m_n \tag{3.20}$$

Die Gl. (3.41) wird mit spezifischen Größen ausgedrückt:

$$U_G = m_G u_G = m_1 u_1 + m_2 u_2 + ... + m_i u_i + ... + m_n u_n \tag{3.41a}$$

$$u_G = \xi_1 u_1 + \xi_2 u_2 + ... + \xi_i u_i + ... + \xi_n u_n$$

Daraus resultiert für $U_G = \sum U_i$:

$$u_G = \sum_{i=1}^{n} \xi_i u_i \tag{3.42}$$

Analog resultiert für die Enthalpie:

$$H_G = \sum H_i$$
$$h_G = \sum_{i=1}^{n} \xi_i h_i \tag{3.43}$$

Definition

*Die **spezifische innere Energie** bzw. die **spezifische Enthalpie** eines Gasgemisches ist die Summe der spezifischen inneren Energien bzw. der spezifischen Enthalpien der Komponenten die jeweils mit dem Massenanteil der entsprechenden Komponente multipliziert sind.*

Der Ausdruck der Gl. (3.42), (3.43) mit molaren Größen ergibt:

$$(3.38)$$
$$\downarrow$$

$$u_G = \frac{\overline{u}_G}{\overline{M}_G} = \sum \xi_i \frac{u_i}{\overline{M}_i} \rightarrow \overline{u}_G = \sum \xi_i \cdot \frac{\overline{M}_G}{\overline{M}_i} \cdot u_i \rightarrow \overline{u}_G = \sum r_i \overline{u}_i \tag{3.42a}$$

(3.38)
↓

$$h_G = \frac{\overline{h}_G}{\overline{M}_G} = \sum \xi_i \frac{h_i}{\overline{M}_i} \rightarrow \overline{h}_G = \sum \xi_i \cdot \frac{\overline{M}_G}{\overline{M}_i} \cdot h_i \rightarrow \overline{h}_G = \sum r_i \overline{h}_i \qquad (3.42b)$$

Die spezifischen Wärmekapazitäten c_p, c_v des Gasgemisches werden unter folgender Voraussetzung abgeleitet:

- die spezifische Wärmekapazität hat einen konstanten Mittelwert im betrachteten Temperaturbereich:

$$c_v = c_{vm} = \text{konstant}$$

$$c_p = c_{pm} = \text{konstant}$$

Aus dem Zusammenhang der Gaskonstante einer Gemischkomponente (R_i) mit der spezifischen Wärmekapazität in einem Temperaturbereich (c_p,c_v) gemäß Gl. (3.18a,b) resultiert:

$$c_{pi} - c_{vi} = R_i \qquad \text{bzw.} \qquad c_{pG} - c_{vG} = R_G$$

Andererseits ist die Gaskonstante eines Gemisches

$$R_G = \sum_{i=1}^{n} \xi_i R_i \qquad \text{bzw.} \qquad R_G = \sum_{i=1}^{n} \xi_i \left(c_{pi} - c_{vi} \right) \qquad (3.27a)$$

Der Zusammenhang ergibt:

$$c_{pG} - c_{vG} = \sum_{i=1}^{n} \left(\xi_i c_{pi} - \xi_i c_{vi} \right)$$

Daraus resultiert:

$$c_{vG} = \sum_{i=1}^{n} \xi_i \cdot c_{vi} \qquad c_{pG} = \sum_{i=1}^{n} \xi_i c_{pi} \qquad (3.43a,b)$$

oder molar-spezifisch, analog Gl. (3.42a,b):

$$\overline{c}_{vG} = \sum_{i=1}^{n} r_i \overline{c}_{vi} \qquad \overline{c}_{pG} = \sum_{i=1}^{n} r_i \overline{c}_{pi} \qquad (3.44a,b)$$

3.4 Elementare Zustandsänderungen in gasförmigen Arbeitsmedien

Die Zustandsänderungen in einem Gas oder Gasgemisch, bei denen eine Zustandsgröße – Druck, Volumen oder Temperatur – oder eine bestimmte Kombination dieser konstant bleibt, werden als elementare Zustandsänderungen betrachtet. Folgende Beispiele sind dafür repräsentativ:

- Isochore Zustandsänderung: V = konst.
- Isobare Zustandsänderung: p = konst.
- Isotherme Zustandsänderung: T = konst.
- Adiabate Zustandsänderung: pV^k = konst.
- Polytrope Zustandsänderung: pV^n = konst.

Ziele der Betrachtung solcher Zustandsänderungen sind die Ermittlung des Energieaustausches zwischen einem System und der Umgebung während des jeweiligen Vorganges sowie die Analyse des Verlaufs und der Extremwerte der Zustandsgrößen.

Die Analyse beschränkt sich im Rahmen dieser grundlegenden Betrachtung auf reversiblen Zustandsänderungen in geschlossenen Systemen bzw. in offenen Systemen unter stationären Strömungsbedingungen.

Die Ausführungen beziehen sich auf ideale Gase und Gasgemische. Eine Übertragung der Zusammenhänge auf reale Gase und Gasgemische ist auf Basis des entsprechenden Realgasfaktors Z (Kap. 3.1.5) möglich.

3.4.1 Isochore Zustandsänderung (V = konst.)

Ein Energieaustausch zwischen System und Umgebung bei konstantem Volumen des Arbeitsmediums führt allgemein zur Änderung der übrigen Zustandsgrößen.

Beispiele:

Geschlossene Systeme: *Wärmezufuhr durch Verbrennung in einem Ottomotor (als ideale Zustandsänderung)*

     Heizen eines Mediums in einem geschlossenen Behälter

Offene Systeme: *Pumpen eines inkompressiblen Mediums (Benzin, Wasser)*

Solche Anwendungsbeispiele sind im Bild 3.12 dargestellt.

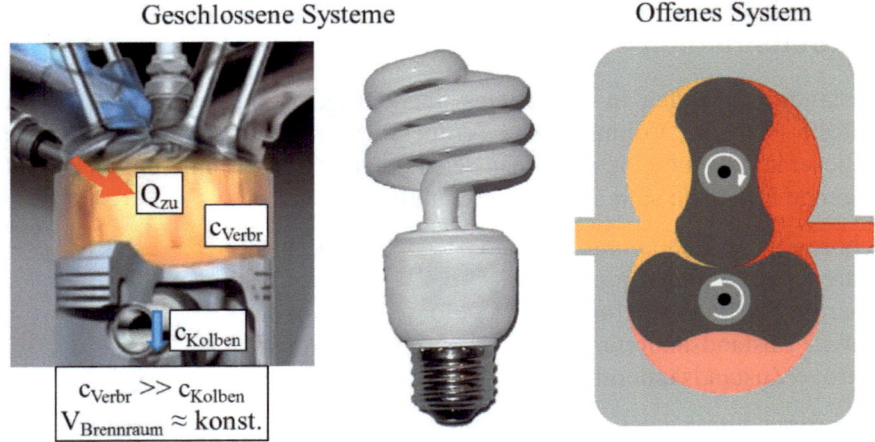

a) Verbrennung in einem Ottomotor   b) Erwärmung in einer Energiesparlampe   c) Roots-Gebläse

Bild 3.12 Beispiele für isochore Zustandsänderungen

Bei einer Zustandsänderung, die durch Erwärmung oder Kühlung hervorgerufen werden kann, gilt für den Anfangs- und Endzustand eines idealen Gases die Zustandsgleichung:

$$p_1 V = m R T_1 \quad ; \quad p_2 V = m R T_2 \tag{3.1}$$

Bei konstanter Masse (geschlossenes System) und konstantem Volumen resultiert daraus:

$$\frac{p_1}{T_1} = \frac{p_2}{T_2} = \frac{mR}{V} \tag{3.45}$$

oder $\quad \dfrac{p_2}{p_1} = \dfrac{T_2}{T_1} \quad \dfrac{p_1}{T_1} = \dfrac{p_2}{T_2} = \dfrac{p_i}{T_i}$ (3.46)

– dabei bezeichnet i jeden beliebigen Zustand zwischen 1 und 2

$\dfrac{p}{T} = konst.$ – Zustandsänderungsgleichung

3.4 Elementare Zustandsänderungen in gasförmigen Arbeitsmedien

Vom Anfangszustand 1 ausgehend, kann eine Isochore infolge der Temperaturerhöhung oder der Temperatursenkung entstehen, wie im Bild 3.13 dargestellt.

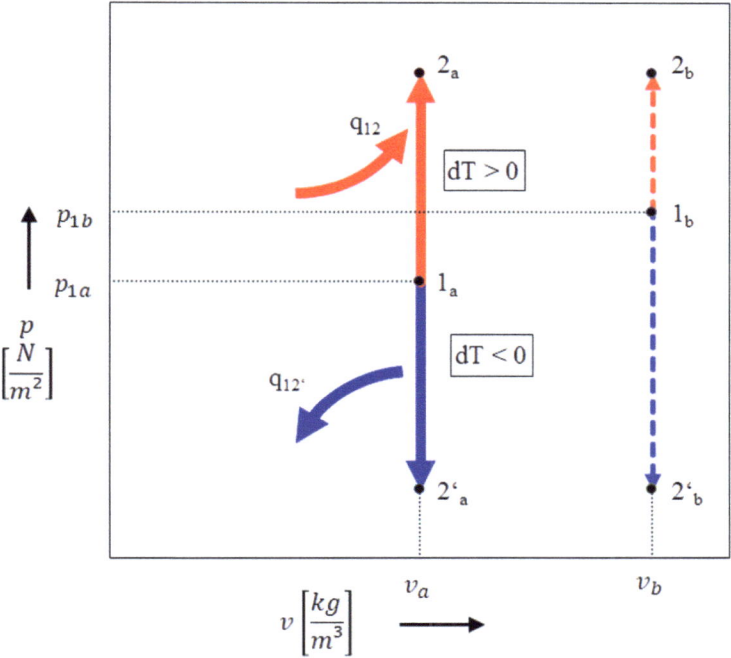

Bild 3.13 Isochore Zustandsänderungen (V = konst., v = konst.)

Der Verlauf ist prinzipiell ähnlich für jedes gegebene Volumen V_a, V_b bzw. v_a, v_b.

Energieaustausch / geschlossene Systeme

Wärme
Eine Zustandsänderung des Typs 1-2 wird bei Wärmezufuhr realisiert, eine Zustandsänderung 1-2 ' bei Wärmeabfuhr.
Eine Volumenänderungsarbeit ist bei dieser Zustandsänderung in geschlossenen Systemen nicht vorhanden, so dass – gemäß dem 1. HS – die ausgetauschte Wärme der Änderung der inneren Energie entspricht:

$$Q_{12} = U_2 - U_1 \tag{3.47a}$$

Mit spezifischen Größen gilt:

$$q_{12} = u_2 - u_1 \tag{3.47b}$$

und aus Gl.(3.15a) bzw. (3.19a):

$$q_{12} = \int_{T_1}^{T_2} c_v (T_2 - T_1) \tag{3.48}$$

$$q_{12} = c_{vm}(T_2 - T_1) \tag{3.48a}$$

Die während einer isochoren Zustandsänderung von einem geschlossenen System ausgetauschte Wärme kann aufgrund der Temperaturdifferenz ermittelt werden.

Volumenänderungsarbeit:

$$w_{V12} = \int_{V_1}^{V_2} p\, dv = 0 - \text{ da bei } v = konst., \quad dv = 0$$

Energieaustausch / offene Systeme

Druckänderungsarbeit

Die Druckänderungsarbeit wird aus dem 1. HS für offene Systeme abgeleitet.

$$q_{12} - w_{p12} = h_2^* - h_1^* \to h_2 - h_1 \tag{2.17a}$$

(bei Vernachlässigung der spezif. kinetischen Energie)

Mit $h = u + pv$ (2.11a) gilt:

$$q_{12} - w_{p12} = u_2 + p_2 v - u_1 - p_1 v = u_2 - u_1 - v(p_1 - p_2)$$

Für reversible Zustandsänderungen gilt:

$$w_p = -\int_1^2 v\, dp$$

Für v = konst.: $w_{p12} = p_1 v - p_2 v \qquad w_{p12} = v(p_1 - p_2)$

Andererseits gilt:

$$w_{p12} = \int_{p_1}^{p_2} -v\, dp = -v(p_2 - p_1) = -v p_1 \left(\frac{T_2}{T_1} - 1 \right) \tag{3.49}$$

$$\text{aus } \frac{p_2}{p_1} = \frac{T_2}{T_1} \tag{3.46}$$

3.4 Elementare Zustandsänderungen in gasförmigen Arbeitsmedien

$$w_{p12} = -\frac{p_1 v}{T_1}(T_2 - T_1) = -R(T_2 - T_1) \leftarrow \text{weil } \frac{p_1 \cdot v}{T_1} = R$$

(Zustandsgleichung)

bzw. $w_{p12} = R(T_1 - T_2)$ (3.49a)

Wärme

$$q_{12} - v(p_1 - p_2) = u_2 - u_1 - v(p_1 - p_2)$$

$$q_{12} = u_2 - u_1 \quad \rightarrow \quad q_{12} = c_{vm}(T_2 - T_1) \quad (3.49b)$$

3.4.2 Isobare Zustandsänderung (p = konst.)

Ein Energieaustausch zwischen System und Umgebung bei konstantem Druck kann ebenfalls in geschlossenen und offenen Systemen vorkommen.

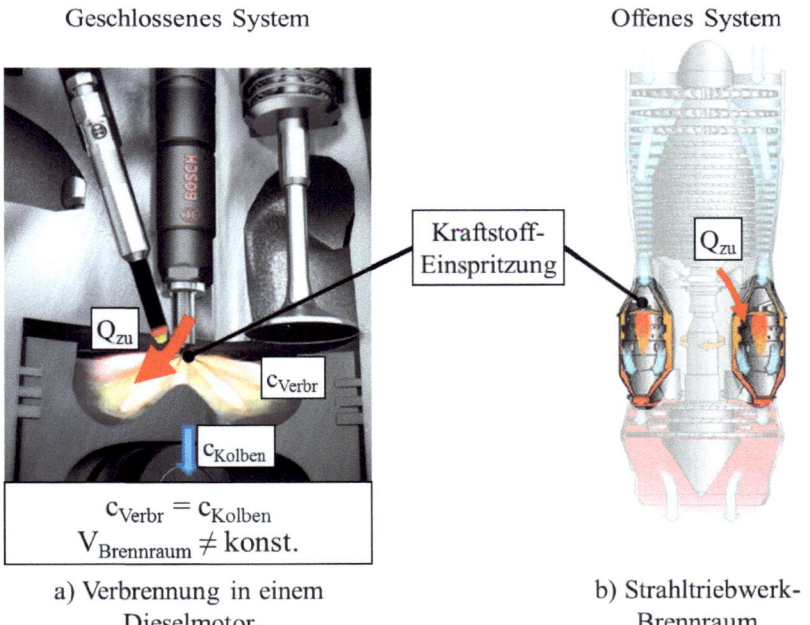

a) Verbrennung in einem Dieselmotor

b) Strahltriebwerk-Brennraum

Bild 3.14 Beispiele für isobare Zustandsänderungen

Beispiele:

Geschlossene Systeme: *Wärmezufuhr durch Verbrennung in einem Dieselmotor (als ideale Zustandsänderung)*

Offene Systeme: *Wärmezufuhr durch Verbrennung im Brennraum einer Gasturbine (als ideale Zustandsänderung)*

Diese Beispiele sind im Bild 3.14 dargestellt.

Auch in diesem Fall gilt für den Anfang- und Endzustand eines idealen Gases die Zustandsgleichung (3.1). Daraus resultiert:

$$\frac{V_1}{T_1} = \frac{V_2}{T_2} = \frac{mR}{p} \quad (3.50)$$

oder $\quad \dfrac{V_2}{V_1} = \dfrac{T_2}{T_1}\ $ bzw. $\ \dfrac{V_1}{T_1} = \dfrac{V_2}{V_2} = \dfrac{V_i}{T_i}$ (3.51)

– dabei bezeichnet i jeden beliebigen Zustand zwischen 1 und 2

$\dfrac{V}{T} = konst.$ – Zustandsänderungsgleichung

Vom Anfangszustand 1 ausgehend, kann eine Isobare infolge der Temperaturerhöhung (bei Wärmezufuhr) oder der Temperatursenkung (bei Wärmeabfuhr) entstehen. Diese Zusammenhänge sind im Bild 3.15 dargestellt.

Die Temperaturerhöhung infolge einer Zustandsänderung des Typs 1-2 bewirkt entsprechend der Gl. (3.51) die Zunahme des Volumens - dieser Prozess ist also eine Entlastung.

3.4 Elementare Zustandsänderungen in gasförmigen Arbeitsmedien

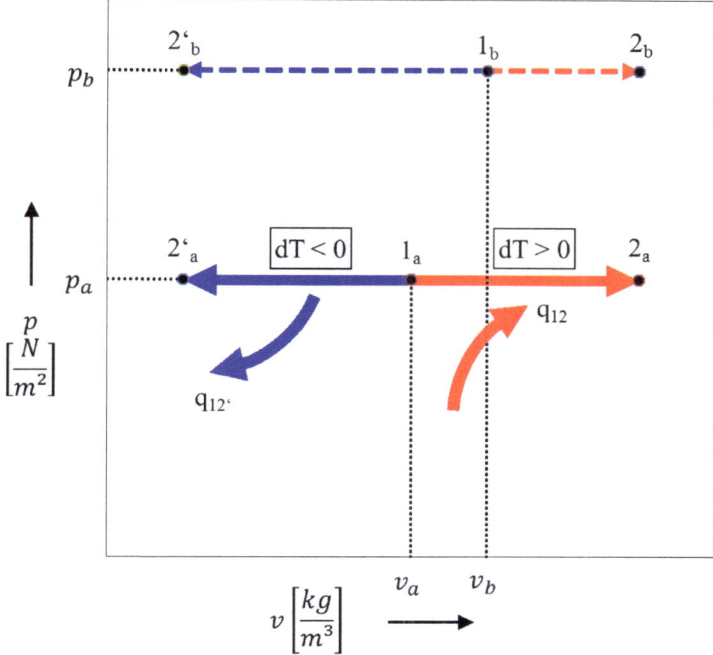

Bild 3.15 Isobare Zustandsänderungen (p = konst.)

Energieaustausch / geschlossene Systeme

Wärme

$$dq = dh - v dp$$
mit $dp = 0$ (2.15a)

$$q_{12} = h_2 - h_1$$

und aus Gl. (3.19b):

$$q_{12} = \int_{T_1}^{T_2} c_p(T) dT \qquad (3.52)$$

$$q_{12} = c_{pm}(T_2 - T_1) \qquad (3.52a)$$

Die während einer isobaren Zustandänderung von einem geschlossenen oder offenen System ausgetauschte Wärme kann aufgrund der Temperaturdifferenz ermittelt werden.

Volumenänderungsarbeit

Zur Ermittlung der Arbeit in einem geschlossenen System während einer reversiblen Zustandsänderung gilt:

$$w_{v12} = \int_{v_1}^{v_2} p\,dv = p\int_{v_1}^{v_2} dv = p(v_2 - v_1) = pv_1\left(\frac{T_2}{T_1} - 1\right) \quad (3.53)$$

$$\text{aus } \frac{V_2}{V_1} = \frac{T_2}{T_1} \longleftarrow \quad (3.51)$$

$$w_{12} = \frac{pv_1}{T_1}(T_2 - T_1) = R(T_2 - T_1) \leftarrow \text{weil } \frac{pv_1}{T_1} = R \quad (3.54)$$

(Zustandsgleichung)

$$w_{v12} = R(T_2 - T_1) \quad (3.55) \quad \text{bzw.} \quad w_{v12} = p(v_2 - v_1) \quad (3.55a)$$

- Bei einer Entlastung $(v_2 > v_1)$ resultiert aus Gl. (3.51) auch $T_2 > T_1$ und damit:

$$q_{12} = c_{pm}(T_2 - T_1) > 0 \quad (3.52a)$$

$$w_{v12} = R(T_2 - T_1) > 0 \quad (3.55)$$

- Bei einer Verdichtung resultiert analog

$$q_{12} < 0 \quad ; \quad w_{v12} < 0$$

Energieaustausch / offene Systeme

Wärme

Der Wärmeaustausch wird, wie bei geschlossenen Systemen, anhand der Gl. (3.52), (3.52a) berechnet.

Druckänderungsarbeit

$$w_{p12} = \int_1^2 -v\,dp = 0 \quad - \quad \text{da bei } p = konst., \quad dp = 0$$

3.4.3 Isotherme Zustandsänderung (T = konst.)

Ein Energieaustausch als Wärme und Arbeit ist auch in einem System bei konstanter Temperatur möglich.

Beispiele:

Geschlossene Systeme: *Wärmeabfuhr durch starke Kühlung während der Verdichtung des Arbeitsmediums in einem Kolbenmotor*

Offene Systeme: *Wärmezufuhr durch Heizen während der Entlastung der Gasströmung in einer Düse*

Geschlossenes System   Offenes System

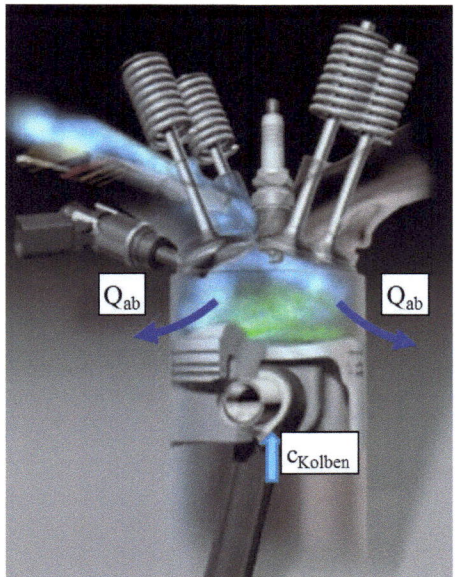
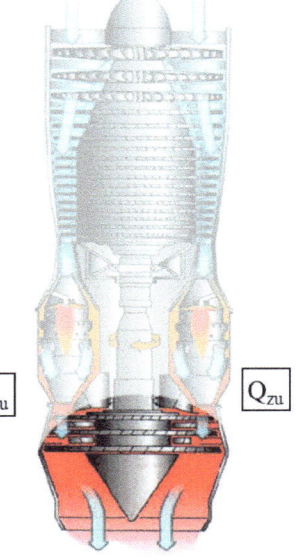

a) Kühlung während der Verdichtung in einem Kolbenmotor

b) Strahltriebwerkdüse mit Nachbrenner

Bild 3.16 Beispiele für isotherme Zustandsänderungen

Anwendungsbeispiele sind im Bild 3.16 dargestellt. Bei einer Zustandsänderung, die durch Erwärmung oder Kühlung hervorgerufen werden kann, gilt für den Anfangs- und Endzustand eines idealen Gases die Zustandsgleichung:

$$p_1 V_1 = mRT \quad ; \quad p_2 V_2 = mRT \tag{3.1}$$

Daraus resultiert:

$$p_1 V_1 = p_2 V_2 = p_i V_i \tag{3.56}$$

- dabei bezeichnet i jeden beliebigen Zustand zwischen 1 und 2

$pV = konst.$ – Zustandsänderungsgleichung

Im p,v-Diagramm ist diese Funktion eine symmetrische Hyperbel, wie im Bild 3.17 dargestellt.

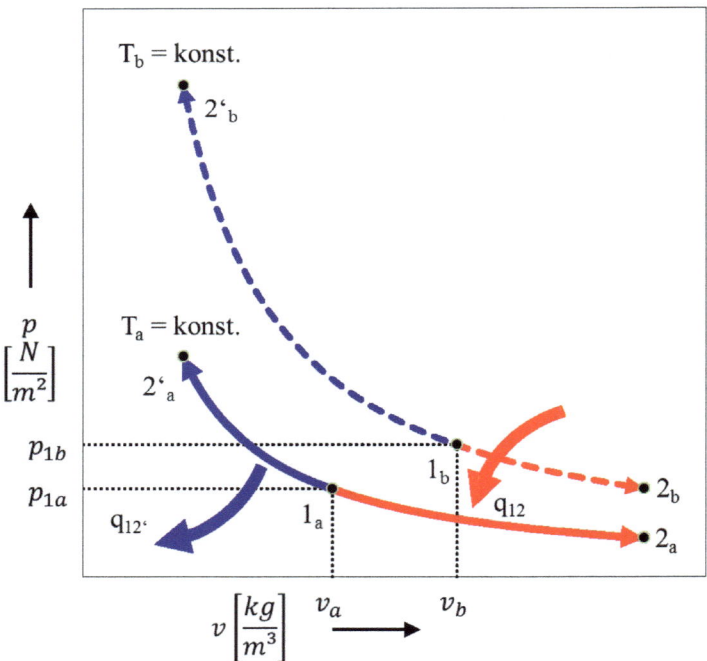

Bild 3.17 Isotherme Zustandsänderungen (T = konst.)

3.4 Elementare Zustandsänderungen in gasförmigen Arbeitsmedien

Energieaustausch / geschlossene Systeme

Volumenänderungsarbeit

Mit dem Ausdruck (1.10) wird für die Arbeit in einem geschlossenen System während eines reversiblen Vorgangs abgeleitet:

$$w_{v12} = \int_{v_1}^{v_2} p\,dv = \int_{v_1}^{v_2} pv \cdot \frac{dv}{v} = pv \int_{v_1}^{v_2} \frac{dv}{v} \tag{3.57a}$$

$$w_{v12} = p_1 v_1 \ln\frac{v_2}{v_1} \quad \text{wobei aus Gl. (3.56):} \quad \frac{v_2}{v_1} = \frac{p_1}{p_2}$$

daraus resultiert

$$w_{v12} = p_1 v_1 \ln\frac{p_1}{p_2} \quad \text{wobei } p_1 v_1 = RT \tag{3.58}$$

Wärme

Bei konstanter Temperatur ist gemäß Gl. (3.15a), (3.19a) die innere Energie konstant ($u_2 = u_1$).

In diesem Fall wird aus dem 1. HS folgende Beziehung abgeleitet:

$Q_{12} = W_{12}$

$q_{12} = w_{12}$

Daraus resultiert:

$$q_{12} = RT \ln\frac{v_2}{v_1} \quad , \quad q_{12} = RT \ln\frac{p_1}{p_2} \tag{3.59}$$

Energieaustausch / offene Systeme

Druckänderungsarbeit

Für die Druckänderungsarbeit gilt aus Gl. (1.12):

$$w_{p12} = \int_{p_1}^{p_2} -v\,dp = \int_{p_1}^{p_2} -pv\frac{dp}{p} = -p_1 v_1 \int_{p_1}^{p_2} \frac{dp}{p} = -p_1 v_1 \ln\frac{p_2}{p_1} \tag{3.57b}$$

$$w_{p12} = RT \ln\frac{p_1}{p_2} = RT \ln\frac{v_2}{v_1} \qquad (3.60)$$

Bemerkung: entsprechend der Flächenprojektionen einer symmetrischen Hyperbel zur Ordinate und Abszisse ist die Arbeit in einem geschlossenen bzw. offenen System bei gleicher Zustandsänderung gleich, was auch aus dem Vergleich der Gl. (3.58) und (3.60) resultiert

Wärme

Der Wärmeaustausch wird, wie bei geschlossenen Systemen, anhand der Gl .(3.59) berechnet, weil aus dem 1. HS für offene Systeme

$$q_{12} - w_{p12} = h_2 - h_1 \quad \text{bei} \quad h_2 - h_1 = c_{pm}(T_2 - T_1) = 0$$

auch $q_{12} = w_{p12}$ resultiert.

3.4.4 Adiabate Zustandsänderung (pV^k = konst.)

Ein Energieaustausch in wärmedichten Systemen ist in Form von Arbeit möglich. In erster Annäherung werden bei der Analyse eines entsprechenden thermodynamischen Vorgangs solche Zustandsänderungen in einem wärmedichten (adiabaten) System betrachtet, die auch reversibel sind. Eine adiabate und reversible Zustandsänderung wird als Isentrope bezeichnet. Die Definition der Entropie folgt im Kapitel 4.

Beispiele:

Geschlossene Systeme: *Verdichtung oder Entlastung in einem wärmedichten Kolbenmotor*

Offene Systeme: *Verdichtung in einem axialen oder radialen, wärmeisolierten Verdichter; Entlastung in einer radialen oder axialen wärmedichten Turbine*

Solche Vorgänge sind im Bild 3.18 dargestellt.

Entsprechend der Gl. (2.8a) und (3.15a) gilt:

3.4 Elementare Zustandsänderungen in gasförmigen Arbeitsmedien   165

$$dq = du + pdv = c_v dT + pdv \tag{3.61}$$

Andererseits ergibt Gl. (2.15a) bzw. Gl.(3.15b):

$$dq = dh - vdp = c_p dT - vdp \tag{3.62}$$

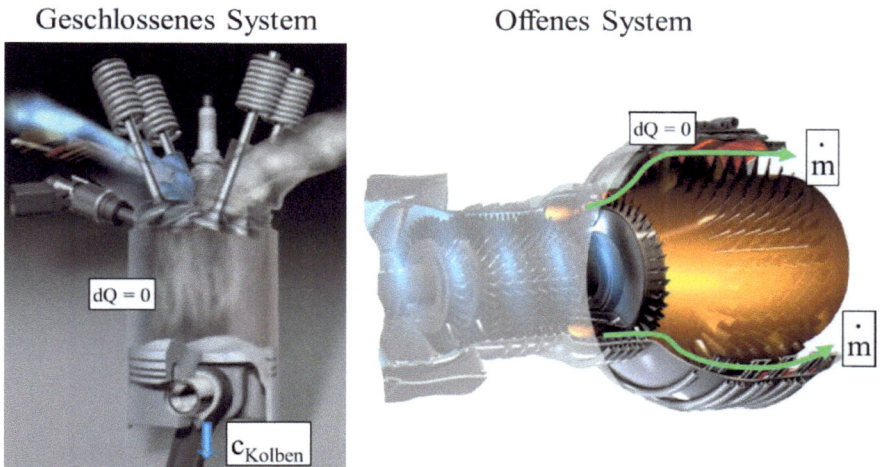

Bild 3.18 Beispiele für Zustandsänderungen ohne Wärmeaustausch (adiabat)

Für eine adiabate bzw. isentrope Zustandsänderung (dq = 0) resultiert aus den Gl. (3.61) und (3.62):

$$dT = -\frac{pdv}{c_v} = +\frac{vdp}{c_p} \rightarrow -\frac{c_p}{c_v} \cdot \frac{dv}{v} = +\frac{dp}{p}$$

$$\rightarrow \quad \frac{c_p}{c_v} \cdot \frac{dv}{v} + \frac{dp}{p} = 0 \tag{3.63}$$

3 Arbeitsmedien: Gase und Gasgemische

Die Gl.(3.63) ist die Differentialgleichung der Isentrope (Adiabate).

> *Definition*
>
> *Das Verhältnis der spezifischen Wärmekapazitäten* $\frac{c_p}{c_v} = k$ *wird als* **Isentropenexponent** *bezeichnet.*
>
> *Ausgehend von* $c_p = c_v + R$ *gilt:* $\quad k = \dfrac{c_v + R}{c_v} = \dfrac{c_p}{c_p - R}$
>
> *Mit* $(c_p, c_v, R) > 0$ *gilt für jedes beliebige Arbeitsmedium:* $c_v + R > c_v$ *und somit* $k > 1$
>
> *Die Temperaturabhängigkeit der Wärmekapazität* c_p, c_v *(Kap. 3.2.2/Bild 3.7) bei unveränderter Gaskonstante R beeinflusst auch den Wert des Isentropenexponenten k:*
>
> $$\frac{c_v(T) + R}{c_v(T)} = \frac{c_p(T)}{c_p(T) - R} = k(T)$$
>
> *Für überschlägige Berechnungen können mittlere Wärmekapazitäten (Gl. 3.19) eingesetzt werden* $\quad k = \dfrac{c_{vm} + R}{c_{vm}} = \dfrac{c_{pm}}{c_{pm} - R}$
>
> *Für exakte Berechnungen wird der Isentropenexponent in Temperaturabschnitten betrachtet.*

Die Integration der Gl. (3.63) ist bei Annahme konstanter Werte für die spezifischen Wärmekapazitäten im betrachteten Temperaturbereich (Mittelwerte) möglich:

$$-\frac{c_{pm}}{c_{vm}} \int_1^2 \frac{dv}{v} = +\int_1^2 \frac{dp}{p} \rightarrow -k \ln \frac{v_2}{v_1} = \ln \frac{p_2}{p_1} \qquad (3.64)$$

Daraus resultiert: $\quad \dfrac{p_2}{p_1} = \left(\dfrac{v_1}{v_2}\right)^k \quad$ oder $\quad \dfrac{p_2}{p_1} = \left(\dfrac{V_1}{V_2}\right)^k$

bzw.

$$p_2 V_2^k = p_1 V_1^k = p_i V_i^k \qquad (3.65)$$

3.4 Elementare Zustandsänderungen in gasförmigen Arbeitsmedien

$$p_2v_2^k = p_1v_1^k = p_iV_i^k$$

- dabei bezeichnet i jeden beliebigen Zustand zwischen 1 und 2

$pv^k = konst$ – Zustandsänderungsgleichung

Die isentrope Zustandsänderung ist im p,v - Diagramm eine unsymmetrische Hyperbel mit k > 1, demzufolge mit steilerem Anstieg im Vergleich mit einer Isotherme (pv^1 = konst.), wie im Bild 3.19 verdeutlicht.

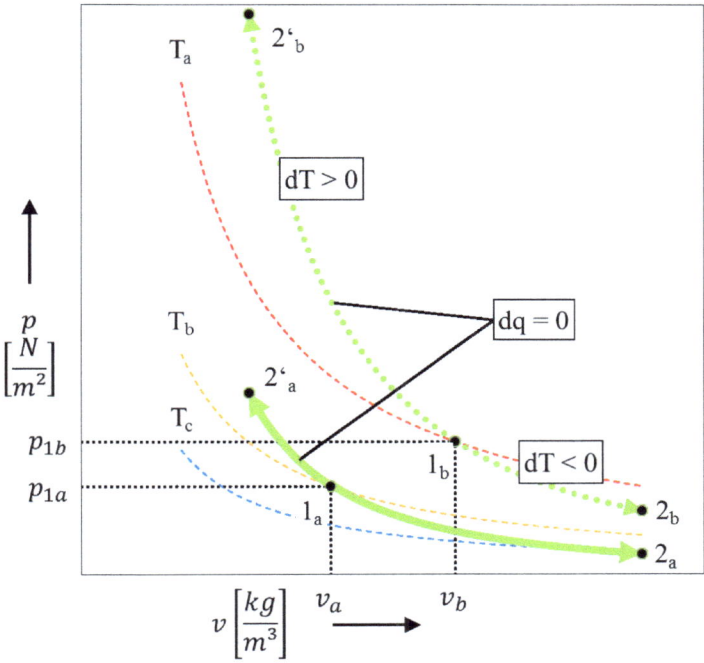

Bild 3.19 Adiabate, reversible (isentrope) Zustandsänderung (pV^k = konst. , k > 1)

Die Zustandsgleichung (3.1) ergibt weiterhin:

$$pV = mRT \rightarrow \left.\begin{array}{l} p_2V_2 = mRT_2 \\ p_1V_1 = mRT_1 \end{array}\right\} \quad \frac{p_2}{p_1} = \frac{T_2}{T_1} \cdot \frac{V_1}{V_2} \quad bzw. \quad \frac{T_1}{T_2} = \frac{p_1}{p_2} \cdot \frac{V_1}{V_2}$$

Andererseits gilt:

$$\frac{p_2}{p_1} = \left(\frac{V_1}{V_2}\right)^k \quad bzw. \quad \frac{p_1}{p_2} = \left(\frac{V_2}{V_1}\right)^k \quad bzw. \quad \frac{p_1}{p_2} = \left(\frac{v_2}{v_1}\right)^k \tag{3.66}$$

Daraus resultiert:

$$\frac{T_1}{T_2} = \left(\frac{V_2}{V_1}\right)^{k-1} \quad oder \quad \frac{T_1}{T_2} = \left[\left(\frac{p_1}{p_2}\right)^{\frac{1}{k}}\right]^{k-1} = \left(\frac{p_1}{p_2}\right)^{\frac{k-1}{k}} \tag{3.67}$$

Energieaustausch / geschlossene Systeme

Volumenänderungsarbeit

Die während einer isentropen Zustandsänderung in einem geschlossenen System ausgetauschte Arbeit (ein Wärmeaustausch findet bei einem wärmedichten System nicht statt) kann aus dem 1. HS abgeleitet werden:

$$W_{v12} = U_1 - U_2 \tag{3.68}$$

bzw. $\quad w_{v12} = u_1 - u_2 \tag{3.68a}$

Daraus resultiert:

$$W_{v12} = m\, c_v (T_1 - T_2) \tag{3.69}$$

$$w_{v12} = c_v (T_1 - T_2) \tag{3.69a}$$

$$w_{v12} = c_v T_1 \left(1 - \frac{T_2}{T_1}\right) = c_v T_1 \left[1 - \left(\frac{V_1}{V_2}\right)^{k-1}\right] = c_v T_1 \left[1 - \left(\frac{p_2}{p_1}\right)^{\frac{k-1}{k}}\right] \tag{3.70}$$

Andererseits gilt für reversible Zustandsänderungen in geschlossenen Systemen:

$$W_{v12} = \int_1^2 p\, dV \tag{1.10}$$

$$w_{v12} = \int_1^2 p\, dv \tag{1.10a}$$

3.4 Elementare Zustandsänderungen in gasförmigen Arbeitsmedien

Aus der Gl. (3.65) resultiert:
$$p = p_1 \cdot \frac{v_1^k}{v^k}$$

Daraus wird abgeleitet:

$$w_{v12} = \int_1^2 p_1 v_1^k \cdot \frac{1}{v^k} dv = \frac{p_1 v_1^k}{-k+1}\left(v_2^{-k+1} - v_1^{-k+1}\right) = \frac{1}{k-1}(p_1 v_1 - p_2 v_2) \qquad (3.71a)$$

$$W_{v12} = \frac{1}{k-1}(p_1 V_1 - p_2 V_2) \qquad (3.71)$$

Beim Einsatz der Zustandsgleichung (3.1) gilt dann:

$$W_{v12} = \frac{1}{k-1}(p_1 V_1 - p_2 V_2) = \frac{mR}{k-1}(T_1 - T_2) \qquad (3.72)$$

$$w_{v12} = \frac{R}{k-1}(T_1 - T_2) \qquad (3.72a)$$

Energieaustausch / offene Systeme

Druckänderungsarbeit

Für offene Systeme gilt nach Gl. (1.12) folgender Zusammenhang zur Ermittlung der Druckänderungsarbeit:

$$w_{p12} = \int_1^2 -v\,dp \quad \text{dabei gilt: } p_1 v_1^k = p v^k \;\rightarrow\; v = \frac{\left(p_1 v_1^k\right)^{\frac{1}{k}}}{p^{\frac{1}{k}}} = \frac{p_1^{\frac{1}{k}} \cdot v_1}{p^{\frac{1}{k}}}$$

$$w_{p12} = \int_1^2 -p_1^{\frac{1}{k}} \cdot v_1 \cdot \frac{dp}{p^{\frac{1}{k}}} = -p_1^{\frac{1}{k}} \cdot v_1 \cdot \frac{1}{1-\frac{1}{k}} \cdot p^{1-\frac{1}{k}}\bigg|_1^2 \quad \text{dabei ist } 1-\frac{1}{k} = \frac{k-1}{k}$$

$$w_{p12} = p_1^{\frac{1}{k}} \cdot v_1 \cdot \frac{k}{k-1}\left(p_1^{\frac{k-1}{k}} - p_2^{\frac{k-1}{k}}\right)$$

$$= \frac{k}{k-1} \cdot p_1^{\frac{1}{k}} \cdot p_1^{\frac{k-1}{k}} \cdot v_1 \left[1 - \left(\frac{p_2}{p_1}\right)^{\frac{k-1}{k}}\right]; \text{ aus Gl. (3.67): } \left(\frac{p_2}{p_1}\right)^{\frac{k-1}{k}} = \frac{T_2}{T_1}$$

$$w_{p12} = \frac{k}{k-1} p_1 v_1 \left(1 - \frac{T_2}{T_1}\right) = \frac{k}{k-1} \cdot \frac{p_1 v_1}{T_1}(T_1 - T_2)$$

$$w_{p12} = \frac{k}{k-1} R(T_1 - T_2) \tag{3.73}$$

Aus dem Vergleich Volumenänderungsarbeit (Gl. 3.72a) – Druckänderungsarbeit (Gl. 3.73) resultiert:

$$W_{p12} = kW_{v12}$$

bzw. $\quad w_{p12} = kw_{v12}$

was aus den Projektionen der Funktion pv^k (Bild 3.19) auf Ordinate und Abszisse ebenfalls sichtbar ist.

3.4.5. Polytrope Zustandsänderung (pV^n = konst.)

Eine polytrope Zustandsänderung stellt eine Verallgemeinerung aller beschriebenen elementaren Zustandsänderungen dar.

Beispiele:

Geschlossene Systeme: *Verdichtung oder Entlastung in einem gekühlten Kolbenmotor (zwischen adiabat und isotherm)*

Offene Systeme: *Verdichtung in einem axialen oder radialen Verdichter mit Kühlung; Entlastung in einer radialen oder axialen Turbine mit Kühlung (zwischen adiabat und isotherm)*

Im Bild 3.20 sind einige Beispiele dargestellt.

Während einer polytropen Zustandsänderung bleibt allgemein das Verhältnis zwischen der inneren Energie und der ausgetauschten Wärme konstant:

$$\alpha = \frac{du}{dq} = konst. \qquad \text{für} \qquad \alpha \in (-\infty; +\infty)$$

3.4 Elementare Zustandsänderungen in gasförmigen Arbeitsmedien

Daraus resultiert:

$dq = c_n \cdot dT$ - wobei c_n die spezifische Wärmekapazität während einer polytropen Zustandsänderung ist.

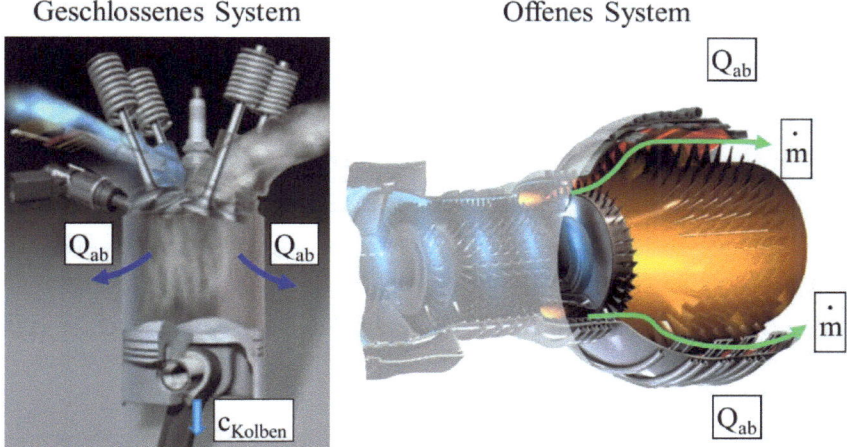

Bild 3.20 Beispiele für polytrope Zustandsänderungen

Zur Beschreibung der Polytrope im p,V-Diagramm wird vom 1. HS ausgegangen (wie bei der Adiabate):

$$dq = du + pdv \rightarrow c_n \cdot dT = c_v \cdot dT + pdv \tag{3.61}$$

$$dq = dh - vdp \rightarrow c_n \cdot dT = c_p \cdot dT - vdp \tag{3.62}$$

Durch Umstellung und Dividieren der Gl. (3.61, 3.62) wird – ähnlich der Gl. (3.63) – die Differenzialgleichung der Polytrope abgeleitet:

$$\frac{c_n - c_p}{c_n - c_v} = -\frac{vdp}{pdv} \rightarrow \frac{c_n - c_p}{c_n - c_v} \cdot \frac{dv}{v} + \frac{dp}{p} = 0 \tag{3.74}$$

Aus der Bedingung $\dfrac{du}{dq} = \alpha$ resultiert:

$$\frac{c_v \cdot dT}{c_n \cdot dT} = \alpha \rightarrow c_n = \frac{c_v}{\alpha} \tag{3.75}$$

Für $c_v = c_{vm}$ = konst. – in einem gegebenen Temperaturbereich – ist also auch c_n = c_{nm} konstant. Das ergibt:

$$\frac{c_n - c_p}{c_n - c_v} = konst. = n \quad ; \quad n \in (-\infty; +\infty) \tag{3.76}$$

Definition

Das Verhältnis $\dfrac{c_n - c_p}{c_n - c_V} = n$ ist als **Polytropenexponent** definiert.

Die Gleichungen (3.63; 3.74) haben die gleiche Struktur. Der Unterschied besteht nur in dem Wert der Konstante (n anstatt k).

Für exakte Berechnungen wird n auf Temperaturintervallen berechnet, ausgehend von $c_n(T)$, $c_p(T)$, $c_v(T)$ – ähnlich der Verfahrensweise bei der Ermittlung eines Isentropenexponenten k.

Daraus resultiert eine ähnliche Gleichung für die polytrope Zustandsänderung wie im Falle der Adiabate – Gl. (3.65):

$$p_2 V_2^n = p_1 V_1^n = p_i V_i^n \text{ bzw.}$$

$$p_2 v_2^n = p_1 v_1^n = p_i v_i^n \tag{3.77}$$

– dabei bezeichnet i jeden beliebigen Zustand zwischen 1 und 2

$pV^n = konst$ – Zustandsänderungsgleichung

Daraus wird abgeleitet:

$$\frac{p_2}{p_1} = \left(\frac{V_1}{V_2}\right)^n \text{ bzw. } \frac{p_1}{p_2} = \left(\frac{V_2}{V_1}\right)^n \text{ bzw. } \frac{p_1}{p_2} = \left(\frac{v_2}{v_1}\right)^n \tag{3.78}$$

– Vgl. (3.66)

$$\text{bzw. } \frac{T_1}{T_2} = \left(\frac{V_2}{V_1}\right)^{n-1} = \left(\frac{p_1}{p_2}\right)^{\frac{n-1}{n}} \tag{3.79}$$

– Vgl. (3.67)

3.4 Elementare Zustandsänderungen in gasförmigen Arbeitsmedien

Energieaustausch / geschlossene Systeme

Wärme

Die energetische Bilanz resultiert aus dem 1.HS:

$$dq - dw_v = du \tag{2.6}$$

$$\alpha = \frac{du}{dq} \rightarrow du = \alpha dq \rightarrow dq - dw_v = \alpha dq \rightarrow dq = \frac{dw_v}{1-\alpha} \tag{3.80}$$

Zwischen n und α gilt andererseits die Beziehung:

$$n = \frac{c_n - c_p}{c_n - c_v} = \frac{\dfrac{c_v}{\alpha} - c_p}{\dfrac{c_v}{\alpha} - c_v} = \frac{\dfrac{1}{\alpha} - \dfrac{c_p}{c_v}}{\dfrac{1}{\alpha} - 1}$$

$$n = \frac{1 - \alpha \dfrac{c_p}{c_v}}{1-\alpha}$$

$$\alpha = \frac{n-1}{n - \dfrac{c_p}{c_v}} \; ; \; 1-\alpha = 1 - \frac{n-1}{n - \dfrac{c_p}{c_v}} = 1 - \frac{n-1}{n-k} = \frac{1-k}{n-k}$$

Gl. (3.80) kann somit wie folgt ausgedrückt werden:

$$dq = \frac{n-k}{1-k} \cdot dw_v \tag{3.81}$$

Volumenänderungsarbeit

Zur Ermittlung der Volumenänderungsarbeit gilt andererseits analog der Isentrope, beim Ersetzten des Exponenten k mit n in Gl. (3.72a):

$$w_{v12} = \frac{R}{n-1}(T_1 - T_2) \tag{3.82a}$$

Energieaustausch / offene Systeme

Wärme

Aus dem 1. HS für offene Systeme resultiert entsprechend Gl. (2.18a) bei Vernachlässigung des Anteils der kinetischen Energie an der Enthalpie:

$$dq - dw_p = dh$$

Ausgehend von $dh = c_p \cdot dT$, $du = c_v \cdot dT$ (3.14a, b)

und $\quad k = \dfrac{c_p}{c_v}$ (3.63) $\quad \rightarrow \quad k = \dfrac{dh}{du}$

gilt $\quad \alpha = \dfrac{du}{dq} = \dfrac{\frac{dh}{k}}{dq} \rightarrow dh = k\alpha\, dq$

Das ergibt: $\quad dq - dw_p = k\alpha\, dq$

Analog der Gl. (3.80) gilt:

$$dq = \dfrac{dw_p}{1 - k\alpha}$$

Mit $\quad \alpha = \dfrac{n-1}{n - \dfrac{c_p}{c_v}} = \dfrac{n-1}{n-k}$

$$\dfrac{1}{1 - k\alpha} = \dfrac{1}{1 - k \cdot \dfrac{n-1}{n-k}} = \dfrac{1}{n \cdot \dfrac{1-k}{n-k}}$$

gilt: $\quad dq = \dfrac{dw_p}{n \cdot \dfrac{1-k}{n-k}} \quad$ bzw. $\quad dq = \dfrac{1}{n} \cdot \dfrac{n-k}{1-k} \cdot dw_p$ (3.83)

Der Vergleich der Gl. (3.81) und (3.83) zeigt:

$$\dfrac{n-k}{1-k} dw_v = \dfrac{1}{n} \cdot \dfrac{n-k}{1-k} dw_p$$

3.4 Elementare Zustandsänderungen in gasförmigen Arbeitsmedien

bzw. $n \cdot dw_v = dw_p$, was analog der Zusammenhänge bei der Isentrope ist und der Projektionen der Funktion pv^n auf Ordinate und Abszisse entspricht.

Druckänderungsarbeit

Zur Ermittlung der Druckänderungsarbeit gilt andererseits entsprechend der Gl. (3.72a):

$$w_{p12} = n \cdot \frac{R}{n-1}(T_1 - T_2) \tag{3.84a}$$

Der Vergleich der Gl. (3.82a); (3.84a) ergibt ebenfalls

$$n w_v = w_p$$

Elementare Zustandsänderungen in Form einer Polytrope

Ausgehend von der Tatsache, dass die Polytrope eine Verallgemeinerung aller betrachteten elementaren Zustandsänderungen darstellt, weil in allen Fällen der Faktor $\alpha = \dfrac{du}{dq}$ konstant bleibt, können folgende Beziehungen abgeleitet werden:

Isochore $\quad V = konst. \rightarrow p^{\varepsilon \to 0} \cdot V = konst \;;\; \left(p^{\varepsilon \to 0} \cdot V\right)^{\frac{1}{\varepsilon \to 0}} = konst.;$

$\qquad\qquad pV^{\frac{1}{\varepsilon \to 0}} = konst \qquad pV^{\infty} = konst. \qquad\longrightarrow\qquad n \to \infty$

Isobare $\qquad p = konst. \qquad pV^0 = konst \qquad\longrightarrow\qquad n = 0$

Isotherme $\qquad\qquad\qquad\quad\; pV^1 = konst. \qquad\longrightarrow\qquad n = 1$

Isentrope $\qquad\qquad\qquad\quad\; pV^k = konst \qquad\longrightarrow\qquad n = k$

$$\left(k = \frac{c_p}{c_V} = \frac{c_V + R}{c_V} > 1\right)$$

Im Bild 3.21 sind alle elementaren Zustandsänderungen in Form einer jeweiligen Polytrope im p,v-Diagramm dargestellt.

Für die entsprechenden Werte des Polytropenexponenten n kann die Energiebilanz für jede elementare Zustandsänderung als Polytrope ermittelt werden. Es gilt beispielsweise:

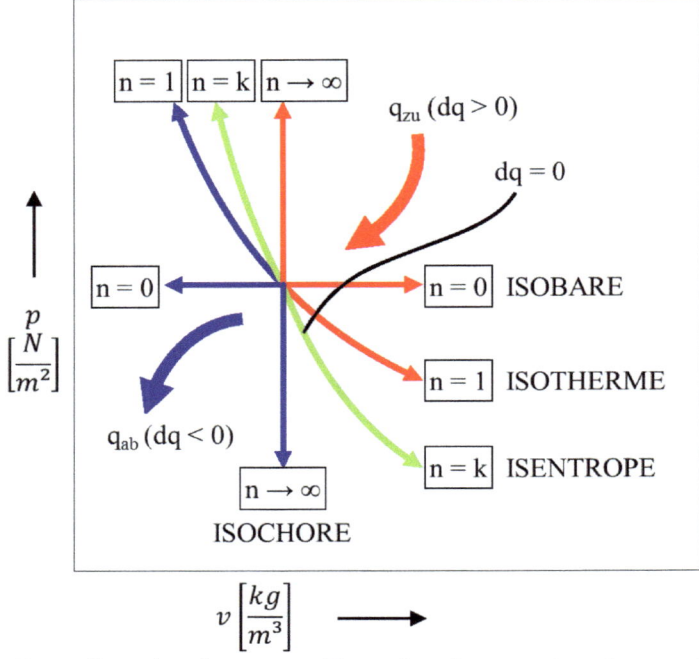

Bild 3.21 Darstellung der elementaren Zustandsänderungen in polytroper Form im p,v-Diagramm – ausgehend von einem gleichen ursprünglichen Zustand

Isochore: $\quad n = \infty \rightarrow w_{v12} = \dfrac{R}{\infty}(T_1 - T_2) = 0 \; ; \; w_{p12} = R(T_1 - T_2)$

Isobare: $\quad n = 0 \rightarrow w_{v12} = \dfrac{R}{0-1}(T_1 - T_2) = R(T_2 - T_1); \; w_{p12} = 0$

Isotherme: $\quad n = 1 \rightarrow dq = \dfrac{dw_v}{\dfrac{1-k}{n-k}} \; bei \quad n = 1 \qquad \rightarrow dq = dw_v$

bzw. $\quad dq = \dfrac{dw_p}{n \cdot \dfrac{1-k}{n-k}} \rightarrow dq = dw_p$

Isentrope: $\quad n = k \rightarrow q_{12} = \dfrac{n-k}{1-k} dw_v \; \text{mit } n = k \qquad \rightarrow dq = 0$

$$w_{v12} = \dfrac{R}{k-1}(T_1 - T_2), \qquad w_{p12} = k\dfrac{R}{k-1}(T_1 - T_2)$$

Anwendungsbeispiele und Übungen zu Kapitel 3

Zustandsänderungen in Gasen und Gasgemischen

Ü 3.1

Aufgabe: Folgende Größen für atmosphärische Luft (ideales Gas) sind in einem Temperaturbereich von -40 [°C]/+40 [°C] für alle 20 [°C] zu berechnen: Dichte, spezifische innere Energie, spezifische Enthalpie

Angaben: Molare Masse der Luft: 28,95 [kg/kmol]; p = 1 [bar]

t	[°C]	-40	-20	0	+20	+40
c_p	$\left[\dfrac{kJ}{kgK}\right]$	1,007	1,007	1,006	1,007	1,007

Lösung: Aus der Zustandsgleichung für ideale Gase gilt:

$$\frac{p}{\rho} = RT \qquad (3.1b)$$

wobei $\qquad R = \dfrac{\overline{R}}{\overline{M}} \qquad (3.2)$

für Luft: $\qquad R = \dfrac{8314}{28,95} = 287,18$

$$\dfrac{\left[\dfrac{J}{kmolK}\right]}{\left[\dfrac{kg}{kmol}\right]} \quad \left[\dfrac{J}{kgK}\right]$$

$$\rho = \frac{p}{RT} = \frac{1 \cdot 10^5}{287{,}18(273{,}15+t)}$$

$$\left[\frac{kg}{m^3}\right] \quad \frac{\left[\dfrac{N}{m^2}\right]}{\left[\dfrac{Nm}{kgK}\right][K]}$$

In einem Zustand gilt:

$u = c_v\, T$ (3.14a)

$h = c_p\, T$ (3.14b)   mit $c_p = c_v + R$ (3.18a)

t	[°C]		-40	-20	0	+20	+40
ρ	$\left[\dfrac{kg}{m^3}\right]$	$\dfrac{p}{R(273{,}15+t)}$	1,49	1,37	1,27	1,19	1,11
u	$\left[\dfrac{kJ}{kgK}\right]$	$(c_p - R) \cdot (273{,}15+t)$	167,82	182,21	196,35	211,01	225,4
h	$\left[\dfrac{kJ}{kgK}\right]$	$c_p(273{,}15+t)$	234,78	254,9	274,79	295,2	315,34

Ü 3.2

Aufgabe:

1. Wie ändert sich die Masse der Luft, die sich im Zylinder eines Kolbenverdichters nach dem Ansaugvorgang befindet, wenn die Temperatur der atmosphärischen Luft von +20 [°C] (Sommer) auf −20 [°C] (Winter) bei gleichem Druck fällt?

2. Wie ändern sich dabei die absoluten Werte der inneren Energie und der Enthalpie?

Anwendungsbeispiele und Übungen zu Kapitel 3

Angaben: Kenngrößen der atmosphärischen Luft entsprechend Ü 3.1;
$V_{zyl} = 500\ [cm^3]$

Lösung:

1. Aus der Zustandsgleichung für ideale Gase wird abgeleitet:

$$pV = mRT \quad (3.1)$$

$$m = \frac{pV}{RT} \rightarrow m = \frac{1 \cdot 10^5 \cdot 500 \cdot 10^{-6}}{287{,}18(273{,}15 + t)}$$

$$[kg]\quad \frac{\left[\frac{N}{m^2}\right]\left[m^3\right]}{\left[\frac{Nm}{kgK}\right][K]}$$

$$m_{-20} = 0{,}688\ [g]$$
$$m_{+20} = 0{,}594\ [g]$$

- die Luftmasse im Zylinder nimmt vom Sommer zum Winter um 0,093 [g] bzw. 15,8 % zu.

2. $U = m c_v T$
   $= m u$

$$\rightarrow U_{-20} = 0{,}688 \cdot 10^{-3} \cdot 182{,}21 = 125{,}17 \cdot 10^{-3}$$

$$[kJ]\quad [kg]\quad \left[\frac{kJ}{kgK}\right]$$

$$U_{+20} = 0{,}594 \cdot 10^{-3} \cdot 211{,}01 = 125{,}33 \cdot 10^{-3}$$

$H = m c_p T$
$= m h$

$$\rightarrow H_{-20} = 0{,}688 \cdot 10^{-3} \cdot 254{,}9 = 175{,}12 \cdot 10^{-3}$$

$$[kJ]\quad [kg]\quad \left[\frac{kJ}{kgK}\right]$$

$$H_{+20} = 0{,}594 \cdot 10^{-3} \cdot 295{,}2 = 175{,}35 \cdot 10^{-3}$$

Kommentare:

1. Die Zunahme der Luftmasse im Zylinder durch die Luftkühlung ist erheblich; sie gewährt die proportionale Zunahme der Kraftstoffzufuhr, wodurch die Arbeit im Kreisprozess und damit die Leistung des Verdichters bei gleicher Drehzahl zunimmt.
2. Dagegen bleibt die innere Energie und die Enthalpie der Luft, auf Grund der Abhängigkeit ihrer spezifischen Werte von der Temperatur, die entgegen der Massenänderung wirken, annähernd unverändert.

Ü 3.3 Für CNG (Compressed Natural Gas) Betrieb von Fahrzeugverbrennungsmotoren wird Erdgas in Stahlbehältern bei einem Druck von 20 [MPa] gespeichert.

Fragen:

1. Wie ändert sich der Gasdruck im Behälter, wenn durch den Einfluss der atmosphärischen Bedingungen die Gastemperatur von 15 [°C] auf 35 [°C] steigt?
2. Welchen Einfluss hat der Anteil von Methan im Erdgas (gewöhnliche Konzentration: 90 [%]) an dieser Druckänderung?

Lösung:

1. Das System ist geschlossen. Für beide Temperaturen ist der Gaszustand im Behälter mittels Zustandsgleichung darstellbar:

$$p_1 V = m\, R T_1$$
$$p_2 V = m\, R T_2$$

Daraus resultiert:

$$\frac{p_2}{p_1} = \frac{T_2}{T_1} \Rightarrow \frac{p_2}{20} = \frac{273{,}15 + 35}{273{,}15 + 15}$$

$$\frac{[MPa]}{[MPa]} \quad \frac{[K]}{[K]}$$

$$p_2 = 20 \cdot 1{,}0694 = 21{,}388\, [MPa]$$

2. Der Anteil von Methan im Gas spielt dabei keine Rolle – der Zusammenhang gilt entsprechend der abgeleiteten Gleichung für jede Gaskonstante.

Kommentar: Die mögliche Druckzunahme von ca. 1,4 [MPa] bei einer Temperaturschwankung von 20 [K] ist bei der Behälterauslegung zu beachten.

Ü 3.4 In einem Raum mit dem Volumen V befindet sich Luft (betrachtet als ideales Gas) bei der Anfangstemperatur T_1. Der Raum ist durch eine Öffnung mit der Umgebung verbunden, so dass der Raumdruck ständig dem Umgebungsdruck (p_{atm}) entspricht.

Fragen:
1. Welche Wärme muss dem Raum zugeführt werden, um einen Anstieg der Temperatur auf den Wert T_2 zu erreichen?

2. Wie ändert sich die innere Energie und die Enthalpie der Luft im Raum infolge des Temperaturanstiegs $T_1 \rightarrow T_2$?

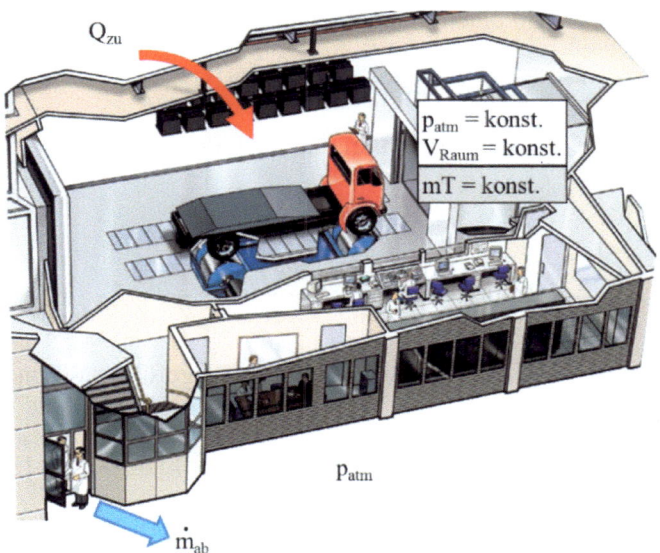

Bild Ü3.4 Erwärmung eines Raums bei konstantem, atmosphärischem Druck (durch Entweichen von Luft) – schematisch

Lösung:

1. Die Zustandsänderung im Raum V während der Wärmezufuhr erfolgt bei konstantem Druck. Das Volumen des Raumes ist ebenfalls konstant, durch die Raumöffnung ist die Luftmasse im Raum allerdings variabel.

   Das System ist offen. Dadurch, dass beim Wärmeaustausch keine Arbeit verrichtet wird, resultiert aus dem 1. HS:

   $$Q_{12} - \cancel{W}_{12} = H_2 - H_1$$

   und mit $H = mh$ bzw. $dh = c_p dT \rightarrow$ (3.14)

   $$Q_{12} = H_2 - H_1 = \int_{T_1}^{T_2} m\, c_p\, dT \qquad (3.15)$$

   Für den ursprünglichen Zustand ist die Zustandsgleichung:

   $$p_{atm} V = m_1 R T_1$$

   In einem beliebigen Zustand zwischen 1 und 2 gilt:

   $$p_{atm} V = m\, R\, T$$

   Daraus resultiert, dass das Produkt

   $m_1 T_1 = m_i T_i = mT = konst.$ ist.

   Damit gilt: $\quad m = \dfrac{m_1 T_1}{T} = \dfrac{pV}{R} \cdot \dfrac{1}{T}$

   Die bei konstantem Druck zugeführte Wärme ist:

   $$Q_{12} = \int_{T_1}^{T_2} m\, c_p\, dT = \int_{T_1}^{T_2} \dfrac{pV}{R} \cdot \dfrac{1}{T} \cdot c_p \cdot dT = \dfrac{pV}{R} \int_{T_1}^{T_2} c_p \dfrac{dT}{T}$$

   Für $c_p = c_{pm}\Big|_{T_1}^{T_2} = konst.$ resultiert:

$$Q_{12} = \frac{pV}{R} c_{pm} \Big|_{T_1}^{T_2} \cdot \ln \frac{T_2}{T_1}$$

2. Trotz der Wärmezufuhr, die eine Temperaturerhöhung zufolge hat, ist die innere Energie der Luft in dem Raum in diesem Fall praktisch konstant.

Es gilt: $U_{1_R} = m_1 c_{v1} T_1$, $U_{2_R} = m_2 c_{v2} T_2$

und mit $m_1 T_1 = m_2 T_2$ bzw. $c_{v1} = c_{v2} = c_{vm}\Big|_{T_1}^{T_2}$

$$U_{1_R} = U_{2_R}$$

Die Begründung liegt in der Veränderung der Luftmasse infolge des Druckausgleichs mit der Umgebung.

Analog gilt:

$H_{1_R} = m_1 c_{p_1} T_1 \qquad H_{1_R} = m_2 c_{p_2} T_2$
$H_{1_R} = H_{2_R}$

Kommentare:

1. Für die Ermittlung der Wärmezufuhr wurde die Enthalpieänderung (H_2-H_1) für die gesamte Luft berechnet. Allerdings ist ein Teil der erwärmten Luft aus dem Raum entwichen. Dadurch bleibt im Raum $H_{2_R} = H_{1_R}$ bzw. $U_{2_R} = U_{1_R}$

2. Dieser Vorgang widerspricht nicht den Gesetzen für ideale Gase, wonach $U = U(T)$ bzw. $H = H(T)$.

3. Bezogen auf die Masseneinheit der Luft im Raum ist die innere Energie bzw. die Enthalpie bei der Temperaturerhöhung gestiegen.

$$u = \frac{U}{m} = c_v T \quad \rightarrow$$

$$u_{2_R} - u_{1_R} = c_v \cdot T_2 - c_v \cdot T_1 = c_{vm}\bigg|_{T_1}^{T_2}(T_2 - T_1)$$

$$h = \frac{H}{m} = c_p T \quad \rightarrow$$

$$h_{2_R} - h_{1_R} = c_p \cdot T_2 - c_p \cdot T_1 = c_{pm}\bigg|_{T_1}^{T_2}(T_2 - T_1)$$

Ü 3.5

Aufgabe: Die Werte der spezifischen Wärmekapazität c_p eines Gases sind in Intervallen von 200 [°C] bekannt. Wie groß ist die mittlere Wärmekapazität im Temperaturbereich 500-1300 [°C]?

Angaben:

Temperaturbereich [°C]	500-700	700-900	900-1100	1100-1300
$c_{pm}\big|_t^{t+200°C}\left[\dfrac{kJ}{kgK}\right]$	1,1051	1,1553	1,19499	1,2460

Anwendungsbeispiele und Übungen zu Kapitel 3

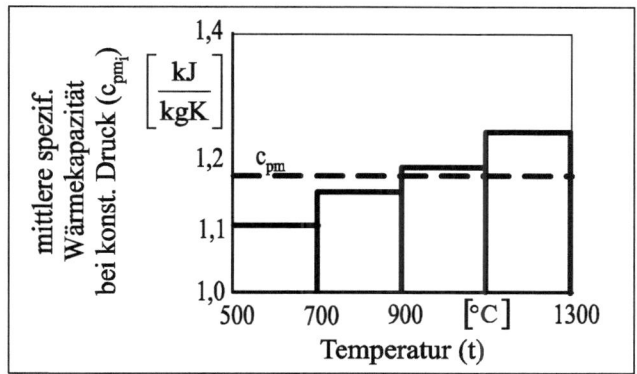

Bild Ü3.5 Mittlere spezifische Wärmekapazität eines Gases bei konstantem Druck – Ableitung aus Mittelwerten in gleichen Temperaturintervallen

Lösung: Aus der Definition der mittleren spezifischen Wärmekapazität – Gl. (3.19b) – Bild 3.8 – angewandt für einen Temperaturbereich gilt:

$$c_{pm} = \frac{1}{T_2 - T_1} \int_{T_1}^{T_2} c_p \, dT$$

Die Temperaturbereiche, für die die Wärmekapazität bekannt ist, haben gleiche Längen:

$$T_{i+1} - T_i = t_{i+1} - t_i \Rightarrow \Delta T = \Delta t$$

Daraus resultiert:

$$T_2 - T_1 = t_2 - t_1 = n \Delta T$$

Für eine Summe von Werten auf gleichen Temperaturintervallen wird daraus abgleitet:

$$c_{pm} = \frac{1}{n \Delta T} \cdot \sum_{i=1}^{n} c_p \Big|_i^{i+1} \cdot \Delta T \qquad \text{- Bild 3.8 -}$$

Zahlenbeispiel:

$$c_{pm}\Big|_{500\,°C}^{1300\,°C} = \frac{1{,}1051 + 1{,}1553 + 1{,}1949 + 1{,}2460}{4} =$$

$$= 1{,}1753 \left[\frac{kJ}{kgK} \right]$$

Ü 3.6

Aufgabe: Die Werte der spezifischen Wärmekapazität c_p eines Gases sind für bestimmte Temperaturwerte in Schritten von 100[°C] bekannt. Wie groß ist die mittlere spezifische Wärmekapazität auf einem bestimmten Temperaturintervall – beispielsweise $\Delta t = 500\text{-}1000$ [°C]?

Angaben:

Temperatur [°C]	500	600	700	800	900	1000
c_p [kJ/kgK]	1,08	1,1053	1,1302	1,1534	1,1751	1,1952

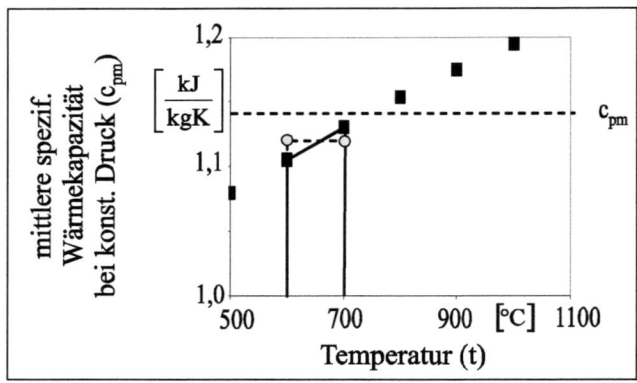

Bild Ü3.6 Mittlere spezifische Wärmekapazität eines Gases bei konstantem Druck – Ableitung aus Mittelwerten aus Werten bei gegebenen Temperaturen

Lösung: Es wird angenommen, dass der Wert der spezifischen Wärmekapazität zwischen 2 benachbarten Werten linear ansteigt. Der einzelne Mittelwert in einem Temperaturintervall von 100[°C] wird entsprechend Gl. (3.19b) gebildet, in dem jede elementare Fläche $\Delta n = c_{pm} \cdot \Delta T = \int_{T_1}^{T_2} c_p dT$ entspricht. Für die lineare Funktion gilt:

Anwendungsbeispiele und Übungen zu Kapitel 3

$$c_{pm1} = \frac{c_{p2} + c_{p1}}{2}$$

Das Problem wird ähnlich dem vorherigen Fall Ü 3.5, sobald die mittleren Werte der Wärmekapazität in allen Temperaturbereichen ΔT bekannt sind.

$$c_{pmi} = \frac{c_{pm(i+1)} + c_{pmi}}{2}$$

Unter diesen Voraussetzungen gilt analog Ü 3.5

$$c_{pm} = \frac{1}{n} \cdot \sum_{i=1}^{n} c_{pmi}$$

$$= \frac{1}{n} \left(\frac{c_{pm1} + c_{pm2}}{2} + \frac{c_{pm2} + c_{pm3}}{2} + \ldots + \frac{c_{pm(n-1)} + c_{pmn}}{2} \right)$$

$$= \frac{1}{n} \left(\frac{c_{pm1} + c_{pmn}}{2} + \sum_{i=2}^{n-1} c_{pmc} \right)$$

Zahlenbeispiel:
$$c_{pm}\Big|_{500°C}^{1000°C} = \frac{1}{5} \left(\frac{1{,}08 + 1{,}1952}{2} + 1{,}1053 + 1{,}1302 + 1{,}1534 + 1{,}1751 \right)$$

$$= 1{,}1403 \left[\frac{kJ}{kgK} \right]$$

Ü 3.7 Zwei wärmeisolierte Behälter sind mit einem gleichen idealen Gas, bei unterschiedlichen Drücken und Temperaturen gefüllt. Die von einem Absperrhahn getrennten Behälter haben unterschiedliche Volumina (Bild.Ü.3.7). Das Volumenverhältnis $\frac{V_a}{V_b}$, das Druckverhältnis $\frac{p_a}{p_b}$ und das Temperaturverhältnis $\frac{T_a}{T_b}$ sind bekannt.

Frage: Wie groß sind der Druck und die Temperatur im Behälter nach Öffnen des Absperrhahns?

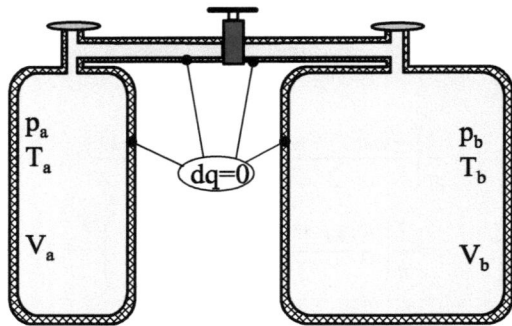

Bild Ü3.7 Mischung von zwei Anteilen eines gleichen Gases mit unterschiedlichen Zustandsgrößen

Zahlenbeispiel: $p_a = 1{,}147\,[bar],\ p_b = 2{,}75\,[bar] \to \frac{p_a}{p_b} = \pi = 0{,}417$

$$T_a = 353\,[K],\ T_b = 420\,[K] \to \frac{T_a}{T_b} = \tau = 0{,}84$$

$$V_b/V_a = 4 \to \frac{V_a}{V_b} = \varepsilon = 0{,}25$$

Lösung: Nach dem Ausgleich des Druckes und der Temperatur ist das System im Behälter im Gleichgewicht, wodurch die Zustandsgleichung gilt:

$$p_G V_G = m_G R T_G$$

Die Gaskonstante bleibt unverändert, weil das Gemisch aus einer einzigen Gasart besteht.

Die Gemischgrößen m_G, V_G entstehen als Summe der Bestandteile:

$$m_G = m_a + m_b \; ; \quad V_G = V_a + V_b$$

Das aus den 2 Behältern bestehende System ist in sich geschlossen, wärmedicht und tauscht keine Arbeit mit der Umgebung aus. Entsprechend dem 1. HS für geschlossene Systeme bleibt in diesem Fall die innere Energie vor und nach dem Mischen unverändert. Es gilt:

$$U_G = U_a + U_b = m_a u_a + m_b u_b$$

Die spezifische innere Energie des Gemisches resultiert aus:

$$u_G = \xi_a u_a + \xi_b u_b \tag{3.42}$$

$$\text{wobei} \quad \xi_a = \frac{m_a}{m_a + m_b}$$

$$\text{und} \quad \xi_b = \frac{m_b}{m_a + m_b} = 1 - \xi_a \tag{3.21}$$

Das Massenverhältnis der Komponenten resultiert aus der Zustandsgleichung für jeden Teil des Systems im ursprünglichen Zustand:

$$m_a = \frac{p_a V_a}{R T_a} \qquad m_b = \frac{p_b V_b}{R T_b}$$

$$\rightarrow \xi_a = \frac{\dfrac{p_a V_a}{RT_a}}{\dfrac{p_a V_a}{RT_a} + \dfrac{p_b V_b}{RT_b}} = \frac{p_a V_a T_b}{p_a V_a T_b + p_b V_b T_a}$$

$$\rightarrow \xi_b = \frac{\dfrac{p_b V_b}{RT_b}}{\dfrac{p_a V_a}{RT_a} + \dfrac{p_b V_b}{RT_b}} = \frac{p_b V_b T_a}{p_a V_a T_b + p_b V_b T_a}$$

Diese Massenanteile werden in die Gl. (3.42) eingesetzt:

$$u_G = \frac{p_a V_a T_b}{p_a V_a T_b + p_b V_b T_a} u_a + \frac{p_b V_b T_a}{p_a V_a T_b + p_b V_b T_a} u_b \quad (3.42')$$

Für die angegebenen Temperaturen T_a, T_b sind die inneren Energien der Teilsysteme und des Gesamtsystems eindeutig präzisiert.

Bei Annahme eines Mittelwertes für die spezifische Wärmekapazität bei konstantem Volumen im betrachteten Temperaturbereich

$$c_{vG} = \xi_a c_{va} + \xi_b c_{vb} \quad \text{bei} \quad c_{va} = c_{vb} \quad \text{(gleiches Gas)}$$

$$\text{und} \quad \xi_a + \xi_b = 1$$

resultiert: $\quad c_{vG} = c_{va} = c_{vb} = konst.$

Allgemein gilt:

$$u = c_v T \rightarrow u_G = c_v T_G \ , u_a = c_v T_a \ , u_b = c_v T_b$$

Diese Beziehungen werden in Gl. (3.42') eingesetzt.

Es gilt:

Anwendungsbeispiele und Übungen zu Kapitel 3

$$c_v T_G = \frac{p_a V_a T_b}{p_a V_a T_b + p_b V_b T_a} c_v T_a + \frac{p_b V_b T_a}{p_a V_a T_b + p_b V_b T_a} c_v T_b$$

$$\rightarrow T_G = T_a T_b \frac{p_a V_a + p_b V_b}{p_a V_a T_b + p_b V_b \frac{T_a}{T_b} \cdot T_b}$$

Unter Berücksichtigung der Verhältnisse

$$\tau = \frac{T_a}{T_b}, \qquad \pi = \frac{p_a}{p_b}, \qquad \varepsilon = \frac{V_a}{V_b} \qquad \text{resultiert:}$$

$$T_G = T_a \frac{\left(\dfrac{p_a V_a}{p_b V_b} + 1\right)}{\left(\dfrac{p_a V_a}{p_b V_b} + \tau\right)} \quad \Rightarrow \quad T_G = T_a \frac{\pi \varepsilon + 1}{\pi \varepsilon + \tau}$$

Diese Gleichung ist allgemein beim Mischen von zwei Anteilen eines gleichen Gases anwendbar, wenn die Druck-, Temperatur- und Volumenverhältnisse bekannt sind. Die absolute Gemischtemperatur ist bei Angabe der absoluten Temperatur einer der Komponenten ableitbar.

Die für das Gemisch eingangs geschriebene Zustandsgleichung ergibt den Gemischdruck in der Form:

$$p_G = \frac{m_G R T_G}{V_G}, \quad \text{andererseits ist } p_a = \frac{m_a R T_a}{V_a}$$

Durch das Dividieren beider Zustandsgleichungen und Auflösung nach p_G resultiert:

$$p_G = \left(\frac{m_G}{m_a} \cdot \frac{T_G}{T_a} \cdot \frac{V_a}{V_G}\right) p_a$$

wobei: $\rightarrow \dfrac{m_G}{m_a} = \dfrac{1}{\xi_a} = \dfrac{p_a V_a T_b + p_b V_b T_a}{p_a V_a T_b} = 1 + \dfrac{\tau}{\pi \varepsilon}$

$$\rightarrow \frac{T_G}{T_a} = \frac{\pi\varepsilon + 1}{\pi\varepsilon + \tau}$$

$$\rightarrow \frac{V_a}{V_G} = \frac{V_a}{V_a + V_b} = \frac{1}{1 + \frac{1}{\varepsilon}}$$

Damit wird: $$p_G = \left(1 + \frac{\tau}{\pi\varepsilon}\right)\left(\frac{\pi\varepsilon + 1}{\pi\varepsilon + \tau}\right)\left(\frac{1}{1 + \frac{1}{\varepsilon}}\right) p_a$$

Dieser Zusammenhang kann beispielsweise bei der Auslegung einer pneumatischen Steuerung genutzt werden, wobei der resultierende Druck von den Temperatur-, Druck- und Volumenverhältnissen bestimmt wird.

Lösung des Zahlenbeispiels:

Mit $$\tau = \frac{T_a}{T_b} = \frac{353{,}15}{420} = 0{,}84$$

$$\pi = \frac{p_a}{p_b} = \frac{1{,}147}{2{,}75} = 0{,}417$$

$$\varepsilon = \frac{V_a}{V_b} = \frac{1}{4} = 0{,}25$$

resultiert:

$$T_G = 353 \frac{0{,}417 \cdot 0{,}25 + 1}{0{,}417 \cdot 0{,}25 + 0{,}84} = 412{,}81 [K]$$

$$p_G = \left(1 + \frac{0{,}84}{0{,}417 \cdot 0{,}25}\right)\left(\frac{0{,}417 \cdot 0{,}25 + 1}{0{,}417 \cdot 0{,}25 + 0{,}84}\right)\left(\frac{1}{1 + 4}\right) \cdot 1{,}147$$
$$= 2{,}43 [bar]$$

Anwendungsbeispiele und Übungen zu Kapitel 3

Ü 3.8 Zwei wärmeisolierte Behälter A, B sind durch eine ebenfalls wärmeisolierte Leitung gebunden. Die Leitung ist mit einem Absperrhahn versehen, der ursprünglich geschlossen ist. Im Behälter A befindet sich eine Gasmenge m_A im Zustand $p_A T_A$. Im Behälter B befindet sich eine Gasmenge m_B im Zustand $p_B T_B$. Die Gasarten in den Behältern A, B sind unterschiedlich.

Frage: Wie groß sind der Druck und die Temperatur des nach Öffnen des Absperrhahns gebildeten Gemisches?

Zahlenbeispiel:

Gas A: O_2, Gas B: N_2

$$\overline{N}_{O_2} = 0{,}25 \, [kmolO_2], \quad p_{O_2} = 5 \, [bar], \quad t_{O_2} = 150 \, [°C]$$
$$m_{N_2} = 26 \, [kgN_2], \quad p_{N_2} = 1{,}8 \, [bar], \quad t_{N_2} = 80 \, [°C]$$

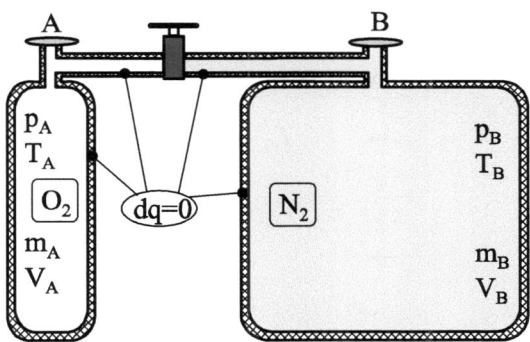

Bild Ü3.8 Mischung von zwei verschiedenen Gasen bei verschiedenen Zustandsgrößen

Lösung: Das System ist energetisch dicht, die innere Energie des Gasgemisches ist also die Summe der inneren Energien der Komponenten (s. Ü 3.7)

$$U_G = U_A + U_B = m_A u_A + m_B u_B$$

bzw. $\qquad u_G = \xi_A u_A + \xi_B u_B$

Bis zu diesem Punkt ist die Ableitung ähnlich dem vorhergehenden Fall, beim Mischen von zwei Anteilen eines gleichen idealen Gases Ü 3.7. Im Unterschied zu diesem Fall ist jedoch bei zwei unterschiedlichen Gasen

$c_{vA} \neq c_{vB}$

aus $u_G = \xi_A u_A + \xi_B u_B$ wird abgeleitet:

$c_{vG} T_G = \xi_A c_{vA} T_A + \xi_B c_{vB} T_B$

für c_{vG} gilt aus Gl. (3.43a): $\quad c_{vG} = \xi_A c_{vA} + \xi_B c_{vB}$

daraus resultiert: $\quad T_G = \dfrac{\xi_A c_{vA} T_A + \xi_B c_{vB} T_B}{\xi_A c_{vA} + \xi_B c_{vB}}$

Der Druck wird aus der Zustandsgleichung abgeleitet:

$p_G = \dfrac{m_G R_G T_G}{V_G}$

wobei → $\quad m_G = m_A + m_B$

→ $\quad T_G$ – bereits ermittelt

→ $\quad V_G = V_A + V_B \to V_A = \dfrac{m_A R_A T_A}{p_A}$

$\quad V_B = \dfrac{m_B R_B T_B}{p_B}$

Lösung des Zahlenbeispiels:

Aus Kenngrößentabellen für O_2, N_2 wird entnommen:

$c_{vO_2} = 653 \left[\dfrac{J}{kgK}\right] \quad R_{O_2} = 259{,}78 \left[\dfrac{J}{kgK}\right] \quad \overline{M}_{O_2} = 32 \left[\dfrac{kg}{kmol}\right]$

$c_{vN_2} = 743 \left[\dfrac{J}{kgK}\right] \quad R_{N_2} = 296{,}757 \left[\dfrac{J}{kgK}\right]$

$m_A = m_{O_2} = \overline{MN} = 0{,}25 \cdot 32 = 8 \,[kg]$

$m_B = m_{N_2} = 26 \,[kg]$

$m_G = m_A + m_B = 8 + 26 = 34 \,[kg]$

$$\rightarrow \zeta_A = \frac{m_A}{m_G} = \frac{8}{34} = 0{,}235$$

$$\rightarrow \zeta_B = \frac{m_B}{m_G} = \frac{26}{34} = 0{,}765$$

Es ergibt sich für die Gemischtemperatur

$$T_G = \frac{0{,}235 \cdot 653 \cdot 423{,}15 + 0{,}765 \cdot 743 \cdot 353{,}15}{0{,}235 \cdot 653 + 0{,}765 \cdot 743} = 368\,[K]$$

Für das Volumen resultiert:

$$V_A = \frac{8 \cdot 259{,}78 \cdot 423{,}15}{5 \cdot 10^5} = 1{,}76\,[m^3]$$

$$V_B = \frac{26 \cdot 296{,}757 \cdot 353{,}15}{1{,}8 \cdot 10^5} = 15{,}13\,[m^3]$$

$$\Downarrow$$

$$V_G = V_A + V_B = 16{,}89\,[m^3]$$

Weiterhin ist:

$$R_G = 0{,}235 \cdot 259{,}78 + 0{,}765 \cdot 296{,}757 = 288 \left[\frac{J}{kgK}\right]$$

Daraus resultiert:

$$p_G = \frac{34 \cdot 288 \cdot 368}{16{,}89} = 2{,}13 \cdot 10^5\,[Pa] = 2{,}13\,[bar]$$

Ü 3.9 In einem Behälter befindet sich ein Gasgemisch Wasserstoff/Stickstoff – betrachtet als ideale Gase – bei einem Druck p_G. Die Gaskonstante des Gemisches R_G ist bekannt.

Aufgaben: Es sind abzuleiten:

1. die Massen- und die Volumenanteile der Komponenten.

2. die Partialdrücke der Komponenten

Zahlenbeispiel: $R_G = 1000 \left[\dfrac{J}{kgK}\right]$ $p_G = 1{,}8\,[bar]$

$$R_{H_2} = 4126{,}15 \left[\frac{J}{kgK}\right]; \quad R_{N_2} = 296{,}75 \left[\frac{J}{kgK}\right]$$

Lösung:

1. aus $\quad R_G = \sum_{i=n}^{n} \xi_i R_i \quad$ (3.27a) $\quad$ resultiert:

$$R_G = \xi_{H_2} R_{H_2} + \xi_{N_2} R_{N2}$$

wobei $\quad \xi_{N_2} = 1 - \xi_{H_2} \quad$ (aus Gl. 3.22)

also:

$$R_G = \xi_{H_2} R_{H_2} + (1 - \xi_{H_2}) R_{N_2}$$
$$= \xi_{H_2} R_{H_2} + R_{N_2} - \xi_{H_2} R_{N_2}$$

Daraus resultiert: $\quad \xi_{H_2} = \dfrac{R_G - R_{N_2}}{R_{H_2} - R_{N_2}}$

und analog: $\quad \xi_{N_2} = \dfrac{R_G - R_{H_2}}{R_{N_2} - R_{H_2}}$

2. für die Ermittlung der Volumenanteile wird analog verfahren:

$$\sum_{i=1}^{n} r_i \overline{M}_i = \overline{M}_G \qquad (3.34)$$

$\rightarrow \quad \overline{M}_G = r_{H_2} \overline{M}_{H_2} + r_{N_2} \overline{M}_{N_2}$

$\qquad\qquad\qquad\qquad\qquad\qquad\qquad$ (3.33)

wobei $\rightarrow r_{H_2} + r_{N_2} = 1$

Anwendungsbeispiele und Übungen zu Kapitel 3

Es gilt also:
$$\overline{M}_G = r_{H_2}\overline{M}_{H_2} + (1 - r_{H_2})\overline{M}_{N_2}$$
$$= r_{H_2}\overline{M}_{H_2} + \overline{M}_{N_2} - r_{H_2}\overline{M}_{N_2}$$
$$= r_{H_2}(\overline{M}_{H_2} - \overline{M}_{N_2}) + \overline{M}_{N_2}$$

Daraus resultiert:
$$r_{H_2} = \frac{\overline{M}_G - \overline{M}_{N_2}}{\overline{M}_{H_2} - \overline{M}_{N_2}}$$

$$r_{N2} = \frac{\overline{M}_G - \overline{M}_{H_2}}{\overline{M}_{N_2} - \overline{M}_{H_2}}$$

Andererseits ergibt Gl. (3.38):

$$r_i = \xi_i \frac{\overline{M}_G}{\overline{M}_i}$$

$\overline{M}_G$ wird aus der Gl. (3.27b) abgeleitet:

$$\overline{M}_G = \frac{\overline{R}}{R}; \quad \overline{R} = 8314 \left[\frac{J}{kmolK}\right]$$

3. der Partialdruck der Komponenten wird aus der Gl. (3.37) abgeleitet:

$$p_i = r_i \cdot p_G$$

Lösung des Zahlenbeispiels:

1. $\xi_{H_2} = \dfrac{1000 - 296{,}75}{4126 - 296{,}75} = 0{,}184$

$\xi_{N_2} = 1 - 0{,}184 = 0{,}816$

$\overline{M}_G = \dfrac{8314}{1000} = 8{,}314 \left[\dfrac{kg}{kmol}\right]$

mit $\overline{M}_{H_2} = 2 \left[\dfrac{kg}{kmol}\right]$

$\overline{M}_{N_2} = 28 \left[\dfrac{kg}{kmol}\right]$

→ $r_{H_2} = \dfrac{8{,}314 - 28}{2 - 28} = \dfrac{19{,}686}{26} = 0{,}757$

$r_{N_2} = 1 - 0{,}757 = 0{,}243$

2. $p_{H_2} = 1{,}8 \cdot 0{,}757 = 1{,}363 \, [bar]$

$p_{N_2} = 1{,}8 \cdot 0{,}243 = 0{,}437 \, [bar]$

Ü 3.10

Aufgabe: Es ist der Isentropenexponent k für Luft und CO_2 in einem Temperaturintervall 0°C–1000°C zu ermitteln.

Angaben: $\overline{M}_{Luft} = 28{,}95 \left[\dfrac{kg}{kmol}\right]$

$\overline{M}_{CO_2} = 44 \left[\dfrac{kg}{kmol}\right]$

t	[°C]	0	200	400	600	800	1000
c_p Luft	$\left[\dfrac{kJ}{kgK}\right]$	1,004	1,012	1,029	1,050	1,071	1,091
c_p CO_2	$\left[\dfrac{kJ}{kgK}\right]$	0,8165	0,9118	0,9846	1,0417	1,0875	1,1248

Anwendungsbeispiele und Übungen zu Kapitel 3

Lösung:

$$k = \frac{c_p}{c_v} \rightarrow$$

$$k_{Luft} = \frac{c_{pmi}}{c_{pmi} - R} \, ; \, R_L = \frac{\overline{R}}{M_L} = \frac{8314}{28{,}95} = 287{,}18 \left[\frac{J}{kgK}\right]$$

$$k_{CO_2} = \frac{c_{pmi}}{c_{pmi} - R} \, ; \, R_{CO_2} = \frac{\overline{R}}{M_{CO_2}} = \frac{8314}{44} = 188{,}95 \left[\frac{J}{kgK}\right]$$

$t[°C]$	0	200	400	600	800	1000
$k_{Luft}[-]$	1,40	1,396	1,387	1,376	1,366	1,357
$k_{CO_2}[-]$	1,30	1,261	1,237	1,214	1,222	1,202

Kommentar: Während einer adiabaten Zustandsänderung ändert sich der Isentropenexponent entsprechend der spezifischen Wärmekapazität. Allgemein ist dk<0, für dT>0, ausgehend von dc_p, dc_v>0 bei dR=0.

Ü 3.11 Die Schallgeschwindigkeit ist als Druckwelle in einem elastischen Medium definiert:

$$c = \sqrt{\frac{dp}{d\rho}}$$

Wie im Bild Ü3.11/1 dargestellt, hat eine Krafteinwirkung an einer Systemgrenze (in diesem Fall durch Aufprall der noch ins Ansaugrohr eintretenden Luftmassenströmung auf das bereits geschlossene Einlassventil) die lokale Änderung der Gasdichte $(d\rho)$ an der Grenze zur Folge [19]. Dadurch wird auch der lokale Gasdruck geändert (dp). Der Vorgang pflanzt sich im Gas in alle Richtungen fort (im Bild Ü3.11/2 in eine Richtung). Um den zeitlichen Ablauf des Vorgangs zu quantifizieren, gilt $t = \dfrac{\ell}{c}$. Die Druckänderung (dp) infolge der Dichteänderung $(d\rho)$ hat unter der Wurzel die Dimension einer Geschwindigkeit

$$c = \frac{dp^{\frac{1}{2}}}{d\rho^{\frac{1}{2}}}$$

$$\left[\frac{m}{s}\right] \quad \left[\frac{\left(\frac{N}{m^2}\right)^{\frac{1}{2}}}{\left(\frac{kg}{m^3}\right)^{\frac{1}{2}}}\right] \rightarrow \left[\left(\frac{Nm}{kg}\right)^{\frac{1}{2}}\right] \rightarrow \left[\left(\frac{\frac{kg\,m\cdot m}{s^2}}{kg}\right)^{\frac{1}{2}}\right] \rightarrow \left[\frac{m}{s}\right]$$

Als thermodynamischer Vorgang ist diese Fortpflanzung von Druckwellen in das Medium eine adiabate Zustandsänderung, da die hohe Geschwindigkeit des Vorgangs praktisch keinen Wärmeaustausch mit der Umgebung zulässt.

Fragen:

1. In welchem Zusammenhang steht die Schallgeschwindigkeit mit den Zustandsgrößen?

2. Wie wird die Schallgeschwindigkeit als Funktion der Temperatur ausgedrückt?

Anwendungsbeispiele und Übungen zu Kapitel 3

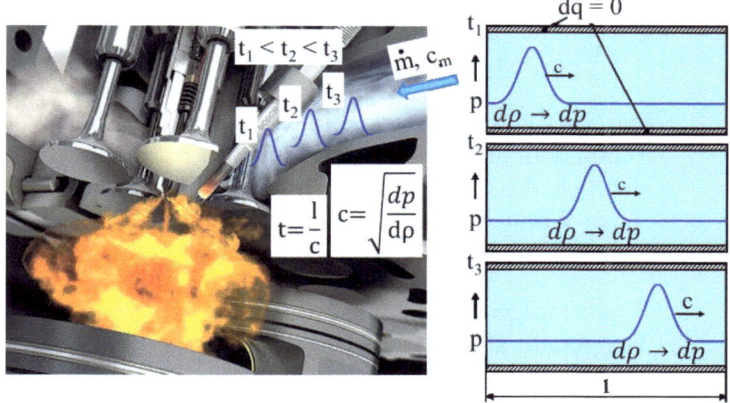

Bild Ü3.11/1 Fortpflanzung einer Druckwelle mit Schallgeschwindigkeit in einem elastischen Medium – adiabater Vorgang (ohne Wärmeaustausch)

Lösung:

1. Für die Fortpflanzung der Druckwelle als adiabate Zustandsänderung gilt:

$$pv^k = \frac{p}{\rho^k} = konst. = C_1 \ ; \qquad p = C_1 \rho^k$$

Daraus resultiert: $\quad ln\, p = ln\, C_1 + k\, ln\, \rho$

Diese Gleichung wird differenziert:

$$\frac{dp}{p} = k \cdot \frac{d\rho}{\rho} \rightarrow \frac{dp}{d\rho} = k \cdot \frac{p}{\rho} \ ;$$

dabei ist bei idealen Gasen $\quad pv = \dfrac{p}{\rho} = RT$

(Bei realen Gasen: $pv = ZRT$)

$$\rightarrow \frac{dp}{d\rho} = kRT$$

$$c = \sqrt{\frac{dp}{d\rho}} = \sqrt{k \cdot \frac{p}{\rho}} = \sqrt{kpv} = \sqrt{kRT}$$

Die Schallgeschwindigkeit in einem Gas hängt also von der Temperatur ab. Aus der Definition des Faktors k ist auch ersichtlich, dass die Schallgeschwindigkeit auch von der spezifischen Wärmekapazität, also auch von der Art des Gases als Medium abhängt.

2. Es wird folgende Funktion zwischen Schallgeschwindigkeit und Temperatur abgeleitet:

$$c^2 = kRT$$

$$2 \ln c = \ln(kR) + \ln T$$

Das Differential ergibt:

$$2\frac{dc}{c} = \frac{dT}{T}$$

$$\frac{dc}{dT} = \frac{1}{2} \cdot \frac{c}{T} = \frac{1}{2}\sqrt{\frac{kRT}{T^2}} = \frac{1}{2}\sqrt{\frac{kR}{T}}$$

Zahlenbeispiel:

Für eine Temperatur von 0 [°C] ergibt sich die Schallgeschwindigkeit

$$c = \sqrt{kRT} = \sqrt{1,4 \cdot 287,18 \cdot 273,15} = 331,4 \left[\frac{m}{s}\right]$$

Mit den Werten $k(T)$ für Luft aus Ü 3.10 gilt:

Δt [°C]	0-200	200-400	400-600	600-800	800-1000
$\frac{\Delta c}{\Delta t}$	0,53	0,42	0,355	0,315	0,285

Anwendungsbeispiele und Übungen zu Kapitel 3

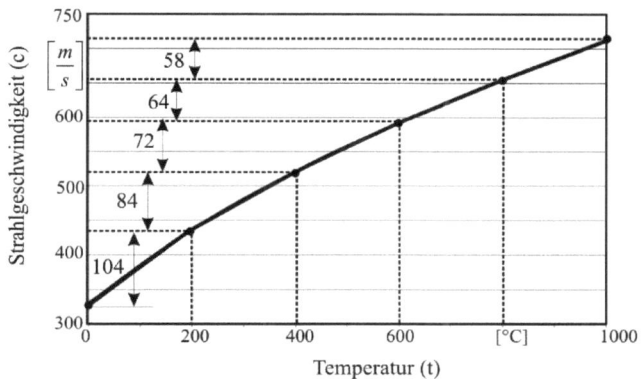

Bild Ü3.11/2 Abhängigkeit der Schallgeschwindigkeit in Luft von ihrer Temperatur

Kommentar: Im Kap. 1 wurde ein Kompressibilitätskoeffizient definiert:

$$\lambda = -\frac{1}{v_o}\left(\frac{\partial v}{\partial p}\right)_T$$

Sein Kehrwert ist als Elastizitätsmodul bekannt:

$$E = \frac{1}{\lambda} = -v_o\left(\frac{\partial p}{\partial v}\right)_T$$

$$\rightarrow \quad E = \rho\left(\frac{\partial p}{\partial \rho}\right)_T$$

Daraus wird der Ausdruck abgeleitet:

$$\left(\frac{\partial p}{\partial \rho}\right)_T = \frac{E}{\rho}$$

Aus der durchgeführten Ableitung der Schallgeschwindigkeit entsteht die allgemeine Form

$$c^2 = \left(\frac{\partial p}{\partial \rho}\right)_{Isentrop} = k\left(\frac{\partial p}{\partial \rho}\right)_T$$

$$\rightarrow c^2 = k \frac{E}{\rho} \quad \text{Ausdruck der Schallgeschwindigkeit mit Hilfe}$$
des Elastizitätsmoduls

Analog ist bei Flüssigkeiten:

$$c^2 = \frac{E}{\rho}$$

weil entsprechend der Übungen in Kap. 2 für Flüssigkeiten

$$c_p \cong c_v \quad \rightarrow \frac{c_p}{c_v} = k = 1$$

Zahlenbeispiele:

Luft	T = 273,15 K p = 1,10132 bar k = 1,4 (bei 273,15 K)	c = 348,84 m/s
Wasser	E = 2205,225 MPa $\rho = 10^3$ kg/m³ (T = 283,15 K)	c = 1485 m/s
Methanol	E = 996,291 MPa $\rho = 0,79 \cdot 10^3$ kg/m³ (T = 283,15 K)	c = 1123 m/s
Benzin	E = 995,744 MPa $\rho = 0,74 \cdot 10^3$ kg/m³ (T = 283,15 K)	c = 1160 m/s
Ethanol	E = 1150,910 MPa $\rho = 0,79 \cdot 10^3$ kg/m³ (T = 283,15 K)	c = 1207 m/s

Fragen zu Kapitel 3

-zu beantworten ohne Unterlagen -
(Lösungen am Ende des Kapitels)

F 3.1 Welche Formen der spezifischen Wärmekapazität sind für ideale Gase üblich und von welchen Zustandsgrößen hängen diese ab? Leiten Sie anhand dieser Formen die Differenz zwischen der Enthalpie und der inneren Energie eines Gases in einem beliebigen Zustand ab!

F 3.2 Die Gastemperatur im Tank eines erdgasbetriebenen Fahrzeugs ändert sich infolge von Witterungsbedingungen von 5 [°C] auf 25 [°C]. Um wie viel Prozent steigt dabei der Gasdruck?

F 3.3 Während der isentropen Entlastung in einer Kolbenmaschine nimmt die spezifische Wärmekapazität des Arbeitsmediums ab. Wie ändert sich der Isentropenexponent und die spezifische Arbeit im Vergleich zu der Annahme einer konstanten Wärmekapazität? (Erklärung mittels Gleichungen bzw. Diagramm)

F 3.4 Welche Unterschiede bestehen zwischen der allgemeinen und einer speziellen Gaskonstante? In welchen Einheiten werden diese angegeben? Welcher Zusammenhang besteht zwischen der Gaskonstante und den typischen Formen der spez. Wärmekapazität eines Gases?

F 3.5 Stellen Sie 4 Arten von elementaren Zustandsänderungen im p,V -Diagramm dar. In welcher Laufrichtung der jeweiligen Zustandsänderung wird Wärme abgeführt? (Erklärung anhand einer jeweiligen geeigneten Gleichung)

F 3.6 Ein gleiches Gas liegt in zwei getrennten, wärmeisolierten Behältern bei den Temperaturen T_1 und T_2 vor. Bei Verbindung der Behälter werden die Gasanteile gemischt, wobei die Gemischtemperatur T_G beträgt. Leiten Sie mit Hilfe dieser Temperaturen eine Beziehung zur Berechnung der gemischten Massenanteile des Gases ab ($c_{V1}=c_{V2}=c_{VG}=c_{vm}$).

Aufgaben zu Kapitel 3

-zu lösen mit Hilfe von Unterlagen -
(Lösungen am Ende des Kapitels)

A 3.1 Ein Kolbenmotor mit dem Verdichtungsverhältnis 10 und einem Hubvolumen von 0,5 [dm³] wird zwecks Leistungssteigerung mit Kompressor und Ladeluftkühlung ausgerüstet. Die Umgebungsluft wird zunächst im Kompressor isentrop – bei einem Druckverhältnis 2 – verdichtet, danach in den Ladeluftkühler eingeleitet und um 10 [K] isobar gekühlt. Anschließend wird die Luft dem Motor zugeführt und weiter isentrop verdichtet.

Angaben:
- ideale Luft mit $c_p = 1{,}005 \left[\dfrac{kJ}{kgK}\right]; R = 0{,}2871 \left[\dfrac{kJ}{kgK}\right]$
- Umgebungszustand: p = 1 [bar]; t = 0 [°C]

Fragen:
3.1.1 Darstellung der gesamten Verdichtung (im Verdichter und Motor) mit und ohne Ladeluftkühlung bzw. ohne Kompressor und ohne Ladeluftkühlung, im p,v-Diagramm und T,s-Diagramm.
3.1.2 Berechnung der Drücke und Temperaturen in den Eckpunkten des gesamten Prozesses – mit und ohne Ladeluftkühlung bzw. ohne Kompressor und ohne Ladeluftkühlung.
3.1.3 Berechnung der Luftmasse im Motor mit und ohne Ladeluftkühlung bzw. ohne Kompressor und ohne Ladeluftkühlung
3.1.4 Berechnung der spezifischen Verdichtungsarbeit im Kolbenmotor mit und ohne Ladeluftkühlung bzw. ohne Kompressor und ohne Ladeluftkühlung.

A 3.2 Eine Sauerstoffflasche, die beim Schweißen eingesetzt wird, hat ein Volumen von 40 [dm³]. Der Druck in der gefüllten Flasche beträgt 150 [bar] bei 15 [°C]. Der Inhalt wird verwendet bis der Druck noch 6bar bei gleicher Temperatur beträgt. Die Molmasse des Sauerstoffs ist 31,99 [kg/kmol].

3.2.1 Um wie viel Kilogramm wird die Flasche zwischen den zwei Zuständen leichter?

3.2.2. Wie ändert sich die Differenz zwischen Anfangs- und Endmasse der Flasche, wenn Sie unter gleichen Bedingungen mit Stickstoff (Molmasse 28 [kg/kmol]) gefüllt und ähnlich genutzt wird?

A 3.3 Zwei Speicher sind mit einem gleichen idealen Gas, jedoch bei unterschiedlichen Temperaturen gefüllt. Von den 2 Speichern sollen einem Behälter derartige Gasmengen zugeführt werden, dass die Gemischtemperatur einen vorgegebenen Wert T_G erreicht. Das System Behälter-Speicher ist in Bezug auf die Umgebung wärmedicht. Für die spez. Wärmekapazität wird der Mittelwert im betrachteten Temperaturbereich angenommen.

3.3.1 Ermitteln sie die Gleichungen für die erforderlichen Massenanteile der Komponenten, um die vorgegebene Gemischtemperatur zu erreichen!

3.3.2 Berechnen Sie die Massenanteile für eine Gemischtemperatur von 20°C für den Fall, in dem die Temperaturen in den 2 Behältern -5 [°C] bzw. 25 [°C] betragen!

A 3.4 Durch Änderung der atmosphärischen Bedingungen nimmt die Temperatur des bei 200 [bar] komprimierten Gases im Tank eines Fahrzeugs mit Gasmotor von −20 [°C] auf +2 [°C] zu.
Auf welchen Wert ändert sich dabei der Gasdruck?

A 3.5 Aus einem Behälter strömt durch die Öffnung eines Ventils Luft mit c_p=1,005 [kJ/(kg·K)] über eine Düse in die Umgebung.

3.5.1 Welche Austrittsgeschwindigkeit erreicht die Luft am Ausgang der Düse, wenn zwischen Ein- und Ausgang ein Temperaturabfall von 5 [°C] gemessen wird? (das gesamte System ist wärmedicht, der Vorgang ist reibungsfrei, die Luftgeschwindigkeit auf Behälterseite ist Null)

3.5.2 Welches Druckverhältnis herrscht zwischen Ein- und Ausgang der Düse bei einer Lufttemperatur im Behälter von 300 [K] und einem Isentropenexponenten k=1,4?

Lösungen zu den Fragen von Kapitel 3

F 3.1

$$c_p(T), \ c_v(T)$$

$$u = c_v(T) \cdot T \ , \quad h = c_v(T) \cdot T;$$
$$h - u = c_p \cdot T - c_v \cdot T \quad \text{mit} \ \ R = c_p - c_v$$
$$h - u = RT$$

F 3.2 Sowohl die Masse des Gases als auch das Volumen, welches das Gas in der Flasche einnimmt, bleibt konstant.

$$p_1 V_1 = m_1 R T_1$$
$$p_2 V_2 = m_2 R T_2 \quad \text{mit} \ \ V_1 = V_2 \ \ \text{und} \ \ m_1 = m_2$$

$$\frac{p_2}{p_1} = \frac{T_2}{T_1} = \frac{298{,}15}{278{,}15} = 1{,}0719$$

$$\underline{\underline{\Delta p = 7{,}19\%}}$$

F 3.3

$$k(T) = \frac{c_p(T)}{c_v(T)} = \frac{c_v(T) + R}{c_v(T)}$$

Der rechte Grenzwert dieser Funktion, für $c_v \to 0$, strebt gegen Unendlich. Daraus folgt für den Isentropenexponenten bei sinkender Wärmekapazität:

$$k \uparrow$$
$$pv^k = konst.$$

$$\frac{p_2}{p_1} = \left(\frac{v_1}{v_2}\right)^k$$

Mit steigendem k wird der Anstieg der Zustandsänderung steiler. Daraus folgt für eine Entlastung im Kolbenmotor, dass die Fläche im p,v-Diagramm unter der Zustandsänderung, welche der geleisteten Arbeit entspricht, geringer wird.

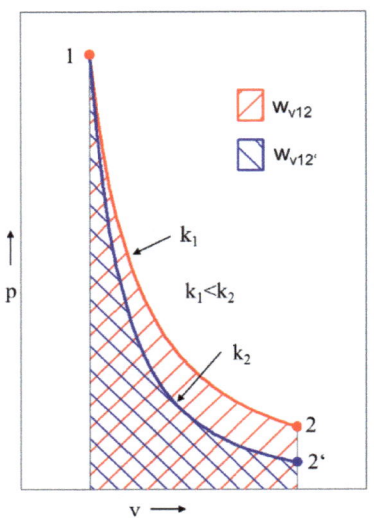

F 3.4 universelle Gaskonstante

$$\overline{R} = 8314 \left[\frac{J}{kmol \cdot K}\right]$$

spezielle Gaskonstante

$$R = \frac{\overline{R}}{\overline{M}} \left[\frac{J}{kg \cdot K}\right]$$

$$R = c_p - c_v$$

F 3.5

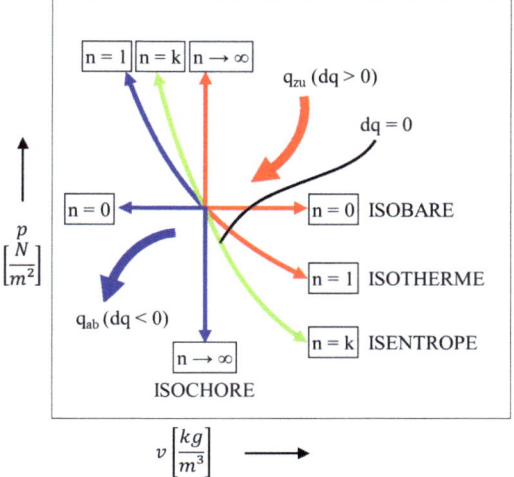

F 3.6

$$U_G = U_1 + U_2 \rightarrow m_G u_G = m_1 u_1 + m_2 u_2$$

$$\text{mit } u_i = c_{v_i} \cdot T_i; \quad \xi = \frac{m_i}{m_G}$$

$$c_{vG} T_G = c_{v1} \xi_1 T_1 + c_{v2} \xi_2 T_2 \quad \text{mit } c_{vG} = c_{v1} = c_{v2} = c_{vm}$$

$$T_G = \xi_1 T_1 + \xi_2 T_2 \quad \text{mit } \xi_1 + \xi_2 = 1$$

$$T_G = \zeta_1 T_1 + (1 - \zeta_1) T_2$$

$$\underline{\underline{\xi_1 = \frac{T_G - T_2}{T_1 - T_2}}}$$

$$\underline{\underline{\xi_2 = 1 - \zeta_1}}$$

Lösungen zu den Aufgaben von Kapitel 3

A 3.1   3.1.1 p-v-Diagramm, T-s-Diagramm

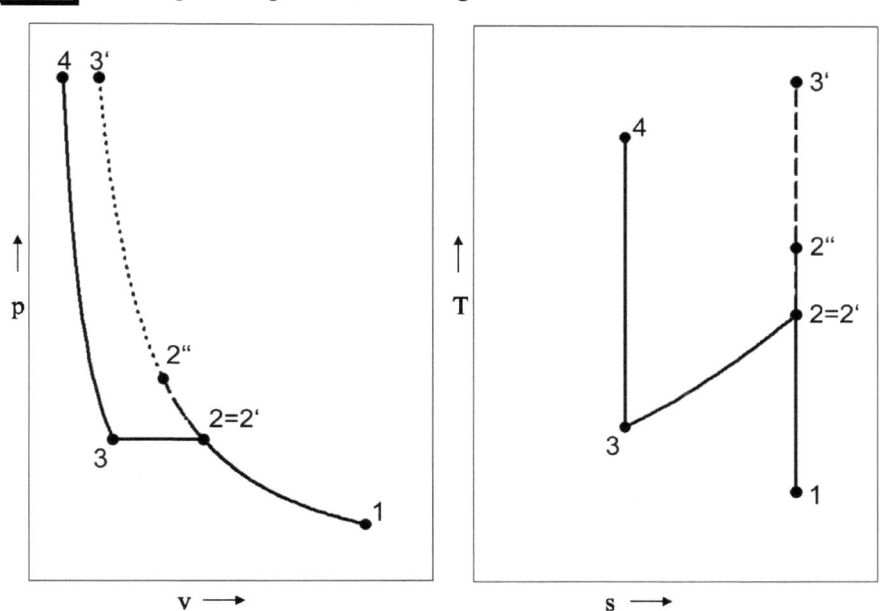

1-2-3-4 → mit Kompressor und Ladeluftkühlung

1-2'-3 → mit Kompressor ohne Ladeluftkühlung

1-2" → ohne Ladeluftkühlung, ohne Kompressor (Basismotor)

3.1.2 Drücke und Temperaturen in den Eckpunkten

- mit Kompressor und Ladeluftkühlung

$p_2 = \pi p_1 = 2 \cdot 1$
$\underline{\underline{p_2 = 2 \ [bar]}}$
$\underline{\underline{p_3 = p_2 = 2 \ [bar]}}$

$p_4 v_4^k = p_3 v_3^k \quad \rightarrow \quad p_4 = p_3 \left(\dfrac{v_1}{v_2}\right)^k \quad mit \ \varepsilon = \dfrac{v_1}{v_2}$

$p_4 = p_3 \varepsilon^k = 2 \cdot 10^{1,4}$
$\underline{\underline{p_4 = 50,24 \ [bar]}}$

$p_2 v_2^k = p_1 v_1^k \quad mit \ v = \dfrac{RT}{p} \quad \rightarrow \quad \dfrac{T_2}{T_1} = \left(\dfrac{p_1}{p_2}\right)^{\frac{1-k}{k}}$

$T_2 = T_1 \left(\dfrac{p_2}{p_1}\right)^{\frac{k-1}{k}} = 273,15 \cdot \left(\dfrac{2}{1}\right)^{\frac{1,4-1}{1,4}}$

$\underline{\underline{T_2 = 332,97 \ [K]}}$
$\underline{\underline{T_3 = T_2 - 10 \ [K]}}$
$\underline{\underline{T_3 = 322,97 \ [K]}}$

$p_4 v_4^k = p_3 v_3^k \quad mit \ \varepsilon = \dfrac{v_3}{v_4} \quad und \ p = \dfrac{RT}{v}$

$T_4 = T_3 \varepsilon^{k-1} = 322,97 \cdot 10^{1,4-1}$
$\underline{\underline{T_4 = 811,27 \ [K]}}$

- mit Kompressor ohne Ladeluftkühlung

Lösungen zu den Aufgaben von Kapitel 3

$p_{2'} = \pi p_1 = 2 \cdot 1$

$\underline{\underline{p_{2'} = 2 \; [bar]}}$

$p_3 v_{3'}^k = p_{2'} v_{2'}^k \rightarrow p_{3'} = p_2 \left(\dfrac{v_2}{v_{3'}}\right)^k \quad mit \quad \varepsilon = \dfrac{v_{2'}}{v_{3'}}$

$p_{3'} = p_{2'} \varepsilon^k = 2 \cdot 10^{1,4}$

$\underline{\underline{p_{3'} = 50{,}24 \; [bar]}}$

$T_{2'} = T_1 \left(\dfrac{p_2}{p_1}\right)^{\frac{k-1}{k}} = 273{,}15 \cdot \left(\dfrac{2}{1}\right)^{\frac{1,4-1}{1,4}}$

$\underline{\underline{T_{2'} = 332{,}97 \; [K]}}$

$T_{3'} = T_{2'} \varepsilon^{k-1} = 332{,}97 \cdot 10^{1,4-1}$

$\underline{\underline{T_{3'} = 836{,}39 \; [K]}}$

- Basismotor ohne Ladeluft-Kühlung und ohne Kompressor

$p_{2''} = p_1 \varepsilon^k = 1 \cdot 10^{1,4}$

$\underline{\underline{p_{2''} = 25{,}12 \; [bar]}}$

$T_{2''} = T_1 \varepsilon^{k-1} = 273{,}15 \cdot 10^{1,4-1}$

$\underline{\underline{T_{2''} = 686{,}12 \; [K]}}$

3.1.3 Luftmasse im Motor

- Luftmasse mit Kompressor und mit Ladeluftkühlung

$p_3 V_3 = m R T_3$

$$m_3 = \frac{p_3 V_3}{R T_3} \quad mit \quad V_3 = V_h + V_c = V_h\left(1 + \frac{1}{\varepsilon - 1}\right)$$

$$m_3 = \frac{2 \cdot 10^5 \cdot 0,5 \cdot 10^{-3}\left(1 + \frac{1}{9}\right)}{287,1 \cdot 322,96}$$

$$\underline{\underline{m_3 = 1,198 \ [g]}}$$

bzw.

$$m_4 = \frac{p_4 V_4}{R T_4} \quad mit \quad V_4 = V_c = \frac{V_h}{\varepsilon - 1}$$

$$m_4 = \frac{50,23 \cdot 10^5 \cdot 0,5 \cdot 10^{-3} \cdot \frac{1}{9}}{287,1 \cdot 811,27}$$

$$\underline{\underline{m_4 = 1,198 \ [g]}}$$

- Luftmasse mit Kompressor und ohne Ladeluftkühlung

$$m_{2'} = \frac{p_{2'} V_{2'}}{R T_{2'}} \quad mit \quad V_{2'} = V_h + V_c = V_h\left(1 + \frac{1}{\varepsilon - 1}\right)$$

$$m_{2'} = \frac{2 \cdot 10^5 \cdot 0,5 \cdot 10^{-3}\left(1 + \frac{1}{9}\right)}{287,1 \cdot 332,96}$$

$$\underline{\underline{m_{2'} = 1,162 \ [g]}}$$

bzw.

$$m_{3'} = \frac{p_{3'} V_{3'}}{R T_{3'}} \quad mit \quad V_{3'} = V_c = \frac{V_h}{\varepsilon - 1}$$

$$m_{3'} = \frac{50,24 \cdot 10^5 \cdot 0,5 \cdot 10^{-3} \cdot \frac{1}{9}}{287,1 \cdot 836,39}$$

$$\underline{\underline{m_{3'} = 1,162 \ [g]}}$$

Lösungen zu den Aufgaben von Kapitel 3

- Basismotor ohne Ladeluft-Kühlung und ohne Kompressor

$$m_1 = \frac{p_1 V_1}{RT_1} \quad mit \quad V_1 = V_h + V_c = V_h\left(1 + \frac{1}{\varepsilon - 1}\right)$$

$$m_3 = \frac{1 \cdot 10^5 \cdot 0,5 \cdot 10^{-3}\left(1 + \frac{1}{9}\right)}{287,1 \cdot 273,15}$$

$$\underline{\underline{m_1 = 0,708 \; [g]}}$$

bzw.

$$m_{2''} = \frac{p_{2''} V_{2''}}{RT_{2''}} \quad mit \quad V_{2''} = V_c = \frac{V_h}{\varepsilon - 1}$$

$$m_4 = \frac{25,12 \cdot 10^5 \cdot 0,5 \cdot 10^{-3} \cdot \frac{1}{9}}{287,1 \cdot 686,12}$$

$$\underline{\underline{m_{2''} = 0,708 \; [g]}}$$

3.1.4 Kompressionssarbeit im Motor

- mit Kompressor und mit Ladeluftkühlung

$$q_{34} - w_{34} = u_4 - u_3 \quad mit \quad u = c_p T \quad und \quad q_{34} = 0$$

$$w_{34} = c_p(T_3 - T_4) = 1,005 \cdot (322,97 - 811,27)$$

$$\underline{\underline{w_{34} = -490,74 \; \left[\frac{kJ}{kg}\right]}}$$

- mit Kompressor und ohne Ladeluftkühlung

$$w_{2'3'} = c_p(T_{2'} - T_{3'}) = 1,005 \cdot (332,97 - 836,39)$$

$$\underline{\underline{w_{34} = -505,94 \; \left[\frac{kJ}{kg}\right]}}$$

- Basismotor ohne Ladeluft-Kühlung und ohne Kompressor

$$w_{12''} = c_p(T_1 - T_{2''}) = 1{,}005 \cdot (273{,}15 - 686{,}12)$$

$$w_{34} = -415{,}03 \left[\frac{kJ}{kg}\right]$$

A 3.2 3.2.1 Masseänderung infolge Gasentnahme bei Sauerstoffflasche

$$pV = mRT \quad \rightarrow \quad m_1 = \frac{p_1 V}{RT}, \quad m_2 = \frac{p_2 V}{RT}$$

$$m_2 - m_1 = \Delta m = \frac{V}{RT}(p_2 - p_1) \quad \text{mit} \quad R = \frac{\overline{R}}{M}$$

$$\Delta m_{O_2} = \frac{V \cdot \Delta p}{\dfrac{\overline{R}}{M_{O_2}} T} = \frac{40 \cdot 10^{-3} \cdot 144}{\dfrac{8314}{31{,}99} \cdot 288{,}15}$$

$$\underline{\underline{\Delta m_{O_2} = 7{,}691 \ [kg]}}$$

3.2.2 Masseänderung infolge Gasentnahme bei Stickstoffflasche

$$\Delta m_{N_2} = \frac{V \cdot \Delta p}{\dfrac{\overline{R}}{M_{N_2}} T} = \frac{40 \cdot 10^{-3} \cdot 144}{\dfrac{8314}{28} \cdot 288{,}15}$$

$$\underline{\underline{\Delta m_{N_2} = 6{,}732 \ [kg]}}$$

A 3.3 3.3.1 Ableitung der Gemischanteile

$$U_G = U_A + U_B \rightarrow m_G u_G = m_A u_A + m_B u_B$$

$$\text{mit } u = c_v \cdot T \quad \xi = \frac{m_i}{m_G}$$

$$c_{vG} T_G = c_{vA} \xi_A T_A + c_{vB} \xi_B T_B \quad \text{mit } c_{vG} = c_{vA} = c_{vB} = c_{vm}$$

$$T_G = \xi_A T_A + \xi_B T_B \quad \text{mit } \xi_A + \xi_B = 1$$

$$T_G = \xi_A T_A + (1 - \xi_A) T_B$$

$$\underline{\underline{\xi_A = \frac{T_G - T_B}{T_A - T_B}}}$$

$$\underline{\underline{\xi_B = 1 - \xi_A}}$$

3.3.2 Berechnung der Massenanteile

$$\xi_A = \frac{20 - 25}{-5 - 25}$$

$$\underline{\underline{\xi_A = \frac{1}{6}}}, \quad \underline{\underline{\xi_B = \frac{5}{6}}}$$

A 3.4 Druckerhöhung infolge Erwärmung bei konstantem Volumen

$$p_1 V = m R T_1 \rightarrow \frac{p_1}{T_1} = \frac{mR}{V} = konst.$$

$$\frac{p_1}{T_1} = \frac{p_2}{T_2} \rightarrow p_2 = p_1 \frac{T_2}{T_1} = 200 \cdot \frac{275,15}{253,15}$$

$$\underline{\underline{p_2 = 217,38 \; [bar]}}$$

A 3.5 3.5.1 Austrittsgeschwindigkeit der Luft

$$q_{EA} - w_{EA} = h_A^* - h_E^* \quad mit \quad q_{EA} = w_{EA} = 0 \quad und \quad h^* = h + \frac{c^2}{2}$$

$$h_A + \frac{c_A^2}{2} = h_E + \frac{c_E^2}{2} \quad mit \quad c_E = 0 \quad und \quad h = c_p T$$

$$c_A = \sqrt{2c_p(T_E - T_A)} = \sqrt{2c_p \Delta T} = \sqrt{2 \cdot 1005 \cdot 5}$$

$$\underline{\underline{c_A = 100,25 \left[\frac{m}{s}\right]}}$$

3.5.2 Druckverhältnis zwischen Ein- und Ausgang

$$p_E v_E^k = p_A v_A^k \quad \rightarrow \quad \frac{p_E}{p_A} = \left(\frac{v_A}{v_E}\right)^k \quad mit \quad v = \frac{RT}{p}$$

$$\frac{p_E}{p_A} = \left(\frac{T_A}{p_A}\frac{p_E}{T_E}\right)^k \quad \rightarrow \quad \frac{p_E}{p_A} = \left(\frac{T_E}{T_A}\right)^{\frac{k}{k-1}} = \left(\frac{300}{295}\right)^{\frac{1,4}{0,4}}$$

$$\underline{\underline{\frac{p_E}{p_A} = 1,061}}$$

Literatur zu Kapitel 3

[1] Baehr, H. D.; Kabelac, St.: Thermodynamik, 16. Auflage
   Springer Vieweg, 2016
   ISBN 978-3-662-49567-4

[2] Cerbe, G.; Wilhelms, G.: Einführung in die Thermodynamik,
   18. Auflage
   Carl Hanser Verlag, 2017
   ISBN 978-3-446-45119-3

[3] Eastop, T.: Applied Thermodynamics for Engineering Technologists,
   5. Edition, Longman Group, 1993
   ISBN 0-582-09193-4

[4] Elsner, N.; Dittmann, A.: Grundlagen der Technischen Thermodynamik: Energielehre und Stoffverhalten, 8.Auflage
   Akademie- Verlag Berlin, 1993
   ISBN 3-05-501390-5

[5] Elsner, N.; Fischer, S.; Huhn, J.: Grundlagen der Technischen Thermodynamik: Wärmeübertragung, 8.Auflage
   Akademie-Verlag Berlin, 1993
   ISBN 3-05-501389-1

[6] Hahne, E.: Technische Thermodynamik, 5. Auflage
   De Gruyter Oldenbourg, 2010
   ISBN 978-3-486-59231-34

[7] Lucas, K.: Thermodynamik: Die Grundgesetze der Energie- und Stoffumwandlungen, 7.Auflage
   Springer Verlag, 2011
   ISBN 978-3-540-42034-7

[8]   Mills, A. F.; Coimbra, C.F.M.: Basic Heat and Mass Transfer
      Temporal Publishing, LLC, 2015
      ISBN 978-0096 3053 03

[9]   Stephan, K.; Schaber, K.: Thermodynamik, 19.Auflage
      Springer Verlag, 2013
      ISBN 3-642-300974

[10] Wetzel, Th. (Hrsg.) VDI Wärmeatlas, 12.Auflage
      Springer Vieweg Verlag, 2019
      ISBN 978-3-662-52988-1

4 Energieumwandlung: Der zweite Hauptsatz der Thermodynamik

4.1 Formulierungen

Der erste Hauptsatz der Thermodynamik (1. HS) führt zu der Erkenntnis, dass beim Ablauf einer beliebigen Zustandsänderung innerhalb eines energetisch dichten Systems dessen gesamte Energie[3] unverändert bleibt.

Ein solches Erhaltungsgesetz ist nicht nur in der Thermodynamik gültig. Alle physikalischen Modelle sind an Erhaltungsgesetze gebunden.

> Beispiele:
> - *in der technischen Mechanik: die Erhaltung der Masse, der Energie und des Impulses im geschlossenen System.*
> - *in der Relativitätstheorie: die Erhaltung des Impulses und des Impulsmomentes (des Dralles).*

In der Thermodynamik hebt der 1.HS das Konstantbleiben der gesamten Energie in einem System hervor, auch dann, wenn ein Energieaustausch mit der Umgebung infolge einer Zustandsänderung stattfindet: zwischen der ausgetauschten Wärme und Arbeit erscheint die innere Energie (bei geschlossenen Systemen) bzw. die Enthalpie (bei offenen Systemen) als Bilanzgröße.

Der 1. HS gibt jedoch keine Auskunft darüber, welcher Anteil einer zugeführten Energie in einem Prozess in eine andere Form umgewandelt werden kann. Ebenfalls ist vom 1. HS nicht ableitbar, in welche Richtung ein natürlicher Prozess verläuft, auch wenn die Ablaufbedingungen bekannt sind.

> Beispiel:

---

[3] Trotz möglicher Umwandlungen in verschiedenen Formen

Innerhalb des Kreisprozesses in einer Arbeitsmaschine wird gemäß dem 1. HS die im Prozess einbehaltene Wärme

$$Q_K = Q_{zu} - |Q_{ab}|$$

in Arbeit umgewandelt

$$Q_K = W_K$$

Der 1. HS gibt jedoch keine Auskunft darüber, wie viel von der zugeführten Wärme einbehalten werden kann. $Q_{zu} \rightarrow Q_K = W_K$

Phänomenologisch ist nachgewiesen, dass alle Vorgänge in der Natur in eine bestimmte, "natürliche" Richtung verlaufen. Daraus kann abgeleitet werden, dass alle Prozesse in der Natur irreversibel (unumkehrbar) sind (s.Kap.1.7).

Beispiele:

Irreversible Vorgänge in der Natur:

a) Dissipationsvorgänge: reibungsbehaftete Strömung, plastische Verformung.

Dabei erfolgt eine Umwandlung verschiedener Energieformen in nicht mehr im System verwertbare innere Energie.

b) natürliche Ausgleichvorgänge:

- Druckausgleich →	*eine Strömung verläuft immer vom höheren zum niedrigeren Druck.*
- Temperaturausgleich →	*eine Wärmeübertragung erfolgt immer von der höheren zur niedrigeren Temperatur.*
- Konzentrationsausgleich →	*die Moleküle bewegen sich immer von der höheren zur niedrigeren Konzentration.*

Ein solcher Vorgang verläuft also immer in Richtung eines Gleichgewichtes. Ein Vorgang in umgekehrter Richtung kann nur bei Anwendung einer äußeren Energie erfolgen, was eine Änderung des Umgebungzustandes verursacht, wie bei der Beschreibung irreversibler Vorgänge dargestellt (Kap. 1.7).

4.1 Formulierungen

Ein irreversibler Prozess hat zusammenfassend folgende Merkmale:
- in seinem Verlauf wird Energie in unumkehrbarer Form verwertet.
- er hat nur eine natürliche Ablaufrichtung.
- sein Ablauf entgegengesetzt der natürlichen Richtung setzt einen Energieeinsatz von der Umgebung ins System voraus.

Der zweite Hauptsatz der Thermodynamik wurde – wie auch der erste – phänomenologisch abgeleitet. Es gibt mehrere Formulierungen, die miteinander kompatibel sind.

> ***Der zweite Hauptsatz*** *– Formulierungen:*
>
> *Wärme kann nie <u>von selbst</u> von einem System niederer Temperatur auf ein System höherer Temperatur übergehen. (Clausius)*
>
> *Ein Prozess, in dem die Umwandlung der Wärme einer einzigen Quelle mit konstanter Temperatur in Arbeit angestrebt wird, ist nicht möglich. (Thompson)*
>
> *In der Nähe des Gleichgewichtszustandes eines homogenen Systems gibt es Zustände, die adiabatisch – also ohne Wärmeaustausch – niemals erreicht werden können. (Caratherdory)*
>
> *Alle Prozesse, bei denen Reibung auftritt, sind irreversibel. (Planck)*
>
> *Alle natürlichen Prozesse sind irreversibel. (Baehr)*
>
> *Das Streben nach einem Gleichgewichtszustand – welches jeden natürlichen Prozess charakterisiert – ist an eine Energiedissipation gebunden. (Verfasser)*

Beispiel:

Ein Antrieb kann keine Arbeit leisten, wenn die Energie – in Form von Wärme – von einer einzigen Wärmequelle stammt (Thompson, Caratherodory). Das ist weder in einer Folge von Kreisprozessen noch in einem einzigen Kreisprozess möglich. Das ist auch nicht der Fall, wenn die Energiebilanz selbst als $Q_K=W_K$ eingehalten wird (Vermeidung des Perpetuum Mobile 1.Ordnung). Ein Antrieb der in dieser Weise ($Q_{zu}=Q_K=W_K$) angestrebt wird, ist als Perpetuum Mobile 2. Ordnung definiert.

4.2 Thermischer Wirkungsgrad

Wie bereits bei der Diskussion des 1.HS erläutert (Kap.2.2), kann das Arbeitsmedium in einem geschlossenen System zyklisch Arbeit verrichten, wenn es eine Folge von rechtslaufenden Kreisprozessen durchläuft.

Im Bild 4.1.a ist ein solcher Prozess anhand beliebiger Zustandsänderungen im p,v-Diagramm dargestellt.

Um die Bilanz der ausgetauschten Wärme zu verdeutlichen, wird dieser Kreisprozess innerhalb der zwei extremen Adiabaten betrachtet, die ihn eingrenzen. Aus dieser Perspektive erscheint der Wärmeaustausch wie folgt:

- 1-a-2 → Wärmezufuhr, wie jede Zustandsänderung, die im p,v-Diagramm von einer Isentrope aus nach oben bzw. rechts verläuft – entsprechend Bild 4.1.c – s. Isochore, Isobare, Isotherme – Kap. 3.4.

- 2-b-1 → Wärmeabfuhr, weil sie im p,v-Diagramm nach unten bzw. links von einer Isentrope verläuft.

Wie aus Bild 4.1.b ersichtlich ist, kann diese Form von Wärmebilanz auch dann erstellt werden, wenn während des Prozesses ein Wärmeaustausch mehrfach erfolgt: dafür genügt die Eintragung von Isentropen als Raster im p,v-Diagramm.

Bei Kreisprozessen ist die Wärmeabfuhr durch die Rückkehr zum ursprünglichen Zustand bedingt.

Daraus resultiert folgende Energiebilanz im Kreisprozess:

$$Q_K = Q_{zu} + Q_{ab} \quad \text{bzw.} \quad Q_K = Q_{zu} - |Q_{ab}| \tag{4.1}$$

Aus dem 1.HS gilt $Q_K = W_K$, also $W_K = Q_{zu} - |Q_{ab}|$

Das ergibt: $W_K < Q_{zu}$ (4.2)

4.2 Thermischer Wirkungsgrad

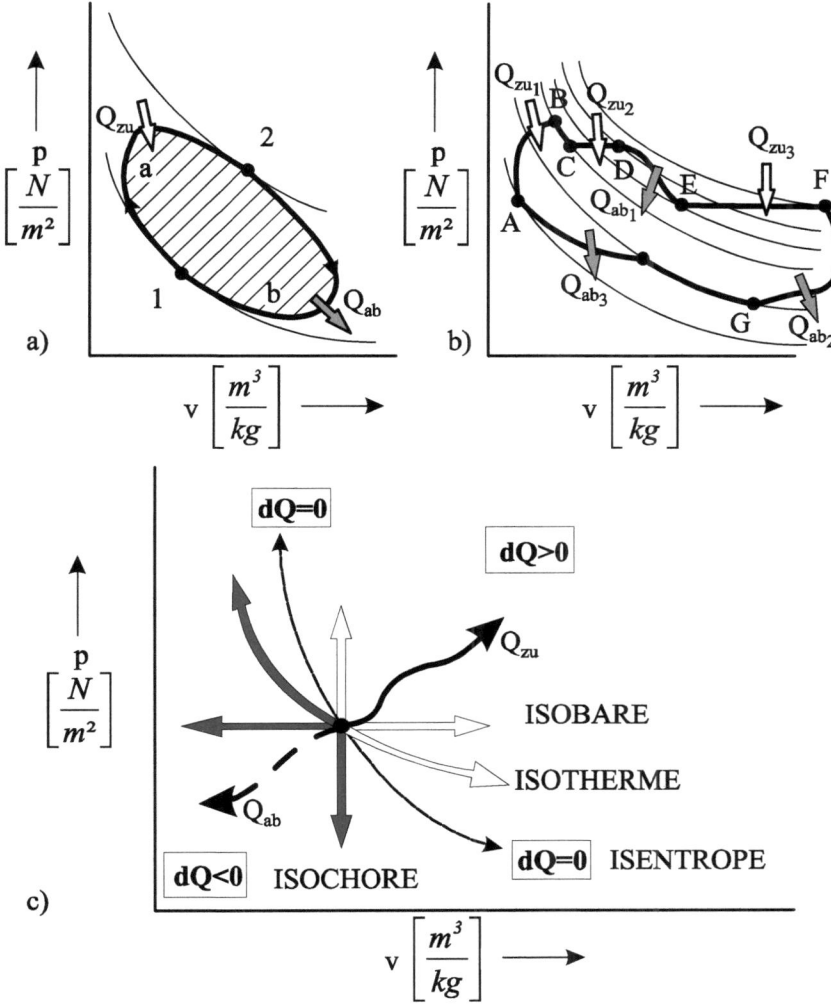

Bild 4.1 Ermittlung der Wärmeaustauschrichtung während eines thermodynamischen Prozesses anhand von Isentropen im p,v-Diagramm

In einem Kreisprozess ist es also niemals möglich, die gesamte zugeführte Wärme in Arbeit umzuwandeln. (vgl. 2. HS – Formulierung von Thompson).

Diese Form des 2.HS berechtigt die Einführung eines thermischen Wirkungsgrades des Kreisprozesses als Verhältnis zwischen Nutzen (W_K) und Aufwand (Q_{Zu}) während der Energieumwandlungsprozesse in einer Arbeitsmaschine:

> **Definition**
>
> **Thermischer Wirkungsgrad** $\eta_{th}[-]$:
>
> $$\eta_{th} = \frac{W_K}{Q_{zu}} = \frac{Q_{zu} + Q_{ab}}{Q_{zu}} = 1 + \frac{Q_{ab}}{Q_{zu}}$$
>
> wobei in allgemeiner Form: $Q_{ab} = -|Q_{ab}|$
>
> $$\eta_{th} = \frac{W_K}{Q_{zu}} = \frac{Q_{zu} - |Q_{ab}|}{Q_{zu}} = 1 - \frac{|Q_{ab}|}{Q_{zu}} \qquad (4.3)$$

Dieser Ausdruck ist sowohl für reversible, als auch für irreversible Prozesse gültig. Der thermische Wirkungsgrad ist jedoch für reversible Kreisprozesse stets höher: die Beispiele im Kap. 1.7 zeigten, dass eine irreversible Zustandsänderung selbst Arbeit verbraucht – im Gegensatz zu einer reversiblen Änderung zwischen zwei gleichen Zuständen. Bei gleicher zugeführter Wärme ist also die nutzbare Arbeit bei reversiblen Kreisprozessen größer.

Andererseits ist aus der Gl. (4.3) ersichtlich, dass ein Wirkungsgrad gleich eins nur mit einem Perpetuum Mobile 2.Ordnung erreichbar wäre, wobei keine Wärme abgeführt, aber auch alle Zustandsänderungen reversibel sein müssten.

4.3 Entropie reversibler (idealer) Prozesse

Bei der Energieumwandlung in einer Maschine besteht das Ziel eines maximal realisierbaren thermischen Wirkungsgrades – also aus einer bestimmten zugeführten Wärme maximal gewinnbarer Arbeit.

Es werden dafür zwei Wärmequellen betrachtet, die unterschiedliche Temperaturen aufweisen ("warme" und "kalte" Quelle). Beide Wärmequellen werden als unerschöpflich betrachtet, so dass unabhängig von jeder Wärmezufuhr oder -abfuhr die jeweilige Quellentemperatur konstant bleibt:

Warme Quelle $\quad \to T_1 = $ konst.

Kalte Quelle $\quad \to T_2 = $ konst.

$$T_1 > T_2$$

4.3 Entropie reversibler (idealer) Prozesse

Jeder Kreisprozess kann als Folge von arbeitverrichtenden Entlastungen und arbeitsverbrauchenden Verdichtungen betrachtet werden.

Aus einer bestimmten zugeführten Wärme resultiert dann eine maximale Arbeit, wenn alle Verdichtungsprozesse bei minimaler zugeführter Arbeit bzw. alle Entlastungsprozesse mit maximaler verrichteter Arbeit stattfinden.

Eine grundsätzliche Bedingung dafür ist, dass alle Zustandsänderungen reversibel sind (Bild Ü1.7/2).

In jedem Zustand eines solchen Kreisprozesses wird ein inneres Gleichgewicht des Systems realisiert. Ausgleichs- und Dissipationsvorgänge kommen dabei nicht vor.

Der Wärmeaustausch erfolgt dabei in folgender Weise:

- von der warmen Quelle wird die Wärme bei konstanter Quellentemperatur T_1 ins System zugeführt.

- von der kalten Quelle wird die Wärme bei konstanter Quellentemperatur T_2 aus dem System abgeführt.

Nach jedem Wärmeaustausch ist die jeweilige Zustandsänderung im System zwischen beiden Temperaturen T_1-T_2 bzw. T_2-T_1 derart zu gestalten, dass kein Wärmeaustausch zwischen den Quellen selbst durch das System möglich wird. Ein solcher "Kurzschluss" der Quellen würde einen Temperaturausgleichsvorgang hervorrufen – was irreversibel wäre. Die einzig mögliche Art der Zustandsänderung des Arbeitsmediums im System zwischen den 2 Temperaturen bleibt unter dieser Bedingung jeweils eine reversible Adiabate – also eine Isentrope.

Definition

Reversibler Carnot-Kreisprozess: *Kreisprozess zwischen zwei Wärmequellen unterschiedlicher Temperatur – bestehend aus jeweils zwei reversiblen Isothermen und zwei reversiblen Adiabaten (Isentropen).*

Ein rechtslaufender reversibler Carnot-Kreisprozess ist im Bild 4.2 dargestellt.

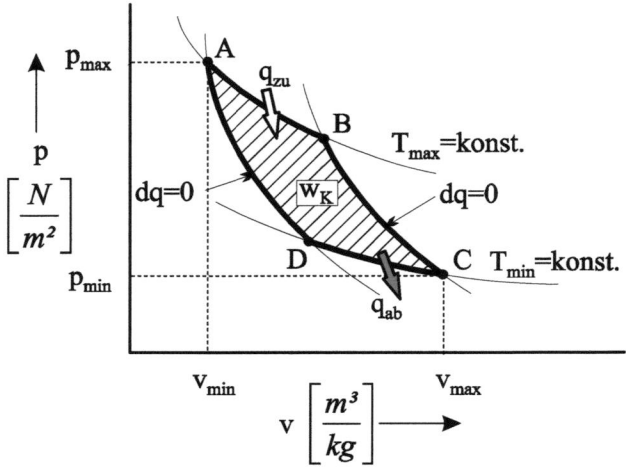

Bild 4.2   Rechtslaufender, reversibler Carnot-Kreisprozess zwischen zwei Wärmequellen unterschiedlicher Temperaturen T_{max}, T_{min}

Der thermische Wirkungsgrad dieses Kreisprozesses beträgt:

$$\eta_{th} = 1 - \frac{|Q_{ab}|}{Q_{zu}} = 1 + \frac{Q_{ab}}{Q_{zu}} = 1 + \frac{Q_{CD}}{Q_{AB}} \tag{4.3}$$

Dabei ist allgemein die während einer Isotherme – bei T_1 bzw. bei T_2 – ausgetauschte Wärme:

$$Q_{12} = W_{12} = mRT \: ln \frac{V_2}{V_1} \tag{3.58}$$

Für Q_{AB} und Q_{CD} im Bild 4.2 eingesetzt im Ausdruck des thermischen Wirkungsgrades (Gl. 4.3) gilt:

$$\eta_{th} = 1 + \frac{Q_{CD}}{Q_{AB}} = 1 + \frac{mRT_{CD} \: ln \dfrac{V_D}{V_C}}{mRT_{AB} \: ln \dfrac{V_B}{V_A}} \quad \text{mit } V_D < V_C \tag{4.4}$$

4.3 Entropie reversibler (idealer) Prozesse

$$\rightarrow \eta_{th} = 1 - \frac{\left| mRT_{CD} \, ln \frac{V_C}{V_D} \right|}{mRT_{AB} \, ln \frac{V_B}{V_A}}; \; für \; V_C > V_D \quad (4.4a)$$

wobei $T_{CD} = T_{min}$; $T_{AB} = T_{max}$

Andererseits gilt für die Adiabaten BC und DA:

$$\frac{V_C}{V_B} = \left(\frac{T_{AB}}{T_{CD}}\right)^{\frac{1}{k-1}}; \; \frac{V_D}{V_A} = \left(\frac{T_{AB}}{T_{CD}}\right)^{\frac{1}{k-1}} \quad (3.67)$$

$$\frac{V_C}{V_B} = \frac{V_D}{V_A} \Rightarrow \frac{V_C}{V_D} = \frac{V_B}{V_A} \quad (4.5)$$

Durch Einsetzen der Gl.(4.5) in Gl. (4.4a) resultiert der thermische Wirkungsgrad des Carnot-Kreisprozesses:

$$\eta_{thc} = 1 - \frac{T_{CD}}{T_{AB}} \rightarrow \eta_{thc} = 1 - \frac{T_{min}}{T_{max}} \quad (4.6)$$

Selbst im Falle des Carnot-Kreispozesses ist $\eta_{th} = 1$ nicht möglich: dafür sollte eine der Quellen eine Extremtemperatur in folgender Weise erreichen:

$T_{max} \rightarrow \infty$

oder $T_{min} \rightarrow 0$

was praktisch nicht realisierbar ist.

Für eine einzige Wärmequelle $T_{max} = T_{min}$ ist andererseits der thermische Wirkungsgrad Null. (siehe 2. HS – Formulierung Thompson). Das heißt, unabhängig von der zuführbaren Wärme kann eine entsprechende Maschine keine Arbeit leisten.

Der thermische Wirkungsgrad des reversiblen Carnot-Kreisprozesses ist unabhängig von der Art oder Menge des Arbeitsmediums (Gas, Gasgemisch) bzw. von der quantitativ ausgetauschten Wärme. Er hängt nur von den Temperaturen der zwei Wärmequellen ab.

Die Gleichsetzung der Gl.(4.3) und (4.6) ergibt:

$$\frac{|Q_{ab}|}{Q_{zu}} = \frac{T_{min}}{T_{max}} \rightarrow \frac{|Q_{ab}|}{T_{min}} = \frac{Q_{zu}}{T_{max}} \rightarrow \frac{Q_{zu}}{T_{max}} - \frac{|Q_{ab}|}{T_{min}} = 0 \quad \text{oder} \quad \frac{Q_{zu}}{T_{max}} + \frac{Q_{ab}}{T_{min}} = 0$$

und allgemein $\quad \dfrac{\Delta Q_1}{T_a} + \dfrac{\Delta Q_2}{T_b} = 0 \rightarrow \sum\limits_{i=a}^{n} \dfrac{\Delta Q}{T_i} = 0$ (4.7)

Anhand Bild 4.4 wird des Weiteren gezeigt, dass bei jedem anderen reversiblen Kreisprozess der thermische Wirkungsgrad niedriger als bei dem Carnot-Kreisprozess ist. (Bei jedem vergleichbaren irreversiblen Prozess ist das ohnehin der Fall, wie bereits in Ü 1.7 dargestellt.)

Unabhängig von der Art des Kreisprozesses wird es also nicht möglich sein, eine zugeführte Wärme vollständig in nutzbare Arbeit umzuwandeln.

Für jede Folge von reversiblen Carnot-Kreisprozessen oder von anderen reversiblen Kreisprozessen, die in finite reversible Carnot-Kreisprozesse teilbar sind, besteht folgende Bilanz:

dQ_{1I} – zugeführt von der warmen Quelle ① während des I. elementaren Kreisprozesses
dQ_{1II} – zugeführt von der warmen Quelle ① während des II. elementaren Kreisprozesses
dQ_{1n} – zugeführt von der warmen Quelle ① während des n. elementaren Kreisprozesses

analog gilt für die zur kalten Quelle abgeführten Wärme

dQ_{2I} – abgeführt zu der kalten Quelle ② während des I. elementaren Kreisprozesses
dQ_{2II} – abgeführt zu der kalten Quelle ② während des II. elementaren Kreisprozesses
dQ_{2n} – abgeführt zu der kalten Quelle ② während des n. elementaren Kreisprozesses

Aus der Gl.(4.7) angewendet für jeden elementaren Kreisprozess I bis n resultiert:

$$\frac{dQ_{1I}}{T_1} + \frac{dQ_{2I}}{T_2} = 0$$

4.3 Entropie reversibler (idealer) Prozesse

$$\frac{dQ_{1II}}{T_1} + \frac{dQ_{2II}}{T_2} = 0$$

$$\frac{dQ_{1n}}{T_1} + \frac{dQ_{2n}}{T_2} = 0$$

$$\sum_{i=1}^{n} \frac{dQ_{1i}}{T_1} + \sum_{i=1}^{n} \frac{dQ_{2i}}{T_2} = 0 \text{ oder } \sum_{i=1}^{n} \frac{dQ_i}{T} = 0 \quad (4.8)$$

In Differenzialform werden die Anteile integriert:

$$\oint_{rev} \frac{dQ}{T} = 0 \quad (4.9)$$

Der Ausdruck (4.9) wird als Clausius-Integral für reversible Kreisprozesse bezeichnet.

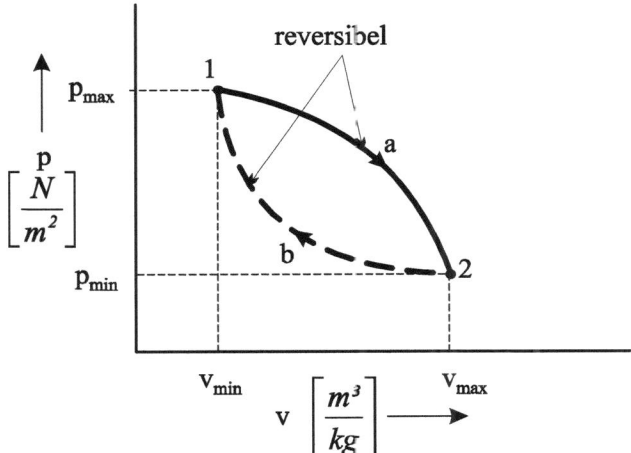

Bild 4.3 Reversibler Kreisprozess, bestehend aus zwei Zustandsänderungen zwischen zwei Zuständen – zur Ableitung der Entropie

Für einen beliebigen reversiblen Kreisprozess 1-a-2-b-1 entsprechend der Darstellung in Bild 4.3 gilt nach Gl.(4.9):

$$\oint_{rev} \frac{dQ}{T} = 0 \rightarrow \int_{1a}^{2} \frac{dQ}{T} + \int_{2b}^{1} \frac{dQ}{T} = 0 \text{ bzw. } \int_{1a}^{2} \frac{dQ}{T} - \int_{1b}^{2} \frac{dQ}{T} = 0 \quad (4.10)$$

$$\rightarrow \int_{1a}^{2} \frac{dQ}{T} = \int_{1b}^{2} \frac{dQ}{T} = \int_{1}^{2} \frac{dQ}{T} \Rightarrow \int_{1}^{2} \frac{dQ}{T} = konst.$$

Diese Funktion ist also unabhängig von dem Weg.

Der Ausdruck $\frac{dQ}{T}$ ist demzufolge das vollständige Differential einer Zustandsgröße.

Definition

Entropie $S - S_o = \int \frac{dQ}{T} \left[\frac{J}{K}\right]$ bzw. $S_2 - S_1 = \int_{1}^{2} \frac{dQ}{T}$ (4.11)

wobei $S_o = 0$ bei $T = 0$ [K] (nach Planck[4])

Aus dieser Definition wird abgeleitet:

$$dS = \frac{dQ}{T}$$

Für die spezifische Entropie gilt:

$$ds = \frac{dq}{T} \quad \left[\frac{J}{kgK}\right]; \quad d\overline{S} = \frac{d\overline{Q}}{T} \quad \left[\frac{J}{kmolK}\right] \quad (4.11 \text{ a,b})$$

Die spezifische Entropie hat zwar die Dimension einer spezifischen Wärmekapazität c_p, c_v, aber nicht die gleiche physikalische Bedeutung.

Mathematisch wirkt $\frac{1}{T}$ als integrierender Nenner des jeweiligen Wärmeaustausches: dadurch wird das wegabhängige (unvollständige) Differential dQ zu einem wegunabhängigen (vollständigen) Differential – als Qualitätskriterium eines Wärmeaustausches, wie es bei den irreversiblen Vorgängen des Weiteren gezeigt wird.

Bei jedem reversiblen Kreisprozess ist die von der Umgebung zugeführte Wärme – bezogen auf die Zufuhrtemperatur – gleich der vom System abgeführten Wärme – bezogen auf die Abfuhrtemperatur. Offensichtlich sind jedoch die zugeführte und die abgeführte Wärme – ohne Bezug auf die jeweilige Austauschtemperatur – unterschiedlich, sonst würde im Kreisprozess keine Arbeit vorkommen.

---

[4] gelegentlich auch als 3. Hauptsatz der Thermodynamik angegeben

4.3 Entropie reversibler (idealer) Prozesse

Im Falle einer adiabaten Zustandsänderung wird keine Wärme ausgetauscht, es gilt also dQ = 0.
Wenn die Adiabate auch reversibel ist, wird die Gl.(4.11) zu:

$S_2 - S_1 = 0 \rightarrow S_2 = S_1$ also S = konstant

Das berechtigt sowohl die bereits eingeführte Bezeichnung Isentrope (gleiche Entropie), als auch die Eingliederung dieser Zustandsänderung in die Grundformen, bei denen eine Zustandsgröße konstant bleibt – Isotherme, Isobare, Isochore.

Für die Entropie gilt folgende Vorzeichenregelung für T>0 hat dS das gleiche Vorzeichen wie dQ:
die Zufuhr einer Wärme von der Umgebung in ein System bewirkt die Erhöhung seiner Entropie. Wenn ein System Wärme abgibt, wird seine Entropie auch geringer.

Der thermische Wirkungsgrad und die Entropie eines beliebigen reversiblen (idealen) Kreisprozesses können anhand dessen Einteilung in elementare, reversible Carnot- Kreisprozesse ermittelt werden. Eine solche Einteilung ist im Bild 4.4 dargestellt.

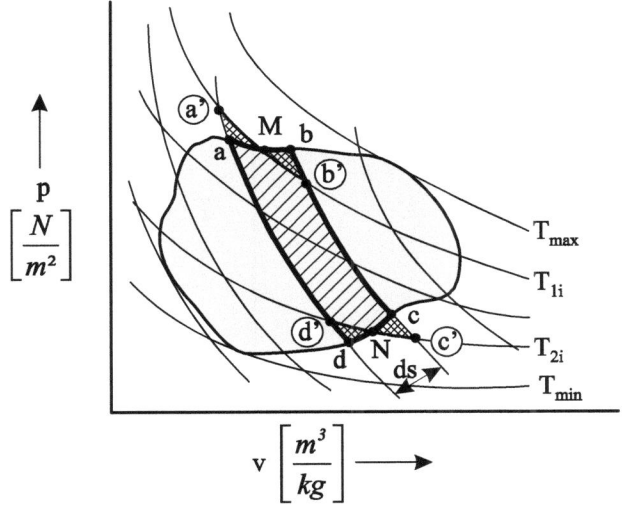

Bild 4.4 Einteilung eines beliebigen, reversiblen Kreisprozesses in elementare, reversible Carnot-Kreisprozesse

Die Fläche in der sich der Kreisprozess befindet (zwischen den Extremtemperaturen T_{max}, T_{min}), wird von einer Isentropenschar geteilt. Der Abstand zwischen den einzelnen Isentropen stellt ein finites Element ds dar.

Durch die einzelnen Punkte M, N des Kreisprozesses, die in der Mitte eines Intervalls ds liegen, durchlaufen die Isothermen T$_{1i}$ bzw. T$_{2i}$ jeden elementaren Kreisprozess. Jeder elementare Kreisprozess abcd kann durch einen elementaren Carnot-Kreisprozess a'b'c'd' zwischen zwei Isothermen und zwei Isentropen ersetzt werden – die Fläche bleibt dabei für einen sehr geringen Abstand ds unverändert.

Die Summe der Flächen der somit entstandenen elementaren, reversiblen Carnot-Kreisprozesse ist gleich der Fläche des gesamten Kreisprozesses.

Dadurch wird in beiden Fällen die gleiche Kreisprozessarbeit betrachtet.

Jede maximale Temperatur in einem elementaren Carnot-Kreisprozess T$_{1i}$ ist – wie in Bild 4.4 ersichtlich – geringer als die maximale Temperatur des gesamten Kreisprozesses:

$$T_{1_i} < T_{max}$$

Analog gilt: $T_{2_i} > T_{min}$

Für die einzelnen elementaren Carnot-Kreisprozesse ist der thermische Wirkungsgrad:

$$\eta_{th_1} = 1 - \frac{T_{2_1}}{T_{1_1}} \qquad \text{wobei:} \quad T_{2_1} > T_{min}$$

$$\eta_{th_i} = 1 - \frac{T_{2_i}}{T_{1_i}} \qquad T_{1_i} < T_{max}$$

$$\eta_{th_n} = 1 - \frac{T_{2_n}}{T_{1_n}}$$

Dadurch resultiert für jeden einzelnen, elementaren Carnot-Kreisprozess:

$$\eta_{th_{c_i}} < \eta_{th_c}$$

Der thermische Wirkungsgrad jedes elementaren Carnot-Kreisprozesses ist geringer als der thermische Wirkungsgrad eines gesamten reversiblen Carnot-Kreisprozesses:

Die elementaren Carnot-Kreisprozesse benötigen also insgesamt mehr Wärme für die gleiche Arbeit als der Carnot-Kreisprozess in den Temperaturgrenzen T$_{max}$-T$_{min}$.

Es gilt:

4.3 Entropie reversibler (idealer) Prozesse

$$\eta_{th_{Kp}} = \sum_{i=1}^{n} \frac{W_{K_i}}{Q_{zu_i}} \qquad \text{wobei allgemein:} \qquad \frac{W_{K_i}}{Q_{zu_i}} < \frac{W_{K_c}}{Q_{zu_c}}$$
$$\downarrow \qquad \downarrow$$
$$\eta_{th_i} \qquad \eta_{th_c}$$

Daraus resultiert für
$$\sum_{i=1}^{n} W_{K_i} = W_{K_c}$$

$$\sum_{i=1}^{n} Q_{zu_i} > Q_{zu_c}$$

Der Carnot-Kreisprozess hat also bei vergleichbaren Temperaturgrenzen (Temperatur der warmen bzw. der kalten Wärmequelle) den höchsten Wirkungsgrad aller reversiblen Kreisprozesse.

Die Einteilung eines Carnot-Kreisprozesses selbst mit einer Schar von Isentropen im Abstand ds zeigt – entsprechend Bild 4.5 – als Kontrolle der durchgeführten Ableitung:

$$T_{1_I} = T_{1_i} = T_{1_n} = T_{max}$$

$$T_{2_I} = T_{2_i} = T_{2_n} = T_{min}$$

$$\eta_{th_I} = \eta_{th_i} = \eta_{th_n} = 1 - \frac{T_{min}}{T_{max}} = \eta_{th_c}$$

Die Entropie eines beliebigen reversiblen Kreisprozesses wird auf Basis von dessen Einteilung in elementare Carnot-Kreisprozesse aus Gl. (4.9) abgeleitet.

Für jeden dieser elementaren Carnot-Kreisprozesse gilt:

$$\oint_{i\,rev} \frac{dQ}{T} = \oint_{i\,rev} dS = 0 \tag{4.12}$$

Für die Summe aller elementaren, reversiblen Carnot-Kreisprozesse gilt entsprechend:

$$\sum_{i=1}^{n} dS_i = 0 \tag{4.13}$$

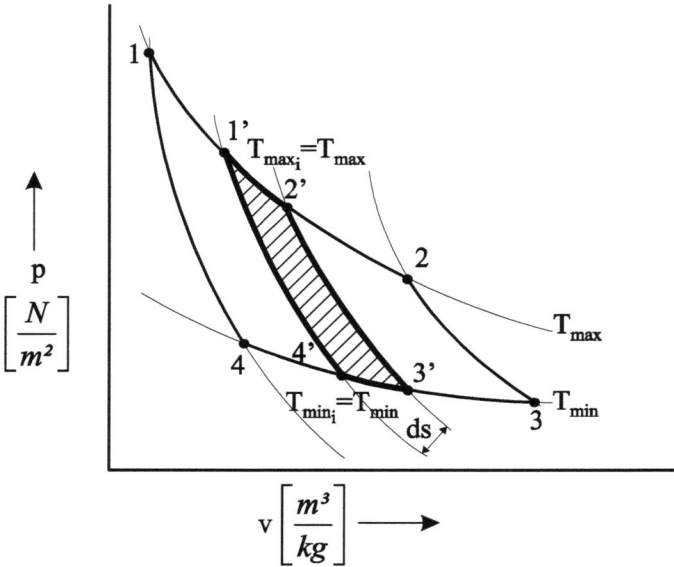

Bild 4.5 Einteilung eines reversiblen Carnot-Kreisprozesses in elementare reversible Carnot-Kreisprozesse

Jeder reversible Kreisprozess ist durch eine unveränderte Entropie zwischen Beginn und Ende gekennzeichnet, unabhängig davon, wie oft und wie viel Wärme ausgetauscht wurde.

4.4 Entropie irreversibler (natürlicher) Prozesse

Zur Quantifizierung der Irreversibilität eines Prozesses mittels Entropie werden 2 Carnot-Kreisprozesse – ein reversibler und ein irreversibler – unter folgenden Bedingungen verglichen:

- Die Temperatur der warmen und kalten Quelle T_{max}, T_{min} ist gleich.

- In beiden Kreisprozessen wird zwischen System und Umgebung die gleiche Wärme Q_{zu}, Q_{ab} ausgetauscht.

Wie im Kap.1.7 bzw. Ü 1.6/1.7 gezeigt wurde, benötigt jede irreversible Verdichtung mehr Arbeit als eine reversible bzw. jede irreversible Entlastung verrichtet weniger Arbeit als eine reversible. Das trifft für jede Art der Zustandsänderung, also auch für Adiabaten zu.

4.3 Entropie reversibler (idealer) Prozesse

Bei gleicher ausgetauschter Wärme steht also in einem irreversiblen Carnot-Kreisprozess weniger Energie für eine nutzbare Umwandlung zur Verfügung als in einem reversiblen Carnot-Kreisprozess.

Die Bilanz kann mit Hilfe der Gl.(4.3),(4.6) ausgedrückt werden:

$$\eta_{thc_{(rev)}} = 1 - \frac{|Q_{ab}|}{Q_{zu}} = 1 - \frac{T_{min}}{T_{max}} \ ; \ \eta_{thc_{(irrev)}} = 1 - \frac{|Q_{abE}|}{Q_{zuE}} \tag{4.3'}$$

wobei: $Q_{zuE} = Q_{zu} - |Q_{A,D}| \rightarrow Q_{zuE} < Q_{zu}$ (4.14a)

$$|Q_{abE}| = |Q_{ab}| + |Q_{A,D}| \rightarrow |Q_{abE}| > |Q_{ab}| \tag{4.14b}$$

Dabei sind:

- Q_{zuE} – Energie, die für eine nutzbare Umwandlung im System als Wärme vorhanden ist.
- Q_{abE} – Energie, die nach einer nützlichen Umwandlung im System noch vorhanden ist (auch innere Energie).
- $Q_{A,D}$ - Energie, die infolge von Ausgleichs- und Dissipationsvorgängen für nützliche Umwandlungen im System nicht zur Verfügung steht (als innere Energie vorhanden).

Der thermische Wirkungsgrad ist demzufolge bei dem irreversiblen Carnot-Kreisprozess geringer als im reversiblen Fall. Aus Gl.(4.3'), (4.14a), (4.14b) resultiert:

$$\eta_{thc_{(irrev)}} < \eta_{thc_{(rev)}}$$

oder:

$$1 - \frac{|Q_{abE}|}{Q_{zuE}} < 1 - \frac{T_{min}}{T_{max}} \rightarrow \frac{|Q_{abE}|}{Q_{zuE}} > \frac{T_{min}}{T_{max}}$$

Daraus resultiert, analog dem reversiblen Carnot-Kreisprozess – Gl.(4.7):

$$\frac{Q_{zuE}}{T_{max}} - \frac{|Q_{abE}|}{T_{min}} < 0 \ ; \quad \frac{Q_{zuE}}{T_{max}} + \frac{Q_{abE}}{T_{min}} < 0 \tag{4.7'}$$

Das ergibt für das Clausius- Integral:

$$\oint_{irrev} \frac{dQ_E}{T} < 0 \tag{4.9'}$$

Analog der reversiblen Kreisprozesse ist die durch das Clausius-Integral ausgedrückte Bilanz nicht nur für irreversible Carnot-Kreisprozesse, sondern für jeden irreversiblen Kreisprozess, der in elementare Carnot-Kreisprozesse einteilbar ist, gültig.

Andererseits ist jeder Kreisprozess, in dem mindestens eine Zustandsänderung irreversibel ist, insgesamt irreversibel.

Für einen Kreisprozess zwischen 2 Zuständen 1, 2 – wie im Bild 4.6 dargestellt - mit einer irreversiblen und einer reversiblen Zutandsänderung (1a2) bzw. (2b1) gilt:

$$\oint_{irrev} \frac{dQ_E}{T} = \int_{1a_{irrev}}^{2} \frac{dQ_E}{T} + \int_{2b_{rev}}^{1} \frac{dQ_E}{T} < 0 \tag{4.15}$$

Für die Zustandsänderung 1 - 2 resultiert aus Gl.(4.15):

$$\int_{1_{irrev}}^{2} \frac{dQ_E}{T} < \int_{1_{rev}}^{2} \frac{dQ_E}{T} = \int_{1}^{2} \frac{dQ}{T} \tag{4.16}$$

$$\downarrow \qquad \downarrow \rightarrow \qquad \downarrow$$
$$dS_E \qquad \qquad \qquad dS$$

Dabei stellt dQ den gesamten Energieaustausch zwischen System und Umgebung und nicht nur dessen umwandlungsfähigen Teil dar (bei reversiblen Vorgängen sind jedoch beide gleich).

Der Ausdruck $\frac{dQ}{T}$ repräsentiert also die Entropieänderung des gesamten Systems während einer beliebigen Zustandsänderung.

Aus dem analytischen Ausdruck (4.16) kann folgende Formulierung des 2.HS abgeleitet werden:

4.3 Entropie reversibler (idealer) Prozesse

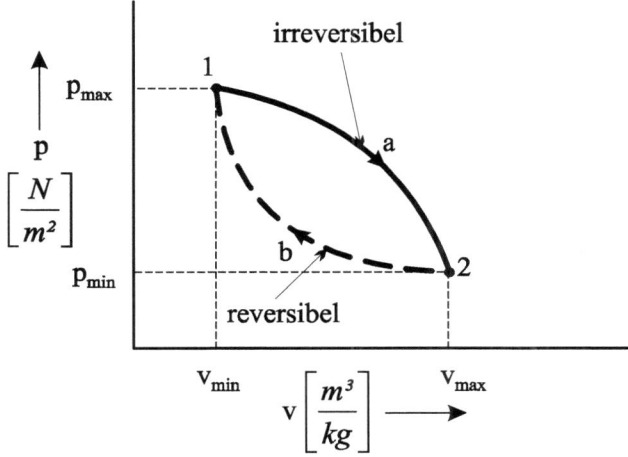

Bild 4.6 Irreversibler Kreisprozess, bestehend aus einer irreversiblen und aus einer reversiblen Zustandsänderung zwischen zwei Zuständen

> *Die Entropie eines Systems wird während einer irreversiblen Zustandsänderung größer als die Entropie, die dabei durch eine nutzbare Energieumwandlung entsteht.*
>
> *Begründung: Das Streben nach einem Gleichgewichtszustand, welches jeden natürlichen Prozess charakterisiert, ist an einer Energiedissipation gebunden (Kap. 4.1).*
>
> *(Formulierung des Verfassers)*

Die Entropie ist in diesem Kontext ein Maß für die Qualität eines Energieaustausches bezüglich seiner nutzbaren Umwandlung.
(beispielsweise als Verhältnis der ausgetauschten Wärme zur Temperatur, bei der der Austausch erfolgt, für die Umwandlung von Wärme in Arbeit).

Der formulierte Satz gilt auch für irreversible Zustandsänderungen, bei denen keine nutzbare Energieumwandlung vorkommt. Das gilt für alle Zustandsänderungen ohne Wärmeaustausch, die irreversibel sind:

$$dQ_E = 0 \rightarrow dS_E = 0$$

Aus Gl.(4.16) resultiert:

$$dS > 0 \rightarrow \text{bzw.} \quad S_2 - S_1 = \int_1^2 \frac{dQ}{T} > 0 \tag{4.16'}$$

Ein solcher Entropiezuwachs entsteht beispielsweise in wärmeisolierten Systemen, wenn eine Zustandsänderung reibungsbehaftet ist.

Keine adiabate Zustandsänderung kann also mit abnehmender Entropie erfolgen: die Entropie bleibt dabei entweder gleich (reversibel) oder sie steigt (irreversibel).

Der Unterschied zwischen der Entropieänderung beim Ablauf eines gleichen Prozesses in idealer und in realer Form ist ein quantitativer Ausdruck von dessen Irreversibilität.

Beispiel:

Adiabater Prozess :

Bei einer reibungsbehafteten Strömung durch ein wärmeisoliertes Rohr nimmt die Entropie zu. Das äußert sich in einer Temperaturzunahme des Mediums bzw. in der Senkung der Strömungsgeschwindigkeit bei gleicher Druckdifferenz im Vergleich mit der reibungsfreien (reversiblen) Strömung.

Der Zuwachs an innerer Energie des Mediums infolge der Temperaturerhöhung durch Reibung wird dann im natürlichen Temperaturausgleich zwischen Medium und Umgebung – nach dem Auslauf aus dem Rohr – verbraucht.

Auch die Gesamtheit System - Umgebung, die keine endlichen Grenzen hat, ist als adiabates System zu sehen: in diesem Fall ist jeder natürliche Prozess – wobei Reibungs- oder Ausgleichsvorgänge entstehen – von einem Entropiezuwachs gekennzeichnet. Die Entropie der Gesamtheit System - Umgebung nimmt also infolge natürlicher Prozesse ständig zu.

Clausius formulierte diese Erkenntnis wie folgt: "Die Energie der Welt ist konstant, die Entropie der Welt strebt einem Maximum zu"

Ein Entropiemaximum drückt das Gleichgewicht eines energetischen Zustandes aus.

Daraus leiten sich Theorien über "Wärme- oder Kältetod des Weltalls". Dabei bleiben – nach Meinung des Verfassers – einige Voraussetzungen unbetrachtet:

- die Unendlichkeit der Umgebungsgrenzen bezieht sich nicht nur auf Masse, sondern auch auf Energie und ihre Vielfalt. (Die Materie hat 2 Erscheinungsformen: Masse und Energie!)

4.5 Berechnung der Entropie

- es gibt unendlich viele Ausgleichspotentiale, die durch gegebene Bedingungen nicht umgewandelt werden können. *Der Geist steckt in der Schaltung der Potentiale, bzw. in der ursprünglichen Spaltung von Ursache und Wirkung.*

4.5 Berechnung der Entropie

Unter den Voraussetzungen, dass das Arbeitsmedium ein ideales, homogenes Gas ist und dass die Zustandsänderungen zunächst als reversibel betrachtet werden, gilt:

$$dQ = dU + pdV \quad (2.8)$$
$$dQ = dH - Vdp \quad (2.15)$$

und mit $dS = \dfrac{dQ}{T}$ (4.11)

$$\rightarrow TdS = dU + pdV$$
$$\rightarrow TdS = dH - Vdp$$

$$\rightarrow dS = \frac{dU}{T} + \frac{p}{T}dV \qquad \text{dabei ist} \qquad dU = mc_v dT \qquad (3.14a)$$

$$dS = \frac{dH}{T} - \frac{V}{T}dp \qquad\qquad\qquad dH = mc_p dT \qquad (3.14b)$$

$$\frac{p}{T} = \frac{mR}{V} \quad \text{aus} \quad pV = mRT \ (3.1)$$

$$\frac{V}{T} = \frac{mR}{p}$$

$$\rightarrow dS = mc_v \frac{dT}{T} + mR \frac{dV}{V} \quad (4.17) \qquad ds = c_v \frac{dT}{T} + R \frac{dv}{v} \quad (4.17')$$

$$\rightarrow dS = mc_p \frac{dT}{T} - mR \frac{dp}{p} \quad (4.18) \qquad ds = c_p \frac{dT}{T} - R \frac{dp}{p} \quad (4.18')$$

Andererseits ist aus pv = RT folgende Differenzialgleichung ableitbar:

$$\ln(pv) = \ln(RT) \quad \rightarrow \quad \ln p + \ln v = \ln R + \ln T \quad \Rightarrow \quad \frac{dp}{p} + \frac{dv}{v} = \frac{dT}{T}$$

(dR = 0, weil R konstant)

Damit wird Gl. (4.17') zu:

$$ds = c_v \left(\frac{dp}{p} + \frac{dv}{v}\right) + R\frac{dv}{v} = (c_v + R)\frac{dv}{v} + c_v \frac{dp}{p}$$

$$\downarrow$$
$$c_p$$

$$ds = c_p \frac{dv}{v} + c_v \frac{dp}{p} \tag{4.19'}$$

Zusammenfassung der Gleichungen zur Berechnung der Entropie:

$$ds = c_v \frac{dT}{T} + R\frac{dv}{v} \quad \rightarrow \quad s_2 - s_1 = c_{vm} \ln\frac{T_2}{T_1} + R \ln\frac{v_2}{v_1} \tag{4.17'}$$

$$ds = c_p \frac{dT}{T} - R\frac{dp}{p} \quad \rightarrow \quad s_2 - s_1 = c_{pm} \ln\frac{T_2}{T_1} - R \ln\frac{p_2}{p_1} \tag{4.18'}$$

$$ds = c_p \frac{dv}{v} + c_v \frac{dp}{p} \quad \rightarrow \quad s_2 - s_1 = c_{pm} \ln\frac{v_2}{v_1} + c_{vm} \ln\frac{p_2}{p_1} \tag{4.19'}$$

Die mittleren spezifischen Wärmekapazitäten werden auf Basis der Gleichungen (3.19a, b) berechnet. (siehe auch die Übungen Ü3.5 und Ü3.6)

Die Berechnung der Entropieänderung während einer beliebigen Zustandsänderung kann mit jeder der 3 Gleichungen (4.17'), (4.18'), (4.19') vorgenommen werden. Bei elementaren Zustandsänderungen wird jeweils ein Differential Null, welches sich für eine einfachere Berechnung den Ausdruck als geeignet empfiehlt, in dem ein Differenzial ohnehin Null ist.

Isochore:

$$dv = 0 \xrightarrow{(4.17')} ds = c_v \frac{dT}{T}; \; s_2 - s_1 = c_{vm} \ln\frac{T_2}{T_1} \left[\frac{J}{kgK}\right]$$

$$S_2 - S_1 = m c_{vm} \ln\frac{T_2}{T_1} \left[\frac{J}{K}\right] \tag{4.17v}$$

$$\bar{s}_2 - \bar{s}_1 = \overline{M c}_{vm} \ln\frac{T_2}{T_1} \left[\frac{J}{kmolK}\right]$$

4.5 Berechnung der Entropie

oder $\quad dv = 0 \xrightarrow{(4.19')} ds = c_v \dfrac{dp}{p} \: ; \: s_2 - s_1 = c_{vm} \ln \dfrac{p_2}{p_1}$ \hfill (4.19v)

Der Vergleich der Gleichungen (4.17v) und (4.19v) ergibt $\dfrac{T_2}{T_1} = \dfrac{p_2}{p_1} \rightarrow$ was einer Isochoren entspricht.

Isobare:

$$dp = 0 \xrightarrow{(4.18')} ds = c_p \dfrac{dT}{T} \: ; \: s_2 - s_1 = c_{pm} \ln \dfrac{T_2}{T_1} \left[\dfrac{J}{kgK} \right] \quad (4.18p)$$

oder $\quad dp = 0 \xrightarrow{(4.19')} ds = c_p \dfrac{dv}{v} \: ; \: s_2 - s_1 = c_{pm} \ln \dfrac{v_2}{v_1}$ \hfill (4.19p)

Der Vergleich der Gleichungen (4.18p) und (4.19p) ergibt $\dfrac{T_2}{T_1} = \dfrac{v_2}{v_1} \rightarrow$ was einer Isobaren entspricht.

Isotherme:

$$dT = 0 \xrightarrow{(4.17')} ds = R \dfrac{dv}{v} \: ; \: s_2 - s_1 = R \ln \dfrac{v_2}{v_1} \left[\dfrac{J}{kgK} \right] \quad (4.17t)$$

oder $\quad dT = 0 \xrightarrow{(4.18')} ds = -R \dfrac{dp}{p} \: ; \: s_2 - s_1 = R \ln \dfrac{p_1}{p_2}$ \hfill (4.18t)

Der Vergleich der Gleichungen (4.17t) und (4.18t) ergibt $\dfrac{p_1}{p_2} = \dfrac{v_2}{v_1}$ bzw. $p_1 v_1 = p_2 v_2 \rightarrow$ was einer Isothermen entspricht.

Isentrope:

$$ds = 0 \qquad s_2 + s_1 = 0 \rightarrow s_2 = s_1 = s = konst.$$

Polytrope:

$$ds = \dfrac{dq}{T} = \dfrac{c_n dT}{T} \rightarrow s_2 - s_1 = c_{nm} \ln \dfrac{T_2}{T_1} \left[\dfrac{J}{kgK} \right] \quad (4.19\varepsilon)$$

oder mit einer der Gleichungen (4.17'), (4.18'), (4.19').

Auf Grund der Tatsache, dass die Entropie – als Zustandsgröße – unabhängig von der Art der Zustandsänderung zwischen zwei betrachteten Zuständen ist, gelten die Beziehungen (4.17'), (4.18'), (4.19') auch zur Berechnung der Entropie während irreversiblen Zustandsänderungen. Dafür müssen die Zustandsgrößen am Beginn und Ende der jeweiligen Zustandsänderung (p, V, T) bekannt sein, was durch experimentelle Ermittlung (Messung) erfolgen kann. Der Unterschied zwischen der Entropiedifferenz beim angenommenen idealen (reversiblen) Verlauf der jeweiligen Zustandsänderung und der Entropiedifferenz, die auf Grund von Zustandsmessungen am Beginn und Ende der realen Zustandsänderung berechnet wird, ist ein quantitativer Ausdruck der Irreversibilität. Grundsätzlich ist die Irreversibilität durch Dissipations- und Reibungsvorgänge hervorgerufen. Die Wirkung ihrer Senkung durch entsprechende Maßnahmen im Verlauf des Prozesses in einer Maschine wird durch die Entropie quantitativ ausgedrückt. Das bietet für die Entwicklung von Funktionsmodulen in einem Fahrzeug ein quantitatives Kriterium für die Optimierung zwischen Energieeinsatz und Realisierungsaufwand.

4.6 Darstellungsformen von Prozessen mittels Entropie: (T,s), (U,s), (h,s) - Diagramme

4.6.1 T,s-Diagramme (Wärmediagramme)

Die Arbeit, die einer bestimmten Zustandsänderung in einem offenen oder in einem geschlossenen System entspricht (Volumen- bzw. Druckänderungsarbeit), wird in p,v Koordinaten als Fläche dargestellt, wodurch ein Vergleich unterschiedlicher Prozesse sehr anschaulich wird.(Kap.1.8, Bild 1.15 bis 1.20). Andere Energieformen sind dagegen im p,v-Diagramm nicht direkt darstellbar.
Zur Analyse eines Wärmeaustausches als Fläche – analog der Arbeit im p,v-Diagramm – wird häufig das T,s-Diagramm verwendet. Das Diagramm kann für 1 kg ideales Gas (T, s) oder für eine Gasmasse m (T, S) konstruiert werden.

Aus $dS = \dfrac{dQ}{T}; ds = \dfrac{dq}{T}$ (4.11)

resultiert: $dQ = TdS; dq = Tds$ (4.20)

In einem Diagramm mit der Abszisse s und der Ordinate T – wie im Bild 4.7 dargestellt – entspricht die Fläche unter einer Zustandsänderung 12 der dabei ausgetauschten spezifischen Wärme.

Aus diesem Grund werden T,s-Diagramme auch als Wärmediagramme bezeichnet.

4.6 Darstellungsformen von Prozessen mittels Entropie

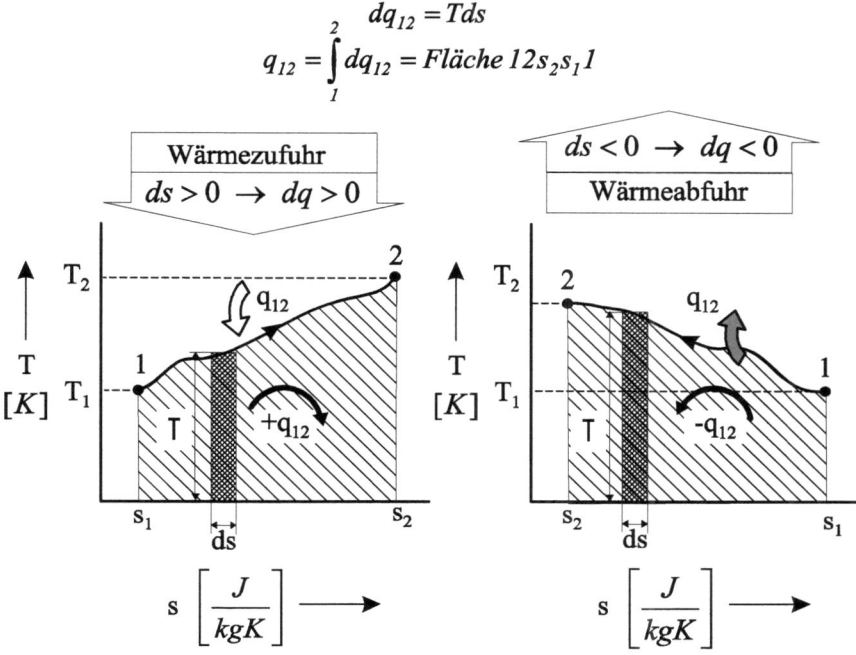

Bild 4.7 Darstellung der ausgetauschten Wärme während einer Zustandsänderung (geschlossenes oder offenes System) auf Basis des Temperaturverlaufs zwischen den Entropien in Anfangs- und Endzustand

Im Falle eines Kreisprozesses kann auf Basis des Bildes 4.8 folgende Bilanz erstellt werden:

$$q_{zu} = q_{1A2} = Fläche\,1A2s_2s_11$$
$$|q_{ab}| = |q_{2B1}| = Fläche\,2B1s_1s_22$$
$$q_K = q_{zu} - |q_{ab}| \quad (4.1)$$
$$\rightarrow q_K = Fläche\,1A2B1$$

Diese Bilanz zeigt, dass bei rechtslaufenden Kreisprozessen mehr Wärme zugeführt als abgeführt wird und analog, bei linkslaufenden Kreisprozessen mehr Wärme abgeführt als zugeführt wird.

Im p,v-Diagramm wurde in ähnlicher Weise gezeigt, dass für rechtslaufende Kreisprozesse die Kreisprozessarbeit vom System verrichtet wird (Kap.1.8).

Aus dem 1.HS, angewendet bei Kreisprozessen, resultiert andererseits, dass ein System nur dann Arbeit leisten kann, wenn eine äquivalente Wärme zugeführt wird (Kap.2.2, Gl. 2.2).

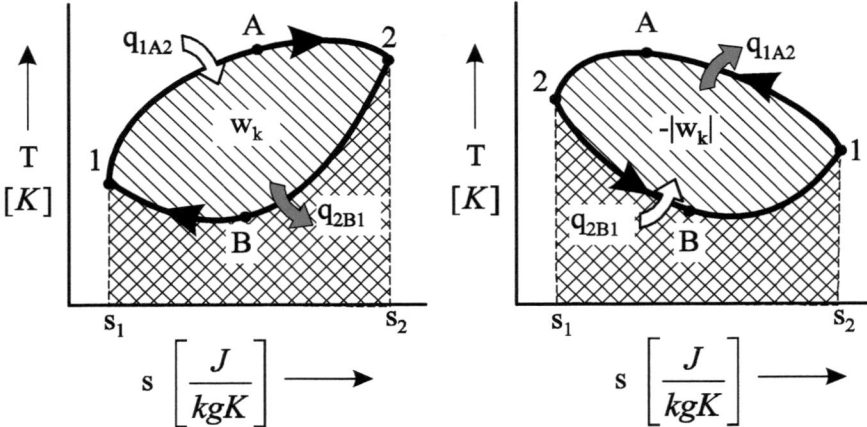

Bild 4.8 Wärmebilanz in einem Kreisprozess auf Basis des T,s-Diagramms

Daraus wird folgendes abgeleitet:

- Der Ablaufsinn eines bestimmten Kreisprozesses (rechts- oder linkslaufend) ist im p,v- bzw. T,s-Diagramm gleich.

- Die Bilanz der ausgetauschten Wärme – die als Fläche innerhalb des Kreisprozesses im T,s-Diagramm erscheint – ergibt die Kreisprozessarbeit im System.

- Ein thermodynamisches System kann in einer Folge von rechtslaufenden Kreisprozessen Arbeit leisten, wenn eine äquivalente Wärmebilanz – als positive Differenz der zu- und abgeführten Wärme – realisierbar ist (Arbeitsprinzip der Wärmekraftmaschinen).

- Ein thermodynamisches System kann in einer Folge von linkslaufenden Kreisprozessen hauptsächlich Wärme abführen, wenn dem System eine äquivalente Kreisprozessarbeit zugeführt wird (Arbeitsprinzip der Kältemaschinen, Klimaanlagen und Wärmepumpen).

Der thermische Wirkungsgrad eines Kreisprozesses – als Verhältnis zwischen nutzbarer Energieform und dafür verwendeter Energie – ist im T,s-Diagramm als Flächenverhältnis dargestellt, wie aus Bild 4.8.a ableitbar:

$$\eta_{th} = \frac{W_K}{Q_{zu}} = \frac{w_k}{q_{zu}} = \frac{q_{zu} - |q_{ab}|}{q_{zu}} \qquad (4.3) \rightarrow \eta_{th} = \frac{Fläche\ 1A2B1}{Fläche\ 1A2S_2S_1 1}$$

4.6 Darstellungsformen von Prozessen mittels Entropie

Aus dem T,s-Diagramm ist auch ableitbar, dass innerhalb gleicher Temperatur- und Entropiegrenzen, der reversible Carnot-Kreisprozess den maximalen thermischen Wirkungsgrad im Vergleich zu allen reversiblen Kreisprozessen hat.

Dieser Zusammenhang ist in Bild 4.9 dargestellt:

$$\eta_{thc} = \frac{Fläche\ 12341}{Fläche\ 12S_2S_1 1}$$

$$\eta_{th_K} = \frac{Fläche\ abcda}{Fläche\ abcs_2 s_1 a}$$

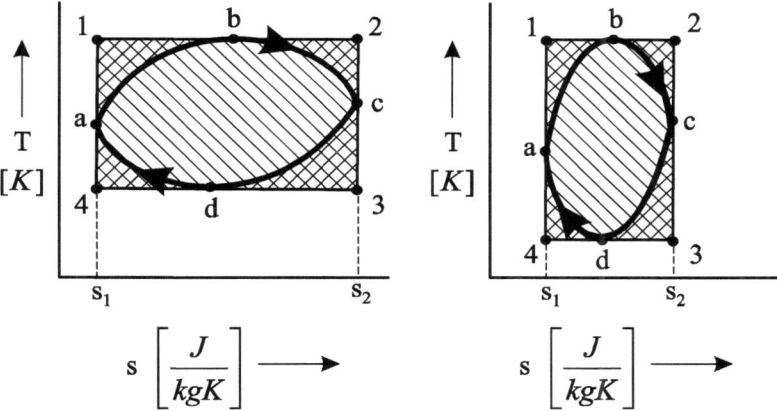

Bild 4.9 Thermischer Wirkungsgrad eines reversiblen Carnot-Kreisprozesses im Vergleich zu jenem eines beliebigen reversiblen Kreisprozesses im T,s-Diagramm

Aus Bild 4.9 kann andererseits abgeleitet werden, dass die Differenz der Extremwerte der Entropie – und dadurch die quantitativ ausgetauschte Wärme – den Wirkungsgrad des Vergleichs Carnot-Kreisprozesses nicht beeinflusst. Maßgebend ist dafür nur die Differenz der extremen Temperaturen.

4.6.2 Elementare, reversible Zustandsänderungen im T,s-Diagramm

4.6.2.1 Isochore (Bild 4.10):

$$dq = c_v dT \qquad (3.14a)$$

$$ds = c_v \frac{dT}{T} \rightarrow s_2 - s_1 = \int_{T_1}^{T_2} \frac{c_v}{T} dT$$

$$\tan \alpha = \frac{dT}{ds} = \frac{T}{c_v}$$

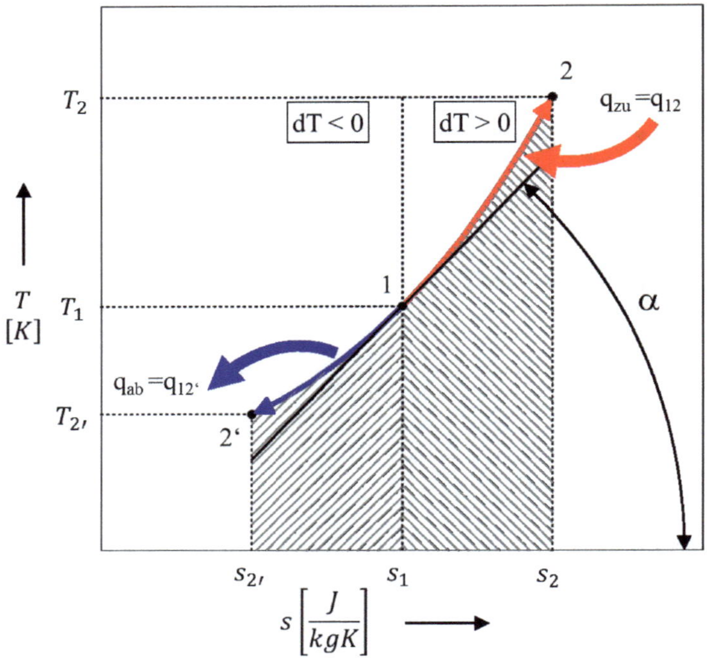

Bild 4.10 Reversible isochore Zustandsänderung im T,s-Diagramm

Zustandsänderung   12 → $q_{12} > 0$

Zustandsänderung   12' → $q_{12'} < 0$

Ausgehend von $\tan \alpha = \dfrac{T}{c_v(T)}$ gilt $\alpha(T)$, wobei der direkte Temperatureinfluss allgemein maßgebend für die Funktion ist, wodurch stets mit steigender Temperatur $d\alpha(T) > 0$. Das erklärt den dargestellten Kurvenverlauf.

4.6 Darstellungsformen von Prozessen mittels Entropie

Die Fläche unter einer isochoren Zustandsänderung stellt im T,s-Diagramm die Variation der inneren Energie dar.(Gl.(3.15a))

→ *geschlossene Systeme:* keine Verdichtung / Entlastung
→ *offene Systeme:* 12 Verdichtung
12' Entlastung

4.6.2.2 Isobare (Bild 4.11):

$$dq = c_p dT \qquad (3.14b)$$

$$ds = c_p \frac{dT}{T} \rightarrow s_2 - s_1 = \int_{T_1}^{T_2} \frac{c_p}{T} dT$$

$$\tan \beta = \frac{dT}{ds} = \frac{T}{c_p}$$

$$c_p > c_v \rightarrow \beta < \alpha$$

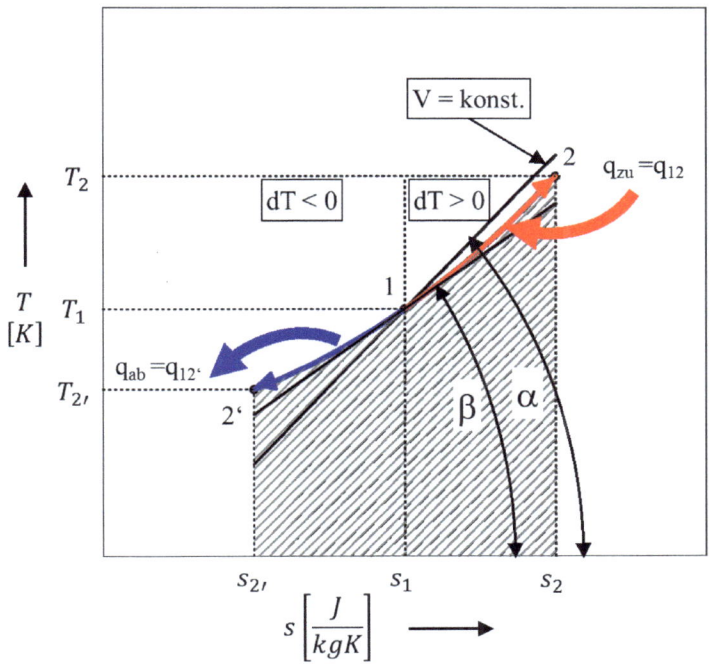

Bild 4.11 Reversible isobare Zustandsänderung im T,s-Diagramm

Zustandsänderung 12 → $q_{12} > 0$

Zustandsänderung 12' → $q_{12'} < 0$

Für den Kurvenverlauf gilt analog der Isochore $d\beta(T) > 0$.
Die Fläche unter einer isobaren Zustandsänderung stellt im T,s-Diagramm die Variation der Enthalpie dar(Gl.3.15.b)).

→ *geschlossene Systeme*:   12 Entlastung
                                   12' Verdichtung

→ *offene Systeme*:   keine Verdichtung / Entlastung

4.6.2.3 Isotherme (Bild 4.12):

Zustandsänderung   12 → ds>0

$$q_{12} = Fläche\,12S_2S_11 = Tds > 0$$

Zustandsänderung   12' → ds<0

$$q_{12'} = Fläche\,12'S_2'S_11 = Tds < 0$$

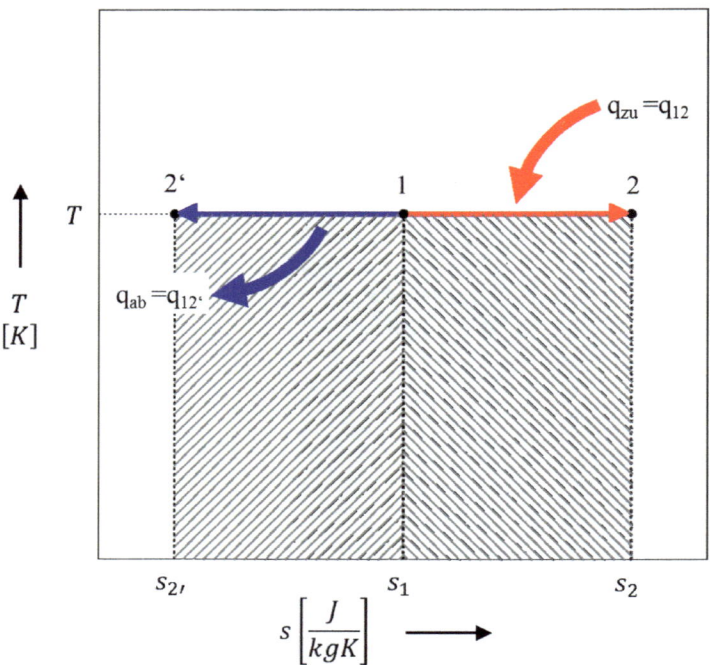

Bild 4.12 Reversible isotherme Zustandsänderung im T,s-Diagramm

→ *geschlossene / offene Systeme:*   12 Entlastung
                                       12' Verdichtung

4.6.2.4 Isentrope (Bild 4.13):

$dq=0$

$ds=0$ (s=konst.)

→ *geschlossene/offene Systeme:*   12 Verdichtung
                                    12' Entlastung

Die Darstellung einer beliebigen elementaren Zustandsänderung im Bild 4.13 – beispielsweise einer Isotherme 1-2 (aus Bild 4.12) zeigt folgendes:

- bei jeder Zustandsänderung rechts von einer Isentrope (mit Entropiezuwachs) nimmt die Wärme zu.
- bei jeder Zustandsänderung links von einer Isentrope (mit Entropieabnahme) nimmt die Wärme ab.

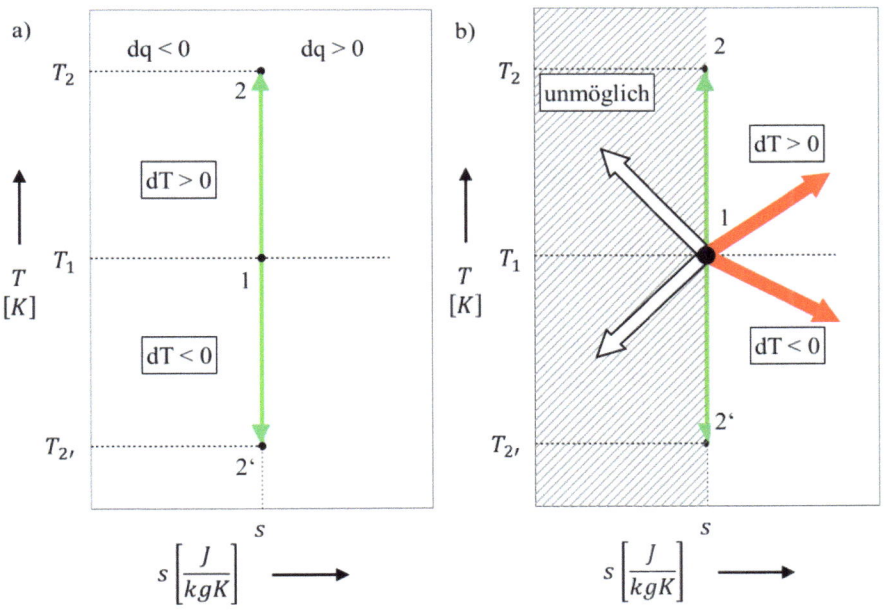

Bild 4.13 Reversible, adiabate (isentrope) (a) und irreversible adiabate (b) Zustandsänderung im T,s-Diagramm

Bei einer irreversiblen Adiabate kann die Entropie gemäß der Gl. (4.16') niemals abnehmen. Im Extremfall, beim reversilben, adiabaten Prozess bleibt sie unverändert. Ein Beispiel dafür ist die Verdichtung oder Entlastung ohne Wärmeaustausch, aber mit Reibung mit der Umgebung: bei der Reibung wird Wärme entwickelt, die die innere Energie des Systems erhöht. Eine Senkung der inneren Energie bei Reibung ist nicht möglich - das würde der Energiebilanz widersprechen.

4.6.2.5 Polytrope (Bild 4.14):

$n = 0$ Isobare
$n = 1$ Isotherme
$n = k$ Isentrope
$n \to \infty$ Isochore

Analog der Darstellungen im p,V-Diagramm – Bild 3.21 – sind alle elementaren Zustandsänderungen in Form einer jeweiligen Polytrope auch im T,s-Diagramm darstellbar.

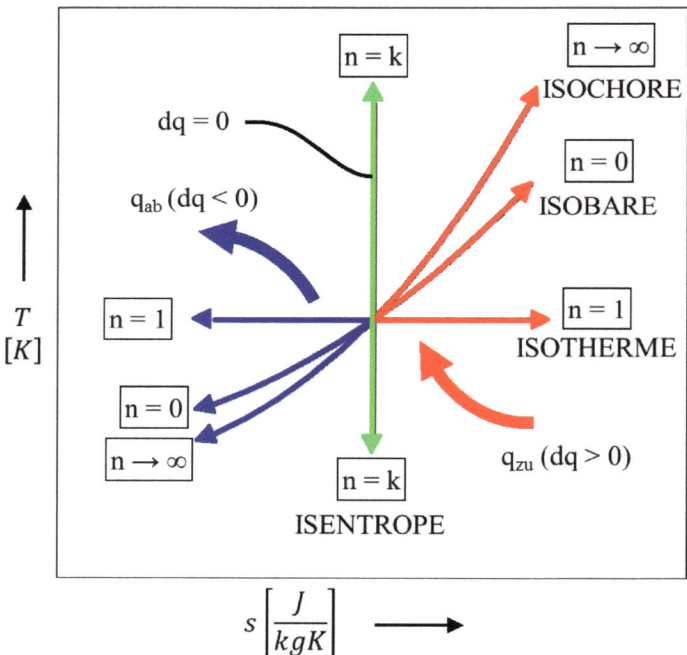

Bild 4.14 Darstellung der elementaren Zustandsänderungen in polytroper Form im T,s-Diagramm – ausgehend von einem gleichen ursprünglichen Zustand

4.6 Darstellungsformen von Prozessen mittels Entropie

4.6.3 u,s- und h,s-Diagramme

Bei der Berechnung der Prozesse in den Funktionsmodulen eines Fahrzeugs ist die Ermittlung der inneren Energie bzw. der Enthalpie maßgebend für die energetische Optimierung.

Die Energiebilanz anhand von Streckenvergleichen im u,s- bzw. h,s-Diagramm ist für grundlegende Betrachtungen übersichtlicher als der Vergleich von Flächen in T,s-Diagrammen. Der Übergang von einem T,s- zu einem u,s- bzw. h,s-Diagramm ist auf Basis der Gl. (3.14a), (3.14b) möglich.

$$du = c_v dT \tag{3.14a}$$

$$dh = c_p dT \tag{3.14b}$$

Dabei ist zu beachten, dass die spezifische Wärmekapazität selbst eine Funktion der Temperatur ist, wie im Bild 3.7 ersichtlich:

$$c_v = f(T); \quad c_p = f(T) \tag{3.15}$$

Vereinfachend können ihre Mittelwerte c_{vm}, c_{pm} in einem Temperaturinterval (T_1, T_2) eingesetzt werden, entsprechend Gl. (3.19a, b, c).

In diesem Fall bleibt der Verlauf jeder Zustandsänderung im T,s- und u,s- bzw. h,s-Diagramm unverändert, lediglich der Temperaturwert auf der Ordinate wird mit der jeweiligen Konstante c_{vm}, c_{pm} multipliziert.

Allgemein ist der Übergang von einer Zustandsänderung im T,s-Diagramm zu ihrer Darstellung im u,s- bzw. h,s-Diagramm über die jeweilige Funktion $c_v(T)$ bzw. $c_p(T)$ möglich, wie in Bild 4.15 und Bild 4.16 ersichtlich.

Im h,s-Diagramm kann beispielsweise der Anteil der kinetischen Energie an einer Enthalpie einfacher dargestellt werden. Bild 4.17 stellt die Enthalpieänderung für die Luftströmung dar, die während der Fahrt eines Autos angesaugt und anschließend durch einen Kompressor isentrop verdichtet wird. Je größer die Fahrtgeschwindigkeit c ist, desto höher ist der Anteil der kinetischen Energie an der Enthalpie. Aus dem Diagramm kann die Fahrtgeschwindigkeit ermittelt werden, bei der die vorgesehene Aufladung ohne Kompressor möglich wäre.

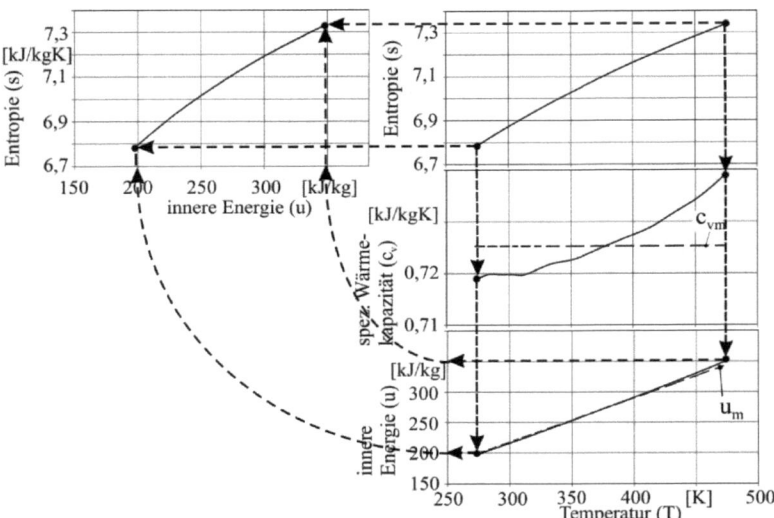

Bild 4.15 Darstellung einer Zustandsänderung im u,s-Diagramm – ausgehend von ihrem Verlauf im T,s-Diagramm

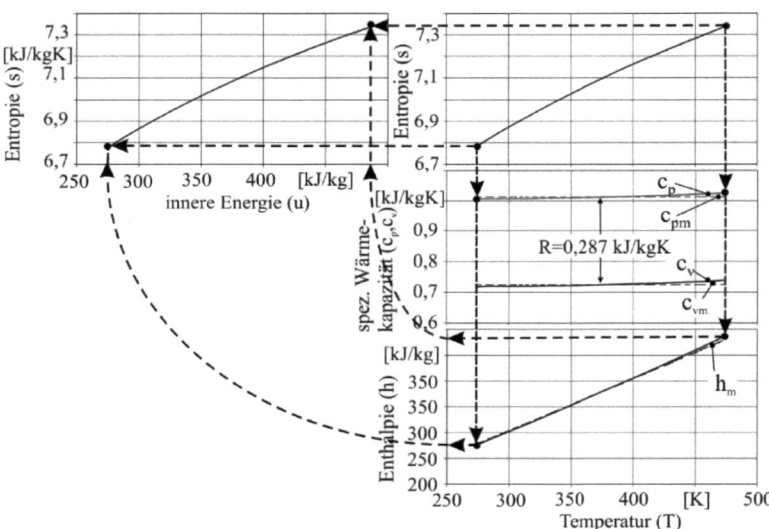

Bild 4.16 Darstellung einer Zustandsänderung im h,s-Diagramm – ausgehend von ihrem Verlauf im T,s-Diagramm

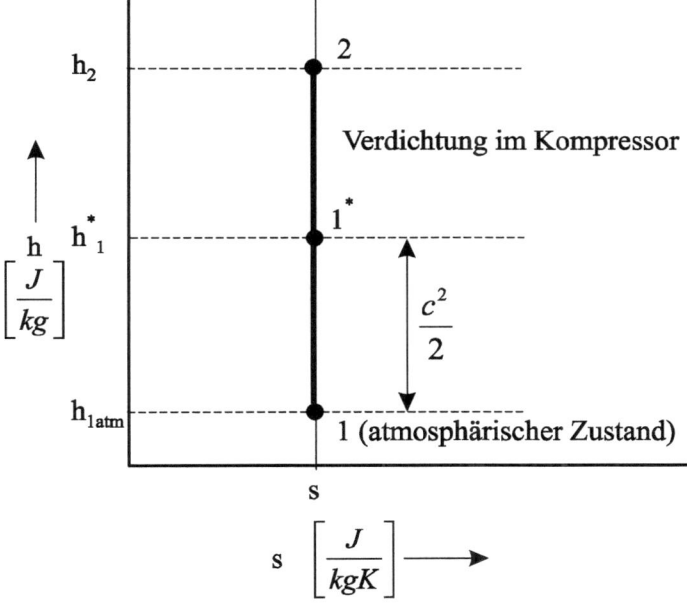

Bild 4.17 Enthalpieänderung der Luft bei Einströmung infolge der Fahrtgeschwindigkeit und infolge der isentropen Verdichtung mittels eines Kompressors

4.7 Exergie und Anergie

Aus dem 2.HS wurde abgeleitet, dass Wärme - und damit auch eine vorhandene innere Energie bzw. Enthalpie - selbst in reversiblen Prozessen nicht vollständig in Arbeit umgewandelt werden können.

Für die Bilanz der Energieformen während einer Umwandlung werden gelegentlich umwandelbare bzw. nicht umwandelbare Energieformen oder Energieanteile wie folgt definiert:

> *Definition*
>
> **Exergie** - *Eine Energie oder ein Energieanteil, der sich in einer vorgegebenen Umgebung vollständig in andere Energieformen umwandeln lässt.*
>
> **Anergie**- *Der Teil einer Energie, der nicht umwandelbar ist.*

Mit Hilfe der Exergie und Anergie werden die 2 Hauptsätze der Thermodynamik wie folgt formuliert:

- 1HS: die Summe aus Exergie und Anergie ist konstant.

$$E + B = \text{konst} \qquad (4.21)$$

- 2HS: in jedem irreversiblen (natürlichen) Prozess nimmt die Exergie zugunsten der Anergie ab. Bei reversiblen Prozessen bleibt die Exergie konstant. Eine Exergiezunahme ist in keinem Umwandlungsprozess möglich.

Die Exergie der nur teilweise umwandelbaren Energieformen hängt u. a. vom Umgebungszustand ab. Dieser muss für jede Exergiebetrachtung präzisiert werden können.

Wärme kann maximal mit dem Wirkungsgrad eines Carnot-Prozesses umgewandelt werden. Der Exergieanteil resultiert aus der Gleichsetzung der Gl.(4.3) und (4.6):

$$dE = \left(1 - \frac{T_u}{T}\right) dQ; \qquad dE = \eta_{thc} \cdot dQ \qquad (4.22)$$

Anwendungsbeispiele und Übungen zu Kapitel 4

Berechnung der Entropie in thermodynamischen Vorgängen

Ü 4.1 Ein Elektromotor wird bei 6 [kW] Leistung 5 Minuten lang mit einer Bremse abgebremst, wobei die, in den Bremsbelegen entwickelte Reibungswärme, auf die Umgebung übertragen wird. Die Umgebungstemperatur beträgt 20 [°C].

Aufgabe: Berechnung der Entropieänderung während des Vorgangs.

Lösung: Die Reibung ist ein irreversibler Prozess. Die Entropie ist eine Zustandsgröße, also wegunabhängig. Ihre Änderung kann dann bei Annahme eines reversiblen Prozesses erfolgen, der den gleichen Effekt hat.

- die vom Elektromotor geleistete Arbeit ΔW wird zunächst in innere Energie ΔU umgewandelt; der Prozess kann innerhalb des Systems Motor-Bremse zunächst als isentrop (adiabat, reversibel) betrachtet werden:

$$-\Delta W = P \cdot t = \Delta U \quad \text{wobei } t[s] - \text{Zeit}$$

- die somit im System Motor-Bremse gespeicherte Energie wird aufgrund der Temperaturdifferenz zur Umgebung als Wärme, durch eine reversible Zustandsänderung abgeführt – eine reversible Wärmezufuhr ist aber nur isotherm möglich. Bei konstanter Temperatur gilt dann:

$$\Delta U = \Delta Q \Rightarrow \Delta S = \frac{\Delta Q}{T_o} = \frac{P \cdot t}{T_o}$$

$$\Delta S = \frac{6 \cdot 10^3 \cdot 5 \cdot 60}{293,15} = 6143 \left[\frac{J}{K}\right]$$

Entsprechend dem 2. HS nimmt die Entropie dabei zu.

Der idealisierte Prozess, bestehend aus 2 konsekutiven, reversiblen Zustandsänderungen und die reale, irreversible Zustandsänderung sind im Bild Ü4.1 dargestellt.

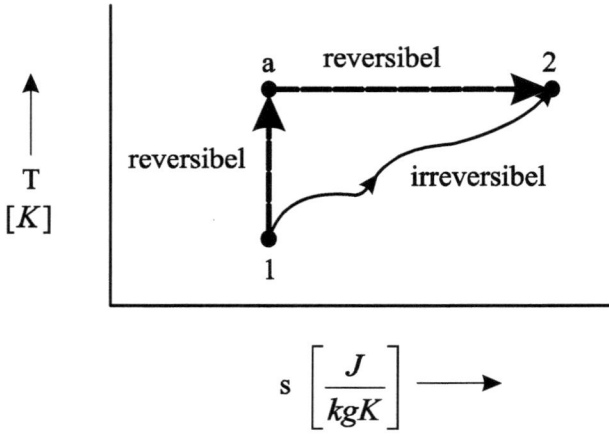

Bild Ü4.1 Idealisierter (1-a-2) und realer (1-2) Vorgang

Ü 4.2 Ein wärmedichter Raum ist durch eine Zwischenwand in 2 Volumen getrennt (Bild Ü4.2). Die Temperaturen der 2 Räume sind unterschiedlich, $T_1 > T_2$. Die Zwischenwand ist massendicht aber wärmedurchlässig. Dieses Modell entspricht grundsätzlich jeder Wärmeübertragung durch einen Körper in einer betrachteten Umgebung, die als isoliertes System gesehen werden kann.

Frage: Wie verhält sich die Entropie des gesamten Systems während der Wärmeübertragung durch den Körper?

Lösung: Für das Volumen 1 gilt:

$$|\Delta S_1| = -\frac{|\Delta Q|}{T_1} \text{ (Wärmeabfuhr)}$$

Für das Volumen 2 gilt:

$$\Delta S_2 = \frac{\Delta Q}{T_2} \text{ (Wärmezufuhr)}$$

Die Entropieänderung beträgt insgesamt:

$$\Delta S = \Delta S_1 + \Delta S_2 = \Delta S_2 - |\Delta S_1| = \frac{\Delta Q}{T_2} - \frac{\Delta Q}{T_1} = \frac{Q}{T_2}\left(1 - \frac{T_2}{T_1}\right)$$

für $T_1 > T_2$ und $Q > 0$, $T_2 > 0$

$$\rightarrow \frac{Q}{T_2} > 0;\ 1 - \frac{T_2}{T_1} > 0 \Rightarrow \Delta S > 0$$

Eine natürliche Wärmeübertragung, bei dem die Temperaturen unterschiedlich sind und die Wärme nur von der höheren zur niedrigeren Temperatur übergehen kann, erfolgt stets mit Entropiezunahme. Eine Wärmeübertragung von T_{min} zu T_{max}, wodurch $\Delta S < 0$ als natürlicher Ablauf ist nicht möglich.

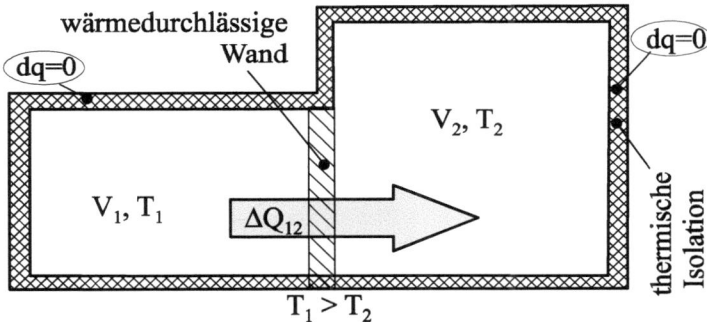

Bild Ü4.2 Änderung der Entropie in einem wärmedichten System infolge einer Wärmeübertragung zwischen seinen Teilvolumen

Ü 4.3 Eine Menge von 0,4 [kg] Sauerstoff erfährt als ideales Gas in einer Maschine eine Zustandsänderung (Bild Ü4.3) zwischen den Zuständen 1 und 2, die wie folgt präzisiert sind:

1. $p = 3$ [bar]
   $V = 0{,}125$ [m³]
   $T = 360$ [K]
2. $p = 8$ [bar]
   $V = 0{,}5$ [m³]
   $T = 3840$ [K]

Dabei ist $c_v = c_{vm}$ = konst = 653 [J / kg K]
$R = 259{,}78$ [J / kg K]

|Aufgabe:| Berechnung der Entropieänderung infolge dieser Zustandsänderung

|Lösung:| Die Entropie ist eine Zustandsgröße. Demzufolge ist ihre Änderung nicht von der Art der Zustandsänderung, sondern nur von Anfangs- und Endzustand abhängig;

nach Gl.(4.17') gilt:

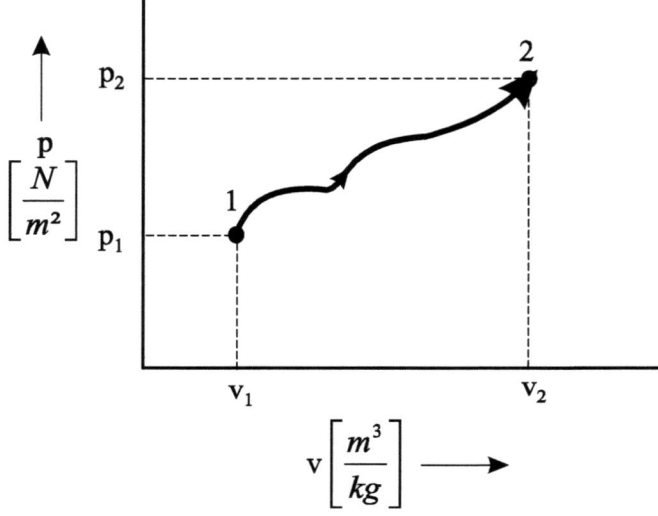

Bild Ü4.3 Zustandsänderung 1,2 eines Gases (Sauerstoff) in einer Maschine

$$S_2 - S_1 = m\left(c_{vm} \ln\frac{T_2}{T_1} + R\ln\frac{v_2}{v_1}\right) \text{ mit } \frac{v_2}{v_1} = \frac{V_2}{V_1}$$

$$S_2 - S_1 = 0{,}4(653 \cdot 2{,}367 + 259{,}78 \cdot 1{,}386) = 762{,}26 \left[\frac{J}{K}\right]$$

nach Gl.(4.18) resultiert das gleiche Ergebnis:

$$S_2 - S_1 = m\left[(c_{vm} + R)\ln\frac{T_2}{T_1} - R\ln\frac{p_2}{p_1}\right]$$

↓

c_{pm}

$$S_2 - S_1 = 0{,}4(912{,}78 \cdot 2{,}367 - 259{,}78 \cdot 0{,}982)$$

$$S_2 - S_1 = 762{,}1 \left[\frac{J}{K}\right]$$

analog nach Gl. (4.19'):

$$S_2 - S_1 = m\left(c_{pm} \ln \frac{v_2}{v_1} + c_{vm} \ln \frac{p_2}{p_1}\right)$$

$$S_2 - S_1 = 0{,}4(912{,}78 \cdot 1{,}386 + 653 \cdot 0{,}982)$$

$$S_2 - S_1 = 762{,}54 \left[\frac{J}{K}\right]$$

(Die Abweichungen nach dem Komma resultieren aus der Logarithmusberechnung.)

Kommentar: Für die Berechnung der Entropieänderung eines beliebigen reversiblen oder irreversiblen Vorganges ist also nur die Kenntnis der Zustandsgrößen im Anfangs- und Endzustand bzw. der Gaseigenschaften erforderlich.

Ü 4.4 In einem Fahrgastraum mit dem Volumen von 9 [m³], beträgt die Lufttemperatur [10°C]. Der Raum wird bis zu einer Temperatur von 23 [°C] beheizt. Der Luftdruck bleibt dabei konstant auf dem Umgebungswert p = 1 [bar] – weil der Fahrgastraum nicht vollkommen massendicht ist bzw. sein darf.

Aufgabe: Berechnung der inneren Energie und der Entropie zwischen den zwei Zuständen.

Angaben: $c_{pm_{LUFT}} = 1{,}005 \left[\dfrac{kJ}{kgK}\right]$, $R_{LUFT} = 0{,}2871 \left[\dfrac{kJ}{kgK}\right]$

Lösung: Die Luftmasse wird vor und nach dem Heizen mittels der Zustandsgleichung ermittelt:

$$m_1 = \frac{p_1 V_1}{R T_1} = \frac{pV}{R T_1} = \frac{1 \cdot 10^5 \cdot 9}{287{,}1 \cdot 283{,}15} = 11{,}07 \,[kg]$$

$$m_2 = \frac{p_2 V_2}{RT_2} = \frac{pV}{RT_2} = \frac{1 \cdot 10^5 \cdot 9}{287,1 \cdot 296,15} = 10,58 \,[kg]$$

Die Variation der inneren Energie wird entsprechend der Gl.(3.15a) ermittelt, wobei

$$c_{vm_{LUFT}} = c_{pm_{LUFT}} - R_{LUFT} \qquad (3.19c)$$

$$U_2 - U_1 = m_2 c_{vm} T_2 - m_1 c_{vm} T_1 =$$

$$= \left(\frac{pV}{RT_2} \cdot T_2 - \frac{pV}{RT_1} \cdot T_1 \right) c_{vm} = 0$$

Die innere Energie bleibt also konstant, da die Temperaturzunahme durch Massenverlust kompensiert wird. Dagegen nimmt die spezifische innere Energie (je kg beheizte Luft) zu. Es gilt entsprechend Gl. (3.15a):

$$u_2 - u_1 = c_{vm}(T_2 - T_1)$$

Zur Berechnung der Entropiezunahme gilt nach Gl.(4.18):

$$dS = \frac{dQ}{T} = mc_p \frac{dT}{T} - mR \frac{dp}{p}$$

wobei p = konst. →dp=0

$$\rightarrow \qquad dS = m_{c_p} \frac{dT}{T}$$

$$S_2 - S_1 = \int_1^2 mc_p \frac{dT}{T}$$

aus $\qquad pV = m_1 R T_1$
$pV = m_2 R T_2$
$pV = m_i R T_i$

resultiert durch Dividieren die Gleichung dieser Zustandsänderung:

$$1 = \frac{m_1 T_1}{m_i T_i} \qquad \text{und allgemein}$$

Anwendungsbeispiele und Übungen zu Kapitel 4

$$mT = m_1 T_1 = konstant$$

$$\rightarrow \quad m = \frac{m_1 T_1}{T}$$

Der Ausdruck für m wird in dem Integral umgesetzt.

$$S_2 - S_1 = \int_{T_1}^{T_2} \frac{m_1 T_1}{T} c_p \frac{dT}{T} =$$

$$m_1 c_{pm} T_1 \int_1^2 \frac{dT}{T^2} = -m_1 c_{pm} T_1 \left(\frac{1}{T_2} - \frac{1}{T_1} \right) = m_1 c_{pm} T_1 \left(\frac{1}{T_1} - \frac{1}{T_2} \right)$$

$$S_2 - S_1 = \frac{pV}{RT_1} c_{pm} \left(1 - \frac{T_1}{T_2} \right)$$

$$= \frac{1 \cdot 10^5 \cdot 9}{287,1 \cdot 283,15} \cdot 1,005 \cdot 10^3 \left(1 - \frac{283,15}{296,15} \right)$$

$$= 488,417 \left[\frac{J}{K} \right]$$

Kommentar:

1. Die innere Energie bleibt konstant; für einen reversiblen Prozess dieser Art gelte bei einer ersten Betrachtung:

$$dQ = dU + pdV \rightarrow dQ = 0 \rightarrow dS = \frac{dQ}{T} = 0$$

$\Delta S = S_2 - S_1 > 0$ zeigt den Grad der Irreversibilität dieses Vorgangs

2. Der erhaltene Ausdruck wird vom 2.HS bestätigt: ein reversibler Wärmeübergang wäre nur bei $T_1 = T_2$ möglich

→ $S_2 - S_1 = 0$.

Ü 4.5 Es wird ein Carnot-Kreisprozess mit reversibler Wärmezufuhr und Wärmeabfuhr und mit adiabater, aber irreversibler Verdichtung und Entlastung mit einem vollständig reversiblem Carnot- kreisprozess vergliechen. Die Irreversibilität bei Verdichtung und Entlastung ist durch Reibung verursacht.

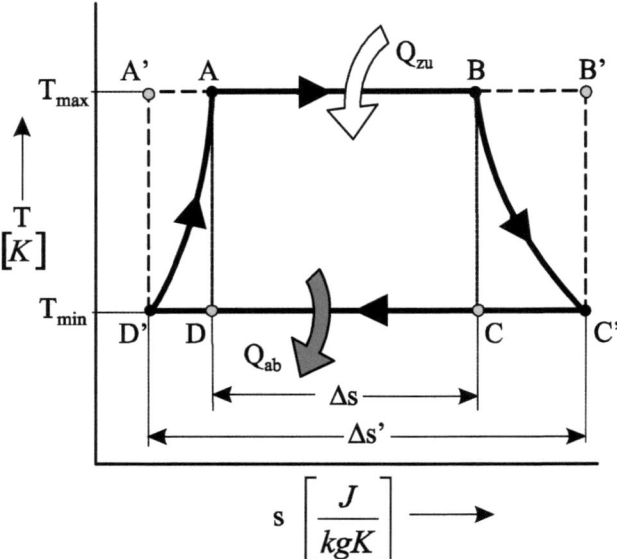

Bild Ü4.5 Reversibler und irreversibler Carnot- Kreisprozess im T,s-Diagramm

- Im gleichen Temperaturbereich Tmax, Tmin, bei gleicher Wärmezufuhr verläuft der reversible Carnot-Prozess zwischen den Zuständen ABCD (Bild Ü 4.5)
- Die irreversiblen Adiabaten D'A und BC' verursachen eine Entropiezunahme CC' bzw. DD'. Bei allen adiabaten, irreversiblen Prozessen – also in diesem Fall sowohl bei der Verdichtung, als auch bei der Entlastung – ist diese Zunahme nicht nur als Betrag sondern auch als Richtung gegeben. (ds>0)
- Während der Wärmeabfuhr muss eine größere Entropiedifferenz (Δ s') als bei der Wärmezufuhr (Δ s) kompensiert (abgebaut) werden. Anderfalls kann der Anfangszustand nicht wieder erreicht, bzw. der Kreisprozess nicht realisiert werden. Dieser Vorgang wird durch das Clausius-Integral für irreversible Kreisprozesse Gl.(4.9') bestätigt.

$$\oint_{irrev} \frac{dQ}{T} < 0 \qquad (4.9')$$

Diese erweiterte Entropiesenkung bei der Wärmeabfuhr hat eine Zunahme der abgeführten Wärme zu Folge.

Anwendungsbeispiele und Übungen zu Kapitel 4

$$Q'_{ab} = \int_{C'}^{D'} T_{min} \cdot ds > \int_{C}^{D} T_{min} \, ds$$
$$\quad\;\;(irrev) \qquad\quad (rev)$$

Zur Ermittlung der thermischen Wirkungsgrade wird der irreversible Carnot-Prozess in dem angrenzenden reversiblen Carnot-Prozess A'B'C'D' eingeschlossen. Der Vergleich mit diesem Ersatz-Carnot-Prozess statt des Prozesses ABCD ist zulässig, weil

$$\eta_{th_c}\atop{(rev-ABCD)} = \eta_{th_c}\atop{(rev-A'B'C'D')}$$

Es gilt:

$$\eta_{th_c}\atop{(rev-ABCD)} = \frac{T_{max}\,\Delta s - T_{min}\,|\Delta s|}{T_{max}\cdot \Delta s} = 1 - \frac{T_{min}\cdot|\Delta s|}{T_{max}\cdot \Delta s} =$$

$$= 1 - \frac{T_{min}\cdot|\Delta s'|}{T_{max}\cdot \Delta s'} = \eta_{th_c}\atop{(rev-A'B'C'D')}$$

Der thermische Wirkungsgrad ist demnach, wie erwartet nur temperaturabhängig. Andererseits ist

$$\eta_{th_c}\atop{(irrev-ABC'D')} = \frac{Q_{zu}-|Q_{ab}|}{Q_{zu}} = 1 - \frac{|Q_{ab}|}{Q_{zu}} = 1 - \frac{\int_{C'}^{D'} T_{min}|ds|}{\int_{A'}^{B'} T_{max}|ds|} =$$

$$= 1 - \frac{T_{min}\int_{C'}^{D'}|ds|}{T_{max}\int_{A}^{B}|ds|}$$

Aus dem T,s-Diagramm ist ersichtlich, dass

$$\int_{C'}^{D'}|ds| = s_{C'} - s_{D'} > \int_{C}^{D}|ds| = s_C - s_D$$

$$\rightarrow \quad \eta_{th_c}\atop{(irrev)} < \eta_{th_c}\atop{(rev)}$$

Ü 4.6 Es wird ein Carnot-Kreisprozess mit irreversibler Wärmezufuhr und Wärmeabfuhr – infolge der Temperaturdifferenz zwischen Wärmequellen und Arbeitsraum (T int ≠ T ext) sowie mit adiabater, irreversibler Verdichtung und Entlastung infolge Reibung analysiert.

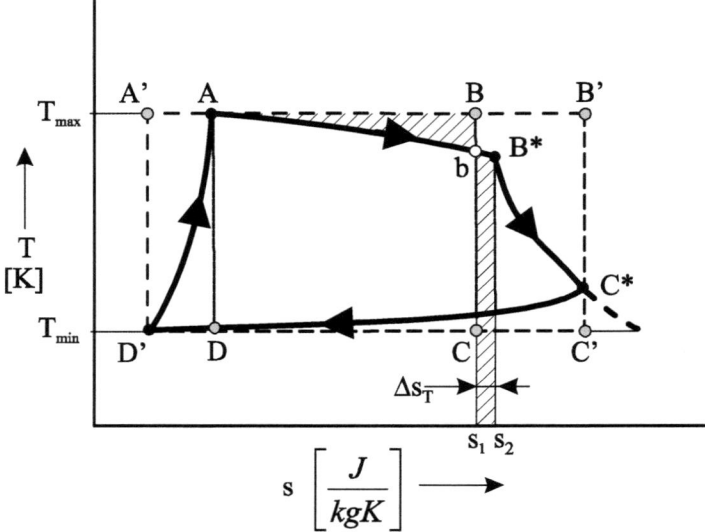

Bild Ü4.6 Reversible und irreversible Carnot- Kreisprozess im T,s-Diagramm

- die Wärmequelle liefert die Wärme bei konstanter Temperatur T_{max}. Die Temperatur im Arbeitsraum ist stets geringer T_{syst} < T_{max}, sonst würde keine Wärme zuströmen
- bei der Wärmezufuhr gleicht sich die Temperatur aus: T_{syst} < T < T_{max}

Dieser Ausgleichsprozess ist irreversibel, die Entropie nimmt um einen Δs_T mehr zu, als es bei der reversiblen Wärmezufuhr AB der Fall wäre.

Die Entropiezunahme ist mit einer Energie - Fläche bB*$s_1 s_2$ b – verbunden. Diese Energie stünde sonst einer nützlichen Umwandlung zur Verfügung – Fläche AbBA = Fläche bB*s_1 s_2 b.

Die Zunahme der Prozessfläche allein durch Zunahme der Entropie ändert nicht den Wirkungsgrad – wie im Fall **Ü 4.5** gezeigt. Dagegen ist aber die Senkung der Temperatur unter T_{max} nachteilig im Bezug auf den thermischen Wirkungsgrad.

Schlussfolgerungen:

- Die Wärme entsprechend der Fläche bB*s_1 s_2b ist für den Prozess nicht nutzbar
- Die Wärme entsprechend der Fläche ABbA würde eine Erhöhung des thermischen Wirkungsgrades erbringen.

Die reibungsbehaftete Entlastung auf der irreversibelen Adiabate B* C* bewirkt eine Erhöhung der inneren Energie – also auch der Temperatur – gegenüber einer adiabaten, reversiblen Entlastung, die vom gleichen Zustand B aus abliefe. Grund dafür ist die Reibungswärme, die zunächst im System als innere Energie bleibt. Ihre Nutzung im Prozess könnte nur durch eine weitere Entlastung bis T_{min} erfolgen – so im Fall Ü 4.5.

Ein technisches System mit variabler Entlastung als Funktion der Reibungstemperatur ist allerdings schwer vorstellbar.

Der irreversible Prozess A B* C* D' A hat durch

- Senkung der maximalen Temperatur und
- Erhöhung der minimalen Temperatur

einen noch niedrigeren thermischen Wirkungsgrad als der Prozess im Fall Ü 4.5.

Dementsprechend: $\eta_{th_c \atop (irrev-Ü4.6)} = 1 - \frac{|Q_{ab}|}{Q_{zu}} < \eta_{th_c \atop (irrev-Ü4.5)}$

Umso niedriger wird der thermische Wirkungsgrad gegenüber dem reversiblen Carnot-Kreisprozess.

Fragen zu Kapitel 4

-zu beantworten ohne Unterlagen –
(Lösungen am Ende des Kapitels)

F 4.1 In einem Kolbenverdichter wird atmosphärische Luft ohne Wärmeaustausch (isentrop) bzw. mit Kühlung (polytrop) komprimiert. Stellen Sie die 2 Vorgangsarten in gleichen p,V- bzw. T,s-Diagrammen dar und schreiben Sie die jeweilige Energiebilanz anhand des ersten Hauptsatzes der Thermodynamik!

F 4.2 In der Turbine, die einem Kolbenmotor nachgeschaltet ist, wird Abgas ohne Wärmeaustausch (isentrop) bzw. mit Kühlung (polytrop) entlastet. Stellen Sie die 2 Vorgangsarten im gleichen p,V- bzw. T,S-Diagramm mit unterschiedlichen Farben dar. Markieren Sie im p,V-Diagramm die jeweils von der Turbine geleistete Arbeit.

F 4.3 In einem aufgeladenen Kolbenmotor wird Luft zuerst in einem Radialverdichter (offenes System) isentrop verdichtet, danach in einem Wärmetauscher (offenes System) gekühlt und anschließend im Kolbenmotor (geschl. System) isentrop verdichtet. Stellen Sie den Verlauf der Zustandsänderungen der Luft über die 3 Abschnitte im p,V- und im T,s-Diagramm dar. Schraffieren Sie die Flächen, die den Austausch von Wärme bzw. Arbeit darstellen.

F 4.4 Stellen Sie 4 Arten von elementaren Zustandsänderungen im T,s-Diagramm dar. In welcher Laufrichtung der jeweiligen Zustandsänderung wird Wärme abgeführt? (Erklärung anhand einer jeweiligen geeigneten Gleichung)

Aufgaben zu Kapitel 4

-zu beantworten ohne Unterlagen –
(Lösungen am Ende des Kapitels)

A 4.1 Das Abgas eines Kolbenmotors bestehend aus 22% CO_2 und 78% N_2 (Massenanteile) wird in einer Turbine eingeleitet und isentrop entlastet, wodurch seine Temperatur von 900 [°C] auf 650 [°C] gesenkt wird. Folgende Kenngrößen sind bekannt:

$$CO_2 \quad c_{vm} = 0{,}969 \left[\frac{kJ}{kgK}\right] \quad M = 44 \left[\frac{kg}{kmol}\right]$$

$$N_2 \quad c_{vm} = 0{,}816 \left[\frac{kJ}{kgK}\right] \quad M = 28 \left[\frac{kg}{kmol}\right]$$

univ. Gaskonstante $R = 8{,}314 \left[\frac{kJ}{kmolK}\right]$

Zu bestimmen sind:

4.1.1 die Gemischkenngrößen des Abgases: R_G, c_{vmG}, c_{pmG}

4.1.2 der Druckabfall in der Turbine (als Verhältnis zwischen Eingang-/Ausgangswert)

4.1.3 die spezifische Arbeit in der Turbine unter der Annahme einer im betrachteten Temperaturbereich konstanten spezifischen Wärmekapazität

4.1.4 die Enthalpie- und Entropieänderung des Abgases in der Turbine

Lösungen zu den Fragen von Kapitel 4

F 4.1

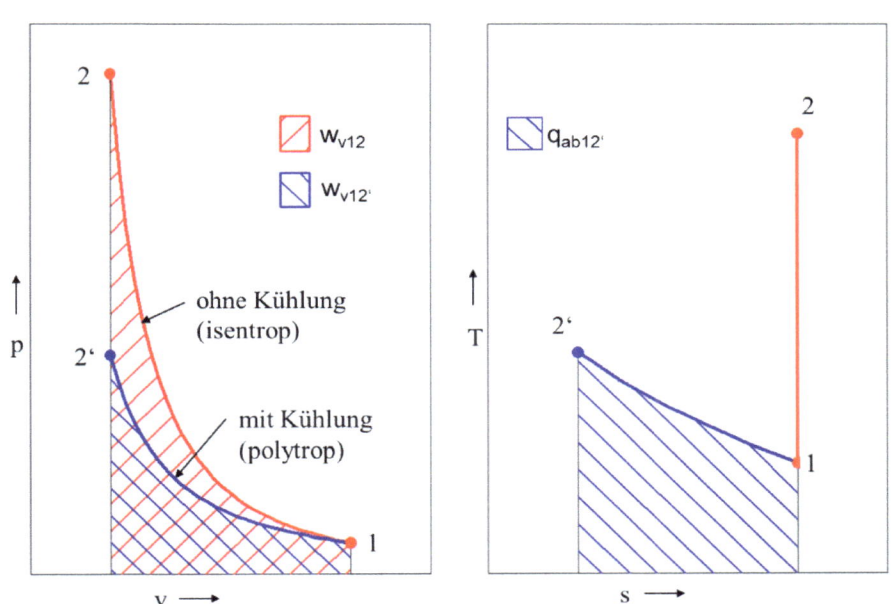

gekühlter Kolbenverdichter (geschlossenes System)
$Q_{12} - W_{12} = U_2 - U_1$ mit $U = mc_v T$
$Q_{12} - W_{12} = mc_v (T_2 - T_1)$
isentroper Kolbenverdichter (geschlossenes System)
$Q_{12} - W_{12} = U_2 - U_1$ mit $Q_{12} = 0$ und $U = mc_v T$
$-W_{12} = mc_v (T_2 - T_1)$ bzw. $W_{12} = mc_v (T_1 - T_2)$

4 Energieumwandlung: Der zweite Hauptsatz der Thermodynamik

F 4.2

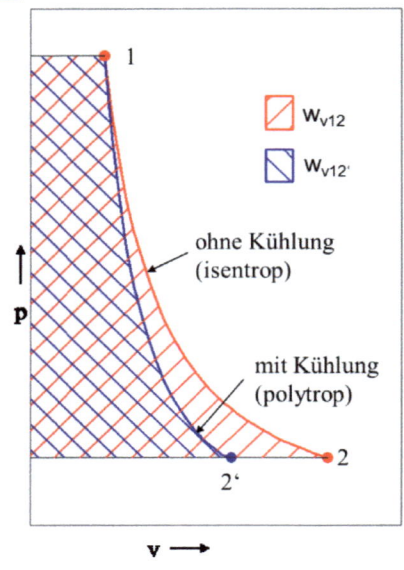
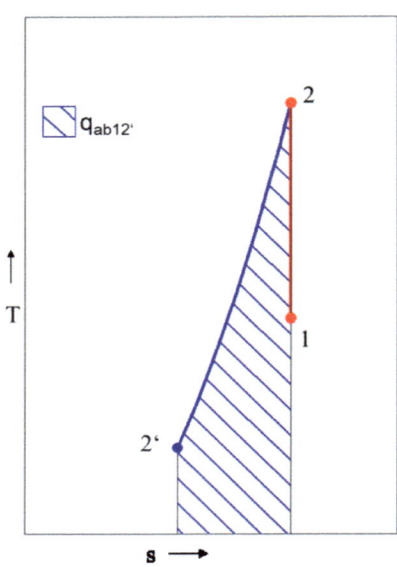

F 4.3

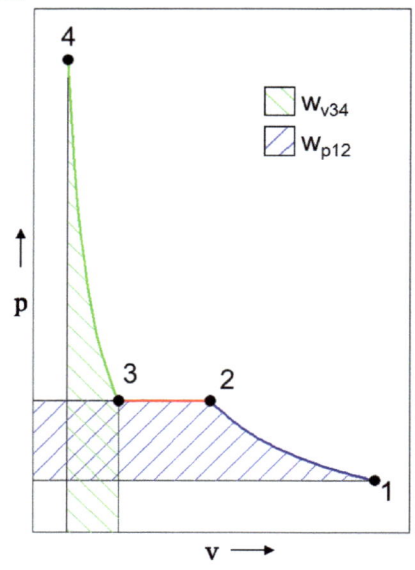
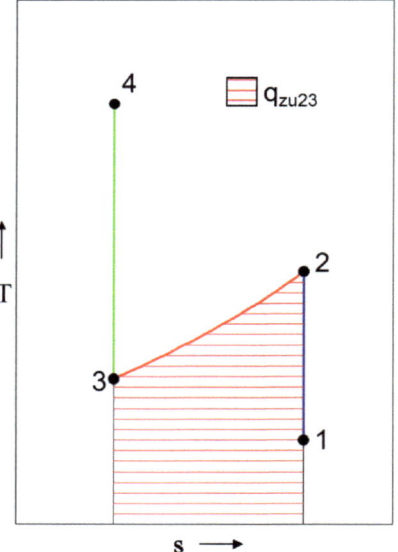

F 4.4

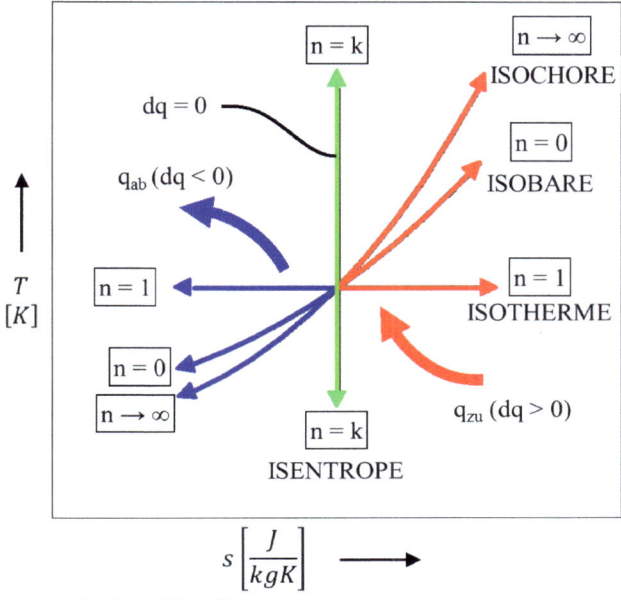

$dq = T \cdot ds \quad (T > 0)$
$dq < 0 \quad \text{für} \quad ds < 0$

Lösungen zu den Aufgaben von Kapitel 4

A 4.1 4.1.1 Gemischkenngrößen

$\xi_{CO_2} = 0{,}22 / \xi_{N_2} = 0{,}78$

$R_{CO_2} = \dfrac{8314}{44} / R_{N_2} = \dfrac{8314}{28}$

$R_G = \xi_{CO_2} \cdot R_{CO_2} + \xi_{N_2} \cdot R_{N_2} = 0{,}22 \cdot \dfrac{8{,}314}{44} + 0{,}78 \cdot \dfrac{8{,}314}{28}$

$\underline{\underline{R_G = 0{,}2732 \left[\dfrac{kJ}{kgK}\right]}}$

$c_{vmG} = \xi_{CO_2} \cdot c_{vmCO_2} + \xi_{N_2} \cdot c_{vmN_2} = 0{,}22 \cdot 0{,}969 + 0{,}78 \cdot 0{,}816$

$\underline{\underline{c_{vmG} = 0{,}8497 \left[\dfrac{kJ}{kgK}\right]}}$

$c_{pmG} = c_{vmG} + R_G = 0{,}84966 + 0{,}27317$

$\underline{\underline{c_{pmG} = 1{,}1228 \left[\dfrac{kJ}{kgK}\right]}}$

4.1.2 Druckabfall in der Turbine

$k = \dfrac{c_{pmG}}{c_{vmG}} = 1{,}3215$

$p_E v_E^k = p_A v_A^k \quad \text{mit} \quad v = \dfrac{RT}{p} \quad \to \quad \dfrac{p_E}{p_A} = \left(\dfrac{T_A \cdot p_E}{p_A \cdot T_E}\right)^k$

$\left(\dfrac{p_E}{p_A}\right)^{1-k} = \left(\dfrac{T_A}{T_E}\right)^k \quad \to \quad \left(\dfrac{p_E}{p_A}\right)^{k-1} = \left(\dfrac{T_E}{T_A}\right)^k \quad \to \quad \dfrac{p_E}{p_A} = \left(\dfrac{T_E}{T_A}\right)^{\frac{k}{k-1}}$

$$\frac{p_E}{p_A} = \left(\frac{273{,}15+900}{273{,}15+650}\right)^{\frac{1{,}3215}{0{,}3215}}$$

$$\underline{\underline{\frac{p_E}{p_A} = 2{,}678}}$$

4.1.3 spezifische Turbinenarbeit

$q_{EA} - w_{EA} = h_A - h_E \qquad q_{EA} = 0, \; c_{pA} = c_{pE} = c_{pmG}, \; h = c_{pmG} T$

$w_{EA} = c_{pm}(T_E - T_A) = 1{,}1228 \cdot (273{,}15 + 900 - 273{,}15 + 650)$

$$\underline{\underline{w_{EA} = 280{,}7 \left[\frac{kJ}{kg}\right]}}$$

4.1.4 Enthalpie- und Entropieänderung

$q_{EA} - w_{EA} = h_A - h_E \qquad q_{EA} = 0,$

$-w_{EA} = \Delta h$

$$\underline{\underline{\Delta h = -280{,}7 \left[\frac{kJ}{kg}\right]}}$$

$s_{EA} = \dfrac{q_{EA}}{T} \qquad mit \; q_{EA} = 0$

$$\underline{\underline{s_{EA} = 0}}$$

Literatur zu Kapitel 4

[1]   Baehr, H. D.; Kabelac, St.: Thermodynamik, 16. Auflage
       Springer Vieweg, 2016
       ISBN 978-3-662-49567-4

[2]   Cerbe, G.; Wilhelms, G.: Einführung in die Thermodynamik,
       18. Auflage
       Carl Hanser Verlag, 2017
       ISBN 978-3-446-45119-3

[3]   Eastop, T.: Applied Thermodynamics for Engineering Technologists,
       5. Edition, Longman Group,1993
       ISBN 0-582-09193-4

[4]   Elsner, N.; Dittmann, A.: Grundlagen der Technischen Thermodynamik: Energielehre und Stoffverhalten, 8.Auflage
       Akademie- Verlag Berlin, 1993
       ISBN 3-05-501390-5

[5]   Elsner, N.; Fischer, S.; Huhn, J.: Grundlagen der Technischen Thermodynamik: Wärmeübertragung, 8.Auflage
       Akademie-Verlag Berlin, 1993
       ISBN 3-05-501389-1

[6]   Hahne, E.: Technische Thermodynamik, 5. Auflage
       De Gruyter Oldenbourg, 2010
       ISBN 978-3-486-59231-3

[7]   Lucas, K.: Thermodynamik: Die Grundgesetze der Energie- und Stoffumwandlungen, 7.Auflage
       Springer Verlag, 2011
       ISBN 978-3-540-42034-7

[8] Mills, A. F.; Coimbra, C.F.M.: Basic Heat and Mass Transfer
     Temporal Publishing, LLC, 2015
     ISBN 978-0096 3053 03

[9] Schütz, T.: Hucho - Aerodynamik des Automobils, 6.Auflage
     Springer Vieweg Verlag, 2013
     ISBN 978-3-834-81919-2

[10] Stephan, K.; Schaber, K.: Thermodynamik, 19.Auflage
     Springer Verlag, 2013
     ISBN 3-642-300974

[11] Wetzel, Th. (Hrsg.) VDI Wärmeatlas, 12.Auflage
     Springer Vieweg, 2019
     ISBN 978-3-662-52988-1

5 Prozesse in thermischen Maschinen

5.1 Kreisprozesse in Wärmekraftmaschinen

5.1.1 Rechtslaufende Kreisprozesse

In Wärmekraftmaschinen werden rechtslaufende Kreisprozesse realisiert, um – wie im Kapitel 4.6.1 erläutert – zugeführte Wärme in Arbeit umzuwandeln. Dabei wird eine maximale Umwandlung angestrebt, was durch den thermischen Wirkungsgrad – gemäß Gl. (4.3) – ausgedrückt wird. Wie im Zweiten Hauptsatz der Thermodynamik formuliert, resultiert die Kreisprozessarbeit aus der Differenz zwischen der zugeführten und der abgeführten Wärme, die für die Rückkehr des Arbeitsmediums in den ursprünglichen Zustand als Vorraussetzung eines zyklischen Vorgangs unumgänglich ist.

Die von einer Wärmekraftmaschine geleistete Arbeit wird in der Kraftfahrzeugtechnik entweder für den direkten Fahrzeugantrieb oder zur Erzeugung elektrischen Stroms an Bord genutzt, um einen Antrieb mittels Elektromotor abzusichern. Die kombinierte Funktion – Direktantrieb und Stromerzeugung – stellt eine weitere Alternative dar. Die Einsatzform der Wärmekraftmaschine ergibt die erforderliche Variabilität der Kreisprozessarbeit, die für die Gestaltung der thermodynamischen Vorgänge in der Maschine maßgebend ist.

Jeder Kreisprozess ist eine Folge von Zustandsänderungen – die allgemein durch Verkettung elementarer Zustandsänderungen nachgebildet werden können – wobei der Anfangs- und Endzustand des Arbeitsmediums identisch sind.

Im Verlauf eines Kreisprozesses finden stets – unabhängig von der spezifischen Form der jeweiligen Zustandsänderungen – vier Grundarten von Vorgängen statt:

- Verdichtung (Kompression)
- Wärmezufuhr
- Entlastung (Expansion)
- Wärmeabfuhr

Ein Kreisprozess besteht aus mindestens 3 elementaren Zustandsänderungen. Unabhängig von der Anzahl der einzelnen Zustandsänderungen in einem

Kreisprozess ist die vom System mit der Umgebung ausgetauschte Wärme als algebraische Summe erfassbar:

$$Q_K = \sum Q_i \qquad (5.1)$$

Analog wird für die ausgetauschte Arbeit die algebraische Summe der einzelnen Arbeitsaustauschvorgänge berechnet:

$$W_K = \sum W_i \qquad (5.2)$$

Aus dem Ersten Hauptsatz resultiert für einen Kreisprozess

$$\sum Q_i = \sum W_i \quad bzw. \quad Q_K = W_K \quad (2.2).$$

Der thermische Wirkungsgrad des Kreisprozesses wird dann als Verhältnis des nützlichen Effektes zur dafür eingesetzten Energie ermittelt. Im Falle einer Wärmekraftmaschine wird Wärme (Q_{zu}) genutzt um Kreisprozessarbeit (W_k) zu gewinnen.

$$\eta_{th} = \frac{W_K}{Q_{zu}} \quad \rightarrow \quad \eta_{th} = 1 - \frac{|Q_{ab}|}{Q_{zu}} \qquad (4.3)$$

Die Berechnung des Kreisprozesses in einer Wärmekraftmaschine hat, außer der Energiebilanz, die Ermittlung der Zustandsgrößen mindestens am Anfang bzw. am Ende jeder elementaren Zustandsänderung zum Ziel. Dadurch wird die Funktion der Maschine quantitativ beschrieben, wonach ihre Dimensionierung bzw. die Konstruktion erfolgen kann.

Die Zustandsgrößen können in der Reihenfolge der jeweiligen Zustandsänderungen berechnet werden, was eine andere Reihenfolge jedoch nicht ausschließt.

Die Idealisierung eines Kreisprozesses – die für grundlegende Betrachtungen sehr effizient ist – besteht nicht nur in seiner Durchführung mit einem idealen Gas. Es werden zusätzlich solche Vorgänge ausgeschlossen, die in realen Prozessen von der jeweiligen Ausführung der Maschine abhängig sind: die Reibung, der Wärmeaustausch durch Kühlung und Undichtheiten, die Verzögerungsfunktionen bei der Wärmezufuhr oder -abfuhr. Die Durchführung eines idealen Kreisprozesses ist demzufolge an folgende Annahmen gebunden:
- das Arbeitsmedium ist ein ideales Gas
- die Zustandsänderungen sind reversibel
- die Masse und die chemische Struktur des Arbeitsmediums bleiben im gesamten Kreisprozess zunächst unverändert.

5.1 Kreisprozesse in Wärmekraftmaschinen

Die idealen Kreisprozesse haben den Vorteil der Vergleichbarkeit unterschiedliche Prozessführungen, unabhängig von der besonderen Ausführung einer Maschine.

Andererseits stellt ein idealer Kreisprozess die Grenzen des entsprechenden realen Prozesses dar, die bei der Ausführung der Maschine als Ziel zu betrachten sind.

5.1.2 Kreisprozesse in Wärmekraftmaschinen mit sukzessiven Zustandsänderungen

In Wärmekraftmaschinen wird die Wärme, die beispielsweise aus Brennstoff-, Solar-, Atom- oder geothermischer Energie stammen kann, dem Arbeitsstoff übertragen, der den Kreisprozess durchführt.
In der Kraftfahrzeugtechnik werden bislang fast ausschließlich Wärmekraftmaschinen eingesetzt, deren Wärmezufuhr durch Verbrennung eines Brennstoffs realisiert wird – infolge dessen werden sie auch als Verbrennungsmotoren bezeichnet.

Eine der Möglichkeiten, Kreisprozesse zu gestalten, ist die Verkettung der jeweiligen Zustandsänderungen als zeitliche Folge. Solche sukzessiven Vorgänge finden allgemein in einem Raum statt, dessen Volumen variabel ist. Die häufigste Ausführung solcher Verbrennungsmotoren sind Kolbenmotoren (Bild 1.4b). Die vier Grundarten von Vorgängen – Verdichtung, Wärmezufuhr, Entlastung und Wärmeabfuhr – erfordern eine entsprechende Anpassung des Arbeitsraumes, der beispielsweise sowohl guter Verdichter als auch optimaler Brennraum sein soll, was grundsätzlich Kompromisse verlangt. In idealen Kreisprozessen wird der Wärmeaustausch zunächst als reiner Energieaustausch – ohne Massenstrom – betrachtet, was die Vergleichbarkeit unterschiedlicher Prozessführungen vereinfacht.

- Die Wärmezufuhr wird dabei als Erwärmung idealer Luft angenommen. Im realen Prozess erfolgt die Umwandlung der chemischen Energie eines zugeführten Brennstoffs in Wärme mit direkter Beteiligung des Arbeitsmediums (ideale Luft).
- Die Wärmeabfuhr wird als Abkühlung idealer Luft zwischen Entlastung und erneuter Verdichtung angenommen, was bei allen Kolbenmotoren in idealer Form bei konstantem, maximalem Volumen erfolgen sollte. Im realen Prozess ändert sich die chemische Struktur des Arbeitsmediums infolge der Verbrennung, was einen Austausch mit frischer Ladung (Luft bzw. Luft und Kraftstoff) erfordert. Dieser Ladungswechsel bedingt eine zeitweise geänderte

Form des Systems – vom geschlossenen zum offenen – die beim idealen Prozess, ohne Ladungswechselzwang, nicht vorkommt.
Der Ladungswechsel wird in Kolbenmotoren für Kraftfahrzeuge in zwei Varianten umgesetzt:

Viertaktmotoren:

Die Abgase werden zwischen maximalem und minimalem Volumen über einen gesamten Kolbenhub (1 Takt) ausgeschoben, im darauf folgenden Takt wird frische Ladung bis zum maximalen Volumen zugeführt. Der Vorgang wird über Einlass- und Auslassventile gesteuert. Alle vier Grundarten der Zustandsänderungen des arbeitverrichtenden, rechtslaufenden Kreisprozesses werden in weiteren zwei Takten durchgeführt. In Bild 5.1 ist der Kreisprozess in einem Viertakt-Kolbenmotor dargestellt. In idealer Form würde das Ausschieben der Abgase und die Zufuhr frischer Ladung bei gleichem, atmosphärischem Druck erfolgen, was für den Kreisprozess keine praktische Bedeutung hätte. Im realen Prozess ist das Ausschieben mit einem bestimmten Überdruck und das Ansaugen – je nach Kolbengeschwindigkeit – teilweise mit Unterdruck verbunden. Daraus resultiert praktisch ein linkslaufender Ladungswechsel-Kreisprozess, der Arbeitszufuhr vom eigentlichen, rechtslaufenden Kreisprozess benötigt.

Zweitaktmotoren:

Die Abgase werden während der Expansion, vor dem Erreichen des maximalen Volumens, zum Teil ausgeschoben – vorzugsweise über Schlitze im Zylinder, wie in Bild 5.2 dargestellt – wodurch der Expansionsdruck schlagartig sinkt. Durch die darauffolgende Öffnung von Einlasskanälen – vorzugsweise auch über Schlitze im Zylinder – ersetzt das frische Gemisch bei geringfügig höherem Druck das ausströmende Abgas. Dadurch ist jeder Kreisprozess über zwei Takte weitgehend rechtslaufend, was theoretisch doppelte Arbeit in einer gleichen Periode, verglichen mit einem Viertaktzyklus, erwarten lässt. Der Vergleich der Bilder 5.1 und 5.2 zeigt, dass eine solche Verdopplung durch den ladungswechselbedingten Prozessverlauf im Zweitaktmotor zum Teil verhindert wird. Der Unterschied bleibt dennoch in einem Bereich von ca. 60% zugunsten des Zweitaktverfahrens bestehen, was seinen weiteren Einsatz in der Kraftfahrzeugtechnik, wenn auch in geänderter, komplexerer Form, begründet.

5.1 Kreisprozesse in Wärmekraftmaschinen

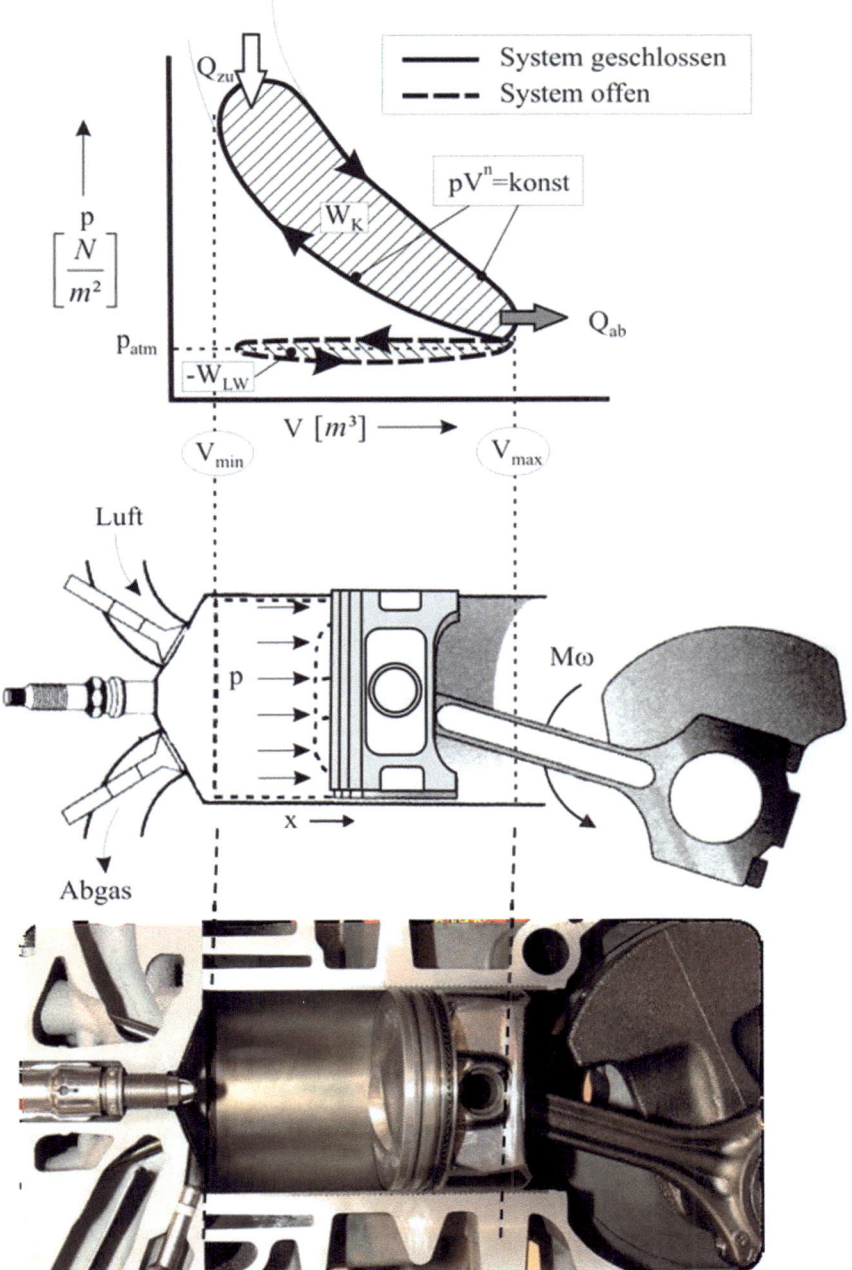

Bild 5.1 Kreisprozess in einem Viertakt-Kolbenmotor

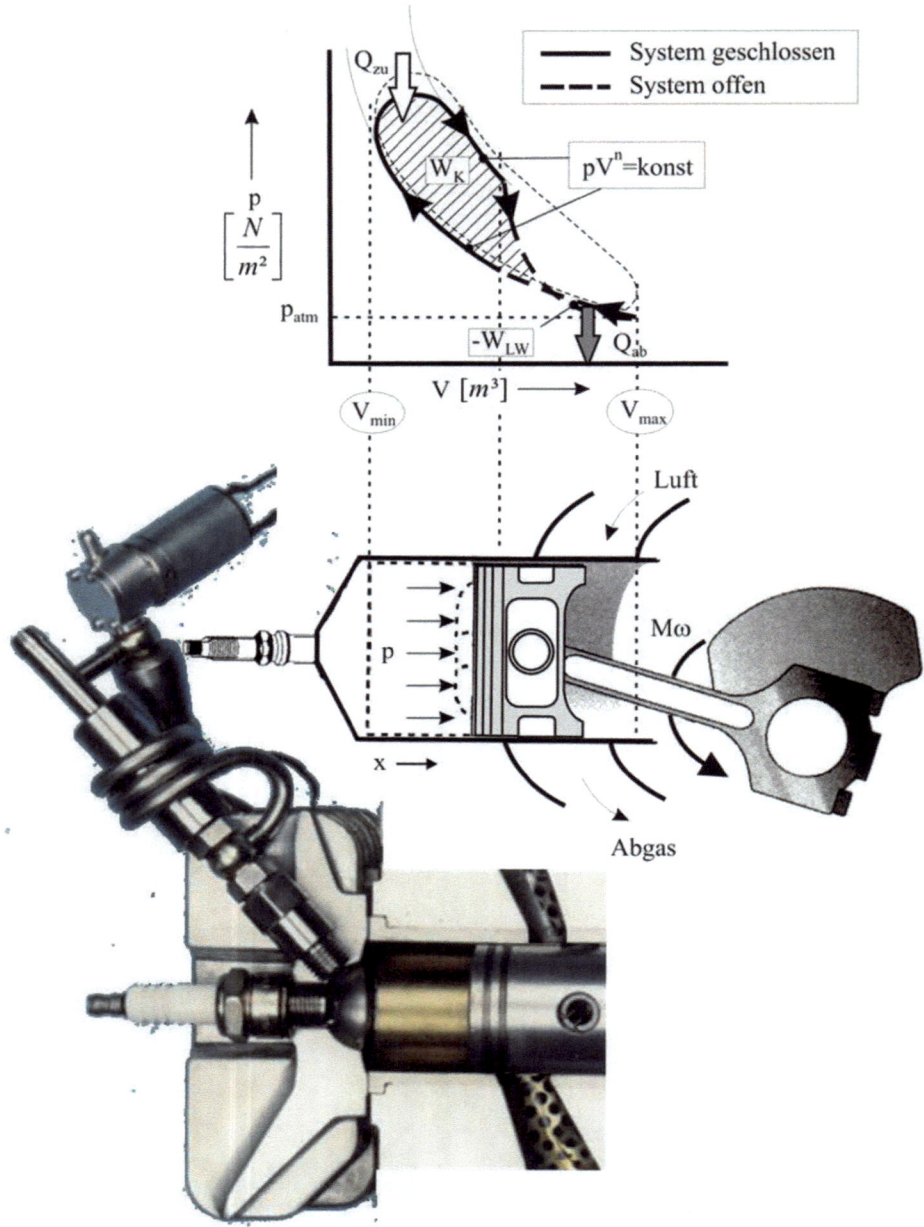

Bild 5.2 Kreisprozess in einem Zweitakt-Kolbenmotor

Ideale Otto-, Diesel-, und Seiliger-Kreisprozesse in Kolbenmotoren

Alle idealen Kreisprozesse in Kolbenmotoren sind durch drei gleiche Grundarten von Zustandsänderungen charakterisiert:

- Verdichtung: isentrop
- Entlastung: isentrop
- Wärmeabfuhr: isochor

Der Unterschied besteht im Allgemeinen in der Art der Wärmezufuhr:

- Otto-Kreisprozess: isochor
- Diesel-Kreisprozess: isobar
- Seiliger-Kreisprozess: isochor und isobar (anteilig)

$$(Q_{zu} = \underbrace{aQ_{zu}}_{isochor} + \underbrace{bQ_{zu}}_{isobar}; a+b = 1)$$

Die idealen Otto-, Diesel- bzw. Seiliger-Kreisprozesse sind im p,v- und T,s-Diagramm für das allgemein mehr verbreitete Viertaktverfahren in Bild 5.3 dargestellt.

Idealer Otto-Kreisprozess:

- Die isentrope Verdichtung (1-2O) erfolgt entsprechend dem konstruktiv festgelegten Verdichtungsverhältnis $\varepsilon = \dfrac{V_{max}}{V_{min}} = \dfrac{v_{max}}{v_{min}}$, welches derzeit Werte zwischen 8 und 14 aufweist, je nach Gemischbildungsart und Klopffestigkeit des Brennstoffs, wie in Kap.7 dargestellt wird.
- Die isochore Wärmezufuhr (2O-3O) basiert auf der Annahme, dass die Geschwindigkeit der Wärmezufuhr durch die Verbrennung derart höher als die Kolbengeschwindigkeit ist, dass dabei keine Volumenänderung vorkommt. Bei Zufuhr eines vorbereiteten homogenen Gemisches in den Zylinder, welches nach der Verdichtung mittels einer Fremdzündung infolge einer sich ausbreitenden Flammenfront verbrennt, ist die angenommene isochore Wärmezufuhr vertretbar: die Geschwindigkeit der Flammenfront in modernen Ottomotoren für Automobile beträgt bei Volllast ca. 50 bis 60m/s, wogegen die Kolbengeschwindigkeit im Umkehrpunkt – bei v_{min} – bis auf 0 reduziert wird und im weiteren Verlauf maximal 30 [m/s] bei ca. 6000 [U/min] erreicht.
- Die aus dem Kreisprozess resultierende Arbeit w_K hängt, wie im Bild 5.3 ersichtlich, hauptsächlich vom Betrag der zugeführten Wärme ab, der im T,s-Diagramm als Fläche dargestellt ist.

- Der Betrag der abgeführten Wärme (4O-1) ist weitgehend von den übrigen Zustandsänderungen – zugeführte Wärme, Volumenverhältnis bei Verdichtung und Entlastung – und von der Bedingung ihres isochoren Verlaufs bestimmt.
- Der idealerweise isobare Ladungswechsel hat, wie im p,v-Diagramm ersichtlich, keine konkrete Auswirkung auf den Prozess. Im T,s-Diagramm verläuft der Ladungswechsel auf einer Isobaren links von der isentropen Verdichtung.

Idealer Diesel-Kreisprozess:

- Die isentrope Verdichtung (1-2D) erfolgt bei allgemein höherem Verdichtungsverhältnis – zwischen 18 und 22 – als bei Ottomotoren, auf Grund der Unterschiede in Gemischbildung und Verbrennung, die in Kap. 7 dargestellt sind.
- Die isobare Wärmezufuhr (2D-3D) geht von der Tatsache aus, dass der Kraftstoff erst gegen Ende der Luftverdichtung in den Zylinder zugeführt wird, wonach die Gemischbildung und die Verbrennung durch Selbstzündung, initiiert durch die Temperatur am Ende der Verdichtung, stattfindet. Die Verkettung von Kraftstoff-Einspritzung, Gemischbildung und Verbrennung – die ohne Fremdzündung bei niedrigerer Geschwindigkeit abläuft – führt zu einer beachtlichen Verzögerung des Vorgangs, wobei eine unveränderte Position des Kolbens von Ende der Verdichtung bis zum Ende der Verbrennung nicht mehr angenommen werden kann. Der langsamere Prozess – isobar statt isochor – bei der Wärmezufuhr, verglichen mit dem Otto-Prozess, spiegelt sich im Verlauf der Wärmezufuhr im T,s-Diagramm wider. Dennoch wird allgemein im Diesel-Prozess, vor allem auf grund der höheren Verdichtung, eine höhere maximale Prozesstemperatur (T_{maxD}) als im Otto-Prozess (T_{maxO}) erreicht.
- Die Zusammenhänge in Bezug auf Kreisprozessarbeit, abgeführte Wärme und Ladungswechselverlauf entsprechen jenen vom Otto-Kreisprozess.

Idealer Seiliger-Kreisprozess:

- Die kombinierte Wärmezufuhr – zum Teil isochor wie beim Otto- zum Teil isobar wie beim Diesel-Kreisprozess – stellt eine flexible Annäherung an reale Vorgänge dar: die Anteile an isochorer und isobarer Wärmezufuhr können variabel gestaltet werden, im Einklang mit dem angenommenen Modell der Gemischbildung und Verbrennung.
- Die übrigen Zusammenhänge sind den Otto- und Diesel-Kreisprozessen ähnlich.

5.1 Kreisprozesse in Wärmekraftmaschinen

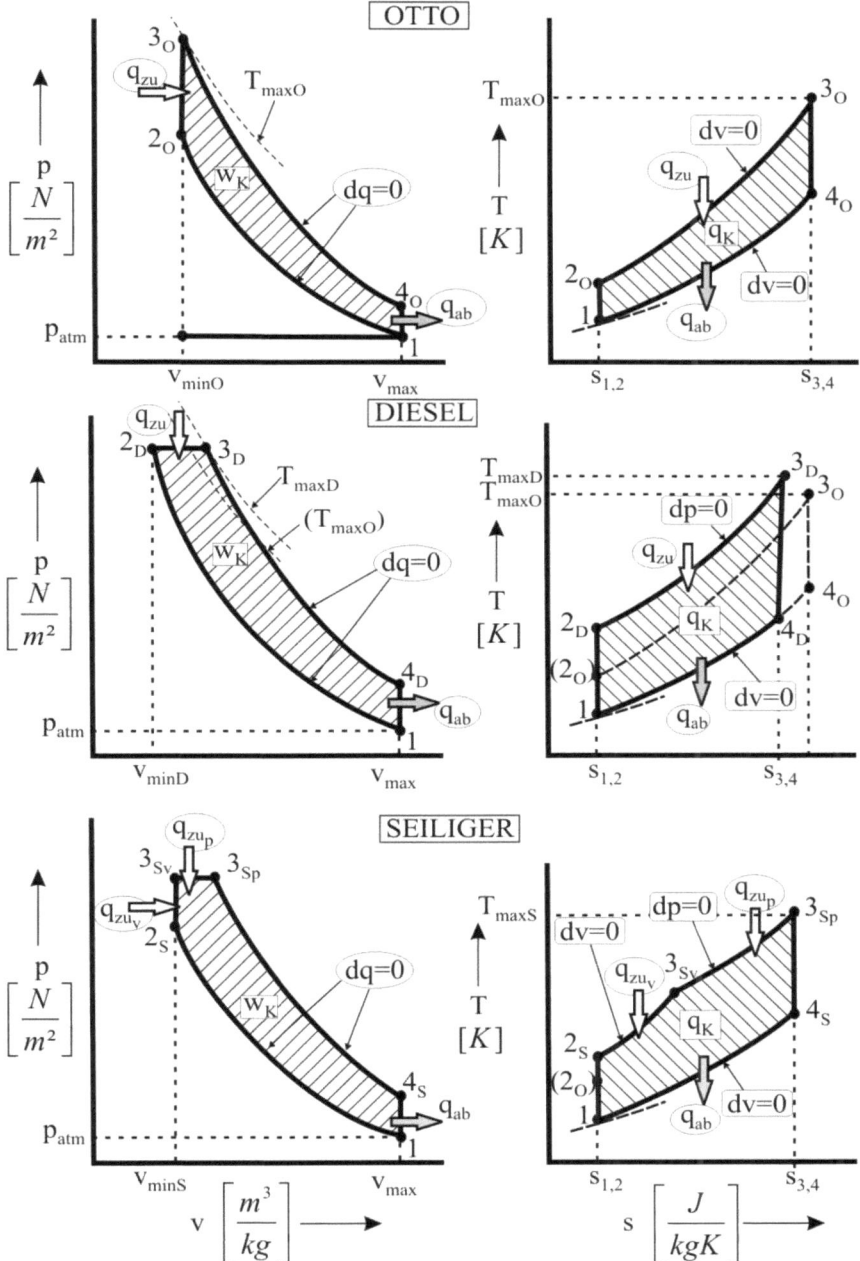

Bild 5.3 Ideale Kreisprozesse in Kolbenmotoren: Otto-, Diesel- und Seiliger-Kreisprozess

Laständerung in Otto-, Diesel-, und Seiliger-Kreisprozess

Der Einsatz von Kolbenmotoren in Kraftfahrzeugen ist mit häufigem Lastwechsel verbunden, der bei einer betrachteten Drehzahl durch Variation der Kreisprozessarbeit realisiert wird. Die damit verbundene Änderung der thermodynamischen Zustandänderungen in jedem der erwähnten Verfahren hat einen direkten Einfluss auf den jeweiligen Wirkungsgrad und bestimmt dadurch das vorteilhafte Einsatzgebiet jeder Gattung. Auf Grund der Tatsache, dass der Seiliger-Prozess eine Kombination von Otto- und Dieselverfahren darstellt, wird an dieser Stelle lediglich ein Vergleich der letzten beiden Gattungen bei unterschiedlichen Lastbedingungen vorgenommen. Die Verläufe beider idealer Kreisprozesse im p,v- und T,s-Diagramm bei einer Reduzierung der Kreisprozessarbeit im Vergleich mit den Werten von Bild 5.3 sind im Bild 5.4 ersichtlich.

– Bei Ottomotoren mit Zufuhr eines vorbereiteten, homogenen Gemisches von Luft und Kraftstoff (äußere Gemischbildung) muss für eine Reduzierung der Kreisprozessarbeit ($w'_K < w_K$) die Wärmezufuhr verringert werden ($q'_{zu} < q_{zu}$), wofür – bedingt durch die stöchiometrischen Verhältnisse, die im brennbaren Gemisch einzuhalten sind – nicht nur die Kraftstoffmasse, sondern auch die Luftmasse proportional zu verringern ist. Dies wird allgemein durch die Drosselung vor dem Eintritt in den Zylinder vorgenommen. Dadurch sinkt der Druck in der Frischladung unter den atmosphärischen Wert (an dieser Stelle soll keine Aufladung betrachtet werden) – $p'_{1O} < p_1$ (Bild 5.4). Die isentrope Verdichtung erfolgt dadurch auf niedrigerem Druckniveau ($1'_O – 2'_O$); die Wärmezufuhr ist proportional der verringerten Kraftstoffmasse auch geringer ($2'_O – 3'_O$), wodurch die isentrope Entlastung bei niedrigerem Druck erfolgt ($3'_O – 4'_O$). In der p,v-Darstellung (mit spezifischem Volumen $v = \dfrac{V}{m}$) ist zu beachten, dass die Masse des Arbeitsmediums bei Teillast verringert wird ($m_{Teil} < m_{Voll}$), wodurch bei gleichem absoluten Volumen $v'_i = \dfrac{V_i}{m_{Teil}}, v_i = \dfrac{V_i}{m_{Voll}} \rightarrow v'_i > v_i$ resultiert. Das erklärt die Verschiebung des Kreisprozesses bei Teillast im p,v-Diagramm hin zu größeren v-Werten. Im T,s-Diagramm wird der Zustand $1'_O$ gegenüber 1 auf eine niedrigere Isobare (p'=konst) und gleichzeitig auf eine höhere Isochore (v'=konst) verschoben.

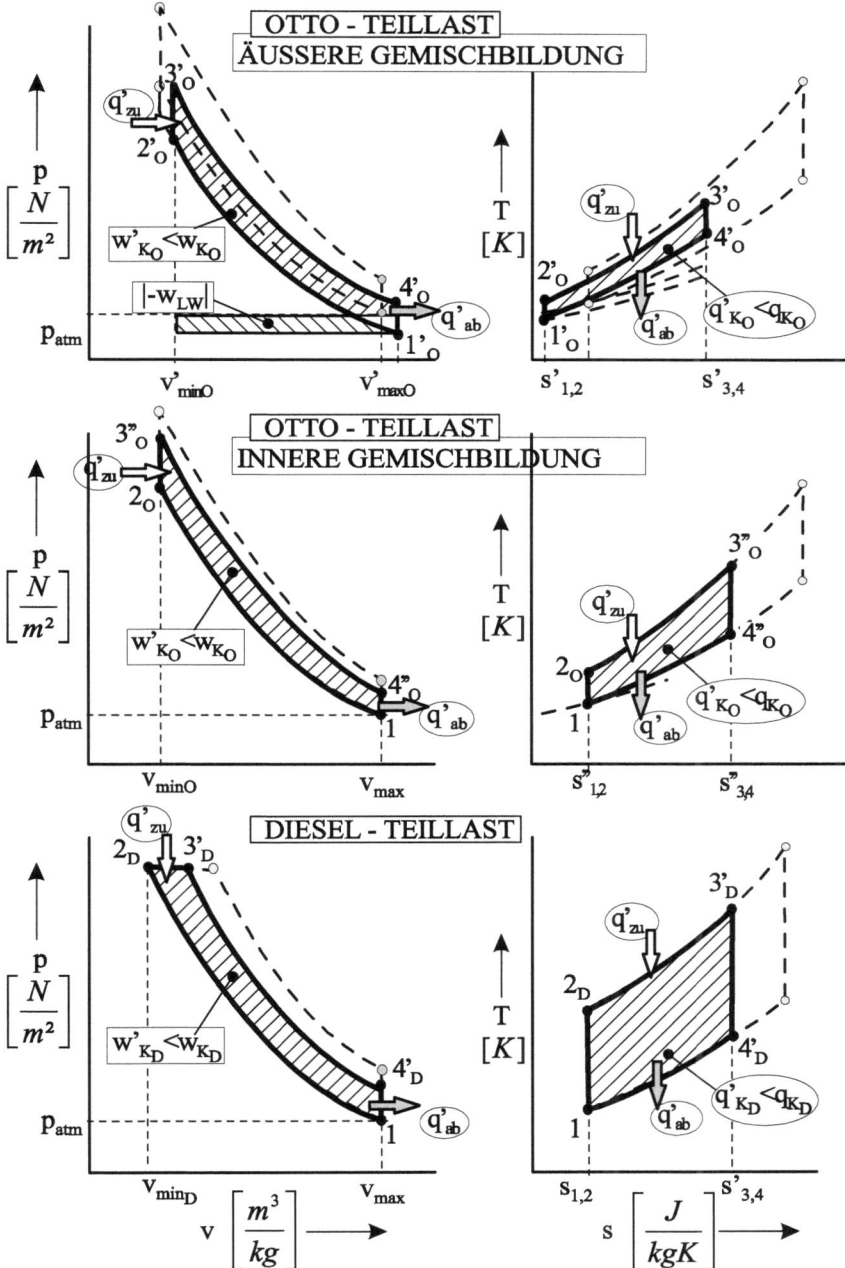

Bild 5.4 Ideale Kreisprozesse in Otto- und Dieselmotoren – Übergang von Voll- zu Teillast

Die Differenz

$$q'_{zu} - |q'_{ab}| = q'_K < q_K \quad mit \quad q'_K = w'_K$$

zeigt die Änderung der Kreisprozessarbeit. Es ist weiterhin zu beachten, dass die Ladungswechselarbeit, selbst beim angenommenen idealen Prozess, in der Teillast nicht mehr Null ist: der Zufuhr der frischen Ladung bei Drosselung (p'=konst) steht die Ausschiebung der Abgase entgegen, die nicht unter atmosphärischem Druck erfolgen kann (p_{atm}=konst). Aus der Druckdifferenz (p'-p_{atm}<0) resultiert ein linkslaufender Ladungswechsel-Kreisprozess, welcher Arbeitszufuhr vom Haupt-Kreisprozess erfordert.

- Bei Ottomotoren mit Zufuhr reiner Luft während des Ladungswechsels und der für die Wärmezufuhr benötigten Kraftstoffmenge während der Verdichtung (innere Gemischbildung) ist eine proportionale Änderung von Luft- und Kraftstoffanteil bei Laständerung nicht zwingend erforderlich. Die stöchiometrischen Verhältnisse im brennbaren Gemisch werden dabei durch eine Ladungsschichtung realisiert, wobei die Gemischzone Kontakt mit der Zündquelle hat und vom Luftüberschuss umgeben wird. Dadurch kann die Drosselung in der Teillast entfallen, der Zustand am Beginn der Verdichtung, also auch der Verdichtungsvorgang (1-2_O), bleiben infolge dessen lastunabhängig. Die Verringerung der Kreisprozessarbeit erfolgt in diesem Fall durch die Reduzierung der zugeführten Wärme ($q'_{zu} < q_{zu}$) anhand der verringerten Kraftstoffmasse. Sowohl durch Vermeiden der Ladungswechselarbeit, als auch durch bessere Verbrennungsvoraussetzungen (Kap. 7), ist der thermische Wirkungsgrad bei einer derartigen inneren Gemischbildung höher als bei der äußeren Gemischbildung.

- Bei Dieselmotoren erfolgt die Laständerung – wie bei Ottomotoren mit innerer Gemischbildung und Ladungsschichtung – nur durch Änderung der zugeführten Kraftstoffmasse, wodurch die Wirkungsgradvorteile in der Teillast prinzipiell ähnlich sind, allerdings bei höherem Verdichtungsverhältnis und isobarer Wärmezufuhr. In den beiden letzten Fällen ist dennoch eine Wirkungsgradänderung infolge geänderter Temperaturverhältnisse festzustellen.

- Im Seiliger-Kreisprozess ist der Teillastbetrieb entsprechend der durchgeführten Kombination isochorer und isobarer Wärmezufuhr zu analysieren.

Konvergenz der thermischen Wirkungsgrade idealer Otto- und Diesel-Prozesse

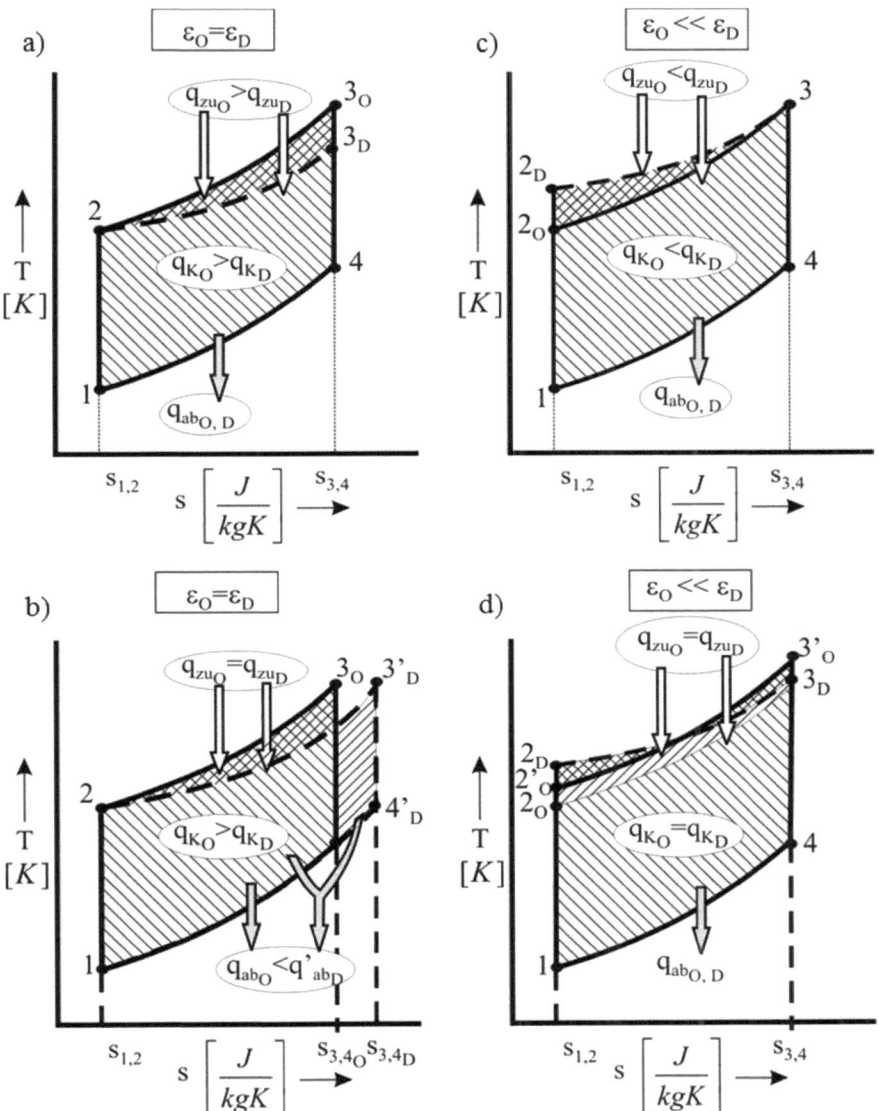

Bild 5.5 Vergleich der Otto- und Diesel-Kreisprozesse bei Volllast und verschiedenen Verdichtungsverhältnissen

Infolge der isobaren Wärmezufuhr hat ein Diesel-Kreisprozess bei gleichem Verdichtungsverhältnis einen niedrigeren thermischen Wirkungsgrad verglichen mit dem Otto-Verfahren. In Bild 5.5a) ist ein solcher Vergleich im T,s-Diagramm – zunächst bei gleicher abgeführter Wärme $q_{abO,D}$ – dargestellt: durch den flacheren Verlauf der isobaren Wärmezufuhr (2-3$_D$ im Vergleich mit 2-3$_O$) ist die Wärmezufuhr geringer (q_{zuD}<q_{zuO}), wodurch

$$\eta_{th_D} = 1 - \frac{|q_{ab_{O,D}}|}{q_{zu_D}}; \eta_{th_O} = 1 - \frac{|q_{ab_{O,D}}|}{q_{zu_O}} \qquad \eta_{th_O} > \eta_{th_D}$$

resultiert. Umgekehrt, bei gleicher zugeführter Wärme ($q_{zu_O} = q_{zu_D}$) durch weitere Wärmezufuhr bis zum Zustand 3'$_D$ (Bild 5.5b)), nimmt die Wärmeabfuhr zu ($q'_{ab_O} < q'_{ab_D}$). Es gilt wiederum:

$$\eta'_{th_D} = 1 - \frac{|q'_{ab_D}|}{q_{zu_{O,D}}}; \quad \eta_{th_O} = 1 - \frac{|q_{ab_O}|}{q_{zu_{O,D}}}$$

$\eta'_{th_D} < \eta_{th_O}$

Die Verdichtungsverhältnisse von Otto- und Dieselmotoren sind jedoch, wie erwähnt, unterschiedlich. Durch die höhere Verdichtung wird im Diesel-Verfahren der Nachteil der isobaren Wärmezufuhr kompensiert. Bei Betrachtung eines gleichen Zustands 3$_{O,D}$ am Ende der Wärmezufuhr im Otto- und Dieselverfahren und bei gleicher Wärmeabfuhr $q_{ab_{O,D}}$ (Bild 5.5c)) wird $q_{zu_O} < q_{zu_D}$ und dadurch

$\eta_{th_O} < \eta_{th_D}$ für $\varepsilon_O \ll \varepsilon_D$.

Moderne Konzepte zur Gemischbildung und Verbrennung bei Ottomotoren – innere Gemischbildung mit Ladungsschichtung oder kontrollierte Selbstzündung (Kap 7) –erlauben allerdings eine Zunahme der Verdichtungsverhältnisse von Ottomotoren. Auch, wenn das Verdichtungsverhältnis unter jenem des Dieselmotors bleibt – Zustand 2'$_O$ zwischen 2$_O$ und 2$_D$ – wird dies durch die steile Wärmezufuhr im Ottoverfahren (2'$_O$-3'$_O$ statt 2$_D$-3$_D$) weitgehend kompensiert (Bild 5.5d)). Dadurch sind vergleichbare Wirkungsgrade, beispielsweise mit einem Verdichtungsverhältnis von ε=14-15 im Ottoverfahren bzw. ε=18-19 im Dieselverfahren erreichbar, wobei der jeweils spezifische, praktisch umsetzbare Verbrennungsvorgang eine wesentliche Rolle spielt.

Die Vermeidung der Drosselung, die Anwendung der Direkteinspritzung und Selbstzündung in beiden Verfahren und die Struktur zukünftiger Kraftstoffe aus regenerativen Energieträgern lässt eine weitreichende Konvergenz beider Prozesse erwarten.

Bild 5.6 zeigt als Beispiel einen realen Kreisprozess in einem Viertakt- Ottomotor bei Voll- und Teillast, bei unveränderter Dauer des Prozesses (gleiche Drehzahl). Der Motor wird mit innerer Gemischbildung durch Benzin-Direkteinspritzung und Ladungsschichtung betrieben. Der Prozess entspricht weitgehend einem idealen Seiliger-Kreisprozess. Die gleichzeitige Messung von Druck- und Volumenänderung für solche Anwendungen wird in Kap. 9 beschrieben.

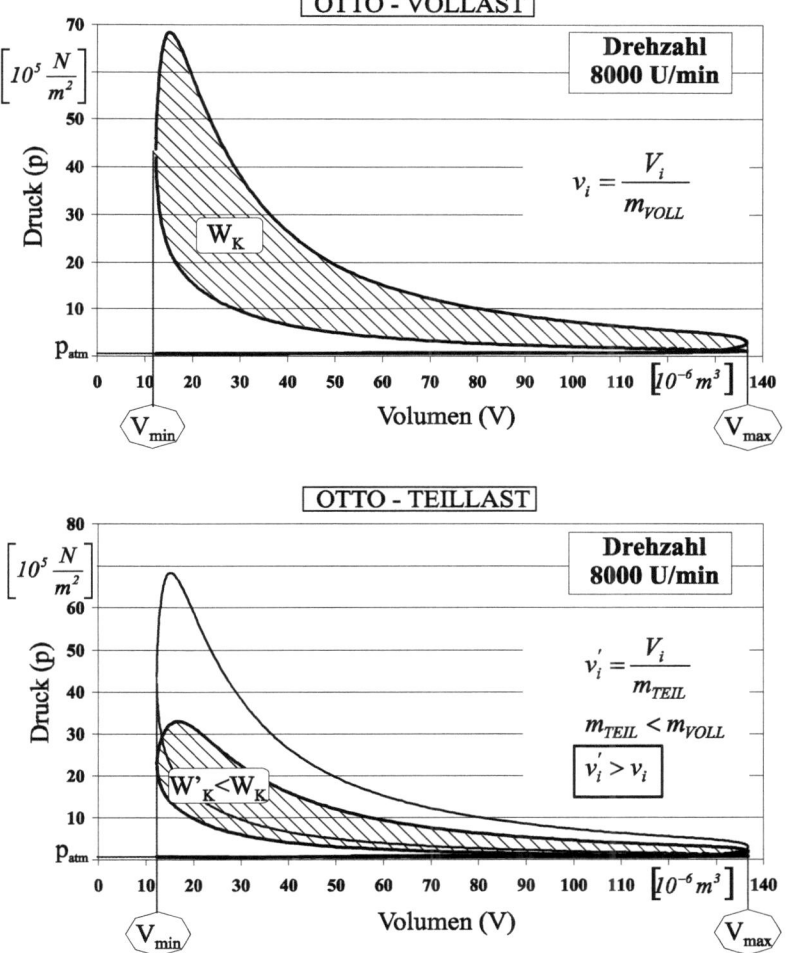

Bild 5.6 Realer Kreisprozess in einem Viertakt-Ottomotor bei Voll- und Teillast – gemessen

Berechnung des idealen Kreisprozesses in einem Kolbenmotor

Wesentliche Ziele einer Prozessberechnung sind die Zustandsgrößen (p,v,T,s,u,h)
– mindestens in den Eckpunkten zwischen den elementaren Zustandsänderungen
– und die energetischen Größen (w,q). Grundsätzlich müssen dafür der Anfangszustand (p,v,T;m) und das Arbeitsmedium (R,c_v,(c_p)) bekannt sein.

Zustandsgrößen
In homogenen Arbeitsmedien mit einer Komponente und einer Phase – wie den idealen Gasen – gilt:

$$f(p,v,T) = 0 \qquad (1.3)$$

- jede Zustandsgröße hängt von den jeweils zwei anderen ab. Um jeden Zustand vollständig zu definieren, sind zwei weitere, voneinander unabhängige Gleichungen erforderlich.
  Generell werden dafür benutzt:

- die Art der Zustandsänderung zwischen zwei Eckpunkten

$$p_i v_i^n = p_j v_j^n \qquad n \in (0,\infty)$$

- ein funktionell gewähltes Verhältnis

$$\varepsilon = \frac{v_{max}}{v_{min}}, \lambda = \frac{p_3}{p_2}, usw.$$

- die Änderung der spezifischen Entropie zwischen zwei Zuständen i, j wird berechnet als:

$$s_{ij} = f(p,v,T;c_v,c_p) \qquad (4.17'), (4.18'), (4.19')$$

- die spezifische innere Energie und die spezifische Enthalpie in einem Zustand i werden berechnet als:

$$u_i = c_{vi} T_i ; h_i = c_{pi} T_i \qquad (3.14a), (3.14b)$$

- die Masse des Arbeitsmediums, die den Kreisprozess durchläuft, wird aus der Zustandsgleichung im Anfangszustand abgeleitet:

$$m = \frac{pV}{RT} \qquad (3.1)$$

Damit resultiert: $(v;s,u,h,w,q) \xrightarrow{m} (V;S,U,H,W,Q)$

In einem idealen Otto-Kreisprozess sind beispielsweise während der isentropen Verdichtung (1-2) folgende Zusammenhänge ermittelbar:

5.1 Kreisprozesse in Wärmekraftmaschinen

- Masse des Arbeitsmediums:

$$m = \frac{p_1 V_1}{R T_1}$$

- Zustandsänderung:

$$p_1 V_1^k = p_2 V_2^k \quad \text{bzw.} \quad p_1 v_1^k = p_2 v_2^k \quad \text{mit} \quad k = \frac{c_p}{c_v} \quad \text{und} \quad c_p = c_v + R$$

- funktionelles Verhältnis (gewählt):

$$\varepsilon = \frac{V_1}{V_2} \quad \text{bzw.} \quad \varepsilon = \frac{v_1}{v_2}$$

- Zustandsgleichung:

$$T_2 = \frac{p_2 V_2}{m R} \quad \text{bzw.} \quad T_2 = \frac{p_2 v_2}{R}$$

Der Zustand 2 ist dadurch bestimmt. Der Zustand 3 wird in gleicher Weise berechnet mit $\frac{p_3}{p_2} = \frac{T_3}{T_2}$ bei Wahl des Verhältnisses $\lambda = \frac{p_3}{p_2}$. Die Berechnung wird in dieser Form weitergeführt. Die abgeleiteten Zustandsgrößen in den Eckpunkten des Otto-Kreisprozesses sind folgend tabellarisch zusammengefasst.

Größe \ Zustand	1	2	3	4
p	p_1	$p_1 \varepsilon^k$	λp_2	λp_1
V	V_1	$\dfrac{V_1}{\varepsilon}$	$V_2 = \dfrac{V_1}{\varepsilon}$	V_1
T	T_1	$T_1 \cdot \varepsilon^{k-1}$	λT_2	λT_1

Energetische Größen

Bei Annahme mittlerer Werte der spezifischen Wärmekapazitäten gilt:

$$c_{vm} = c_v \Big|_{T_{min}}^{T_{max}} \qquad T_{max} = T_3; \quad T_{min} = T_1$$

zugeführte Wärme: $Q_{zu} = mc_{vm}(T_3 - T_2) \xrightarrow{(3.15)} U_3 - U_2$ (5.3)

abgeführte Wärme: $Q_{ab} = mc_{vm}(T_1 - T_4) \xrightarrow{(3.15)} U_1 - U_4$ (5.4)

Entlastungsarbeit:

$W_E = U_3 - U_4$ (3.68) → $W_E = \dfrac{1}{k-1}(p_3 V_3 - p_4 V_4)$ (3.72)

Verdichtungsarbeit:

$W_V = U_1 - U_2$ (3.68) → $W_V = \dfrac{1}{k-1}(p_1 V_1 - p_2 V_2)$ (3.72)

Die gesamte Arbeit im Kreisprozess wird als algebraische Summe der Arbeiten bei jeder Zustandsänderung berechnet:

$$W_K = W_E + W_V = U_3 - U_4 + U_1 - U_2 \qquad (5.5)$$

Die gesamte Arbeit im Kreisprozess kann auch als algebraische Summe der ausgetauschten Wärme berechnet werden (1HS):

$$W_K = Q_{zu} + Q_{ab} = U_3 - U_2 + U_1 - U_4 \qquad (5.5')$$

Bei Umsetzung der Zustandsgrößen in Gl. (5.5) resultiert mit $c_v\big|_{T_{min}}^{T_{max}} = c_{vm} = konst$:

$$W_K = p_1 V_1 (\lambda - 1)(\varepsilon^{k-1} - 1)\left(\dfrac{1}{1-\varepsilon}\right) \qquad (5.5a)$$

Der thermische Wirkungsgrad des Kreisprozesses ist nach Gl.(4.3):

5.1 Kreisprozesse in Wärmekraftmaschinen

$$\eta_{th} = 1 - \frac{|Q_{ab}|}{Q_{zu}} = 1 - \frac{|U_4 - U_1|}{U_3 - U_2} = 1 - \frac{U_1\left(\frac{U_4}{U_1} - 1\right)}{U_2\left(\frac{U_3}{U_2} - 1\right)} =$$

$$= 1 - \frac{mc_{vm}T_1}{mc_{vm}T_2}\left(\frac{\frac{mc_{vm}T_4}{mc_{vm}T_1} - 1}{\frac{mc_{vm}T_3}{mc_{vm}T_2} - 1}\right) = 1 - \frac{T_1}{T_2}\left(\frac{\frac{T_4}{T_1} - 1}{\frac{T_3}{T_2} - 1}\right) = \quad (5.6)$$

$$= 1 - \frac{T_1}{T_2}\left(\frac{\lambda - 1}{\lambda - 1}\right)$$

oder anhand der Volumenverhältnisse gemäß Gl. (3.67):

$$\eta_{th} = 1 - \frac{T_1}{T_2} = 1 - \frac{1}{\varepsilon^{k-1}} \quad (5.7)$$

Es ist empfehlenswert, auf Basis der Temperaturen die bei der ersten Kreisprozessberechnung ermittelt wurden, Mittelwerte der spezifischen Wärmekapazität c_{vm} in Temperaturintervalen zwischen den Eckpunkten des Kreisprozesses abzuleiten. Dadurch kann einerseits der Verlauf der isentropen Zustandsänderungen und somit die Kreisprozessberechnung iterativ korrigiert werden.

Es gilt für $\quad pv^k = konst. \quad k = \dfrac{c_p(T)}{c_v(T)} = \dfrac{c_v(T) + R}{c_v(T)}$

und bei zunehmender Temperatur infolge einer Verdichtung von Luft:

dT > 0 → dc$_v$ (T) > 0   →   dk(T) < 0   (weil R=konst.)

Bei der Entlastung wird analog

dT < 0 → dc$_v$ (T) < 0   →   dk(T) > 0

Andererseits ist Gl. (5.7) zur Ermittlung des thermischen Wirkungsgrades bei c_v=f(T) nicht mehr anwendbar. Stattdessen sind die iterativ berechneten Werte für Wärme bzw. Arbeit zu nutzen.

5.1.3 Kreisprozesse in Wärmekraftmaschinen mit simultanen Zustandsänderungen

Außer den Kolbenmotoren, bei denen alle Zustandsänderungen nacheinander in dem gleichen Arbeitsraum statt finden, werden auch Wärmekraftmaschinen als Antriebe eingesetzt, die für jede Zustandsänderung einen separaten Raum aufweisen. In diesem Fall finden die Zustandsänderungen gleichzeitig in getrennten Räumen statt. Um die Verdichtung oder die Entlastung in einem solchen Raum durch mechanische Volumenänderung kontinuierlich zu gewähren, wird allgemein die periodische Translation von einer ständigen Rotation ersetzt. Derartige Maschinen werden auch als Strömungsmaschinen oder Gasturbinen bezeichnet.

Jedes Teilsystem ist infolge der Durchströmung des Arbeitsmediums ein offenes System.

Eine Strömungsmaschine enthält allgemein einen Verdichter, einen Brennraum und eine Turbine. Der Verdichter ist an ein Turbinenmodul direkt (mechanisch) angekoppelt. Dieses Turbinenmodul übernimmt den Teil der zugeführten Energie der für den Antrieb des Verdichters notwendig ist und setzt ihn in kinetische Energie um. Die restliche Energie wird in weiteren Turbinenstufen für den eigentlichen Antrieb umgesetzt. Eine andere Möglichkeit ist die Nutzung der verbleibenden Energie in einer Düse, wodurch eine entsprechende Beschleunigung der Strömung erfolgt. Die dadurch hervorgerufene Reaktionskraft der Umgebung wird beispielsweise als Antrieb für Flugzeuge genutzt.

$$F_R = ma = m\frac{\Delta c}{\Delta t} = \dot{m}\,\Delta c$$

In Bild 5.7 ist die Wirkungsweise einer Strömungsmaschine dargestellt.

Die idealen Kreisprozesse in derartigen Strömungsmaschinen werden allgemein nach folgenden Kriterien klassifiziert:

- Art der Verdichtung: adiabat, isotherm oder polytrop.
- Art der Wärmezufuhr: isobar oder polytrop

5.1 Kreisprozesse in Wärmekraftmaschinen

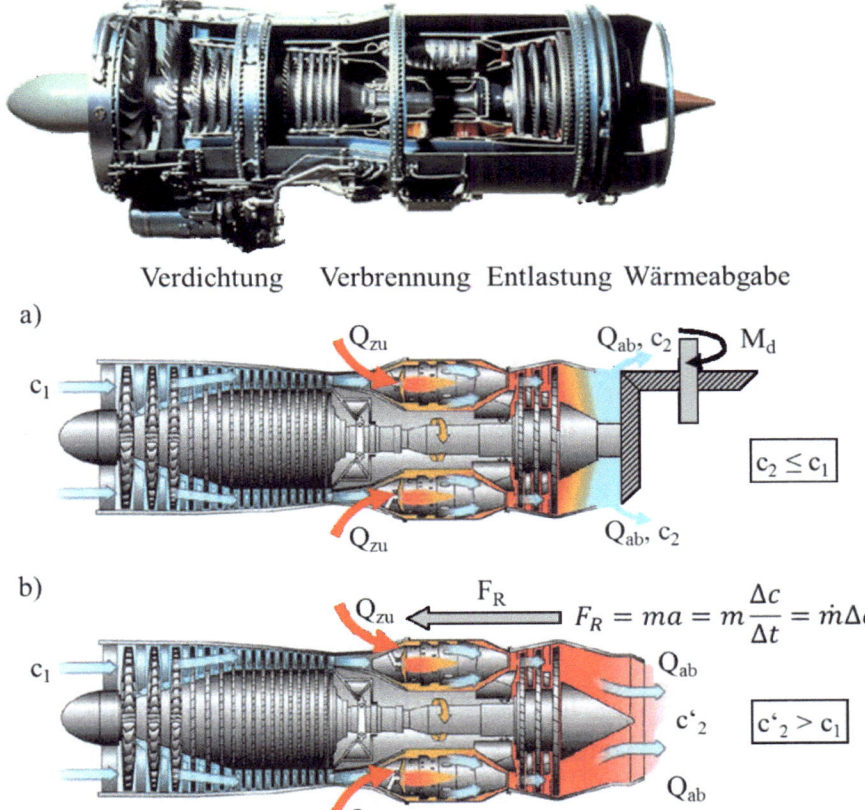

Bild 5.7 Aufbau und Wirkungsweise einer Strömungsmaschine mit Nutzung der Prozessarbeit für mechanischen Antrieb **(a)** bzw. zur Erzeugung einer Reaktionskraft **(b)**

Idealer Kreisprozess in Strömungsmaschinen mit isobarem Wärmeaustausch (Joule-Kreisprozess)

Ein solcher Prozess ist durch folgende Zustandsänderungen charakterisiert:

- isentrope Verdichtung bzw. Entlastung.
- isobare Wärmezufuhr bzw. Wärmeabfuhr.

In Bild 5.8 ist ein idealer Joule-Kreisprozess im p,v und im T,s-Diagramm in Voll- und Teillast dargestellt.

Die Berechnung der Kenngrößen des Kreisprozesses erfolgt wie bei den Wärmekraftmaschinen mit sukzessiven Zustandsänderungen:

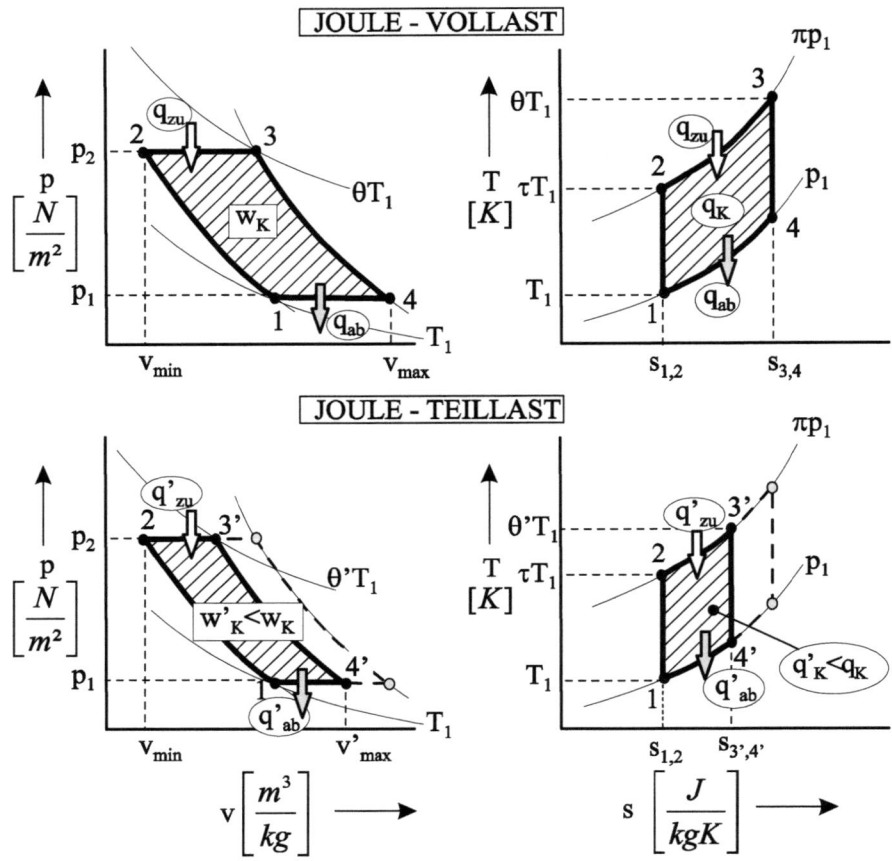

Bild 5.8 Idealer Joule Kreisprozess im p,v- und T,s-Diagramm bei Voll- und Teillast

Zustandsgrößen

Die Zustandsgrößen können beispielsweise vom Anfangszustand aus entsprechend der jeweiligen Zustandsänderungen sukzessiv berechnet werden. Ob die Folge der Zustandsänderungen zeitlich oder räumlich ist, spielt bei der Berechnung des Kreisprozesses keine Rolle. Auf Grund der Beziehungen im Kap. 3.4 werden die Zustandsgrößen ähnlich wie bei der Berechnung der Kreisprozesse in Maschinen mit sukzessiven Zustandsänderungen zusammengefasst.

5.1 Kreisprozesse in Wärmekraftmaschinen

Folgende Angaben sind üblich:

- Zustandsgrößen im Anfangszustand $\quad p_1, T_1$ bzw. $\dot{m}$

- Druckverhältnis bei der Verdichtung $\quad \pi = \dfrac{p_2}{p_1}$

- Temperaturverhältnis bei der Verdichtung $\quad \tau = \dfrac{T_2}{T_1}$

- Temperaturverhältnis infolge der Verdichtung und der Wärmezufuhr $\quad \theta = \dfrac{T_3}{T_1}$

Größe \ Zustand	1	2	3	4
p	p_1	πp_1	p_2	p_1
T	T_1	$T_1 \tau$	$T_1 \theta$	$T_1 \dfrac{\theta}{\tau}$

Energetische Größen

Im Sinne einer übersichtlichen Bilanz der umgewandelten Energieformen wird die Darstellung der Kreisprozesse bei Strömungsmaschinen im h,s-Diagramm – wie im Bild 5.9 – bevorzugt. Ähnlich der Kreisprozessbetrachtung bei Otto- oder Dieselmotoren wird auch in diesem Fall zunächst angenommen, dass die chemische Struktur des Arbeitsmediums im Verlauf des Prozesses nicht geändert wird: die Verbrennung des in der Praxis verwendeten Kraftstoff-Luft-Gemisches wird als Wärmezufuhr in das Arbeitsmedium (ideales Gas) betrachtet. Andererseits wird das heiße Abgas am Ende der Entlastung in der idealen Betrachtung in der Umgebung abgekühlt und vor dem Verdichter wieder angesaugt. Dadurch entsteht eine virtuelle, isobare Zustandsänderung mit Wärmeabfuhr zwischen Entlastungsende und Verdichtungsanfang, die den Kreisprozess schließt.

Die Entalpien können auf der Grundlage der Temperaturen berechnet werden, wenn die spezifische Wärmekapazität bei konstantem Druck im jeweiligen Temperaturbereich bzw. die mittlere Wärmekapazität bekannt ist.

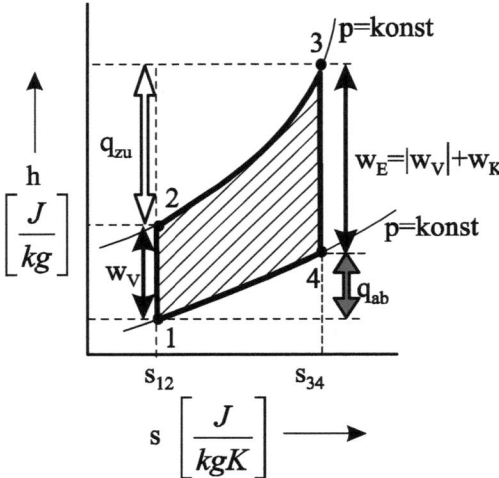

Bild 5.9 Kreisprozess in einer Strömungsmaschine im h,s-Diagramm

Die nutzbare Arbeit W_K resultiert aus der Differenz der Arbeiten zwischen Turbine und Verdichter, wofür die Bedingung

$$w_E > |w_V| \text{ bzw. } W_E > |W_V|$$

gewährleistet sein muss. Im Bild 5.9 ist diese Bilanz als Streckendifferenz ersichtlich. Es gilt

$$w_K = w_E - |w_V| = (h_3 - h_4) - (h_2 - h_1) \quad (5.8)$$

oder analog aus der Wärmebilanz:

$$w_K = q_{zu} - |q_{ab}| = (h_3 - h_2) - (h_4 - h_1) \quad (5.8a)$$

Mit Hilfe der Zustandsgrößen und der eingeführten Verhältnissen gilt:

$$w_K = c_{pm}T_1\theta - c_{pm}T_1\tau - c_{pm}\frac{\theta}{\tau} + c_{pm}T_1; \text{ wobei } h_1 = c_{pm}T_1$$

$$w_K = h_1\left[\theta\left(1 - \frac{1}{\tau}\right) - (\tau - 1)\right] \quad (5.9)$$

Die maximale nutzbare Arbeit kann auf Grund der Gleichung (5.9) durch Extremwertbildung bezüglich des Temperaturverhältnisses τ abgeleitet werden:

5.1 Kreisprozesse in Wärmekraftmaschinen

Aus $\dfrac{dw_K}{d\tau} = 0$ bzw. $\dfrac{d\left(\dfrac{w_K}{h_1}\right)}{d\tau} = 0$ resultiert:

$$\frac{d}{d\tau}\left[\theta - \frac{\theta}{\tau} - \tau + 1\right] = 0 \;\Rightarrow\; 0 + \frac{\theta}{\tau^2} - 1 + 0 = 0$$

und daraus: $\quad \dfrac{\theta}{\tau^2} - 1 = 0 \quad$ bzw. $\tau = \sqrt{\theta}$

Für $\quad \tau_{opt} = \sqrt{\theta} \hfill (5.10)$

resultiert: $\quad w_{K\,max} = h_1\left(\sqrt{\theta} - 1\right)^2 = h_1(\tau - 1)^2 \hfill (5.11)$

Der thermische Wirkungsgrad des Kreisprozesses ist:

$$\eta_{th} = 1 - \frac{\dot{m}\cdot|q_{ab}|}{\dot{m}\cdot q_{zu}} = 1 - \frac{h_4 - h_1}{h_3 - h_2} \hfill (5.12)$$

Mit $c_{pm}\big|_{T_1}^{T_3} = konst$ resultiert:

$$\eta_{th} = 1 - \frac{1}{\tau} = 1 - \frac{1}{\pi^{\frac{k-1}{k}}} \hfill (5.13)$$

Analog der Betrachtung bei Kreisprozessen in Maschinen mit sukzessiven Zustandsänderungen wird eine iterative Prozessberechnung empfohlen, wobei durch Einsetzen der Werte für die Wärmekapazität auf engen Temperaturintervallen die temperaturabhängigen Isentropenexponenten ermittelbar sind.

In der Kraftfahrzeugtechnik werden für verschiedene Antriebskonfigurationen Teile oder Kombinationen von Wärmekraftmaschinen mit sukzessiven und/oder simultanen Zustandsänderungen verwendet.

Folgende Beispiele sind dafür repräsentativ:

- Kolbenmotoren nach Otto- oder Dieselverfahren mit Turboaufladung; dabei wird die Turbinenarbeit aus der Enthalpie des aus dem Kolbenmotor ausströmenden Abgases gewonnen und ausschließlich zum Antreiben des vor dem Kolbenmotor geschalteten Luftverdichters genutzt (Bild 5.10).

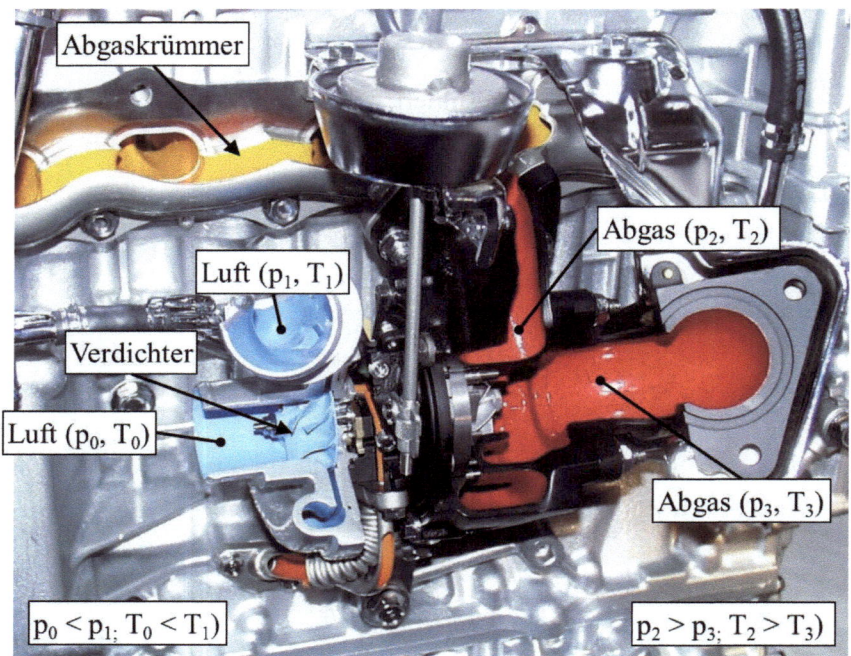

Bild 5.10 Kolbenmotor mit Turboaufladung

- Kolbenmotor nach Otto- oder Dieselverfahren mit mechanischem Lader (Kolben- oder Strömungsmaschine). In diesem Fall wird die Verdichtungsarbeit vom Kolbenmotor selbst mechanisch abgeleitet, was in der gesamten Energiebilanz berücksichtigt werden muss.

- Gasturbine (Strömungsmaschine) oder Kolbenmotor zur Stromerzeugung an Bord eines Fahrzeuges mit Antrieb durch Elektromotor. Eine Wärmekraftmaschine zur Stromerzeugung kann auf den dafür ausreichenden Funktionsbereich derart angepasst werden, dass ihr Wirkungsgrad mit jenem der als zukunftsträchtig betrachteten Brennstoffzellen zumindest vergleichbar wird.

5.2 Kreisprozesse in Klimaanlagen und Wärmepumpen

5.2.1 Linkslaufende Kreisprozesse

In den Kältemaschinen – zu denen die Klimaanlagen zählen – und Wärmepumpen wird im Gegensatz zu den Wärmekraftmaschinen Arbeit genutzt, um einen Wärmefluss zu erzeugen, der als natürlicher Ausgleichsprozess nicht möglich ist. Es handelt sich dabei um die Wärmeaufnahme bei einer niedrigeren Temperatur als der der Wärmeabgabe aus dem System (Klimaanlagen) bzw. um die Wärmeabgabe bei einer höheren Temperatur, als der der Wärmezufuhr in das System (Wärmepumpen). Entsprechend dem 1.HS ist eine derartige negative Wärmebilanz nur mit Arbeitsaufwand, also innerhalb eines linkslaufenden Kreisprozesses möglich (Kap.1.8, Kap. 4.6).

Nach diesem Prinzip arbeiten sowohl die Klimaanlagen als auch die Wärmepumpen. Der Unterschied besteht nur darin, welche Seite des erzeugten Wärmeflusses genutzt wird. Bild 5.11 zeigt den prinzipiellen Kreisprozess für solche Anwendungen.

Zu den Komfort- und Sicherheitsanforderungen in Gebäuden, in Hallen und in Fahrgasträumen von Automobilen und Nutzfahrzeugen gehören das Kühlen im Sommer und das Heizen im Winter auf jeweils konstante, steuerbare Temperatur. Nutzfahrzeuge werden darüber hinaus oft für viele Anwendungen als mobile Kältekammer eingesetzt. Dabei ist der Energieverbrauch der jeweiligen Anlage, der sich im gesamten Kraftstoffverbrauch des Fahrzeugs widerspiegelt, zu minimieren.

Andererseits ist die wachsende Nutzung von Gasen als Treibstoff mit ihrer Speicherung an Bord bei hoher Dichte konfrontiert, was nicht immer durch hohen Druck, sondern zunehmend durch extrem niedrige Temperaturen realisiert wird. Allein durch thermische Isolation ist die Einhaltung sehr niedriger Temperaturen nur begrenzt und mit hohem Aufwand möglich – ein zusätzliches Kühlsystem ist dafür sehr empfehlenswert. Andererseits besteht das Problem der Standheizung im Winter, die durch Verbrennung zusätzlichen Kraftstoffs oder durch Latentwärmespeicherung bei Stillstand des Antriebsverbrennungsmotors bzw. bei Nutzung von Antriebselektromotoren eine begrenzte Effizienz haben.

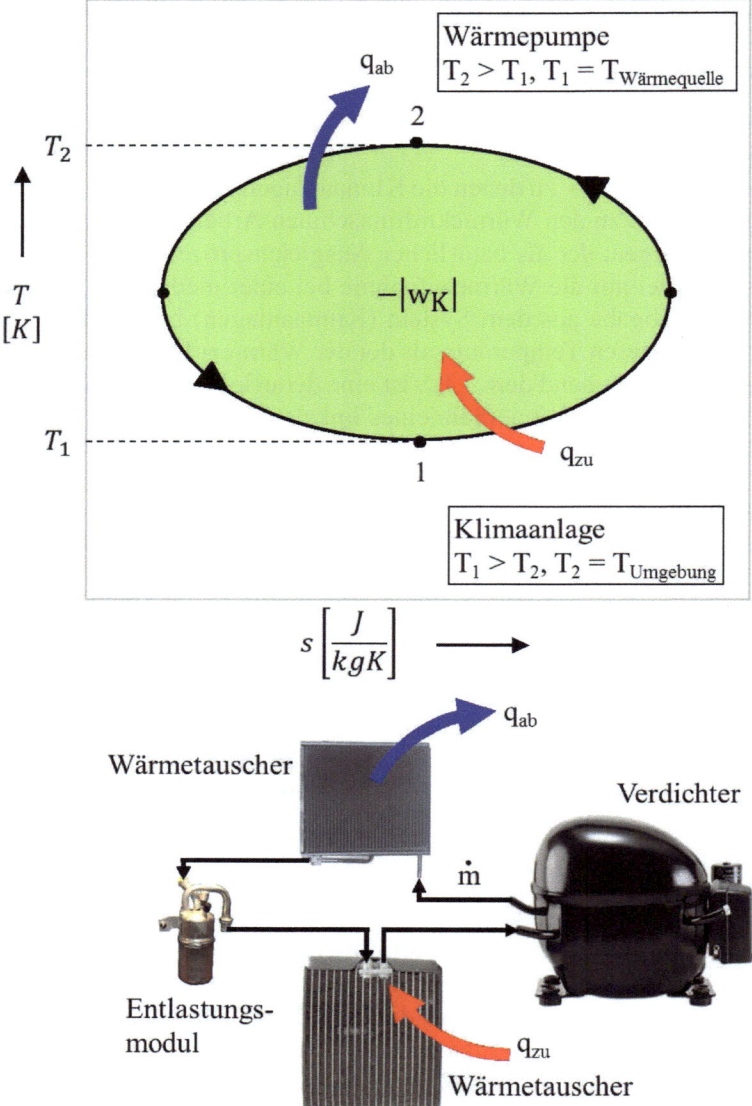

Bild 5.11 Linkslaufender Kreisprozess in Klimaanlagen und Wärmepumpen

Es ist prinzipiell möglich, ein thermodynamisches System sowohl als Kältemaschine als auch als Wärmepumpe – beispielsweise als Klimaanlage im Sommer und als Heizungsanlage im Winter – zu benutzen.

5.2.2 Kreisprozesse in Kältemaschinen

Die Wärmeübertragung von einem System mit niedriger Temperatur zu einem System mit höherer Temperatur ist als natürlicher Vorgang nicht möglich. Sobald aber eine entsprechende Energieform dafür eingesetzt wird, beispielsweise als Pumparbeit, ist auch ein solcher Wärmetransport durchführbar. Unabhängig von der Art der Zustandsänderungen erfolgt die Wärmeübernahme des Arbeitsmediums aus dem kalten Raum ins System bei durchschnittlich niedrigerer Temperatur als die Wärmeübergabe des Arbeitsmediums vom System zur Umgebung.

Die für diese Wärmeübertragung benötigte Arbeit ist in Bild 5.12 als Fläche innerhalb eines Referenz-Carnot-Kreisprozesses dargestellt.

Die energetische Bilanz anhand spezifischer Größen ergibt:

$$q_{zu} - |q_{ab}| = w_K \text{ , bzw.} \qquad q_{zu} - |q_{ab}| = -|w_K| \tag{5.14}$$

(weil die Arbeit in einem linkslaufenden Prozess stets dem System zugeführt wird). Daraus resultiert:

$$|q_{ab}| = q_{zu} + |w_K| \tag{5.15}$$

Die Wärmeübername ins System wird entsprechend der vereinbarten Vorzeichen als positiv betrachtet und mit q_{zu} bezeichnet: dass diese Wärme für den kalten Raum selbst als abgeführt zählt, ist irrelevant für den Kreisprozess, in dem die Aufnahme dieser Wärme ins Arbeitsmedium erfolgt.

Zur energetischen Bewertung eines linkslaufenden Kreisprozesses wird eine Leistungsziffer der Kältemaschine eingeführt.

> *Definition*
>
> ***Leistungsziffer der Kältekraftmaschine*** *Verhältnis zwischen dem Nutzeffekt und der dafür eingesetzten Energie:*
>
> $$\varepsilon_K = \frac{q_{zu}}{|w_K|} = \frac{q_{zu}}{|q_{ab}| - q_{zu}} = \frac{1}{\frac{|q_{ab}|}{q_{zu}} - 1} \tag{5.16}$$
>
> *Dabei ist sowohl $\varepsilon > 1$ als auch $\varepsilon < 1$ möglich.*

Es ist also ein prinzipieller Unterschied zu dem thermischen Wirkungsgrad bei Wärmekraftmaschinen zu verzeichnen, der nur kleiner eins sein kann. Analog sollte die Leistungsziffer als mathematischer Kehrwert des Ausdrucks für den thermischen Wirkungsgrad stets größer eins bleiben. Der thermische

Wirkungsgrad stellt allerdings den Umwandlungsgrad einer Energieform (Wärme) in eine andere (Arbeit) innerhalb eines thermodynamischen Systems dar. Entsprechend des Zweiten Hauptsatzes ist eine vollständige Umwandlung, die einen Wirkungsgrad von eins zur Folge hätte, nicht möglich. Die Leistungsziffer einer Kältemaschine charakterisiert nicht die Umwandlung, sondern den Transport einer Energie: wenn der Temperaturunterschied zwischen den zwei Quellen gering ist, so kann eine große Wärme mit geringem Arbeitsaufwand aufgenommen und transportiert werden.

Allgemein erreicht eine Kältekammer infolge des wiederholten Wärmetransports nach einer gewissen Zeit eine konstante Temperatur. Weiterhin wird die Wärme allgemein in die Umgebung abgegeben, ohne dass die Umgebungstemperatur dadurch beeinflusst wird (unendliche Quelle). Der Kreisprozess in einer Kältemaschine verläuft also prinzipiell zwischen zwei Wärmequellen mit jeweils konstanter Temperatur. Aus diesem Grund bildet der linkslaufende Carnot-Prozess – wie im Bild 5.12 dargestellt – den Referenzvorgang.

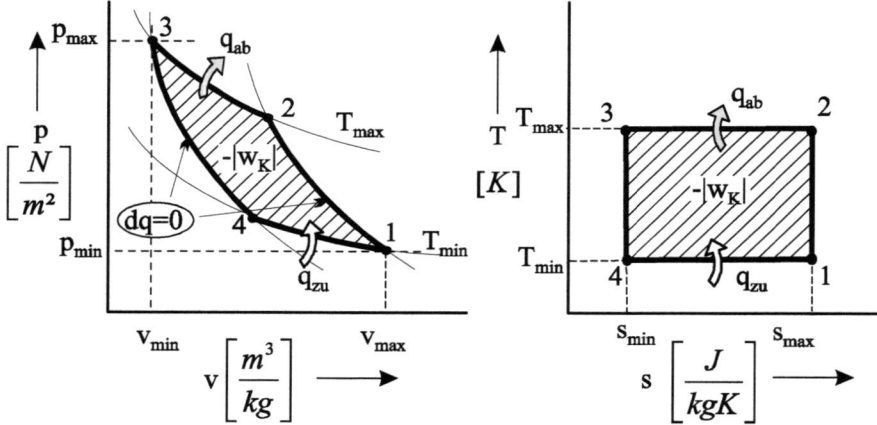

Bild 5.12 Linkslaufender, idealer Carnot-Kreisprozess als Referenz für die Prozesse in Klimaanlagen und Wärmepumpen

Es gilt für die Kältemaschine:

für $T_O = T_{min}$ – Temperatur der Kältekammer: $\qquad q_{zu} = T_O \Delta s \qquad$ (5.17a)

für $T_U = T_{max}$ – Temperatur der Umgebung: $\qquad q_{ab} = T_u \Delta s \qquad$ (5.17b)

5.2 Kreisprozesse in Klimaanlagen und Wärmepumpen

$$|w_K| = |q_{ab}| - q_{zu} \quad \Rightarrow \quad |w_K| = T_u |\Delta s| - T_O \Delta s \tag{5.18}$$

Daraus resultiert:

$$\varepsilon_{Kc} = \frac{1}{\dfrac{T_u |\Delta_S|}{T_O \Delta_S} - 1}$$

Für $\dfrac{T_u}{T_O} < 2$ resultiert $\varepsilon_{K_c} > 1$

Ansonsten bei $\dfrac{T_u}{T_O} \geq 2$ ist $\varepsilon_{K_c} < 1$

Beispiel:

Ein Temperaturverhältnis $\dfrac{T_u}{T_O} < 2$ gilt nur für extreme Temperaturdifferenzen: bei einer Umgebungstemperatur von 40 [°C] (313,15 [K]) wäre dabei die Temperatur der Kältekammer unter −116,58 [°C] (156,58 [K])

Der Wärmetransport von der kalten zur warmen Quelle wird grundsätzlich durch eine Verdichtung realisiert. Die Kreisprozesse in Kältemaschinen unterscheiden sich nach dem dafür eingesetzten Arbeitsmedium in zwei Kategorien:

- Kreisprozesse mit idealem Gas: Luft ist dafür sehr vorteilhaft
- Kreisprozesse mit Dämpfen → $NH_3, CO_2, SO_2, CH_2\text{-}CF_3, CH_3Cl$

Wasser ist dafür nicht von Vorteil: bei t = − 10 [°C] müsste zur Gewährung der flüssigen Phase ein extrem niedriger Druck p=0,001 bar realisiert werden, was mindestens zu Dichtheitsproblemen führen würde. Kältemaschinen mit idealem Gas werden nur für spezielle Anwendungen ausgeführt – extrem niedrige Temperaturen, Transport großer Wärmeströme. Die Arbeitsweise der Kältemaschine ist beim Einsatz von Gasen oder Dämpfen prinzipiell ähnlich. Die Wirkungsweise einer Kältemaschine mit idealem Gas als Arbeitsmedium ist in Bild 5.13a bzw. in Bild 5.13b dargestellt. Zur Einhaltung einer konstanten Temperatur T_O, die geringer als die Umgebungstemperatur T_u ist, wird die Kältekammer gegenüber der Umgebung grundsätzlich wärmedicht ausgeführt; durch die Kammer verläuft der Kreislauf des Arbeitsmediums, welches die Wärme aus der Kammer aufnimmt.

Das Arbeitsmedium strömt nach der Wärmeaufnahme aus der Kammer zu einem Verdichter. Durch die Verdichtung steigt der Druck des Arbeitsmediums und demzufolge auch seine Temperatur. Aus diesem Zustand kann das Arbeitsmedium in einem Wärmetauscher Wärme an die Umgebung abführen, entweder direkt an die Luft oder über ein strömendes Medium, beispielsweise Kühlwasser.

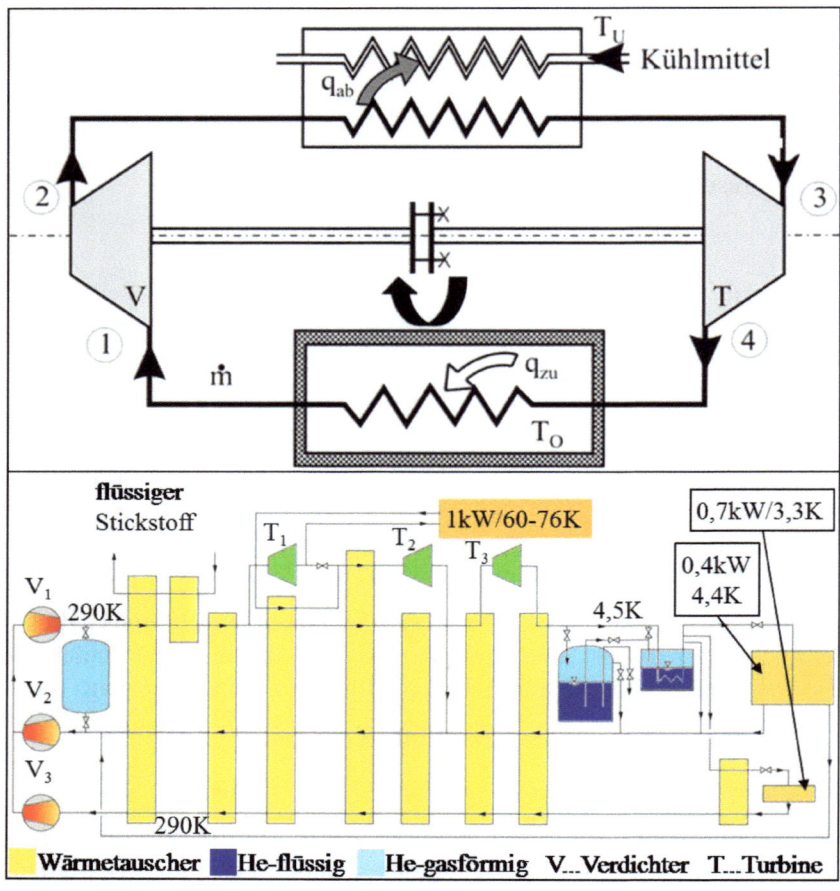

Bild 5.13a Wirkungsweise einer Kältemaschine mit idealem Gas

5.2 Kreisprozesse in Klimaanlagen und Wärmepumpen

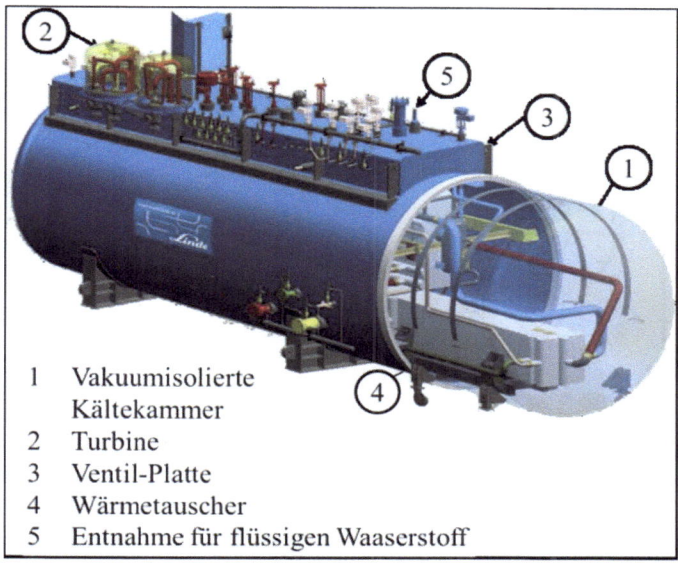

1 Vakuumisolierte Kältekammer
2 Turbine
3 Ventil-Platte
4 Wärmetauscher
5 Entnahme für flüssigen Waaserstoff

Bild 5.13b   Ausführungsbeispiel einer Kältemaschine mit idealem Gas

Sowohl bei der Wärmeaufnahme als auch bei der Wärmeabgabe werden also Wärmetauscher eingesetzt, die in thermodynamischem Sinne offene Systeme sind. Beide Vorgänge sind demzufolge isobar. In Bild 5.14 ist der ideale Kreisprozess in einer solchen Anlage dargestellt. Während der Wärmeabgabe bleibt der Druck auf dem Wert wie am Ende der Verdichtung, trotz der Temperatursenkung. Dieser Druck wird in einem weiteren Anlagenmodul entlastet – zum Beispiel in einer Turbine. (Im nächsten Kapitel werden Dämpfe als Arbeitsmedien mit änderbaren Phasen dargestellt. Diese werden in Klimaanlagen mittels Drosselventilen entlastet, die eine Kondensation zur flüssigen Phase hervorrufen. Das bewirkt die Senkung der inneren Energie und dadurch der Temperatur.) Das Arbeitsmedium verrichtet in der Turbine eine Arbeit und erreicht infolge dessen niedrigere Werte für Druck und Temperatur. Die Temperatur wird in dieser Weise unter die Temperatur der Kältekammer T_O gebracht. Von diesem Zustand aus kann das Arbeitsmedium erneut Wärme aus der Kältekammer aufnehmen.

Die in der Turbine geleistete Arbeit ist – beim Einsatz von Gasen – stets kleiner als die Verdichtungsarbeit – entsprechend der Energiebilanz in einem linkslaufenden Kreisprozess. Durch eine Kopplung zwischen Turbine und Verdichter kann die Entlastungsarbeit anteilmäßig für die Verdichtung genutzt werden. Zur Analyse eines solchen idealen Kreisprozesses wird außer den üblichen Annahmen (ideales Gas, reversible Zustandsänderungen) vorrausgesetzt, dass jeder Wärmeaustausch vollständig bis zur Temperatur der Kältekammer bzw. der Umgebung erfolgt.

Zur Berechnung des Kreisprozesses sind folgende Angaben üblich:

$$\pi = \frac{p_2}{p_1} \text{ sowie } \tau = \frac{T_2}{T_1} \text{ wobei } T_1 = T_O > T_4$$

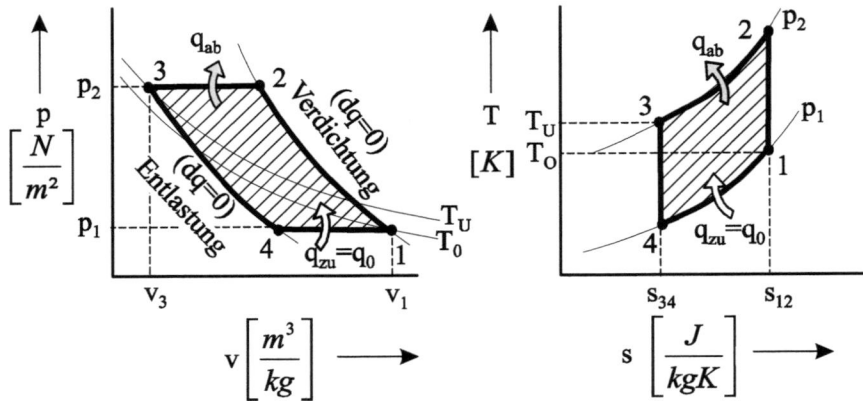

Bild 5.14 Idealer Kreisprozess in einer Kältemaschine mit idealem Gas

Wie die aus Bild 5.14 ersichtlich, soll das Druckverhältnis bei der Verdichtung derart realisiert werden, dass die resultierende Verdichtungstemperatur über der Umgebungstemperatur liegt ($T_2 > T_u$), sonst ist kein Wärmeaustausch möglich. Analog soll die Temperatur nach der Entlastung unter der Temperatur der Kältekammer liegen. Je mehr die Verdichtungs- bzw. Entlastung ausgedehnt werden, desto mehr Wärme wird aufgenommen und abgegeben.

Für die energetische Bilanz gilt:

$$|q_{ab}| = h_2 - h_3 \xrightarrow{(5.14)} |w_K| = (h_2 - h_3) - (h_1 - h_4) \quad (5.19)$$

$$q_{zu} = h_1 - h_4$$

Aus Gl.(5.16) resultiert:

$$\varepsilon_K = \frac{1}{\dfrac{h_2 - h_3}{h_1 - h_4} - 1} = \frac{1}{\dfrac{h_2}{h_1} \cdot \dfrac{1 - \dfrac{h_3}{h_2}}{1 - \dfrac{h_4}{h_1}} - 1} \quad (5.20)$$

5.2 Kreisprozesse in Klimaanlagen und Wärmepumpen

Andererseits gilt nach Gl.(3.64) bei der Annahme $c_p = c_{pm}$ und mit $h=c_pT$:

$$\frac{h_2}{h_1} = \frac{h_3}{h_4} = \frac{T_2}{T_1} = \left(\frac{p_2}{p_1}\right)^{\frac{k-1}{k}}$$

$$\rightarrow \frac{h_4}{h_1} = \frac{h_3}{h_2} \rightarrow \varepsilon_K = \frac{1}{\frac{h_2}{h_1}-1} = \frac{1}{\frac{T_2}{T_1}-1} \quad (5.20a)$$

$$\varepsilon_K = \frac{1}{\tau-1} \quad \text{bzw.} \quad \varepsilon_K = \frac{1}{\pi^{\frac{k-1}{k}}-1} \quad (5.20 \text{ b, c})$$

Zwischen den vergleichbaren Temperaturen $T_u = T_3$ und $T_o = T_1$ erreicht ein linkslaufender Carnot-Kreisprozess eine bessere Leistungsziffer. Dieser Zusammenhang ist aus dem Bild 5.15 auf Basis der Flächen für Prozessarbeit bzw. der zugeführten und abgeführten Wärme qualitativ ableitbar.

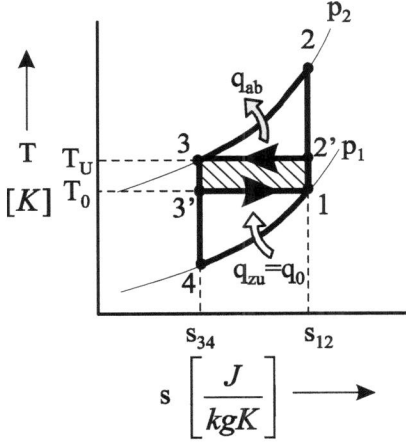

Bild 5.15 Vergleich des idealen Kreisprozesses in einer Kältemaschine mit einem Referenz-Carnot-Kreisprozess

Für jede Kältemaschine stellt deswegen der entsprechende linkslaufende Carnot-Kreis-Prozess den Referenzprozess dar. Ein ideales Gas als Arbeitsmittel für Kältemaschinen hat gegenüber dem Dampf den Nachteil einer viel geringeren spezifischen Wärmekapazität: die Aufnahme einer vergleichbaren Wärme bedingt daher einen größeren Massenstrom und größeren Wärmeaustauschflächen. Der Vorteil der Gase ist andererseits das Erreichen extrem niedriger Temperaturen ohne Gefahr des Erstarrens durch Phasenänderung.

5.2.3 Kreisprozesse in Wärmepumpen (Heizanlagen)

Zur Heizung des Fahrgastraumes eines Fahrzeuges kann – analog der Kältemaschine – ein linkslaufender Kreisprozess genutzt werden. Dadurch, dass die Zustandsänderungen – Verdichtung, Wärmeabfuhr, Entlastung, Wärmezufuhr – ähnlich jener in einer Kältemaschine sind, können prinzipiell die Funktionsmodule einer gleichen Maschine genutzt werden. Der Unterschied besteht nur in der Nutzungsstelle: in der Wärmepumpe wird die vom thermodynamischen System abgegebene Wärme genutzt. Die ins System zugeführte Wärme kann im Falle eines Fahrzeugs vom Kühlmittel des Motors oder vom Abgas gewonnen werden. Die Umschaltung einer Klimaanlage auf Wärmepumpefunktion ist demzufolge durch die Umschaltung der Wärmequellen an den Wärmetauschern prinzipiell möglich: statt aus dem Fahrgastraum würde Wärme bei der niedrigeren Temperatur vom Kühl- und Auspuffsystem des Motors dem Arbeitsmedium zugeführt bzw. statt in die Umgebung würde die Wärme bei der niedrigeren Temperatur in den Fahrgastraum abgeführt.

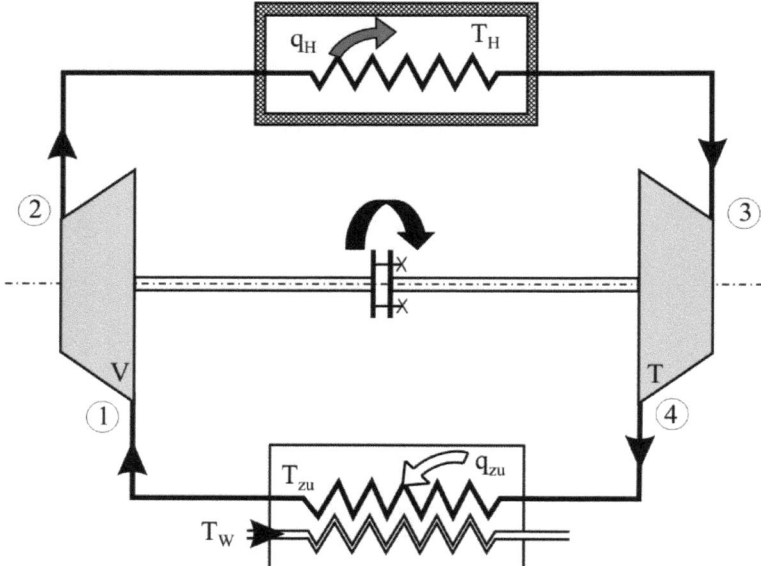

Bild 5.16 Wirkungsweise einer Wärmepumpe

Wie bei der Kältemaschine ist auch im Falle der Wärmepumpe der Betrieb mit idealem Gas oder mit Dampf möglich. In diesem Fall wird der Dampf wegen der größeren spezifischen Wärmekapazität bevorzugt. Der Kreisprozess und die Wirkungsweise der Anlage, die in Bild 5.16 dargestellt ist, bleiben jedoch prinzipiell gleich.

5.2 Kreisprozesse in Klimaanlagen und Wärmepumpen

Der zu beheizende Raum befindet sich nach dem Verdichterausgang. Das Arbeitsmedium kann beispielsweise nach der Verdichtung eine Temperatur um 50 – 60 [°C] erreichen. Die Wärmeübertragung an den Fahrgastraum – über den Wärmetauscher – führt zur Senkung der Temperatur, der Druck bleibt aber konstant. Es erfolgt dann eine Entlastung des Arbeitsmediums – auch hier ist beim Einsatz eines Gases als Arbeitsmediums der Einsatz einer Turbine möglich – wonach Druck und Temperatur sinken. Die Temperatur am Ende der Entlastung liegt somit unter der Temperatur des Wärmeaustauschmediums, das in den Wärmetauscher einströmt. Infolge der Temperaturdifferenz wird von diesem Medium dem Arbeitsmedium im Kreisprozess Wärme zugeführt. Die Temperatur des Arbeitsmediums erreicht somit den Wert am Verdichtereingang und der Kreisprozess kann vom gleichen Zustand aus wiederholt werden.

Analog der Kältemaschine wird eine Leistungsziffer der Wärmepumpe wie folgt eingeführt:

$$\varepsilon_W = \frac{|q_{ab}|}{w_K} = \frac{|q_{ab}|}{|q_{ab}| - q_{zu}} = \frac{1}{1 - \frac{q_{zu}}{|q_{ab}|}} \quad \rightarrow \quad \varepsilon_W > 1 \tag{5.21}$$

Für den linkslaufenden Carnot-Kreisprozess als Referenzzyklus gilt:

$$\varepsilon_{W\,Carnot} = \frac{1}{1 - \frac{T_{zu}}{T_{ab}}}$$

Beispiel:

$T_{zu} = 310\,[K]$
$T_{ab} = 330\,[K]$

$$\varepsilon_{W\,Carnot} = \frac{1}{1 - \frac{310}{330}} = 16{,}5$$

Andererseits gilt:

$$\varepsilon_{W\,Carnot} = \frac{1}{1 - \frac{\dot{m}\,q_{zu}}{\dot{m}\,q_{ab}}} = \frac{1}{1 - \frac{P_{zu}}{P_{ab}}}$$

Das bedeutet, dass bei einem Aufwand von 1 [kW] ein Wärmestrom von 16,5 [kW] transportiert werden kann. Die transportierte Energie stammt aus den Strömungen von Kühlmittel und Abgas. Die im Prozess erforderliche Arbeit dient nur dem Wärmetransport von der kalten zur warmen Quelle.

Anwendungsbeispiele und Übungen zu Kapitel 5

Kreisprozesse in Wärmekraftmaschinen

Ü 5.1 Es ist der ideale Kreisprozess in einem Kolbenmotor auf Grundlage der spezifischen, elementaren Zustandsänderungen im Otto-, Diesel-, Seiliger- und Stirling-Verfahren zu berechnen.

Aufgaben:

1. Berechnung der Zustandsgrößen in den Eckpunkten des Kreisprozesses für die angegebenen Fälle.

2. Berechnung von mindestens 10 Zwischenpunkten auf jeder Zustandsänderung in dem jeweiligen Kreisprozess (Paare p, V bzw. T, s).

3. Berechnung der energetischen Größen q, w, h, u für jede Zustandsänderung bzw. für den gesamten Kreisprozess.

4. Berechnung des thermischen Wirkungsgrades für die Kreisprozesse und den Referenz-Carnot-Prozess

5. Maßstäbliche Darstellung der Kreisprozesse im p, V / T, s -Diagramm, ausgehend von den Ergebnissen der Punkte 1) und 2). Die Kreisprozesse für die beiden angegebenen Lastfälle sind jeweils im gleichen p, V / T, s -Diagramm darzustellen.

Angaben:

- Arbeitsmedium: ideale Luft

$$R = 0{,}28704 \left[\frac{kJ}{kgK}\right]; c_{pm} = 1{,}005 \left[\frac{kJ}{kgK}\right]$$

- Anfangszustand (atmosphärischer Zustand):

$$p_1 = 1 \cdot 10^5 \left[\frac{N}{m^2}\right]; T_1 = (273{,}15 + 10)[K] \; ;$$

$$s_1 = 6{,}882 \left[\frac{kJ}{kgK}\right]$$

- Maximale Prozesstemperatur (Lastniveau):

  Fall A (hohe Last):   1900 [°C]

  $T_{maxA} = (273{,}15 + 1900)$ [K]

  Fall B (niedrige Last): 1100 [°C]

  $T_{maxB} = (273{,}15 + 1100)$ [K]

- Kolbenmotor:

	Otto	Otto*	Diesel	Seiliger	Stirling
Verdichtung ε [-]	12	13,8	22	12	11
Hubvolumen V_H [10^{-3} m³]	1,8	1,8	1,8	1,8	1,8
Verdichtung	ds=0	ds=0	ds=0	ds=0	dT=0
Wärmezufuhr	dv=0	dv=0	dp=0	dv=0 (30%) dp=0 (70%)	dv=0
Entlastung	ds=0	ds=0	ds=0	ds=0	dT=0
Wärmeabfuhr	dv=0	dv=0	dv=0	dv=0	dv=0

Elementare Zustandsänderungen: dv=0 isochor

dp=0 isobar

dT=0 isotherm

ds=0 isentrop

Anwendungsbeispiele und Übungen zu Kapitel 5

Lösung:

Berechnung der Zustandsgrößen in den Eckpunkten:

Zustand 1

Für alle als Kolbenmotoren betrachteten Maschinen (Otto, Otto*, Diesel, Seiliger, Stirling) gilt:

$$V_1 = V_{max} = V_H + V_{min}$$

$$\varepsilon = \frac{V_{max}}{V_{min}} = \frac{V_H + V_{min}}{V_{min}}$$

$$V_{max} = V_H + \frac{V_H}{\varepsilon - 1} = \frac{\varepsilon}{\varepsilon - 1} V_H$$

- Zustandsgleichung:

$$pV = mRT \rightarrow m = \frac{p_1 V_1}{RT_1}$$

Zustand 1	Fall A, Fall B					
		Otto	Otto*	Diesel	Seiliger	Stirling
p	$\left[10^5 \frac{N}{m^2}\right]$	1	1	1	1	1
V	$[10^{-3}\ m^3]$	1,964	1,941	1,886	1,964	1,980
T	$[K]$	283,15	283,15	283,15	283,15	283,15
s	$\left[\frac{kJ}{kg \cdot K}\right]$	6,882	6,882	6,882	6,882	6,882
m	$10^{-3}[kg]$	2,416	2,388	2,330	2,416	2,436

Zustand 2

- für alle Verfahren mit 1-2 isentrop (Otto, Otto*, Diesel, Seiliger):

$$ds = 0 \rightarrow p_i V_i^k = konst \; bzw. \; p_i v_i^k = konst \; i \in [1,2]$$

$$k = \frac{c_{pm}}{c_{vm}} = \frac{c_{pm}}{c_{pm} - R} \rightarrow k = \frac{1{,}005}{1{,}005 - 0{,}28704} \left[\frac{\frac{kJ}{kgK}}{\frac{kJ}{kgK}} \right]$$

- für das Verfahren mit 1-2 isotherm (Stirling):

$$dT = 0 \rightarrow p_i V_i = konst \; bzw. \; p_i v_i = konst \; i \in [1,2]$$

- Berechnung der Zustandsgrößen p_2, V_2, T_2:

- Zustandänderung 1-2:

$$\text{für } p_i V_i^k = konst \rightarrow p_1 V_1^k = p_2 V_2^k$$

$$\rightarrow p_2 = p_1 \left(\frac{V_1}{V_2} \right)^k = p_1 \varepsilon^k$$

$$\text{für } p_i V_i = konst \rightarrow p_1 V_1 = p_2 V_2$$

$$\rightarrow p_2 = p_1 \left(\frac{V_1}{V_2} \right) = p_1 \varepsilon$$

- funktionelles Verhältnis (gegeben):

$$\varepsilon = \frac{V_1}{V_2} \quad \rightarrow V_2 = \frac{V_1}{\varepsilon}$$

- Zustandsgleichung:

$$pV = mRT \rightarrow \frac{p_1 V_1}{T_1} = \frac{p_2 V_2}{T_2}$$

$$\rightarrow T_2 = \frac{p_2 V_2}{p_1 V_1} T_1$$

Anwendungsbeispiele und Übungen zu Kapitel 5

Zustand 2	Fall A, Fall B					
		Otto	Otto*	Diesel	Seiliger	Stirling
p	$\left[10^5 \dfrac{N}{m^2}\right]$	32,41	39,41	75,70	32,41	11,00
V	$[10^{-3}\,m^3]$	0,164	0,141	0,086	0,164	0,180
T	$[K]$	764,67	808,61	974,32	764,64	283,15
s	$\left[\dfrac{kJ}{kg \cdot K}\right]$	6,882	6,882	6,882	6,882	6,194*)

$$*)\ s_2 = s_1 + R\ln\frac{V_2}{V_1} = s_1 - R\ln\varepsilon$$

Zustand 3

- Berechnung der Zustandsgrößen p_3, V_3, T_3:

- Zustandänderung 2-3:

    Otto, Otto*, Stirling:

    $$\text{für } dV = 0;\ \frac{p_i}{T_i} = konst \rightarrow \frac{p_2}{T_2} = \frac{p_3}{T_3} \rightarrow p_3 = p_2\frac{T_3}{T_2}$$

    Diesel:

    $$\text{für } dp = 0;\ \frac{V_i}{T_i} = konst \rightarrow \frac{V_2}{T_2} = \frac{V_3}{T_3} \rightarrow V_3 = V_2\frac{T_3}{T_2}$$

    Seiliger:

    $$\text{für } 30\%\ q_{zu}\ \text{bei } dV = 0 \rightarrow 30\%q_{zu} = (c_{pm} - R)(T_3{'} - T_2)$$
    $$70\%\ q_{zu}\ \text{bei } dp = 0 \rightarrow 70\%q_{zu} = c_{pm}(T_3 - T_3{'})$$

    (da so $T_3{'}$ gefunden werden soll)
    $$\rightarrow T_3{'} = \frac{3c_{pm}T_3 + 7(c_{pm} - R)T_2}{3c_{pm} + 7(c_{pm} - R)}$$

    und $p_3{'} = p_2\dfrac{T_3{'}}{T_2};\ p_3 = p_3{'}$

- funktionelles Verhältnis (gegeben):

$$T_3 = T_{max}$$

- Zustandsgleichung:
$$pV = mRT$$
- spezifische Entropie:

$$isochor \rightarrow s_3 - s_2 = (c_{pm} - R)ln\frac{T_3}{T_2}$$

$$\left(Seiliger \rightarrow s_3' - s_2 = (c_{pm} - R)ln\frac{T_3'}{T_2}\right)$$

$$isobar \rightarrow s_3 - s_2 = c_{pm} ln\frac{T_3}{T_2}$$

$$\left(Seiliger \rightarrow s_3 - s_3' = c_{pm} ln\frac{T_3}{T_3'}\right)$$

Zustand 3	Fall A	Otto	Otto*	Diesel	Seiliger	Stirling
p	$\left[10^5 \frac{N}{m^2}\right]$	92,10	105,91	75,71	54,79*) 54,79	84,42
V	$[10^{-3} m^3]$	0,164	0,141	0,191	0,164*) 0,275	0,180
T	$[K]$	2173,15	2173,15	2173,15	1292,78*) 2173,15	2173,15
s	$\left[\frac{kJ}{kg \cdot K}\right]$	7,632	7,592	7,688	7,259*) 7,781	7,657

*) Zustand 3'

Zustand 3	Fall B	Otto	Otto*	Diesel	Seiliger	Stirling
p	$\left[10^5 \frac{N}{m^2}\right]$	58,19	66,92	75,71	42,08*) 42,08	53,35
V	$[10^{-3} m^3]$	0,164	0,141	0,121	0,164*) 0,226	0,180
T	$[K]$	1373,15	1373,15	1373,15	992,81*) 1373,15	1373,15
s	$\left[\frac{kJ}{kg \cdot K}\right]$	7,302	7,262	7,227	7,069*) 7,395	7,327

Anwendungsbeispiele und Übungen zu Kapitel 5

*) Zustand 3'

Zustand 4

- Berechnung der Zustandsgrößen p_4, V_4, T_4:
  - Zustandänderung 3-4.

    Otto, Otto*, Diesel, Seiliger:

    $$\text{für } p_i V_i^k = \text{konst} \rightarrow p_3 V_3^k = p_4 V_4^k$$

    $$\rightarrow p_4 = p_3 \left(\frac{V_3}{V_4}\right)^k$$

    Stirling:

    $$\text{für } p_i V_i = \text{konst} \rightarrow p_3 V_3 = p_4 V_4$$

    $$\rightarrow p_4 = p_3 \left(\frac{V_3}{V_4}\right)$$

  - funktionelles Verhältnis (verfahrensbedingt):

    für alle Prozessführungen

    $\text{isochore Wärmeabfuhr} \quad \rightarrow V_4 = V_1$

  - Zustandsgleichung:

    $pV = mRT$

Zustand 4	Fall A					
		Otto	Otto*	Diesel	Seiliger	Stirling
p	$\left[10^5 \frac{N}{m^2}\right]$	2,84	2,69	3,07	3,50	7,67
V	$[10^{-3} m^3]$	1,964	1,941	1,886	1,964	1,980
T	$[K]$	804,70	760,97	870,31	990,41	2173,15
s	$\left[\frac{kJ}{kg \cdot K}\right]$	7,632	7,592	7,688	7,781	8,345*)

Zustand 4	Fall B	Otto	Otto*	Diesel	Seiliger	Stirling
p	$\left[10^5 \dfrac{N}{m^2}\right]$	1,80	1,70	1,62	2,04	4,85
V	$[10^{-3}\, m^3]$	1,964	1,941	1,886	1,964	1,980
T	$[K]$	508,47	480,83	457,72	578,86	1373,15
s	$\left[\dfrac{kJ}{kg\cdot K}\right]$	7,302	7,262	7,227	7,395	8,016*)

$$^{*)}\ s_4 = s_3 + R\ln\dfrac{V_4}{V_3} = s_3 + R\ln\varepsilon$$

Kontrolle

Mit den berechneten Werten der Zustandsgrößen wird für die jeweilige Zustandsänderung 4-1 in jedem Verfahren die Entropiedifferenz $s_4 - s_1$ berechnet. In allen Fällen wird

$$s_1 = 6{,}882 \left[\dfrac{kJ}{kgK}\right] \text{ bestätigt.}$$

Berechnung von Zwischenpunkten auf jeder Zustandsänderung

Für die maßstäbliche Darstellung der Diagramme (p,V) und (T,s) werden für alle Zustandsänderungen, die keine Geraden sind, Zwischenpunkte berechnet.

		Otto	Otto*	Diesel	Seiliger	Stirling
p,V	1-2	$p_i V_i^k$	$p_i V_i^k$	$p_i V_i^k$	$p_i V_i^k$	$p_i V_i$
	2-3	|	|	—	|—	|
	3-4	$p_i V_i^k$	$p_i V_i^k$	$p_i V_i^k$	$p_i V_i^k$	$p_i V_i$
	4-1	|	|	|	|	|
T,s	1-2	|	|	|	|	—
	2-3	*)	*)	**)	*)/**)	*)
	3-4	|	|	|	|	—
	4-1	*)	*)	*)	*)	*)

Anwendungsbeispiele und Übungen zu Kapitel 5

Rechenbeispiele für Zwischenpunkte

- Otto-Prozess, Isentrope 1-2 (p,V)

$p_iV_i^k=p_1V_1^k$	$V\,[10^{-3}\,m^3]$	1,96	1,64	1,31	0,82	0,49	0,16
	$p\,[10^5\,\frac{N}{m^2}]$	1,00	1,29	1,76	3,41	6,94	32,41

- Otto-Prozess, Isochore 2-3 (T,s) *)

$s_i-s_2=(c_{pm}-R)ln\frac{T_i}{T_2}$	$s\left[\frac{kJ}{kgK}\right]$	6,882	7,25	7,492	7,632
	$T\,[K]$	764,67	1276,68	1788,95	2173,15

- Diesel-Prozess, Isobare 2-3 (T,s) **)

$s_i-s_2=c_{pm}ln\frac{T_i}{T_2}$	$s\left[\frac{kJ}{kgK}\right]$	6,882	6,98	7,425	7,687
	$T\,[K]$	974,32	1075,67	1675,07	2173,15

Berechnung von q,w,h,u

Zustandänderung 1-2

		Otto	Otto*	Diesel	Seiliger	Stirling
q_{12}		0	0	0	0	$RT_1 ln\frac{V_2}{V_1}$
w_{12}	$\left[\frac{kJ}{kg}\right]$	u_1-u_2	u_1-u_2	u_1-u_2	u_1-u_2	$RT_1 ln\frac{V_2}{V_1}$
h_2-h_1		$c_{pm}(T_2-T_1)$	$c_{pm}(T_2-T_1)$	$c_{pm}(T_2-T_1)$	$c_{pm}(T_2-T_1)$	0
u_2-u_1		$c_{vm}(T_2-T_1)$	$c_{vm}(T_2-T_1)$	$c_{vm}(T_2-T_1)$	$c_{vm}(T_2-T_1)$	0
q_{12}		0	0	0	0	-194,9
w_{12}	$\left[\frac{kJ}{kg}\right]$	-345,7	-377,3	-496,2	-345,7	-194,9
h_2-h_1		483,9	528,1	694,6	483,9	0
u_2-u_1	A,B	345,7	377,3	497,2	345,7	0

Zustandsänderung 2-3		Otto	Otto*	Diesel	Seiliger	Stirling
q_{23}		u_3-u_2	u_3-u_2	h_3-h_2	$u_3'-u_2$ / h_3-h_3'	u_3-u_2
w_{23}	$\left[\dfrac{kJ}{kg}\right]$	0	0	$p_3(v_3-v_2)$	0 / $p_3(v_3-v_3')$	0
h_3-h_2		$c_{pm}(T_3-T_2)$	$c_{pm}(T_3-T_2)$	$c_{pm}(T_3-T_2)$	$c_{pm}(T_3-T_2)$	$c_{pm}(T_3-T_2)$
u_3-u_2		$c_{vm}(T_3-T_2)$	$c_{vm}(T_3-T_2)$	$c_{vm}(T_3-T_2)$	$c_{vm}(T_3-T_2)$	$c_{vm}(T_3-T_2)$
q_{23}		1011,2 / 436,9	979,7 / 405,3	1204,8 / 400,8	379,2*) / 163,8*) / 884,8**) / 382,2**)	1356,9 / 782,6
w_{23}	$\left[\dfrac{kJ}{kg}\right]$	0	0	344,1 / 114,5	0*) / 0*) / 252,7**) / 109,2**)	0
h_3-h_2	A / B	1415,5 / 611,5	1371,4 / 567,4	1204,8 / 400,8	530,8*) / 229,3*) / 884,8**) / 382,2**)	1899,5 / 1095,5
u_3-u_2		1011,2 / 436,9	979,7 / 405,3	860,7 / 286,3	379,2*) / 163,8*) / 632,1**) / 273,1**)	1356,9 / 782,6

*) Zustandsänderung 2-3'

**) Zustandsänderung 3'-3

Anwendungsbeispiele und Übungen zu Kapitel 5

Zustandsänderung 3-4

		Otto	Otto*	Diesel	Seiliger	Stirling
q_{34}		0	0	0	0	$RT_3 \ln\dfrac{V_4}{V_3}$
w_{34}	$\left[\dfrac{kJ}{kg}\right]$	u_3-u_4	u_3-u_4	u_3-u_4	u_3-u_4	$RT_3 \ln\dfrac{V_4}{V_3}$
h_4-h_3		$c_{pm}(T_4-T_3)$	$c_{pm}(T_4-T_3)$	$c_{pm}(T_4-T_3)$	$c_{pm}(T_4-T_3)$	0
u_4-u_3		$c_{vm}(T_4-T_3)$	$c_{vm}(T_4-T_3)$	$c_{vm}(T_4-T_3)$	$c_{vm}(T_4-T_3)$	0
q_{34}		0	0	0	0	1495,8 / 945,1
w_{34}	$\left[\dfrac{kJ}{kg}\right]$	982,5 / 620,8	1013,9 / 640,6	935,4 / 657,2	849,2 / 570,3	1495,8 / 945,1
h_4-h_3	A	-1375,3 / -869,0	-1419,2 / -896,8	-1309,4 / -920,0	-1188,7 / -798,3	0
u_4-u_3	B	-982,5 / -620,8	-1013,9 / -640,6	-935,4 / -657,2	-849,2 / -570,3	0

Zustandsänderung 4-1

		Otto	Otto*	Diesel	Seiliger	Stirling
q_{41}		u_1-u_4	u_1-u_4	u_1-u_4	u_1-u_4	u_1-u_4
w_{41}	$\left[\dfrac{kJ}{kg}\right]$	0	0	0	0	0
h_1-h_4		$c_{pm}(T_1-T_4)$	$c_{pm}(T_1-T_4)$	$c_{pm}(T_1-T_4)$	$c_{pm}(T_1-T_4)$	$c_{pm}(T_1-T_4)$
u_1-u_4		$c_{vm}(T_1-T_4)$	$c_{vm}(T_1-T_4)$	$c_{vm}(T_1-T_4)$	$c_{vm}(T_1-T_4)$	$c_{vm}(T_1-T_4)$

		Otto	Otto*	Diesel	Seiliger	Stirling	
q_{41}	$\left[\dfrac{kJ}{kg}\right]$	-374,5 / -161,8	-343,1 / -141,9	-421,6 / -125,3	-507,8 / -212,3	-1356,9 / -782,6	
w_{41}		0	0	0	0	0	
h_1-h_4	A	-524,2 / -226,4	-480,2 / -198,7	-590,1 / -175,4	-710,8 / -297,2	-1899,5 / -1095,5	
u_1-u_4	B	-374,5 / -161,8	-343,1 / -141,9	-421,6 / -125,3	-507,8 / -212,3	-1356,9 / -782,6	

Berechnung Σq_i, Σw_i, Σh_i, Σu_i; q_{zu}; η_{th}

		Otto	Otto*	Diesel	Seiliger	Stirling	
Σq_i		636,8 / 275,1	636,6 / 263,4	783,3 / 275,5	756,2 / 333,7	1300,9 / 750,2	
Σw_i		636,8 / 275,1	636,6 / 263,4	783,3 / 275,5	756,2 / 333,7	1300,9 / 750,2	
Σh_i	$\left[\dfrac{kJ}{kg}\right]$	0 / 0	0 / 0	0 / 0	0 / 0	0 / 0	
Σu_i		0 / 0	0 / 0	0 / 0	0 / 0	0 / 0	
Σq_{zu}		1011,2 / 436,9	979,7 / 405,3	1204,8 / 400,8	379,2+884,8 / 163,8+382,2	1495,8*) / 945,1*)	2852,7 / 1727,7
$\eta_{th} = \dfrac{w_k}{q_{zu}}$		0,63 / 0,63	0,65 / 0,65	0,65 / 0,69	0,61 / 0,61	0,87*) / 0,79*)	0,46 / 0,43

*) siehe Kommentar Nr. 4

Thermischer Wirkungsgrad des Referenz-Carnot-Prozesses

Der thermische Wirkungsgrad des Referenz-Carnot-Kreisprozesses als Vergleich für alle Verfahren beträgt:

$$\eta_{th} = 1 - \frac{T_{min}}{T_{max}}$$

Fall A: $\quad \eta_{thA} = 1 - \dfrac{283,15}{2173,15} = 0,87$

Fall B: $\quad \eta_{thB} = 1 - \dfrac{283,15}{1373,15} = 0,79$

Kommentare

1. Der thermische Wirkungsgrad des idealen Otto-Kreisprozesses ist bei der Annahme c_{pm}=konst unverändert mit der Last – er hängt nur vom Verdichtungsverhältnis ab.

2. Der Otto-Kreisprozess mit ε=13,8 erreicht bei Vollast den gleichen thermischen Wirkungsgrad wie der Diesel-Kreisprozess mit ε=22. Bei Teillast nimmt der thermische Wirkungsgrad des Diesel-Kreisprozesses zu, während er beim Otto-Prozess unverändert bleibt.

3. Der Seiliger-Kreisprozess hat in gleichen Temperatur-grenzen einen geringeren thermischen Wirkungsgrad als die Otto- und Diesel-Kreisprozesse.

4. Der Stirling-Kreisprozess erreicht den thermischen Wirkungsgrad eines Carnot-Kreisprozesses, wenn die während der Zustandsänderung 4-1 (isochor) abgeführte Wärme während der Zustandsänderung 2-3 (isochor) wieder zugeführt wird (Wärmerekuperation). Anderenfalls hat er den niedrigsten Wirkungsgrad von allen analysierten Verfahren für Kolbenmotoren.

Maßstäbliche Darstellung der idealen Kreisprozesse im p,V und T,s Diagramm

Otto-Prozess

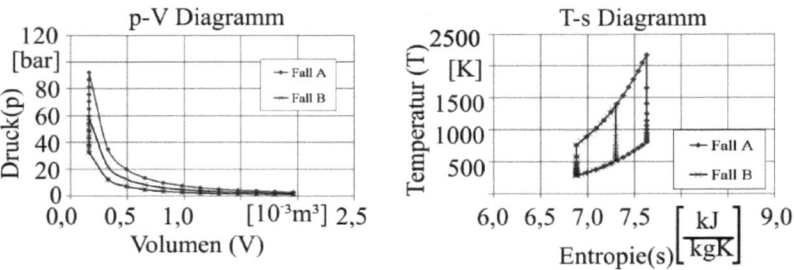

Bild Ü5.1/1 Maßstäbliche Darstellung des idealen Otto-Prozesses in p,v- und T,s- Diagramm

Otto*-Prozess

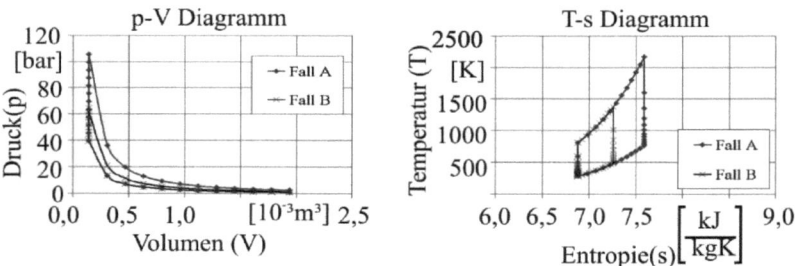

Bild Ü5.1/2 Maßstäbliche Darstellung des idealen Otto*-Prozesses in p,v- und T,s- Diagramm

Diesel-Prozess

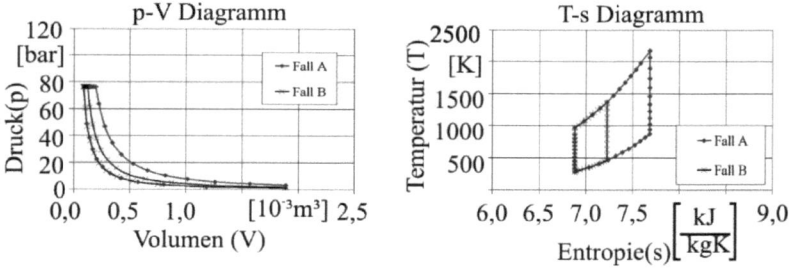

Bild Ü5.1/3 Maßstäbliche Darstellung des idealen Diesel-Prozesses in p,v- und T,s- Diagramm

Seiliger-Prozess

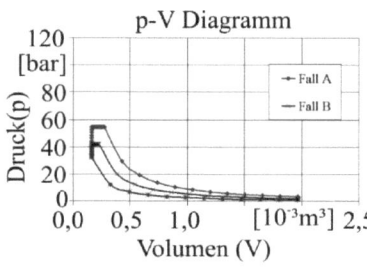
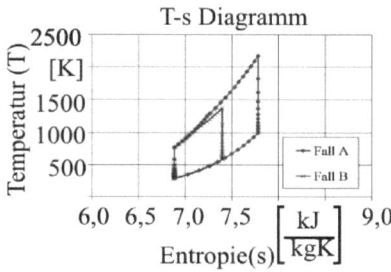

Bild Ü5.1/4 Maßstäbliche Darstellung des idealen Seiliger-Prozesses in p,v- und T,s- Diagramm

Stirling-Prozess

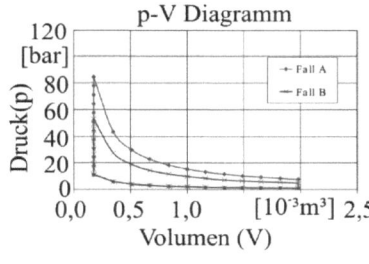
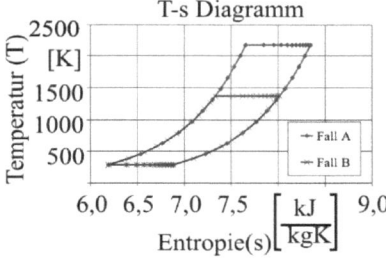

Bild Ü5.1/5 Maßstäbliche Darstellung des idealen Stirling-Prozesses in p,v- und T,s- Diagramm

Ü 5.2 Es sind der thermische Wirkungsgrad und die Zustandsgrößen in den Eckpunkten eines idealen Carnot-Kreisprozesses im Vergleich zu jenen des idealen Diesel-Kreisprozesses bei gleicher Masse des Arbeitsmediums wie in Ü 5.1 unter folgenden Bedingungen zu berechnen.

Aufgaben

1. gleiche Temperaturgrenzen bei gleicher Kreisprozessarbeit
2. gleiche Druckgrenzen

Angaben:

- Arbeitsmedium: ideale Luft

$$R = 0{,}28704 \left[\frac{kJ}{kgK}\right]; c_{pm} = 1{,}005 \left[\frac{kJ}{kgK}\right]$$

- Anfangszustand (atmosphärischer Zustand):

$$p_1 = 1 \cdot 10^5 \left[\frac{N}{m^2}\right]; T_1 = (273{,}15 + 10)[K];$$

$$s_1 = 6{,}882 \left[\frac{kJ}{kgK}\right]$$

- Maximale Prozesstemperatur (Lastniveau):
  Fall A (hohe Last): 1900 [°C]

  $T_{maxA} = (273{,}15 + 1900)$ [K]

  Fall B (niedrige Last): 1100 [°C]

  $T_{maxB} = (273{,}15 + 1100)$ [K]

Lösung:

1. Der Vergleich der thermischen Wirkungsgrade beider Kreisprozesse bei gleichen Extremtemperaturen erfolgte in Ü 5.1:

   Fall A: $\eta_{th_D} = 0{,}65;$ $\eta_{th_{Carnot}} = 0{,}87$

   Fall B: $\eta_{th_D} = 0{,}685;$ $\eta_{th_{Carnot}} = 0{,}79$

   Der Carnot-Kreisprozess mit isothermer Wärmezufuhr / Wärmeabfuhr und isentroper Verdichtung / Entlastung könnte prinzipiell sowohl in einem geschlossenen System (Kolbenmotor) als auch, vorteilhafterweise, in einem offenen System (Verkettung von Wärmetauschern, Verdichter und Turbine mit Massenstrom) umgesetzt werden.

   In den Temperatur-Vergleichsgrenzen müssen allerdings die Drücke und Temperaturen in den Eckpunkten, entsprechend den spezifischen, elementaren Zustandsänderungen berechnet werden.

   Laut der Aufgabenstellung gilt:

   $w_{KCarnot} = w_{KD}$ sowie

   $$\left(\frac{V_2}{V_3}\right)^{k-1} = \left(\frac{V_1}{V_4}\right)^{k-1} = \frac{T_{max}}{T_{min}}$$

Anwendungsbeispiele und Übungen zu Kapitel 5

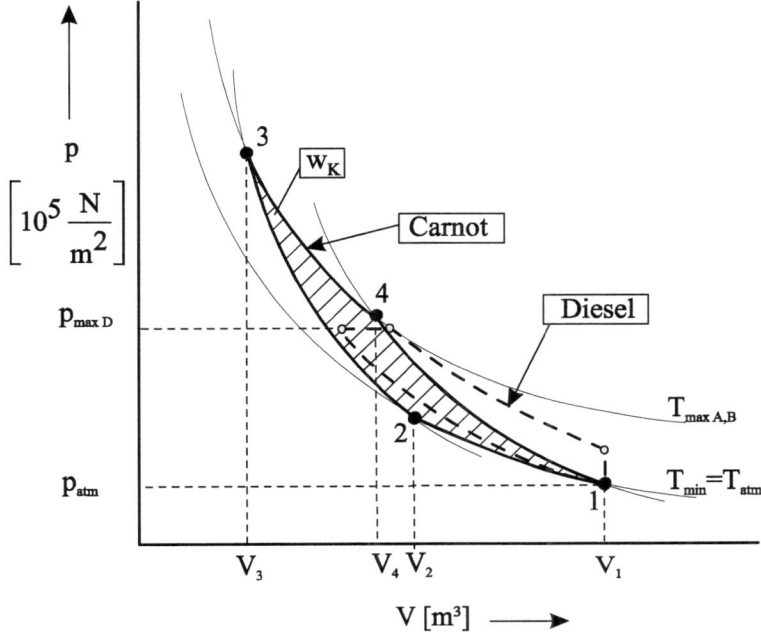

Bild Ü5.2 Darstellung eines idealen Carnot-Kreisprozesses im Vergleich zu einem idealen Diesel-Kreisprozess

Zustand 1

Der Zustand 1 am Beginn des Prozesses ist – wie bei allen Kolbenmotoren in Ü 5.1 – durch $\frac{p_{atm}}{T_{atm}}$ eindeutig definiert.

Zustand 1	
	Fall A,B
$p \left[10^5 \frac{N}{m^2} \right]$	1
$V [10^{-3} m^3]$	1,886
$T [K]$	283,15

Der Zustand 4 ist ebenfalls durch T_4, V_4 bestimmt. Es gilt:

- $T_4 = T_{max}$

- Isentrope 4-1: $\left(\dfrac{V_1}{V_4}\right)^{k-1} = \dfrac{T_{max}}{T_{min}} \rightarrow V_4 = V_1 \left(\dfrac{T_{max}}{T_{min}}\right)^{\frac{1}{1-k}}$

Dagegen sind die Zustände 2-3 unbestimmt, es gilt lediglich ihre Verbindung über eine Isentrope, beispielsweise:

$$\left(\dfrac{V_2}{V_3}\right)^{k-1} = \dfrac{T_{max}}{T_{min}}$$

Die Lage der Isentrope 2-3 wird durch die Bedingung $w_{KCarnot} = w_{KD}$ fixiert, welche die Fläche 1-2-3-4-1 bestimmt.

Es gilt:

$$w_K = q_{zu} - |q_{ab}| = RT_{max} \ln\left(\dfrac{V_4}{V_3}\right) - RT_{min} \ln\left(\dfrac{V_1}{V_2}\right) \quad \text{wegen}$$

$V_1 > V_2$

mit $\left(\dfrac{V_2}{V_3}\right)^{k-1} = \left(\dfrac{V_1}{V_4}\right)^{k-1} = \dfrac{T_{max}}{T_{min}}$ wird

$\dfrac{V_2}{V_3} = \dfrac{V_1}{V_4}$ und $\dfrac{V_4}{V_3} = \dfrac{V_1}{V_2}$

Daraus resultiert:

$$w_K = RT_{max} \ln\left(\dfrac{V_1}{V_2}\right) - RT_{min} \ln\left(\dfrac{V_1}{V_2}\right)$$

$$w_K = R(T_{max} - T_{min}) \ln \dfrac{V_1}{V_2}$$

$$V_2 = V_1 e^{-\dfrac{w_k}{R(T_{max} - T_{min})}}$$

Zustand 2

- Zustandsänderung:

  Isotherme Verdichtung

  $T_2 = T_1 = T_{min}$

- funktionelle Bedingung (gegeben):

$$w_{KCarnot} = w_{KD}$$

- Zustandsgleichung:

$$p_2 V_2 = p_1 V_1 \rightarrow p_2 = \frac{V_1}{V_2} p_1$$

$$V_{2A} = 1{,}886 \cdot e^{-\frac{783{,}3 \cdot 10^3}{287{,}04(2173{,}15 - 283{,}15)}} \left[10^{-3} m^3 \right]$$

$$V_{2B} = 1{,}886 \cdot e^{-\frac{275{,}5 \cdot 10^3}{287{,}04(1373{,}15 - 283{,}15)}} \left[10^{-3} m^3 \right]$$

Zustand 2	Fall A	Fall B
$p \left[10^5 \frac{N}{m^2} \right]$	4,24	2,41
$V [10^{-3} m^3]$	0,44	0,78
$T [K]$	283,15	283,15

Zustand 3

- Zustandsänderung:

  Isentrope Verdichtung

  $$p_i V_i^k = konst \quad i \in [2,3]$$

- funktionelle Bedingung (gegeben):

  $$T_3 = T_{max}$$

- Zustandsgleichung:

  $$\frac{p_3 V_3}{T_3} = \frac{p_2 V_2}{T_2} \rightarrow V_3 = V_2 \left(\frac{T_{min}}{T_{max}} \right)^{\frac{1}{k-1}}$$

Zustand 3	Fall A	Fall B
$p \left[10^5 \dfrac{N}{m^2} \right]$	5322,7	607,1
$V\,[10^{-3} m^3]$	0,00272	0,01506
$T\,[K]$	2173,15	1373,15

Bemerkungen (bei Kolbenmotorenausführungen):

- $\dfrac{V_1}{V_3} = \dfrac{V_{max}}{V_{min}} = \varepsilon \qquad \varepsilon_A = \dfrac{1,886}{0,00272} = 693,38$!

$$\varepsilon_B = \dfrac{1,886}{0,01506} = 125,23 \;!$$

Zustand 4

- Zustandsänderung:

  Isotherme Entlastung

  $T_3 = T_4 = T_{max}$

- funktionelle Bedingung (verfahrensbedingt):

$$\left(\dfrac{V_1}{V_4}\right)^{k-1} = \dfrac{T_{max}}{T_{min}} \quad \rightarrow \quad V_4 = V_1 \left(\dfrac{T_{min}}{T_{max}}\right)^{\frac{1}{k-1}}$$

- Zustandsgleichung:

$$p_4 V_4 = p_3 V_3 \quad \rightarrow \quad p_4 = p_3 \dfrac{V_3}{V_4}$$

Zustand 4	Fall A	Fall B
$p \left[10^5 \dfrac{N}{m^2} \right]$	1255,8	251,7
$V\,[10^{-3} m^3]$	0,01153	0,03634
$T\,[K]$	2173,15	1373,15

|Kommentar| Die maximalen Druckwerte im Carnot-Kreisprozess sowohl bei Voll- als auch bei Teillastwerten eines Dieselmotors machen die praktische Umsetzung eines solchen Verfahrens unmöglich. Die zu realisierenden, extrem hohen und dazu noch lastabhängigen Verdichtungsverhältnisse führen zur gleichen Schlussfolgerung.

2. Minimaler Druck im Diesel-Kreisprozess:

$$p_{min} = 1 \cdot 10^5 \left[\frac{N}{m^2}\right]$$

Maximaler Druck im Diesel-Kreisprozess:

$$p_{max\,A} = 75{,}7 \cdot 10^5 \left[\frac{N}{m^2}\right]$$

$$p_{max\,B} = 75{,}7 \cdot 10^5 \left[\frac{N}{m^2}\right]$$

Die Zustände 1 und 2 bleiben unverändert, da: $p_{2A,B} < p_{maxA,B}$

Zustand 3

- Zustandsänderung:

Isentrope Verdichtung

$$\frac{p_3}{p_2} = \left(\frac{V_2}{V_3}\right)^k = \left(\frac{T_3}{T_2}\right)^{\frac{k}{k-1}}$$

- funktionelle Bedingung (gegeben):

$$p_3 = p_{max}$$

- Zustandsgleichung:

$$\frac{p_3 V_3}{T_3} = \frac{p_2 V_2}{T_2}$$

$$\left(\frac{p_3}{p_2}\right)_A = \frac{75{,}7}{4{,}24} = 17{,}85$$

$$\left(\frac{p_3}{p_2}\right)_B = \frac{75{,}7}{2{,}41} = 31{,}41$$

$$T_3 = T_2 \left(\frac{p_3}{p_2}\right)^{\frac{k-1}{k}}$$

$$V_3 = V_2 \left(\frac{p_2}{p_3}\right)^{\frac{1}{k}}$$

Zustand 3	Fall A	Fall B
$p \left[10^5 \frac{N}{m^2}\right]$	75,7	75,7
$V \left[10^{-3} m^3\right]$	0,0567	0,0666
$T \left[K\right]$	645,0	757,7

Zustand 4

- Zustandsänderung:

Isotherme Entlastung

$T_3 = T_4 = T_{max}$

- funktionelle Bedingung (verfahrensbedingt):

$$\left(\frac{V_1}{V_4}\right)^{k-1} = \frac{T_{max}}{T_{min}} \quad \rightarrow \quad V_4 = V_1 \left(\frac{T_{min}}{T_{max}}\right)^{\frac{1}{k-1}}$$

- Zustandsgleichung:

$$p_4 V_4 = p_3 V_3 \quad \rightarrow \quad p_4 = p_3 \frac{V_3}{V_4}$$

Anwendungsbeispiele und Übungen zu Kapitel 5

Zustand 4	Fall A	Fall B
$p \left[10^5 \dfrac{N}{m^2} \right]$	17,86	31,38
$V\,[10^{-3} m^3]$	0,2405	0,1608
$T\,[K]$	645,0	757,7

$$w_K = q_{zu} - |q_{ab}| = q_{34} - |q_{12}| = R(T_{max} - T_{min})\ln\frac{V_1}{V_2}$$

$$w_{KA} = 287{,}04(645{,}0 - 283{,}15)\ln\frac{1{,}886}{0{,}44} =$$

$$= 150{,}02 \left[\frac{kJ}{kg}\right] \ll w_{KDA}$$

$$w_{KB} = 287{,}04(757{,}7 - 283{,}15)\ln\frac{1{,}886}{0{,}78} =$$

$$= 120{,}27 \left[\frac{kJ}{kg}\right] \ll w_{KDB}$$

$$\eta_{thCarnotA} = 1 - \frac{T_{min}}{T_{max\,A}} = 0{,}561 < \eta_{thDA}$$

$$\eta_{thCarnotB} = 1 - \frac{T_{min}}{T_{max\,B}} = 0{,}638 < \eta_{thDB}$$

Kommentar In den gleichen Druckgrenzen wie ein Diesel-Kreisprozess erreicht ein Carnot-Kreisprozess nicht die gleiche Kreisprozessarbeit – dabei ist sein thermischer Wirkungsgrad ebenfalls ungünstiger.

Ü 5.3 Es ist der ideale Joule-Kreisprozess in einer Gasturbine (Strömungsmaschine) für den Antrieb eines Automobils bei gleichen Bedingungen wie für den jeweiligen Diesel-Kreisprozess entsprechend Ü 5.1 bei einer Drehzahl von 3000 [min^{-1}] zu berechnen.

Aufgaben

1. Berechnung der Zustandsgrößen in den Eckpunkten des Kreisprozesses für die angegebenen Fälle.
2. Berechnung der energetischen Größen q, w, h, u, Δs für jede Zustandsänderung bzw. für den gesamten Kreisprozess.
3. Berechnung der theoretischen Leistung der Strömungsmaschine.
4. Berechnung des thermischen Wirkungsgrades.

Angaben:

- Arbeitsmedium: ideale Luft

$$R = 0{,}28704 \left[\frac{kJ}{kgK}\right]; c_{pm} = 1{,}005 \left[\frac{kJ}{kgK}\right]$$

- Anfangszustand: (atmosphärischer Zustand):

$$p_1 = 1 \cdot 10^5 \left[\frac{N}{m^2}\right]; T_1 = (273{,}15 + 10)[K];$$

$$s_1 = 6{,}882 \left[\frac{kJ}{kgK}\right]$$

- Maximale Prozesstemperatur (Lastniveau):

  Fall A (hohe Last):   1900 [°C]

  $T_{maxA} = (273{,}15 + 1900)$ [K]

  Fall B (niedrige Last):   1100 [°C]

  $T_{maxB} = (273{,}15 + 1100)$ [K]

- Druckverhältnis bei der Verdichtung: $\dfrac{p_2}{p_1} = 7$

Lösung

Zustand 1

Bei 3000 min^{-1} benötigt ein Viertakt-Dieselmotor nach Ü 5.1 einen theoretischen Massenstrom an Arbeitsstoff:

$$\dot{m} = \frac{m}{T_{Asp}} = m \cdot \frac{n}{2}$$

$$\rightarrow \dot{m} = 2{,}33 \left[10^{-3} kg\right] \cdot \frac{3000}{60} \cdot \frac{1}{2} \left[s^{-1}\right] = 58{,}25 \left[\frac{g}{s}\right]$$

Die Strömungsmaschine ist ein offenes System, deshalb werden keine absoluten Volumen in den Eckpunkten des Kreisprozesses, sondern bei Bedarf spezifische Volumen $v = \frac{1}{\rho}$ berechnet.

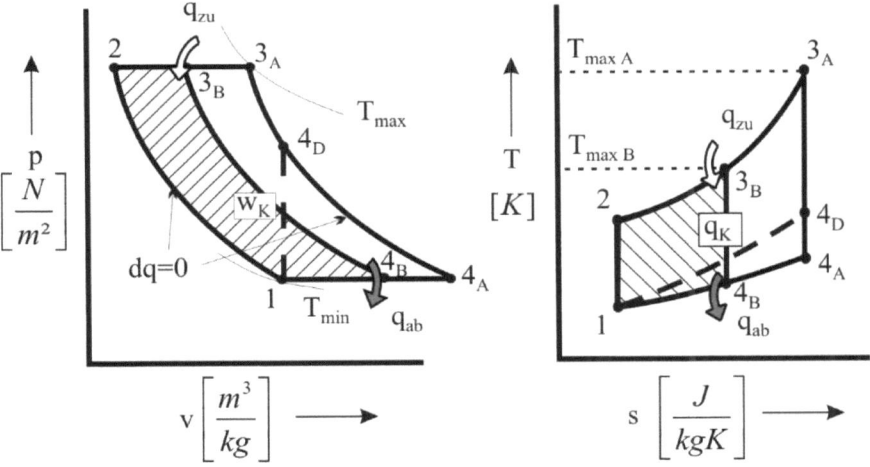

Bild Ü5.3 Darstellung eines idealen Joule-Kreisprozesses (Teil- und Vollast) im Vergleich zu einem idealen Diesel-Kreisprozess mit gleichem Verdichtungsenddruck

Gegenüber dem Dieselmotor ist die Entlastung bis zum Umgebungsdruck – statt bis zum Anfangsvolumen – ausgedehnt, was bei vergleichbaren Bedingungen einen günstigeren thermischen Wirkungsgrad erwarten lässt.

Das Druckverhältnis nach der isentropen Verdichtung ist bei der Strömungsmaschine verfahrensbedingt niedriger als beim

Dieselmotor. Die maximale Temperatur infolge der Wärmezufuhr durch Verbrennung ist jedoch vergleichbar.

Zustand 1	Fall A,B
$p \left[10^5 \dfrac{N}{m^2} \right]$	1
$v \left[10^{-3} \dfrac{m^3}{kg} \right]$	0,8127 *)
$T\ [K]$	283,15

$$\text{*) } v_1 = \frac{RT_1}{p_1}$$

Zustand 2
- Zustandsänderung:
  Isentrope Verdichtung
  $$p_i v_i^k = konst \quad i \in [1,2]$$
  $$v_2 = v_1 \left(\frac{p_1}{p_2} \right)^{\frac{1}{k}}$$
- funktionelle Bedingung (gegeben):
  $$\frac{p_2}{p_1} = 7$$
- Zustandsgleichung:
  $$\frac{p_1 v_1}{T_1} = \frac{p_2 v_2}{T_2} \rightarrow \frac{p_2}{p_1} = \left(\frac{T_2}{T_1} \right)^{\frac{k}{k-1}}$$

Daraus resultiert:
$$T_2 = T_1 \left(\frac{p_2}{p_1} \right)^{\frac{k-1}{k}}$$

Zustand 2	Fall A,B
$p \left[10^5 \dfrac{N}{m^2} \right]$	7
$v \left[10^{-3} \dfrac{m^3}{kg} \right]$	0,2025
$T\,[K]$	493,69

Zustand 3

- Zustandsänderung:
  Isobare Wärmezufuhr
  $p_3 = p_2$
- funktionelle Bedingung (gegeben):

$T_3 = T_{max}$

$T_{3A} = 2173{,}15\,[K]$

$T_{3B} = 1373{,}15\,[K]$

- Zustandsgleichung

$$\frac{p_3 v_3}{T_3} = \frac{p_2 v_2}{T_2}$$

Daraus resultiert:

$$v_3 = v_2 \frac{T_3}{T_2}$$

Zustand 3	Fall A	Fall B
$p \left[10^5 \dfrac{N}{m^2} \right]$	7,0	7,0
$v \left[10^{-3} \dfrac{m^3}{kg} \right]$	0,891	0,563
$T\,[K]$	2173,15	1373,15

Zustand 4

- Zustandsänderung:

  Isentrope Entlastung

  $$p_i v_i^k = konst \quad i \in [3,4]$$

- funktionelle Bedingung (verfahrensbedingt):

  $$p_4 = p_1$$

- Zustandsgleichung

  $$\frac{p_4 v_4}{T_4} = \frac{p_3 v_3}{T_3} \rightarrow \frac{p_4}{p_3} = \left(\frac{T_4}{T_3}\right)^{\frac{k}{k-1}}$$

Daraus resultiert:

$$T_4 = T_3 \left(\frac{p_4}{p_3}\right)^{\frac{k-1}{k}} \; ; \; v_4 = v_3 \left(\frac{p_3}{p_4}\right)^{\frac{1}{k}}$$

Zustand 4	A	B
$p \left[10^5 \frac{N}{m^2}\right]$	1,0	1,0
$v \left[10^{-3} \frac{m^3}{kg}\right]$	3,564	2,252
$T \, [K]$	1246,35	787,5

Entropieberechnung

$$\Delta s_{12} = 0$$

$$\Delta s_{23} = c_{pm} \ln \frac{T_3}{T_2} = 1{,}489 \left[\frac{kJ}{kgK}\right]$$

$$\Delta s_{34} = 0$$

$$\Delta s_{41} = c_{pm} \ln \frac{T_1}{T_4} = -1{,}489 \left[\frac{kJ}{kgK}\right]$$

Kontrolle

$$\frac{T_3}{T_2} = \frac{T_4}{T_1} \rightarrow \frac{T_2}{T_1} = \left(\frac{T_3}{T_4}\right)_{A,B}$$

$$\left(\frac{T_3}{T_4}\right)_A = 1{,}743 ; \left(\frac{T_3}{T_4}\right)_B = 1{,}743 \leftrightarrow$$

$$\leftrightarrow \frac{T_2}{T_1} = \frac{493{,}69}{283{,}15} = 1{,}743$$

Berechnung von q,w,h,u

		Fall A				Fall B			
		1-2	2-3	3-4	4-1	1-2	2-3	3-4	4-1
q_i		0	h_3-h_2	0	h_1-h_4	0	h_3-h_2	0	h_1-h_4
w_i	$\left[\dfrac{kJ}{kg}\right]$	h_1-h_2	0	h_3-h_4	0	h_1-h_2	0	h_3-h_4	0
Δh		$c_p\Delta T$	$c_p\Delta T$	$c_p\Delta T$	$c_p\Delta T$	$c_p\Delta T$	$c_p\Delta T$	$c_p\Delta T$	$c_p\Delta T$
Δu		$c_v\Delta T$	$c_v\Delta T$	$c_v\Delta T$	$c_v\Delta T$	$c_v\Delta T$	$c_v\Delta T$	$c_v\Delta T$	$c_v\Delta T$
q_i		0	1687,9	0	-968,0	0	883,9	0	-506,9
w_i	$\left[\dfrac{kJ}{kg}\right]$	-211,6	0	931,4	0	-211,6	0	588,6	0
Δh		211,6	1687,9	-931,4	-968,0	211,6	883,9	-588,6	-506,9
Δu		151,2	1205,8	-665,4	-691,5	151,2	631,4	-420,5	-362,1

$$w_K = q_{zu} - |q_{ab}| = \Sigma q_i = \Sigma w_i$$

$$w_{KA} = 719{,}9 \left[\frac{kJ}{kg}\right] ; w_{KB} = 377{,}0 \left[\frac{kJ}{kg}\right]$$

Theoretische Leistung

Die theoretische Leistung der Strömungsmaschine bei hoher bzw. niedriger Last beträgt:

$$P[kW] = \dot{m}\left[\frac{kg}{s}\right] \cdot w_k \left[\frac{kJ}{kg}\right]$$

$$P_A = 58{,}25 \cdot 10^{-3} \cdot 719{,}9 = 41{,}934 \, [kW]$$

$$P_B = 58{,}25 \cdot 10^{-3} \cdot 377{,}0 = 21{,}960 \, [kW]$$

Thermischer Wirkungsgrad

$$\eta_{th} = \frac{w_K}{q_{zu}}$$

Fall A: $\quad \eta_{thA} = \dfrac{719{,}9}{1687{,}9} = 0{,}427$

Fall B: $\quad \eta_{thB} = \dfrac{377{,}0}{883{,}85} = 0{,}427$

Kommentare

1. Die Kreisprozessarbeit der Strömungsmaschine ist trotz der erheblich niedrigeren Verdichtung (auf $7 \cdot 10^5 \left[\frac{N}{m^2}\right]$ statt $75{,}7 \cdot 10^5 \left[\frac{N}{m^2}\right]$) vergleichbar (bei Volllast $719{,}9 \left[\frac{kJ}{kg}\right]$ bzw. $783{,}3 \left[\frac{kJ}{kg}\right]$). Der Grund ist die zusätzliche Entlastung bis zum Umgebungsdruck.
2. Die geringere Kreisprozessarbeit wird im Hinblick auf eine hohe Leistung allgemein durch den erhöhten Massenstrom, mittels Drehzahl, kompensiert und zum Teil weit übertroffen.
3. Der thermische Wirkungsgrad ist bei dieser niedrigen Verdichtung geringer als jener im Dieselprozess, wäre jedoch bei gleicher Verdichtung eindeutig höher.

Fragen zu Kapitel 5

-zu beantworten ohne Unterlagen-
(Lösungen am Ende des Kapitels)

F 5.1 Stellen Sie den idealen Kreisprozess in einem Dieselmotor im p,V- und T,s-Diagramm dar. Erklären Sie auf dieser Basis wie die spezifische Kreisprozessarbeit zwecks einer Lastsenkung geändert werden kann. Zeichnen Sie die entsprechend geänderten Zustandsänderungen mit einer anderen Farbe in beide Diagramme ein. Wie verändert sich bei der Lastsenkung der thermische Wirkungsgrad? (Erklärung anhand der Diagramme)

F 5.2 Stellen Sie einen idealen Otto-Kreisprozess im p,V-Diagramm und im T,s-Diagramm dar. Stellen Sie in den gleichen Diagrammen einen Dieselkreisprozess mit einer anderen Farbe dar, wobei folgende Bedingungen gelten: gleicher Anfangszustand (p_{atm}, T_{atm}), gleicher Maximaldruck, gleiche Maximaltemperatur. Vergleichen Sie anhand des dafür geeigneten Diagramms den thermischen Wirkungsgrad beider Kreisprozesse.

F 5.3 Der Kreisprozess in einer Strömungsmaschine erfolgt zwischen isentropen und isobaren Zustandsänderungen (Joule Prozess). Durch welche Prozessänderung kann die spezifische Kreisprozessarbeit im Rahmen der gleichen Druck- und Temperaturgrenzen erhöht werden? Stellen Sie den ursprünglichen und den geänderten Kreisprozess im p,v-/T,s-Diagramm dar.

F 5.4 Stellen Sie den idealen Kreisprozess in einer Kältemaschine und den entsprechenden Referenz-Carnot-Kreisprozess im p,v- und im T,s-Diagramm dar. Geben Sie die Gleichung der Leistungsziffer beider Prozesse an. Welcher Unterschied besteht im Prozessverlauf und Leistungsziffer einer Wärmepumpe im Vergleich zur Kältemaschine.

F 5.5 Stellen Sie den Kreisprozess in einer Wärmepumpe (Arbeitsmedium: ideales Gas) anhand eines geeigneten Diagramms und der entsprechenden Funktionsmodule dar.

F 5.6 Stellen Sie einen idealen Kreisprozess in einem Ottomotor im p,V- und im T,s-Diagramm dar! Um die Motorleistung bei gleicher Drehzahl zu verringern, muss die Kreisprozessarbeit reduziert werden. Geben Sie eine Lösung an und erklären Sie diese anhand von entsprechenden Zustandsänderungen, die im gleichen p,V- bzw. T,s-Diagramm wie der ursprüngliche Prozess darzustellen sind.

F 5.7 Welche Unterschiede bestehen zwischen dem Wirkungsgrad einer Wärmekraftmaschine, der Leistungsziffer einer Kältemaschine und der Leistungsziffer einer Wärmepumpe? Geben Sie die jeweilige Formel an! Welche dieser Kenngrößen können Werte über bzw. unter eins erreichen?

Aufgaben zu Kapitel 5

-zu lösen mit Hilfe von Unterlagen-
(Lösungen am Ende des Kapitels)

A 5.1 Ein Dieselmotor wird auf Ottoverfahren umgestellt, wobei das Verdichtungsverhältnis von $\varepsilon=15$ auf $\varepsilon=13$ gesenkt wird.

Angaben:
- der jeweilige Diesel-/Ottokreisprozess wird als ideal betrachtet
  - die maximale Prozesstemperatur ist in beiden Fällen gleich ($T_{max}=2200$ [K])
  - Arbeitsmedium: ideale Luft $\quad R=0{,}2871 \left[\dfrac{kJ}{kgK}\right]$
  - atm. Zustand: $\begin{array}{l} p=1 \ [bar] \\ T=290 \ [K] \end{array} \quad c_{pm}=1{,}005 \left[\dfrac{kJ}{kgK}\right]$

5.1.1 Tragen Sie die 2 Kreisprozesse in jw. gleichen p,V- und T,s-Diagramm mit unterschiedlichen Farben ein.
5.1.2 Berechnen Sie den thermischen Wirkungsgrad beider Prozesse.

A 5.2 Ein rechtslaufender Kreisprozess besteht aus 2 isentropen und aus 2 isobaren Zustandsänderungen und wird in einer thermischen Maschine mit dem idealen Gas Luft ($R=287$ [J/(kg/K)], $k=1{,}4$) durchgeführt. Der Prozess beginnt bei Umgebungszustand (1 [bar] und 20 [°C]) mit einer isentropen Verdichtung. Der maximale Prozessdruck beträgt 50 [bar], die maximale Prozesstemperatur $T=2164{,}3$ [K].

Aufgaben:
5.2.1 Darstellung des Prozesses im p,v- /T,s-Diagramm.
5.2.2 Berechnung der fehlenden Temperaturen in den Eckpunkten des Prozesses.
5.2.3 Berechnung des thermischen Wirkungsgrades.
5.2.4 Berechnung der spezifischen Kreisprozessarbeit

A 5.3 In einem Kolbenmotor mit Verdichtungsverhältnis 11 erfolgt die Wärmezufuhr zunächst isochor und anschließend isobar. Wie bei jedem

Kolbenmotor sind Verdichtung und Entlastung isentrop bzw. die Wärmeabfuhr isochor. Der maximale Prozessdruck ist auf 60 [bar], die maximale Prozesstemperatur auf 2500 [K] begrenzt.

Anfangszustand: 1 [bar], 300 [K]

Arbeitsmedium (ideale Luft): R=0,287 [kJ/(kg K)]; k= 1,4

Aufgaben:
5.3.1 Darstellung des idealen Kreisprozesses im p,V-/T,s-Diagramm mit Kennzeichnung der Eckpunkte
5.3.2 Berechnung der ausgetauschten spezifischen Wärme für jede Zustandsänderung und für den gesamten Kreisprozess
5.3.3 Berechnung des thermischen Wirkungsgrades

A 5.4 Zwecks Entwicklung eines Kolbenmotors werden bei gleichen Umgebungsbedingungen (p_{atm}, T_{atm}) und bei gleicher maximalen Prozesstemperatur (T_{max}) ein Otto-Kreisprozess (Verdichtungsverhältnis 11) mit einem Diesel-Kreisprozess (Verdichtungsverhältnis 15) verglichen.
Hinweis: die Maximaldrücke beider Prozesse ergeben sich aus den gestellten Bedingungen und sind demzufolge nicht grundsätzlich gleich!

Angaben:
- ideale Kreisprozesse (Otto, Diesel)
- Arbeitsmedium: ideale Luft mit R=0,2871 [kJ/(kgK)]; c_{pm}= 1,005 [kJ/kgK]
- Bedingungen: p_{atm}=1 [bar]; T_{atm}=290 [K]; T_{max}= 2200 [K]

Aufgaben:
5.4.1. Darstellung der 2 Kreisprozesse (Otto, Diesel) im gleichen p,V- bzw. im gleichen T,s-Diagramm mit unterschiedlichen Farben.
5.4.2. Ermittlung der Drücke und der Temperaturen in den Eckpunkten beider Prozesse.
5.4.3. Berechnung des thermischen Wirkungsgrades beider Kreisprozesse.

A 5.5 Ein Generator wird mit einem Kolbenmotor im Dieselverfahren angetrieben. Die Zustandsänderungen des Arbeitsmediums (ideale Luft) im Motor sind:
- isentrope Verdichtung 12 (Verdichtungsverhältnis: 20)
- isobare Wärmezufuhr 23
- isentrope Entlastung 34
- isochore Wärmeabfuhr 41

Durch Änderung der Kraftstoffzufuhr wird die Wärmezufuhr des Motors gesenkt, wodurch sich das Volumenverhältnis – V3/V2 – auf Isobare von 1,6 auf 1,4 verringert.

Folgende Größen sind bekannt:

$$c_p = 1{,}005 \left[\frac{kJ}{kgK}\right]; \quad R = 0{,}287 \left[\frac{kJ}{kgK}\right]$$

Zustandsgrößen des ursprünglichen Prozesses:

Zustand	1	2	3	4
p [bar]	1	66,29	66,29	1,93
T [K]	292,76	970,28	1552,45	565,21

Aufgaben:

5.5.1 Darstellung der 2 Prozesse in den gleichen p,V-;T,s-Diagrammen mit unterschiedlichen Farben

5.5.2 Berechnung der geänderten Drücke und Temperaturen infolge der Wärmezufuhrverringerung

5.5.3 Berechnung der Änderung der Kreisprozessarbeit infolge der Wärmezufuhrverringerung

Lösungen zu den Fragen von Kapitel 5

F 5.1

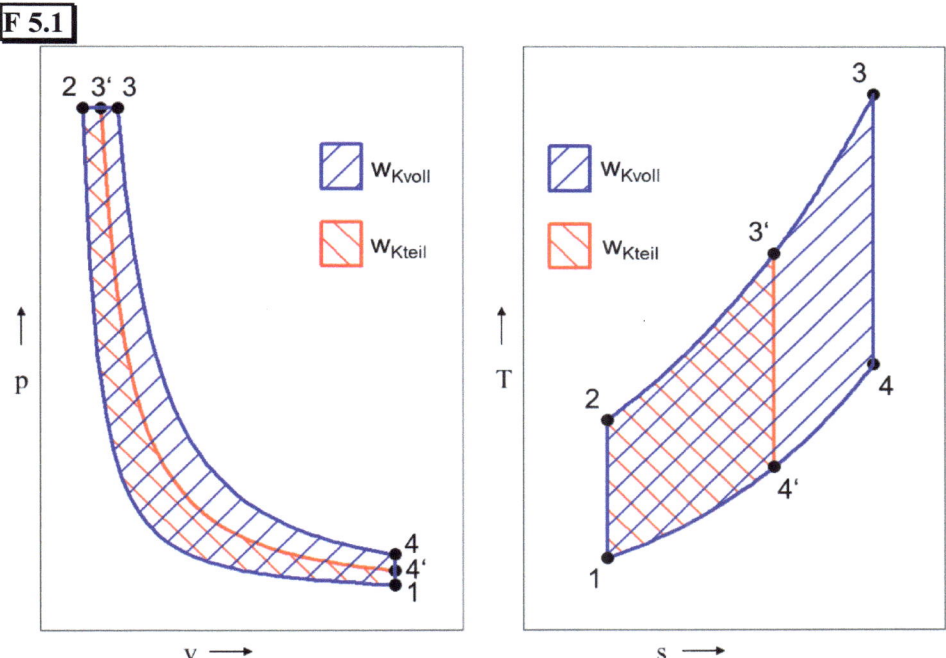

Verringerung der Kreisprozessarbeit durch Senkung der Wärmezufuhr auf der Zustandsänderung 2→3

$$\eta_{th} = \frac{w_k}{q_{zu}} = 1 - \frac{|q_{ab}|}{q_{zu}}$$

- Sowohl die zugeführte also auch die abgeführte Wärme sinken.
- Isochore Wärmezufuhr steiler als isobare Wärmezufuhr (T,s-Diagramm) → anteilig sinkt die abgeführte Wärme stärker als die zugeführte Wärme

$$\frac{|q_{ab}|}{q_{zu}} \downarrow$$

$$\underline{\underline{\eta_{th}}} \uparrow$$

F 5.2

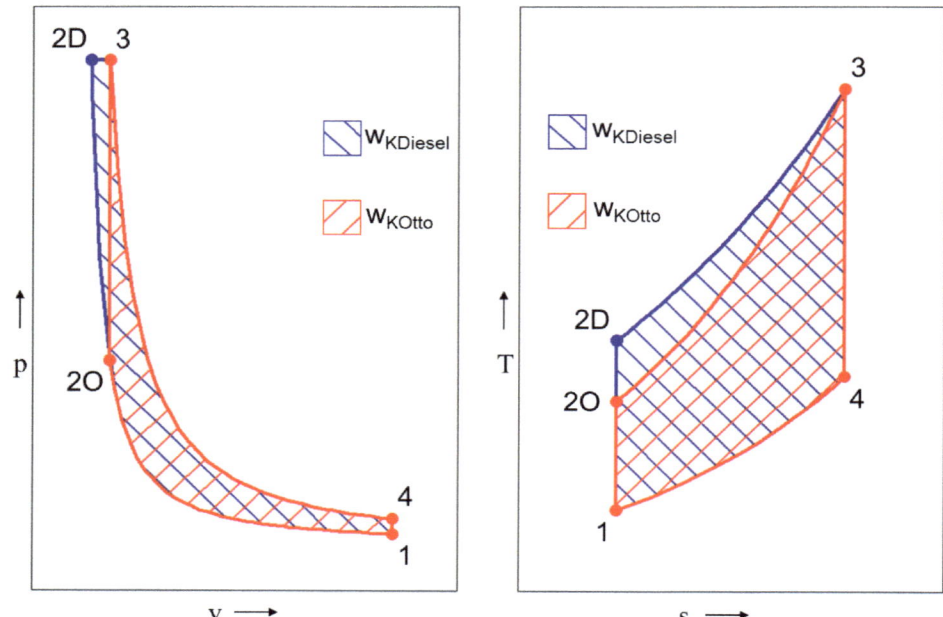

Im T,s-Diagramm entspricht die Fläche unter der Zustandsänderung der zu- bzw. abgeführten Wärme. Die abgeführte Wärme ist in beiden Fällen identisch (Fläche unter der Zustandsänderung. 4→1). Beim Dieselprozess ist jedoch die zugeführte Wärme größer als beim Ottoprozess (vgl. 2D→3 und 2O→3 im T,s-Diagramm). Des Weiteren gilt:

$$\eta_{th} = \frac{w_k}{q_{zu}} = 1 - \frac{|q_{ab}|}{q_{zu}}$$

Somit ist der Wirkungsgrad des Dieselprozesses unter den Randbedingungen von Frage 5.2 größer als der Wirkungsgrad des Ottoprozesses.

F 5.3

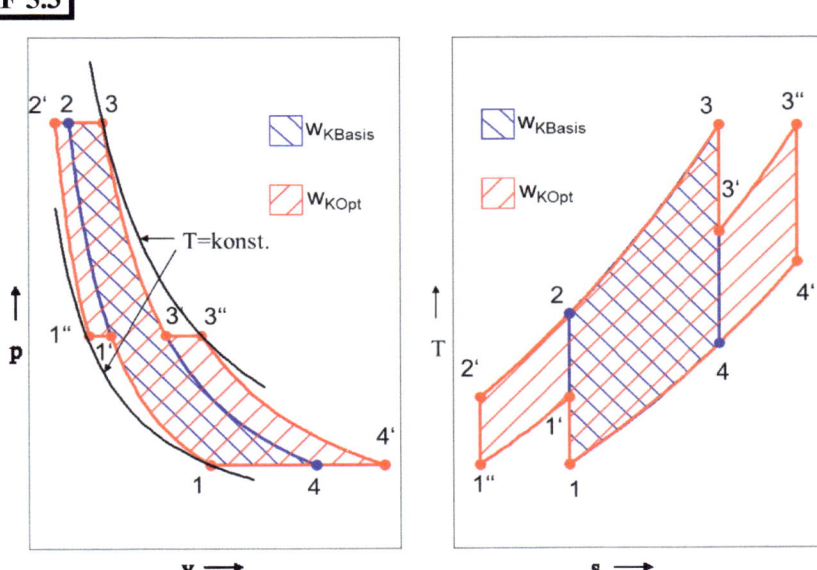

Erhöhung der Kreisprozessarbeit durch Zwischenkühlung während der Kompression sowie nochmaliger Wärmezufuhr während der Entlastung

F 5.4

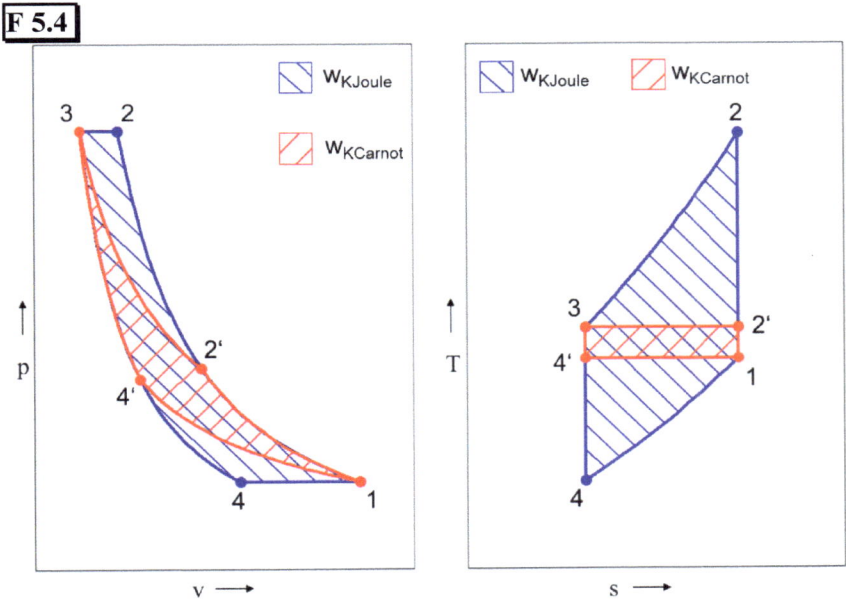

Leistungsziffer Kältemaschine

$$\varepsilon = \frac{q_{zu}}{|w_k|} = \frac{q_{zu}}{|q_{ab}| - q_{zu}} = \frac{1}{\dfrac{|q_{ab}|}{q_{zu}} - 1}$$

Für den linkslaufenden Carnotprozess ist die Leistungsziffer höher, da das Verhältnis für den Transport der Wärme (Kreisprozessarbeit) zur transportierten Wärme deutlich günstiger ist als beim Basis-Joule-Prozess, wie aus den Flächen im T,s-Diagramm ableitbar.

Leistungsziffer Wärmepumpe

$$\varepsilon = \frac{q_{ab}}{|w_k|} = \frac{q_{ab}}{|q_{ab}| - q_{zu}} = \frac{1}{1 - \dfrac{q_{zu}}{|q_{ab}|}}$$

Prinzipiell ist die Prozessführung einer Kältemaschine identisch zu der einer Wärmepumpe. Lediglich die Stelle an der ein Nutzen entsteht ist der jeweils andere Wärmetauscher im System. Daher kann eine Kältemaschine durch vertauschen von Kühl- und Heizquelle in eine Wärmepumpe überführt werden (gilt analog für eine Wärmepumpe).

F 5.5

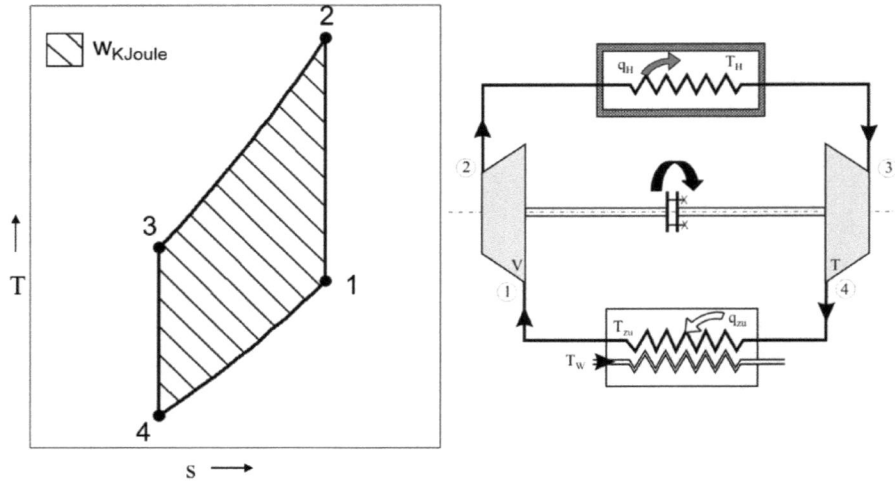

F 5.6   1. Möglichkeit - Quantitätsregelung

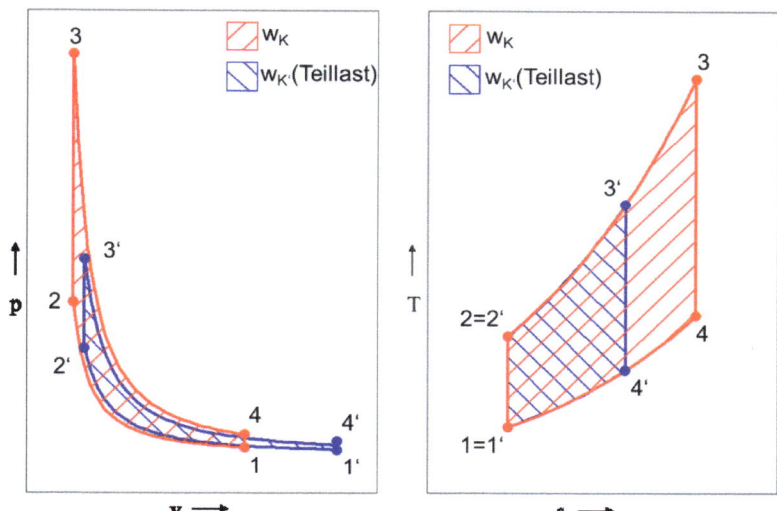

Senkung der Kreisprozessarbeit durch Drosselung der Ansaugluft → geringere Luft-/Gemischmasse im Zylinder → geringere Wärmezufuhr (konventionelle Ottomotoren mit äußerer Gemischbildung bzw. Ottomotoren mit Direkteinspritzung und homogener Ladungsverteilung im Brennraum)

2. Möglichkeit - Qualitätsregelung

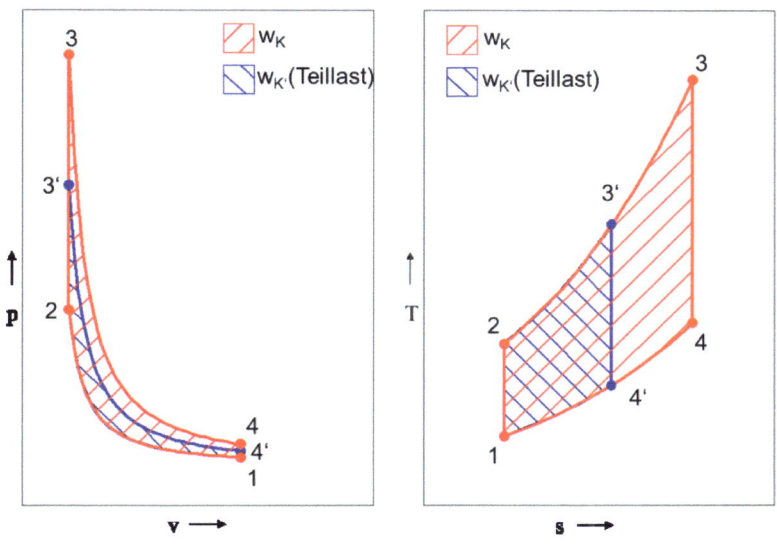

Senkung der Kreisprozessarbeit durch geringere Wärmezufuhr (geringere Einspritzmenge) ohne Drosselung der Ansaugluft, erfordert beim Ottomotor eine derartige Prozessführung, dass zum Zeitpunkt der Zündung ein zündfähiges Gemisch im Bereich der Zündkerze vorliegt (Direkteinspritzende Ottomotoren mir Ladungsschichtung)

F 5.7 Der Wirkungsgrad einer Wärmekraftmaschine gibt die Effizienz einer Energieumwandlung an. Die zugeführte Wärme (Aufwand) wird dabei in Kreisprozessarbeit (Nutzen) umgewandelt.

$$\eta_{th} = \frac{|w_k|}{q_{zu}} = \frac{|q_{ab}| - q_{zu}}{q_{zu}} = 1 - \frac{|q_{ab}|}{q_{zu}}$$

Bei einer Energieumwandlung ist der Aufwand stets größer als der Nutzen und damit ist $\eta_{th} < 1$.

Im Gegensatz dazu gibt die Leistungsziffer einer Wärmepumpe / Kältemaschine die Effizienz eines Energietransportes an.

In einer Klimaanlage/Kältemaschine ist der Nutzen die Kühlung eines Raumes. Diesem wird Wärme entzogen und dem Kreisprozess zugeführt. Die Kreisprozessarbeit wird für den Wärmetransport benötigt und gilt entsprechend als Aufwand.

$$\varepsilon = \frac{q_{zu}}{|w_k|} = \frac{q_{zu}}{|q_{ab}| - q_{zu}} = \frac{1}{\frac{|q_{ab}|}{q_{zu}} - 1}$$

Mittels einer Wärmepumpe soll im Gegensatz zur Kältemaschine ein Raum aufgeheizt werden. Dem thermodynamischen Prozess wird hierzu Wärme entzogen. Folglich entspricht für die Leistungsziffer der Wärmepumpe die abgegebene Wärme dem technischen Nutzen. Der Aufwand ist auch in diesem Fall die Kreisprozessarbeit für den Wärmetransport.

$$\varepsilon = \frac{q_{ab}}{|w_k|} = \frac{q_{ab}}{|q_{ab}| - q_{zu}} = \frac{1}{1 - \frac{q_{zu}}{|q_{ab}|}}$$

Bei dem Energietransport in einer Kältemaschine steht die dafür erforderliche Arbeit nicht in direktem Zusammenhang mit der transportierten Wärme. Es gilt:

$\varepsilon < 1$ *für* $\dfrac{|q_{ab}|}{q_{zu}} > 2$

$\varepsilon = 1$ *für* $\dfrac{|q_{ab}|}{q_{zu}} = 2$

$\varepsilon > 1$ *für* $\dfrac{|q_{ab}|}{q_{zu}} < 2$

In einer Wärmepumpe gilt stets:
$|q_{ab}| > q_{zu} \quad \rightarrow \varepsilon > 1$

Lösungen zu den Aufgaben von Kapitel 5

A 5.1   5.1.1 p-v- und T-s-Diagramm

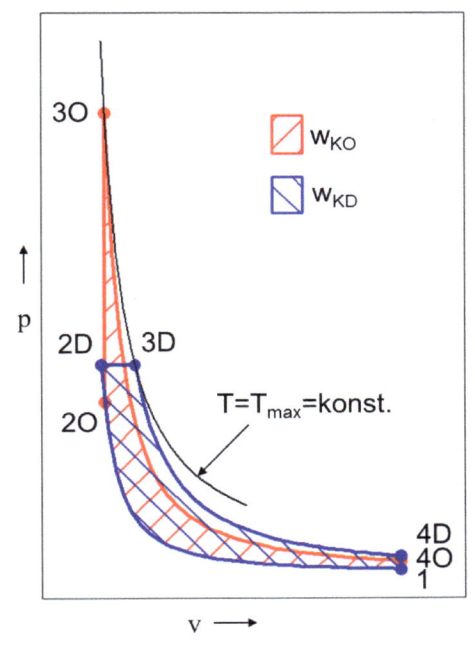
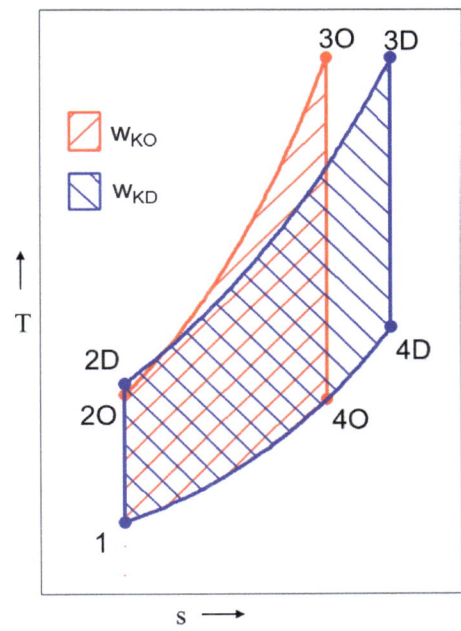

5.1.2 Wirkungsgrad

$$k = \frac{c_p}{c_p - R} \cong 1,4$$

Otto: 1→2O

$$p_1 v_1^k = p_{2O} v_{2O}^k \quad \rightarrow \quad p_{2O} = p_1 \left(\frac{v_1}{v_{2O}}\right)^k = p_1 \varepsilon_O^k = 1 \cdot 13^{1,4}$$

$$\underline{p_{2O} = 36,26 \; [bar]}$$

$$\frac{p_{2O}}{p_1} = \left(\frac{v_1}{v_{2O}}\right)^k \quad \text{mit} \quad p = \frac{RT}{v} \quad \rightarrow \quad \frac{v_1 T_{2O}}{T_1 v_{2O}} = \left(\frac{v_1}{v_{2O}}\right)^k$$

$T_{2O} = T_1 \varepsilon_O^{k-1} = 290 \cdot 13^{1,4-0,4}$

$\underline{T_{2O} = 809,0 \ [K]}$

Diesel: 1→2D

$$p_1 v_1^k = p_{2D} v_{2D}^k \quad \rightarrow \quad p_{2D} = p_1 \left(\frac{v_1}{v_{2D}}\right)^k = p_1 \varepsilon_D^k = 1 \cdot 15^{1,4}$$

$\underline{p_{2D} = 44,31 \ [bar]}$

$$\frac{p_{2D}}{p_1} = \left(\frac{v_1}{v_{2D}}\right)^k \quad \text{mit} \quad p = \frac{RT}{v} \quad \rightarrow \quad \frac{T_{2D} v_1}{v_{2D} T_1} = \left(\frac{v_1}{v_{2D}}\right)^k$$

$T_{2D} = T_1 \varepsilon_D^{k-1} = 290 \cdot 15^{1,4-0,4}$

$\underline{T_{2D} = 856,7 \ [K]}$

Otto: 2O→3O

$$\frac{p}{T} = konst. \quad \rightarrow \quad p_{3O} = p_{2O} \frac{T_3}{T_{2O}} \quad \text{mit} \quad T_3 = T_{max} = 2200 \ [K]$$

$p_{3O} = 36,26 \cdot \dfrac{2200}{809}$

$\underline{p_{3O} = 98,62 \ [bar]}$

Diesel: 2D→3D

$$\left(\frac{v}{T} = konst. \quad \rightarrow \quad v_{3D} = v_{2D} \frac{T_3}{T_{2D}}\right)$$

$T_3 = T_{max} = 2200 \ [K]$

$\underline{p_{3D} = p_{2D} = 44,31 \ [bar]}$

Lösungen zu den Aufgaben von Kapitel 5

Otto: 3O→4O

$$p_{3O}v_{3O}^k = p_{4O}v_4^k \rightarrow p_{4O} = p_{3O}\left(\frac{v_{3O}}{v_4}\right)^k \quad mit \quad \frac{v_{3O}}{v_4} = \frac{v_{2O}}{v_1} = \varepsilon_O^{-k}$$

$$p_{4O} = p_{3O}\varepsilon_O^{-k} = 98{,}62 \cdot 13^{-1{,}4}$$

$$\underline{p_{4O} = 2{,}72 \; [bar]}$$

$$\frac{p_{4O}}{p_{3O}} = \left(\frac{v_{3O}}{v_4}\right)^k \quad mit \quad p = \frac{RT}{v} \rightarrow \frac{T_{4O}v_{3O}}{v_4 T_3} = \left(\frac{v_{3O}}{v_4}\right)^k$$

$$T_{4O} = T_3\varepsilon_O^{1-k} = 2200 \cdot 13^{1-1{,}4}$$

$$\underline{T_{4O} = 788{,}6 \; [K]}$$

Diesel: 3D→4D

$$p_{3D}v_{3D}^k = p_{4D}v_4^k \rightarrow p_{4D} = p_{3D}\left(\frac{v_{3D}}{v_4}\right)^k \quad mit \quad v_{3D} = v_{2D}\frac{T_{3D}}{T_{2D}}$$

$$p_{4D} = p_{3D}\left(\frac{v_{2D}}{v_4}\frac{T_3}{T_{2D}}\right)^k \quad mit \quad v_4 = v_1 \quad und \quad \varepsilon_D = \frac{v_1}{v_2}$$

$$p_{4D} = p_{3D}\left(\frac{1}{\varepsilon_D}\frac{T_3}{T_{2D}}\right)^k = 44{,}31 \cdot \left(\frac{1}{15}\frac{2200}{856{,}7}\right)^{1{,}4}$$

$$\underline{p_{4D} = 3{,}75 \; [bar]}$$

$$T_{4D} = T_3\left(\frac{v_{3D}}{v_4}\right)^{k-1} = T_{3D}\left(\frac{v_{2D}}{v_4}\frac{T_3}{T_{2D}}\right)^{k-1} = T_{3D}\left(\frac{1}{\varepsilon_D}\frac{T_3}{T_{2D}}\right)^{k-1}$$

$$T_{4D} = 2200 \cdot \left(\frac{1}{15}\frac{2200}{856{,}7}\right)^{1{,}4-1}$$

$$\underline{T_{4D} = 1086 \; [K]}$$

Wirkungsgrad allgemein

$$\eta_{th} = 1 - \frac{|q_{ab}|}{q_{zu}}$$

Wirkungsgrad Otto:

$$q_{zuO} = c_{vm}(T_3 - T_{2O}) = (1{,}005 - 0{,}2871)(2200 - 809{,}0)$$

$$q_{zuO} = 998{,}7 \left[\frac{kJ}{kg}\right]$$

$$q_{abO} = c_{vm}(T_1 - T_{4O}) = (1{,}005 - 0{,}2871)(290 - 788{,}6)$$

$$q_{abO} = -357{,}9 \left[\frac{kJ}{kg}\right]$$

$$\eta_{thO} = 1 - \frac{|q_{ab}|}{q_{zu}} = 1 - \frac{357{,}9}{998{,}7}$$

$$\underline{\underline{\eta_{thO} = 0{,}642}}$$

Wirkungsgrad Diesel:

$$q_{zuD} = c_{pm}(T_3 - T_{2D}) = 1{,}005 \cdot (2200 - 856{,}7)$$

$$q_{zuD} = 1350 \left[\frac{kJ}{kg}\right]$$

$$q_{abD} = c_{vm}(T_1 - T_{4D}) = (1{,}005 - 0{,}2871)(290 - 1086)$$

$$q_{abD} = -571{,}7 \left[\frac{kJ}{kg}\right]$$

$$\eta_{thD} = 1 - \frac{|q_{ab}|}{q_{zu}} = 1 - \frac{571{,}7}{1350}$$

$$\underline{\underline{\eta_{thD} = 0{,}577}}$$

A 5.2   5.2.1 p-v- und T-s-Diagramm

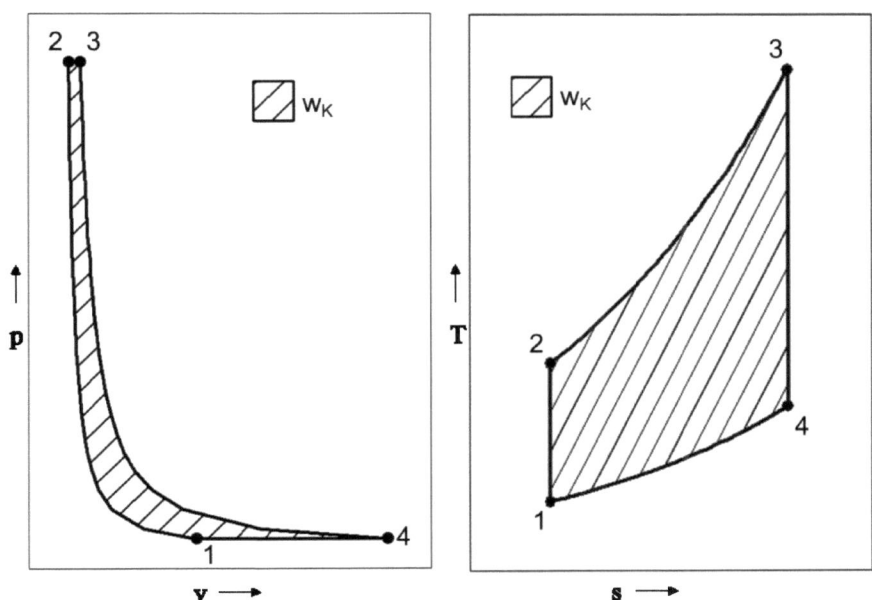

5.2.2 Temperaturen in den Eckpunkten

$$\frac{p_2}{p_1} = \left(\frac{v_1}{v_2}\right)^k \quad mit \quad v = \frac{RT}{p} \quad \rightarrow \quad \frac{p_2}{p_1} = \left(\frac{T_1 p_2}{p_1 T_2}\right)^k$$

$$T_2 = T_1 \left(\frac{p_2}{p_1}\right)^{\frac{k-1}{k}} = 293{,}15 \cdot \left(\frac{50}{1}\right)^{\frac{1{,}4-1}{1{,}4}}$$

$$\underline{\underline{T_2 = 896{,}4 \; [K]}}$$

$$\underline{\underline{T_3 = T_{max} = 2164{,}3 \; [K]}}$$

$$\frac{p_4}{p_3} = \left(\frac{v_3}{v_4}\right)^k \quad mit \quad v = \frac{RT}{p} \quad \rightarrow \quad \frac{p_4}{p_3} = \left(\frac{T_3 p_4}{p_3 T_4}\right)^k$$

$$T_4 = T_3 \left(\frac{p_4}{p_3}\right)^{\frac{k-1}{k}} = 2164{,}3 \cdot \left(\frac{1}{50}\right)^{\frac{1{,}4-1}{1{,}4}}$$

$$\underline{\underline{T_4 = 707{,}8 \; [K]}}$$

5.2.3 Thermischer Wirkungsgrad

$$\eta_{th} = 1 - \frac{|q_{ab}|}{q_{zu}}$$

$$c_{pm} = \frac{kR}{(k-1)} = 1{,}0045 \left[\frac{kJ}{kgK}\right]$$

$$q_{zu} = c_{pm}(T_3 - T_2) = 1{,}0045 \cdot (2164{,}3 - 896{,}4)$$

$$q_{zu} = 1273{,}6 \left[\frac{kJ}{kg}\right]$$

$$q_{ab} = c_{pm}(T_1 - T_4) = 1{,}0045 \cdot (290 - 707{,}8)$$

$$q_{ab} = -416{,}5 \left[\frac{kJ}{kg}\right]$$

$$\eta_{th} = 1 - \frac{|q_{ab}|}{q_{zu}} = 1 - \frac{419{,}9}{1274{,}2}$$

$$\eta_{th} = 0{,}673$$

5.2.4 Spezifische Kreisprozessarbeit

$$w_K = q_{zu} - |a_{ab}| = 1273{,}6 - 416{,}5$$

$$w_K = 857{,}1 \left[\frac{kJ}{kg}\right]$$

A 5.3 5.3.1 p-v- und T-s-Diagramm

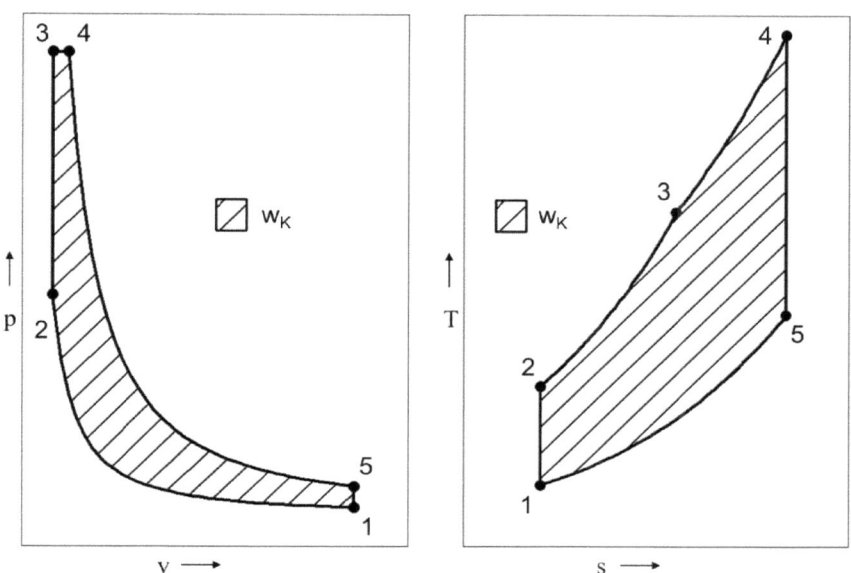

5.3.2 Ausgetauschte Wärme für jede Zustandsänderung und für den gesamten Kreisprozess

$$c_{pm} = \frac{kR}{(k-1)} = 1{,}0045 \left[\frac{kJ}{kgK}\right]$$

$$c_{vm} = c_{pm} - R = 0{,}7175 \left[\frac{kJ}{kgK}\right]$$

1→2

$$p_1 v_1^k = p_2 v_2^k \quad \to \quad p_2 = p_1\left(\frac{v_1}{v_2}\right)^k = p_1 \varepsilon^k = 1 \cdot 11^{1,4}$$

$$\underline{p_2 = 28{,}7 \; [bar]}$$

$$\frac{p_2}{p_1} = \left(\frac{v_1}{v_2}\right)^k \quad mit \quad p = \frac{RT}{v} \quad \to \quad \frac{v_1 T_2}{T_1 v_2} = \left(\frac{v_1}{v_2}\right)^k$$

$$T_2 = T_1 \varepsilon^{k-1} = 300 \cdot 11^{1,4-0,4}$$

$$\underline{T_2 = 782{,}8 \; [K]}$$

$\underline{\underline{q_{12}=0}}$ (Isentrope)

2→3

$\dfrac{p}{T}=konst. \;\to\; T_3=T_2\dfrac{p_3}{p_2}\;mit\;\underline{p_3=p_{max}=60\;[K]}$

$T_3=782{,}8\cdot\dfrac{60}{28{,}7}$

$\underline{\underline{T_3=1636{,}4\;[K]}}$

$q_{23}=c_{vm}(T_3-T_2)=0{,}7175\cdot(1636{,}4-782{,}8)$

$\underline{\underline{q_{23}=612{,}5\;\left[\dfrac{kJ}{kg}\right]}}$

3→4

$\left(\dfrac{v}{T}=konst. \;\to\; v_3=v_2\dfrac{T_3}{T_2}\right)$

$\underline{p_4=p_3=p_{max}=60\;[bar]}$

$\underline{T_4=T_{max}=2500\;[K]}$

$q_{34}=c_{pm}(T_4-T_4)=1{,}0045\cdot(2500-1636{,}4)$

$\underline{\underline{q_{34}=867{,}5\;\left[\dfrac{kJ}{kg}\right]}}$

4→5

$p_4v_4^k=p_5v_5^k \;\to\; p_5=p_4\left(\dfrac{v_4}{v_5}\right)^k\;mit\;v_4=v_3\dfrac{T_4}{T_3}$

$p_5=p_4\left(\dfrac{v_3}{v_5}\dfrac{T_4}{T_3}\right)^k\;mit\;v_3=v_2,\;v_5=v_1\;und\;\varepsilon=\dfrac{v_1}{v_2}$

$p_5=p_4\left(\dfrac{1}{\varepsilon_D}\dfrac{T_4}{T_3}\right)^k=60\cdot\left(\dfrac{1}{11}\dfrac{2500}{1636{,}4}\right)^{1{,}4}$

$\underline{\underline{p_5=3{,}78\;[bar]}}$

Lösungen zu den Aufgaben von Kapitel 5

$$T_5 = T_4 \left(\frac{v_4}{v_5}\right)^{k-1} = T_4 \left(\frac{v_3}{v_5}\frac{T_4}{T_3}\right)^{k-1} = T_4 \left(\frac{1}{\varepsilon}\frac{T_4}{T_3}\right)^{k-1}$$

$$T_5 = 2500 \cdot \left(\frac{1}{11} \cdot \frac{2500}{1636,4}\right)^{1,4-1}$$

$$\underline{\underline{T_5 = 1135 \ [K]}}$$

$$\underline{\underline{q_{45} = 0}} \quad (Isentrope)$$

5→1

$$q_{51} = c_{vm}(T_1 - T_5) = 0,7175 \cdot (300 - 1135)$$

$$\underline{\underline{q_{51} = -599,2 \ \left[\frac{kJ}{kg}\right]}}$$

Ausgetauschte Wärme für den Kreisprozess

$$q_{zu} = q_{23} + q_{34} = 612,5 + 867,5$$

$$\underline{\underline{q_{zu} = 1480 \ \left[\frac{kJ}{kg}\right]}}$$

$$\underline{\underline{q_{ab} = q_{51} = -599,2 \ \left[\frac{kJ}{kg}\right]}}$$

$$w_K = q_{zu} - |q_{ab}| = 1480 - 599,2$$

$$\underline{\underline{w_K = 880,8 \ \left[\frac{kJ}{kg}\right]}}$$

5.3.3

$$\eta_{th} = \frac{w_K}{q_{zu}} = 1 - \frac{|q_{ab}|}{q_{zu}}$$

$$\eta_{th} = \frac{880,8}{1480}$$

$$\underline{\underline{\eta_{th} = 0,595}}$$

A 5.4   5.4.1 p-v- und T-s-Diagramm

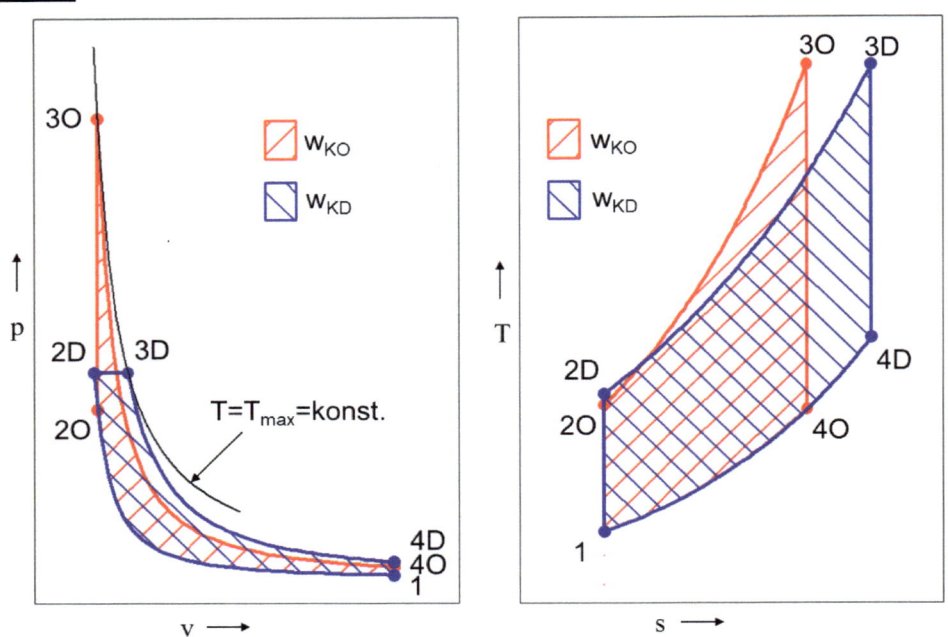

5.4.2 Drücke und Temperaturen in den Eckpunkten

$$k = \frac{c_{pm}}{c_{pm} - R} \cong 1{,}4$$

Otto: 1→2O

$$p_1 v_1^k = p_{2O} v_{2O}^k \quad \rightarrow \quad p_{2O} = p_1 \left(\frac{v_1}{v_{2O}}\right)^k = p_1 \varepsilon_O^k = 1 \cdot 11^{1,4}$$

$$\underline{p_{2O} = 28{,}70 \ [bar]}$$

$$\frac{p_{2O}}{p_1} = \left(\frac{v_1}{v_{2O}}\right)^k \quad mit \quad p = \frac{RT}{v} \quad \rightarrow \quad \frac{v_1 T_{2O}}{T_1 v_{2O}} = \left(\frac{v_1}{v_{2O}}\right)^k$$

$$T_{2O} = T_1 \varepsilon_O^{k-1} = 290 \cdot 11^{1,4-0,4}$$

$$\underline{T_{2O} = 756{,}8 \ [K]}$$

Diesel: 1→2D

Lösungen zu den Aufgaben von Kapitel 5

$$p_1 v_1^k = p_{2D} v_{2D}^k \rightarrow p_{2D} = p_1 \left(\frac{v_1}{v_{2D}}\right)^k = p_1 \varepsilon_D^k = 1 \cdot 15^{1,4}$$

$$\underline{p_{2D} = 44,31 \ [bar]}$$

$$\frac{p_{2D}}{p_1} = \left(\frac{v_1}{v_{2D}}\right)^k \quad mit \quad p = \frac{RT}{v} \rightarrow \frac{T_{2D} v_1}{v_{2D} T_1} = \left(\frac{v_1}{v_{2D}}\right)^k$$

$$T_{2D} = T_1 \varepsilon_D^{k-1} = 290 \cdot 15^{1,4-0,4}$$

$$\underline{T_{2D} = 856,7 \ [K]}$$

Otto: 2O→3O

$$\frac{p}{T} = konst. \rightarrow p_{3O} = p_{2O} \frac{T_3}{T_{2O}} \quad mit \quad T_3 = T_{max} = \underline{2200 \ [K]}$$

$$p_{3O} = 28,70 \cdot \frac{2200}{809}$$

$$\underline{p_{3O} = 83,43 \ [bar]}$$

Diesel: 2D→3D

$$\left(\frac{v}{T} = konst. \rightarrow v_{3D} = v_{2D} \frac{T_3}{T_{2D}}\right)$$

$$\underline{T_{3D} = T_{max} = 2200 \ [K]}$$

$$\underline{p_{3D} = p_{2D} = 44,31 \ [bar]}$$

Otto: 3O→4O

$$p_{3O} v_{3O}^k = p_{4O} v_4^k \rightarrow p_{4O} = p_{3O} \left(\frac{v_{3O}}{v_4}\right)^k \quad mit \quad \frac{v_{3O}}{v_4} = \frac{v_{2O}}{v_1} = \varepsilon_O^{-k}$$

$$p_{4O} = p_{3O} \varepsilon_O^{-k} = 83,43 \cdot 11^{-1,4}$$

$$\underline{p_{4O} = 2,91 \ [bar]}$$

$$\frac{p_{4O}}{p_{3O}} = \left(\frac{v_{3O}}{v_4}\right)^k \quad mit \quad p = \frac{RT}{v} \rightarrow \frac{T_{4O} v_{3O}}{v_4 T_{3O}} = \left(\frac{v_{3O}}{v_4}\right)^k$$

$$T_{4O} = T_3 \varepsilon_O^{1-k} = 2200 \cdot 11^{1-1,4}$$
$$\underline{\underline{T_{4O} = 843{,}1 \ [K]}}$$

Diesel: 3D→4D

$$p_{3D} v_{3D}^k = p_{4D} v_4^k \rightarrow p_{4D} = p_{3D} \left(\frac{v_{3D}}{v_4}\right)^k \quad mit \quad v_{3D} = v_{2D} \frac{T_3}{T_{2D}}$$

$$p_{4D} = p_{3D} \left(\frac{v_{2D}}{v_4} \frac{T_3}{T_{2D}}\right)^k \quad mit \quad v_4 = v_1 \quad und \quad \varepsilon_D = \frac{v_1}{v_2}$$

$$p_{4D} = p_{3D} \left(\frac{1}{\varepsilon_D} \frac{T_3}{T_{2D}}\right)^k = 44{,}31 \cdot \left(\frac{1}{15} \frac{2200}{856{,}7}\right)^{1,4}$$

$$\underline{\underline{p_{4D} = 3{,}75 \ [bar]}}$$

$$T_{4D} = T_3 \left(\frac{v_{3D}}{v_4}\right)^{k-1} = T_3 \left(\frac{v_{2D}}{v_4} \frac{T_3}{T_{2D}}\right)^{k-1} = T_3 \left(\frac{1}{\varepsilon_D} \frac{T_3}{T_{2D}}\right)^{k-1}$$

$$T_{4D} = 2200 \cdot \left(\frac{1}{15} \frac{2200}{856{,}7}\right)^{1,4-1}$$

$$\underline{\underline{T_{4D} = 1086 \ [K]}}$$

5.4.3 Thermischer Wirkungsgrad

$$\eta_{th} = 1 - \frac{|q_{ab}|}{q_{zu}}$$

Wirkungsgrad Otto:

$$q_{zuO} = c_{vm}(T_{3O} - T_{2O}) = (1{,}005 - 0{,}2871)(2200 - 756{,}8)$$

$$\underline{\underline{q_{zuO} = 1036{,}1 \ \left[\frac{kJ}{kg}\right]}}$$

$$q_{abO} = c_{vm}(T_1 - T_{4O}) = (1{,}005 - 0{,}2871)(290 - 843{,}1)$$

$$\underline{\underline{q_{abO} = -397{,}1 \ \left[\frac{kJ}{kg}\right]}}$$

Lösungen zu den Aufgaben von Kapitel 5

$$\eta_{thO} = 1 - \frac{|q_{ab}|}{q_{zu}} = 1 - \frac{397{,}1}{1036{,}1}$$

$$\underline{\underline{\eta_{thO} = 0{,}617}}$$

Wirkungsgrad Diesel:

$$q_{zuD} = c_{pm}(T_{3D} - T_{2D}) = 1{,}005 \cdot (2200 - 856{,}7)$$

$$\underline{\underline{q_{zuD} = 1350 \left[\frac{kJ}{kg}\right]}}$$

$$q_{abD} = c_{vm}(T_1 - T_{4D}) = (1{,}005 - 0{,}2871)(290 - 1086)$$

$$\underline{\underline{q_{abD} = -571{,}7 \left[\frac{kJ}{kg}\right]}}$$

$$\eta_{thD} = 1 - \frac{|q_{ab}|}{q_{zu}} = 1 - \frac{571{,}7}{1350}$$

$$\underline{\underline{\eta_{thD} = 0{,}577}}$$

A 5.5   5.5.1 p-v- und T-s-Diagramm

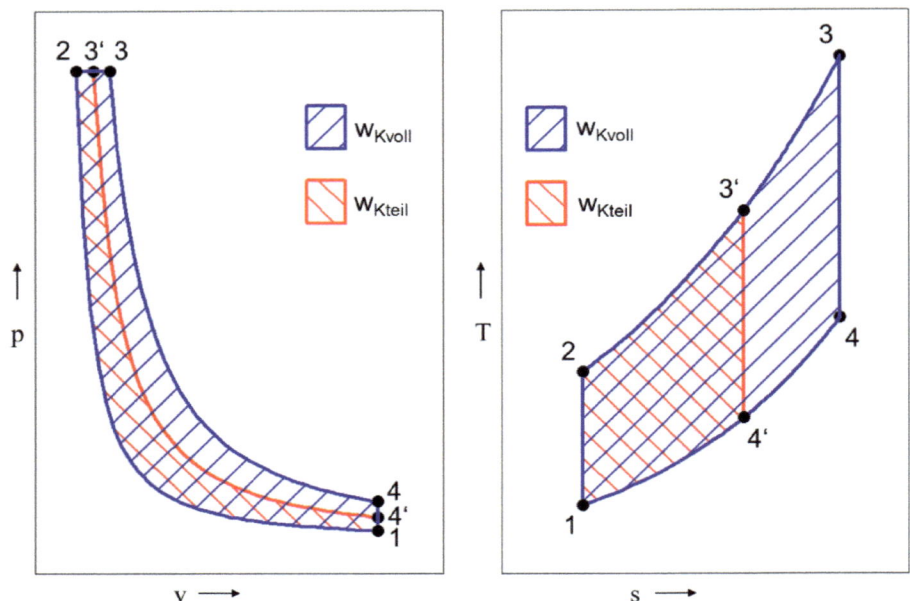

5.5.2 Druck Temperatur in den geänderten Eckpunkten

$$\frac{v}{T} = konst. \rightarrow T_{3'} = T_2 \frac{v_{3'}}{v_2} = 970{,}28 \cdot 1{,}4$$

$\underline{\underline{T_{3'} = 1358\ [K]}}$

$\underline{\underline{p_{3'} = p_2 = 66{,}29\ [bar]}}$

$$p_{3'} v_{3'}^k = p_{4'} v_4^k \rightarrow p_{4'} = p_{3'} \left(\frac{v_{3'}}{v_4}\right)^k \quad mit\ v_{3'} = 1{,}4 \cdot v_2$$

$$p_{4'} = p_{3'} \left(1{,}4 \cdot \frac{v_2}{v_4}\right)^k \quad mit\ v_4 = v_1\ und\ \varepsilon = \frac{v_1}{v_2}$$

$$p_{4'} = p_{3'} \left(\frac{1{,}4}{\varepsilon}\right)^k = 66{,}23 \cdot \left(\frac{1{,}4}{20}\right)^{1{,}4}$$

$\underline{\underline{p_4 = 1{,}60\ [bar]}}$

Lösungen zu den Aufgaben von Kapitel 5

$$T_{4'} = T_{3'}\left(\frac{v_{3'}}{v_4}\right)^{k-1} = T_{3'}\left(1{,}4 \cdot \frac{v_2}{v_4}\right)^{k-1} = T_{3'}\left(\frac{1{,}4}{\varepsilon}\right)^{k-1}$$

$$T_{4'} = 1358 \cdot \left(\frac{1{,}4}{20}\right)^{1{,}4-1}$$

$$\underline{\underline{T_{4'} = 468{,}9\ [K]}}$$

5.5.3

$$w_K = q_{zu} - q_{ab} \rightarrow \Delta w_K = \Delta q_{zu} - \Delta q_{ab}$$

$$\Delta q_{zu} = c_{pm}(T_3 - T_2) - c_{pm}(T_{3'} - T_2) = c_{pm}(T_3 - T_{3'})$$

$$\Delta q_{zu} = 1{,}005 \cdot (1552{,}4 - 1358)$$

$$\underline{\underline{\Delta q_{zu} = 195{,}03\ \left[\frac{kJ}{kg}\right]}}$$

$$\Delta q_{ab} = c_{vm}(T_1 - T_4) - c_{vm}(T_1 - T_{4'}) = c_{vm}(T_4 - T_{4'})$$

$$\Delta q_{ab} = (1{,}005 - 0{,}287) \cdot (565{,}2 - 468{,}9)$$

$$\underline{\underline{\Delta q_{ab} = 69{,}14\ \left[\frac{kJ}{kg}\right]}}$$

$$\underline{\underline{\Delta w_K = 125{,}9\ \left[\frac{kJ}{kg}\right]}}$$

Literatur zu Kapitel 5

[1]   Baehr, H. D.; Kabelac, St.: Thermodynamik, 16. Auflage
       Springer Vieweg, 2016
       ISBN 978-3-662-49567-4

[2]   Blair, G. P.: Design and Simulation of Four Stroke Engines,
       SAE International Inc., Warrendale, 1999
       ISBN 0-7680-0440-3

[3]   van Basshuysen, R.; Schäffer, F.: Handbuch Verbrennungsmotor,
       8. Auflage , Springer Vieweg, 2017
       ISBN 978-3-658-10901-1

[4]   Cerbe, G.; Wilhelms, G.: Einführung in die Thermodynamik,
       18. Auflage, Carl Hanser Verlag, 2017
       ISBN 978-3-446-45119-3

[5]   Heywood, J.B.: Internal Combustion Engine Fundamentals, 2-nd Edition, McGraw Hill Education, 2018
       ISBN 978-1-260-11610-6

[6]   Mills, A. F.; Coimbra, C.F.M.: Basic Heat and Mass Transfer
       Temporal Publishing, LLC, 2015
       ISBN 978-0096 3053 03

[7]   Pischinger, R.; Kraßnig, G.; Taucar, G.; Sams, Th.: Thermodynamik der Verbrennungskraftmaschine, 3.Auflage
       Springer Verlag Wien- New York, 2009
       ISBN 978-3-211-99276-0

[8] Pischinger, St.; Seiffert, U.: Vieweg Handbuch Kraftfahrzeugtechnik, 8.Auflage, Springer Vieweg, 2016
ISBN 978-3-658-09527-7

[9] Stan, C.: Alternative Antriebe für Automobile, 5. Auflage, Springer Vieweg, 2020
ISBN 978-3-662-485117

[10] Sher, E.: Handbook of Air Pollution from Internal Combustion Engines, Academic Press Boston, 1998
ISBN 0-12-639855-0

[11] Tschöke, H.; Mollenhauer, K.; Maier, R. (Hrsg.): Handbuch Dieselmotoren, 4. Auflage, Springer Vieweg, 2018,
ISBN 978-3-658-07696-2

[12] Wetzel, Th. (Hrsg.) VDI Wärmeatlas, 12.Auflage
Springer Vieweg, 2019
ISBN 978-3-662-52988-1

6 Arbeitsmedien: Dämpfe und Gas-Dampf-Gemische

6.1 Phasen und Komponenten eines Dampfes

Wie im Kap. 3.1 erwähnt, werden zur Durchführung oder Steuerung von Prozessen in Kraftfahrzeugmodulen überwiegend Fluide eingesetzt, die in einer oder mehreren Phasen auftreten können. Für eine übersichtliche Betrachtung von Energieumwandlungsprozessen und Zustandsänderungen wurden in den bisherigen Kapiteln zunächst nur Arbeitsmedien mit einer einzigen Phase – als Gas – einbezogen. Ein Energieaustausch bzw. eine Zustandsänderung in einem solchen Arbeitsmedium erfolgt gleichmäßig in seinem ganzen Volumen (Isotrop). In kraftfahrzeugtechnischen Anwendungen erscheinen allerdings in der Regel komplexe Medien:

- mit einer Komponente und mehreren Phasen – Dämpfe als Arbeitsmedien in Klimaanlagen und Wärmepumpen, Dampfphasen als unerwünschte Begleiteffekte in Einspritzanlagen und Kühlkreisläufen

- mit mehreren Komponenten und Phasen: Kraftstoff-/Luft-Gemische in Ansaugleitungen bzw. in Brennräumen von Verbrennungsmotoren, feuchte atmosphärische Luft in Räumen oder als Umströmung von Flugzeugen

Im Kap. 1.4 wurde die Abhängigkeit der Zustandsgrößen von Komponenten und Phasen eines Mediums auf Basis der Phasenregel (Gibbs) exemplifiziert. Bild 6.1 zeigt die Druck- und Temperaturabhängigkeit der Phasen für zwei repräsentative Medien in der Technik – Wasser und Kohlendioxid.

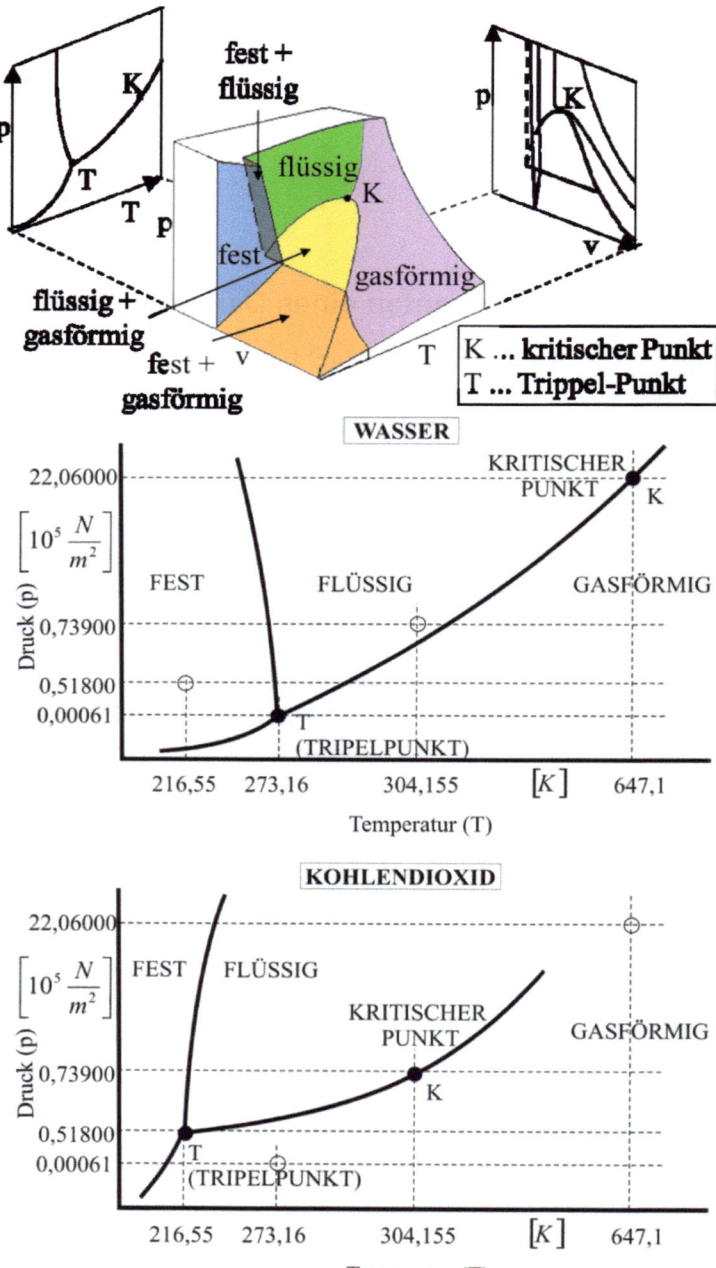

Bild 6.1 Druck und Temperaturabhängigkeit der Phasen in Wasser und Kohlendioxid

6.1 Phasen und Komponenten eines Dampfes

Jede Druck-/Temperaturkombination entspricht in dieser Darstellung einer Phase, bei zusätzlich betrachtetem spezifischen Volumen erscheinen auch Phasenkombinationen – beispielsweise als Gemisch von Gas und Flüssigkeit (Dampf) – wie in der weiteren Betrachtung dargestellt wird.

Ein Vergleich beider Diagramme zeigt zum Beispiel, warum Kohlendioxid das günstigere Arbeitsmedium in Klimaanlagen ist: bei Temperaturen unter -50 [°C] (223,15 [K]) und realisierbaren Druckwerten oberhalb 0,5 [bar] bleibt es gasförmig bzw. flüssig, während Wasser nur bei einem vakuumnahen Druck eine solche Temperatur nur als Gas erreicht; Wasser in flüssiger Form ist – unabhängig vom Druck – unter 0 [°C] praktisch nicht erreichbar. In den kraftfahrzeugtechnischen Anwendungen sind fast ausnahmslos die flüssigen und die gasförmigen Phasen bzw. ihre Kombination in Komponenten von Arbeitsmedien vorhanden.

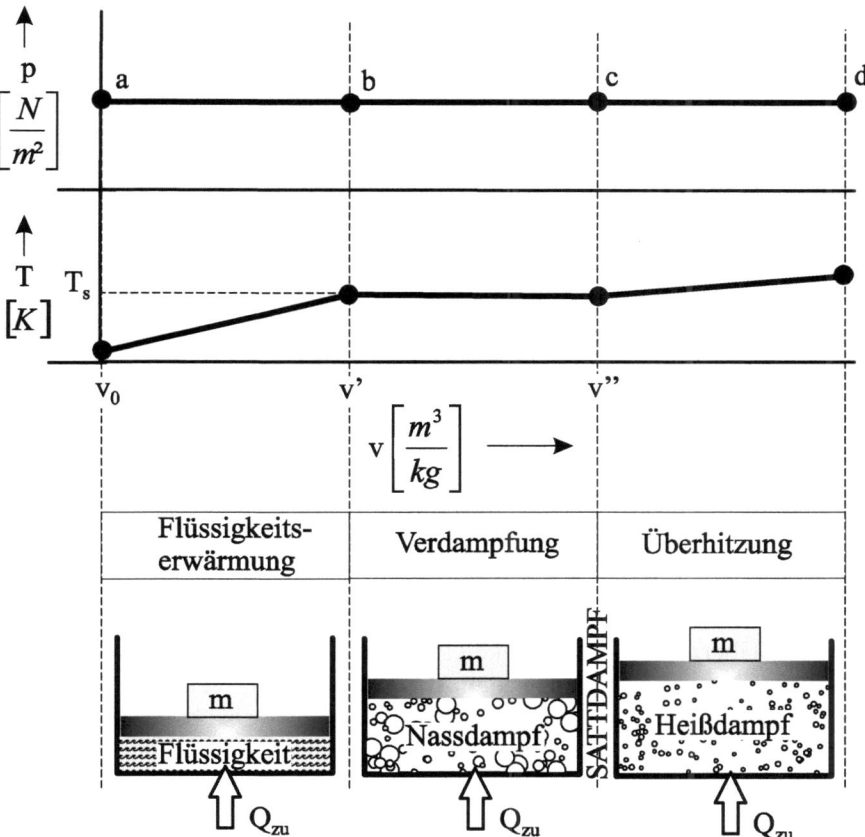

Bild 6.2 Temperaturverlauf während der Ausdehnung eines Mediums infolge seiner Erwärmung bei konstantem Druck

Im Hinblick auf die häufigsten Anwendungen wird des Weiteren das Verhalten einer Flüssigkeit bei isobarer Wärmezufuhr betrachtet. Zur Vereinfachung des Modells wird das Arbeitsmedium in einem geschlossenen System betrachtet, welches von einer Zylinder-Kolben-Paarung gebildet wird. Reibungs- und Masseverluste werden ausgeschlossen, die senkrechte Beweglichkeit des Kolbens ergibt – entsprechend seiner Masse und Fläche – einen konstanten Druck auf das Arbeitsmedium, unabhängig von dessen möglicher Ausdehnung während einer Zustandsänderung. Im Bild 6.2 sind Druck- und Temperaturverlauf während der Ausdehnung eines Arbeitsmediums infolge seiner Erwärmung schematisch dargestellt.
Infolge der Wärmezufuhr Q_{zu} nimmt die Temperatur bis zur Siedetemperatur Ts, aber auch das spezifische Volumen der Flüssigkeit zu. In dem Zustand bei Siedetemperatur erscheint beim spezifischen Volumen v' der erste Dampftropfen in der Flüssigkeit. Bei weiterer Wärmezufuhr nimmt der Anteil des Dampfes in der Flüssigkeit zu, wobei Temperatur und Druck konstant bleiben, während das Volumen rasch zunimmt. Der Freiheitsgrad der Volumenänderung ist also in dem Zweiphasengebiet – Flüssigkeit und Gas – dafür verantwortlich, das neben dem Druck nunmehr auch die Temperatur konstant bleibt, obwohl weiterhin Wärme zugeführt wird. Diese erhöht zunächst nicht mehr die innere Energie des Mediums, die Phasenänderung erscheint als vorrangiger natürlicher Prozess. Nach der vollständigen Phasenumwandlung zum Gas infolge der Erwärmung, die dem spezifischen Volumen v'' entspricht, erwirkt die weitere Wärmezufuhr einen Temperaturanstieg in dem nunmehr einphasigen Medium. Die beschriebenen Verdampfungsphasen sind prinzipiell für alle flüssigen Medien ähnlich. Bei einer Wärmeabfuhr erfolgt die Kondensation eines gasförmigen Mediums grundsätzlich in dem gleichen Prozessabschnitten, in umgekehrter Ablaufrichtung. Ein Verdampfungs- oder Kondensationsvorgang ist in jedem beliebigen Medium bei unterschiedlichen Druckwerten möglich.

Entsprechend dem Druckniveau ändert sich dabei die Siedetemperatur – die gleichzeitig Sattdampftemperatur ist – sowie die charakteristischen spezifischen Volumina v', v'' beim Erscheinen des ersten Dampftropfen in der Flüssigkeit bzw. beim Verdampfen des letzten Flüssigkeitstropfens. Je höher der Druck, desto kürzer wird der Übergang von Flüssigkeit zum Sattdampf. Bei einem bestimmten Druck wird der Zustand erreicht, in dem die Flüssigkeit direkt zum Sattdampf übergeht. Dieser kritische Punkt (K) entspricht beispielsweise beim Wasser folgender Zustandswerte:

$$p_{kr} = 22,064 MPa$$
$$T_{kr} = 647,1 K$$
$$v_{kr} = \frac{1}{\rho_{kr}} = 3,26 \cdot 10^{-3} \frac{m^3}{kg}$$

6.2 Diagrammdarstellungen der Zustands- und energetischen Größen eines Dampfes

In Bild 6.3 sind die Grenzwerte für Temperatur und charakteristische spezifische Volumina v', v'' eines Mediums während der isobaren Verdampfung in Abhängigkeit des Druckwertes prinzipiell dargestellt.

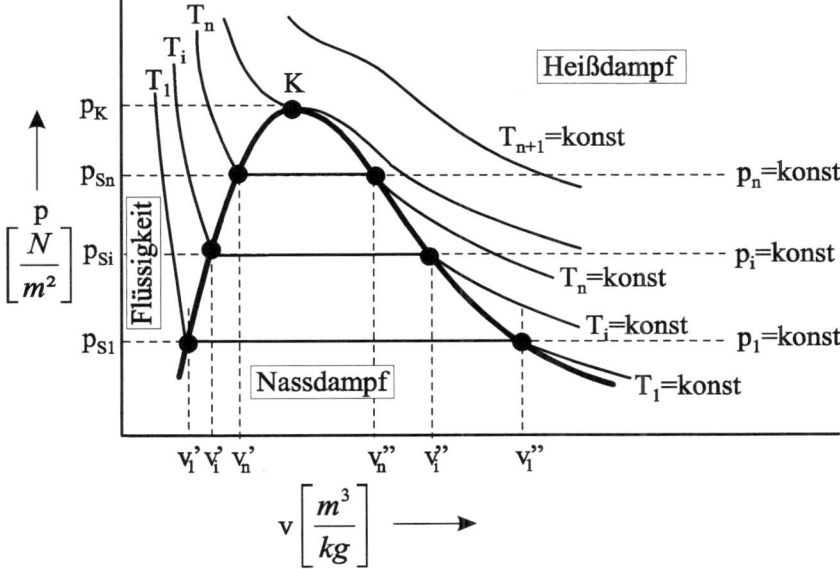

Bild 6.3 Isobare Verdampfung oder Kondensation eines Mediums bei verschiedenen Druckwerten

6.2 Diagrammdarstellungen der Zustands- und energetischen Größen eines Dampfes

Die Änderung der Zustandsgrößen eines Dampfes im Laufe eines Prozesses wird oft im p,v- und t,v-Diagrammen verfolgt. Bild 6.4 zeigt solche Darstellungsformen.

Im Heißdampfgebiet entspricht die p,v-Darstellung jener von realen Gasen, deren Abweichung von idealen Gasen im Kap. 3.1.2 diskutiert wurde. Eine solche Darstellung erleichtert somit den Zusammenhang mit dem bereits analysierten Verlauf elementarer Zustandsänderungen in idealen Gasen. Im Heißdampfgebiet ist demnach jede Zustandsgröße bei gegebenen Werten der übrigen zwei Zustandsgrößen ermittelbar: für einen jeweils gegebenen Wert für Druck und Temperatur (p_i, T_{i+1}) im p,v- oder im T,v-Diagramm kann ein eindeutiger Zustand A im Heißdampfgebiet lokalisiert werden, dem auf der Abszisse ein spezifisches Volumen v_A entspricht.

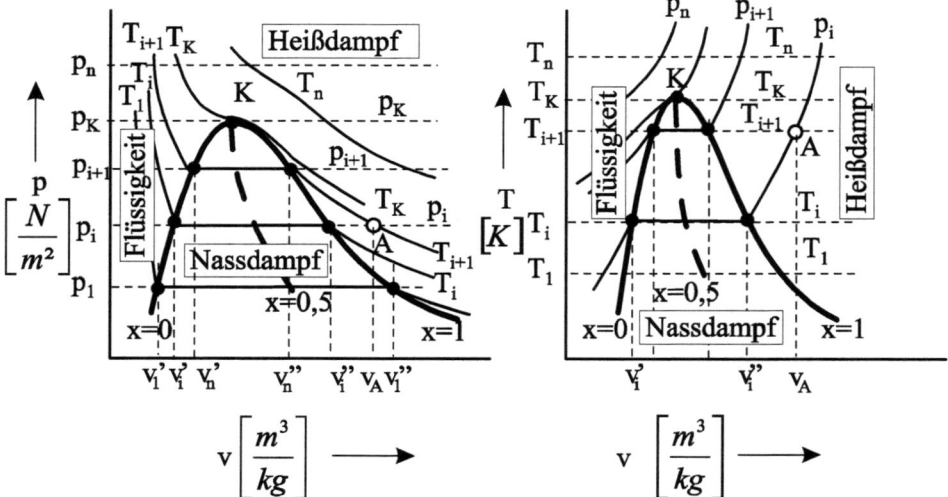

Bild 6.4 p,v- und t,v-Diagramm zur Ermittlung der Zustandsgrößen während der Verdampfung oder Kondensation eines Mediums

Im Nassdampfgebiet ist die Lokalisierung eines eindeutigen Zustandes anhand zwei bekannter Zustandsgrößen auf Grund einer zusätzlichen Phase nicht mehr möglich: im gesamten Nassdampfgebiet entspricht einem Druckwert (Beispiel p_i) nur eine Temperatur (T_i). Dieses Wertepaar gilt für alle Werte des spezifischen Volumens zwischen v' und v'' (p,v- und T,v-Diagramm im Bild 6.4) und dadurch allen Zuständen in diesem Bereich. Die Lokalisierung eines bestimmten Zustandes im Nassdampfgebiet erfordert die Einführung einer zusätzlichen Zustandsgröße – in diesem Fall des Dampfanteils.

Definition

Der **Dampfanteil** im Nassdampf ist die Masse des gasförmigen Anteils zur Gesamtmasse eines Dampfes.

$$x_D = \frac{m_G}{m_G + m_F}$$

m_G – Masse des gasförmigen Anteils
m_F – Masse des flüssigen Anteils

Daraus resultiert:

$$m_G = m_F \frac{x_D}{1-x_D} \quad \text{oder} \quad m_F = m_G \frac{1-x_D}{x_D} \tag{6.1}$$

Das Gesamtvolumen des Dampfes resultiert analog als:

6.2 Diagrammdarstellungen der Zustands- und energetischen Größen eines Dampfes

$$V = V_G + V_F \quad \text{woraus} \quad v = \frac{V}{m} = \frac{V_G + V_F}{m_G + m_F} \tag{6.2}$$

- das Volumen des Gases in der Gesamtmasse des Dampfes ist:

$$\frac{V_G}{m_G + m_F} \xrightarrow{(6.1)} \frac{V_G}{m_G + m_G \cdot \frac{1 - x_D}{x_D}} = \frac{V_G}{m_G} \cdot x_D \tag{6.3a}$$

- das Volumen der Flüssigkeit in der Gesamtmasse des Dampfes ist:

$$\frac{V_F}{m_F + m_G} \xrightarrow{(6.1)} \frac{V_F}{m_F \cdot \frac{x_D}{1 - x_D} + m_F} = \frac{V_F}{m_F} \cdot (1 - x_D) \tag{6.3b}$$

Das spezifische Volumen v des Dampfes in Gl. (6.2) setzt sich aus den Anteilen der Flüssigkeit und des Gases zusammen, entsprechend Gl. (6.3a), (6.3b):

$$v = \frac{V_G}{m_G} \cdot x_D + \frac{V_F}{m_F} (1 - x_D) \tag{6.4}$$

Dabei sind: $\frac{V_F}{m_F} = v'$ und $\frac{V_G}{m_G} = v''$ die charakteristischen spezifischen Volumina am Beginn und Ende der Verdampfung.

Dadurch wird Gl. (6.4) zu:

$$v = (1 - x_D) v' + x_D v'' \tag{6.5}$$

Das spezifische Volumen v in einem bestimmten Zustand im Nassdampfgebiet bei gegebenem Druck und Temperatur ist somit von dem Wert des Dampfanteils x präzisiert. Die Einführung des Dampfanteils als Parameter für alle Druck-/Temperaturwerte im p,v- und T,v-Diagramm ermöglicht die Lokalisierung jedes einzelnen Zustandes. Aus Gl. (6.5) resultiert:

$$x_D = \frac{v - v'}{v'' - v'} \qquad x_D \in (0,\ 1) \tag{6.6}$$

Dabei gilt:

- für $x_D = 0$ → $v = v'$ (alle Zustände auf der Siedekurve/unterer Grenzkurve)
- für $x_D = 1$ → $v = v''$ (alle Zustände auf der Taukurve/ Sattdampfkurve/obere Grenzkurve)

Für einen bestimmten Zwischenwert des Parameters x_D, beispielsweise $x_D = 0,5$ im Bild 6.4, ist das spezifische Volumen v jeweils von den Werten v', v'' abhängig, die von Druck- und Temperaturniveau abhängen. Diese Werte bestimmen den Verlauf der Kurven konstanten Dampfgehaltes (x_D = konst.) im Bild 6.4.

Die energetischen Größen – innere Energie, Enthalpie, Wärme, Arbeit – werden allgemein aus entropiebezogenen Diagrammen abgeleitet. Analog der Ermittlung des spezifischen Volumens eines Dampfes auf Basis des Dampfanteils x_D – Gl. (6.1) bis (6.5) – werden auch die spezifischen Werte der inneren Energie, Enthalpie und Entropie abgeleitet.

Es gilt:

$$u = \frac{U}{m} = \frac{U_G + U_F}{m_G + m_F} \quad \rightarrow \quad u = (1 - x_D)u' + x_D u'' \qquad (6.7a)$$

$$h = \frac{H}{m} = \frac{H_G + H_F}{m_G + m_F} \quad \rightarrow \quad h = (1 - x_D)h' + x_D h'' \qquad (6.7b)$$

$$s = \frac{S}{m} = \frac{S_G + S_F}{m_G + m_F} \quad \rightarrow \quad s = (1 - x_D)s' + x_D s'' \qquad (6.7c)$$

Bild 6.5 zeigt eine übliche Form des T,s-Diagramms, am Beispiel des Wasserdampfes.

Für eine effektivere Nutzung der häufig genutzten Diagrammzonen wird der Tripelpunkt als Bezug betrachtet.

Es wird vereinbart: $\quad h = 0, \quad s = 0 \quad$ bei $\quad p = 0,0006107\, MPa$

$$t = 0°C$$

Daraus resultiert auch: $\quad u = h - pv = 0 - 0,0006117 \cdot 0,001 \cong 0$

6.2 Diagrammdarstellungen der Zustands- und energetischen Größen eines Dampfes

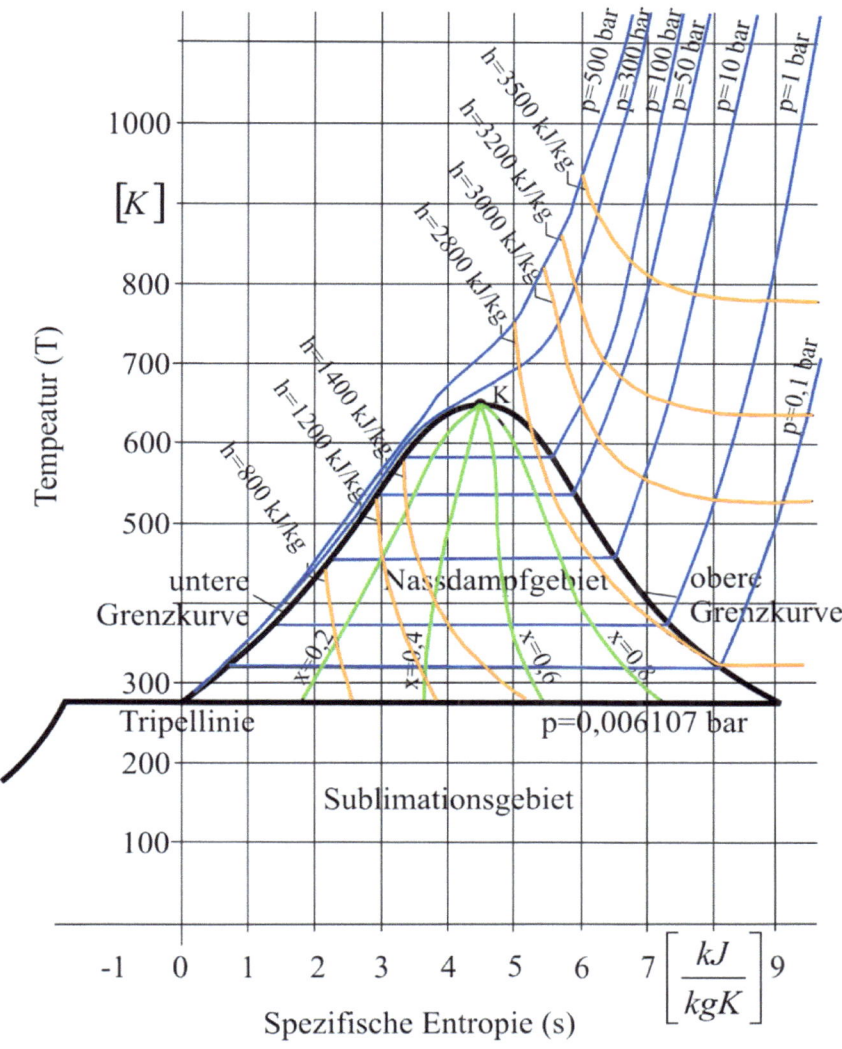

Bild 6.5 T,s-Diagramm für Wasserdampf

Je höher die Temperatur und je geringer der Druck im Heißdampfgebiet werden, desto mehr nähert sich der Verlauf der Isobaren und der Isothermen den für ideale Gase im T,s-Diagramm bekannten Formen an. Die Fläche unter einer Isobaren/Isothermen im Nassdampfgebiet zwischen den jeweiligen Grenzkurven entspricht der Verdampfungsenthalpie Δh_v beim jeweiligen Druckniveau.

Auf Grund der Tatsache, dass die Temperatur während der Verdampfung konstant bleibt, gilt:

$$\Delta h_v = h'' - h' = \int_{s'}^{s''} T ds = T(s'' - s') \qquad (6.8)$$

Ansonsten kann die Verdampfungsenthalpie aus den Kurven konstanter Enthalpie, die im Diagramm Bild 6.5 ebenfalls enthalten sind, entnommen werden.

Die Verdampfung spielt in der Kraftfahrzeugtechnik eine besondere Rolle, besonders bei der Gemischbildung von Kraftstoff und Luft in Verbrennungsmotoren. Zur Verdampfung des Kraftstoffes wird die entsprechende Enthalpie aus der inneren Energie der vorhandenen Luft abgezogen, was zur Kühlung der Luft führt.

Bei Verwendung von Saugrohreinspritzsystemen in Ottomotoren nimmt dabei die Dichte der Luft zu, was die Masse des Gemisches im Zylinder und dadurch die Energiedichte des Motors erhöhen kann. Bei Verwendung von Direkteinspritzsystemen ist die Temperaturdifferenz zwischen Luft und Kraftstoff infolge der Luftverdichtung größer und dadurch auch der Wärmestrom intensiver. Obgleich eine bessere Zylinderfüllung in diesem Abschnitt des Prozesses nicht mehr vorkommen kann – es sei denn, die Einspritzung beginnt während der Zylinderspülung – wirkt die sinkende Lufttemperatur am Beginn der Verbrennung vorteilhaft in Bezug auf Prozesstemperatur und dadurch auf NO_X-Emission. Andererseits erlaubt diese Luftkühlung eine Erhöhung des Verdichtungsverhältnisses bis zur gleichen Klopfgrenze.

Entgegengesetzt einer Verdampfung setzt eine Kondensation die gleiche Energie in Form von Wärme frei, die der Verdampfungsenthalpie entspricht. Ein solcher Vorgang kommt beispielsweise innerhalb des Kreisprozesses in einer Klimaanlage während der Wärmeabfuhr vor. Die energetische Bilanz innerhalb eines Prozesses mit Dampf als Arbeitsmedium wird bei Nutzung von h,s-Diagrammen durch Ermittlung von Strecken anstatt Flächen begünstigt. Bild 6.6 zeigt als Beispiel ein h,s-Diagramm für Wasserdampf, welches für die Übersichtlichkeit weitaus weniger Parameterwerte für Drücke, Temperaturen und Dampfanteile als ein übliches Arbeitsdiagramm enthält.

6.2 Diagrammdarstellungen der Zustands- und energetischen Größen eines Dampfes

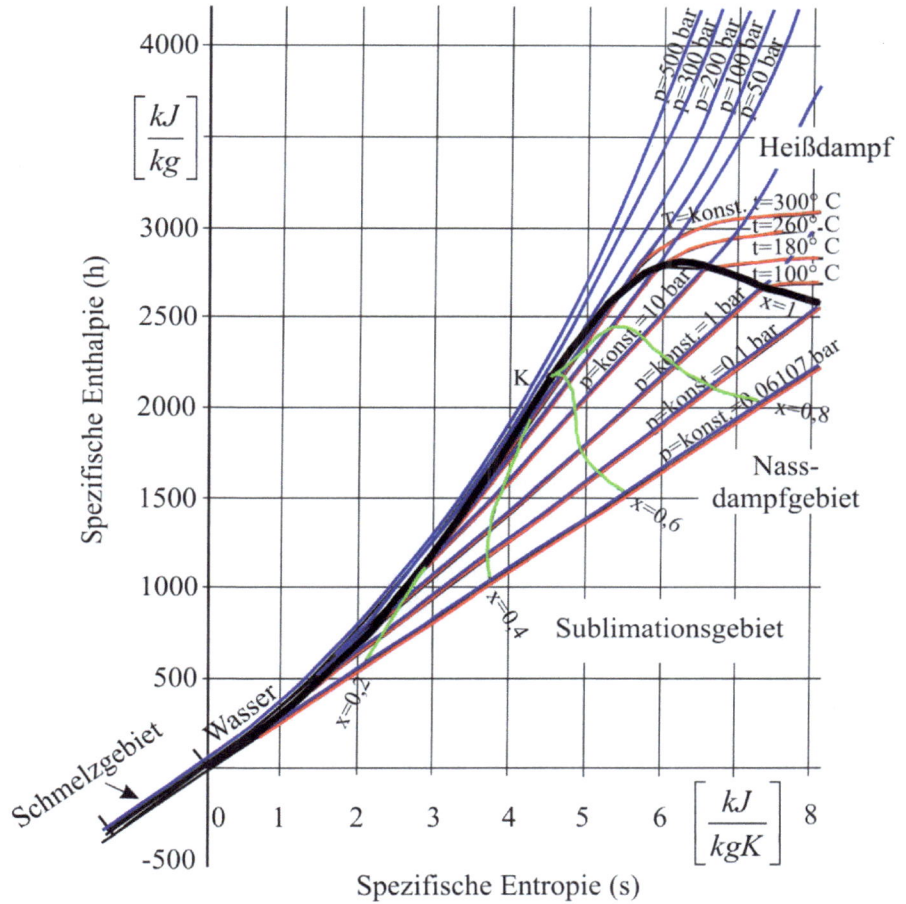

Bild 6.6 h,s-Diagramm für Wasserdampf

Bei idealen Gasen – und analog im Heißdampfgebiet zu hohen Temperaturen und geringen Druckwerten hin – entspricht das h,s- prinzipiell einem T,s-Diagramm, wobei

$$dh = c_p \cdot dT \tag{3.14b}$$

Im Nassdampfgebiet ist der Unterschied beträchtlich.

Es gilt:
$$\Delta h_v = h'' - h' = \int_{s'}^{s''} T ds = T(s'' - s') \tag{6.8}$$

und daraus:
$$T = \frac{h'' - h'}{s'' - s'} \tag{6.9}$$

Der Anstieg einer Isotherme entspricht somit einer Funktion

$$tan\, \alpha = \frac{dh}{ds} \quad \rightarrow \quad tan\, \alpha = \frac{h'' - h'}{s'' - s'} = konst.$$

Die Isothermen – im Nassdampfgebiet gleich Isobaren – sind im Bild 6.6 dargestellt.

Insbesondere für Kreisprozesse in Klimaanlagen bzw. Kältemaschinen wird das Dampfdiagramm des Arbeitsmediums in der Form (log p,h)-Diagramm bevorzugt. Die Verdampfung und die Kondensation verlaufen in einem solchen Fall über die Wärmetauscher als isobare Vorgänge. Die entsprechenden Verdampfungs- und Kondensationsenthalpie erscheinen dabei als Strecken auf der Abszisse. Bild 6.7 zeigt ein solches Diagramm für Freon und Kohlendioxid, die als Arbeitsmedien in Klimaanlagen für Automobile eingesetzt werden.

6.2 Diagrammdarstellungen der Zustands- und energetischen Größen eines Dampfes

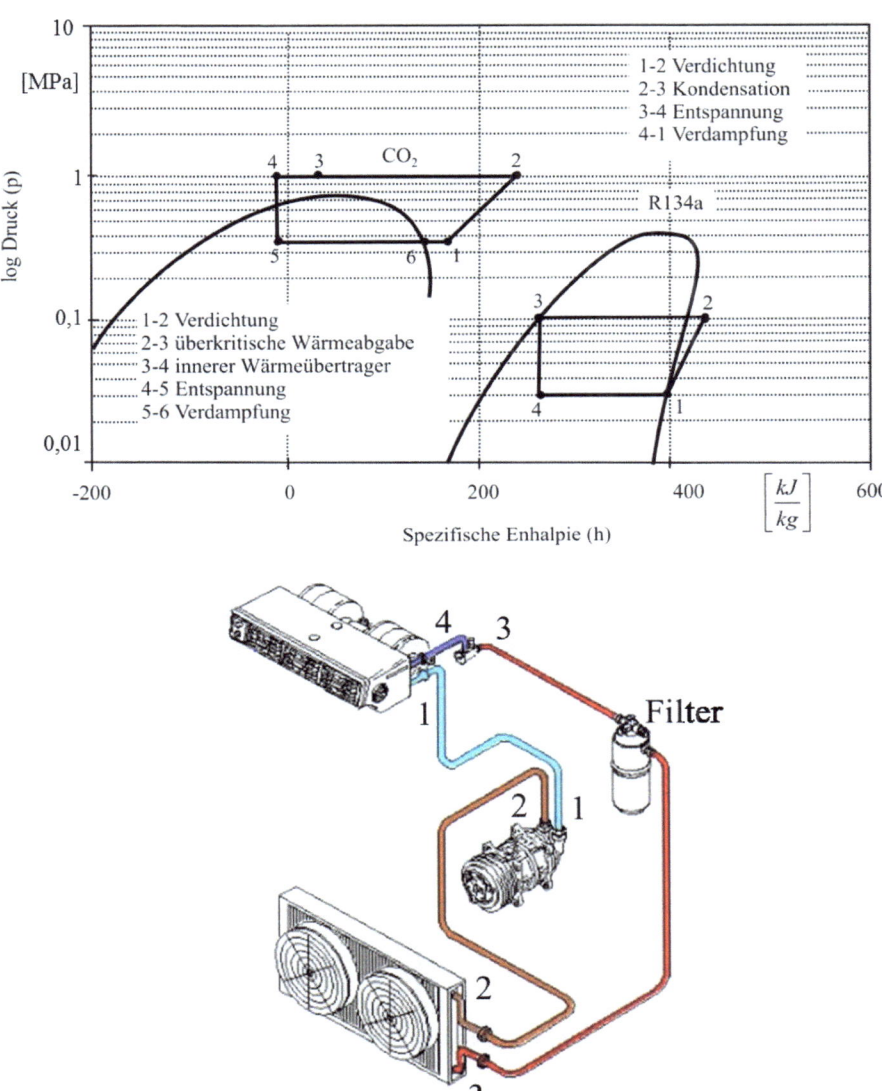

Bild 6.7   log p,h-Diagramm für Freon und Kohlendioxid

6.3 Kreisprozesse mit Dampf in der Technik

Die Kreisprozesse mit Dampf können grundsätzlich – wie beim Einsatz von Gasen als Arbeitsmedien – rechtslaufend oder linkslaufend gestaltet werden. Rechtslaufende Kreisprozesse haben auch in diesem Fall als Ziel die Umwandlung zugeführter Wärme in Kreisprozessarbeit; linkslaufende Kreisprozesse die Umwälzung von Wärme mittels zugeführter Arbeit.

Zur Verdampfung und Kondensation werden Wärmeüberträger bzw. Wärmetauscher verwendet, die zusammen mit den weiteren Funktionsmodulen einer entsprechenden Anlage als Verkettung offener Systeme angeordnet sind, die von Arbeitsmedien durchströmt werden. Rechtslaufende Kreisprozesse mit Dampf werden allgemein in Kraftwerken oder in kombinierten Kraft- und Heizwerken (Kraft-Wärme-Kopplung) realisiert. Linkslaufende Kreisprozesse mit Dampf werden in Klimaanlagen und in Wärmepumpen angewendet.

6.3.1 Rechtslaufende Kreisprozesse mit Dampf in Kraftanlagen

Als Vergleichsbasis werden im Bild 6.8 ein klassischer rechtslaufender Kreisprozess mit Dampf – der Clausius-Rankine-Prozess – sowie die Funktionsmodule einer entsprechenden Anlage dargestellt.

Folgende Zustandsänderungen sind dafür charakteristisch:

1-2	Adiabate Druckerhöhung des Arbeitsmediums als flüssige Phase mittels Pumpe
2-3	Isobare Erwärmung des Arbeitsmediums als flüssige Phase im Vorwärmer
3-4	Isobare Erwärmung des Arbeitsmediums als Nassdampf im Verdampfer
4-5	Isobare Erwärmung des Arbeitsmediums als Heißdampf im Überhitzer
5-6'	Adiabate, irreversible Entspannung des gasförmigen Arbeitsmediums in der Turbine (5-6' ideale, isentrope Entspannung als Vergleich)
6'-1	Kondensation des Heißdampfes bis zur flüssigen Phase im Kondensator

6.3 Kreisprozesse mit Dampf in der Technik

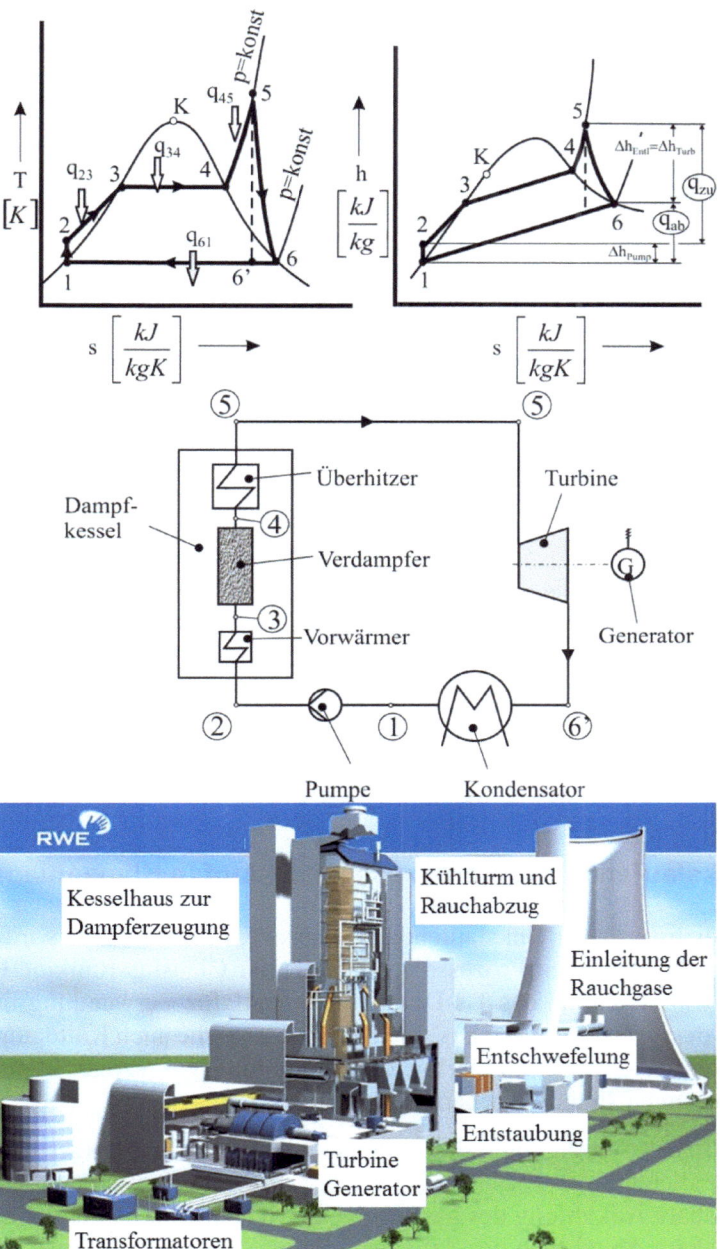

Bild 6.8 Rechtsläufender Kreisprozess mit Dampf: Clausius-Rankine-Prozess im T,s- und h,s-Diagramm und die Funktionsmodule einer Dampfkraftanlage

Die Energiebilanz in einem solchen Kreisprozess kann zwar durch Flächenvergleich im T,s-Diagramm vorgenommen werden, ist jedoch weitaus effektiver im h,s-Diagramm, durch den einfachen Streckenvergleich, wie im h,s-Diagramm in Bild 6.8 ersichtlich ist.

$$q_{zu} = h_5 - h_2 \qquad (6.10)$$
$$|q_{ab}| = h_6 - h_1$$

Bei realen Verhältnissen ist in Anbetracht der übrigen Enthalpiewerte h_2-h_1 vernachlässigbar.

Mit $h_2 = h_1$ resultiert aus Gl. (6.10)

$$w_k = q_{zu} - |q_{ab}| = h_5 - h_6 \qquad (6.11)$$

Andererseits ist $h_5 - h_6 = \Delta h_{Entlastung} = \Delta h_{Turbine}$ und damit. $w_k = \Delta h_{Turbine}$.

Das heißt, die Arbeit beim Pumpen der Flüssigkeit ist vernachlässigbar im Vergleich zur Turbinenarbeit, die in diesem Fall der Kreisprozessarbeit entspricht. Der thermische Wirkungsgrad eines solchen Kreisprozesses ist:

$$\eta_{th} = \frac{w_k}{q_{zu}} = \frac{\Delta h_{Turbine}}{h_5 - h_2} \qquad (6.12)$$

6.3.2 Linkslaufende Kreisprozesse mit Dampf in Klimaanlagen

Als Vergleichsbasis für linkslaufende Kreisprozesse mit Dampf wird – wie im Falle der rechtslaufenden Prozesse – ebenfalls der Clausius-Rankine-Prozess zu Grunde gelegt. Während das T,s-Diagramm auch dafür Verwendung findet, wird auf Grund des Temperaturniveaus solcher Prozesse – die auch Kaltdampfprozesse genannt werden – der h,s- eine log p,h-Darstellung vorgezogen. Folgende Zustandsänderungen sind dafür charakteristisch:

1-2 Adiabate Verdichtung des Arbeitsmediums in gasförmiger Phase mittels Verdichter
2-3 Isobare Abkühlung des gasförmigen Arbeitsmediums im Kondensator
3-4 Isobare Abkühlung des Arbeitsmediums als Nassdampf im Kondensator
4-5 Isobare Abkühlung des flüssigen Arbeitsmediums im Kondensator
5-6 Adiabate, irreversible Entspannung des flüssigen Arbeitsmediums in der Drossel (5-6' ideale, isentrope Druckminderung als Vergleich)

6.3 Kreisprozesse mit Dampf in der Technik

6-7 Isobare Wärmeaufnahme des Arbeitsmediums als Nassdampf von dem zu kühlenden Raum

7-1 Isobare Wärmeaufnahme des Arbeitsmediums in gasförmiger Phase von dem zu kühlenden Raum.

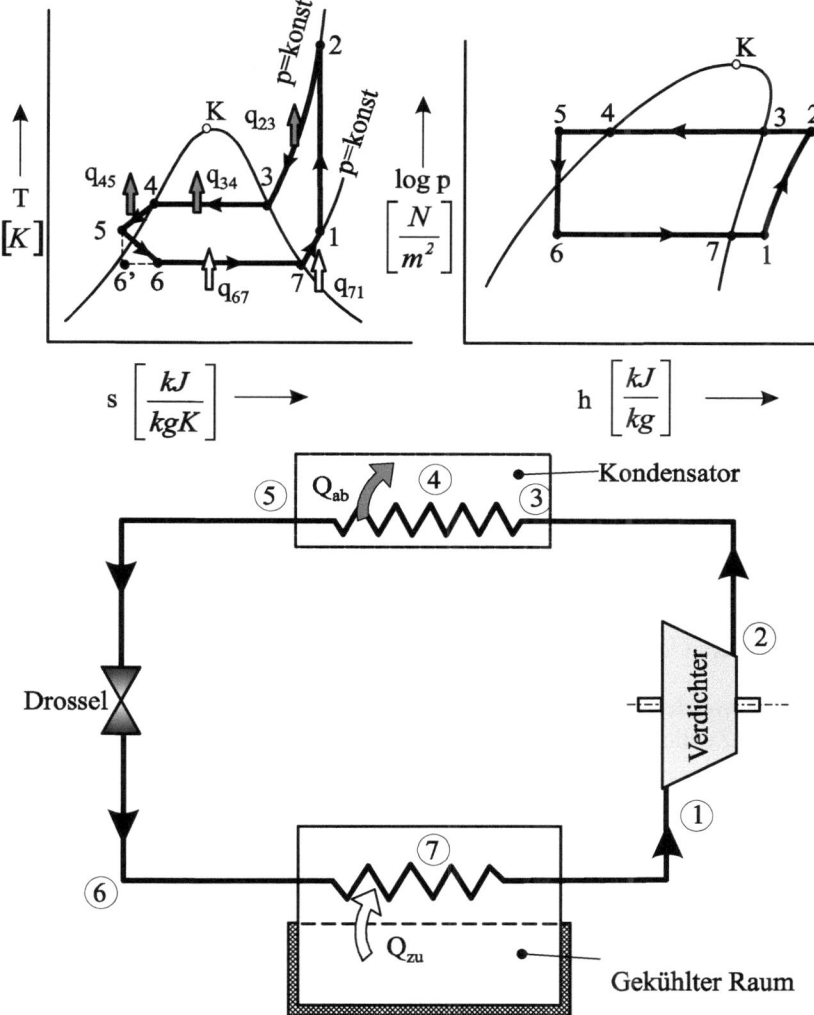

Bild 6.9 Linkslaufender Kreisprozess mit Dampf: Clausius-Rankine-Prozess im T,s- und log p,h-Diagramm sowie die Funktionsmodule einer Klimaanlage

Die Energiebilanz im Prozess ist aus der Differenz der Enthalpie im log p,h-Diagramm ableitbar.

Es gilt:
$$q_{zu} = h_1 - h_6 \qquad (6.13)$$
$$|q_{ab}| = h_2 - h_5$$

Dabei ist in der Drossel $h_5 = h_6$, wodurch $|w_k| = |q_{ab}| - q_{zu} = h_2 - h_1$

Andererseits ist $h_2 - h_1 = \Delta h_{Verdichtung} = \Delta h_{Verdichter}$ und damit $|w_k| = \Delta h_{Verdichter}$.

Die Leistungsziffer eines solchen Kreisprozesses ist – in Anlehnung an den ähnlichen Prozess mit Gas im Kap. 5 –

$$\varepsilon_k = \frac{q_{zu}}{|w_k|} = \frac{h_1 - h_6}{|\Delta h_{Verdichter}|} \qquad (6.14)$$

6.3.3 Linkslaufende Kreisprozesse mit Dampf in Wärmepumpenanlagen

Der Vergleichsprozess für eine solche Anwendung ist ebenfalls der linkslaufende Clausius-Rankine-Kreisprozess, wie für Klimaanlagen im Bild 6.9 dargestellt. Der Unterschied ist lediglich die Verschiebung der Zustandsänderungen hin zu höheren Temperaturen, entsprechend der Wärmezufuhr von einer Wärmequelle – Kühlwasser des Motors oder Abgaswärme - anstatt von dem zu kühlenden Raum, dessen Temperatur unter Umgebungstemperatur liegen soll. Auf der Seite der Wärmeabgabe ist nunmehr der zu heizende Raum – im Fahrzeug der Fahrgastraum – statt der Umgebung.

In Bild 6.10 werden deswegen nur die Funktionsmodule einer Wärmepumpe dargestellt, die Zustandsänderungen entsprechen prinzipiell jeden, die im Bild 6.9 dargestellt sind.

Die Energiebilanz ist auf Basis der Gl. (6.13) erstellbar. Die Leistungsziffer der Wärmepumpe mit Dampf geht von der Definition des ähnlichen Prozesses mit Gas aus, der im Kap. 5 dargestellt wurde. Es gilt:

$$\varepsilon_w = \frac{|q_{ab}|}{|w_k|} = \frac{h_2 - h_5}{\Delta h_{Verdichter}} \qquad (6.15)$$

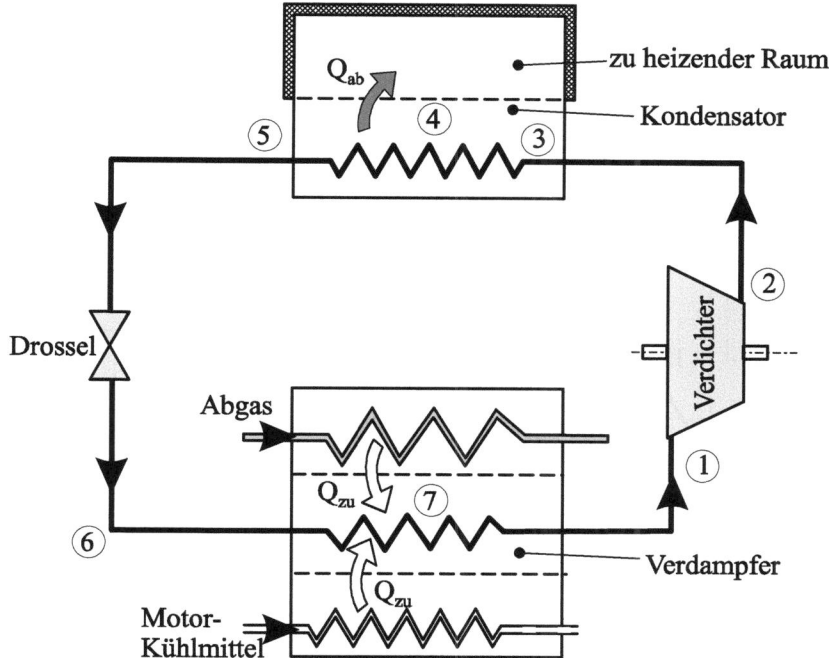

Bild 6.10 Linkslaufender Kreisprozess mit Dampf sowie Funktionsmodule einer Wärmepumpe

6.3.4 Drosselung von Nassdampf

In den Kreisprozessen mit Dampf in Klimaanlagen und Wärmepumpen wird – wie in den Bildern 6.9 und 6.10 ersichtlich – die Druckminderung mittels einer Drossel realisiert. Dabei wird das Arbeitsmedium zunehmend verdampft, während seine Temperatur sinkt. Dieser Vorgang entspricht nicht der natürlichen Vorstellung, wonach die Verdampfung stets von einer Temperaturerhöhung begleitet wird, wie beim Erhitzen einer beliebigen Flüssigkeit.

Solche irreversiblen Strömungsprozesse kommen in der Kraftfahrzeugtechnik häufig vor:

- als gezielter Vorgang: in Düsen, Zerstäubern, Sprühern, Druckminderungsventilen

- als Begleiteffekt: in reibungsbehafteten Abschnitten, Verengungen und Knickstellen von Leitungen und Rohren – beispielsweise in Einspritz- und Kühlsystemen

Bei einem solchen Vorgang kommt allgemein kein wesentlicher Wärmeaustausch vor – er entspricht demzufolge einer adiabaten, irreversiblen Druckminderung. Eine übersichtliche Analyse der damit verbundenen Zustandsänderung ist auf Basis des h,s-Diagramms möglich.

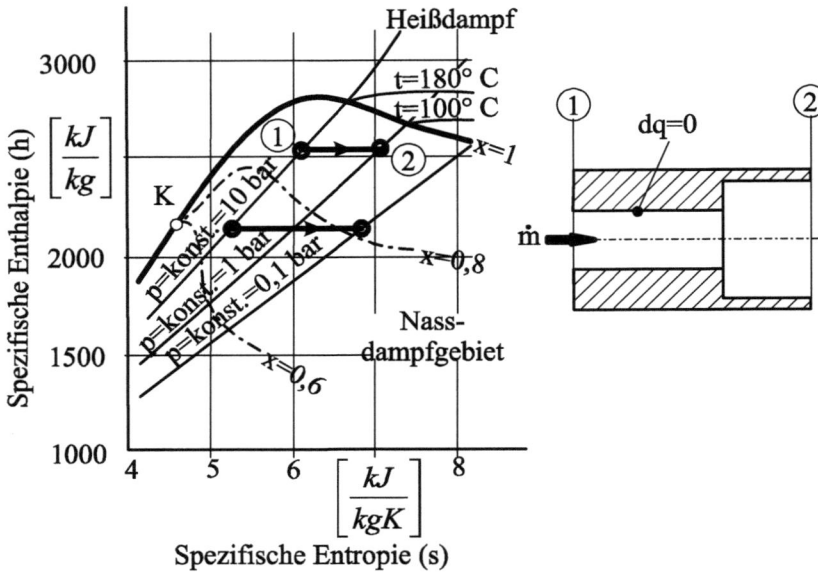

Bild 6.11 Adiabate, irreversible Drosselung von Nassdampf

Aus dem 1. HS für eine stationäre Strömung in einem offenen System resultiert:

$$q_{12} - w_{p_{12}} = h_2^* - h_1^* \quad \text{wobei } q_{12} = 0 \text{ (adiabat)}$$

und $w_{p12} = 0$ (es wird keine Arbeit ausgetauscht)

Daraus resultiert

$$h_2^* = h_1^*$$

Bei den üblichen Strömungsgeschwindigkeiten in den erwähnten Anwendungen gilt für

$$h^* = h + \frac{c^2}{2} \quad \rightarrow \quad h^* \cong h$$

Dadurch wird $\quad h_2 = h_1$

Bei dieser Strömung bleibt also die Enthalpie konstant, wobei die vorhandene Druckdifferenz zwischen Ein- und Ausgang aus der Drossel die Strömungsrichtung – dadurch auch die Vorgangsrichtung bestimmt. Ein solcher Vorgang ist im Bild 6.11 in zwei Beispielen für zwei Enthalpiewerte dargestellt. Der natürliche Druckausgleich in der Drossel in Form der Strömung verursacht dabei gleichzeitig die Zunahme der gasförmigen Phase und die Senkung der Temperatur. Die Verdampfungsenthalpie wird dabei von der eigenen inneren Energie des Mediums – bei fehlendem Wärmeaustausch mit der Umgebung – aufgebracht, wodurch seine Temperatur sinkt. Die Ursache dieser inneren Energieumwandlung ist der Druckausgleich – was als natürlicher Vorgang vorrangig ist.

6.4 Gas-Dampf-Gemische

6.4.1 Kenngrößen der Gas-Dampf-Gemische

Ein Gas-Dampf-Gemisch ist durch mindestens zwei Komponenten gekennzeichnet:

1. Komponente - stets in gasförmiger Phase (aus der Sicht möglicher Verdampfungs- und Kondensationsvorgänge als Heißdampf zu betrachten)

2. Komponente - allgemein als Dampf – der von Gas über Flüssigkeit bis zur festen Form kondensieren kann und dadurch eine, zwei oder drei Phasen aufweisen kann.

Beispiele:

Gas-Dampf-Gemische

- *Feuchte Luft in der Atmosphäre – die neben der gasförmigen Luftkomponente eine Wasserkomponente in gasförmiger, dampfförmiger (Nassdampf), flüssiger oder fester Phase enthält.*

- *Luft-/Kraftstoff-Gemische für Verbrennungsmotoren – die neben der gasförmigen Luftkomponente eine Kraftstoffkomponente in gasförmiger, dampfförmiger (Nassdampf) oder flüssiger Phase enthält.*

- *Verbrennungsabgase, die neben den gasförmigen Komponenten Kohlendioxid, Kohlenmonoxid und Stickoxid die Komponente Wasser in gasförmiger, dampfförmiger (Nassdampf) oder flüssiger Phase enthalten.*

Die Betrachtung der Gas-Dampf-Gemische erfolgt unter vereinfachten Voraussetzungen:

- Es werden keine chemischen Verbindungen zwischen Komponenten berücksichtigt (beispielsweise Lösung von Ammoniak in Wasser)
- Die Komponenten werden weitgehend als ideale Gase betrachtet – die Annäherung an reale Bedingungen ist über Realgas-Korrekturfaktoren möglich.

Ein repräsentatives Gas-Dampf-Gemisch ist die feuchte Luft in der Atmosphäre. Die weiteren Ausführungen werden für die Übersichtlichkeit auf dieses Modell bezogen.

Das Modell kann wie folgt definiert werden:

1. Komponente - stets in gasförmiger Phase: Luft – allgemein als Gemisch von Sauerstoff und Stickstoff, wie im Kap. 3.3.1 dargestellt.
2. Komponente - Wasser als Gas, Dampf, Flüssigkeit oder Eis. Als Gas wird das Wasser auf Grund seines geringen Partialdrucks in der atmosphärischen Luft als ideales Gas betrachtet.

Die Erscheinungsformen der feuchten Luft entsprechen der Wasserphasen:

- feuchte Luft – ungesättigt: mit gasförmigen Wasserdampfanteil (im Heißdampfbereich)
- feuchte Luft – gesättigt: mit Wasserdampfanteil als Sattdampf – gemäß der Definition im Kap. 6.1
- feuchte Luft – übersättigt: mit Wasserdampfanteil in Form von Sattdampf, Flüssigkeit und Eis.

Die Besonderheit des Luft-Wasserdampf-Gemisches in der Atmosphäre ist das Verhältnis der Partialdrücke von Luft und Wasser, welches im üblichen Temperaturbereich zwischen 30 und 1000 liegt. Soweit Wasser gasförmig vorhanden ist, gelten für das Luft-Wasserdampf-Gemisch die Gesetze von Gasgemischen, die in Kap. 3.3 dargestellt wurden.

Folgende Kenngrößen werden zur Analyse der Vorgänge mit feuchter Luft eingeführt:

6.4 Gas-Dampf-Gemische

Relative Feuchte

$$\varphi = \frac{p_w}{p_s}$$

- als Verhältnis zwischen dem Partialdruck des Wasserdampfes (p_w) und des Wasserdampfs bei Sättigung (p_s) bei einer betrachteten Temperatur

Beim Einsatz der Zustandsgleichung (3.16) gilt:

$$\varphi = \frac{\rho_w}{\rho_s} \quad \leftarrow \quad \rho_s = \frac{1}{v''}$$

$$\varphi = \frac{p_w}{p_s} = \frac{\rho_w RT}{\rho_s RT} \tag{6.16}$$

Absolute Feuchte

$$x = \frac{m_w}{m_L}$$

- als Verhältnis zwischen der Wassermasse (als Dampf, Flüssigkeit, Eis) und der Luftmasse
- Grenzwerte   trockene Luft $\to x = 0$
  flüssiges Wasser $\to x \to \infty$

mit $p_w V = m_w R_w T$ und $p_L V = m_L R_L T$

$$\text{gilt } x = \frac{\dfrac{p_w V}{R_w T}}{\dfrac{p_L V}{R_L T}} = \frac{p_w R_L}{p_L R_w}$$

$$\text{und für } \frac{R_L}{R_w} = \frac{287{,}04 \left[\dfrac{J}{kgK}\right]}{461{,}5 \left[\dfrac{J}{kgK}\right]} = 0{,}622$$

bzw. bei $p_{atm} = p_L + p_w \to p_L = p_{atm} - p_w$ und $p_w = \varphi p_s$

$$x = 0{,}622 \frac{\varphi p_s}{p_{atm} - \varphi p_s}$$

Für $\varphi < 1$ ist dabei $x = x_D$, also ein Dampfanteil im Nassdampfgebiet, wie im Kap. (6.1) definiert.

Der Sättigungsdruck des Wassers (p_s) ist von der Temperatur der feuchten Luft abhängig. Folgende Werte werden als Beispiel aufgeführt:

Tabelle 6.1 Abhängigkeit des Wasser-Sättigungsdrucks von der Temperatur – Beispiel

t	$[°C]$	- 20	- 10	0	+ 10	+ 20
p_s	$\left[10^5 \frac{N}{m^2}\right]$	0,001033	0,002599	0,006112	0,012282	0,023392

> *Definition*
>
> **Sättigungsdampfgehalt** – *absolute Feuchte bei gesättigtem Wasserdampfgehalt in der Luft (relative Feuchte $\varphi = 1$)*
>
> $$x_{DS} = 0{,}622 \frac{p_s}{p_{atm} - p_s} \qquad (6.18)$$

Entsprechend der dargestellten Abhängigkeit des Sättigungsdrucks von der atmosphärischen Temperatur ist auch der Sättigungsdampfgehalt temperaturabhängig.

Eine Kühlung der feuchten Luft in der Atmosphäre – beispielsweise von +20 [°C] auf +10 [°C] – kann zur Übersättigung einer bis dahin ungesättigten feuchten Luft führen. Die gleiche Masse des Wassers in der Luft enthält in diesem Fall einen verringerten Anteil von Sattdampf zugunsten eines flüssigen Anteils, in Form von Nebel.

Für die erwähnten Temperaturwerte gilt:

Tabelle 6.2 Abhängigkeit des Sättigungsdampfgehaltes von der Temperatur – Beispiel

t	$[°C]$	- 20	- 10	0	+ 10	+ 20
x_{DS}	$\left[\frac{g\,Wasser}{kg\,Luft}\right]$	0,641	1,618	3,822	7,727	14,88

6.4 Gas-Dampf-Gemische

Sättigungsgrad - als Verhältnis zwischen der absoluten Feuchte (x_D) und dem Sättigungsdampfgehalt (x_{DS})

$$\psi = \frac{x_D}{x_{DS}}$$

- mit $\dfrac{x_D}{x_{DS}} = \dfrac{0{,}622\,\dfrac{\varphi p_s}{p_{atm} - \varphi p_s}}{0{,}622\,\dfrac{p_s}{p_{atm} - p_s}}$

$$\psi = \varphi\,\frac{p_{atm} - p_s}{p_{atm} - \varphi p_s} \qquad (6.19)$$

$\psi \cong \varphi$ ← - in Anbetracht des geringen Unterschiedes zwischen p_{atm} und p_s

Die übliche Messung der Luftfeuchtigkeit mittels Hygrometer ergibt die relative Feuchte in der Form $\varphi \cdot 100\,[\%]$. Dies kann demnach auch als Sättigungsgrad interpretiert werden – wieviel Wassermasse könnte der Luft bei der vorhandenen Temperatur bis zu einer Sättigung zugeführt, bis flüssiges Wasser (Nebel, Regen) erscheinen würde.

Beispiel:

Eine relative Feuchte von 50 [%] bei 20 [°C] bedeutet entsprechend der Werte für x_{DS} (t) ein Wassergehalt von 7,44 [gWasser/kgLuft] – bis zur Sättigung bei 14,88 [gWasser/kgLuft] könnten bei dieser Temperatur noch weitere 7,44 [gWasser/kgLuft] aufgenommen werden, ohne Änderung der gasförmigen Phase des Wassers.

Die Masse und die Dichte der feuchten Luft können wie bei Gasgemischen abgeleitet werden. Es gilt:

- für Luft: $p_L V = m_L R_L T \qquad$ mit $p_L = p_{atm} - \varphi p_s$

$$m_L = \frac{(p_{atm} - \varphi p_s)V}{R_L T}$$

- für Wasserdampf $p_w \cdot V = m_w R_w T \qquad$ mit $p_w = \varphi p_s$

$$m_w = \frac{\varphi p_s \cdot V}{R_w T}$$

Masse der feuchten Luft

$$m = m_L + m_w = \left(\frac{p_{atm} - \varphi p_s}{R_L} + \frac{\varphi p_s}{R_w}\right) \cdot \frac{V}{T} \qquad (6.20)$$

Dichte der feuchten Luft

$$\rho = \frac{m}{V} = \left(\frac{p_{atm} - \varphi p_s}{R_L} + \frac{\varphi p_s}{R_w}\right) \cdot \frac{1}{T} \qquad (6.21)$$

Die Enthalpie der feuchten Luft wird aus der Summe der Enthalpien der Komponenten abgeleitet:

$$H = H_L + H_w$$

mit $\quad H = mh$

$$mh = m_L h_L + m_w h_w$$

wobei $\quad m = m_L + m_w$

Daraus resultiert: $\qquad h\left[\dfrac{J}{kg\, f.L.}\right] = \dfrac{m_L}{m} \cdot h_L + \dfrac{m_w}{m} \cdot h_w$

In der Praxis ist es üblich, die Enthalpie der feuchten Luft auf die Masse der trockenen Luft (t.L.) statt auf die Gesamtmasse der feuchten Luft (f.L.) zu beziehen:

$$h`\left[\frac{J}{kg\, t.L.}\right] = \frac{H}{m_L} \rightarrow h` = h_L + \frac{m_w}{m_L} \cdot h_w \; ; \; \text{mit} \quad \frac{m_w}{m_L} = x$$

Das ergibt eine übersichtliche Form:

$$h` = h_L + x h_w \qquad (6.22)$$

Die Beziehung mit der physikalisch begründeten Form h resultiert aus:

$$h` = \frac{H}{m_L} = \frac{mh}{m_L} = \frac{(m_L + m_w)h}{m_L} = (1 + x)h$$

6.4 Gas-Dampf-Gemische

Das führt zu:

$$h = \frac{h`}{1+x} \tag{6.23}$$

Die Berechnung der spezifischen Enthalpie erfolgt auf Basis der allgemeinen Form in Gl. (3.14b) für die Anteile Luft und Wasser.

Der Wasseranteil x in der feuchten Luft erscheint in einer bis drei der drei möglichen Phasen – fest, flüssig oder dampfförmig. Die Massenbeteiligung jeder dieser Phasen am Wasseranteil x kann wie folgt ausgedrückt werden:

$$x = x_D + x_F + x_E \qquad \text{mit} \qquad \text{D – Wasserdampf} \tag{6.24}$$
$$\text{F – Flüssiges Wasser}$$
$$\text{E – Eis}$$

Zur Berechnung der spezifischen Enthalpie des Wasseranteils wird wie für Wasserdampf im Kap. 6.2 vereinbart:

$$h_0 = 0 \qquad \text{bei} \qquad p = 0{,}0006107 \, [MPa]$$
$$t = 0 \, [°C]$$

Bei der Ermittlung der spezifischen Enthalpie werden auch die Anteile zur Phasenänderung – zur Verdampfung des Wassers Δh_v bzw. zum Schmelzen des Eises Δh_s berüchsigtigt.

Durch die Vereinbarung $h_0 = 0$ bei t = 0 [°C] wird ein Prozess unter 0 [°C] – wie das Schmelzen – formell mit negativen Enthalpien beschrieben. Die erwähnten Anteile der spezifischen Enthalpie zur Phasenänderung werden daher als $\left(+\Delta h_v = 2500 \, \left[\frac{kJ}{kg} \right] \right)$ und $\left(\Delta h_s = -333{,}4 \, \left[\frac{kJ}{kg} \right] \right)$ algebraisch addiert.

Für die Anteile unterschiedlicher Wasserphasen an der spezifischen Enthalpie sind die phasenspezifischen Werte der spezifischen Wärmekapazität einzubeziehen.

Es gilt:

$$c_{p_D} = 1{,}86 \left[\frac{kJ}{kg}\right]$$

$$c_{p_F} = 4{,}19 \left[\frac{kJ}{kg}\right]$$

$$c_{p_E} = 2{,}07 \left[\frac{kJ}{kg}\right]$$

Andererseits ist die spezifische Wärmekapazität der Luft bei konstantem Druck für einen repräsentativen Temperaturbereich der feuchten Luft

(-30 [°C]/+50 [°C]): $c_{p_L} = 1{,}004 \left[\frac{kJ}{kg}\right]$.

Die spezifische Enthalpie der feuchten Luft resultiert als Summe der erwähnten Anteile

$$h` = \underbrace{c_{p_L} T}_{Luft} + \underbrace{(x_D c_{pD} + x_F c_{pF} + x_E c_{pE}) \cdot T}_{Wasseranteile\ in\ jeweiliger.\ Phase} + \underbrace{x_D \Delta h_v}_{\substack{Verdampfungs\\Enthalpie}} + \underbrace{x_E \Delta h_s}_{Schmelzenthalpie} \qquad (6.25)$$

Mit der Vereinbarung $h_0 = 0$ bei t = 0 [°C] gilt andererseits:

$$h` - h_0 = c_{p_L}(T - T_0) + (x_D c_{pD} + x_F c_{pF} + x_E c_{pE})(T - T_0) + x_D \Delta h_v + x_E \Delta h_s$$

wobei: $\begin{array}{cc} T - T_0 & = & t - 0 \\ [K] & & [°C] \end{array}$

Daraus resultiert:

$$h` = (1{,}004 + 1{,}86 x_D + 4{,}19 x_F + 2{,}07 x_E) \cdot t + 2500 x_D - 333{,}4 x_E \qquad (6.26)$$

In dem repräsentativen Bereich der feuchten Luft (-30 [°C]/+50 [°C]) hat die Verdampfungsenthalpie des Wassers den größten Anteil an der gesamten spezifischen Enthalpie der feuchten Luft, wie es aus Gl. (6.26) ersichtlich ist. In Gl. (6.26) sind alle Wasserphasen berücksichtigt. In speziellen Gebieten – wo nicht alle Phasen vertreten sind – wird der Ausdruck vereinfacht.

6.4 Gas-Dampf-Gemische

Beispiele:

Gebiet mit einer Wasserphase – ungesättigter Dampf (Heißdampf) – bei $t > 0$ [°C]:

$$x < x_{DS} \quad \text{- mit } x_F = 0; \quad x_E = 0 \xrightarrow[\text{aus Gl.(6.24)}]{(\text{Heißdampf})} x = x_D$$
$(\varphi < 1)$

$$h` = (1{,}004 + 1{,}86 x_D) t + 2500 x_D \qquad (6.26a)$$

Gebiet mit einer Wasserphase – gesättigter Dampf – bei $t > 0$ [°C]:

$$x = x_{DS} \quad \text{- mit } x_F = 0; \quad x_E = 0 \qquad \rightarrow x = x_{DS}$$
$(\varphi = 1)$

$$h` = (1{,}004 + 1{,}86 x_{DS}) t + 2500 x_{DS} \qquad (6.26b)$$

Gebiet mit zwei Wasserphasen – übersättigter Dampf (Nassdampf) – bei $t > 0$ [°C]:

$$x > x_{DS} \quad \text{- mit } x_F > 0; \quad x_E = 0 \qquad \rightarrow x = x_{DS} + x_F$$

$$h` = (1{,}004 + 1{,}86 x_{DS} + 4{,}19 x_F) t + 2500 x_{DS} \qquad (6.26c)$$

Gebiet mit zwei Wasserphasen – übersättigter Dampf (Nassdampf) – bei $t < 0$ [°C]:

$$x > x_{DS} \quad \text{- mit } x_F = 0; \quad x_E > 0 \qquad \rightarrow x = x_{DS} + x_E$$

$$h` = (1{,}004 + 1{,}86 x_{DS} + 2{,}05 x_E) t + 2500 x_{DS} - 333{,}4 x_E \qquad (6.26d)$$

Gebiet mit drei Wasserphasen – übersättigter Dampf (Nassdampf) – bei $t < 0$ [°C]:

$$x > x_{DS} \quad \text{- mit } x_F > 0; \quad x_E > 0 \qquad \rightarrow x = x_{DS} + x_F + x_E$$

- dafür gilt der vollständige Ausdruck der Gl. (6.26)

6.4.2 Kenngrößen der Gas-Dampf-Gemische in Diagrammform

Die Analyse der thermodynamischen Vorgänge in einem Gas-Dampf-Gemisch kann – wie bei Dämpfen – auch auf Basis geeigneter Diagramme durchgeführt werden. Für feuchte Luft ist die Darstellung der Kenngrößen in h,x-Diagrammen üblich. Die spezifischen Gebiete der feuchten Luft – mit verschiedenen Wasserphasen – sind in einem h,x-Diagramm in Bild 6.12 schematisch dargestellt.

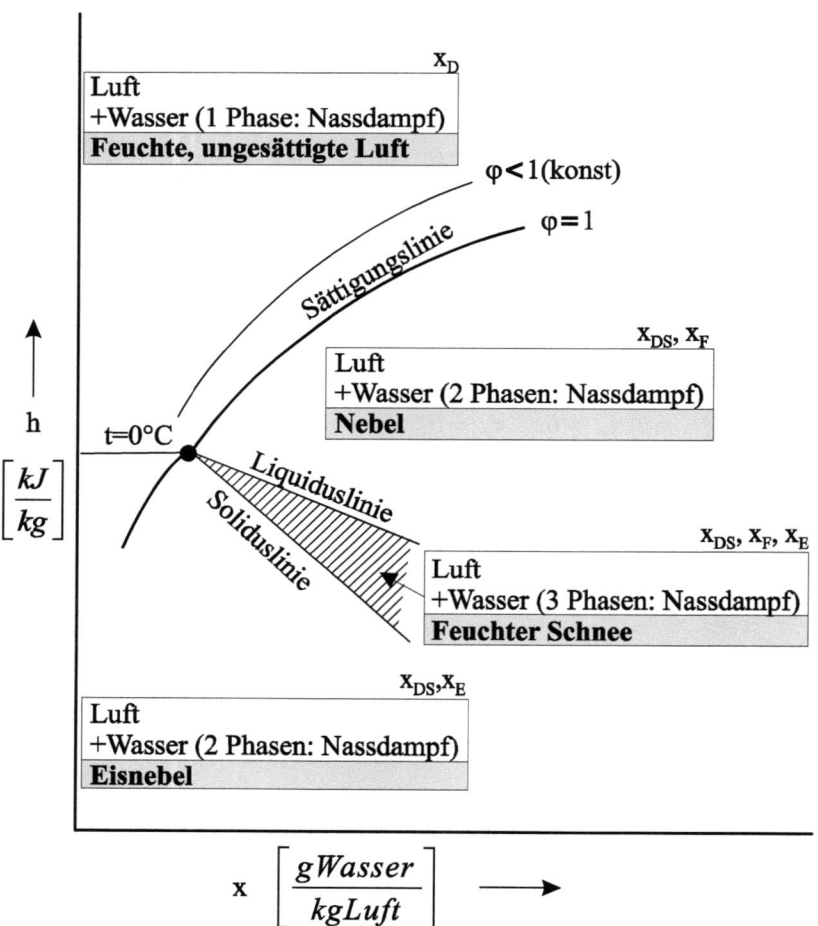

Bild. 6.12 Spezifische Gebiete der feuchten Luft im h,x-Diagramm – schematisch

6.4 Gas-Dampf-Gemische

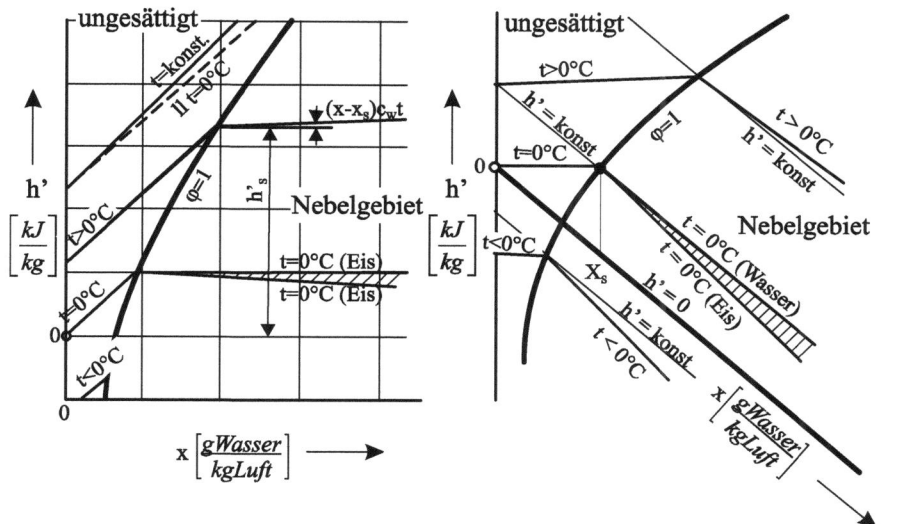

Bild 6.13 Konstruktionsprinzip des h,x-Diagramms für feuchte Luft

Wasserdampf – ungesättigt bzw. gesättigt – ist in allen Kombinationen vertreten. Das h,x-Diagramm für Wasserdampf wurde im Jahre 1923 von Mollier erstellt. Für ein solches Diagramm wird ein konstanter Druck der feuchten Luft vorausgesetzt – gegebenenfalls ist für jeden Druck ein Diagramm erforderlich. Die Bezeichnung (h,s) ist dabei nicht ganz exakt: die Werte der spezifischen Enthalpie sind nicht in üblicher Form auf der Ordinate dargestellt sondern als Parameter in einer Geradenschaar im Diagramm selbst. Die Schnittpunkte dieser Geraden mit der Ordinate entsprechen jeweils der Temperatur mit dem praktisch gleichen Zahlenwert in [°C], was bei $x = 0$ aus $h - h_0 = c_{P_L}(t - t_0)$ für $h_0 = 0; t_0 = 0$ und

$c_{P_L} = 1,004 \left[\dfrac{kJ}{kg}\right]$ resultiert. Eine solche Konstruktion kann als Folge einer Drehung der Abszisse interpretiert werden. Im Bild 6.13 ist dieses Prinzip schematisch dargestellt.

Bild 6.14 zeigt einen Abschnitt des h,x-Diagramms für feuchte Luft.

Bei einem anderen Wert des Gesamtdruckes der feuchten Luft bleiben die Kurvenverläufe und -verhältnisse erhalten, sie werden insgesamt nur versetzt, entsprechend der Darstellung in Bild 6.15.

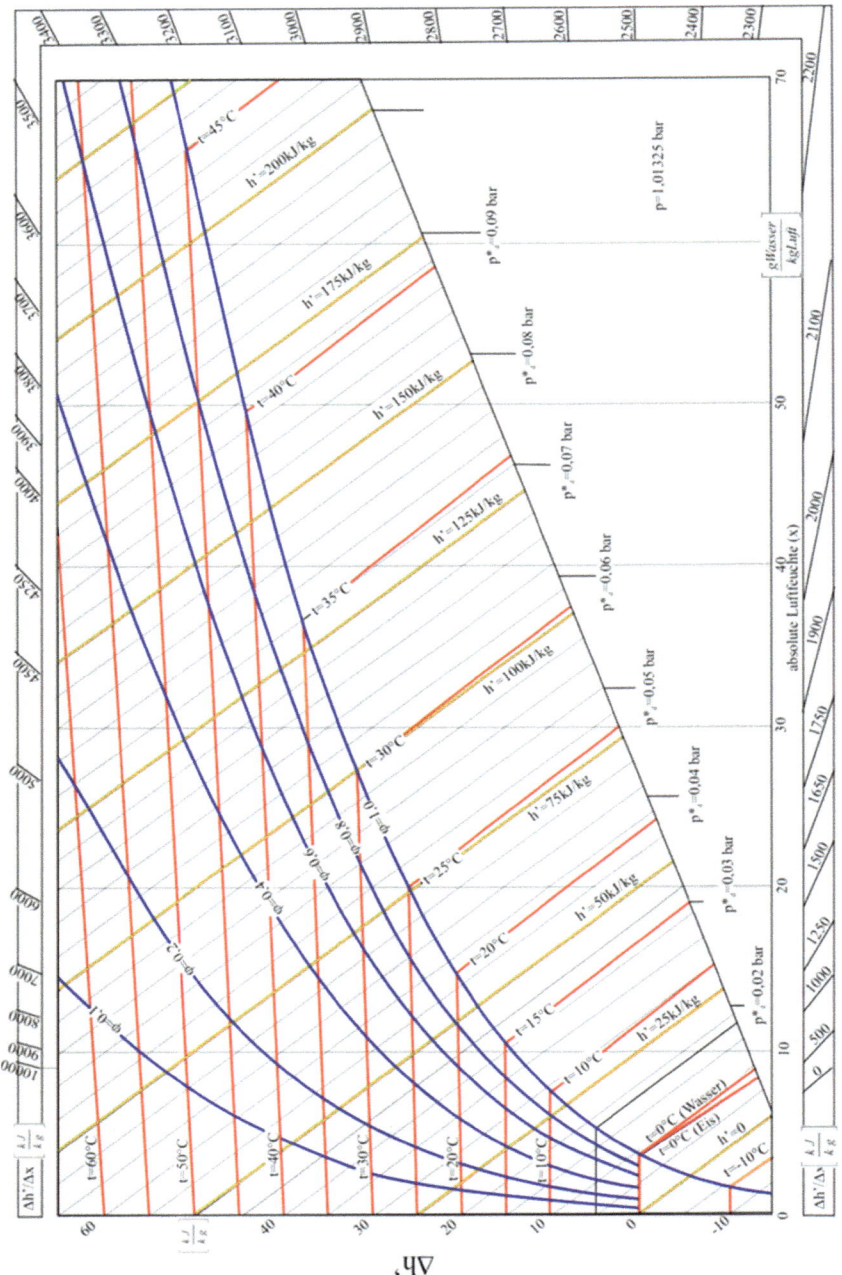

Bild 6.14 h,x-Diagramm für feuchte Luft (Abschnitt)

6.4 Gas-Dampf-Gemische

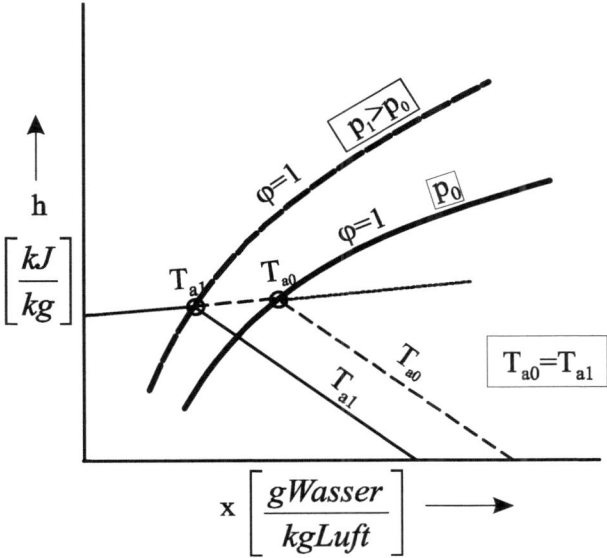

Bild 6.15 Änderung des h,x-Diagramms bei einem höheren Wert des Drucks der feuchten Luft

6.4.3 Zustandsänderungen der feuchten Luft in der Technik

Die Analyse thermodynamischer Vorgänge mit feuchter Luft kann prinzipiell auf Basis der Gleichungen im Kap. 6.4.1 durchgeführt werden, ist jedoch anhand von h,x-Diagrammen einfacher und übersichtlicher.

Erwärmung oder Kühlung feuchter Luft bei konstanter absoluter Feuchte

Ein solcher Vorgang entspricht der Strömung feuchter Luft über Heiz- oder Kühlflächen. Die Masse des Wasseranteils in der Luft bleibt dabei unverändert. Im Bild 6.16 sind ein Heiz- und ein Kühlvorgang im Gebiet mit ungesättigtem Wasserdampf dargestellt.

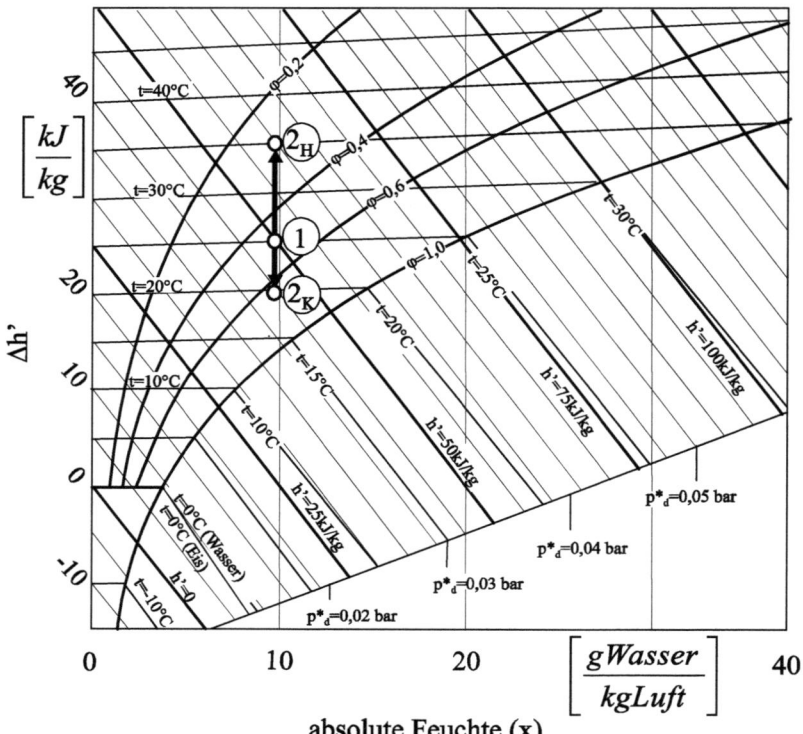

Bild 6.16 Änderung der Kenngrößen einer feuchten Luft bei Erwärmung oder Kühlung

Wie im Bild ersichtlich, ändern sich bei der Erwärmung (1-2_H) folgende Kenngrößen:

$t_{2_H} > t_1$

$h'_{2_H} > h'_1$

$\varphi_{2_H} < \varphi_1$

Beispiel:

t	[°C]	25	35
h'	$\left[\dfrac{kJ}{kg}\right]$	50	60
φ	[-]	0,5	0,25

(abgelesene, gerundete Werte)

Bei einer Kühlung resultiert:

6.4 Gas-Dampf-Gemische

$t_{2_K} < t_1$

$h`_{2_K} < h'_1$

$\varphi_{2_K} > \varphi_1$

Beispiel:

t	[°C]	25	20
h'	$\left[\dfrac{kJ}{kg}\right]$	50	45
φ	[-]	0,5	0,65

(abgelesene, gerundete Werte)

Die gleichen Ergebnisse können auf Basis von Gleichungen abgeleitet werden. Aus dem 1. HS für eine Zustandsänderung in einem offenen System – Gl. (2.17a) – resultiert:

$q_{12} - w_{p12} = h_2 - h_1$ $(h^* \cong h)$

wobei $w_{p12} = 0$

(Strömung über Heiz- oder Kühlflächen)

Daraus folgt:

$q_{12} = h_2 - h_1$

Die Einbeziehung der Enthalpieform $h`\left[\dfrac{kJ}{kg\,t.L.}\right]$ ergibt:

$q_{12} = [(1,004 + 1,86\,x_D)t_2 + 2500\,x_D] - [(1,004 + 1,86\,x_D)t_1 + 2500\,x_D]$
$= (1,004 + 1,86\,x_D)(t_2 - t_1)$

Beispiel:

x_D	$\dfrac{gWasser}{kgLuft}$	10	10
Δt	[°C]	25-35	25-20
Δh'	$\left[\dfrac{kJ}{kg}\right]$	10,226	-5,113

Die Enthalpiedifferenzen entsprechen denen aus dem h,x-Diagramm abgelesenen Werten für die Erwärmung bzw. Kühlung. Für die gesamte Massenströmung der feuchten Luft kann aus der ermittelten Enthalpiedifferenz der ausgetauschte Wärmestrom infolge der Erwärmung oder Kühlung ermittelt werden.

Bei stationärer Strömung gilt:

$$\dot{Q} = \dot{m} \cdot h \qquad \text{mit } h = \frac{h`}{(1+x)} \qquad (6.23)$$
$$[kW] \quad \left[\frac{kg}{s}\right] \quad \left[\frac{kJ}{kg}\right]$$

Trocknung feuchter Luft

Infolge der Trocknung wird ein Teil der Wassermasse aus der feuchten Luft entfernt. Ein solcher Vorgang ist im Bild 6.17 dargestellt.

Folgende Zustandsänderungen sind dafür erforderlich:

1-2   Kühlung der feuchten Luft (wie im Bild 6.17 dargestellt, bei x = konst.) mit Unterschreitung der Sättigungslinie. Dabei wird gemäß Gl. (6.18) infolge der Senkung des Partialdrucks des Wassers bei Sättigung in Abhängigkeit der Temperatur:

von $x_{DS} > x \;\rightarrow\; x_{DS} = x \;\rightarrow\; x_{DS} < x$ bzw. $x = x_{DS} + x_F$

2-3   Entfernung des flüssigen Wassers durch Abtropfen bei unveränderter Abkühltemperatur:

$$x_F = x - x_{DS}$$

Dem erreichten Zustand $x = x_{DS}$ bei der Abkühltemperatur entspricht $\varphi = 1$.

3-4   Erwärmung der feuchten Luft bis zur ursprünglichen Temperatur im Zustand 1. Dabei gilt wiederum gemäß Gl. (6.18) bei Zunahme des Partialdrucks des Wassers bei Sättigung:

von $x_{DS} = x \;\rightarrow\; x_{DS} > x$

6.4 Gas-Dampf-Gemische

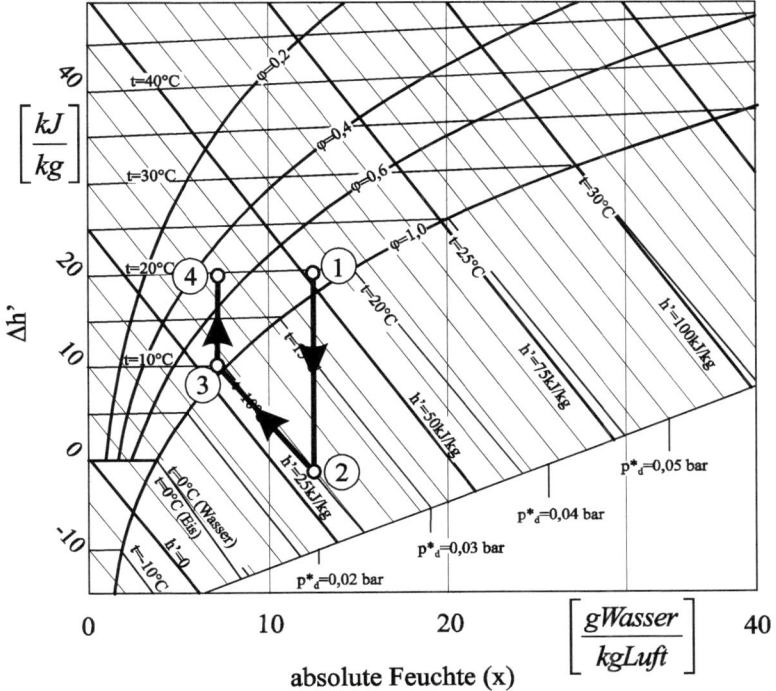

Bild 6.17 Gekoppelte Zustandsänderungen zur Trocknung einer feuchten Luft

Daraus folgt insgesamt $x_4 < x_1$ bzw. $\varphi_4 < \varphi_1$. Die Änderung der spezifischen Enthalpie infolge der drei konsekutiven Zustandsänderungen kann aus dem Diagramm abgelesen werden.

Zur weiteren Trocknung kann nach der Kühlung (1, 2) und Wasserentfernung (2, 3) eine erneute Kühlung, in einem nachgeschalteten Wärmetauscher, vorgenommen werden, gefolgt von einer weiteren Wasserentfernung bis zur Sättigungslinie, die in diesem Fall einer niedrigeren Temperatur entspricht. Danach wird die so getrocknete Luft wieder auf die ursprüngliche Temperatur in Zustand 1 erwärmt. Auch in diesem Fall können die Ergebnisse mittels Gleichungen abgeleitet werden.

Bei bekanntem Wasseranteil x_1 im Zustand 1 wird infolge der Kühlung auf die Temperatur im Zustand 2:

$$x_{DS} = 0{,}622 \frac{p_s(t_2)}{p_{atm} - p_s(t_2)} \tag{6.18}$$

wobei die Funktion $p_s = f(t)$ bekannt sein muss.

Daraus resultiert: $\quad\quad\quad x_F = x_2 - x_{DS}(t_2)\;$ mit $x_2 = x_1$.

Im Zustand 3, nach Entfernen des Wasseranteils

$$x_F = x - x_{DS}(t_2), \quad x_F = 0, \text{ bleibt } \quad x_3 = x_{DS}(t_2)$$

Bei der erneuten Erwärmung ist $x_3 = x_4$. Die Änderung der spezifischen Enthalpie wird bei diesen bekannten Wasseranteilen aus Gl. (6.26) abgeleitet:

$$\Delta h_{12} = [(1{,}004 + 1{,}86\, x_{DS}(t_2) + 4{,}19\, x_F)t_2 + 2500\, x_{DS}(t_2)] -$$
$$[(1{,}004 + 1{,}86 x_1)t_1 + 2500\, x_1]$$

$$\Delta h_{23} = [(1{,}004 + 1{,}86\, x_{DS}(t_2) + 4{,}19\, x_F)t_2 + 2500\, x_{DS}(t_2)] -$$
$$[(1{,}004 + 1{,}86 x_{DS}(t_2))t_2 + 2500\, x_{DS}(t_2)]$$
$$= 4{,}19\, x_F\, t_2$$

$$\Delta h_{34} = [(1{,}004 + 1{,}86\, x_4)t_1 + 2500\, x_4] -$$
$$[(1{,}004 + 1{,}86\, x_{DS}(t_2))t_2 + 2500\, x_{DS}(t_2)]$$

Mischung feuchter Luftströme

Die Mischung feuchter Luftströme mit unterschiedlicher Temperatur und Wasseranteil führt zur Änderung sämtlicher Zustands- und Kenngrößen, unter Umständen auch der Phasen. Beispielsweise kann es beim Zusammentreffen zweier atmosphärischer Luftströmungen mit jeweils ungesättigtem Wassergehalt zur Nebelbildung kommen. Durch lokale Messungen von Druck, Temperatur, relativer Feuchte und Geschwindigkeit der Luft kann die Bildung und Änderung von Nebelgebieten kurzzeitig vorhergesagt werden. In Zusammenwirkung mit modernen Telematiksystemen im Kraftfahrzeug werden entsprechende Warnmeldungen über das Navigationssystem möglich. Das physikalische Modell der Mischung zweier feuchter Luftströme ist im Bild 6.18 schematisch dargestellt.

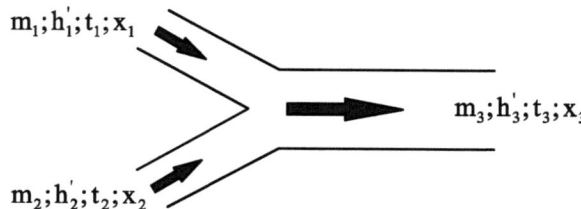

Bild 6.18 Physikalisches Modell zur Mischung zweier feuchter Luftströme - schematisch

6.4 Gas-Dampf-Gemische

Der Mischungsvorgang wird ausschließlich zwischen den betrachteten Luftanteilen angenommen – ohne Massen- oder Wärmeaustausch mit der übrigen Umgebung.

Die Massen- und Enthalpiebilanz ergibt:

- für die Anteile von trockener Luft: (6.27a)

$$m_{L3} = m_{L1} + m_{L2} \text{ bzw. } \dot{m}_{L3} = \dot{m}_{L1} + \dot{m}_{L2}$$

- für die Anteile von Wasser:

$$m_{w3} = m_{w1} + m_{w2} \text{ bzw. } \dot{m}_{w3} = \dot{m}_{w1} + \dot{m}_{w2}$$ (6.27b)

wobei $\dfrac{m_w}{m_L} = x$ bzw. $\dot{m}_w = x \cdot \dot{m}_L$

Gl. (6.27b) wird somit: $x_3 m_{L3} = x_1 m_{L1} + x_2 m_{L2}$

wobei $m_{L3} = m_{L1} + m_{L2}$ (6.27a)

Daraus resultiert:

$$x_3 = \frac{x_1 \dot{m}_{L1} + x_2 \dot{m}_{L2}}{\dot{m}_{L1} + \dot{m}_{L2}} = \frac{x_1 + x_2 \cdot \dfrac{\dot{m}_{L2}}{\dot{m}_{L1}}}{1 + \dfrac{\dot{m}_{L2}}{\dot{m}_{L1}}}$$ (6.28)

Das ergibt: $\dfrac{\dot{m}_{L2}}{\dot{m}_{L1}} = \dfrac{x_1 - x_3}{x_3 - x_2}$ (6.29a)

Für die Enthalpiebilanz gilt:

$H_3 = H_1 + H_2$ und daraus

$$\dot{m}_{L3} h`_3 = \dot{m}_{L1} h`_1 + \dot{m}_{L2} h`_2$$ (6.30)

Daraus resultiert:

$$h`_3 = \frac{\dot{m}_{L1} h`_1 + \dot{m}_{L2} h`_2}{\dot{m}_{L3}} = \frac{\dot{m}_{L1} h`_1 + \dot{m}_{L2} h`_2}{\dot{m}_{L1} + \dot{m}_{L2}},$$

$$h`_3 = \frac{h`_1 + \dfrac{\dot{m}_{L2}}{\dot{m}_{L1}}}{1 + \dfrac{\dot{m}_{L2}}{\dot{m}_{L1}}}$$

(6.31)

Das ergibt: $\quad \dfrac{\dot{m}_{L2}}{\dot{m}_{L1}} = \dfrac{h'_1 - h'_3}{h'_3 - h'_2}$ (6.29b)

Der Vergleich der Gl. (6.29a), (6.29b) ergibt:

$$\dfrac{\dot{m}_{L2}}{\dot{m}_{L1}} = \dfrac{x_1 - x_3}{x_3 - x_2} = \dfrac{h`_1 - h`_3}{h`_3 - h`_2} \quad \text{bzw.} \quad \dfrac{h`_3 - h`_2}{x_3 - x_2} = \dfrac{h`_3 - h`_1}{x_3 - x_1} \qquad (6.32)$$

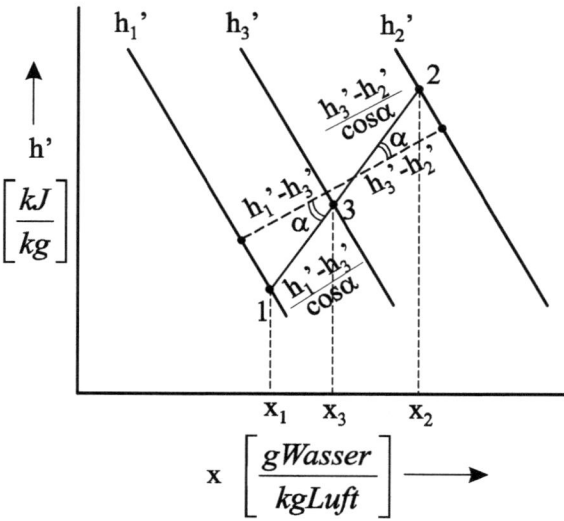

Bild 6.19 Zusammenhänge von spezifischen Entropien und absoluter Feuchte bei Mischung von zwei feuchten Luftströmen

Wie im Bild 6.19 dargestellt, führt die Proportionalität zwischen der resultierenden spezifischen Enthalpie und absoluten Feuchte zu der Erkenntnis, dass jeder Mischvorgang im h,x-Diagramm auf einer Geraden zwischen den Zuständen der zwei ursprünglichen Luftströmungen verläuft. Die Lage des neuen Zustandes auf der Gerade hängt gemäß Gl. (6.29a), (6.29b) vom Verhältnis der zwei auftreffenden Massenströme ab. Im Bild 6.20 ist eine solche Mischung in zwei Fällen dargestellt. Eine der Luftströmungen wird für diesen Vergleich in einem Referenzzustand a betrachtet.

6.4 Gas-Dampf-Gemische

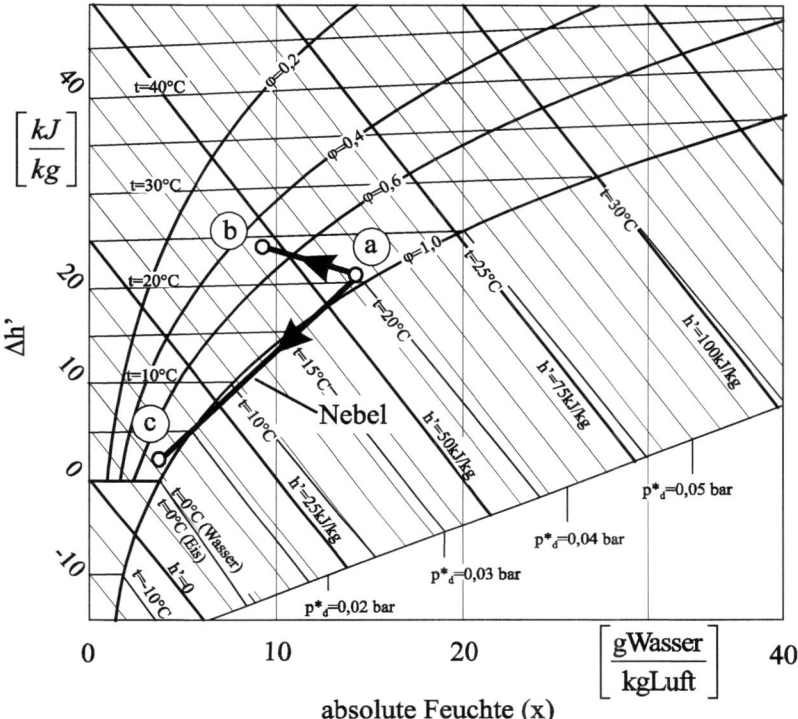

Bild 6.20 Mischung zwei feuchter Luftströme im ungesättigten Gebiet (ab) und mit Nebelbildung (ac)

- im ersten Fall wird die Luftströmung im Zustand a mit einer Luftströmung im Zustand b vermischt. Die Mischung wird einen Zustand auf der Gerade a-b erreichen, der entsprechend der strömenden Massen näher an a oder an b liegen wird. Der Zustand auf der Gerade a-b bleibt in jedem Fall im ungesättigten Gebiet, in dem auch die zwei Strömungen in a und b lagen.
- im zweiten Fall ist der Zustand c im Vergleich zu b durch eine niedrigere Temperatur gekennzeichnet, obgleich auch im ungesättigten Gebiet. Die Mischung wird in diesem Fall einen Zustand auf der Gerade a-c erreichen, die größtenteils die Sattdampflinie unterschreitet. In diesem Bereich bildet sich aus den zwei ungesättigten Strömungen Nebel.

Folgende Beispiele sind über das Auftreffen zwei atmosphärischer Luftströmungen mit unterschiedlichen Temperaturen hinaus noch erwähnenswert:

- Nebelbildung in der Nähe von Wasserflächen früh oder abends im Sommer. Die warme Luft in der Höhe bewirkt über der Wasseroberfläche eine partielle Wasserverdampfung. Dadurch steigt einerseits die absolute Feuchte der

Luft, andererseits sinkt die Luftenthalpie auf Grund der entzogenen Verdampfungsenthalpie. Daraus resultiert ein Zustandsunterschied zwischen den Luftschichten in verschiedenen Höhen, der zu Nebel führt.
- Übersättigte feuchte Luft entsteht auch beim Auftreffen des warmen Atems auf kalte Winterluft und beim Ausstoß von Dampf aus Kühltürmen in kalter Umgebung.

In ähnlicher Form entsteht weißer Nebel beim Auftreffen von Abgasen aus Verbrennungsmotoren, die Wasserdampf enthalten, auf eine kalte Umgebung.

Befeuchtung feuchter Luft

Bei der Funktion von Klimaanlagen in geschlossenen Räumen, in Flugzeugen und in Fahrzeugen wird oft die gefühlte Trocknung der Luft als störend für die Atemwege empfunden. Wie bei der Trocknung feuchter Luft dargestellt, bewirkt zunächst die Temperatursenkung durch die Klimaanlage eine Kondensation bei unveränderter absoluter Feuchte. Der Anteil an flüssigem Wasser scheidet sich dann bei gleicher Temperatur infolge der Tropfenmasse ab, wodurch die absolute Feuchte sinkt. Durch Auftreffen der kalten, entfeuchteten Luft auf Luftströmungen im Fahrgastraum, die durch Sonnenstrahlung oder Konvektion von Außen erwärmt werden, sinkt zum Teil die Mischungstemperatur entlang einer Mischungsgerade. Dadurch kann eine relative Feuchte wie vor der Entfeuchtung erreicht werden, die absolute Feuchte – die für die Befeuchtung der Atemwege ausschlaggebend ist – ist allerdings gesunken.

Ein Gleichgewicht entsteht in Abhängigkeit des Massenverhältnisses der von der Klimaanlage einströmenden, gekühlten, atmosphärischen Luft zur abgedrängten Luft. Die Befeuchtung der klimatisierten Luft im Fahrgastraum erscheint jedoch in den meisten Fällen als notwendig. Das Einsprühen von Wasser kann bei Ermittlung des Entfeuchtungsgrades aus gemessener Temperatur und relativer Feuchte exakt gesteuert werden, was den Fahrkomfort erhöhen kann.

Wie bei der Mischung feuchter Luftströme wird der Zustand nach dem Einsprühen von Wasser auf einer Mischungsgerade liegen. Allerdings ist der Zustand der reinen Wasserströmung im h,x-Diagramm infolge der unendlichen absoluten Feuchte $(x \to \infty)$ nicht darstellbar. Die Richtung der Mischungsgerade und der Mischungszustand können dennoch ermittelt werden.

Es gilt:
- Massenbilanz
  für trockene Luft: $\quad m_{L1} + m_{L2} = m_{L3}$ (6.27a)
  mit $m_{L2} = 0$ (Wasser)
  $m_{L1} = m_{L3} = m_L$

6.4 Gas-Dampf-Gemische

für Wasser: $\quad x_1 m_L + \Delta m_w = x_3 m_L \quad$ (6.27b)

Daraus resultiert: $\quad x_3 - x_1 = \dfrac{\Delta m_W}{m_L} \quad$ (6.33)

- Enthalpiebilanz

$$m_L h`_1 + \Delta m_w h_w = m_L h`_3 \quad (6.30)$$

Daraus resultiert: $\quad \dfrac{\Delta m_w}{m_L} = \dfrac{h`_3 - h`_1}{h_w} \quad$ (6.34)

Aus Gl. (6.33) und (6.34) wird:

$$\dfrac{\Delta m_w}{m_L} = x_3 - x_1 = \dfrac{h`_3 - h`_1}{h_w}$$

bzw. $\quad h_w = \dfrac{h`_3 - h`_1}{x_3 - x_1}, \quad$ wobei $\quad h_w = 4{,}19 t_w \left[\dfrac{kJ}{kgW}\right]$

und demzufolge $\dfrac{h`_3 - h`_1}{x_3 - x_1} = 4{,}19 t_w \quad$ (6.35)

Bei der Mischungsgerade durch den Zustand 1 gilt $t = t_1$, woraus zum Zustand 3 hin:

$$\Delta h`_{31} = 4{,}19 t_w \Delta x_{31} = 4{,}19 t_w \dfrac{\Delta m_w}{m_L} \quad (6.36)$$

bzw. $\dfrac{\Delta h`_{31}}{\Delta x_{31}} = 4{,}19 t_w$

Das h,x-Diagramm im Bild 6.14 ist von Linien mit konstantem Wert für $\Delta h`_{31} / \Delta x_{31}$ umrahmt. Bei bekannter Wassertemperatur ist dieser Wert ermittelbar, eine Parallele zu der Richtung der entsprechenden Randlinie durch den Zustand 1 ergibt die Mischungsgerade. Der Zustand 2 wird aus dem Abstand Δx auf der x-Achse, auf Basis der Gl. (6.33), abgeleitet.

Anwendungsbeispiele und Übungen zu Kapitel 6

Dampf und Gas-Dampf-Gemische

Ü 6.1 Ein Kubikmeter Wasser-Nassdampf liegt in einem geschlossenen Behälter unter einem Druck von 5 [MPa] vor. Der Dampfanteil beträgt 0,6.

Aufgaben:
1. Berechnung des spezifischen Volumens des Nassdampfes.
2. Berechnung der Masse des Nassdampfes und der Wassermasse in diesem.
3. Berechnung der spezifischen Enthalpie des Nassdampfes.

Angaben:

p	t	v`	v``	h`	h``	s`	s``	r
[MPa]	[°C]	$\left[\dfrac{m^3}{kg}\right]$	$\left[\dfrac{m^3}{kg}\right]$	$\left[\dfrac{kJ}{kg}\right]$	$\left[\dfrac{kJ}{kg}\right]$	$\left[\dfrac{kJ}{kgK}\right]$	$\left[\dfrac{kJ}{kgK}\right]$	$\left[\dfrac{kJ}{kg}\right]$
5	263,9	0,00129	0,0394	1154,4	2794,2	2,92	5,97	1639,7

(Auszug aus einer Wasserdampftafel für Sättigungszustand)

Lösung:

1. Nach Gl. (6.5) gilt:
$$v = (1-x_D)v` + x_D v``$$
$$v = (1-0,6)0,00129 + 0,6 \cdot 0,0394 = 0,024 \left[\dfrac{m^3}{kg}\right]$$

2. $m = \dfrac{V}{v} = \dfrac{1\,[m^3]}{0,024\left[\dfrac{m^3}{kg}\right]} = 41,66\,[kg]$

$$m_w = (1-x_D)m = (1-0,6)41,66 = 16,66\,[kg]$$

3. Nach Gl. (6.7.b,c) gilt:

$$h = (1-x_D)h` + x_D h``$$
$$s = (1-x_D)s` + x_D s``$$
$$h = (1-0.6)1154.4 + 0.6 \cdot 2794.2 = 2138.28 \left[\frac{kJ}{kg}\right]$$
$$s = (1-0.6)2.92 + 0.6 \cdot 5.97 = 4.75 \left[\frac{kJ}{kgK}\right]$$

Ü 6.2 In einer Turbine wird ein Massenstrom von 1 [kg/s] Wasserheißdampf von 900 [K]/1 [MPa] auf 533 [K]/0,1 [MPa] isentrop entlastet.

Frage: Wie viel Leistung würde auf Grund dieser Zustandsänderung theoretisch entstehen?

Lösung: Im T,s-Diagramm im Bild 6.5 läuft die Isentrope von 900 [K]/1 [MPa] bis 533 [K]/0,1 [MPa] bei einer Entropie von $8\left[\frac{kJ}{kgK}\right]$.

Die Enthalpie im Endzustand kann im Diagramm abgelesen werden: $3000\left[\frac{kJ}{kgK}\right]$.

Die Entropie im Anfangszustand könnte extrapoliert werden. Das h,s-Diagramm im Bild 6.6 erlaubt allerdings die einfachere Ermittlung der Enthalpien bei der bekannten Entropie von $8\left[\frac{kJ}{kgK}\right]$ zwischen $1[MPa]$ und $0,1[MPa]$: die Entropie im Anfangszustand beträgt $3700\left[\frac{kJ}{kgK}\right]$, im Endzustand wird wiederum der Wert $3000\left[\frac{kJ}{kgK}\right]$ abgelesen.

Für die Leistungsberechnung gilt:
$$P_{th} = \dot{m}\Delta h = 1\left[\frac{kg}{s}\right] \cdot \left(3700\left[\frac{kJ}{kg}\right] - 3000\left[\frac{kJ}{kg}\right]\right) = 700[kW]$$

Anwendungsbeispiele und Übungen zu Kapitel 6

Ü 6.3 Eine Klimaanlage wird vom Kältemittel R134a auf das alternative Arbeitsmedium CO_2 umgestellt. Dabei sollen die Verdampfungstemperatur des Arbeitsmediums von 0 [°C] und die Austrittstemperatur aus dem Kondensator von 40 [°C] unverändert bleiben. Durch diese Bedingung ändern sich die Druckwerte und -verhältnisse in den Kreisprozessen beider Arbeitsmedien. Beide Kreisprozesse sind im Bild 6.7 dargestellt.

Frage: Wie ändern sich die Wärmeaufnahme und die Leistungszifer der Klimaanlage infolge dieser Umstellung?

Lösung: Nach Gl. (6.13) und (6.14) gilt:

$q_{zu} = \Delta h_{Verdampfer}$ und

$$\varepsilon_K = \frac{q_{zu}}{|w_K|} = \frac{\Delta h_{Verdampfer}}{|\Delta h_{Verdichter}|}$$

- *für R134a gilt*:

$$q_{zu} = h_1 - h_4 = 400 - 260 = 140 \frac{kJ}{kg}$$

$$|\Delta h_{Verdichter}| = h_2 - h_1 = 435 - 400 = 35 \frac{kJ}{kg}$$

$$\varepsilon_K = \frac{140}{35} = 4$$

- *für CO_2 gilt:*

$$q_{zu} = h_1 - h_5 = [160 - (-20)] = 180 \frac{kJ}{kg}$$

$$|\Delta h_{Verdichter}| = 70 \frac{kJ}{kg}$$

$$\varepsilon_K = \frac{180}{70} = 2,57$$

Ü 6.4 Die absolute Feuchte und der Sättigungsgehalt atmosphärischer Luft sollen zwecks einer übersichtlichen Betrachtung der Zusammenhänge in Abhängigkeit der Temperatur für unterschiedliche Werte der relativen Feuchte als Parameter im Diagramm dargestellt werden.

Aufgabe:	Erstellung der Diagramme für absolute Feuchte je [kg] feuchte Luft und für den Sättigungsgrad in Abhängigkeit der Lufttemperatur. Die relative Feuchte wird als Parameter in einer Kurvenschar eingeführt.
Angaben:	Luftdruck: 0,1 [MPa]
	Temperaturbereich: -20 [°C]/+40 [°C] ($\Delta t = 10°C$)

t	[°C]	-20	-10	0	10	20	30	40
ps	$\left[\dfrac{N}{m^2}\right]$	103,3	259,9	611,2	1228,2	2339,2	4246,7	7384,4

Relative Feuchte: 20%, 40%, 60%, 80%

Lösung: für die Werte der absoluten Feuchte und des Sättigungsgrads gelten die Gl. (6.17), (6.18) und (6.19):

$$x = 0{,}622 \frac{\varphi\, p_s}{p_{atm} - \varphi\, p_s} \qquad (6.17)$$

$$x_{DS} = 0{,}622 \frac{p_s}{p_{atm} - p_s} \qquad (6.18)$$

$$\psi = \frac{x}{x_{DS}} \qquad (6.19)$$

t	φ	x	xDS	ψ
[°C]	[%]	$\left[\dfrac{gWaser}{kgLuft}\right]$	$\left[\dfrac{gWaser}{kgLuft}\right]$	[%]
-20	20	0,129	0,643	20
	40	0,257	0,643	40
	60	0,321	0,643	60
	80	0,514	0,643	80
-10	20	0,323	1,628	20
	40	0,647	1,628	40
	60	0,809	1,628	60
	80	1,296	1,628	80
0	20	0,761	3,825	20
	40	1,524	3,825	40
	60	1,907	3,825	60
	80	3,056	3,825	80
10	20	1,532	7,734	20
	40	3,071	7,734	40
	60	3,843	7,734	60
	80	6,172	7,734	80

t [°C]	φ [%]	x $\left[\dfrac{gWaser}{kgLuft}\right]$	xDS $\left[\dfrac{gWaser}{kgLuft}\right]$	ψ [%]
20	20	2,924	14,898	20
	40	5,875	14,898	40
	60	7,361	14,898	60
	80	11,862	14,898	80
30	20	5,328	27,586	20
	40	10,748	27,586	40
	60	13,494	27,586	60
	80	21,875	27,586	80
40	20	9,324	49,593	20
	40	18,932	49,593	40
	60	23,846	49,593	60
	80	39,052	49,593	80

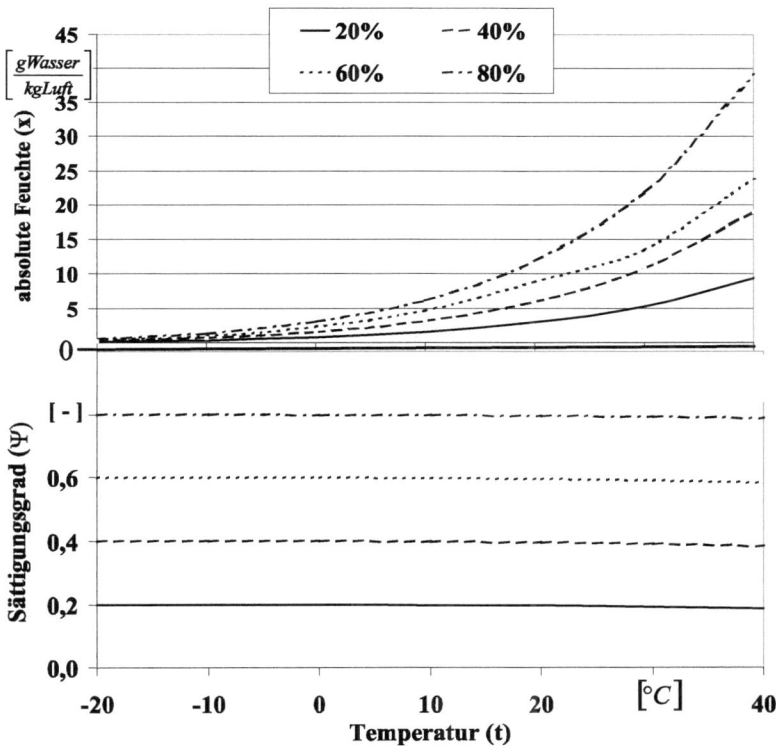

Bild Ü6.4 Absolute Luftfeuchte und Sättigungsgrad in Abhängigkeit von Temperatur

Ü 6.5 Ein Behälter mit dem Volumen von 0,2 m³ enthält feuchte atmosphärische Luft in folgendem Zustand: $t = 20\,[°C]$, $p = 0,1\,[MPa]$, $\varphi = 0,8$

Aufgabe: Berechnung folgender Kenngrößen:

1. Masse der Luft im Behälter
2. Masse des Wasserdampfes in der feuchten Luft
3. Dichte der feuchten Luft
4. Was würde sich ändern, wenn das gesamte Wasser vor Eintritt in den Behälter herausgefiltert würde? Der Druck und die Temperatur der getrockneten Luft im Behälter bleiben unverändert.

Angaben: bei $t = 20°C \rightarrow p_s = 2339,2\left[\dfrac{N}{m^2}\right]$

$R_L = 287,04\left[\dfrac{J}{kgK}\right];\quad R_W = 461,5\left[\dfrac{J}{kgK}\right]$

Lösung:

1. Aus Gl. (6.20)

$$m_L = \frac{p_{atm} - \varphi p_s}{R_L} \cdot \frac{V}{T} = \frac{1 \cdot 10^5 - 0,8 \cdot 2339,2}{287,04} \cdot \frac{0,2}{293,15}$$

$m_L = 0,2332\,[kg\,Luft] \rightarrow 233,2\,[g\,Luft]$

2. $m_w = \dfrac{\varphi p_s}{R_w} \cdot \dfrac{V}{T} = \dfrac{0,8 \cdot 2339,2}{461,2} \cdot \dfrac{0,2}{293,15}$

$m_w = 0,00277\,[kg\,Wasser] \rightarrow 2,77\,[g\,Wasser]$

3. Nach Gl. (6.20) und (6.21)

$$\rho = \frac{m}{v} = \frac{m_L + m_v}{v} = \frac{(233,2 + 2,77) \cdot 10^{-3}}{0,2}$$

$\rho = 1,1798\left[\dfrac{kg}{m^3}\right]$

4. Für $\varphi = 0$ gilt aus Gl. (6.20)

$$m_L = \frac{p_{atm} \cdot V}{R_L \cdot T}$$

(Zustandsgleichung der Luft als ideales Gas)

Anwendungsbeispiele und Übungen zu Kapitel 6

$$m_L = \frac{1 \cdot 10^5 \cdot 0{,}2}{287{,}04 \cdot 293{,}15} = 0{,}2377 \; [kg]$$

$$m_L = 237{,}7 \; [g \; Luft]$$

$$\rho = \frac{m_L}{v} = \frac{237{,}7 \cdot 10^{-3}}{0{,}2} = 1{,}1884 \; \left[\frac{kg}{m^3}\right]$$

Kommentar: Die Luftmasse bzw. die Luftdichte sind in gleichem Volumen und bei gleicher Temperatur höher ohne Wasseranteil, was zunächst als paradox erscheint.

Das Wasser ist jedoch in diesem Zustand ein Gas mit extrem niedrigem Druck: $\dfrac{p_{atm}}{p_s} = \dfrac{10^5}{2339{,}2} = 42{,}74$

Ü 6.6 Wie ändert sich die spezifische Enthalpie der feuchten Luft in einer Umgebung mit p = 1 [bar], wenn die Temperatur von 0 [°C] auf 20 [°C] bei einer relativen Feuchte von jeweils $\varphi = 0{,}7$ steigt? Wie groß wäre in beiden Fällen die spezifische Enthalpie der feuchten Luft bei Sättigung?

Angaben: $0 \; [°C] \rightarrow p_s = 6{,}112 \cdot 10^2 \; \left[\dfrac{N}{m^2}\right]$

$$20 \; [°C] \rightarrow p_s = 23{,}392 \cdot 10^2 \; \left[\frac{N}{m^2}\right]$$

Lösung:
$$h` = (1{,}004 + 1{,}86 x_D + 4{,}19 x_F + 2{,}05 x_E) t + 2500 x_D - 333{,}4 x_E \quad (6.26)$$

$$x_D = \frac{m_w}{m_L} = 0{,}622 \cdot \frac{\varphi \, p_s}{p_{atm} - \varphi \, p_s}$$

$\Rightarrow$ bei 0 [°C]

$$x_D = 0{,}622 \frac{0{,}7 \cdot 6{,}112 \cdot 10^2}{1 \cdot 10^5 - 0{,}7 \cdot 6{,}112 \cdot 10^2}$$

$$x_{D(0°C)} = 0{,}00267 \; \left[\frac{kg Wasser}{kg Luft}\right]$$

$\Rightarrow$ bei 20 [°C]

$$x_D = 0{,}622 \frac{0{,}7 \cdot 23{,}392 \cdot 10^2}{1 \cdot 10^5 - 0{,}7 \cdot 23{,}392 \cdot 10^2}$$

$$x_{D(20°C)} = 0{,}01035 \left[\frac{kg Wasser}{kg Luft}\right]$$

$$x_{DS(0°C)} = 0{,}622 \cdot \frac{6{,}112 \cdot 10^2}{1 \cdot 10^5 \cdot 6{,}112 \cdot 10^2}$$

$$x_{DS(0°C)} = 0{,}003825 \left[\frac{kg Wasser}{kg Luft}\right] > x_{D(0°C)}$$

$$x_{DS(20°C)} = 0{,}622 \cdot \frac{23{,}392 \cdot 10^2}{1 \cdot 10^5 \cdot 23{,}293 \cdot 10^2}$$

$$x_{DS(20°C)} = 0{,}01498 \left[\frac{kg Wasser}{kg Luft}\right] > x_{D(20°C)}$$

$$\left(\frac{x}{x_{DS}}\right) < 1; \quad \left(\frac{x}{x_{DS}}\right)_{20°C} < 1$$

Dadurch sind: $x_F, x_E = 0$

In beiden Fällen ist die Luft ungesättigt, was der angegebenen relativen Feuchte $\varphi = 0{,}7$ entspricht.

Gl. (6.26) wird in der Form (6.26a) geschrieben:

$$h` = (1{,}004 + 1{,}86 x_D) \cdot t + 2500 x_D$$

$$h`_{(0°C)} = 2500 \cdot 0{,}00267 = 6{,}675 \left[\frac{kJ}{kg\, Luft}\right]$$

$$h`_{(20°C)} = (1{,}004 + 1{,}86 \cdot 0{,}01035) \cdot 20 + 2500 \cdot 0{,}01035$$

$$h`_{(20°C)} = 46{,}34 \left[\frac{kJ}{kg\, Luft}\right]$$

$$\Delta h` = 46{,}34 - 6{,}675 = 39{,}665 \left[\frac{kJ}{kg\, Luft}\right]$$

Bei Sättigung gilt:

$$h'_{(0°C)} = 2500 \cdot x_{DS} = 2500 \cdot 0{,}003825 = 9{,}56 \left[\frac{kJ}{kg\,Luft}\right]$$

$$h'_{(20°C)} = (1{,}004 + 1{,}86 \cdot 0{,}01488) \cdot 20 + 2500 \cdot 0{,}01488$$

$$h'_{(20°C)} = 57{,}88 \left[\frac{kJ}{kg\,Luft}\right]$$

Ü 6.7 1. Wie viel Nebel ist in der Luft unter folgenden Bedingungen enthalten:
$t = 10\,[°C]$
$p = 1\,[bar]$
$x = 15\,\left[\frac{g}{kg}\right]$

2. Wie groß ist dabei die Enthalpie der Luft?

Lösung:

$x = x_{DS} + x_F + x_E$,
wobei $x_E = 0$ bei $10°C \rightarrow x_F = x - x_{DS}$

$$x_{DS} = 0{,}622 \frac{p_s}{p_{atm} - p_s}\left(1228{,}2\,\frac{N}{m^2}\right)$$

oder aus der Tabelle

$$x_{DS}(10°C) = 7{,}734\,\frac{g}{kg} \rightarrow x_F = 15 - 7{,}734 = 7{,}266 \left[\frac{gNebel}{kgLuft}\right]$$

$$h' = (1{,}004 + 1{,}86\,x_{DS} + 4{,}19\,x_F) \cdot t + 2500\,x_{DS}$$

$$h' = 19{,}79 \left[\frac{kJ}{kg\,Luft}\right]$$

Ü 6.8 In einer Klimaanlage werden 21 [kg/h] Raumluft in dem Zustand $(t_1 = 20\,[°C];\,\varphi_1 = 0{,}8)$ mit 7 [kg/h] Außenluft in dem Zustand $(t_2 = 6\,[°C];\,\varphi_2 = 0{,}8)$ gemischt. Der atmosphärische Druck gilt für beide Strömungen und beträgt 1 [bar].

Aufgaben: Folgende Kenngrößen des resultierenden Luftgemisches sind zu berechnen:

1. die absolute Feuchte
2. die Enthalpie
3. die Temperatur

Lösung: $x_3 = \dfrac{x_1 \dot{m}_{L1} + x_2 \dot{m}_{L2}}{\dot{m}_{L1} + \dot{m}_{L2}} \rightarrow x_3 = \dfrac{x_1 \cdot 21 + x_2 \cdot 7}{21 + 7}$

aus dem h,x-Diagramm (Bild 6.14) für 1bar:

$$x_1 = 12 \left[\dfrac{gWasser}{kgLuft}\right] = 0{,}012 \left[\dfrac{kgWasser}{kgLuft}\right]$$

$$x_2 = 4{,}5 \left[\dfrac{gWasser}{kgLuft}\right] = 0{,}0045 \left[\dfrac{kgWasser}{kgLuft}\right]$$

$$\rightarrow x_3 = 0{,}01025 \left[\dfrac{kgWasser}{kgLuft}\right] \rightarrow x_3 = 10{,}125 \left[\dfrac{gWasser}{kgLuft}\right]$$

aus dem h,x-Diagramm sind auf der Gerade zwischen den Zuständen für die 2 Strömungen bei $x_3 = 9{,}9$ folgende Werte für h`, t zu lesen:

$$h` = 43 \left[\dfrac{kJ}{kg}\right]; \quad t_3 = 17 [°C]$$

Ü 6.9 In einem Raum beträgt die Lufttemperatur 20 [°C] bei einer Feuchtigkeit $\varphi = 0{,}8$. Durch die Luftkühlung sinkt die Enthalpie um $20 \left[\dfrac{kJ}{kg\ tr.\ Luft}\right]$, wodurch ein Teil des Wassers in der Luft kondensiert. Das flüssige Wasser wird durch einen Abscheider entfernt, anschließend wird die Luft bis zur ursprünglichen Temperatur wieder erwärmt.

Aufgaben: Folgende Kenngrößen des Vorgangs sind aus dem h,x-Diagramm (Bild 6.14) abzuleiten:

1. Wie viel Wasser wurde aus der Luft entfernt und bei welcher Lufttemperatur?
2. Wie viel Enthalpie (Wärme) ist erforderlich, um die Luft auf die ursprüngliche Temperatur zu erwärmen?
3. Auf welchen Wert sinkt die absolute Feuchte (x)?

Anwendungsbeispiele und Übungen zu Kapitel 6

Lösung:

1. $x_1 = 12 \left[\dfrac{gW}{kgL}\right] \xrightarrow{bei\, 10°C}$ nach Wasserentfernung bis $\varphi = 1$

   auf gleicher Temperatur

   $x_2 = 8 \left[\dfrac{gW}{kgL}\right] \rightarrow 4 \left[\dfrac{gW}{kg\, Luft}\right]$ entfernt (33%)

   Die Lufttemperatur beträgt $10\,[°C]$.

2. Enthalpiebilanz

   $\rightarrow$ bei Kühlung wurden $20 \left[\dfrac{kJ}{kgL}\right]$ abgezogen

   bei Erwärmung von $30 \rightarrow 40 \left[\dfrac{kJ}{kg}\right]$ zugeführt: $10 \left[\dfrac{kJ}{kg}\right]$

3. $\varphi = 0{,}54$

Ü 6.10 In einem Raum befindet sich Luft mit einer Feuchte von 80% bei einer Temperatur von 4 [°C]. Die Luft wird auf 20 [°C] erwärmt.

Fragen: Wie ändert sich dabei die relative Feuchte?

Wie viel Energie hat die Luft während dieses Vorganges aufgenommen?

Lösung: Aus dem h,x-Diagramm (Bild 6.14) wird abgelesen:

$\varphi_1 = 0{,}8 \rightarrow \varphi_2 = 0{,}28$

$h`_1 = 14 \left[\dfrac{kJ}{kg}\right] \quad h`_2 = 30 \left[\dfrac{kJ}{kg}\right] \rightarrow \Delta h` = 16 \left[\dfrac{kJ}{kg\, tr.\, Luft}\right]$

Fragen zu Kapitel 6

-zu beantworten ohne Unterlagen-
(Lösungen am Ende des Kapitels)

F 6.1 Zwei Strömungen feuchter Luft mit jeweils ungesättigtem Wasserdampfanteil ($\varphi<1$) treffen aufeinander. Zeigen Sie anhand eines geeigneten Diagramms (mit Angaben zu Enthalpie, Temperatur, relative und absolute Feuchte) in welchem Kenngrößenbereich eine Nebelbildung möglich ist.

F 6.2 Wie ändert sich der Dampfzustand bei der Strömung eines Wasser-Nassdampfs durch eine wärmeisolierte Düse. Erklärung anhand eines geeigneten Diagramms und mittels Gleichungen.

F 6.3 Welche Kenngrößen einer feuchten Luft ändern sich während deren Kühlung, wenn dabei das Wasser-/Luft-Massenverhältnis unverändert bleibt? Wie viel flüssiges Wasser könnte gegebenenfalls entfernt werden? Erklärung anhand eines geeigneten Diagramms.

F 6.4 Skizzieren Sie ein h,x-Diagramm für feuchte Luft und stellen Sie einen Trocknungsvorgang mit zweimaliger Wasserentnahme dar. Die Anfangs- und Endtemperatur der feuchten bzw. getrockneten Luft soll gleich sein.

F 6.5 Stellen Sie den Dampfkreisprozess in einem Kraftwerk mit Hilfe eines T,s- und eines h,s-Diagramms dar. Zeigen Sie, wie aus dem h,s-Diagramm die zugeführte Wärme und die Prozessarbeit ermittelt werden!

Lösungen zu den Fragen von Kapitel 6

F 6.1

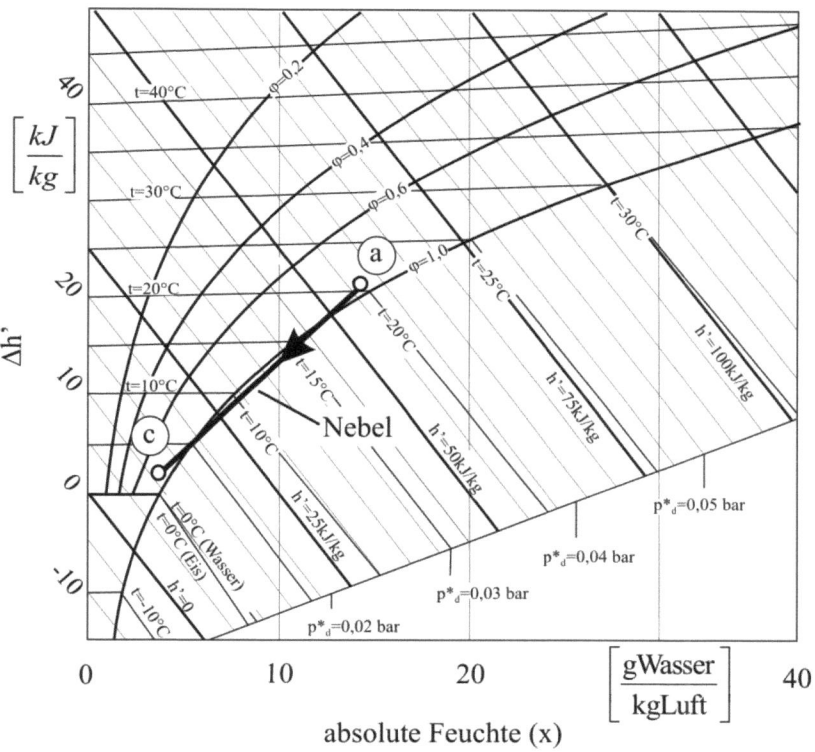

F 6.2

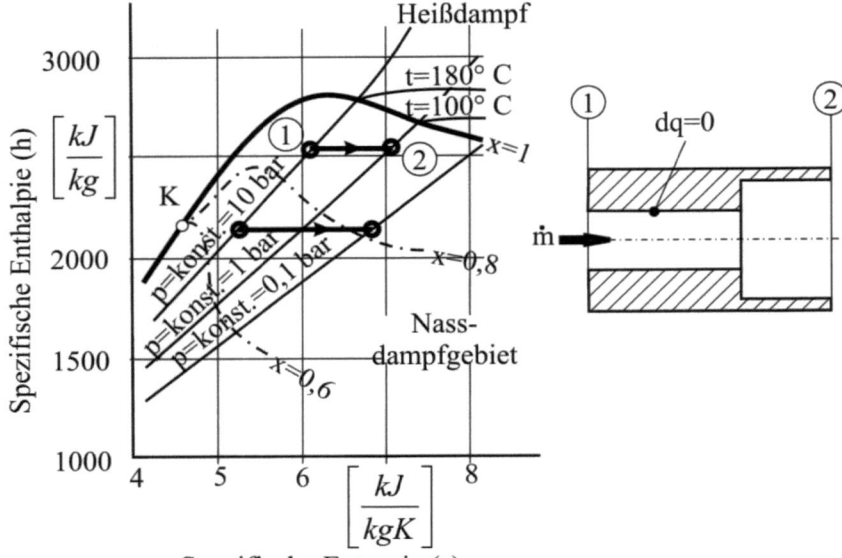

$$q_{12} - w_{12} = h_2 - h_1$$
$$q_{12} = 0, \quad w_{12} = 0$$
$$h_2 = h_1$$
$$p \downarrow$$

Dampfanteil steigt

F 6.3

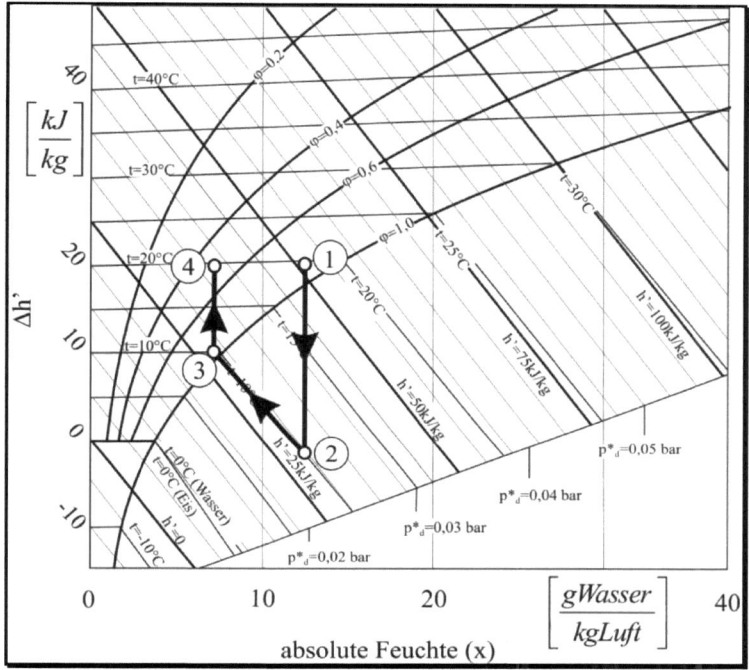

$T\downarrow,\ h\downarrow,\ \varphi\uparrow$

Die Wassermenge die entnommen werden kann, ist im h,x-Diagramm abzulesen.

F 6.4

Der Prozessverlauf bei der Trocknung von Luft mit zweimaliger Wasserentnahme entspricht dem in der Lösung zu Frage 6.3 dargestellten Diagramm. Nach der Kühlung der Luft (①→②) kann der flüssige Wasseranteil aus der Luft entfernt werden (②→③), wobei sich die Temperatur in diesem Prozessschritt nicht ändert. Wird ab dem Punkt ③ erneut abgekühlt folgt eine zweite Wasserentnahme. Nach Erreichen des Sättigungszustandes mit φ=1 wird die Luft auf die Ausgangstemperatur erwärmt.

F 6.5

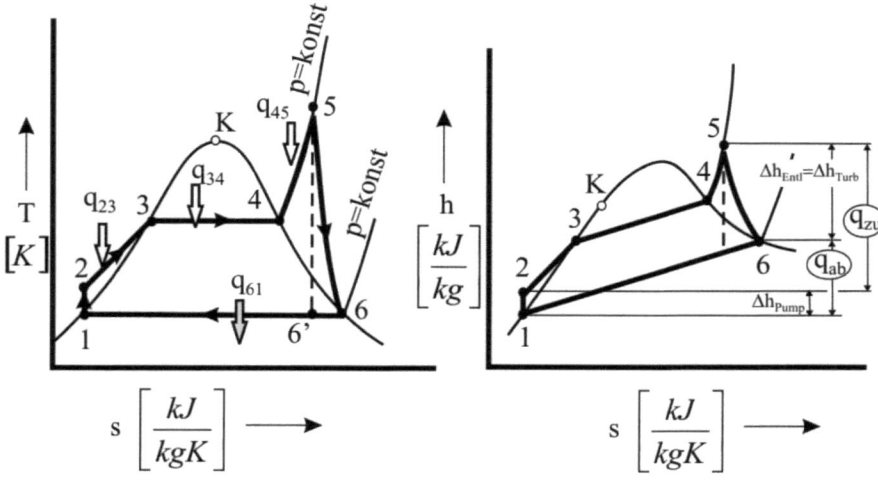

Streckenvergleich im h,s-Diagramm
$q_{zu} = h_5 - h_2$
$|q_{ab}| = h_6 - h_1$
unter realen Verhältnissen ist
$h_2 - h_1$
vernachlässigbar
mit:
$h_2 = h_1$
folgt
$w_K = q_{zu} - |q_{ab}| = h_5 - h_6$

Literatur zu Kapitel 6

[1]   Baehr, H. D. ; Kabelac, St.: Thermodynamik, 16. Auflage
      Springer Vieweg, 2016
      ISBN 978-3-662-49567-4

[2]   Cerbe, G.; Wilhelms, G.: Einführung in die Thermodynamik,
      18. Auflage
      Carl Hanser Verlag, 2017
      ISBN 978-3-446-45119-3

[3]   Elsner, N.; Dittmann, A.: Grundlagen der Technischen Thermodynamik: Energielehre und Stoffverhalten, 8.Auflage
      Akademie- Verlag Berlin, 1993
      ISBN 3-05-501390-5

[4]   Elsner, N.; Fischer, S.; Huhn, J.: Grundlagen der Technischen Thermodynamik: Wärmeübertragung, 8.Auflage
      Akademie-Verlag Berlin, 1993
      ISBN 3-05-501389-1

[5]   Hahne, E.: Technische Thermodynamik, 5. Auflage
      De Gruyter Oldenbourg, 2010
      ISBN 978-3-486-59231-3

[6]   Lucas, K.: Thermodynamik: Die Grundgesetze der Energie- und Stoffumwandlungen, 7.Auflage
      Springer Verlag, 2011
      ISBN 978-3-540-42034-7

[7]   Mills, A. F.; Coimbra, C.F.M.: Basic Heat and Mass Transfer
      Temporal Publishing, LLC, 2015
      ISBN 978-0096 3053 03

[8]   Stan, C.: Direkteinspritzsysteme für Otto- und Dieselmotoren
      Springer Verlag Berlin- Heidelberg- New York, 1999
      ISBN 3-540-65287-6

[9]   Stan, C.: Direct Injection Systems- The Next Decade in Engine Technology, SAE International Inc. Warrendale, 2002
      ISBN 0-7680-1070-5

[10] Stan, C.: Alternative Antriebe für Automobile, 5. Auflage,
      Springer Verlag, 2020
      ISBN 978-3-662-485117

[11] Stephan, K.; Schaber, K.: Thermodynamik, 19.Auflage
      Springer Verlag, 2013
      ISBN 3-642-300974

[12] Wetzel, Th. (Hrsg.) VDI Wärmeatlas, 12.Auflage
      Springer Vieweg Verlag, 2019
      ISBN 978-3-662-52988-1

7 Verbrennung

7.1 Kraftstoffe

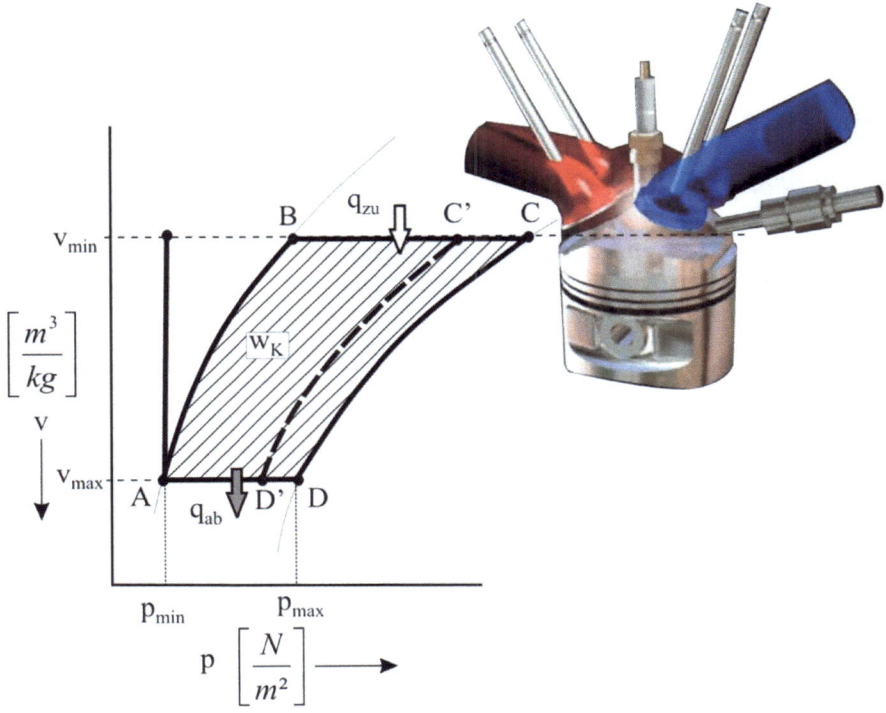

Bild 7.1 Wärmezufuhr in einem Verbrennungsmotor durch Kraftstoffverbrennung (idealer Ottokreisprozess)

Die Wärmezufuhr in Brennräume von Wärmekraftmaschinen für stationäre oder mobile Anwendungen und in Feuerungsanlagen allgemein erfolgt als Umwandlung der chemischen Energie eines zugeführten Brennstoffs in Wärme infolge einer chemischen Reaktion mit Sauerstoff aus der angesaugten Luft. Bild 7.1 zeigt beispielhaft einen solchen Vorgang – als Zustandsänderung BC – innerhalb eines idealen Ottokreisprozesses in einem Kolbenmotor. Die Änderung der spezifischen

Kreisprozessarbeit w_K entsprechend der angeforderten Last erfolgt bei Verbrennungsmotoren grundsätzlich durch die Variation der zugeführten Brennstoffmenge und somit der zugeführten Wärme (Zustandsänderung BC` statt BC). Inwieweit die angesaugte Luftmenge der variablen Brennstoffmenge angepasst werden soll, hängt von dem jeweiligen Verfahren ab, wie im Kap. 7.6 dargestellt wird.

Brennstoffe für Wärmekraftmaschinen werden allgemein als Kraftstoffe bezeichnet. Die Kraftstoffe werden in Verbrennungsmotoren bisher nur in flüssiger und gasförmiger Phase verwendet. Sie können jedoch auch aus festen Energieträgern gewonnen werden.

Beispiele:

Fest   - *Kohle, Biomasse*

Flüssig   - *Kohlenwasserstoffe, Alkohole*

Gasförmig   - *Kohlenwasserstoffe, Wasserstoff*

Von erheblicher Bedeutung für die zukünftige Entwicklung von Verbrennungsmotoren ist die Verfügbarkeit der Energieträger und die Umweltbeeinflussung durch die Verbrennung der daraus hergestellten Kraftstoffe. Fossile Energieträger – als organische Strukturen, die in Millionen von Jahren zu Kohlenwasserstoffen umgewandelt wurden – sind bei ihrer derzeitigen intensiven Nutzung nur noch begrenzt verfügbar. Ihre Umwandlung, hauptsächlich in Kohlendioxid und Wasser infolge der Verbrennung, ändert die Zusammensetzung der atmosphärischen Luft. Maßgebend ist dabei nicht die prozentuale Änderung, sondern ihre kommulative Art im Laufe der Zeit. Die wesentlichen Vorteile fossiler Brennstoffe sind allerdings die vergleichsweise unaufwendige Umwandlung zu Kraftstoff, der einfache Transport und Speicherung und der große Energiegehalt pro Masse- oder Volumeneinheit.

Regernative Energieträger – aus Pflanzen oder Wasser – sind unbegrenzt verfügbar. Ihre Umwandlung durch Verbrennung ist Teil eines natürlichen Kreislaufs, wodurch die Zusammensetzung der atmosphärischen Luft nur zum Teil beeinflusst wird. Die regenerativen Energieträger bieten trotz ihrer höheren Umwandlungsverluste im Vergleich zu fossilen Energieträgern eine sichere Perspektive der weiteren Entwicklung von Verbrennungsmotoren.

Beispiele:

fossile Energieträger	*Kraftstoffe*
Kohle	Synthetische Kraftstoffe, Wasserstoff
Erdöl	Benzin, Diesel, Autogas
Erdgas	CNG (Compressed Natural Gas), LNG (Liquified Natural Gas) Wasserstoff

regenerative Energieträger	*Kraftstoffe*
Biomasse	Methanol Ethanol
Öle	Rapsöl Palmöl Nussöl
Wasser	Wasserstoff

Eine allgemeine Kraftstoffstruktur weist folgende Elemente auf: Kohlenstoff, Wasserstoff, Schwefel, Sauerstoff, Ballast.

In einzelnen Kraftstoffen sind möglicherweise eins oder mehrere dieser Elemente nicht vertreten. Die vollständige Verbrennungsreaktion eines Kraftstoffs, welcher alle Elemente enthält, ist in idealer Form durch folgende Anfangs- und Endprodukte gekennzeichnet:

$$C + O_2 \rightarrow CO_2$$

$$H_2 + 1/2\, O_2 \rightarrow H_2O$$

$$S + O_2 \rightarrow SO_2$$

Kraftstoffe werden nach ihrer chemischen Struktur wie folgt klassifiziert:

Alkane $\quad C_nH_{2(n+1)}$

einfache Bindungen, offene Kette

Beispiele:

Alkane – ohne Verzweigung

$$\begin{array}{c} H \\ | \\ H-C-H \\ | \\ H \end{array}$$

Methan CH_4

$$H-\underset{\underset{H}{|}}{\overset{\overset{H}{|}}{C}}-\underset{\underset{H}{|}}{\overset{\overset{H}{|}}{C}}-\underset{\underset{H}{|}}{\overset{\overset{H}{|}}{C}}-\underset{\underset{H}{|}}{\overset{\overset{H}{|}}{C}}-\underset{\underset{H}{|}}{\overset{\overset{H}{|}}{C}}-\underset{\underset{H}{|}}{\overset{\overset{H}{|}}{C}}-\underset{\underset{H}{|}}{\overset{\overset{H}{|}}{C}}-H$$

Heptan $\quad C_7H_{16}$

Iso-Alkane – mit Verzweigung

$$H-\underset{\underset{H}{|}}{\overset{\overset{H}{|}}{C}}-\underset{\underset{CH_3}{|}}{\overset{\overset{CH_3}{|}}{C}}-\underset{\underset{H}{|}}{\overset{\overset{H}{|}}{C}}-\underset{\underset{CH_3}{|}}{\overset{\overset{H}{|}}{C}}-\underset{\underset{H}{|}}{\overset{\overset{H}{|}}{C}}-H$$

2,2,4 Trimethylpentan → Isooktan C_8H_{18}

Cykloalkane (Naphthene) $C_n H_{2n}$

einfache Bindungen, geschlossene Ketten (ringförmig)

Beispiele:

Cyklopropan $C_3 H_6$

Cyklohexan $C_6 H_{12}$

Alkene (Olefine)

1,2 doppelte Bindungen, offene Ketten

Beispiele:

Mono-Olefine $C_n H_{2n}$

Ethen, Ethylen $C_2 H_4$

Propen $C_n H_{2(n-1)}$

```
  H     H
  |     |
  C = C = C
  |     |
  H     H   Propadien        $C_3 H_4$
```

Alkine $C_n H_{2(n-1)}$

dreifache Bindungen, offene Ketten

Beispiel:

$$H-C\equiv C-H$$

Acetylen

Aromaten $C_n H_{2(n-3)}$

einfache/doppelte Bindungen, geschlossene Ketten (ringförmig)

Beispiel:

[Benzolring-Strukturformel]

Benzol $C_6 H_6$ → Toluol $C_7 H_8$ → Xylol $C_8 H_{10}$

Alkohole

Ausgehend von Kohlenwasserstoffen sind Alkohole durch Substitution eines Wasserstoffatoms durch eine Gruppe des Typs OH (Hydroxyl) gekennzeichnet.

Beispiele:

$$\begin{array}{c} H \\ | \\ H-C-H \\ | \\ H \end{array} OH$$

Methan → Methanol (Methyl Alkohol)

$$\begin{array}{cc} H & H \\ | & | \\ H-C-C-H \\ | & | \\ H & H \end{array} OH$$

Ethan → Ethanol (Ethyl Alkohol)

Ether

Ein Sauerstoffatom zwischen zwei Kohlenstoffatomen führt zu Verbindungen des Typs ...– C – O – C –...

Beispiel:

$$H_3C - O - CH_3$$

Dimethylether

7.2 Kraftstoff-Luft-Gemische

Die Umwandlung der chemischen Energie eines Kraftstoffs in Wärme erfolgt als chemische Reaktion mit Beteiligung von Sauerstoff aus der atmosphärischen Luft. Die Ableitung des Sauerstoffanteils in einer Luft mit bekannter Zusammensetzung ist im Bild 7.2 dargestellt.

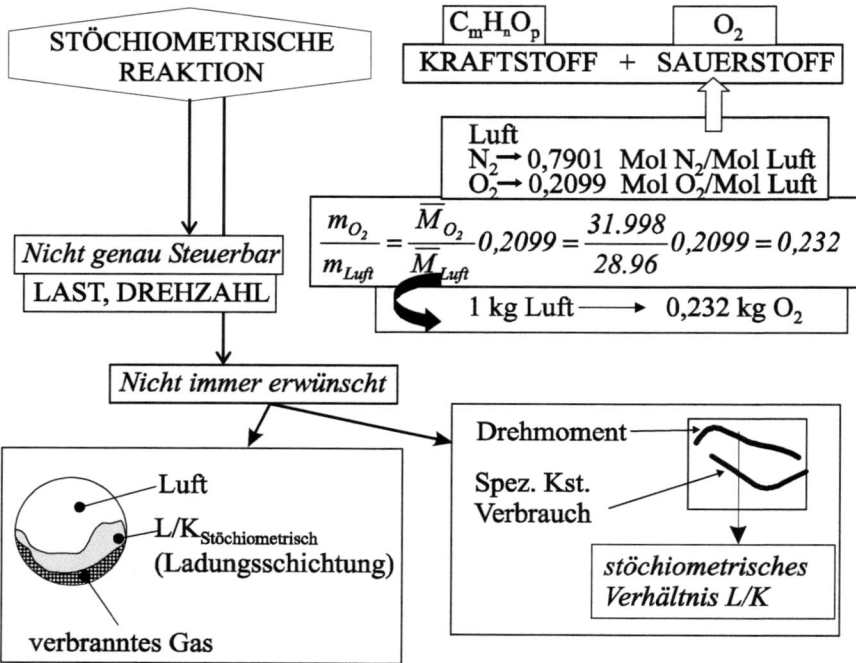

Bild 7.2 Kraftstoff-Luft-Gemische für Kraftfahrzeugverbrennungsmotoren

Eine effiziente chemische Reaktion setzt allgemein stöchiometrische Verhältnisse der beteiligten Komponenten voraus. In Verbrennungsmotoren ist allerdings ein stöchiometrisches Kraftstoff-Luft-Verhältnis nicht immer genau steuerbar und andererseits nicht immer erwünscht:

- die Steuerbarkeit der dem Motor zugeführten Luft- und Kraftstoffmengen ist in einem breiten Feld von Last- und Drehzahlkombinationen technisch sehr komplex. Selbst wenn die zugeführten Mengen stöchiometrischen Verhältnissen entsprechen, ist eine homogene Verteilung beider Komponenten im Brennraum nicht immer realisierbar.

- ein genaues stöchiometrisches Verhältnis ist selbst in einem homogenen Gemisch nicht immer erwünscht: in einem beliebigen Funktionspunkt des

7.2 Kraftstoff-Luft-Gemische

Motors erreicht das Drehmoment dann ein Maximum, wenn ein geringer Kraftstoffüberfluss vorhanden ist, wie im Bild 7.2 dargestellt. Das resultiert aus der höheren Wahrscheinlichkeit, jeder Masseneinheit der zugeführten Luft Wärme durch Kraftstoffverbrennung zuzuführen. Umgekehrt erreicht der Kraftstoffverbrauch im gleichen Funktionspunkt des Motors dann ein Minimum, wenn die Luft teilweise in Überschuss ist: in diesem Fall steigt die Wahrscheinlichkeit der Verbrennung jedes Kraftstofftropfens mit der Menge der dafür vorhandenen Luft. Selbst wenn solche Abweichungen von stöchiometrischen Verhältnissen in vielen Fällen sehr gering sind, berechtigen sie die Einführung eines Kraftstoff-Luft-Verhältnisses. Bei modernen Ottomotoren mit Ladungsschichtung infolge Kraftstoff-Direkteinspritzung und umso mehr bei Dieselmotoren wird generell nur die Kraftstoffmenge entsprechend der angeforderten Last verändert, während die angesaugte Luftmenge ungedrosselt bleibt. Das Verhältnis der zugeführten Kraftstoff- und Luftmengen ist in solchen Fällen stark variabel.

Solche Verhältnisse werden international in zwei Formen definiert.

Definition

Luft-Kraftstoff-Verhältnis (L/K)

$$\lambda[-] = \frac{\left(\frac{L}{K}\right)_{aktuell} \left[\frac{kg\,Luft}{kg\,Kst}\right]}{\left(\frac{L}{K}\right)_{st} \left[\frac{kg\,Luft}{kg\,Kst}\right]} \quad (7.1.a)$$

Kraftstoff-Luft-Verhältnis (K/L)

$$\phi[-] = \frac{\left(\frac{K}{L}\right)_{aktuell} \left[\frac{kg\,Kst}{kg\,Luft}\right]}{\left(\frac{K}{L}\right)_{st} \left[\frac{kg\,Kst}{kg\,Luft}\right]} \quad (7.1.b)$$

Zwischen beiden Verhältnissen gilt: $\lambda = 1/\phi$

In Deutschland wird vorwiegend das Luft-Kraftstoff-Verhältnis λ in Betracht gezogen.

Die einfache Ermittlung des Luft-Kraftstoff-Verhältnisses eines homogenen Gemisches der zugeführten Kraftstoff- und Luftanteile könnte auf Basis dieser Definitionen wie folgt vorgenommen werden:

- Berechnen $\left(\frac{K}{L}\right)_{st}$ oder $\left(\frac{L}{K}\right)_{st}$ ausgehend von der $C_mH_nO_p$ Struktur des Kraftstoffs – wie im Kap. 7.4 gezeigt wird

- Messen $\left(\frac{K}{L}\right)_{aktuell}$ oder $\left(\frac{L}{K}\right)_{aktuell}$

$$\frac{m_L}{m_K} = \frac{\dot{m}_L}{\dot{m}_K} = \frac{\dot{V}_L \cdot \rho_L}{\dot{V}_K \cdot \rho_K} \quad \text{mit } \rho_L = \frac{p_L}{R_L \cdot T_L}$$

Beispiele:

$$\rho_K - 730...780 \left[\frac{kg}{m^3}\right] \quad \textit{für Benzin}$$

$$-815...880 \left[\frac{kg}{m^3}\right] \quad \textit{für Dieselkraftstoff}$$

Das Verhältnis beider Komponenten kann demzufolge aus der Messung der atmosphärischen Zustandsgrößen (p_L, T_L) und der zugeführten Volmenströme abgeleitet werden. Mögliche Anteilsverluste von beiden Komponenten während des Ladungswechsels im Motor und viel mehr die unhomogene Struktur eines Gemisches im Brennraum – wodurch vorhandene Komponenten mehr oder weniger in den Verbrennungsprozess einbezogen werden – erweisen eine solche einfache Ermittlung als unpraktikabel: ein globales Luft-Kraftstoff-Verhältnis stellt in dem Fall kaum die Beteiligung beider Komponenten an der Verbrennung dar. Eine korrekte Ermittlung wird demzufolge nur nach der Verbrennung auf Basis der resultierenden Produkte möglich sein, wie im Kap. 7.5 dargestellt wird.

7.3 Heizwerte

Die Umwandlung der chemischen Energie eines Kraftstoffs bzw. eines Kraftstoff-Luft-Gemisches in Wärme ist in der Änderung der inneren Energie oder der Enthalpie des Arbeitsmediums – je nach Verbrennungsvorgang (isochor oder isobar) – quantifizierbar. Ein solches Änderungspotential wird allgemein als *Heizwert* bezeichnet.

Der Heizwert kann aus zwei unterschiedlichen Perspektiven betrachtet werden:

7.3 Heizwerte

- der Bezug auf eine Masseneinheit des Kraftstoffs deutet auf seinen Energiegehalt und somit auf die erforderliche Speichermenge an Bord eines Fahrzeugs für eine gewünschte Reichweite bei einem betrachteten Lastprofil.

- der Bezug auf eine Masseneinheit des Gemisches von Kraftstoff und Luft im Brennraum deutet auf die erzielbare, spezifische Wärmezufuhr in einem Motor. Ein Kraftstoff mit hohem Heizwert führt dann nicht zu einem proportional hohen Heizwert des Gemisches im Brennraum, wenn für seine Verbrennung, reaktionsbedingt, viel Luft erforderlich ist.

-

Kraftstoff-Heizwerte

Die Wärmezufuhr infolge eines Verbrennungsvorgangs kann allgemein mittels einer spezifischen Wärmekapazität c_x für die entsprechende Zustandsänderung x ausgedrückt werden. Es gilt:

$$c_X = \left(\frac{\partial q}{\partial T}\right)_X \tag{3.9}$$

Ein Verbrennungsvorgang ist allgemein isochor (in geschlossenen Systemen) oder isobar (in manchen geschlossenen bzw. in offenen Systemen).

Dafür gilt:

v konstant: $\quad c_v = \left(\dfrac{\partial q}{\partial T}\right)_v \quad$ mit dq=du(T,v)+pdv

$$\text{für } dv = 0 \rightarrow c_v = \left(\frac{du}{dT}\right)_v \tag{3.13a}$$

p konstant: $\quad c_p = \left(\dfrac{\partial q}{\partial T}\right)_p \quad$ mit dq=dh(T,p)-vdp

$$\text{für } dp = 0 \rightarrow c_p = \left(\frac{dh}{dT}\right)_p \tag{3.13b}$$

Der Heizwert eines Kraftstoffs wird je nach Art des Verbrennungsvorgangs definiert.

> **Definition**
>
> **Kraftstoff-Heizwert**
>
> für v = konst. $\quad \Delta u_K \rightarrow H_v \left[\dfrac{kJ}{kgKst} \right]$
>
> für p = konst. $\quad \Delta h_K \rightarrow H_p \left[\dfrac{kJ}{kgKst} \right]$

Die Nullwerte für innere Energie und Enthalpie entsprechen der Temperatur Null. Aus der Definition der spezifischen Enthalpie im Kap. 2.3.1 wird abgeleitet.

$$\Delta h_K = \Delta u_K + p\Delta v_K \rightarrow H_p = H_v + p\Delta v \tag{7.2}$$

Dabei stellt Δv die Änderung des spezifischen Volumens durch die Änderung der Molzahl der gasförmigen Komponenten bei Verbrennung mit konstantem Druck dar. Diese Änderung wird nach Abkühlung der Endprodukte auf die Temperatur der Anfangsprodukte betrachtet.

Je nach Phasenart des Kraftstoffs gelten folgende Beziehungen:

Fest $\quad$ C $\quad\quad\quad\quad\quad \Delta v_K = 0 \quad\quad H_p = H_v$

Flüssig C_mH_n $\quad\quad\quad\quad \Delta v_K > 0 \quad\quad H_p > H_v$ (3‰)

Gasförmig $\quad$ H $\quad\quad\quad\quad \Delta v_K < 0 \quad\quad H_p < H_v$ (4‰)

Die in der Praxis kaum relevanten Unterschiede beider Heizwerte einerseits und die einfachere experimentelle Ermittlung andererseits führten zur allgemeinen Verwendung des Heizwertes bei konstantem Druck H_p als Kraftstoff-Heizwert.

Aus Kraftstoffen, die Wasserstoff enthalten, entsteht bei der Verbrennung ein Wasseranteil im Abgas. Bei der experimentellen Ermittlung eines Kraftstoff-Heizwertes kondensiert der Wasserdampf teilweise, wodurch Kondensationsenthalpie frei wird. Es ist demzufolge empfehlenswert, die gesamte Masse des Wasserdampfs mit der entsprechenden spezifischen Enthalpie außer Betracht zu lassen. Dadurch entstehen zwei Formen des Kraftstoff-Heizwertes.

7.3 Heizwerte

> Definition
>
> **Oberer Heizwert**   HO   – H2O kondensiert
>
> **Unterer Heizwert**   HU   – H2O nicht kondensiert
>
> $$H_U = H_O - \left(\frac{m_{H_2O}}{m_{KST}}\right) \cdot h_{r_{H_2O}} \qquad (7.3)$$
>
> $$h_{r_{H_2O}} \rightarrow 2500 \left[\frac{kJ}{kg}\right] (bei\ 0°C)$$
>
> $$\qquad\qquad 2442 \left[\frac{kJ}{kg}\right] (bei\ 25°C)$$

Gemisch-Heizwert

Der Zylinder bzw. der Brennraum je Zylindereinheit in einem Verbrennungsmotor hat ein definiertes Volumen. Die Umsetzung der chemischen Energie in Wärme bedingt die Beteiligung beider Komponenten, Kraftstoff und Luft, an der Reaktion in diesem Volumen. Für die Umsetzung der Energie im Zylinder ist demzufolge nicht der Heizwert des Kraftstoffs selbst, sondern jener des Gemisches maßgebend.

Ausgehend von der Definition des Luft-Kraftstoff-Verhältnisses:

$$\lambda = \frac{\left(\frac{L}{K}\right)_{aktuell}}{\left(\frac{L}{K}\right)_{st}} \qquad (7.1a)$$

gilt:

$$\left(\frac{L}{K}\right)_{aktuell} = \lambda \cdot \left(\frac{L}{K}\right)_{st} \qquad (7.4)$$

Für 1 kg Kst resultiert:

$$m_{GEM} = m_{KST} + m_{Luft} \rightarrow 1 + \lambda \cdot \left(\frac{L}{K}\right)_{st} \qquad (7.5)$$

Das führt zu folgenden Formen des Gemischheizwertes.

Definition

Gemischheizwert (massenbezogen)

$$H_G = \frac{H_U}{m_{GemZyl}} = \frac{H_U}{1 + \lambda \cdot \left(\frac{L}{K}\right)_{st}}$$

(7.6)

Gemischheizwert (volumenbezogen)

$$H_g = \frac{H_U}{\left(V_{Luft} + V_{Kst}\right)_{Zyl}} \Rightarrow \frac{H_U}{m_{Gem\,Zyl}} \cdot \frac{m_{Gem\,Zyl}}{V_{Gem\,Zyl}}$$

mit $\dfrac{m_{Gem\,Zyl}}{V_{Gem\,Zyl}} = \rho_{Gem\,Zyl}$

(7.7)

Bei äußerer Gemischbildung (z.B. Saugrohreinspritzung in Ottomotoren) gilt:

$$\rho_{Gem\,Zyl} \rightarrow \frac{m_{Gem\,Zyl}}{\left(V_{Luft} + V_{KST}\right)_{Zyl}}$$

$$\rightarrow H_g = H_G \cdot \rho_{Gem\,Zyl}$$

(7.7a)

Bei innerer Gemischbildung (Direkteinspritzung in Otto- und Dieselmotoren) gilt wegen der Kraftstoffzufuhr, nachdem das Zylindervolumen bereits mit Luft gefüllt wird:

$$\rho_{GemZyl} \rightarrow \frac{m_{Luft} + \cancel{m_{KST}}}{\left(V_{Luft} + \cancel{V_{KST}}\right)_{Zyl}} = \rho_{Luft}$$

$$\rightarrow H_g = \frac{H_U}{\lambda \cdot \left(\frac{L}{K}\right)_{st}} \cdot \rho_{Luft}$$

(7.7b)

Allgemein wird die Form (7.7) bei Anwendung flüssiger Kraftstoffe in Anbetracht der Volumenverhältnisse

7.3 Heizwerte

$$\frac{V_{LUFT}}{V_{KST}} = \frac{\rho_{KST}}{\rho_{LUFT}} \cdot \left(\frac{L}{K}\right)_{St} \approx \frac{800}{1.2} \cdot 15 = 10.000$$

analog der Form (7.7b)

$$H_g = \frac{H_U \cdot \rho_{Luft} \cdot \eta_{Verbr}}{\lambda \cdot \left(\frac{L}{K}\right)_{st}} \tag{7.7c}$$

wobei η_{Verbr} – den Wirkungsgrad der Verbrennung darstellt.

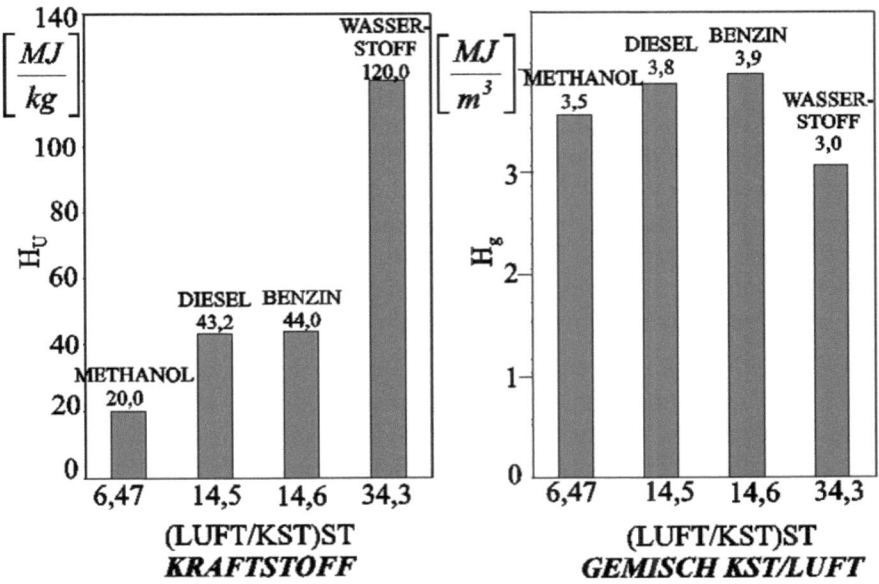

Bild 7.3 Vergleich der Kraftstoff-Heizwerte (untere Heizwerte) und Gemischheizwerte für ausgewählte Kraftstoffe

Bild 7.3 stellt einen Vergleich der Kraftstoff- und Gemischheizwerte bei Anwendung konventioneller und alternativer Kraftstoffarten dar. Für jede Kraftstoffart ist auch das stöchiometrisch erforderliche Luft-Kraftstoff-Verhältnis angegeben. Der untere Heizwert des Wasserstoffs erscheint dabei als unübertroffen. Andererseits ist der Luftbedarf bei der Verbrennung eines Kilogramms Wasserstoffs viel höher als für die anderen aufgeführten Kraftstoffarten. Einem betrachteten Brennraumvolumen kann jedoch nur eine definierte, begrenzte Luftmenge zugeführt werden, was für die einsetzbare Kraftstoffmenge ausschlaggebend ist. Obwohl der

Wasserstoff einen hohen Heizwert hat, ist die einsetzbare Menge bei vergleichbarem Luftvolumen relativ gering. Dadurch ist der volumenbezogene Gemischheizwert beim Einsatz von Wasserstoff sogar unter jenem von konventionellen Gemischen, wie im Bild 7.3 ersichtlich.

In der Tabelle 7.1 sind die Heizwerte sowie die weiteren einsatzrelevanten Eigenschaften für die Kraftstoffe im Bild 7.3 sowie für weitere zukunftsträchtige Kraftstoffe dargestellt. Jede Eigenschaft hat eine spezifische Wirkung beim Einsatz des jeweiligen Kraftstoffs im Motor bzw. im Fahrzeug.

Folgende Zusammenhänge sind dafür erwähnenswert:

- Die Kraftstoffstruktur, ausgedrückt in den Anteilen elementarer Komponenten – Kohlenstoff, Wasserstoff, Sauerstoff – bestimmt durch die chemische Reaktion die Zusammensetzung der Verbrennungsprodukte oder anders ausgedrückt, der Abgaskomponenten.

- Die Kraftstoffdichte ergibt im Zusammenhang mit dem Kraftstoff-Heizwert das erforderliche Speichervolumen an Bord eines Fahrzeugs für eine betrachtete Reichweite. Obwohl der Wasserstoff den etwa dreifachen Heizwert im Vergleich zu Benzin hat, bewirkt seine Dichte (selbst im flüssigen Zustand – wofür seine Kühlung bis -253 [°C] erforderlich ist – erreicht die Dichte erst einen Zehntel der Benzindichte) ein vergleichsweise großes Speichervolumen bei einer betrachteten Reichweite des Fahrzeugs.

- Die Kraftstoffviskosität beeinflusst nicht nur die Motorschmierung, sondern auch – im Zusammenhang mit der Verbrennung – die Verkokungsneigung. Die zwanzigfache Viskosität des Rapsöls im Vergleich zum Dieselkraftstoff, die durch die Verzweigungen seiner Moleküle entsteht, ist für die hohe Verkokung des Brennraums beim Einsatz im Motor verantwortlich.

- Der stöchiometrische Luftbedarf beeinflusst, wie erwähnt, den Gemischheizwert, aber auch die Dosierbarkeit des Kraftstoffs: die geringere Wasserstoffmenge pro Kilogramm Luft im Vergleich beispielsweise zu Benzin erfordert auch eine viel genauere Dosierung, was die Anforderungen an das jeweilige Einspritzsystem erhöht.

- Der Gemischheizwert bestimmt im Zusammenspiel von Kraftstoff-Heizwert und Luftbedarf die erreichbare Energiedichte und dadurch das erreichbare Drehmoment je Zylindervolumen. Wie aus der Tabelle ersichtlich, bleibt der Gemischheizwert für alle Kraftstoffe in der gleichen Größenordnung.

7.3 Heizwerte

Tabelle 7.1 Eigenschaften konventioneller und alternativer Kraftstoffe für Fahrzeugverbrennungsmotoren und ihre Wirkung im Fahrzeugeinsatz

KRAFTSTOFF	STRUKTUR	DICHTE [kg/dm³]	VISKOSITÄT (KIN.) [cSt] (20°C/0.1MPa)	HEIZWERT (UNT.) [MJ/kg]	STÖCH. LUFT-BEDARF [kgL/kgKst]	GEMISCH-HEIZWERT [MJ/m³ Gem]	OKTAN-ZAHL / CETAN-ZAHL	VERDAMPFUNGS-ENTHALPIE [kJ/kg] (25°C/0.1 MPa-Flüss.) (tв/0.1MPa-GAS)
KOHLENWASSERSTOFFE								
BENZIN	C_mH_n ($<C_8H_{18}$)	0.72 - 0.78	0.6 - 0.75	44	14.6-14.7	3.9	91 - 99	350
DIESEL	C_mH_n ($<C_8H_{18}$)	0.78 - 0.84	3.5 - 3.9	43.2	14.5	3.8	50 - 54	270
ERDGAS (85-95% METHAN)	CH_4	0.141 (0°C/20MPa) 0.409 (-150°C/0.1MPa) 0.00079 (0°C/0.1MPa) 0.00235 (GAS) (0°C/0.1MPa)	-	45	14.5	4.0	ca. 120	0.51 (GAS)
AUTOGAS 50% PROPAN; 50% BUTAN	C_3H_8/C_4H_{10}	approx. 0.5 (FLÜSSIG) (0°C/0.5-1.0MPa)	-	46	15.5	3.8	98	386
ALCOHOLS								
METHANOL	CH_3-OH	0.792	0.75	20	6.47	3.5	106	1103
ETHANOL	C_2H_5-OH	0.785	1.5	26	9.00	3.5	107	840
WASSERSTOFF	H_2	0.009 (GAS) (-200°C/0.1MPa) 0.071 (FLÜSSIG) (-253°C/0.1MPa)	-	120	34.3	3.0	-	436
ÖLE								
RAPSÖL	$C_mH_nO_pR_l$	0.92	68 - 75	35 - 39	12.4	3.5	38 - 44	-
RAPSÖL-METHYLESTER		0.86 - 0.9	6 - 8	37.2	12.5	3.5	51 - 58	-
DIMETHYLÄTHER	CH_3OCH_3	0.00197 (GAS) (15°C/0.1MPa) 0.67 (FLÜSSIG) (20°C/0.5MPa)	0.12 - 0.15 (20°C/0.5MPa)	28 (GAS) 27 (FLÜSSIG)	9.0	3.5	55 - 60	400 (GAS)
OXYMETHYLESTHER OME3	$C_4H_{10}O_3$	1.035	0.87	19.72	6.44	3.26	73	-
Einfluss auf:	Abgaskomponenten	Speicherung an Bord	Schmierung Verkokung	Reichweite	Kraftstoffdosierung	Drehmoment	Klopfneigung / Zündwilligkeit	Kaltstart / Innenkühlung / Ladungsmasse

- Die durch die Kraftstoffstruktur bestimmte Oktan-/Cetanzahl ist ein Maß der Verbrennungsqualität zwischen Klopfneigung und Zündwilligkeit.

- Die spezifische Verdampfungsenthalpie eines Kraftstoffs beeinflusst sowohl die Kaltstarteigenschaften des Motors als auch das Temperaturniveau der Ladungsmasse. Die Verdampfungsenthalpie wird generell aus der inneren Energie der beteiligten Luft gewonnen, wodurch deren Temperatur sinkt. Die Auswirkung solcher Prozesse im Motor wurde im Kap. 5 exemplifiziert.

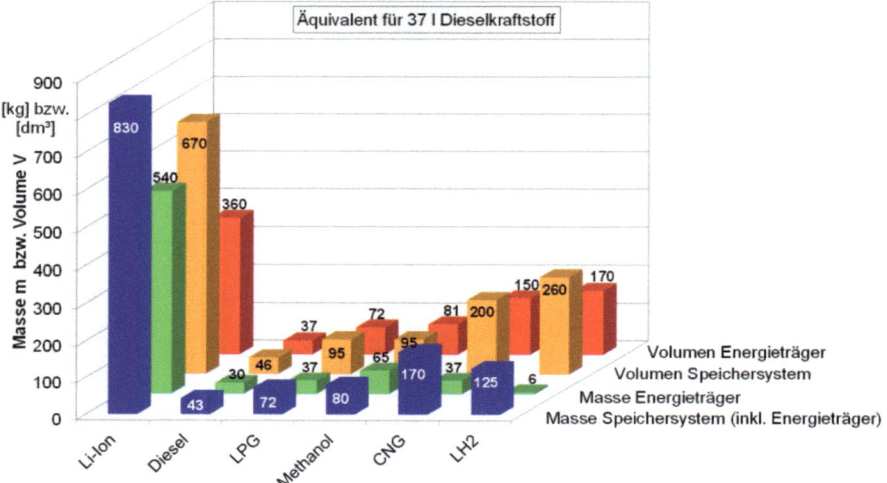

Bild 7.4 Vergleich der gespeicherten Massen und Volumina für unterschiedliche Energieträger an Bord bei gleichem Energieäquivalenten

Die Auswirkungen von Heizwert und Kraftstoffdichte auf den Einsatz eines Kraftstoffs im Fahrzeug ist in einer anderen Form im Bild 7.4 dargestellt. Dabei wurden das Gewicht und das Volumen eines Kraftstofftanks bei gleichem Energieäquivalenten – entsprechend 37 Liter Dieselkraftstoff – berechnet. Das Gewicht und das Volumen des erforderlichen Tanks wurden in die Werte einbezogen. Als Vergleich sind die Werte beim Einsatz zwei moderner Batteriearten (NaS, NiCd) aufgeführt.
Aus dem Bild ist ersichtlich, dass die eindeutig effizientesten Energieträger Benzin und Dieselkraftstoff sind. Methanol und Erdgas erfordern größere und schwerere Tanks, beim Wasserstoff wird dies sowohl durch die geringe Dichte als auch durch die erforderliche kryogene Speicherung noch verstärkt. Der Einsatz von Batterien erscheint aus dieser Perspektive als sehr unvorteilhaft.

7.4 Verbrennungsrechnung

7.4.1 Verfahren zur Verbrennungsrechnung

Das Ziel der Verbrennungsrechnung ist die Ableitung des stöchiometrischen Luftbedarfs für einen Kraftstoff mit bekannter chemischen Struktur sowie der Verbrennungsprodukte bzw. Abgaszusammensetzung.

Die Basis einer solchen Berechnung bilden wahlweise:

a) die molekulare Struktur des Kraftstoffs
   - Anzahl der Atome jeder Komponente in einem Kraftstoffmolekül
b) die elementare Struktur des Kraftstoffs
   - Masse jeder Komponente je Kilogramm Kraftstoff

Beispiel:

a) $C_m H_n O_p$ $\qquad$ Oktan $\quad C_8 H_{18}$

b) $1\,[kg\,Kst]\;c\,[kg\,C]$ $\qquad$ Oktan $\quad c = 0{,}842\,[kg\,C/kg\,Kst]$
$\qquad\qquad\quad h\,[kg\,H]$ $\qquad\qquad\qquad h = 0{,}158\,[kgH_2/kg\,Kst]$
$\qquad\qquad\quad o\,[kg\,O_2]$ $\qquad\qquad\qquad o = 0$

Der Übergang von der molekularen zur elementaren Struktur ist mittels Molmassen bzw. Kilomolmassen der Komponenten möglich. Es gilt:

$$c = \frac{m \cdot \overline{M}_C \left[\dfrac{kgC}{kmolKst}\right]}{\left[m\overline{M}_C + n\overline{M}_H + p\overline{M}_O\right] \left[\dfrac{kgKst}{kmolKst}\right]} \qquad (7.8)$$

Beispiel:

Oktan

$C_8 H_{18} \quad 8 \cdot 12 + 18 \cdot 1 = 114\,[kg/kmol]$
$\qquad c = \dfrac{8 \cdot 12}{8 \cdot 12 + 18 \cdot 1} = 0{,}842\,\left[\dfrac{kgC}{kgKst}\right]$
$\qquad h = \dfrac{18 \cdot 1}{8 \cdot 12 + 18 \cdot 1} = 0{,}158\,\left[\dfrac{kgH}{kgKst}\right]$
$\qquad c + h = 0{,}842 + 0{,}158 = 1$

Ein Kraftstoff entsteht allgemein als Gemisch mehrerer Komponenten – das Benzin ist beispielsweise ein Gemisch von Kohlenwasserstoffverbindungen wie

Heptan und Oktan mit weiteren Zusätzen, wie Methanol. Bei bekannten Massenanteilen dieser Komponenten kann auf Basis ihrer molekularen Struktur die Ableitung der elementaren Struktur wie folgt berechnet werden:

$$\alpha(C_m H_n) + \beta(C_r H_s O_t) \qquad \alpha + \beta = 1 \tag{7.9}$$

$$c = \frac{\alpha m \overline{M}_C + \beta r \overline{M}_C}{\alpha m \overline{M}_C + \alpha n \overline{M}_H + \beta r \overline{M}_C + \beta s \overline{M}_H + \beta t \overline{M}_O} \tag{7.10}$$

Als Kontrolle gilt:

$$1\left[kgKst\right] \rightarrow c\left[\frac{kgC}{kgKst}\right] + h\left[\frac{kgH_2}{kgKst}\right] + o\left[\frac{kgO_2}{kgKst}\right] + b\left[\frac{kgBalast}{kgKst}\right] \tag{7.11}$$

Die Verbrennungsrechnung auf Basis der molekularen Struktur ist durch die langen Ausdrücke, die aus Gl. (7.9) bei Aufstellung der chemischen Gleichungen resultieren, relativ umständlich. Die Berechnung auf Grund der elementaren Struktur des Kraftstoffs – die sowohl experimentell, als auch durch Ableitung aus der molekularen Struktur mittels Gl. (7.8), (7.9), (7.10) ermittelbar ist – wird auf Grund der besseren Übersichtlichkeit in den weiteren Betrachtungen vorgezogen. Die vollständige chemische Reaktion bei stöchiometrischen Verhältnissen zwischen den elementaren Bestandteilen des Kraftstoffs und dem Sauerstoffanteil in der Luft im Brennraum ist in Bild 7.5 schematisch dargestellt.

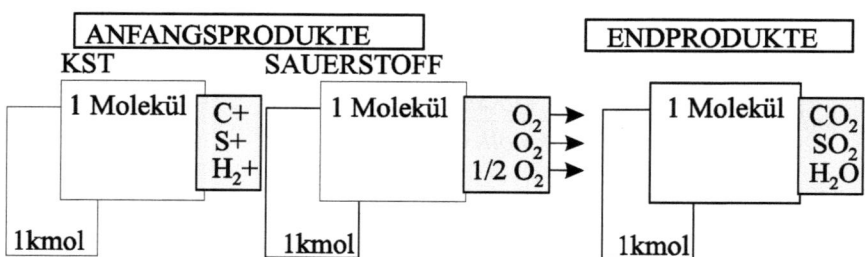

Bild 7.5 Vollständige chemische Reaktion zwischen Kraftstoff und Sauerstoff bei stöchiometrischen Verhältnissen

In dieser Reaktion wird der Schwefelanteil, der jahrzehnte lang in Benzin und Dieselkraftstoff noch erhalten war, im Sinne einer allgemeinen Übersicht noch dargestellt.

7.4 Verbrennungsrechnung

Seit 2005 ist der Schwefelgehalt in diesen Kraftstoffen in der EU und in weiteren Ländern auf 50 [ppm] (parts per million), für Motoren mit Benzin-Direkteinspritzung auf 10 [ppm] begrenzt. Deswegen wird in den weiteren massenbezogenen Ableitungen der Schwefelanteil im Kraftstoff nicht mehr berücksichtigt.

Eine Reaktion des Typs   1 Molekül A + 1 Molekül B → 1 Molekül C

ergibt   x Moleküle A + x Moleküle B → x Moleküle C

oder $\overline{N}$ Moleküle A + $\overline{N}$ Moleküle B → $\overline{N}$ Moleküle C

Im Kap. 3.1.1 wurde ein Kilomol als Anzahl von $N = 6{,}0231 \cdot 10^{26}$ Molekülen (Loschmidtsche Zahl) definiert. Das berechtigt die im Bild 7.5 eingeführte Beziehung:

$$1 \text{ kmol A} + 1 \text{ kmol B} \rightarrow 1 \text{ kmol C}$$

Bei Kenntnis der Molekülanzahl jeder elementaren Komponente in einem Kilogramm Kraftstoff ist die quantitative Bilanz ableitbar.

Dafür gilt (mit gerundeten Werten für die Molmasse):

$$c\left[\frac{kgC}{kgKst}\right] \qquad \frac{c}{\overline{M}_C}\left[\frac{kgC/kgKst}{kgC/kmolKst}\right] \qquad \frac{c}{12}\left[\frac{kmolC}{kgKst}\right]$$

$$h\left[\frac{kgH_2}{kgKst}\right] \qquad \frac{h}{\overline{M}_{H_2}}\left[\frac{kgH_2/kgKst}{kgH_2/kmolKst}\right] \qquad \frac{h}{2}\left[\frac{kmolH_2}{kgKst}\right]$$

$$o\left[\frac{kgO_2}{kgKst}\right] \qquad \frac{o}{\overline{M}_{O_2}}\left[\frac{kgO_2/kgKst}{kgO_2/kmolKst}\right] \qquad \frac{o}{32}\left[\frac{kmolO_2}{kgKst}\right]$$

Diese Bilanz ist im Bild 7.6 dargestellt.

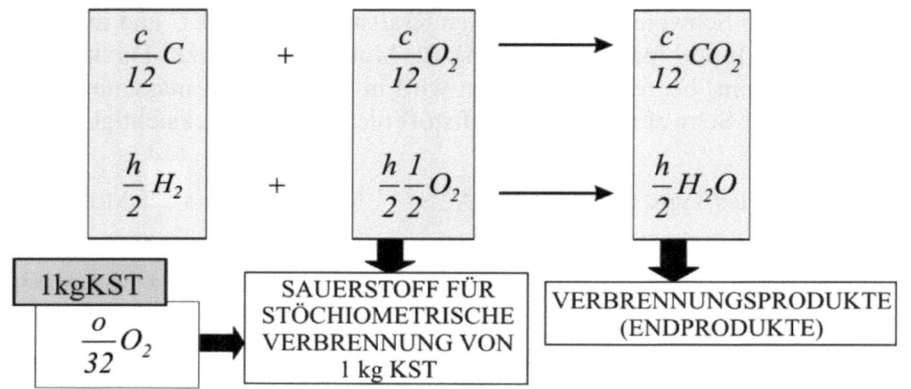

Bild 7.6 Quantitative Bilanz einer vollständigen Verbrennungsreaktion auf Basis der molekularen Beteiligung der elementaren Komponenten in einem Kilogramm Kraftstoff

Diese Bilanz ergibt sowohl die stöchiometrisch erforderliche Sauerstoffmenge als auch die Mengen der Verbrennungsprodukte, die aus der vollständigen Verbrennung eines Kilogramms Kraftstoff mit bekannter elementarer Struktur resultieren.

7.4.2 Stöchiometrischer Luftbedarf

Der Sauerstoffbedarf bei stöchiometrischer, vollständiger Verbrennung eines Kilogramms Kraftstoff resultiert aus der Bilanz im Bild 7.6 wie folgt:

$$\left(\frac{O}{K}\right)_{stoech} \left[\frac{kgO_2}{kgKst}\right] = \left(\frac{c}{12} + \frac{h}{4} - \frac{o}{32}\right)\left[\frac{kmolO_2}{kgKst}\right] \cdot 32 \left[\frac{kgO_2}{kmolO_2}\right] \quad (7.12)$$

Dabei ist die subtrahierte Sauerstoffmenge diejenige, die im Kraftstoff selbst enthalten war und demzufolge nicht von der Umgebungsluft einzuführen ist. Beim Einsatz der exakten Werte für die Mollmasse der Komponenten C, S, H$_2$, O$_2$ resultiert:

$$\left(\frac{O}{K}\right)_{stoech} = (2.664c + 7.936h - o)\left[\frac{kgO_2}{kgKst}\right] \quad (7.13)$$

Der Luftbedarf bei stöchiometrischer, vollständiger Verbrennung eines Kilogramms Kraftstoff wird auf Basis der Gl. (7.13) bei bekanntem Sauerstoffanteil in der atmosphärischer Luft – wie im Bild 7.2 dargestellt – abgeleitet:

7.4 Verbrennungsrechnung

$$\frac{m_{LUFT}}{m_{O_2}} = \frac{\overline{M}_{LUFT}}{\overline{M}_{O_2}} = \frac{1}{r_{o_2}} = \frac{28,85}{31,998} \cdot \frac{1}{0,2099} \qquad (3.38)$$

$$\left(\frac{L}{K}\right)_{stoech} = 4.31 \cdot (2.664c + 7.937h - o) \left[\frac{kgLuft}{kgKst}\right] \qquad (7.14)$$

Tabelle 7.2 zeigt den stöchiometrischen Luftbedarf mehrerer Kraftstoffe, berechnet nach Gl. (7.14) auf Basis ihrer elementaren Struktur.

Tabelle 7.2 Stöchiometrischer Luftbedarf von Kraftstoffen – berechnet auf Basis ihrer elementaren Struktur

Kraftstoff	Struktur	$\overline{M}_{Kst}$ $\left[\frac{kg}{kmol}\right]$	c $\left[\frac{kg\,c}{kgKst}\right]$	h $\left[\frac{kg\,h}{kgKst}\right]$	o $\left[\frac{kg\,o}{kgKst}\right]$	L_{min} $\left[\frac{kg\,Luft}{kgKst}\right]$
Methan	CH_4	16	0,750	0,250	0,000	17,163
Ethan	C_2H_6	30	0,800	0,200	0,000	16,027
Propan	C_3H_8	44	0,818	0,182	0,000	15,618
Butan	C_4H_{10}	58	0,828	0,172	0,000	15,391
Pentan	C_5H_{12}	72	0,833	0,167	0,000	15,277
Hexan	C_6H_{12}	86	0,837	0,163	0,000	15,186
Heptan	C_7H_{16}	100	0,840	0,160	0,000	15,118
Oktan	C_8H_{18}	114	0,842	0,158	0,000	15,073
Ethen	C_2H_4	28	0,857	0,143	0,000	14,732
Propen	C_3H_6	42	0,857	0,143	0,000	14,732
Propadien	C_3H_4	40	0,900	0,100	0,000	13,755
Cyclo-hexan	C_6H_{12}	84	0,857	0,143	0,000	14,732
Benzol	C_6H_6	78	0,923	0,077	0,000	13,232
Methanol	CH_3OH	32	0,375	0,125	0,500	6,47
Ethanol	C_2H_5OH	46	0,522	0,130	0,348	8,941
Diethylether	$C_2H_5\text{-}O\text{-}C_2H_5$	74	0,649	0,135	0,216	11,139
Kohlenstoff	C	12	1,000	0,000	0,000	11,482
Kohlen-monoxid	CO	28	0,429	0,000	0,571	2,463
Wasserstoff	H_2	2	0,000	1,000	0,000	34,23

7.4.3 Zusammensetzung der Abgaskomponenten bei vollständiger Verbrennung

Aus der vollständigen Verbrennung eines Kilogramms Kraftstoff bei stöchiometrischem Luft-Kraftstoff-Verhältnis resultieren entsprechend der Darstellung im Bild 7.6 folgende Verbrennungsprodukte:

$$\overline{N}_P = \underbrace{\left(\frac{c}{12}+\frac{h}{2}\right)\left[\frac{kmol\,Prod.}{kgKst}\right]}_{Verbrennung} + \underbrace{(1-0.2099)\frac{(L/K)_{st}}{\overline{M}_{LUFT}}\left[\frac{kmolLuft}{kgKst}\right]}_{\left(\frac{L}{K}\right)_{st}-\left(\frac{O}{K}\right)_{st}} \qquad (7.15)$$

Dabei stellt der Ausdruck $\left(\frac{L}{K}\right)_{st}-\left(\frac{O}{K}\right)_{st}$ die Komponenten der Luft dar, die an der Verbrennung nicht beteiligt waren – im wesentlichen Stickstoff. Bei dieser grundsätzlichen Betrachtung wird die Einbeziehung des Stickstoffs in chemischen Reaktionen vernachlässigt. Solche Reaktionen erfolgen meist bei hohen Verbrennungstemperaturen und haben die Bildung von NO und NO_2 zur Folge, wie im nächsten Abschnitt dargestellt wird. Selbst in einem solchen Fall sind die entstehenden Mengen vernachlässigbar in der Bilanz der Verbrennungsprodukte gemäß Gl. (7.15).

Angesichts der möglichen Kondensation des Wasserdampfes bei der experimentellen Analyse der Verbrennungsprodukte ist es vorteilhaft, die gesamte Wassermenge aus dem Abgas herauszufiltern – ähnlich wie bei der Bestimmung des Kraftstoffheizwertes.

Als trockene Verbrennungsprodukte resultieren:

$$\overline{N}_{TP} = \left(\frac{c}{12}+\cancel{\frac{h}{2}}\right)\left[\frac{kmolProd}{kgKst}\right] + 0.7901\frac{(L/K)_{st}}{\overline{M}_{LUFT}}\left[\frac{kmolLuft}{kgKst}\right] \qquad (7.16)$$

Dabei ist der CO_2-Anteil:

$$\left(\overline{N}_{CO2}\right)_{max} = \left(\frac{c}{12}\right)\left[\frac{kmol\,CO_2}{kgKst}\right] \qquad (7.17)$$

Die CO_2-Konzentration resultiert daraus als:

7.4 Verbrennungsrechnung

$$k_{max} = \frac{(\overline{N}_{CO2})_{max}}{\overline{N}_{TP}} = \frac{\frac{c}{12}}{\frac{c}{12} + 0.7901 \frac{(L/K)_{st}}{\overline{M}_{LUFT}}} [-] \qquad (7.18)$$

Bei einer vollständigen Verbrennung mit Luftüberschuss erscheint dieser als Anteil im Abgas, der an der Verbrennung unbeteiligt war. Gl. (7.16) wird dadurch mit dem zusätzlichen Term wie folgt erweitert:

Trockene Verbrennungsprodukte:

$$\overline{N}'_{TP} = \underbrace{\left(\frac{c}{12} + \frac{h}{2}\right)}_{\substack{\text{Verbrennung}}} + \underbrace{(1 - 0.2099)\frac{(L/K)_{st}}{\overline{M}_{Luft}}}_{\left(\frac{L}{K}\right)_{st} - \left(\frac{O}{K}\right)_{st}} + \underbrace{(\lambda - 1)\frac{(L/K)_{st}}{\overline{M}_{Luft}}}_{\text{Luftüberschuss}} \qquad (7.19)$$

$$\underbrace{}_{\overline{N}_{TP}}$$

Auch in diesem Fall bleibt die Beteiligung des Stickstoffs in chemischen Reaktionen unberücksichtigt.

Die CO_2-Konzentration resultiert in diesem Fall als:

$$k = \frac{(\overline{N}_{CO2})_{max}}{\overline{N}'_{TP}} = \frac{\frac{c}{12}}{\overline{N}_{TP} + (\lambda - 1)\frac{(L/K)_{st}}{\overline{M}_{Luft}}} [-] \qquad (7.20)$$

Daraus resultiert:

$$\Rightarrow \frac{k_{max}}{k} = \frac{\frac{(\overline{N}_{CO_2})_{max}}{\overline{N}_{TP}}}{\frac{(\overline{N}_{CO_2})_{max}}{\overline{N}_{TP} + (\lambda - 1)\frac{\left(\frac{L}{K}\right)_{st}}{\overline{M}_{Luft}}}} = 1 + (\lambda - 1) \cdot \frac{\left(\frac{L}{K}\right)_{st}}{\overline{M}_{Luft}} \cdot \frac{1}{\overline{N}_{TP}} \qquad (7.21)$$

Die Umstellung der Gl. (7.21) nach dem Luft-Kraftstoff-Verhältnis λ ergibt:

$$\lambda = \left(\frac{k_{max}}{k} - 1\right) \frac{\overline{N}_{TP}}{\dfrac{\left(\dfrac{L}{K}\right)_{st}}{\overline{M}_{Luft}}} + 1 \tag{7.22}$$

Dabei ist die Konzentration k von dem Luftüberschuss abhängig, während alle anderen Größen der Zusammensetzung des jeweiligen Kraftstoffs entsprechen. Aus der Messung der CO_2-Konzentration im Abgas kann unter der Bedingung einer vollständigen Verbrennung das Luft-Kraftstoff-Verhältnis bei der Reaktion abgeleitet werden.

Bei einer vollständigen Verbrennung mit Luftüberschuss erscheint andererseits ein Sauerstoffanteil im Abgas – auf Grund der Tatsache, dass der Luftüberschuss an der Verbrennung unbeteiligt war. Entsprechend dem molaren Anteil des Sauerstoffs in dem Luftüberschuss ergibt Gl. (7.19):

$$o = \frac{\overline{N}_{O2}}{\overline{N}'_{TP}} = \frac{0.2099(\lambda - 1)\dfrac{(L/K)_{st}}{\overline{M}_{Luft}}}{\left(\dfrac{c}{12}\right) + 0.7901\dfrac{(L/K)_{st}}{\overline{M}_{Luft}} + (\lambda - 1)\dfrac{(L/K)_{st}}{\overline{M}_{Luft}}} \tag{7.23}$$

Ähnlich der Bildung einer maximalen Kohlendioxidkonzentration k_{max} nach Gl. (7.18) wird eine maximale Sauerstoffkonzentration o_{max} im Abgas definiert.

Es gilt:

o_{max} für $\lambda \to \infty$

- was bedeuten würde, dass das Abgas aus reiner Luft besteht.

Dafür gilt:

$$o_{max} = \frac{0{,}2099 \, \overline{N}_{Luft}}{\overline{N}_{Luft}} = 0{,}2099 \tag{7.24}$$

7.4 Verbrennungsrechnung

Analog der Gl. (7.21) wird folgendes Konzentrationsverhältnis gebildet:

$$\frac{o_{max}}{o} = \frac{\overline{N}_{TP} + (\lambda-1)\dfrac{\left(\dfrac{L}{K}\right)_{st}}{\overline{M}_{Luft}}}{(\lambda-1)\dfrac{(L/K)_{st}}{\overline{M}_{Luft}}} \tag{7.25}$$

Die Umstellung der Gl. (7.25) nach dem Luft-Kraftstoff-Verhältnis ergibt:

$$\lambda = 1 + \frac{1}{\dfrac{o_{max}}{o}-1} \cdot \frac{\overline{N}_{TP}}{\dfrac{\left(\dfrac{L}{K}\right)_{st}}{\overline{M}_{Luft}}} \tag{7.26}$$

Die Sauerstoffkonzentration o im Abgas ist dabei von dem Luftüberschuss abhängig, während alle anderen Größen dem Zusammenhang des jeweiligen Kraftstoffs entsprechen. Analog der Zusammensetzung in Gl. (7.22) kann aus der Messung der Sauerstoffkonzentration im Abgas das Luft-Kraftstoff-Verhältnis bei der Reaktion abgeleitet werden.

Die Messung beider Konzentrationen – Kohlendioxid und Sauerstoff – im Abgas sollen zu gleichen Luft-Kraftstoff-Verhältnis λ führen. Eine der beiden Messungen kann also als Kontrollmöglichkeit herangezogen werden.

Die Gleichsetzung der Gl. (7.22) und (7.26) ergibt andererseits:

$$\frac{k_{max}}{k} - 1 = \frac{1}{1 - \dfrac{o}{o_{max}}} \tag{7.27}$$

In dieser Weise kann durch die Messung einer der beiden Konzentrationen im Abgas die andere abgeleitet werden.

7.4.4 Zusammensetzung der Abgaskomponenten bei unvollständiger Verbrennung

Selbst bei stöchiometrischem Luft-Kraftstoff-Verhältnis oder gar bei Luftüberschuss im Brennraum eines Otto- oder Dieselmotors kann es zu unvollständigen Verbrennungsreaktionen kommen.

Die Ursachen dafür sind hauptsächlich:
- Kontakt des Kraftstoffs mit einer Brennraumwand – als Filmbildung oder beim Aufprall des Einspritzstrahls, wie im Bild 7.7. veranschaulicht – wodurch ein lokaler Sauerstoffmangel oder das Einfrieren der Flamme an der relativ kalten Wand verursacht wird.
- flüssiger Kern des Einspritzstrahls – wie im Bild 7.7 ersichtlich – wodurch lokaler Sauerstoffmangel entsteht.
- Dissoziation der Moleküle von Endprodukten – beispielsweise CO_2 – bei sehr hohen Verbrennungstemperaturen.

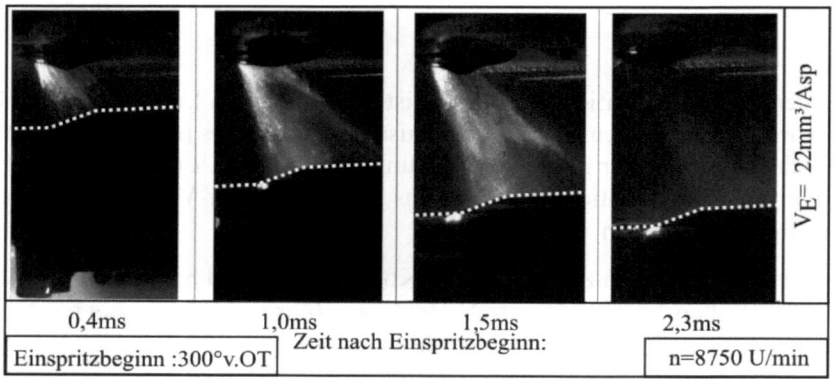

Bild 7.7   Ursachen einer unvollständigen Verbrennung

Eine unvollständige Verbrennung hat im Wesentlichen die Bildung zusätzlicher Abgaskomponenten wie CO, H_2, NO, NO_2, C_mH_n (unverbrannte Kohlenwasserstoffe) zur Folge.

Für eine allgemeine Massenbilanz der Anfangs- und Endprodukte, wie bei der vollständigen Verbrennung, wird zunächst nur die Bildung von CO in Betracht gezogen. Grund dafür ist, dass die CO Emission mindestens eine Größenordnung höher als die Emission von H_2, NO, NO_2, NO_X liegt.

7.4 Verbrennungsrechnung

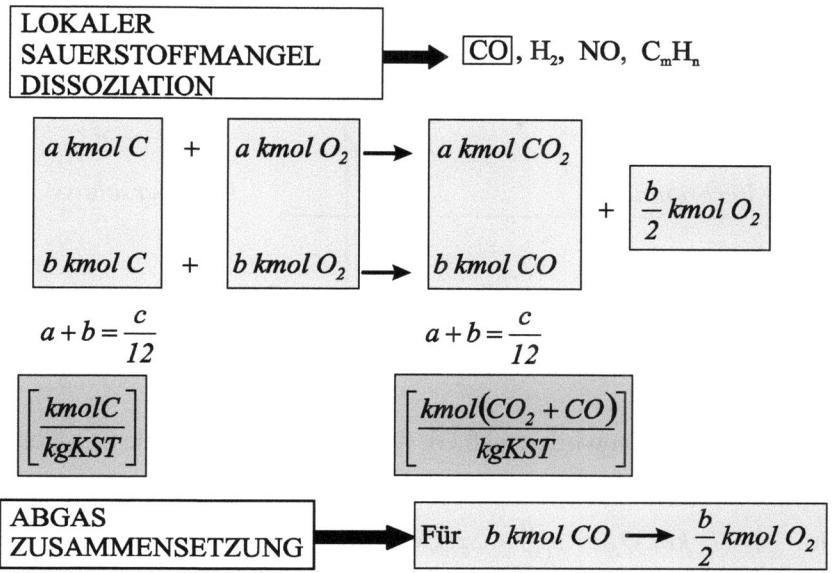

Bild 7.8 Unvollständige chemische Reaktion zwischen Kraftstoff und Sauerstoff bei stöchiometrischen Verhältnissen

Die Bilanz der Anfangs- und Endprodukte bei einer unvollständigen Verbrennung mit Bildung von CO, trotz stöchiometrischen Luft-Kraftstoff-Verhältnisses, ist im Bild 7.8 dargestellt.

Aus der verfügbaren Menge an Kohlenstoff wird in diesem Fall sowohl CO_2 als auch CO gebildet:

Es gilt: $$\frac{c}{12}[kmol\,C] = a\,[kmol\,CO_2] + b\,[kmol\,CO] \qquad (7.28)$$

Entsprechend der CO-Menge erscheint dabei im Abgas ein Teil der stöchiometrisch vorhandenen Sauerstoffmenge, die in die Verbrennung nicht mehr einbezogen wurde:

$$b\,[kmol\,CO] \;\rightarrow\; \frac{b}{2}[kmol\,O_2]$$

Die trockenen Verbrennungsprodukte werden in diesem Fall – unter verallgemeinernder Einbeziehung eines Luftüberschusses:

$$\overline{N}'_{TP_{CO}} = \underbrace{\left(\frac{c}{12}+\frac{b}{2}\right)+(1-0.2099)\frac{(L/K)_{st}}{\overline{M}_{Luft}}}_{\text{Verbrennung}}+\underbrace{(\lambda-1)\frac{(L/K)_{st}}{\overline{M}_{Luft}}}_{\text{Luftüberschuss}} \quad (7.29)$$

$$\underbrace{\hphantom{\left(\frac{c}{12}+\frac{b}{2}\right)+(1-0.2099)\frac{(L/K)_{st}}{\overline{M}_{Luft}}+(\lambda-1)\frac{(L/K)_{st}}{\overline{M}_{Luft}}}}_{\overline{N}'_{TP_{CO}}}$$

Die CO_2-Konzentration wird gemäß Gl. (7.20) eingeführt und die CO-Konzentration ähnlich definiert:

Es gilt: $\quad k(CO_2) = \dfrac{a}{\overline{N}'_{TP_{CO}}} \quad z(CO) = \dfrac{b}{\overline{N}'_{TP_{CO}}}$

Aus Gl. (7.28) resultiert:

$$k + z = \frac{\dfrac{c}{12}}{\overline{N}'_{TPCO}} \quad (7.30)$$

Ähnlich der Gl. (7.21) wird ein Verhältnis der Konzentrationen gebiltet:

$$\frac{k\max}{k+z} = \frac{\dfrac{c}{12}\big/\overline{N}_{TP}}{\dfrac{c}{12}\big/\overline{N}'_{TPCO}} = \frac{\overline{N}'_{TPCO}}{\overline{N}_{TP}} \quad (7.31)$$

Die Umstellung der Gl. (7.31) nach dem Luft-Kraftstoff-Verhältnis λ ergibt:

7.4 Verbrennungsrechnung

$$\lambda = 1 + \left[\frac{k_{max}}{k+z}\left(1-\frac{z}{2}\right)-1\right]\frac{\overline{N}_{TP}}{\frac{(L/K)_{st}}{\overline{M}_{Luft}}} \qquad \lambda = f(k,z) \tag{7.32}$$

Bei der unvollständigen Verbrennung mit Luftüberschuss erscheint um so mehr ein Sauerstoffanteil im Abgas – aus dem Luftüberschuss selbst und aus der unverbrauchten Sauerstoffmenge bei der CO-Bildung. Analog der Gl. (7.23) wird die Sauerstoffkonzentration auf Basis der gesamten Abgasmenge in Gl. (7.29) abgeleitet:

$$o = \frac{\overline{N}_O}{\overline{N}'_{TPCO}} = \frac{\frac{b}{2}+0.2099(\lambda-1)\frac{(L/K)_{st}}{\overline{M}_{Luft}}}{\frac{c}{12}+\frac{b}{2}+(1-0.2099)\frac{(L/K)_{st}}{\overline{M}_{Luft}}+(\lambda-1)\frac{(L/K)_{st}}{\overline{M}_{Luft}}} \tag{7.33}$$

Andererseits gilt:

$$o_{max} = \frac{0{,}2099\,\overline{N}_{Luft}}{\overline{N}_{Luft}} = 0{,}2099 \tag{7.24}$$

Aus dem Verhältnis der Sauerstoffkonzentrationen o_{max}/o analog der Gl. (7.25) gilt bei der Umstellung nach λ:

$$\lambda = 1 + \frac{2o-z}{2(o_{max}-o)+z} \cdot \frac{\overline{N}_{TP}}{\frac{(L/K)_{st}}{\overline{M}_{Luft}}} \qquad \lambda = f(z,o) \tag{7.34}$$

Gl. (7.32) und (7.34) für eine unvollständige Verbrennung entsprechen den Gl. (7.22) und (7.26) bei der vollständigen Verbrennung.

Für $z = 0$, bei einem formellen Übergang von der unvollständigen zur vollständigen Verbrennung werden die Ausdrücke (7.32) und (7.22) bzw. (7.34) und (7.26) identisch.

Die Ausdrücke

$$\lambda = f(k, z) \qquad (7.32)$$

$$\lambda = f(z, o) \qquad (7.34)$$

ergeben einen Zusammenhang der Konzentrationen an CO_2, CO, O_2 im Abgas bei einer unvollständigen Verbrennung mit dem Luft-Kraftstoff-Verhältnis λ während des Verbrennungsprozesses.
Prinzipiell genügt die Messung von zwei Konzentrationen, beispielsweise CO_2 und CO, um die dritte Konzentration – in diesem Beispiel O_2 – und das Luft-Kraftstoff-Verhältnis abzuleiten. Die Messung aller drei Konzentrationen ergibt einen Kontrollparameter bei der Bestimmung des Luft-Kraftstoff-Verhältnisses.

Diese Zusammenhänge dienen – wie bereits erwähnt – der Ermittlung des tatsächlichen Luft-Kraftstoff-Verhältnisses während eines Verbrennungsvorgangs. Zusätzliche Abgaskomponenten bei unvollständiger Verbrennung – wie H_2, NO, NO_2, C_mH_n – spielen auf Grund ihrer verhältnismäßig geringen Konzentrationen keine Rolle in dieser Bilanz. Sie werden allerdings im nächsten Kapitel auf Grund ihrer umweltbelastenden Wirkung nach einer anderen Methode abgeleitet. In früheren Betrachtungen war es üblich, die analytischen Zusammenhänge in Gl. (7.32), (7.34) in graphischer Form darzustellen. Außer den Variablen λ, k, z, o sind alle anderen Größen in diesen Ausdrücken von der Zusammensetzung des jeweiligen Kraftstoffs (c, s, h, o) abhängig. Die Aufstellung eines solchen Diagramms für einen Kraftstoff mit bekannter Zusammensetzung ermöglicht eine einfache Ermittlung des Luft-Kraftstoff-Verhältnisses aus gemessenen Konzentrationen von CO_2, CO, O_2.

Im Bild 7.9 ist ein solches Diagramm für ein Benzin mit bekannter Zusammensetzung dargestellt.

7.4 Verbrennungsrechnung

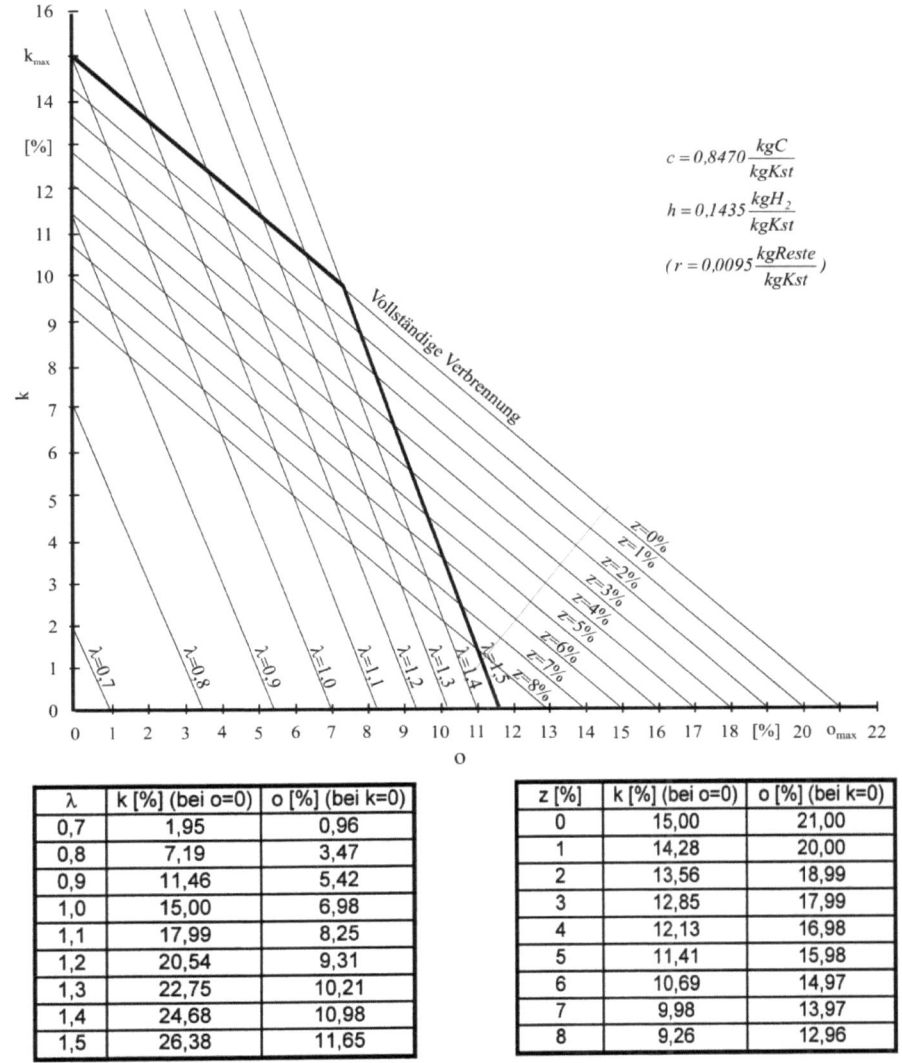

Bild 7.9 Graphische Ermittlung des Luft-Kraftstoff-Verhältnisses bei der Verbrennung eines Benzins mit bekannter Zusammensetzung aus den Konzentrationen von CO_2, CO, O_2 im Abgas

Beispielsweise ergibt eine Messung von 14% CO_2 und 0,75% O_2 einen Wert von $\lambda = 1$. Diesem Wert entspricht im Diagramm 1% CO Konzentration. Deren Messung kann das Ergebnis bestätigen oder in einem Toleranzfeld einschließen.

7.5 Ablauf der Verbrennungsreaktionen

Aus den dargestellten chemischen Gleichungen zum Verbrennungsprozess wird die quantitative Bilanz der Anfangs- und Endprodukte abgeleitet, beispielsweise:

$$1\,mol\ C + 1\,mol\ O_2 \rightarrow 1\,mol\ CO_2$$

Erfahrungsgemäß erfolgt allerdings eine solche Reaktion im dynamischen Gleichgewicht, das heißt gleichzeitig in beiden Richtungen:

$$C + O_2 \rightarrow CO_2$$

$$C + O_2 \leftarrow CO_2$$

Das Gleichgewicht der Reaktion wird unter bestimmten Temperatur- und Druckbedingungen im Brennraum – oder in einer Brennraumzone – erreicht.

$$C + O_2 \rightleftarrows CO_2 \tag{7.35}$$

Im makroskopischen Maßstab ist dieses Gleichgewicht durch die Mengen der Produkte (C, O_2, CO_2) – entsprechend der jeweiligen Anzahl der Kilomol $\overline{N}_C, \overline{N}_{O_2}, \overline{N}_{CO_2}$ feststellbar.

Der Ablauf der Reaktion bis zu einem Gleichgewicht erfolgt im mikroskopischen Maßstab in drei wesentlichen Etappen:

- Einleitungsreaktion
- Kettenreaktion
- Abbruchsreaktion

Allgemein – und besonders bei Verbrennungsmotoren – ist die Dauer des Verbrennungsprozesses äußerst wichtig für die zu erreichenden thermodynamischen Zustandsänderungen. Die Geschwindigkeit einer Reaktion wird in diesem Zusammenhang als Menge eines gebildeten Produktes bezogen und auf die jeweilige Dauer definiert.

Prinzipiell gilt für die Reaktion verschiedener Anfangsprodukte (A, B) zu Endprodukten (X,Y) bei entsprechender Anzahl der Kilomol $\overline{N}_A, \overline{N}_B$ bzw. $\overline{N}_X, \overline{N}_Y$:

$$\overline{N}_A A + \overline{N}_B B + \ldots \rightarrow \overline{N}_X X + \overline{N}_Y Y + \ldots \tag{7.36}$$

7.5 Ablauf der Verbrennungsreaktionen

Beispiel:

$$\overline{N}_A \cdot C + \overline{N}_B O_2 \rightarrow \overline{N}_X CO_2$$
$$(\overline{N}_A = \overline{N}_B = \overline{N}_X)$$

Für die Anzahl der Kilomol N_A, N_B der Anfangsprodukte gibt es theoretisch folgende Anzahl von möglichen Zusammenstößen zwischen den einzelnen Molekülen.

$$n_{thA} = \overline{N}_A \cdot \overline{N}_B$$

Nicht jeder Stoß ist effektiv im Sinne der chemischen Reaktion. Für die Anzahl effektiver Zusammenstöße gilt:

$$n_{eA} = C_1 \cdot \overline{N}_A \cdot \overline{N}_B \quad (7.37)$$

Dabei ist C_1 eine Konstante, die von Druck und Temperatur der Reaktion abhängt.

Analog gilt für die Anzahl der Kilomol N_X, N_Y der Endprodukte

$$n_{eE} = C_2 \cdot \overline{N}_X \cdot \overline{N}_Y \quad (7.38)$$

Die Anzahl effektiver Zusammenstöße der Moleküle von Anfangs- und Endprodukte n_{eA}, n_{eE} stellen physikalisch Reaktionsgeschwindigkeiten dar. Beim Gleichgewicht von hin- und rücklaufenden Reaktionen gilt:

$$C_1 \overline{N}_A \overline{N}_B = C_2 \overline{N}_X \overline{N}_Y \quad (7.39)$$

Daraus resultiert:

$$\frac{\overline{N}_X \overline{N}_Y}{\overline{N}_A \overline{N}_B} = \frac{C_1}{C_2} = K = konst. \quad (7.40)$$

Dieses Gleichgewicht beschreibt die Prozesse im mikroskopischen Maßstab. Zur Beschreibung der Vorgänge im makroskopischen Maßstab wird gemäß Gl. (3.37) für Gasgemische im Kap. 3.3.2:

$$\frac{\overline{N}_A}{\overline{N}_G} = \frac{p_A}{p_G}$$

$$\frac{\overline{N}_X}{\overline{N}_G} = \frac{p_X}{p_G} \rightarrow \frac{\overline{N}_A}{p_A} = \frac{\overline{N}_X}{p_X} \qquad (7.41)$$

oder

$$\frac{p_X}{p_A} = \frac{\overline{N}_X}{\overline{N}_A} \qquad (7.42)$$

Die Reaktionskonstante gemäß Gl. (7.40) wird somit in Abhängigkeit der Partialdrücke der Komponenten zu:

$$K_p = \frac{p_X \cdot p_Y}{p_A \cdot p_B} \qquad (7.43)$$

Das gilt für jede Reaktion des Typs

$$\overline{N}\,kmol\,A + \overline{N}\,kmol\,B \rightarrow \overline{N}\,kmol\,X + \overline{N}\,kmol\,Y$$

Für eine allgemeine Reaktion

$$q\,kmol\,A + r\,kmol\,B \rightleftarrows s\,kmol\,X + t\,kmol\,Y$$

wird die Anzahl der Zusammenstöße zu

$$n_{eA} = C_1 \cdot \overline{N}_A^q \overline{N}_B^r \qquad (7.37a)$$

$$n_{eE} = C_2 \cdot \overline{N}_X^s \overline{N}_Y^t \qquad (7.38a)$$

Beispiel:
$$\overline{N}_A \cdot C + \overline{N}_B \cdot O_2 \rightarrow \overline{N}_X \cdot CO + \overline{N}_Y \cdot O_2$$
$$(\overline{N}_X = 2\overline{N}_Y)$$

Daraus resultiert:

$$K = \frac{\overline{N}_X^s \overline{N}_Y^t}{\overline{N}_A^q \overline{N}_B^r} \qquad (7.40a)$$

7.5 Ablauf der Verbrennungsreaktionen

$$K_p = \frac{p_X^s p_Y^t}{p_A^q p_B^r} \tag{7.43a}$$

Für den realen Verbrennungsvorgang wird die momentane Anzahl der kmol $\left(\overline{N}^*\right)$ von jeder Zwischenkomponente $\left(A^*, B^*, X^*, Y^*\right)$ bei Gleichgewicht betrachtet und nicht nur Anfangs- und Endprodukte.

$$\overline{N}_A^{*q} \; ; \quad \overline{N}_B^{*r} \; ; \quad \overline{N}_X^{*s} \; ; \quad \overline{N}_Y^{*t}$$
$$\downarrow \qquad \downarrow \qquad \downarrow \qquad \downarrow$$
$$p_A^{*q} \qquad p_B^{*r} \qquad p_X^{*s} \qquad p_Y^{*t}$$

Zu der Bilanz der Produkte im Brennraum gehören noch die Komponenten, die an der Verbrennung nicht teilnehmen (beispielsweise N_2), eingeführt als eine Kilomolanzahl $\overline{N}_i$.

Die gesamte Kilomolanzahl wird somit zu:

$$\overline{N}_G = \sum \overline{N}_{A,B,X,Y}^* + \overline{N}_i \tag{7.44}$$

Der Druck im Brennraum resultiert als Summe der Partialdrücke der Komponenten:

$$p_G = \sum p_{A,B,X,Y}^* + p_i \tag{7.45}$$

Analog Gl. (7.41) gilt:

$$\frac{p_A^*}{p_G} = \frac{\overline{N}_A^*}{\overline{N}_G} \rightarrow p_A^* = \overline{N}_A^* \cdot \frac{p_G}{\overline{N}_G} \tag{7.46}$$

Die Reaktionskonstante wird somit zu:

$$K_p = \frac{\left(\overline{N}_X^* \cdot \dfrac{p_G}{\overline{N}_G^*}\right)^s \cdot \left(\overline{N}_Y^* \cdot \dfrac{p_G}{\overline{N}_G^*}\right)^t}{\left(\overline{N}_A^* \cdot \dfrac{p_G}{\overline{N}_G^*}\right)^q \cdot \left(\overline{N}_B^* \cdot \dfrac{p_G}{\overline{N}_G^*}\right)^r} = \left(\frac{p_G}{\overline{N}_G^*}\right)^{(s+t)-(q+r)} \cdot \frac{\overline{N}_X^{*s} \overline{N}_Y^{*t}}{\overline{N}_A^{*q} \overline{N}_B^{*r}} \tag{7.47}$$

Aus dem Ausdruck (7.47) sind folgende Merkmale des Vorgangs ableitbar:

- in einer Gleichgewichtsreaktion ist die Menge einer Komponente abhängig von der Anzahl der Kilomol der anderen Komponenten

- die Komponenten, die an der Verbrennung nicht teilnehmen, bestimmen trotzdem durch ihre Menge im gesamten Gemisch $\overline{N}_i$ das Verhältnis zwischen End- und Anfangsprodukten

- bei einer Reaktion des Typs $\overline{N}\,kmol\,A + \overline{N}\,kmol\,B \rightarrow \overline{N}\,kmol\,X + \overline{N}\,kmol\,Y$ $(s = t = p = q)$ ist der Gesamtdruck p_G und die gesamte Anzahl von Molekülen $\overline{N}_G$ unbedeutend für das Verhältnis der End-/Anfangsprodukte

Während des realen Verbrennungsprozesses ist eine Reaktion gemäß der chemischen Formel, beispielsweise

$$1\,Mol\,C_7H_{16} + 11\,Mol\,O_2 \rightarrow 7\,Mol\,CO_2 + 8\,Mol\,H_2O$$

wobei 11 Moleküle O_2 zur gleichen Zeit um ein Molekül C_7H_{16} Platz finden sollten und zu effektiven Stößen führen, kaum realisierbar.

Die Wahrscheinlichkeit einer solchen Reaktion würde eine Dauer von 180 Jahren in Anspruch nehmen. Während des realen Vorgangs entstehen nach der Einleitung der Verbrennungsreaktion zunächst freie Radikale und Atome, die in weiteren exothermen und endothermen hin- oder rücklaufenden Kettenreaktionen zu End-, Anfangs- oder Dissoziationsprodukten führen.

Beipiele:

$$CO + \tfrac{1}{2}O_2 \rightleftarrows CO_2 \qquad\qquad H \rightleftarrows \tfrac{1}{2}H_2$$

$$OH + \tfrac{1}{2}H_2 \rightleftarrows H_2O \qquad\qquad O \rightleftarrows \tfrac{1}{2}O_2$$

$$H_2 + \tfrac{1}{2}O_2 \rightleftarrows H_2O \qquad\qquad NO \rightleftarrows \tfrac{1}{2}N_2 + \tfrac{1}{2}O_2$$

$$CO + H_2O \rightleftarrows CO_2 + H_2 \quad \text{(Wassergasreaktion)}$$

Bei der Bildung von Dissoziationsprodukten wie CO, H_2, OH, NO wird die exotherme Wirkung, wie bei der Bildung von Endprodukten wie CO_2, H_2O, nicht erreicht. Das bedeutet, dass die Wärmezufuhr in dem Kreisprozess des Verbrennungsmotors nicht dem theoretisch möglichen Potential entspricht. Die Reaktionskonstante K_p in Gl. (7.47) ist abhängig von der Temperatur während des Vorgangs: je höher die Temperatur, desto mehr ändert sich das Gleichgewicht in Richtung der Bildung von Anfangs- oder Dissoziationsprodukten. Nach Ausströmung der Verbrennungsprodukte aus dem Brennraum hin zur Umgebung sinkt die Temperatur, wodurch die im Abgas enthaltenen Dissoziationsprodukte verstärkt

7.5 Ablauf der Verbrennungsreaktionen

Endprodukte bilden, was wiederum Wärme freisetzt, allerdings nicht mehr im Motor selbst.

Das Gleichgewicht jeder Reaktion mit Bildung von Anfangs-, End- oder Dissoziationsprodukten kann auf Basis der Gl. (7.47) ausgedrückt werden.

Beispiele:

$$CO + \frac{1}{2}O_2 \Leftrightarrow CO_2 \quad \rightarrow \quad K_p = \left(\frac{p_G}{\overline{N}_G}\right)^{-\frac{1}{2}} \cdot \frac{\overline{N}^*_{CO_2}}{\overline{N}^*_{CO} \cdot \overline{N}^{*\frac{1}{2}}_{O_2}}$$

$$OH + \frac{1}{2}H_2 \Leftrightarrow H_2O \quad \rightarrow \quad K_p = \left(\frac{p_G}{\overline{N}_G}\right)^{-\frac{1}{2}} \cdot \frac{\overline{N}^*_{H_2O}}{\overline{N}^{*\frac{1}{2}}_{H_2} \cdot \overline{N}^*_{OH}}$$

$$H_2 + \frac{1}{2}O_2 \Leftrightarrow H_2O \quad \rightarrow \quad K_p = \left(\frac{p_G}{\overline{N}_G}\right)^{-\frac{1}{2}} \cdot \frac{\overline{N}^*_{H_2O}}{\overline{N}^*_{H_2} \cdot \overline{N}^{*\frac{1}{2}}_{O_2}}$$

$$H \Leftrightarrow \frac{1}{2}H_2 \quad \rightarrow \quad K_p = \left(\frac{p_G}{\overline{N}_G}\right)^{+\frac{1}{2}} \cdot \frac{\overline{N}^{*\frac{1}{2}}_{H_2}}{\overline{N}^*_H}$$

$$O \Leftrightarrow \frac{1}{2}O_2 \quad \rightarrow \quad K_p = \left(\frac{p_G}{\overline{N}_G}\right)^{+\frac{1}{2}} \cdot \frac{\overline{N}^{*\frac{1}{2}}_{O_2}}{\overline{N}^*_O}$$

$$NO \Leftrightarrow \frac{1}{2}N_2 + \frac{1}{2}O_2 \quad \rightarrow \quad K_p = \left(\frac{p_G}{\overline{N}_G}\right)^{0} \cdot \frac{\overline{N}^{*\frac{1}{2}}_{N_2} \cdot \overline{N}^{*\frac{1}{2}}_{O_2}}{\overline{N}^*_{NO}}$$

$$CO + H_2O \Leftrightarrow CO_2 + H_2 \quad \rightarrow \quad K_p = \left(\frac{p_G}{\overline{N}_G}\right)^{0} \cdot \frac{\overline{N}^*_{CO_2} \cdot \overline{N}^*_{H_2}}{\overline{N}^*_{CO} \cdot \overline{N}^*_{H_2O}}$$

Bei einem bestimmten Wert der Reaktionskonstante K_P, der nur von der Verbrennungstemperatur abhängt, ist das Gleichgewicht der Moleküle von Anfangs-, End- und Dissoziationsprodukten eindeutig quantifizierbar.

Die Berechnung der Gleichgewichtskonstante in Abhängigkeit von der Verbrennungstemperatur beruht auf der Bilanz der freien Enthalpien der beteiligten Komponenten. Es gilt:

$$\ln K_p = -\frac{\Delta G_G}{\overline{R}T} \tag{7.48}$$

ΔG_G - freie Reaktionsenthalpie der Produkte $\left[\frac{kJ}{kg}\right]$

$\overline{R}$ - universelle Gaskonstante 8,314 $\left[\frac{kJ}{kmol\,K}\right]$

T - Verbrennungstemperatur [K]

$$\Delta G_G = (sG_X + tG_Y) - (qG_A + rG_B) \tag{7.49}$$

wobei für jedes Produkt: $G = H - TS$ \hfill (7.50)

Beispiel:

aus thermodynamischen Tabellen wird abgeleitet:

$G\left[\frac{kJ}{kmol}\right]$ T [K]	G_{CO_2}	G_{H_2}	G_{CO}	G_{H_2O}
1000	-619,999	-137,024	+318,075	+435,931
1500	-760,735	-223,449	+439,033	+556,982
2000	-911,341	-315,337	+565,951	+685,919
2500	-1.069,559	-411,549	+697,443	+828,343

Für die Wassergasreaktion gilt beispielsweise:

$$CO + H_2O \rightleftharpoons CO_2 + H_2$$

Die Gleichgewichtskonstante dieser Reaktion wird in Abhängigkeit von der Verbrennungstemperatur auf Basis der Gl. (7.48), (7.49) berechnet:

7.5 Ablauf der Verbrennungsreaktionen

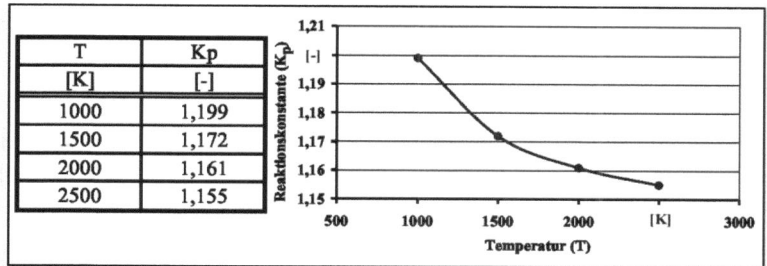

Bild 7.10 Temperaturabhängigkeit der Gleichgewichtskonstante K_p bei der Wassergasreaktion

Je höher die Temperatur wird, desto kleiner die Gleichgewichtskonstante, wie in Bild 7.10 zu erkennen; die Reaktion tendiert demzufolge in Richtung der Bildung von CO und H_2O, zu Lasten der Anteile an CO_2 und H_2.

Um die einzelnen Mengen $\overline{N}_{CO_2}, \overline{N}_{H_2}, \overline{N}_{CO}, \overline{N}_{H_2O}$ zu bestimmen, sind noch 3 Gleichungen – zusätzlich zur Gleichgewichtsgleichung – erforderlich, damit entstehen 4 Gleichungen mit 4 Unbekannten. Die Bilanz der Atome der beteiligten Elemente C, H_2, O_2 ist dafür aufschlussreich:

$$\overline{N}_{CO_2} + \overline{N}_{CO} = \Sigma C \; - Atome$$

$$2\overline{N}_{H_2O} + 2\overline{N}_{H_2} = \Sigma H \; - Atome$$

$$2\overline{N}_{CO_2} + \overline{N}_{CO} + \overline{N}_{H_2O} = \Sigma O \; - Atome$$

Für einen üblichen Kraftstoff – wie Benzin oder Diesel – mit einem Atomwertverhältnis $\dfrac{C}{H} = \dfrac{1}{2}$ gilt: $\begin{array}{l} \Sigma C = 1 \\ \Sigma H = 2 \\ \Sigma O = 3\lambda \end{array}$

In dieser Weise können einzelne Abgaskomponenten in Abhängigkeit der Verbrennungstemperatur und des Luftverhältnisses berechnet werden.

Aus der Verbrennungsrechnung können folgende allgemeine Schlussfolgerungen abgeleitet werden:

- bei *Luftüberschuss ($\lambda>1$ bzw. $\phi<1$) und Temperaturen bis 2000 [K]* überwiegen im Abgas die Komponenten CO_2, H_2O, O_2, N_2, dabei ist fast keine Dissoziation feststellbar.

Die Berechnung als vollständige Verbrennung ist in Bezug auf Massen- und Energiebilanz richtig – dennoch ist vor allem die NO$_X$ Konzentration als Schadstoffanteil von Bedeutung.

- bei *Luftmangel ($\lambda<1$ bzw. $\phi>1$) und hoher Temperatur (T>2000 [K])* ist eine schlagartige Änderung der Zusammensetzung der Reaktionsprodukte feststellbar.

Die Berechnung der Gleichgewichtskonstante wird dafür unbedingt erforderlich. Bei erheblichem lokalem Luftmangel (($\lambda<<1$ bzw. $\phi>>1$) und hoher Temperatur (T>2000 [K]) wird die Rußgrenze erreicht.

Bild 7.11 stellt die Abgaskomponenten bei drei verschiedenen Temperaturen in Abhängigkeit des Kraftstoff-Luft-Verhältnisses ϕ dar.

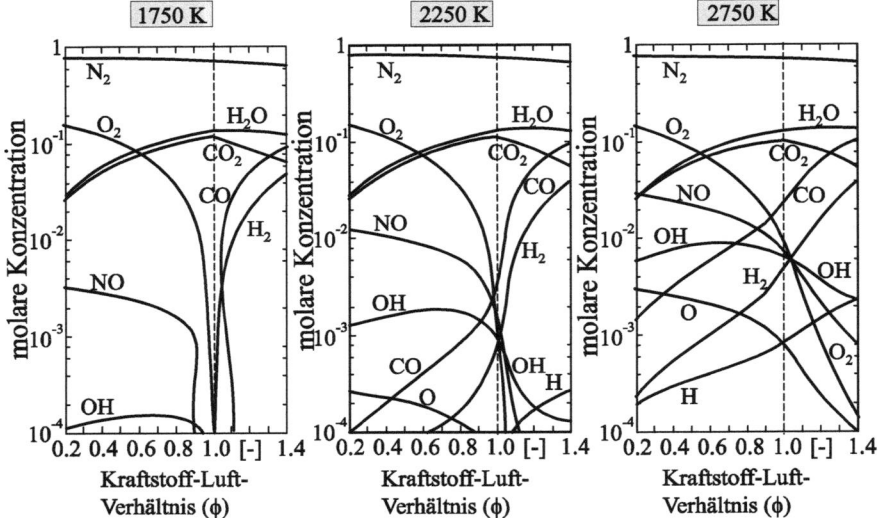

Bild 7.11 Molare Konzentration von Anfangs-, End- und Dissoziationsprodukten infolge einer Verbrennung von Iso-Oktan, bei unterschiedlichen Verbrennungstemperaturen und Kraftstoff-Luft-Verhältnissen – berechnet [nach Heywood]

In Richtung höherer Luftüberschüsse (ϕ abnehmend) nimmt die Konzentration an NO, OH zu. Gleichzeitig nehmen diese Konzentrationen mit der Verbrennungstemperatur deutlich zu. Bei der Temperaturzunahme erscheinen zusätzliche Dissoziationskomponenten, wie O und H-Atome, die nach der Verbrennung außerhalb des Brennraums andere Verbindungen – meistens als Schadstoffe – eingehen.

7.6 Verbrennungsformen in Otto- und Dieselmotoren

Ein Verbrennungsvorgang ist allgemein durch Flammen gekennzeichnet. Vorgemischte Flammen entstehen aus homogenen Luft-Kraftstoff-Gemischen, während die Luft-Kraftstoff-Mischung am Reaktionsort zu Diffusionsflammen führt. Die Flamme entspricht allgemein einer Verbrennungsreaktion mit Unterschallgeschwindigkeit.

Flammen können laminar oder turbulent vorkommen; nach ihrer zeitlichen Entwicklung sind sowohl stationäre, als auch instationäre Vorgänge möglich. In Verbrennungsmotoren entstehen generell turbulente Flammen im Laufe instationärer Vorgänge.

Bei Verbrennungsmotoren mit äußerer Gemischbildung – allgemein Ottomotoren mit Vergaser oder Saugrohreinspritzung – ist das in den Zylinder angesaugte Luft-Kraftstoff-Gemisch weitgehend homogen. Die Berechnung der Verbrennung erfolgt in solchen Fällen unter der Annahme eines Zwei-Zonen-Modells, wobei die frische Ladung und das Abgas in jedem Zeitschritt von einer dünnen Flammenfront getrennt werden und jeweils eine homogene Druck- und Temperaturverteilung aufweisen. In modernen Otto- und Dieselmotoren mit innerer Gemischbildung durch Kraftstoffdirekteinspritzung sind die Vorgänge vor und während der Verbrennung von einer starken Inhomogenität, aber auch von zeitlicher Überlagerung einzelner Prozessabschnitte geprägt. Bild 7.12 stellt einige Formen der Inhomogenität und der Prozessüberlagerung dar.

Bezüglich der Prozessüberlagerung ist bemerkenswert, dass, während die zuerst eingespritzten Kraftstofftropfen bereits verbrennen, in nachfolgenden Abschnitten noch die Gemischbildung oder weiter zurück die Verdampfung stattfindet. Während dessen kann die Einspritzung sogar noch im Gange sein. Ein solcher Prozessablauf, bei dem die in Bild 7.12 aufgeführten Inhomogenitätsformen auftreten, ist besonders komplex und erfordert den Aufbau entsprechend angepasster Modelle. Dabei ist zu beachten, dass zwischen den gleichzeitig auftretenden Zonen von Einspritzung, Verdampfung, Gemischbildung, Verbrennung bzw. Abgaszone und Luftzone ein intensiver Wärmeaustausch stattfindet. Dafür werden zunehmend CFD (Computational Fluid Dynamics) Programme verwendet, die von der Erhaltung der Masse, Energie, Impulse und chemischer Spezies ausgehen und auf Turbulenzmodellen aufgebaut sind.

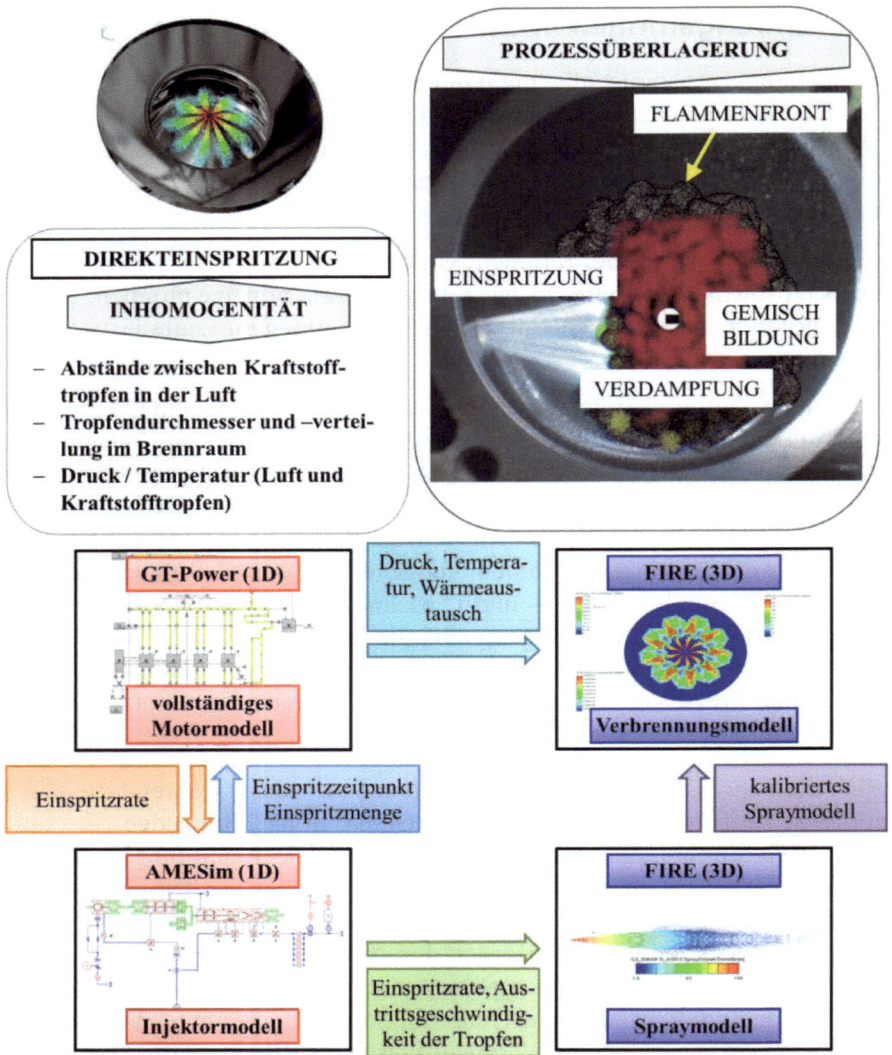

Bild 7.12 Überlagerung der Einspritzung, Gemischbildung und Verbrennung in einem Kolbenmotor mit innerer Gemischbildung und Beispiel einer Prozesssimulation

Für eine solche Berechnung wird der Brennraum in finite Elemente (Zellen) aufgeteilt, in und zwischen denen die erwähnten Bilanzgleichungen aufgestellt werden. Die Berechnung erfolgt für jeden finiten Zeitabschnitt, unter Berücksichtigung der Kolbenbewegung, für jede Last und Drehzahlkombination im betrachteten Funktionskennfeld eines Motors.

7.6 Verbrennungsformen in Otto- und Dieselmotoren

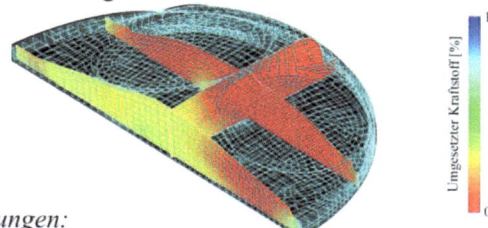

PDF-Modell:(Probability-Density-Function)
- Betrachtung des Einflusses von mikroskopischen Wirbeln auf den Stofftransport während der Verbrennung
- Berechnung der Dichteverteilung in jeder Zelle mit Hilfe von "Monte Carlo Particles"
- gute Nachbildung des realen Prozesses

Anwendungen:
- vorgemischte (IDI) und nicht vorgemischte Ladungen (GDI) (auch inhomogene Gemische)
- Teil- und Volllast
- Verbrennungen in hochturbulenten Systemen

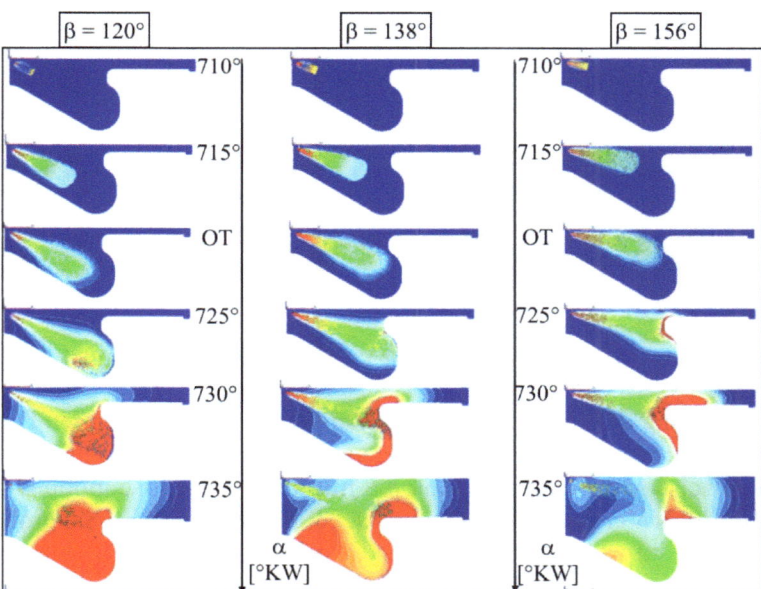

Bild 7.13 Simulation von Verbrennungsvorgängen

Bild 7.13 stellt die Annahmen und die Anwendungsbereiche eines solchen Simulationsprogramms sowie die Form der Ergebnisse dar. Durch Querschnitte im Brennraum an verschiedenen Stellen, oberhalb des Kolbens, kann die entstandene

Menge der Verbrennungsprodukte, Temperatur- und Druckgradienten sowie die einzelnen Abgaskomponenten in jedem Zeitschritt berechnet werden.

In Kolbenmotoren mit Fremdzündung (Ottomotoren) entstehen vorwiegend vorgemischte Flammen, wobei die Einleitungsreaktion von einer Zündquelle mit dafür ausreichender Temperatur – in klassischen Motoren eine Zündkerze – ausgelöst wird. Der Vorgang ist im Bild 7.14a) schematisch dargestellt.

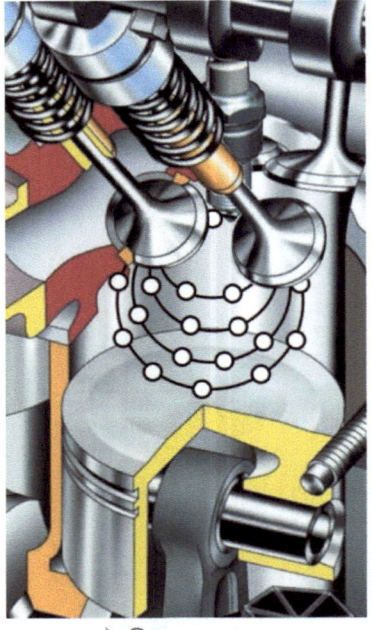
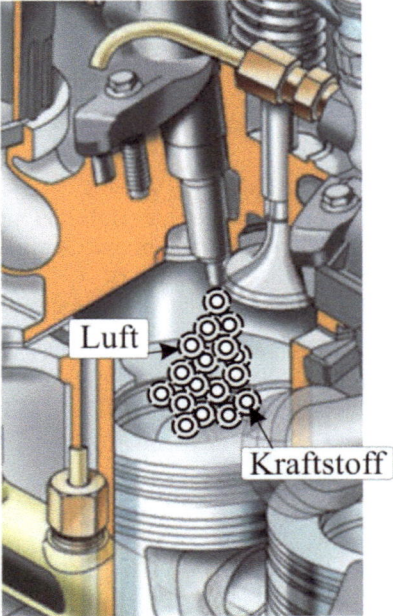

a) Ottomotor   b) Dieselmotor

Bild 7.14 Formen der Gemischbildung und Verbrennung in Otto- und Dieselmotoren

Die Fortpflanzung der Reaktion von der Zündquelle in den gesamten Brennraum erfolgt als Flammenfront, was ein homogenes, stöchiometrisches und isotrop verteiltes Gemisch voraussetzt. Bei Motoren mit äußerer Gemischbildung wird der Kraftstoff mittels Vergaser oder Niederdruckeinspritzsystem im Saugrohr auf die strömende Luft aufgetragen. Das vollständig gebildete Gemisch füllt während des Ladungswechsels meist den gesamten Zylinder – abgesehen von Restgaskernen oder Abgasrückführmengen – und wird vor Zündung komprimiert. Dadurch, dass der Kraftstoff alle Prozessabschnitte im Zylinder als Teil eines fertigen Gemisches mit Luft durchläuft, gilt die Bedingung der homogenen und stöchiometrischen Kraftstoffverteilung für alle im Brennraum befindlichen Luftanteile. Eine lastbedingte Senkung des Kraftstoffanteils hat somit die proportionale Senkung des Luftanteils zur Folge. Allgemein wird diese Lastanpassung durch Drosselung des

7.6 Verbrennungsformen in Otto- und Dieselmotoren

Gemisches vor Zylindereintritt realisiert. Zusätzlich zur Beeinträchtigung der Kreisprozessarbeit durch zunehmende Ladungswechselarbeit – wie im Kap. 5 dargestellt – bewirkt die Drosselung allgemein auch eine Senkung der Gemischdichte im Zylinder und folglich im Brennraum. Dadurch wird die Flammenfortpflanzung zum Teil gehemmt, was sich im Wirkungsgrad der Verbrennung und dadurch im gesamten thermischen Wirkungsgrad widerspiegelt.

Bei Ottomotoren mit innerer Gemischbildung durch Kraftstoffdirekteinspritzung kann dieser Nachteil grundsätzlich vermieden werden: der Kraftstoff wird dabei direkt in den Zylinder nach dem Ladungswechsel zwischen Abgas und reiner Luft eingespritzt. Dadurch wird es möglich, im Brennraum eine Ladungsschichtung zu gestalten, wobei eine Zone mit Zündquellenkontakt homogenes, stöchiometrisches Kraftstoff-Luft-Gemisch aufweist und sich in weiteren Zonen Luft in Überschuss bzw. Restabgas befindet. Die Verbrennung erfolgt nur im Luft-Kraftstoff-Gemisch, dadurch ist die Masse des Luftüberschusses belanglos für die Flammenfortpflanzung – eine lastabhängige Drosselung der Luft im Ansaugsystem ist dafür nicht mehr erforderlich. Die Gemischdichte im Brennraum bleibt demzufolge lastunabhängig, was den Verbrennungsvorgang begünstigt. Die Umsetzung dieses Potentials der inneren Gemischbildung hängt hauptsächlich von der gezielten, bei jeder Last und Drehzahl kontrollierbaren Gestaltung der Gemischzone ab, wofür die Homogenität und das stöchiometrische Verhältnis maßgebend sind.

In Kolbenmotoren mit Selbstzündung (Dieselmotoren) entstehen vorwiegend Diffusionsflammen, infolge der Reaktionseinleitung von der noch komprimierten und dadurch stark erwärmten Luft um die Kraftstofftropfen. Durch die niedrige innere Energie der Luft im Vergleich zu einer Fremdzündquelle bei Ottomotoren ist die Fortpflanzung der Verbrennungsreaktion vergleichsweise langsamer, was den Unterschied zwischen der theoretisch isobarer und isochorer Wärmezufuhr bei den zwei Prozessarten erklärt. Die Reaktionseinleitung von der erwärmten Luft im Zylinder erfordert andererseits keine feste Zündquelle, wodurch sich die Reaktion auch nicht mehr als Flammenfront fortpflanzen muss. Dadurch ist auch die homogene stöchiometrische Verteilung des Kraftstoffes in der Luft nicht mehr erforderlich, wie es im Bild 7.14b dargestellt ist. Es besteht generell die Bedingung, dass genug Luft um die Kraftstofftropfen vorhanden ist, um die Verbrennung einzuleiten, was die Tatsache erklärt, dass die Funktion eines Dieselmotors bei genau stöchiometrischem Verhältnis oder bei Luftmangel kaum möglich ist. Bei Dieselmotoren wird angesichts dieser Verbrennungsmerkmale nur die innere Gemischbildung angewendet. Sie erfolgt derzeit generell durch Direkteinspritzung – wie in den jeweiligen Darstellungen im Bild 7.15 ersichtlich ist.

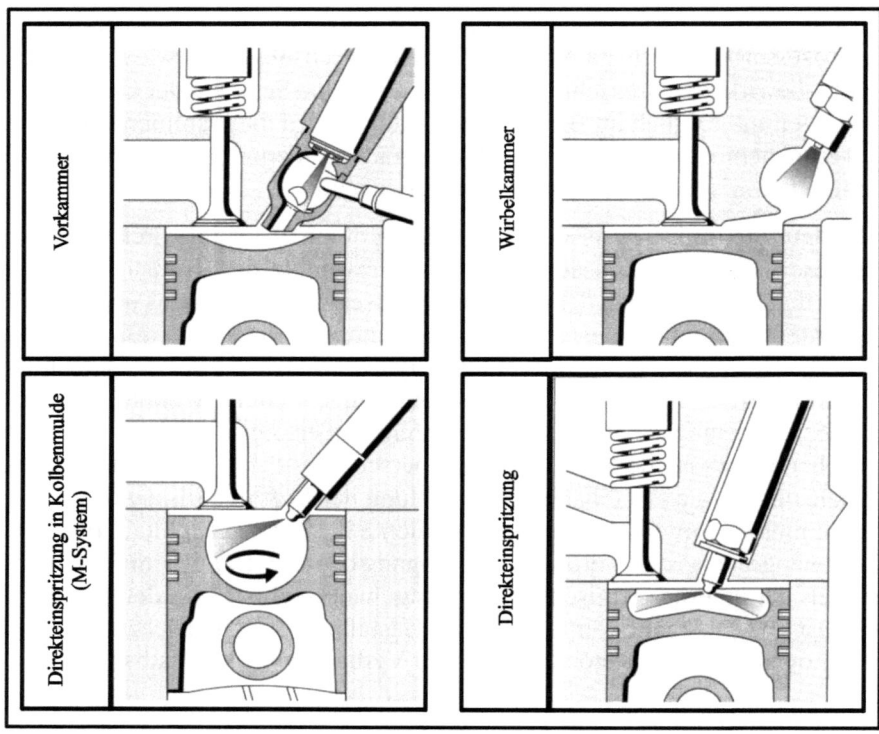

Bild 7.15 Gemischbildungskonzepte in selbstzündenden Motoren

Für eine intensivere Mischung wurden früher – insbesondere für schnelllaufende Automobilmotoren – Konfigurationen mit unterteiltem Brennraum verwendet. Während der Kompression wurde dabei ein Teil der Luft durch Bohrungen geleitet, wodurch ihre Geschwindigkeit zunahm, um eine starke Vermischung mit dem in die Kammer eingespritzten Kraftstoff zu erzielen. Die in der Kammer partiell eingeleitete Verbrennung des Gemisches mit Kraftstoffüberschuss wurde dann im Hauptbrennraum bei Einbeziehung des dort befindlichen Luftanteils fortgesetzt. Obgleich die Mischung durch die in die Kammer einströmende Luft und dann die Verbrennungsturbulenz durch die aus der Kammer austretende Flamme begünstigt wurden, zeigten solche Lösungen Nachteile in Bezug auf Druckverluste an der Drosselstelle und auf intensive Wärmeübertragung von der Flamme an die Kammerwand. Die vorteilhaftere Alternative ist die maßgebende Unterstützung der Gemischbildung durch den Kraftstoff selbst – durch Direkteinspritzung in den ungeteilten Brennraum. Eine Variante ist dabei die Einspritzung in eine Kolbenmulde mit Umlenkung des Kraftstoffs entsprechend dem Muldenprofil. Im Zusammenwirken mit einer Drallbewegung der angesaugten Luft durch die Form der Ansaugkanäle entsteht dabei eine intensive Verwirbelung, die sowohl die

7.6 Verbrennungsformen in Otto- und Dieselmotoren

Gemischbildung als auch die Verbrennung begünstigt. Mittels moderner Direkteinspritzsysteme, die Einspritzdrücke über 220 [MPa] erreichen, wird der Anteil der Luft an der Gemischbildung nicht mehr erforderlich: durch Bohrungen mit extrem geringen Durchmessern von Mehrlochdüsen wird der Kraftstoff bei ausreichender Zerstäubung gleichmäßig in den Brennraum verteilt. Der resultierende Verbrennungsablauf zeigt im Vergleich zu den anderen Varianten eindeutige Vorteile, was die verstärkte Weiterentwicklung dieses Konzeptes erklärt.

Die Kraftstoffdirekteinspritzung in Ottomotoren erfolgt bei einer wesentlich niedrigen Temperatur der Luft und der Brennraumwände, infolge des geringeren Verdichtungsverhältnisses im Vergleich zu Dieselmotoren. Die Kraftstoffzerstäubung wird von einer hohen Geschwindigkeit des Einspritzstrahls begünstigt, andererseits kann aber dadurch die Strahllänge zunehmen und den Aufprall von Kraftstofftropfen auf Brennraumwände verursachen. Der dadurch entstehende lokale Sauerstoffmangel führt zur unvollständigen Verbrennung. Demzufolge werden durch geeignete Brennraumkonfigurationen optimale Verhältnisse zwischen Kraftstoffzerstäubung und -verteilung gesucht. Im Bild 7.16 sind einige moderne Gemischbildungsverfahren bei Benzindirekteinspritzung aufgeführt.

Die zentrale Einspritzung hat beispielsweise die Vorteile einer guten Kraftstoffverteilung im Brennraum sowie eines ständigen Kontaktes des Strahlmantels mit der Zündkerze. Andererseits ist ein möglicher frontaler Aufprall des Strahles mit der Kolbenoberfläche von Nachteil für die Verbrennung. Darüber hinaus ist beim Kontakt des Strahlmantels mit der Zündkerze oft ein Kraftstoffüberschuss vorhanden, wodurch eine zum Teil unvollständige Verbrennung vorkommen kann. Die Umlenkung des Kraftstoffs in einer Kolbenmulde, wie im Bild 7.16 ebenfalls gezeigt – ähnlich der erwähnten Variante bei Dieselmotoren – führt zu einem günstigeren Kraftstoff-Luft-Verhältnis in der Zone der Zündquelle und verursacht zusätzlich einen Drall, der die Verbrennung begünstigt.

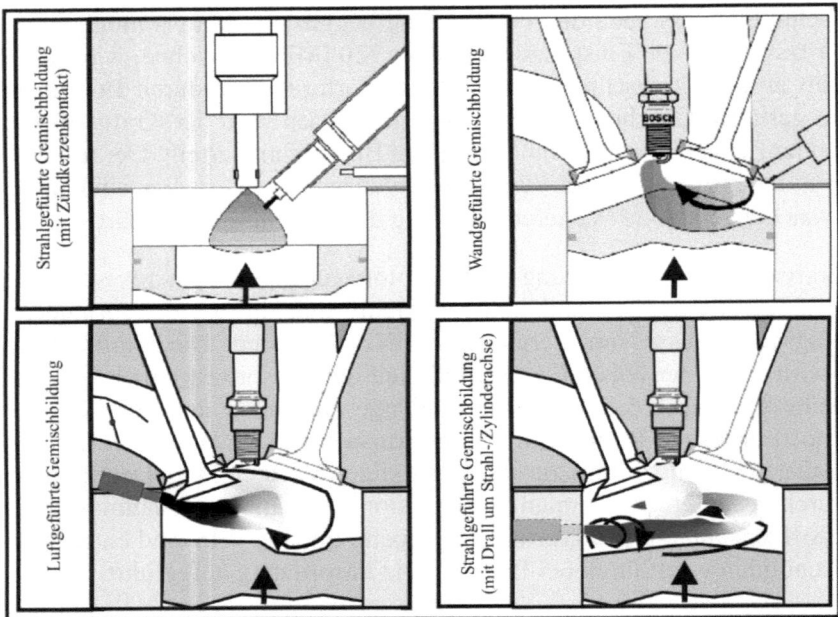

Bild 7.16 Strahl-, wand- und luftgeführte Gemischbildung mittels Direkteinspritzung in Ottomotoren

Allerdings sind dabei gegenüber der Dieselvariante zwei Voraussetzungen weitaus ungünstiger: der Kraftstoff hat durch den niedrigen Einspritzdruck von etwa 10 [MPa] eine geringere kinetische Energie, und die Oberfläche der Kolbenmulde hat durch das niedrige Verdichtungsverhältnis eine geringere Temperatur. Dadurch kommt es häufig zur Bildung eines Kraftstofffilms an der Muldenwand, wodurch die Verbrennung zum Teil unvollständig wird. Eine vorteilhafte Lösung ist, wie im Bild 7.16 weiter gezeigt, die Umlenkung des Kraftstoffstrahls durch eine gezielte Luftbewegung bei partieller Drosselung im Ansaugkanal, was in Teillastbereichen durchaus positive Auswirkungen hat. Weitaus günstiger ist die Gestaltung eines Dralls sowohl um die eigene Achse des Einspritzstrahls als auch im Brennraum, durch tangentiale Position der Einspritzdüse – wie in der letzten Darstellung im Bild 7.16 ersichtlich.

7.6 Verbrennungsformen in Otto- und Dieselmotoren 493

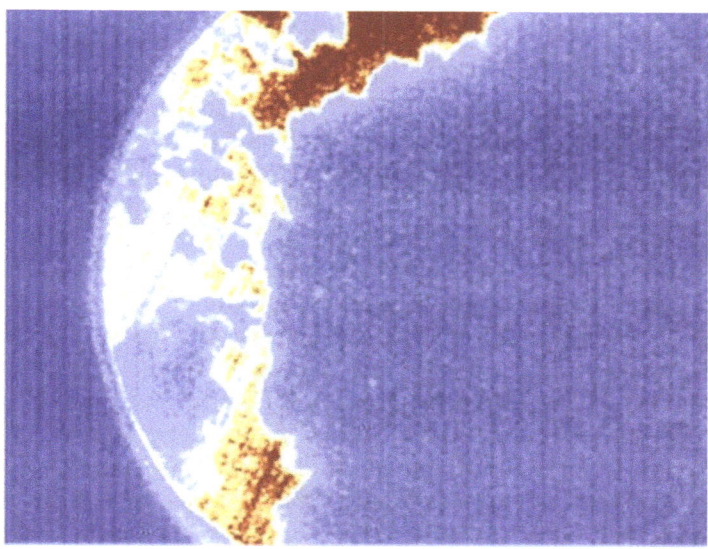

Bild 7.17 Klopfende Verbrennung im Brennraum eines Ottomotors

Die Verbrennung in Ottomotoren – insbesondere im Falle äußerer Gemischbildung – kann unter bestimmten Umständen in begrenzten Brennraumzonen unkontrolliert, mit weitaus höherer Geschwindigkeit – um 300 [m/s] – als bei der üblichen Flammenfortpflanzung – um 50-60 [m/s] – vorkommen. Dadurch verursachte lokale Druckspitzen pflanzen sich als Druckwellen in den gesamten Brennraum fort und verursachen starke Schwingungen – in einem Frequenzbereich von 7000 bis 10000 [Hz] – an Brennraumwänden, die als Klopfen bezeichnet werden. Im Bild 7.17 ist ein solcher Vorgang dargestellt. Die klopfende Verbrennung kann zu Motorstörungen führen. Eine Erklärung des Vorgangs ist, dass die Fortpflanzung der zunächst initiierten, normalen Verbrennung eine Kompression des noch nicht verbrannten Gemisches, insbesondere in den von der Zündquelle weit entfernten Zonen, verursacht. Ein lokaler Druck- und Temperaturanstieg führt zum schlagartigen Brechen von Kraftstoffmolekülen – insbesondere bei langen, kettenförmigen Verbindungen ohne Doppelbindung – wie beispielsweise beim Heptan. Hohe Kompressionstemperaturen durch Anstieg des Verdichtungsverhältnisses begünstigen einen solchen Vorgang. Durch klopfresistente Kraftstoffstrukturen (hohe Oktanzahl), durch relativ begrenztes Verdichtungsverhältnis und durch eine Brennraumgestaltung möglichst ohne enge Spalten werden Klopfvorgänge zum Teil umgangen. Die Direkteinspritzung hat in dieser Hinsicht eindeutige Vorteile: die Kraftstoffzufuhr auf die Luft erfolgt erst während der Kompression, wodurch die Zeit für seine Sensibilisierung kaum noch vorhanden ist; andererseits kann durch die Verteilung des Einspritzstrahls eine Durchdringung in engen Brennraumspalten, weit von der Zündquelle, vermieden werden. Eine besondere

Konsequenz dessen ist die Möglichkeit, das Verdichtungsverhältnis erheblich zu erhöhen, was Vorteile in Bezug auf den thermischen Wirkungsgrad hat.

Eine weitere Form der unkontrollierten Verbrennung in Ottomotoren entsteht durch die Selbstzündung des Gemisches unabhängig von der Zündquelle, allgemein an heißen oder glühenden Zonen an der Brennraumoberfläche. Dieser oft als Glühzündung bezeichnete Vorgang entwickelt sich etwa mit der Flammenfrontgeschwindigkeit einer normalen Verbrennung, was sie von der klopfenden Verbrennung unterscheidet. Die Selbstzündung wird zunehmend Gegenstand einer möglichst exakten Kontrolle und Steuerung auf Grund ihrer Vorteile bezüglich des thermischen Wirkungsgrades und der Schadstoffemission, insbesondere der NO, NO_2 Komponenten. Dabei wird in den meisten einschlägigen Verfahren versucht, exotherme Zentren, bestehend aus Kraftstofftropfen und stöchiometrisch erforderlichem Luftanteil, mit heißem Abgas zu umgeben. Bedingt durch die Ladungsmasse im Zylinder wird dafür in Teillastbereichen eines Ottomotors eine Drosselung der Frischladung im Ansaugsystem mit der Rückführung eines Abgasanteils aus dem Auslasskanal kombiniert. Durch die innere Energie des angrenzenden Abgases wird die Verbrennungsreaktion in den einzelnen exothermen Zentren eingeleitet. Die Tatsache, dass die innere Energie des Abgases weitaus niedriger als die Energie aus einer Fremdzündquelle ist, äußert sich zwar in einer niedrigen Verbrennungsgeschwindigkeit in jedem exothermen Zentrum; die Verbrennung findet jedoch gleichzeitig in zahlreichen Zentren statt.

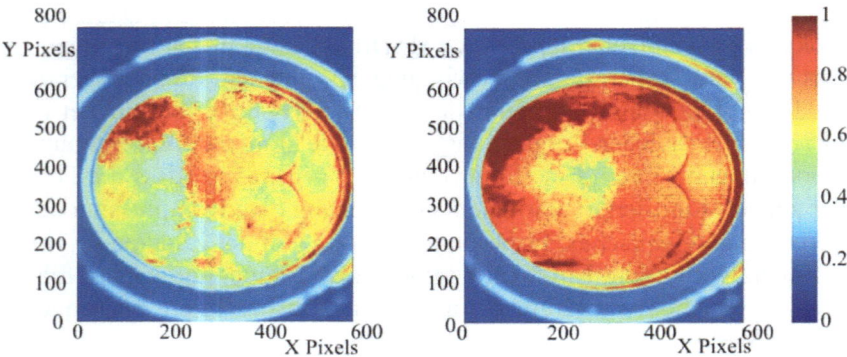

Bild 7.18 Selbstzündungsvorgang bei zwei unterschiedlichen Motordrehzahlen bei Teillast

Im Bild 7.18 ist ein solcher kontrollierter Selbstzündvorgang dargestellt. Dabei ist keine eindeutige Flammenfront zu erkennen, sondern vielmehr eine flächendeckende Reaktion. Durch die gleichzeitige Verbrennung in mehreren Zentren wird die globale Reaktionsgeschwindigkeit höher als im Falle der Fortpflanzung einer Flammenfront.

7.6 Verbrennungsformen in Otto- und Dieselmotoren

Die Vorteile in Bezug auf den thermodynamischen Prozess sind im Bild 7.19 dargestellt.

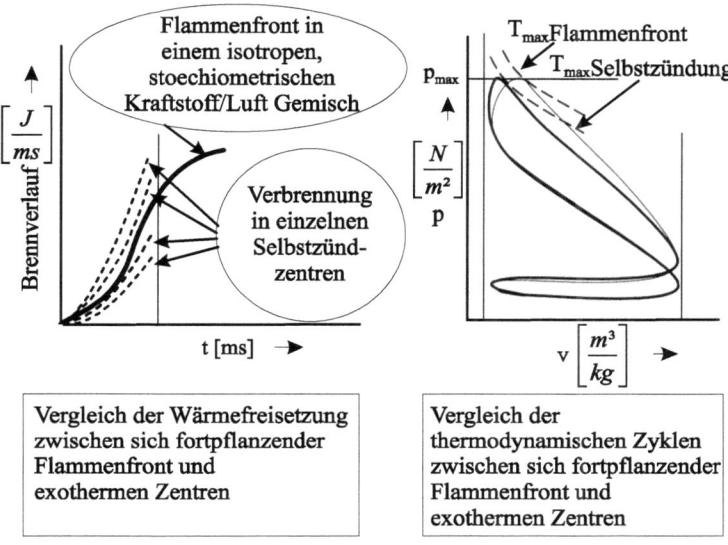

Bild 7.19 Thermodynamische Vorteile der kontrollierten Selbstzündung in Ottomotoren

Die höhere Reaktionsgeschwindigkeit äußert sich in einer steileren Zustandsänderung bei der Wärmezufuhr, die im p,v-Diagramm in Richtung einer Isochore tendiert. Bei einem betrachteten Verdichtungsverhältnis hat die isochore Wärmezufuhr den Vorteil eines hohen thermischen Wirkungsgrades. Andererseits, wird für den gleichen Maximaldruck im Prozess p_{max} eine niedrigere Maximaltemperatur T_{max} erreicht, was die Senkung der Dissoziationsprozesse und dabei der Emission NO, NO_2 erwarten lässt. Diese Vorteile werden durch zahlreiche Forschungsergebnisse nachgewiesen und bilden die Grundlage weiterer Entwicklungen.

Anwendungsbeispiele und Übungen zu Kapitel 7

Verbrennung

Ü 7.1 Es ist der stöchiometrische Luftbedarf für die Verbrennung von jeweils einem Kilogramm Methanol, Wasserstoff und Oktan zu berechnen.

Lösung:
$$\left(\frac{L}{K}\right)_{stoech} = 4{,}31(2{,}664c + 7{,}937h - o)\left[\frac{kg_{Luft}}{kgKst}\right]$$

(7.14)

Aus der Übersicht im Kap. 7.1 wird die molekulare Struktur der jeweiligen Kraftstoffe übernommen und daraus ihre elementare Struktur abgeleitet.

Es gilt:

Methanol: $CH_3OH \rightarrow CH_4O$

$1 \cdot 12 + 4 \cdot 1 + 1 \cdot 16 = 32$

(Die relativen Atommassen werden auf ganze Zahlen gerundet.)

Daraus resultiert:

$c = \dfrac{12}{32} = 0{,}375$

$h = \dfrac{4}{32} = 0{,}125$

$o = \dfrac{16}{32} = 0{,}5$

$\underline{L_{min} = 6{,}427 \left[kg_{Luft} / kg_{Methanol}\right]}$

Wasserstoff: H_2

$h = 1$

$c = o = s = 0$

$L_{min} = 34{,}208 \, [kg_{Luft} / kg_{Wasserstoff}]$

Oktan: C_8H_{18}

$8 \cdot 12 + 18 \cdot 1 = 114$

Daraus resultiert:

$c = \dfrac{96}{114} = 0{,}842$

$h = \dfrac{18}{114} = 0{,}158$

$o = s = 0$

$L_{min} = 15{,}073 \, [kg_{Luft} / kg_{Oktan}]$

Ü 7.2 Ein Ottomotor mit 2 Liter Zylindervolumen wird alternativ mit Benzin (als Oktan betrachtet), Wasserstoff und Methanol betrieben.

Aufgabe: Berechnung der stöchiometrisch erforderlichen Mengen von Benzin, Wasserstoff und Methanol für eine vollständige Verbrennung in diesem Motor bei Volllast (entsprechend der maximalen Zylinderfüllung mit Luft).

Angaben: Lufttemperatur: 15 [°C] / Luftdruck: 1 [bar]

Lösung: Aus **Ü 7.1** ist die erforderliche stöchiometrische Luftmasse für jeden dieser Kraftstoffe bekannt. Allerdings ist die Luftmasse je Arbeitsspiel in einem bestimmten Motor von seinem Zylindervolumen, dem atmosphärischen Zustand und der jeweiligen Zylinderfüllung bestimmt.

Es gilt:

$$pV = mRT \quad \rightarrow \quad m_{Luft} = \dfrac{pV}{RT} = \dfrac{1 \cdot 10^5 \cdot 2 \cdot 10^{-3}}{287{,}1 \cdot (273{,}15 + 15)}$$

$$m_{Luft} = 2{,}4175 \, [g]$$

Aus $\left(\dfrac{L}{K}\right)_{st}$ (Ü 7.1)resultiert:

Methanol: bei *6,47 [kg] Luft* für *1 [kg] Methanol*

$$\frac{2{,}4175 \cdot 10^{-3}}{6{,}427} = 0{,}376 \cdot 10^{-3}\,[kg] \to 0{,}376\,[g]\,Methanol$$

Wasserstoff: bei *34,3 [kg] Luft* für *1 [kg] Wasserstoff*

$$\frac{2{,}4175 \cdot 10^{-3}}{34{,}208} = 0{,}07067 \cdot 10^{-3}\,[kg] \to 0{,}07067\,[g]\,Wasserstoff$$

Benzin (Oktan): bei *15,073 [kg] Luft* für *1 [kg] Benzin*

$$\frac{2{,}4175 \cdot 10^{-3}}{15{,}03} = 0{,}1608 \cdot 10^{-3}\,[kg] \to 0{,}16\,[g]\,Benzin$$

Ü 7.3 Für die Kraftstoffe in der Ü 7.1 sind die volumenbezogenen Gemischheizwerte bei stöchiometrischer, vollständiger Verbrennung mit Luft in einem Ottomotor zu bestimmen.

Angaben: Dichte der Luft beim Ansaugen in den Zylinder: $\rho_L = 1{,}189\,\dfrac{kg}{m^3}$

- Wirkungsgrad der Verbrennung für alle Kraftstoffe gleich:
  $\eta_{Verbr} = 0{,}9$

- untere Heizwerte H_U:

  Methanol : $\quad 20\left[\dfrac{MJ}{kg}\right]$

  Wasserstoff : $\quad 120\left[\dfrac{MJ}{kg}\right]$

  Benzin (Oktan) : $\quad 44\left[\dfrac{MJ}{kg}\right]$

Lösung: $\quad H_g = \dfrac{H_U\,\rho_{Luft} \cdot \eta_{Verbr}}{\lambda\left(\dfrac{L}{K}\right)_{st}}$ (7.7c)

Methanol: $Hg = \dfrac{20 \cdot 1{,}189 \cdot 0{,}9}{1 \cdot 6{,}427} = 3{,}33 \left[\dfrac{MJ}{m^3}\right]$

Wasserstoff: $Hg = \dfrac{120 \cdot 1{,}189 \cdot 0{,}9}{1 \cdot 34{,}208} = 3{,}75 \left[\dfrac{MJ}{m^3}\right]$

Benzin (Oktan): $Hg = \dfrac{44 \cdot 1{,}189 \cdot 0{,}9}{1 \cdot 15{,}073} = 3{,}12 \left[\dfrac{MJ}{m^3}\right]$

Ü 7.4 Ein Automobil mit Ottomotor hat nach einem vorgegebenen Fahrzyklus einen Benzinstreckenverbrauch von 7 [Liter/100km].

Fragen:

1. Welche Abgasbestandteile und in welcher Menge resultieren aus der idealerweise stöchiometrischen, vollständigen Verbrennung einer Tankfüllung von 55 [l] Benzin?

2. Wie viel Kohlendioxid emittiert dieser Motor je gefahrenen Kilometer?

Angaben: Benzindichte: $0{,}736 \left[\dfrac{kg}{Liter}\right]$

Elementare Struktur des Benzins:

$c = 0{,}847 \left[\dfrac{kgC}{kgBenzin}\right]$

$h = 0{,}153 \left[\dfrac{kgH_2}{kgBenzin}\right]$

Lösung:

1. Aus der Bilanz einer stöchiometrischen, vollständigen Verbrennungsreaktion im Bild 7.6 resultiert:

$$\dfrac{c}{12} \cdot C + \dfrac{c}{12} \cdot O_2 \to \dfrac{c}{12} CO_2$$

$$\dfrac{h}{2} \cdot H_2 + \dfrac{h}{4} \cdot O_2 \to \dfrac{h}{2} H_2O$$

Daraus resultieren folgende Abgasbestandteile:

$CO_2:$ $\dfrac{0{,}847}{12} \cdot (1 \cdot 12 + 2 \cdot 16) = 3{,}1 \left[\dfrac{kgCO_2}{kg\,Benzin}\right]$

Anwendungsbeispiele und Übungen zu Kapitel 7

- aus 55 Liter Benzin: $3{,}1 \cdot 55 \cdot 0{,}736 = 125{,}71 \; [kg\, CO_2]$

$H_2O: \quad \dfrac{0{,}153}{2} \cdot (2 \cdot 1 + 1 \cdot 16) = 1{,}377 \left[\dfrac{kg\, H_2O}{kg\, Benzin} \right]$

- aus 55 Liter Benzin: $1{,}377 \cdot 55 \cdot 0{,}736 = 55{,}74 \; [kg\, H_2O]$

Außerdem befinden sich im Abgas – gem. Gl. (7.15) – die Luftkomponenten, die an der Verbrennung nicht teilnehmen.

$\left(\dfrac{L}{K}\right)_{st} - \left(\dfrac{O}{K}\right)_{st} = \left(\dfrac{L}{K}\right)_{st} - 0{,}232 \left(\dfrac{L}{K}\right)_{st} = 0{,}768 \left(\dfrac{L}{K}\right)_{st}$

$\left(\dfrac{L}{K}\right)_{st} = 4{,}31(2{,}664c + 7{,}937h - o)$ \hfill (7.14)

$\left(\dfrac{L}{K}\right)_{st} = 14{,}959 \left[\dfrac{kg\, Luft}{kg\, Benzin} \right]$

$N_2 = 0{,}768 \left(\dfrac{L}{K}\right)_{st} = 11{,}488 \left[\dfrac{kg\, N_2}{kg\, Benzin} \right]$

- entsprechend 55 Liter Benzin → *465,65 [kg N_2]*

Kontrolle:

Zugeführte Komponenten:

Benzin: $\quad 55 \cdot 0{,}736 \;\rightarrow\; 40{,}48 \;[kg]$
Luft: $14{,}959 \cdot 55 \cdot 0{,}736 \;\rightarrow\; 605{,}54 \;[kg]$
$\qquad\qquad\qquad\qquad\qquad\qquad 646{,}02 \;[kg]$

Abgeführte Komponenten:
$CO_2: \qquad \rightarrow \qquad 125{,}71 \;[kg]$
$H_2O: \qquad \rightarrow \qquad 55{,}74 \;[kg]$
$N_2: \qquad \rightarrow \qquad 465{,}05 \;[kg]$
$\qquad\qquad\qquad\qquad 646{,}5 \;[kg]$

2. CO_2: $3{,}1 \left[\dfrac{kg\, CO_2}{kg\, Benzin} \right]$

→ bei 7 [Liter Benzin/100km] → 0,07 [Liter Benzin] je [km]
$\quad 0{,}07 \cdot 0{,}736 = 0{,}05152 \; [kg\, Benzin]$

Daraus resultiert:

$$3{,}1 \cdot 0{,}05152 = 0{,}1597 \left[\frac{kg}{km}\right] \to 159{,}7 \left[\frac{g}{km}\right]$$

Kommentar: Die europäische Kommission plant eine geseztlich vorgeschriebene Reduzierung des Flotten-Dioxidausstoßes jedes Automobilherstellers auf 95 [gCO$_2$/km], was einen durchschnittlichen Benzinverbrauch der gesamten Fahrzeugmodelle auf 4,16 [l/100km] entspricht.

Ü 7.5 Ein Ottomotor wird alternativ mit Benzin und mit einem Kraftstoffgemisch aus 70% Benzin und 30% Methanol betrieben.

Aufgaben:

1. Ermittlung des analytischen Zusammenhanges zwischen dem Luft-Kraftstoff-Verhältnis bei der Verbrennung und der Konzentration der Abgaskomponenten CO$_2$, CO und O$_2$ (es wird dabei vorausgesetzt, dass Bestandteile wie C$_m$H$_n$, NO, NO$_2$ massenmäßig vernachlässigbar sind).

2. Graphische Darstellung des analytischen Zusammenhanges in einem Konzentrationsdiagramm mit den Achsen (O$_2$, CO$_2$) und den Parametern λ bzw. CO.

Angaben:

- elementare Struktur des Benzins:

  - $c = 0{,}8476 \left[\dfrac{kgC}{kgBenzin}\right]$; $h = 0{,}1435 \left[\dfrac{kgH_2}{kgBenzin}\right]$;

  - $r = 0{,}0089 \left[\dfrac{kgReste}{kgBenzin}\right]$

- Molekulare Struktur des Methanols: CH_3OH

- Molare Masse der Luft: $\overline{M}_{Luft} = 28{,}95 \left[\dfrac{kg}{kmol}\right]$

Anwendungsbeispiele und Übungen zu Kapitel 7

Lösung:

1. Die elementare Struktur des Methanols wird wie in Ü 7.1 aus seiner molekularen Struktur abgeleitet.

   Die elementaren Anteile des Benzins und des Gemisches Benzin/Methanol werden für eine bessere Übersicht tabellarisch zusammengefasst.

	Anteile des geg. Benzins	70% der Anteile des geg. Benzins	Anteile Methanol	30% der Anteile von Methanol	Anteile des geg. Kraftstoffes (Spalte 3+5)
c	0,8476	0,5929	03750	0,1125	0,7054
h	0,1435	0,1005	0,1250	0,0375	0,1380
o	0,0000	0,0000	0,5000	0,1500	0,1500
r	0,0089	0,0062	0,0000	0,0000	0,0062
Summe	1,0	0,7	1,0	0,3	1,0

$$\left(\frac{L}{K}\right)_{st} = 4,31 \cdot (2,664 \cdot c + 7,937 \cdot h - o) \quad (7.14)$$

Benzin:

$$\left(\frac{L}{K}\right)_{st} = 4,31 \cdot (2,664 \cdot 0,847 + 7,937 \cdot 0,1435)$$

$$\left(\frac{L}{K}\right)_{st} = 14,6366 \left[\frac{kg\,Luft}{kgKst}\right]$$

Gemisch: Benzin/Methanol

$$\left(\frac{L}{K}\right)_{st} = 4,31 \cdot (2,664 \cdot 0,7054 + 7,937 \cdot 0,138 - 0,15)$$

$$\left(\frac{L}{K}\right)_{st} = 12,175 \left[\frac{kg\,Luft}{kgKst}\right]$$

$$k_{max} = \frac{\dfrac{c}{12}}{\dfrac{c}{12} + 0{,}7901 \cdot \dfrac{\left(\dfrac{L}{K}\right)_{st}}{M}} \qquad (7.18)$$

Benzin:

$$k_{max} = \frac{\dfrac{0{,}847}{12}}{\dfrac{0{,}847}{12} + 0{,}7901 \cdot \dfrac{14{,}6366}{28{,}95}} = 0{,}15$$

Gemisch: Benzin/Methanol

$$k_{max} = \frac{\dfrac{0{,}7054}{12}}{\dfrac{0{,}7054}{12} + 0{,}7901 \cdot \dfrac{12{,}175}{28{,}95}} = 0{,}15$$

Für Benzin und Gemisch: $o_{max} = 0{,}2099$ \qquad (7.24)

Für die Berechnung der Sauerstoffkonzentration o und der Kohlendioxidkonzentration k mit den Parametern Luftverhältnis λ und Kohlenmonoxidkonzentration z werden die Gl. (7.32) und (7.34) nach λ bzw. z aufgelöst und gleichgestellt. Für die Schnittpunkte der resultierenden Funktionen auf den Diagrammachsen k, o gilt:

Parameter λ:

$$o = 0: \quad k = \frac{k_{max} + 2 \cdot (\lambda - 1) \cdot 0{,}21 \cdot \dfrac{\left(\dfrac{L}{K}\right)_{st} \dfrac{\overline{M}_{Luft}}{\overline{N}_{TP}}}{1}}{1 + (\lambda - 1) \cdot 0{,}79 \cdot \dfrac{\left(\dfrac{L}{K}\right)_{st} \overline{M}_{Luft}}{\overline{N}_{TP}}} \cdot 100 \, [Vol\%]$$

Anwendungsbeispiele und Übungen zu Kapitel 7

$$k = 0: \quad o = \frac{k_{max} + 2 \cdot (\lambda - 1) \cdot 0{,}21 \cdot \dfrac{\left(\dfrac{L}{K}\right)_{st}}{\dfrac{\overline{M}_{Luft}}{\overline{N}_{TP}}}}{k_{max} + 2 \cdot (\lambda - 1) \cdot \dfrac{\left(\dfrac{L}{K}\right)_{st}}{\dfrac{\overline{M}_{Luft}}{\overline{N}_{TP}}} + 2} \cdot 100 \, [Vol\%]$$

Dabei ist der Ausdruck nach Gl. (7.14) bzw. (7.16)

$$\frac{(L/K)_{st}}{\dfrac{\overline{M}_{Luft}}{\overline{N}_{TP}}} = \frac{\dfrac{(L/K)_{st}}{\overline{M}_{Luft}}}{\dfrac{c}{12} + 0{,}7901 \cdot \dfrac{(L/K)_{st}}{\overline{M}_{Luft}}}$$

$= 1{,}0757 \; Benzin$

$= 1{,}0754 \; Gemisch$

Der Wert kann mit ausreichender Genauigkeit als gleich für Benzin und Gemisch (Benzin/Methanol) angenommen werden.

Parameter z:

$o = 0:$

$$k = \left[\left(1 - \frac{z}{2}\right) \cdot \frac{k_{max}}{1 - \dfrac{z}{0{,}42 + z}}\right) - z\right] \cdot 100 \, [Vol\%]$$

$k = 0:$

$$o = \left[\frac{(0{,}42 + z) \cdot \left(\dfrac{k_{max}}{z} \cdot \left(1 - \dfrac{z}{2}\right) - 1\right) + z}{2 + 2 \cdot \left(\dfrac{k_{max}}{z} \cdot \left(1 - \dfrac{z}{2}\right) - 1\right)}\right] \cdot 100 \, [Vol\%]$$

Die abgeleiteten Ausdrücke für die Parameter λ und z sind für das Benzin und das Benzin/Methanol-Gemisch (70/30) praktisch identisch. Die Schnittpunkte für verschiedene Werte von λ und z werden tabellarisch zusammengefasst:

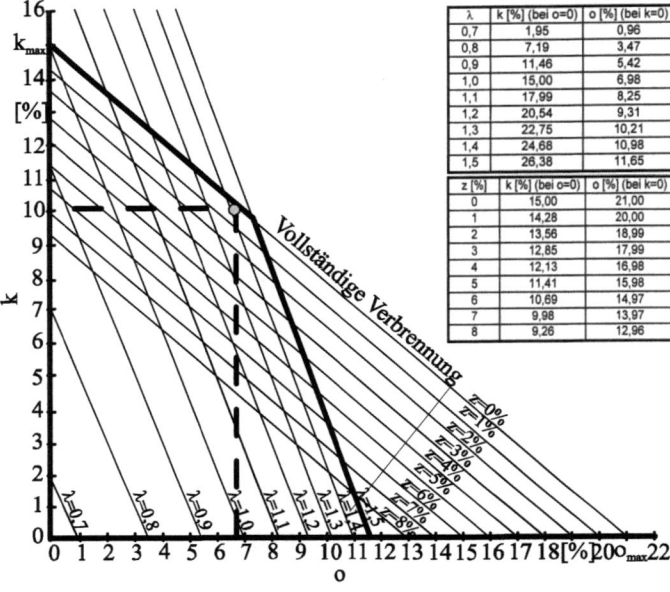

Bild Ü7. 5   Graphische Ermittlung des Luft-Kraftstoff-Verhältnisses bei der Verbrennung eines Benzins mit bekannter Zusammensetzung, aus den Konzentrationen von CO_2, CO und O_2 im Abgas

Kommentar: Die experimentelle Untersuchung der Abgaszusammensetzung des Viertakt-Ottomotors eines Personenwagens, bei Verwendung des aufgeführten Benzins, ergab folgende Messwerte in einem Teillastpunkt:

n $[min^{-1}]$	t_{Abgas} $[°C]$	CO_2 $[\%]$	O_2 $[\%]$	CO $[\%]$	NO_X $[ppm]$	C_mH_n $[ppm]$
3600	720	10,10	6,88	0,09	420	3,5

Die Werte der Emissionen von CO_2 und O_2 werden in das Diagramm eingetragen. Die gemessene CO Konzentration entspricht dem Wert, der sich im Diagramm aus der Interpolation zwischen $z = 0\,\%$ und $z = 1\,\%$ resultiert.

Für die Bilanz der Konzentrationen spielen die Konzentrationen von NO_X und C_mH_n keine Rolle.

Es gilt beispielsweise:

$$\frac{V_{CO_2}}{V_{C_mH_n}} = \frac{10{,}10 \cdot \frac{1}{10^2}}{3{,}5 \cdot \frac{1}{10^6}} = 28857$$

oder $\qquad \dfrac{V_{CO}}{V_{C_mH_n}} = \dfrac{0{,}09 \cdot \frac{1}{10^2}}{3{,}5 \cdot \frac{1}{10^6}} = 257{,}14$

Das Feld der praktisch möglichen Werte für λ und z ist im Diagramm durch die üblichen Zündgrenzen für $\lambda \in (0{,}7;1{,}5)$ und $z \geq 0$ eingegrenzt.

Fragen zu Kapitel 7

-zu beantworten ohne Unterlagen-
(Lösungen am Ende des Kapitels)

F 7.1 Leiten Sie den stöchiometrischen Luftbedarf [kg Luft/kg Kst] für die Verbrennung eines kg Erdgas (Methan) aus den entsprechenden Gleichungen der chemischen Reaktion ab! Wie ändert sich dieser Luftbedarf bei der Verbrennung von Methanol bzw. von Wasserstoff?

F 7.2 Ein Ottomotor mit gegebenem Zylindervolumen wird von Methan (CH_4) auf Wasserstoffbetrieb umgestellt. In welchem Verhältnis muss bei dieser Umstellung die zugeführte Wasserstoffmasse im Vergleich zur Masse des Methans geändert werden?

F 7.3 Welcher Unterschied besteht zwischen einem unteren Heizwert und einem Gemischheizwert in Bezug auf einen Kraftstoff? Geben Sie Wertebeispiele (Größenordnungen) für mindestens 3 Kraftstoffarten an!

F 7.4 Wie wird eine Schadstoffkomponente (Beispielsweise NO) aus der Verbrennung eines Kraftstoffs mit Luft in einem Kolbenmotor in Abhängigkeit der Temperatur, auf Basis von Reaktionsenthalpien prinzipiell berechnet?

F 7.5 Bei der Umstellung eines Ottomotors von Benzin (C_8H_{18}) auf Erdgas (CH_4) sinkt der Streckenkraftstoffverbrauch [kg/km] um 10%. In welchem Verhältnis sinkt dabei die Kohlendioxidemission [$kgCO_2$/km] im Falle einer vollständigen Verbrennung?

F 7.6 Welche Abgasbestandteile resultieren aus einer unvollständigen Verbrennung von Benzin mit Luftüberschuss? Unter welchen Umständen bilden sich dabei auch Stickoxide?

F 7.7 Wie wird der Luftbedarf eines Kraftstoffes bei stöchiometrischen Verhältnissen prinzipiell berechnet? Welche Größe muss angepasst werden, wenn ein Kolbenmotor mit gegebenem Hubvolumen von Benzin- auf Methanolbetrieb umgestellt wird und das Luftverhältnis beibehalten werden soll?

Aufgaben zu Kapitel 7

-zu Lösen mit Hilfe von Unterlagen-
(Lösungen am Ende des Kapitels)

A 7.1 Erstellen Sie die Mengenbilanz [kg] der Anfangs- und Endprodukte bei der stoechiometrischen Verbrennung eines Kilogramms Erdgas (Methan) mit Luft (Sauerstoffanteil in Luft, massenbezogen 23,2%). Wie ändert sich diese Bilanz bei der Umstellung von 1kg Erdgas auf 0,5 [kg] Wasserstoff?

A 7.2 Berechnen Sie die Mengen [kg] von Anfangs- und Endprodukten bei der vollständigen, stöchiometrischen Verbrennung mit Luft von jeweils 1 [kg]
7.2.1   Methanol (CH_3OH)
7.2.2   Ethanol (C_2H_5OH)

A 7.3 Ein Ottomotor wird von Benzin (C_8H_{18}) auf Ethanol (C_2H_5-OH) umgestellt.

Aufgaben:
7.3.1 Berechnung des Verhältnisses der zugeführten Ethanol- zur Benzinmenge bei stoechiometrischen Verhältnissen sowie bei gleicher Luftmenge in den Zylindern.
7.3.2 Berechnung der Mengenbilanz [kg] der Anfangs- und Endprodukte für einen Kraftstofftank mit 50 [kg] Benzin bzw. mit der Ethanolmenge entsprechend dem Verhältnis von Punkt 7.3.1.

A 7.4 Welche Bestandteile und in welcher Menge resultieren aus der vollständigen Verbrennung einer Tankfüllung von Benzin im Ottomotor eines Pkw?
Angaben: Tankvolumen 55 [l]; Benzindichte 0,736 [kg/m³]
c=0,847 [kgC/kgKst]; h=0,153 [kgH₂/kgKst]

A 7.5 Ein Kraftstoffgemisch aus 70% Benzin und 30% Methanol wird in einem Ottomotor bei stoechiometrischen Verhältnissen verbrannt.

Angaben:

kg/(kg Kst)	Kohlenstoff	Wasserstoff	Sauerstoff
Benzin	0,85	0,15	-
Methanol	0,375	0,125	0,5

Fragen: 7.5.1 Stoechiometrischer Luftbedarf (Mindestluftbedarf)

7.5.2 Abgaskomponenten und ihre jeweilige Masse die bei der Verbrennung von 1 [kg] des Kraftstoffgemisches entstehen

Lösungen zu den Fragen von Kapitel 7

F 7.1 Methan CH_4 – entsprechend $C_mH_nO_p$ → m=1, n=4, o=0

$$\frac{c}{12}C + \frac{c}{12}O_2 \to \frac{c}{12}CO_2$$

$$\frac{h}{2}H_2 + \frac{h}{2}\frac{1}{2}O_2 \to \frac{h}{2}H_2O$$

$$L_{min} = \left(\frac{c}{\overline{M_C}} + \frac{h}{2\cdot \overline{M_{H_2}}} - \frac{o}{\overline{M_{O_2}}}\right)\cdot \overline{M_{O_2}} \cdot \frac{1}{\xi_{O_2}}$$

$$c = \frac{m\cdot \overline{M_C}}{M_{Methan}} = \frac{m\cdot \overline{M_C}}{m\cdot \overline{M_C} + n\cdot \overline{M_H} + p\cdot \overline{M_O}}$$

$$c = \frac{1\cdot 12}{1\cdot 12 + 4\cdot 1 + 0\cdot 16} = \frac{3}{4}\left[\frac{kgC}{kgKst}\right]$$

$$h = \frac{n\cdot \overline{M_H}}{M_{Methan}} = \frac{n\cdot \overline{M_H}}{m\cdot \overline{M_C} + n\cdot \overline{M_H} + p\cdot \overline{M_O}}$$

$$h = \frac{4\cdot 1}{1\cdot 12 + 4\cdot 1 + 0\cdot 16} = 1 - \frac{3}{4} = \frac{1}{4}\left[\frac{kgH_2}{kgKst}\right]$$

$$o = 0$$

$$L_{min} = \left(\frac{3}{4}\cdot \frac{1}{12} + \frac{1}{4}\cdot \frac{1}{4} - 0\frac{1}{32}\right)\cdot 32 \cdot \frac{1}{0,232}$$

$$L_{min} = 17,24 \left[\frac{kgLuft}{kgKst}\right]$$

Methanol

$$L_{min} = \left(\frac{c}{\overline{M_C}} + \frac{h}{2 \cdot \overline{M_{H_2}}} - \frac{o}{\overline{M_{O_2}}}\right) \cdot \overline{M_{O_2}} \cdot \frac{1}{\xi_{O_2}}$$

$$c = \frac{m \cdot \overline{M_C}}{\overline{M_{Methanol}}} = \frac{m \cdot \overline{M_C}}{m \cdot \overline{M_C} + n \cdot \overline{M_H} + p \cdot \overline{M_O}}$$

$$c = \frac{1 \cdot 12}{1 \cdot 12 + 4 \cdot 1 + 1 \cdot 16} = \frac{3}{8} \left[\frac{kgC}{kgKst}\right]$$

$$h = \frac{n \cdot \overline{M_H}}{\overline{M_{Methanol}}} = \frac{n \cdot \overline{M_H}}{m \cdot \overline{M_C} + n \cdot \overline{M_H} + p \cdot \overline{M_O}}$$

$$h = \frac{4 \cdot 1}{1 \cdot 12 + 4 \cdot 1 + 1 \cdot 16} = \frac{1}{8} \left[\frac{kgH_2}{kgKst}\right]$$

$$o = 1 - c - h = \frac{1}{2} \left[\frac{kgO_2}{kgKst}\right]$$

$$L_{min} = \left(\frac{3}{8}\frac{1}{12} + \frac{1}{8}\frac{1}{4} - \frac{1}{2}\frac{1}{32}\right) \cdot 32 \cdot \frac{1}{0,232}$$

$$\underline{\underline{L_{min} = 6,47 \left[\frac{kgLuft}{kgKst}\right]}}$$

Wasserstoff

$$L_{min} = \left(\frac{c}{\overline{M_C}} + \frac{h}{2 \cdot \overline{M_{H_2}}} - \frac{o}{\overline{M_{O_2}}}\right) \cdot \overline{M_{O_2}} \cdot \frac{1}{\xi_{O_2}}$$

$$h = 1 \left[\frac{kgH_2}{kgKst}\right]$$

$$L_{min} = \left(0\frac{1}{12} + 1\frac{1}{4} - 0\frac{1}{32}\right) \cdot 32 \cdot \frac{1}{0,232}$$

$$\underline{\underline{L_{min} = 34,48 \left[\frac{kgLuft}{kgKst}\right]}}$$

F 7.2

$$L_{min\,Methan} = \left(\frac{c}{\overline{M_C}} + \frac{h}{2\cdot \overline{M_{H_2}}} - \frac{o}{\overline{M_{O_2}}}\right)\cdot \overline{M_{O_2}} \cdot \frac{1}{\xi_{O_2}}$$

$$c = \frac{m\cdot \overline{M_C}}{\overline{M_{Methan}}} = \frac{m\cdot \overline{M_C}}{m\cdot \overline{M_C} + n\cdot \overline{M_H} + p\cdot \overline{M_O}}$$

$$c = \frac{1\cdot 12}{1\cdot 12 + 4\cdot 1 + 0\cdot 16} = \frac{3}{4}\left[\frac{kgC}{kgKst}\right]$$

$$h = 1 - c = \frac{1}{4}\left[\frac{kgH_2}{kgKst}\right]$$

$$L_{min,Methan} = \left(\frac{3}{4}\cdot\frac{1}{12} + \frac{1}{4}\cdot\frac{1}{4} - 0\frac{1}{32}\right)\cdot 32 \cdot \frac{1}{0{,}232}$$

$$\underline{\underline{L_{min,Methan} = 17{,}24 \left[\frac{kgLuft}{kgKst}\right]}}$$

$$L_{min,Wasserstoff} = \left(\frac{c}{\overline{M_C}} + \frac{h}{2\cdot \overline{M_{H_2}}} - \frac{o}{\overline{M_{O_2}}}\right)\cdot \overline{M_{O_2}} \cdot \frac{1}{\xi_{O_2}}$$

$$h = 1 \left[\frac{kgH_2}{kgKst}\right]$$

$$L_{min,Wasserstoff} = \left(0\cdot\frac{1}{12} + 1\cdot\frac{1}{4} - 0\cdot\frac{1}{32}\right)\cdot 32 \cdot \frac{1}{0{,}232}$$

$$\underline{\underline{L_{min,Wasserstoff} = 34{,}48 \left[\frac{kgLuft}{kgKst}\right]}}$$

$$\frac{L_{min,Wasserstoff}}{L_{min,Methan}} = \frac{34{,}48}{17{,}24} = 2$$

Bei gleicher Luftmasse im gleichen Zylindervolumen gilt:

$$L_{min,Wasserstoff} = \frac{m_{Luft}}{m_{H_2}} \quad bzw. \quad L_{min,Methan} = \frac{m_{Luft}}{m_{Methan}}$$

$$\frac{m_{H_2}}{m_{Methan}} = \frac{L_{min,Methan}}{L_{min,Wasserstoff}} = \frac{1}{2}$$

Bei der Umstellung von Methan auf Wasserstoff muss die eingespritzte Kraftstoffmasse halbiert werden.

F 7.3   unterer Heizwert

$$H_U = H_O - \frac{m_W}{m_{Kst}} \cdot h_{verdwasser}$$

Gemischheizwert

$$H_G = \frac{H_U}{m_{Gem}} = \frac{H_U}{1 + \lambda \left(\frac{L}{K}\right)_{st}}$$

$\left[\dfrac{MJ}{kg}\right]$	H_U	H_G
Benzin	44	≈ 3
Methanol	20	≈ 3
Wasserstoff	120	≈ 3

F 7.4

$$NO \leftrightarrow \frac{1}{2} N_2 + \frac{1}{2} O_2$$

$$K_p = \left(\frac{P_G}{N_G}\right)^0 \frac{N^-{}_{NO}}{N^{1/2}{}_{N_2} \cdot N^{1/2}{}_{O_2}}$$

$$\ln K_p = -\frac{\Delta G_G}{\overline{R} T_{Verbr.}}$$

ΔG_G aus Tabellen für die jw. Stoffe (NO, N_2, O_2)

F 7.5 Benzin

$$\frac{c}{M_C}C + \frac{c}{M_C}O_2 \rightarrow \frac{c}{M_C}CO_2$$

$$c = \frac{m \cdot \overline{M_C}}{\overline{M_{Benzin}}} = \frac{m \cdot \overline{M_C}}{m \cdot \overline{M_C} + n \cdot \overline{M_H} + p \cdot \overline{M_O}}$$

$$c = \frac{8 \cdot 12}{8 \cdot 12 + 18 \cdot 1 + 0 \cdot 16} = \frac{96}{114} \left[\frac{kgC}{kgKst}\right]$$

$$\frac{m_{CO_2,Benzin}}{m_{Benzin}} = \left(\frac{c}{M_C} \cdot \overline{M_{CO_2}}\right) m_{Kst} = \frac{96}{114} \cdot \frac{1}{12}(1 \cdot 12 + 2 \cdot 16)$$

$$\frac{m_{CO_2,Benzin}}{m_{Benzin}} = 3{,}088 \left[\frac{kgCO_2}{kgBenzin}\right]$$

Methan (Erdgas)

$$\frac{c}{M_C}C + \frac{c}{M_C}O_2 \rightarrow \frac{c}{M_C}CO_2$$

$$c = \frac{m \cdot \overline{M_C}}{\overline{M_{Methan}}} = \frac{m \cdot \overline{M_C}}{m \cdot \overline{M_C} + n \cdot \overline{M_H} + p \cdot \overline{M_O}}$$

$$c = \frac{1 \cdot 12}{1 \cdot 12 + 4 \cdot 1 + 0 \cdot 16} = \frac{3}{4} \left[\frac{kgC}{kgKst}\right]$$

$$\frac{m_{CO_2,Methan}}{m_{Methan}} = \left(\frac{c}{M_C} \cdot \overline{M_{CO_2}}\right) m_{Kst} = \frac{3}{4} \cdot \frac{1}{12}(1 \cdot 12 + 2 \cdot 16)$$

$$\frac{m_{CO_2,Methan}}{m_{Methan}} = 2{,}75 \left[\frac{kgCO_2}{kgMethan}\right]$$

$$\frac{m_{CO_2,Methan}}{m_{CO_2,Benzin}} = \frac{\dfrac{m_{CO_2,Methan}}{m_{Methan}}}{\dfrac{m_{CO_2,Benzin}}{m_{Benzin}}} \cdot \frac{m_{Methan}}{m_{Benzin}} \qquad mit \quad \frac{m_{Methan}}{m_{Benzin}} = 0,9$$

$$\frac{m_{CO_2,Methan}}{m_{CO_2,Benzin}} = \frac{2,75}{3,088} \cdot 0,9$$

$$\underline{\underline{\frac{m_{CO_2,Methan}}{m_{CO_2,Benzin}} = 0,80}}$$

F 7.6 CO_2, CO, C_mH_n, N_2, O_2

Stickoxide entstehen hauptsächlich, wenn bei der Verbrennung die Dissoziationstemperatur von Stickstoff überschritten wird (T>2000 [K]).

NO, NO_2, N_2O

F 7.7

$$L_{min\,Benzin} = \left(\frac{c}{\overline{M_C}} + \frac{h}{2 \cdot \overline{M_{H_2}}} - \frac{o}{\overline{M_{O_2}}}\right) \cdot \overline{M_{O_2}} \cdot \frac{1}{\xi_{O_2}}$$

$$c = \frac{m \cdot \overline{M_C}}{\overline{M_{Benzin}}} = \frac{m \cdot \overline{M_C}}{m \cdot \overline{M_C} + n \cdot \overline{M_H} + p \cdot \overline{M_O}}$$

$$c = \frac{8 \cdot 12}{8 \cdot 12 + 18 \cdot 1 + 0 \cdot 16} = \frac{16}{19} \left[\frac{kgC}{kgKst}\right]$$

$$h = \frac{n \cdot \overline{M_H}}{\overline{M_{Benzin}}} = \frac{n \cdot \overline{M_H}}{m \cdot \overline{M_C} + n \cdot \overline{M_H} + p \cdot \overline{M_O}}$$

$$h = 1 - c = \frac{3}{19} \left[\frac{kgH_2}{kgKst}\right]$$

$$L_{min,Benzin} = \left(\frac{16}{19} \cdot \frac{1}{12} + \frac{3}{19} \cdot \frac{1}{4} - 0\frac{1}{32}\right) \cdot 32 \cdot \frac{1}{0,232}$$

$$L_{min,Benzin} = 15{,}12 \left[\frac{kgLuft}{kgKst}\right]$$

$$L_{min,Methanol} = \left(\frac{c}{\overline{M_C}} + \frac{h}{2 \cdot \overline{M_{H_2}}} - \frac{o}{\overline{M_{O_2}}}\right) \cdot \overline{M_{O_2}} \cdot \frac{1}{\xi_{O_2}}$$

$$c = \frac{m \cdot \overline{M_C}}{\overline{M_{Methanol}}} = \frac{m \cdot \overline{M_C}}{m \cdot \overline{M_C} + n \cdot \overline{M_H} + p \cdot \overline{M_O}}$$

$$c = \frac{1 \cdot 12}{1 \cdot 12 + 4 \cdot 1 + 1 \cdot 16} = \frac{3}{8} \left[\frac{kgC}{kgKst}\right]$$

$$h = \frac{n \cdot \overline{M_H}}{\overline{M_{Methanol}}} = \frac{n \cdot \overline{M_H}}{m \cdot \overline{M_C} + n \cdot \overline{M_H} + p \cdot \overline{M_O}}$$

$$h = \frac{4 \cdot 1}{1 \cdot 12 + 4 \cdot 1 + 1 \cdot 16} = \frac{1}{8} \left[\frac{kgH_2}{kgKst}\right]$$

$$o = 1 - c - h = \frac{1}{2} \left[\frac{kgO_2}{kgKst}\right]$$

$$L_{min,Methanol} = \left(\frac{3}{8} \cdot \frac{1}{12} + \frac{1}{8} \cdot \frac{1}{4} - \frac{1}{2} \cdot \frac{1}{32}\right) \cdot 32 \cdot \frac{1}{0{,}232}$$

$$L_{min,Methanol} = 6{,}47 \left[\frac{kgLuft}{kgKst}\right]$$

$$\left(\frac{m_{Methanol}}{m_{Benzin}}\right)_{st} = \frac{L_{min,Benzin}}{L_{min,Methanol}} = \frac{15{,}12}{6{,}47}$$

$$\left(\frac{m_{Methanol}}{m_{Benzin}}\right)_{st} = 2{,}339$$

Bei der Umstellung von Benzin auf Methanol muss 2,339mal mehr Ethanol eingespritzt werden um in einem gleichbleibenden Brennraum (V=konst. → m_{Luft} = konst) eine stöchiometrische Verbrennung zu gewährleisten.

Lösungen zu den Aufgaben von Kapitel 7

A 7.1 7.1.1 Massebilanz der Methanoxidation mit Luft

Masse der Edukte (Kraftstoff und Luft)

$\underline{m_{Kst} = 1 \; [kg]}$

$m_{Luft} = m_{Kst} \cdot L_{min}$

$$L_{min} = \left(\frac{c}{\overline{M_C}} + \frac{h}{2 \cdot \overline{M_{H_2}}} - \frac{o}{\overline{M_{O_2}}} \right) \cdot \overline{M_{O_2}} \cdot \frac{1}{\xi_{O_2}}$$

$$c = \frac{m \cdot \overline{M_C}}{M_{Methan}} = \frac{m \cdot \overline{M_C}}{m \cdot \overline{M_C} + n \cdot \overline{M_H} + p \cdot \overline{M_O}}$$

$$c = \frac{1 \cdot 12}{1 \cdot 12 + 4 \cdot 1 + 0 \cdot 16} = \frac{3}{4} \left[\frac{kgC}{kgKst} \right]$$

$$h = \frac{n \cdot \overline{M_H}}{M_{Methan}} = \frac{n \cdot \overline{M_H}}{m \cdot \overline{M_C} + n \cdot \overline{M_H} + p \cdot \overline{M_O}}$$

$$h = \frac{4 \cdot 1}{1 \cdot 12 + 4 \cdot 1 + 0 \cdot 16} = 1 - \frac{3}{4} = \frac{1}{4} \left[\frac{kgH_2}{kgKst} \right]$$

$o = 0$

$$L_{min} = \left(\frac{3}{4} \cdot \frac{1}{12} + \frac{1}{4} \cdot \frac{1}{4} - 0\frac{1}{32} \right) \cdot 32 \cdot \frac{1}{0,232}$$

$$L_{min} = 17,24 \; \left[\frac{kgLuft}{kgKst} \right]$$

$m_{Luft} = 1 \cdot 17,24$

$\underline{m_{Luft} = 17,24 \; [kgLuft]}$

Masse der Produkte

$$m_{Edukte} = m_{Luft} + m_{Kst} = 18{,}24 \; [kg]$$

$$C + O_2 \rightarrow CO_2$$

$$\frac{c}{M_C} C + \frac{c}{M_C} O_2 \rightarrow \frac{c}{M_C} CO_2$$

$$m_{CO_2} = \left(\frac{c}{M_C} \cdot \overline{M_{CO_2}}\right) m_{Kst} = \frac{3}{4} \cdot \frac{1}{12}(1 \cdot 12 + 2 \cdot 16) \cdot 1$$

$$m_{CO_2} = 2{,}75 \; [kgCO_2]$$

$$H_2 + \frac{1}{2} O_2 \rightarrow H_2O$$

$$\frac{h}{M_{H_2}} H_2 + \frac{h}{M_{H_2}} \frac{1}{2} O_2 \rightarrow \frac{h}{M_{H_2}} H_2O$$

$$m_{H_2O} = \left(\frac{h}{M_{H_2}} \cdot \overline{M_{H_2O}}\right) m_{Kst} = \frac{1}{4} \cdot \frac{1}{2}(2 \cdot 1 + 1 \cdot 16) \cdot 1$$

$$m_{H_2O} = 2{,}25 \; [kgH_2O]$$

$$m_{N_2} = (1 - \xi_{O_2}) L_{min} \cdot m_{Kst}$$

$$m_{N_2} = (1 - 0{,}232) \cdot 17{,}24 \cdot 1$$

$$m_{N_2} = 13{,}24 \; [kgN_2]$$

$$m_{Produkte} = m_{CO_2} + m_{H_2O} + m_{N_2} = 18{,}24 \; [kg]$$

$$\boldsymbol{m_{Edukte} \equiv m_{Produkte}}!!!$$

7.1.2 Massebilanz der Wasserstoffoxidation mit Luft

Masse der Edukte (Kraftstoff und Luft)

$$m_{Kst} = 0{,}5 \; [kg]$$

$$m_{Luft} = m_{Kst} \cdot L_{min}$$

Lösungen zu den Aufgaben von Kapitel 7

$$L_{min} = \left(\frac{c}{M_C} + \frac{h}{2 \cdot M_{H_2}} - \frac{o}{M_{O_2}}\right) \cdot \overline{M_{O_2}} \cdot \frac{1}{\xi_{O_2}}$$

$$h = 1 \left[\frac{kgH_2}{kgKst}\right]$$

$$L_{min} = \left(0\frac{1}{12} + 1\frac{1}{4} - 0\frac{1}{32}\right) \cdot 32 \cdot \frac{1}{0{,}232}$$

$$L_{min} = 34{,}48 \left[\frac{kgLuft}{kgKst}\right]$$

$$m_{Luft} = 0{,}5 \cdot 34{,}48$$

$$\underline{\underline{m_{Luft} = 17{,}24 \; [kgLuft]}}$$

$$\underline{\underline{m_{Edukte} = m_{Luft} + m_{Kst} = 17{,}74 \; [kg]}}$$

Masse der Produkte

$$C + O_2 \rightarrow CO_2$$

$$\frac{c}{M_C}C + \frac{c}{M_C}O_2 \rightarrow \frac{c}{M_C}CO_2$$

$$m_{CO_2} = \left(\frac{c}{M_C} \cdot \overline{M_{CO_2}}\right)m_{Kst} = 0\frac{1}{12}(1 \cdot 12 + 2 \cdot 16) \cdot 0{,}5$$

$$\underline{\underline{m_{CO_2} = 0 \; [kgCO_2]}}$$

$$H_2 + \frac{1}{2}O_2 \rightarrow H_2O$$

$$\frac{h}{M_{H_2}}H_2 + \frac{h}{M_{H_2}}\frac{1}{2}O_2 \rightarrow \frac{h}{M_{H_2}}H_2O$$

$$m_{H_2O} = \left(\frac{h}{M_{H_2}} \cdot \overline{M_{H_2O}}\right)m_{Kst} = 1 \cdot \frac{1}{2}(2 \cdot 1 + 1 \cdot 16) \cdot 0{,}5$$

$$\underline{\underline{m_{H_2O} = 4{,}5 \; [kgH_2O]}}$$

$$m_{N_2} = (1 - \xi_{O_2})L_{min} \cdot m_{Kst}$$

$$m_{N_2} = (1-0{,}232) \cdot 34{,}48 \cdot 0{,}5$$

$$\underline{\underline{m_{N_2} = 13{,}24 \; [kgN_2]}}$$

$$\underline{\underline{m_{Produkte} = m_{CO_2} + m_{H_2O} + m_{N_2} = 17{,}74 \; [kg]}}$$

$$\mathbf{m_{Edukte} \equiv m_{Produkte}!!!}$$

A 7.2   7.2.1 Massebilanz der Methanoloxidation mit Luft

Masse der Edukte (Kraftstoff und Luft)

$$\underline{\underline{m_{Kst} = 1 \; [kg]}}$$

$$m_{Luft} = m_{Kst} \cdot L_{min}$$

$$L_{min} = \left(\frac{c}{\overline{M_C}} + \frac{h}{2 \cdot \overline{M_{H_2}}} - \frac{o}{\overline{M_{O_2}}} \right) \cdot \overline{M_{O_2}} \cdot \frac{1}{\xi_{O_2}}$$

$$c = \frac{m \cdot \overline{M_C}}{M_{Methanol}} = \frac{m \cdot \overline{M_C}}{m \cdot \overline{M_C} + n \cdot \overline{M_H} + p \cdot \overline{M_O}}$$

$$c = \frac{1 \cdot 12}{1 \cdot 12 + 4 \cdot 1 + 1 \cdot 16} = \frac{3}{8} \; \left[\frac{kgC}{kgKst}\right]$$

$$h = \frac{n \cdot \overline{M_H}}{M_{Methanol}} = \frac{n \cdot \overline{M_H}}{m \cdot \overline{M_C} + n \cdot \overline{M_H} + p \cdot \overline{M_O}}$$

$$h = \frac{4 \cdot 1}{1 \cdot 12 + 4 \cdot 1 + 1 \cdot 16} = \frac{1}{8} \; \left[\frac{kgH_2}{kgKst}\right]$$

$$o = 1 - c - h = \frac{1}{2} \; \left[\frac{kgO_2}{kgKst}\right]$$

$$L_{min} = \left(\frac{3}{8}\frac{1}{12} + \frac{1}{8}\frac{1}{4} - \frac{1}{2}\frac{1}{32} \right) \cdot 32 \cdot \frac{1}{0{,}232}$$

$$L_{min} = 6{,}47 \; \left[\frac{kgLuft}{kgKst}\right]$$

$$m_{Luft} = 1 \cdot 6{,}47$$

Lösungen zu den Aufgaben von Kapitel 7

$$\underline{\underline{m_{Luft} = 6{,}47 \; [kgLuft]}}$$

$$\underline{\underline{m_{Edukte} = m_{Luft} + m_{Kst} = 7{,}47 \; [kg]}}$$

Masse der Produkte

$$C + O_2 \rightarrow CO_2$$

$$\frac{c}{M_C} C + \frac{c}{M_C} O_2 \rightarrow \frac{c}{M_C} CO_2$$

$$m_{CO_2} = \left(\frac{c}{M_C} \cdot \overline{M_{CO_2}}\right) m_{Kst} = \frac{3}{8} \cdot \frac{1}{12}(1 \cdot 12 + 2 \cdot 16) \cdot 1$$

$$\underline{\underline{m_{CO_2} = 1{,}375 \; [kgCO_2]}}$$

$$H_2 + \frac{1}{2}O_2 \rightarrow H_2O$$

$$\frac{h}{M_{H_2}} H_2 + \frac{h}{M_{H_2}} \frac{1}{2} O_2 \rightarrow \frac{h}{M_{H_2}} H_2O$$

$$m_{H_2O} = \left(\frac{h}{M_{H_2}} \cdot \overline{M_{H_2O}}\right) m_{Kst} = \frac{1}{8} \cdot \frac{1}{2}(2 \cdot 1 + 1 \cdot 16) \cdot 1$$

$$\underline{\underline{m_{H_2O} = 1{,}125 \; [kgH_2O]}}$$

$$m_{N_2} = (1 - \xi_{O_2})L_{min} \cdot m_{Kst}$$

$$m_{N_2} = (1 - 0{,}232) \cdot 6{,}47 \cdot 1$$

$$\underline{\underline{m_{N_2} = 4{,}97 \; [kgN_2]}}$$

$$\underline{\underline{m_{Produkte} = m_{CO_2} + m_{H_2O} + m_{N_2} = 7{,}47 \; [kg]}}$$

$$\boldsymbol{m_{Edukte} \equiv m_{Produkte}}\textbf{!!!}$$

7.2.2 Massebilanz der Ethanoloxidation mit Luft

Masse der Edukte (Kraftstoff und Luft)

$$\underline{\underline{m_{Kst} = 1 \; [kg]}}$$

$$m_{Luft} = m_{Kst} \cdot L_{min}$$

$$L_{min} = \left(\frac{c}{\overline{M_C}} + \frac{h}{2 \cdot \overline{M_{H_2}}} - \frac{o}{\overline{M_{O_2}}} \right) \cdot \overline{M_{O_2}} \cdot \frac{1}{\xi_{O_2}}$$

$$c = \frac{m \cdot \overline{M_C}}{M_{Ethanol}} = \frac{m \cdot \overline{M_C}}{m \cdot \overline{M_C} + n \cdot \overline{M_H} + p \cdot \overline{M_O}}$$

$$c = \frac{2 \cdot 12}{2 \cdot 12 + 6 \cdot 1 + 1 \cdot 16} = \frac{12}{23} \left[\frac{kgC}{kgKst} \right]$$

$$h = \frac{n \cdot \overline{M_H}}{M_{Ethanol}} = \frac{n \cdot \overline{M_H}}{m \cdot \overline{M_C} + n \cdot \overline{M_H} + p \cdot \overline{M_O}}$$

$$h = \frac{6 \cdot 1}{2 \cdot 12 + 6 \cdot 1 + 1 \cdot 16} = = \frac{3}{23} \left[\frac{kgH_2}{kgKst} \right]$$

$$o = 1 - c - h = \frac{8}{23} \left[\frac{kgO_2}{kgKst} \right]$$

$$L_{min} = \left(\frac{12}{23} \cdot \frac{1}{12} + \frac{3}{23} \cdot \frac{1}{4} - \frac{8}{23} \cdot \frac{1}{32} \right) \cdot 32 \cdot \frac{1}{0,232}$$

$$L_{min} = 9,0 \left[\frac{kgLuft}{kgKst} \right]$$

$$m_{Luft} = 1 \cdot 9,0$$
$$\underline{\underline{m_{Luft} = 9,0 \; [kgLuft]}}$$
$$\underline{\underline{m_{Edukte} = m_{Luft} + m_{Kst} = 10,0 \; [kg]}}$$

Masse der Produkte

$$C + O_2 \rightarrow CO_2$$

$$\frac{c}{\overline{M_C}} C + \frac{c}{\overline{M_C}} O_2 \rightarrow \frac{c}{\overline{M_C}} CO_2$$

$$m_{CO_2} = \left(\frac{c}{\overline{M_C}} \cdot \overline{M_{CO_2}} \right) m_{Kst} = \frac{12}{23} \cdot \frac{1}{12} (1 \cdot 12 + 2 \cdot 16) \cdot 1$$

$$\underline{\underline{m_{CO_2} = 1,913 \; [kgCO_2]}}$$

Lösungen zu den Aufgaben von Kapitel 7   525

$$H_2 + \frac{1}{2}O_2 \rightarrow H_2O$$

$$\frac{h}{M_{H_2}}H_2 + \frac{h}{M_{H_2}}\frac{1}{2}O_2 \rightarrow \frac{h}{M_{H_2}}H_2O$$

$$m_{H_2O} = \left(\frac{h}{M_{H_2}} \cdot \overline{M_{H_2O}}\right)m_{Kst} = \frac{3}{23} \cdot \frac{1}{2}(2 \cdot 1 + 1 \cdot 16) \cdot 1$$

$$\underline{\underline{m_{H_2O} = 1{,}174 \; [kgH_2O]}}$$

$$m_{N_2} = (1 - \xi_{O_2})L_{min} \cdot m_{Kst}$$

$$m_{N_2} = (1 - 0{,}232) \cdot 9{,}0 \cdot 1$$

$$\underline{\underline{m_{N_2} = 6{,}913 \; [kgN_2]}}$$

$$m_{\text{Produkte}} = m_{CO_2} + m_{H_2O} + m_{N_2} = 10{,}0 \; [kg]$$

$$\boldsymbol{m_{Edukte} \equiv m_{Produkte}!!!}$$

A 7.3 7.3.1 Verhältnis der eingespritzten Kraftstoffmassen bei stöchiometrischen Verhältnissen

$$\left(\frac{m_{Ethanol}}{m_{Benzin}}\right)_{st} = \frac{L_{min,Benzin}}{L_{min,Ethanol}}$$

$$L_{min\,Benzin} = \left(\frac{c}{M_C} + \frac{h}{2 \cdot M_{H_2}} - \frac{o}{M_{O_2}}\right) \cdot \overline{M_{O_2}} \cdot \frac{1}{\xi_{O_2}}$$

$$c = \frac{m \cdot \overline{M_C}}{\overline{M_{Benzin}}} = \frac{m \cdot \overline{M_C}}{m \cdot \overline{M_C} + n \cdot \overline{M_H} + p \cdot \overline{M_O}}$$

$$c = \frac{8 \cdot 12}{8 \cdot 12 + 18 \cdot 1 + 0 \cdot 16} = \frac{16}{19}\left[\frac{kgC}{kgKst}\right]$$

$$h = \frac{n \cdot \overline{M_H}}{\overline{M_{Benzin}}} = \frac{n \cdot \overline{M_H}}{m \cdot \overline{M_C} + n \cdot \overline{M_H} + p \cdot \overline{M_O}}$$

$$h = 1 - c = \frac{3}{19} \left[\frac{kgH_2}{kgKst} \right]$$

$$L_{min,Benzin} = \left(\frac{16}{19} \cdot \frac{1}{12} + \frac{3}{19} \cdot \frac{1}{4} - 0\frac{1}{32} \right) \cdot 32 \cdot \frac{1}{0,232}$$

$$L_{min,Benzin} = 15,12 \left[\frac{kgLuft}{kgKst} \right]$$

$$L_{min,Ethanol} = \left(\frac{c}{\overline{M_C}} + \frac{h}{2 \cdot \overline{M_{H_2}}} - \frac{o}{\overline{M_{O_2}}} \right) \cdot \overline{M_{O_2}} \cdot \frac{1}{\xi_{O_2}}$$

$$c = \frac{m \cdot \overline{M_C}}{\overline{M_{Ethanol}}} = \frac{m \cdot \overline{M_C}}{m \cdot \overline{M_C} + n \cdot \overline{M_H} + p \cdot \overline{M_O}}$$

$$c = \frac{2 \cdot 12}{2 \cdot 12 + 6 \cdot 1 + 1 \cdot 16} = \frac{12}{23} \left[\frac{kgC}{kgKst} \right]$$

$$h = \frac{n \cdot \overline{M_H}}{\overline{M_{Ethanol}}} = \frac{n \cdot \overline{M_H}}{m \cdot \overline{M_C} + n \cdot \overline{M_H} + p \cdot \overline{M_O}}$$

$$h = \frac{6 \cdot 1}{2 \cdot 12 + 6 \cdot 1 + 1 \cdot 16} = = \frac{3}{23} \left[\frac{kgH_2}{kgKst} \right]$$

$$o = 1 - c - h = \frac{8}{23} \left[\frac{kgO_2}{kgKst} \right]$$

$$L_{min,Ethanol} = \left(\frac{12}{23} \cdot \frac{1}{12} + \frac{3}{23} \cdot \frac{1}{4} - \frac{8}{23} \cdot \frac{1}{32} \right) \cdot 32 \cdot \frac{1}{0,232}$$

$$L_{min,Ethanol} = 9,0 \left[\frac{kgLuft}{kgKst} \right]$$

$$\left(\frac{m_{Ethanol}}{m_{Benzin}} \right)_{st} = \frac{L_{min,Benzin}}{L_{min,Ethanol}} = \frac{15,12}{9,0}$$

$$\left(\frac{m_{Ethanol}}{m_{Benzin}} \right)_{st} = 1,681$$

7.3.2 Massenbilanz der Benzinoxidation - Masse der Edukte

$$\underline{\underline{m_{Benzin} = 50 \ kg}}$$

$$m_{Luft} = m_{Benzin} \cdot L_{min}$$
$$m_{Luft} = 50 \cdot 15{,}12$$
$$\underline{\underline{m_{Luft} = 756{,}2 \ [kgLuft]}}$$
$$\underline{\underline{m_{Edukte} = m_{Luft} + m_{Benzin} = 806{,}2 \ [kg]}}$$

Masse der Produkte
$$C + O_2 \rightarrow CO_2$$

$$\frac{c}{M_C} C + \frac{c}{M_C} O_2 \rightarrow \frac{c}{M_C} CO_2$$

$$m_{CO_2} = \left(\frac{c}{M_C} \cdot \overline{M_{CO_2}}\right) m_{Kst} = \frac{16}{19} \cdot \frac{1}{12}(1 \cdot 12 + 2 \cdot 16) \cdot 50$$

$$\underline{\underline{m_{CO_2} = 154{,}39 \ [kgCO_2]}}$$

$$H_2 + \frac{1}{2} O_2 \rightarrow H_2O$$

$$\frac{h}{M_{H_2}} H_2 + \frac{h}{M_{H_2}} \frac{1}{2} O_2 \rightarrow \frac{h}{M_{H_2}} H_2O$$

$$m_{H_2O} = \left(\frac{h}{M_{H_2}} \cdot \overline{M_{H_2O}}\right) m_{Kst} = \frac{3}{19} \cdot \frac{1}{2}(2 \cdot 1 + 1 \cdot 16) \cdot 50$$

$$\underline{\underline{m_{H_2O} = 71{,}05 \ [kgH_2O]}}$$

$$m_{N_2} = (1 - \xi_{O_2}) L_{min} \cdot m_{Kst}$$
$$m_{N_2} = (1 - 0{,}232) \cdot 15{,}12 \cdot 50$$
$$\underline{\underline{m_{N_2} = 580{,}76 \ [kgN_2]}}$$

$$\underline{\underline{m_{Produkte} = m_{CO_2} + m_{H_2O} + m_{N_2} = 806{,}2 \ [kg]}}$$

$$\boldsymbol{m_{Edukte} \equiv m_{Produkte}!!!}$$

Massenbilanz der Ethanoloxidation - Masse der Edukte

$$m_{Ethanol} = m_{Benin} \cdot 1,681$$
$$m_{Ethanol} = 84,05 \ [kg]$$
$$m_{Luft} = m_{Ethanol} \cdot L_{min}$$
$$m_{Luft} = 50 \cdot 9,00 \cdot 1,681$$
$$m_{Luft} = 756,2 \ [kgLuft]$$
$$m_{Edukte} = m_{Luft} + m_{Ethanol} = 840,25 \ [kg]$$

Masse der Produkte
$$C + O_2 \rightarrow CO_2$$
$$\frac{c}{M_C} C + \frac{c}{M_C} O_2 \rightarrow \frac{c}{M_C} CO_2$$
$$m_{CO_2} = \left(\frac{c}{M_C} \cdot \overline{M_{CO_2}} \right) m_{Kst} = \frac{12}{23} \cdot \frac{1}{12} (1 \cdot 12 + 2 \cdot 16) \cdot 50 \cdot 1,681$$
$$m_{CO_2} = 160,79 \ [kgCO_2]$$

$$H_2 + \frac{1}{2} O_2 \rightarrow H_2O$$
$$\frac{h}{M_{H_2}} H_2 + \frac{h}{M_{H_2}} \frac{1}{2} O_2 \rightarrow \frac{h}{M_{H_2}} H_2O$$
$$m_{H_2O} = \left(\frac{h}{M_{H_2}} \cdot \overline{M_{H_2O}} \right) m_{Kst} = \frac{3}{23} \cdot \frac{1}{2} (2 \cdot 1 + 1 \cdot 16) \cdot 50 \cdot 1,681$$
$$m_{H_2O} = 98,67 \ [kgH_2O]$$
$$m_{N_2} = (1 - \xi_{O_2}) L_{min} \cdot m_{Kst}$$
$$m_{N_2} = (1 - 0,232) \cdot 9,0 \cdot 50 \cdot 1,681$$
$$m_{N_2} = 580,79 \ [kgN_2]$$
$$m_{Produkte} = m_{CO_2} + m_{H_2O} + m_{N_2} = 840,25 \ [kg]$$

$$\boldsymbol{m_{Edukte} \equiv m_{Produkte}} \textbf{!!!}$$

A 7.4 Abgasbestandteile bei der Oxidation von 55 [l] Benzin

$$L_{min\,Benzin} = \left(\frac{c}{\overline{M_C}} + \frac{h}{2 \cdot \overline{M_{H_2}}} - \frac{o}{\overline{M_{O_2}}}\right) \cdot \overline{M_{O_2}} \cdot \frac{1}{\xi_{O_2}}$$

$$c = \frac{m \cdot \overline{M_C}}{M_{Benzin}} = \frac{m \cdot \overline{M_C}}{m \cdot \overline{M_C} + n \cdot \overline{M_H} + p \cdot \overline{M_O}}$$

$$c = \frac{8 \cdot 12}{8 \cdot 12 + 18 \cdot 1 + 0 \cdot 16} = \frac{16}{19} \left[\frac{kgC}{kgKst}\right]$$

$$h = \frac{n \cdot \overline{M_H}}{M_{Benzin}} = \frac{n \cdot \overline{M_H}}{m \cdot \overline{M_C} + n \cdot \overline{M_H} + p \cdot \overline{M_O}}$$

$$h = 1 - c = \frac{3}{19} \left[\frac{kgH_2}{kgKst}\right]$$

$$L_{min,Benzin} = \left(\frac{16}{19} \cdot \frac{1}{12} + \frac{3}{19}\frac{1}{4} - 0\frac{1}{32}\right) \cdot 32 \cdot \frac{1}{0{,}232}$$

$$L_{min,Benzin} = 15{,}12 \left[\frac{kgLuft}{kgKst}\right]$$

Masse der Edukte

$$m_{Benzin} = V_{Benin} \cdot \rho_{Benzin} = 55 \cdot 0{,}736$$
$$\underline{\underline{m_{Benzin} = 40{,}48 \; [kg]}}$$
$$m_{Luft} = m_{Benzin} \cdot L_{min}$$
$$m_{Luft} = 40{,}48 \cdot 15{,}12$$
$$\underline{\underline{m_{Luft} = 612{,}2 \; [kgLuft]}}$$
$$\underline{\underline{m_{Edukte} = m_{Luft} + m_{Ethanol} = 652{,}7 \; [kg]}}$$

Masse der Produkte

$$C + O_2 \rightarrow CO_2$$

$$\frac{c}{M_C}C + \frac{c}{M_C}O_2 \rightarrow \frac{c}{M_C}CO_2$$

$$m_{CO_2} = \left(\frac{c}{M_C} \cdot \overline{M_{CO_2}}\right) m_{Kst} = \frac{16}{19} \cdot \frac{1}{12}(1 \cdot 12 + 2 \cdot 16) \cdot 40{,}48$$

$$m_{CO_2} = 124{,}9 \ [kgCO_2]$$

$$H_2 + \frac{1}{2}O_2 \rightarrow H_2O$$

$$\frac{h}{M_{H_2}}H_2 + \frac{h}{M_{H_2}}\frac{1}{2}O_2 \rightarrow \frac{h}{M_{H_2}}H_2O$$

$$m_{H_2O} = \left(\frac{h}{M_{H_2}} \cdot \overline{M_{H_2O}}\right) m_{Kst} = \frac{3}{19} \cdot \frac{1}{2}(2 \cdot 1 + 1 \cdot 16) \cdot 40{,}48$$

$$\underline{\underline{m_{H_2O} = 57{,}5 \ [kgH_2O]}}$$

$$m_{N_2} = (1 - \xi_{O_2})L_{min} \cdot m_{Kst}$$

$$m_{N_2} = (1 - 0{,}232) \cdot 15{,}12 \cdot 40{,}48$$

$$\underline{\underline{m_{N_2} = 470{,}3 \ [kgN_2]}}$$

$$m_{Produkte} = m_{CO_2} + m_{H_2O} + m_{N_2} = 652{,}7 \ [kg]$$

$$\boldsymbol{m_{Edukte} \equiv m_{Produkte}!!!}$$

A 7.5 7.5.1 Mindestluftbedarf

$$L_{min} = \left(\frac{c}{M_C} + \frac{h}{2 \cdot M_{H_2}} - \frac{o}{M_{O_2}}\right) \cdot \overline{M_{O_2}} \cdot \frac{1}{\xi_{O_2}}$$

$$c = c_{Benzin} \cdot \xi_{Benzin} + c_{Methanol} \cdot \xi_{Methanol} = 0{,}7 \cdot 0{,}85 + 0{,}3 \cdot 0{,}375$$

$$c = 0{,}7075 \ \left[\frac{kgC}{kgKst}\right]$$

$$h = h_{Benzin} \cdot \xi_{Benzin} + h_{Methanol} \cdot \xi_{Methanol} = 0{,}7 \cdot 0{,}15 + 0{,}3 \cdot 0{,}125$$

Lösungen zu den Aufgaben von Kapitel 7

$$h = 0{,}1425 \left[\frac{kgH_2}{kgKst}\right]$$

$$o = 1 - c - h = 0{,}15 \left[\frac{kgO_2}{kgKst}\right]$$

$$L_{min} = \left(0{,}7075\frac{1}{12} + 0{,}1425\frac{1}{4} - 0{,}15\frac{1}{32}\right) \cdot 32 \cdot \frac{1}{0{,}232}$$

$$\underline{\underline{L_{min} = 12{,}40 \left[\frac{kgLuft}{kgKst}\right]}}$$

7.5.2 Abgasbestandteile

$$\underline{\underline{m_{Kst} = 1\ [kg]}}$$

$$m_{Luft} = m_{Kst} \cdot L_{min}$$

$$m_{Luft} = 1 \cdot 12{,}4$$

$$\underline{\underline{m_{Luft} = 12{,}4\ [kgLuft]}}$$

$$\underline{\underline{m_{Edukte} = m_{Luft} + m_{Ethanol} = 13{,}4\ [kg]}}$$

Masse der Produkte

$$C + O_2 \rightarrow CO_2$$

$$\frac{c}{M_C}C + \frac{c}{M_C}O_2 \rightarrow \frac{c}{M_C}CO_2$$

$$m_{CO_2} = \left(\frac{c}{M_C} \cdot \overline{M_{CO_2}}\right) m_{Kst} = 0{,}7075 \cdot \frac{1}{12}(1 \cdot 12 + 2 \cdot 16) \cdot 1$$

$$\underline{\underline{m_{CO_2} = 2{,}594\ [kgCO_2]}}$$

$$H_2 + \frac{1}{2}O_2 \rightarrow H_2O$$

$$\frac{h}{M_{H_2}}H_2 + \frac{h}{M_{H_2}}\frac{1}{2}O_2 \rightarrow \frac{h}{M_{H_2}}H_2O$$

$$m_{H_2O} = \left(\frac{h}{M_{H_2}} \cdot \overline{M_{H_2O}}\right)m_{Kst} = 0{,}1425 \cdot \frac{1}{2}(2 \cdot 1 + 1 \cdot 16) \cdot 1$$

$$\underline{\underline{m_{H_2O} = 1{,}283 \; [kgH_2O]}}$$

$$m_{N_2} = (1-\xi_{O_2})L_{min} \cdot m_{Kst}$$

$$m_{N_2} = (1 - 0{,}232) \cdot 12{,}40 \cdot 1$$

$$\underline{\underline{m_{N_2} = 9{,}52 \; [kgN_2]}}$$

$$\underline{\underline{m_{Produkte} = m_{CO_2} + m_{H_2O} + m_{N_2} = 13{,}4 \; [kg]}}$$

$$\boldsymbol{m_{Edukte} \equiv m_{Produkte}!!!}$$

Literatur zu Kapitel 7

[1] Baehr, H. D.; Kabelac, St.: Thermodynamik, 16. Auflage
  Springer Vieweg, 2016
  ISBN 978-3-662-49567-4

[2] Blair, G. P.: Design and Simulation of Four Stroke Engines,
  SAE International Inc., Warrendale, 1999
  ISBN 0-7680-0440-3

[3] van Basshuysen, R.; Schäffer, F.: Handbuch Verbrennungsmotor, 8. Auflage
  Springer Vieweg, 2017
  ISBN 978-3-658-10901-1

[4] Cerbe, G.; Wilhelms, G.: Einführung in die Thermodynamik, 18. Auflage
  Carl Hanser Verlag, 2017
  ISBN 978-3-446-45119-3

[5] Elsner, N.; Dittmann, A.: Grundlagen der Technischen Thermodynamik: Energielehre und Stoffverhalten, 8.Auflage
  Akademie- Verlag Berlin, 1993
  ISBN 3-05-501390-5

[6] Elsner, N.; Fischer, S.; Huhn, J.: Grundlagen der Technischen Thermodynamik: Wärmeübertragung, 8.Auflage
  Akademie-Verlag Berlin, 1993
  ISBN 3-05-501389-1

[7] Heywood, J.B.: Internal Combustion Engine Fundamentals, 2-nd Edition, McGraw Hill Education, 2018
  ISBN 978-1-260-11610-6

[8] Hussaini, M.; Gatski, T.; Jackson, T.: Transition, Turbulence and Combustion, Vol. I, II
Kluwer Academic Publishers, Dordrecht, 1994
ISBN 0-7923-3086-2 (Set of 2 volumes)

[9] Lucas, K.: Thermodynamik: Die Grundgesetze der Energie- und Stoffumwandlungen, 7.Auflage
Springer Verlag, 2011
ISBN 978-3-540-42034-7

[10] Mills, A. F.; Coimbra, C.F.M.: Basic Heat and Mass Transfer
Temporal Publishing, LLC, 2015
ISBN 978-0096 3053 03

[11] Maus, W. (Hrsg.) et al.: Zukünftige Kraftstoffe – Energiewende des Transports als ein weltweites Klimaziel,
Springer Vieweg, 2019, ISBN 978-3-662-58005-9

[12] Oppenheim, A. K.: Combustion in Piston Engines – Technology, Evolution, Diagnosis and Control
Springer Verlag Berlin- Heidelberg- New York, 2004
ISBN 3-540-20104-1

[13] Pischinger, R.; Kraßnig, G.; Taucar, G.; Sams, Th.: Thermodynamik der Verbrennungskraftmaschine, 3.Auflage
Springer Verlag Wien- New York, 2009
ISBN 978-3-211-99276-0

[14] Pischinger, St.; Seiffert, U.: Vieweg Handbuch Kraftfahrzeugtechnik, 8.Auflage, Springer Vieweg, 2016
ISBN 978-3-658-09527-7

[15] Stan, C.: Direkteinspritzsysteme für Otto- und Dieselmotoren
Springer Verlag Berlin- Heidelberg- New York, 1999
ISBN 3-540-65287-6

[16] Stan, C.: Direct Injection Systems- The Next Decade in Engine Technology, SAE International Inc. Warrendale, 2002
ISBN 0-7680-1070-5

[17] Stan, C.: Alternative Antriebe für Automobile, 5. Auflage,
Springer Verlag, 2020
ISBN 978-3-662-485117

[18] Sher, E.: Handbook of Air Pollution from Internal Combustion Engines, Academic Press Boston, 1998
ISBN 0-12-639855-0

[19] Stephan, K.; Schaber, K.: Thermodynamik, 19.Auflage
Springer Verlag, 2013
ISBN 3-642-300974

[20] Tschöke, H.; Mollenhauer, K.; Maier, R. (Hrsg.): Handbuch Dieselmotoren, 4. Auflage, Springer Vieweg, 2018
ISBN 978-3-658-07696-2

[21] Wetzel, Th. (Hrsg.) VDI Wärmeatlas, 12.Auflage
Springer Vieweg Verlag, 2019
ISBN 978-3-662-52988-1

8 Wärmeübertragung

8.1 Arten der Wärmeübertragung

Eine Grundeigenschaft der Materie ist ihre Fähigkeit, wärmedurchlässig zu sein. Jedes materielle System ist im Sinne des Energieaustausches ein Träger von Wärmeübertragungen: einerseits gehört zu den Haupterscheinungsformen der Materie neben Masse auch Energie, andererseits ist die Wärme eine Form der Energie. Eine Wärmeübertragung erfolgt grundsätzlich, wenn ein Temperaturunterschied vorhanden ist, und zwar von höherer zu niedrigerer Temperatur, entsprechend jedem natürlichen Ausgleichsprozess. Die Grundarten der Wärmeübertragung sind: die *Leitung*, die *Konvektion* (der Wärmeübergang) und die *Strahlung*. Diese Formen erscheinen bei einer Wärmeübertragung in kraftfahrzeugtechnischen Anwendungen meist gemeinsam.

Die Wärmeleitung erfolgt bei Massekontakt zwischen zwei Systemen oder durch ein System ohne sichtbare Massenbewegung und charakterisiert hauptsächlich die festen Körper. Die Wärmeleitung in Flüssigkeiten und Gasen setzt dünne Schichten voraus. Im Falle der festen Körper entspricht die makroskopisch gemessene Temperatur der mittleren kinetischen Energie der Teilchen im mikroskopischen Maßstab. Teilchen in zwei benachbarte Zonen eines Körpers, die unterschiedliche Temperaturen aufweisen, haben auch unterschiedliche kinetische Energien. Durch Stöße zwischen den Molekülen wird die Energie zwischen den zwei Zonen – und damit makroskopisch die Temperatur – ausgeglichen. Makroskopisch wird kein Massentransport wahrgenommen. Der Temperaturausgleich wird einer Wärmeübertragung zugerechnet.

Im Bild 8.1 ist ein Beispiel der Wärmeleitung von einer Fahrzeugkarosserie in die Umgebung dargestellt:

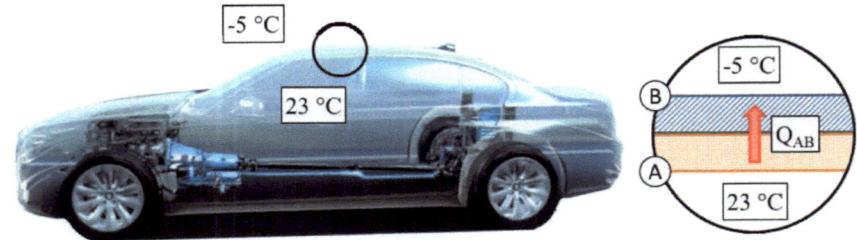

Bild 8.1 Wärmeleitung zwischen zwei Schichten einer Karosserie infolge ihrer unterschiedlichen Temperatur

In flüssigen und gasförmigen Stoffen, die nicht in dünnen Schichten vorhanden sind, entsteht infolge der Wärmeübertragung meist eine Strömung, die durch den Massentransport dem Modell der Wärmeleitung nicht mehr entspricht.

Die Konvektion (der Wärmeübergang) erfolgt als Energietransport mit einer makroskopischen Bewegung von Masseteilchen der Stoffe, die daran beteiligt sind. Diese Art von Wärmeübertragung setzt also außer dem Massekontakt eine relative Geschwindigkeit zwischen den beteiligten Systemen bzw. Teilsystemen voraus. Dieses Modell entspricht der Wärmeübertragung zwischen festen/flüssigen oder flüssigen/gasförmigen oder festen/gasförmigen Medien, wenn mindestens eins der beteiligten Medien als Strömung wirkt. An der Grenze zwischen den zwei Systemen nehmen (im Falle einer niedrigeren Temperatur des strömenden Fluides) die vorbeiströmenden Teilchen Energie auf, die dann in die gesamte Masse des strömenden Mediums übertragen wird. Im Bild 8.2 ist ein Beispiel zur Konvektion im Kühlkreislauf eines Verbrennungsmotors dargestellt.

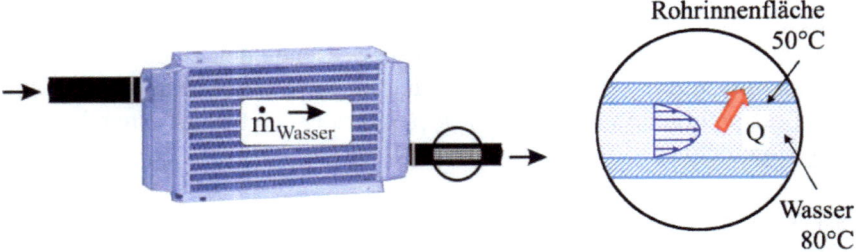

Bild 8.2 Konvektion zwischen strömendem Kühlwasser und Innenfläche der Rohrleitung in einem Kühlkreislauf

Die Wärmestrahlung ist eine Wärmeübertragung ohne Massenkontakt zwischen den beteiligten Systemen. Der Wärmetransport erfolgt durch Photonen, in Form von elektromagnetischen Wellen. Das klassische Beispiel ist die Übertragung der

8.1 Arten der Wärmeübertragung

Wärme von der Sonne auf die Erde. Prinzipiell sendet jeder Körper aufgrund seiner Temperatur elektromagnetische Wellen aus, die beim Empfang durch einen Körper niedrigerer Temperatur in innere Energie umgesetzt werden. Im Bild 8.3 ist ein Beispiel der Wärmestrahlung zwischen einer Fahrzeugkarosserie und ihrer Umgebung dargestellt.

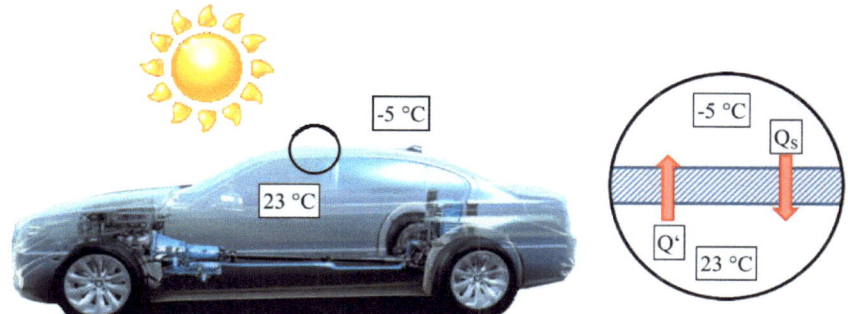

Bild 8.3 Wärmestrahlung von der Sonne auf eine Karosserie und von der Karosserie in eine kühlere Umgebung

Die Analyse jeder Wärmeübertragung erfolgt nach folgenden Kriterien:

a) *stationäre Wärmeübertragung* - die Temperatur jedes Elementes im System ist nur vom Ort, aber nicht von der Zeit abhängig

$$T = f(x, y, z) \tag{8.1}$$

b) *instationäre Wärmeübertragung* - die Temperatur jedes Elementes im System ist ort- und zeitabhängig:

$$T = f(x, y, z, \tau) \quad - \quad \tau[s] - Zeit \tag{8.2}$$

Zur Bewertung einer Wärmeübertragung sind folgende Kenngrößen üblich:

Der Wärmestrom

$$\dot{Q} = \frac{dQ}{d\tau} \xrightarrow{stationär} \dot{Q} = \frac{Q}{\tau} \quad \left[\frac{J}{s} = W\right] \tag{8.3}$$

Gemäß der Einheit entspricht der Wärmestrom einer Leistung.

Die Wärmestromdichte

$$\dot{q} = \frac{\dot{Q}}{A} \quad \left[\frac{W}{m^2}\right] \tag{8.4}$$

Der Wärmewiderstand

$$\rightarrow \frac{Temp.Gefälle}{Wärmestrom} \rightarrow R = \frac{dT}{\dot{Q}} \quad \left[\frac{K}{W}\right] \tag{8.5}$$

8.2 Die Wärmeleitung

8.2.1 Elementares Modell der Wärmeleitung

Das einfachste Modell der Wärmeleitung ist der stationäre Prozess entsprechend der Gl. (8.1), wobei der Temperaturgradient in einem Stoff nur vom Ort abhängig ist. Das Modell wird in dieser grundlegenden Betrachtung zusätzlich vereinfacht, indem die Wärmeleitung zuerst als eindimensional angenommen wird (die Temperatur ändert sich nur in einer Richtung). Aus der Gl. (8.1) wird in diesem Fall abgeleitet:

$$T = f(x) \tag{8.1a}$$

Nach **Fourier** ist der im Stoff geleitete Wärmestrom $\dot{Q}$ dem Temperaturgefälle dT/dx (Bild 8.4) und der Wandfläche A senkrecht zum Wärmestrom proportional:

$$\dot{Q} = -\lambda A \cdot \frac{dT}{dx} \tag{8.6}$$

8.2 Die Wärmeleitung

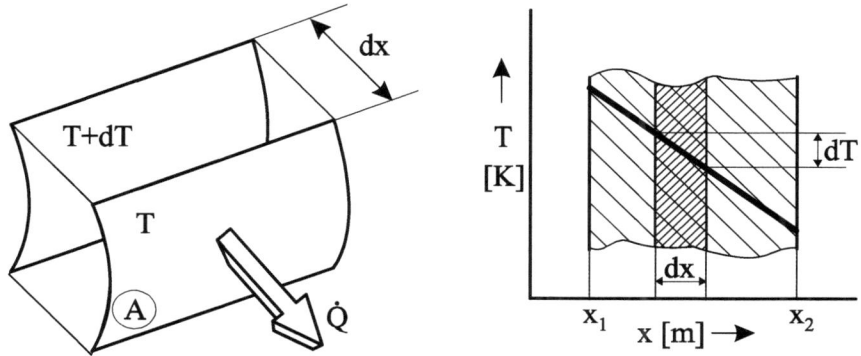

Bild 8.4 Eindimensionale Wärmeleitung

> *Definition*
>
> *Der Proportionalitätsfaktor* $\lambda \left[\dfrac{W}{mK}\right]$ *ist als* **Wärmeleitfähigkeit** *definiert.*
> *Er ist hauptsächlich vom Stoff und geringfügig von Druck und Temperatur abhängig.*

Experimentelle Messungen ergeben einen großen Wertebereich der Wärmeleitfähigkeit.

Beispiele:

$$\lambda \left[\frac{W}{mK}\right]$$

Gase	→	0,02...0,1
Holz	→	0,13
Wasser	→	0,6
Stahl 0,1%C	→	33...52 als *f(T)*
Kupfer	→	370
Silber	→	418

Wärmeisolierungen sind am besten mit Gasen realisierbar. Eine beliebig gewählte Gasschicht erfüllt jedoch diesen Zweck kaum: über eine bestimmte Dicke der Schicht hinaus – die von den thermischen und strömungsmechanischen

Bedingungen abhängt - entsteht meistens eine Konvektionsströmung wie in Bild 8.5 angedeutet.

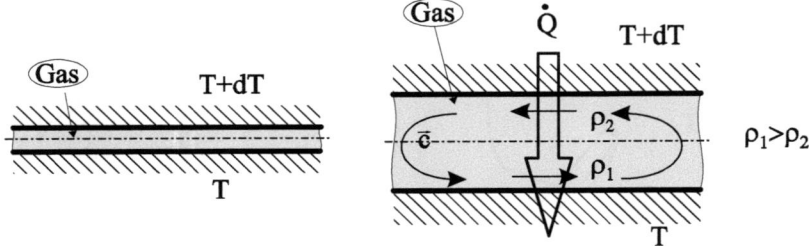

Bild 8.5 Wärmeleitung und Konvektion durch eine Gasschicht

Deswegen eignen sich zu thermischen Isolierungen poröse Stoffe (mit schaum- oder watteartiger Struktur), die einerseits Luft in den Poren enthalten, andererseits eine Luftbewegung verhindern.

Die Wärmeleitfähigkeit eines Stoffes ändert sich, wenn seine Eigenschaften nicht isotrop sind, beispielsweise wenn eine Faserstruktur besteht: die Wärmeleitfähigkeit ist entlang bzw. quer zu den Fasern unterschiedlich. Das trifft bei Textilien, Holz, Gummi, aber auch – wie im Bild 8.6 dargestellt – bei geschmiedeten Wellen zu.

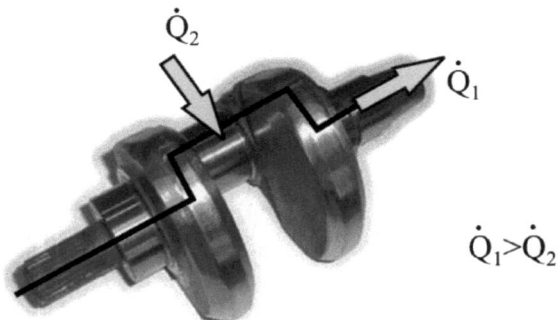

Bild 8.6 Wärmeleitung entlang und quer der Faser einer geschmiedeten Kurbelwelle.

8.2.2 Wärmeleitung durch eine ebene Wand

Einschichtige ebene Wand

Es wird eine ebene Wand aus einem homogenen und isotropen Stoff – wie im Bild 8.7 – betrachtet.

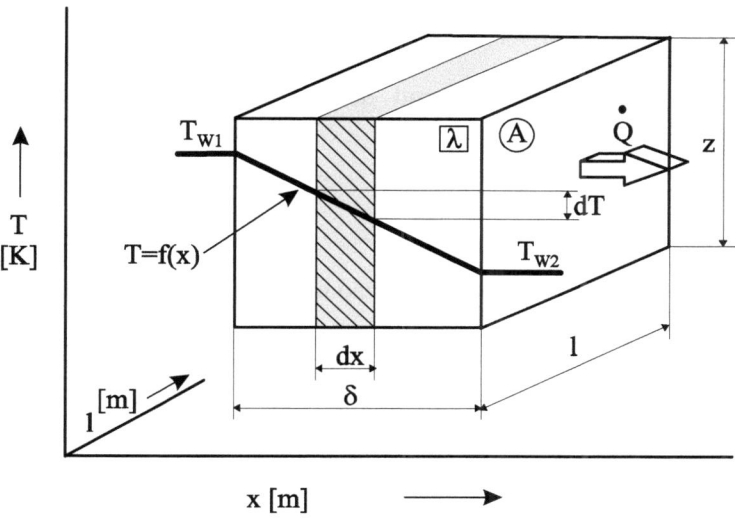

Bild 8.7 Eindimensionale Wärmeleitung durch eine einschichtige ebene Wand – schematisch

- Die Umstellung der Gl. (8.6) ergibt

$$\frac{\dot{Q}}{\lambda A} \cdot dx = -dT \qquad (8.7)$$

- die Integration auf dem Intervall x_1-x_2 ergibt:

$$\frac{\dot{Q}}{\lambda A} \int_{x_1}^{x_2} dx = -\int_{T_{W1}}^{T_{W2}} dT \qquad (8.8)$$

Daraus resultiert:

$$\frac{\dot{Q}}{\lambda A}(x_2 - x_1) = T_{W1} - T_{W2} \qquad (8.9)$$

und mit $x_2 - x_1 = \delta$ → $\dot{Q} = \dfrac{\lambda}{\delta} A(T_{W1} - T_{W2})$ (8.10)

Der Temperaturverlauf $t = f(x)$ ist bei konstanter Wärmeleitfähigkeit linear. Aus Gl. (8.9) resultiert für eine beliebige Stelle (x) in der Wand:

$$T_x = T_{W1} - \dfrac{\dot{Q}}{\lambda A}(x - x_1)$$ (8.9a)

Die Wärmestromdichte entsprechend der Gl. (8.4) resultiert auf Basis der Gl.(8.10) als:

$$\dot{q} = \dfrac{\dot{Q}}{A} = \dfrac{\lambda}{\delta}(T_{W1} - T_{W2})$$ (8.11)

Analog resultiert für den Wärmewiderstand entsprechend der Gl. (8.5):

$$R = \dfrac{dT}{\dot{Q}} = \dfrac{\delta}{\lambda A}$$ (8.12)

Mehrschichtige ebene Wand

Es wird eine ebene Wand aus Schichten mit verschiedenen Wärmeleitfähigkeiten – wie im Bild 8.8 – betrachtet. Der Wärmestrom, der die Schichten mit verschiedener Wärmeleitfähigkeit durchquert, bleibt bei eindimensionaler, stationärer Wärmeleitung konstant.
Die Gl. (8.10) wird in diesem Fall für jede einzelne Schicht angewendet:

$$\left.\begin{aligned}\dot{Q} &= \dfrac{\lambda_1}{\delta_1} A(T_1 - T_2) \\ \dot{Q} &= \dfrac{\lambda_2}{\delta_2} A(T_2 - T_3) \\ \dot{Q} &= \dfrac{\lambda_3}{\delta_3} A(T_3 - T_4)\end{aligned}\right\}$$ (8.10)

8.2 Die Wärmeleitung

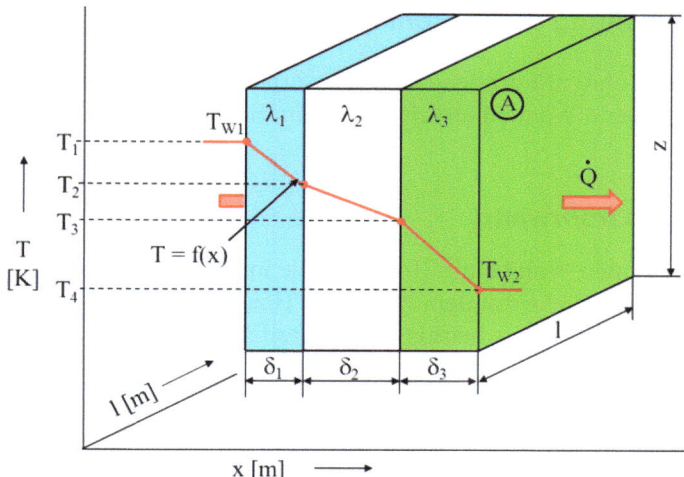

Bild 8.8 Eindimensionale Wärmeleitung durch eine mehrschichtige ebene Wand – schematisch

$$\rightarrow \quad \dot{Q} = \frac{\lambda_1}{\delta_1} A (T_1 - T_2) = \frac{\lambda_2}{\delta_2} A (T_2 - T_3) = \frac{\lambda_3}{\delta_3} A (T_3 - T_4) \tag{8.13}$$

Daraus resultiert:

$$T_1 - T_2 = \frac{\dot{Q} \delta_1}{A \lambda_1}; \quad T_2 - T_3 = \frac{\dot{Q} \delta_2}{A \lambda_2}; \quad T_3 - T_4 = \frac{\dot{Q} \delta_3}{A \lambda_3} \tag{8.14}$$

oder $\underbrace{(T_1 - T_2) + (T_2 - T_3) + (T_3 - T_4)}_{= T_1 - T_4} = \frac{\dot{Q}}{A} \sum_{i=1}^{3} \frac{\delta_i}{\lambda_i}$ (8.15)

Das ergibt für n Schichten die allgemeinen Beziehungen:

$$\dot{Q} = \frac{A(T_1 - T_{n+1})}{\sum_{i=1}^{n} \frac{\delta_i}{\lambda_i}} \tag{8.16}$$

$$\dot{q} = \frac{T_1 - T_{n+1}}{\sum_{i=1}^{n} \frac{\delta_i}{\lambda_i}}; \tag{8.17}$$

$$R = \frac{\sum_{i=1}^{n} \frac{\delta_i}{\lambda_i}}{A} \tag{8.18}$$

8.2.3 Wärmeleitung durch Rohrwände

Dünnwandige Rohre mit großen Durchmessern können zur Berechnung der Wärmeleitung als ebene Wände betrachtet werden. Sonst ist diese Annahme nicht zulässig.

Einschichtige Rohrwand

Bei der gekrümmten Wand eines Rohres – wie im Bild 8.9 dargestellt – nimmt die Wärmedurchgangsfläche mit dem Radius zu (bzw. ab, je nach Richtung des Wärmestromes). An der Stelle r beträgt die Mantelfläche A für ein Rohrabschnitt der Länge l:

$$A = 2\pi r l \tag{8.19}$$

Aus der Grundgleichung der Wärmeleitung (8.6) resultiert der Ausdruck des Wärmestromes:

$$\dot{Q} = -\lambda A \frac{dT}{dx} \Rightarrow \dot{Q} = -\lambda \cdot 2\pi r l \cdot \frac{dT}{dr} \tag{8.20}$$

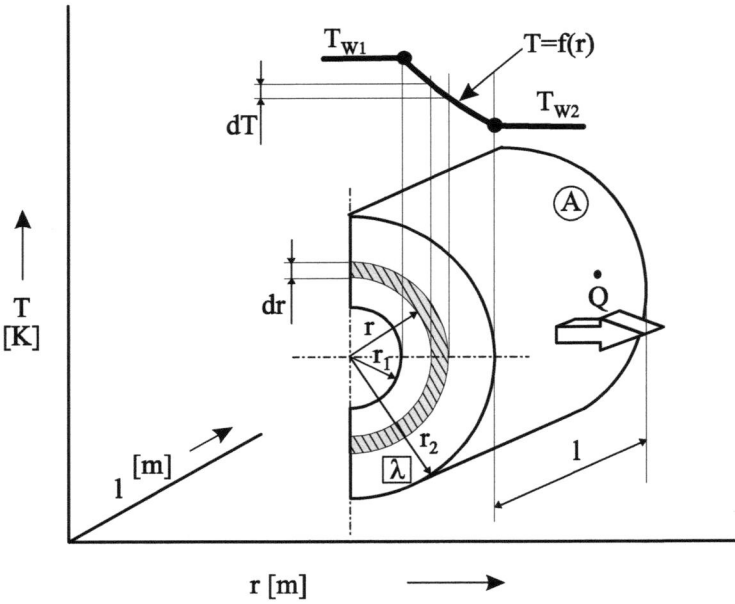

Bild 8.9 Eindimensionale Wärmeleitung durch eine einschichtige Rohrwand

8.2 Die Wärmeleitung

Aus der Integration der Gl.(8.20) zwischen dem Innen- und dem Außenradius des Rohres wird abgeleitet:

$$\int_{r_1}^{r_2} \frac{\dot{Q}}{\lambda \cdot 2\pi l} \cdot \frac{dr}{r} = -\int_{T_{W1}}^{T_{W2}} dT \rightarrow \frac{\dot{Q}}{\lambda \cdot 2\pi l} \ln \frac{r_2}{r_1} = T_{W1} - T_{W2} \qquad (8.21)$$

$$\dot{Q} = \frac{2\pi l (T_{W1} - T_{W2})}{\frac{1}{\lambda} \cdot \ln \frac{r_2}{r_1}} \qquad (8.22)$$

Der Temperaturverlauf in der Rohrwand $T = f(r)$ verfolgt demnach eine logarithmische Kurve, wie im Bild 8.10 dargestellt.

- für $\dot{Q}$ von innen nach außen: $\quad T_r = T_{W1} - \frac{\dot{Q}}{2\pi l \lambda} \ln \frac{r}{r_1}$ (8.23a)

  (Bild 8.10.a)

- für $\dot{Q}$ von außen nach innen: $\quad T_r = T_{W2} - \frac{\dot{Q}}{2\pi l \lambda} \ln \frac{r_2}{r}$ (8.23b)

  (Bild 8.10.b)

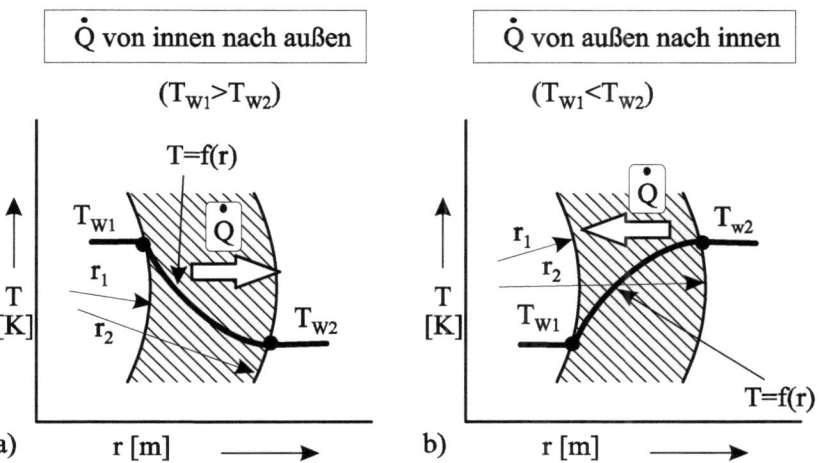

Bild 8.10 Temperaturverlauf bei der eindimensionalen Wärmeleitung durch eine einschichtige Rohrwand – schematisch

Die Wärmestromdichte und der Wärmewiderstand werden entsprechend den Beziehungen (8.4) und (8.5) berechnet.

Mehrschichtige Rohrwand

Der Wärmestrom, der die Schichten mit verschiedenen Wärmeleitfähigkeiten durchquert, bleibt bei eindimensionaler, stationärer Wärmeleitung – wie bei mehrschichtigen, ebenen Wänden – konstant. Bild 8.11 stellt dieses Modell dar. Analog der ebenen mehrschichtigen Wand wird die Wärmestromgleichung für jede Schicht angewendet:

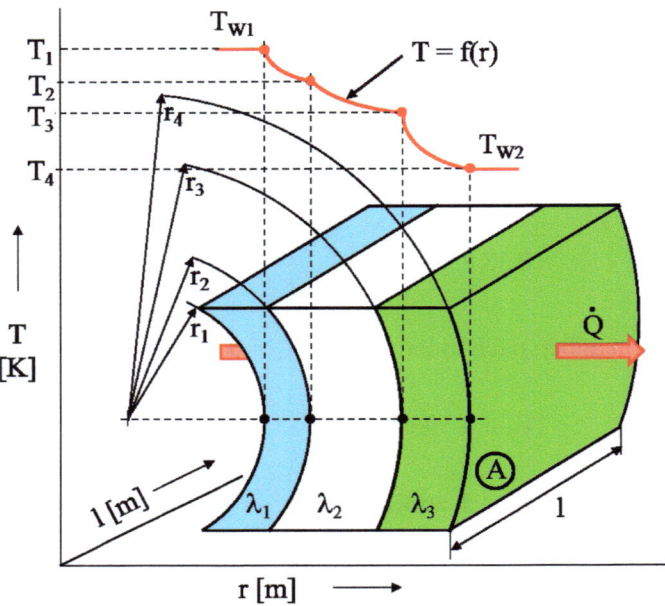

Bild 8.11 Eindimensionale Wärmeleitung durch eine mehrschichtige ebene Rohrwand – schematisch

$$\dot{Q} = \frac{2\pi l(T_1 - T_2)}{\frac{1}{\lambda_1} \ln \frac{r_2}{r_1}} \; ; \; \dot{Q} = \frac{2\pi l(T_2 - T_3)}{\frac{1}{\lambda_2} \ln \frac{r_3}{r_2}} \; ; \; \dot{Q} = \frac{2\pi l(T_3 - T_4)}{\frac{1}{\lambda_3} \ln \frac{r_4}{r_3}} \quad (8.24)$$

Die Gleichsetzung der einzelnen Gleichungen bei $\dot{Q}$ = *konst.* und die Addition der Temperaturen analog der Gl. (8.13) bis (8.15) ergibt für n Schichten:

8.3 Der Wärmeübergang (die Konvektion)

$$\dot{Q} = \frac{2\pi l(T_1 - T_{n+1})}{\frac{1}{\lambda_1}\ln\frac{r_2}{r_1} + \frac{1}{\lambda_2}\ln\frac{r_3}{r_2} + \ldots + \frac{1}{\lambda_n}\ln\frac{r_{n+1}}{r_n}} \qquad (8.25)$$

$$\rightarrow \quad \dot{Q} = \frac{2\pi l(T_1 - T_{n+1})}{\sum_{i=1}^{n}\frac{1}{\lambda_i}\ln\frac{r_{i+1}}{r_i}}$$

Die Wärmestromdichte und der Wärmewiderstand werden entsprechend der Beziehungen (8.4) und (8.5) berechnet.

8.3 Der Wärmeübergang (die Konvektion)

8.3.1 Elementare Modelle der Konvektion

Die Konvektion ist insbesondere von einer relativen Geschwindigkeit zwischen den wärmeaustauschenden Medien gekennzeichnet. Der häufigste Anwendungsfall betrifft den Wärmeaustausch zwischen einem strömenden Fluid (Flüssigkeit oder Gas) und einer festen Wand.

Eine Konvektion erfolgt nicht im mikroskopischen, sondern im makroskopischen Maßstab – durch die Massenelemente, die sich an der Kontaktfläche bewegen. Die strömungsmechanischen Gesetze während der Stoffbewegung an der Kontaktfläche sind für Gase und Flüssigkeiten ähnlich.

Nach der Strömungsentstehung werden zwei Arten der Konvektion definiert:

a) *freie Konvektion* - die Strömung entsteht als Ausgleich unterschiedlicher Fluiddichten. Die Ursache der Dichtedifferenz ist dabei der Wärmeaustausch selbst, wie im Bild 8.5 dargestellt wurde.

b) *erzwungene Konvektion* - die Strömung wird mittels eines Zusatzaggregates – Pumpe, Lüfter – gezielt erzeugt. In diesem Fall ist die Strömung selbst Ursache eines bestimmten Wärmeaustauschvorgangs.

Die Bewertungskenngrößen der Konvektion sind – wie bei der Wärmeleitung – der Wärmestrom $\dot{Q}$, die Wärmestromdichte $\dot{q}$ und der Wärmewiderstand R – gemäß Gl. (8.3), (8.4), (8.5).

Der Wärmestrom $\dot{Q}$, der – wie in Bild 8.12 dargestellt – von einem Fluid mit der mittleren Temperatur T_f an eine Wandfläche A mit der Oberflächentemperatur T_W übertragen wird, ist nach der Beziehung von **Newton**:

$$\dot{Q} = \alpha A (T_f - T_W) \rightarrow \text{für } T_f > T_W \tag{8.26a}$$

$$\dot{Q} = \alpha A (T_W - T_f) \rightarrow \text{für } T_W > T_f \tag{8.26b}$$

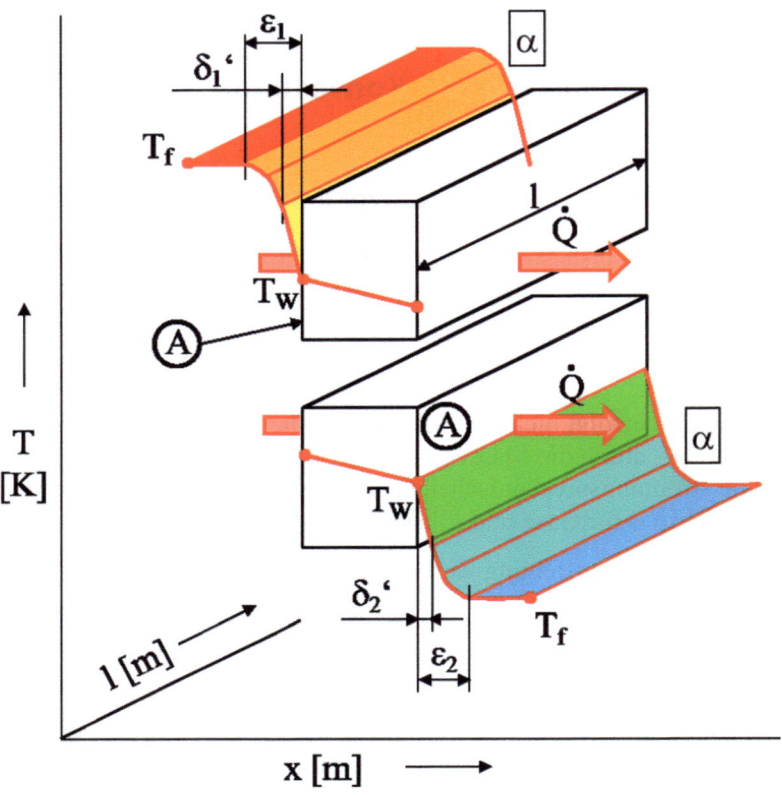

Bild 8.12 Eindimensionaler Wärmestrom und Temperaturverlauf zwischen zwei durch eine Wand getrennt strömenden Fluiden – schematisch

8.3 Der Wärmeübergang (die Konvektion)

> *Definition*
>
> *Der Proportionalitätsfaktor* $\alpha \left[\dfrac{W}{m^2 K} \right]$ *ist als* **Wärmeübergangskoeffizient** *definiert.*

Infolge der Stoffbewegung an der Kontaktfläche kann der Wärmeübergangskoeffizient grundsätzlich nicht nur von Stoffeigenschaften – wie der Wärmeleitfähigkeit – abhängen.

Zusätzliche wichtige Einflussfaktoren sind beispielsweise:

- Größe, Form und Rauhigkeit der Kontaktfläche
- Geschwindigkeit und Art der Strömung (laminar oder turbulent)

Nur in einer statischen Grenzschicht δ' des Fluids – wie im Bild 8.13 dargestellt – an der Kontaktfläche, charakterisiert durch eine vernachlässigbare Strömungsgeschwindigkeit $c = 0$, gilt, wie im Falle der Wärmeleitung:

$$\dot{Q} = \frac{\lambda A}{\delta'}(T_f - T_w); \tag{8.10}$$

$$\text{mit } \frac{\lambda}{\delta'} = \alpha$$

Der Wert des Wärmeübergangskoeffizienten außerhalb der Grenzschicht entspricht allgemein einem bestimmten konkreten Fall des Wärmeübergangs. Eine Übertragung auf andere praktische Fälle ist nur dann zulässig, wenn eine Ähnlichkeit der thermodynamischen und der strömungsmechanischen Vorgänge gegeben ist.

Unter der Voraussetzung, dass der Wärmeübergangskoeffizient ermittelt worden ist, kann der Wärmeübergang in ähnlicher Weise wie die Wärmeleitung berechnet werden.

Wärmeübergang zwischen zwei Fluid-Strömungen konstanter Temperatur, die durch eine einschichtige ebene Wand getrennt sind

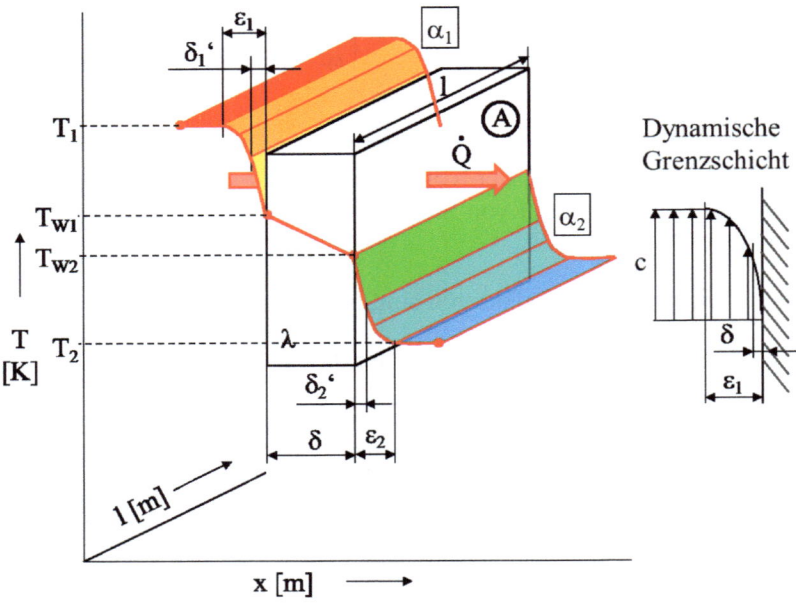

Bild 8.13 Eindimensionaler Wärmeübergang zwischen zwei Fluiden konstanter Temperatur, die durch eine einschichtige ebene Wand getrennt sind

In der Hauptströmung jedes Fluids wird die Wand "nicht wahrgenommen". Erst in einer Schicht in der Wandnähe sinkt die Geschwindigkeit c bis zum Extremwert $c = 0$ (direkt an der Wand). Die Schicht, in der $c \in (0,c)$, wird als *dynamische Grenzschicht* bezeichnet.

Der konvektive Wärmeaustausch wird vollständig in der dynamischen Grenzschicht realisiert. Deswegen ist die Dicke der dynamischen Grenzschicht praktisch identisch mit der Dicke der "thermischen Grenzschicht", die infolge der Konvektion entsteht.

Insgesamt wird die Wärmeübertragung zwischen den zwei strömenden Fluiden, die durch eine Wand – wie in Bild 8.13 dargestellt – getrennt sind, aus folgenden elementaren Prozessen gebildet:

- *Konvektion Fluid 1 - Wand* → $\quad \dot{Q} = \alpha_1 A (T_1 - T_{W1})$ (8.26a)

8.3 Der Wärmeübergang (die Konvektion)

- *Wärmeleitung in der Wand* → $\dot{Q} = \dfrac{\lambda}{\delta} A(T_{W1} - T_{W2})$ (8.10)

- *Konvektion Wand - Fluid 2* → $\dot{Q} = \alpha_2 A(T_{W2} - T_2)$ (8.26b)

Der Wärmestrom zwischen den zwei Fluiden resultiert in diesem Fall aus der Kombination der Gl.(8.26a,b) und (8.10):

$$\dfrac{\dot{Q}}{\alpha_1 A} = T_1 - T_{w1}$$

$$\dfrac{\dot{Q}}{\dfrac{\lambda}{\delta} \cdot A} = T_{w1} - T_{w2}$$

$$\dfrac{\dot{Q}}{\alpha_2 A} = T_{w2} - T_2$$

$$\dfrac{\dot{Q}}{A} \left(\dfrac{1}{\alpha_1} + \dfrac{1}{\dfrac{\lambda}{\delta}} + \dfrac{1}{\alpha_2} \right) = T_1 - T_2$$

(8.27)

$$\dot{Q} = \dfrac{(T_1 - T_2) A}{\dfrac{1}{\alpha_1} + \dfrac{\delta}{\lambda} + \dfrac{1}{\alpha_2}}$$ (8.28)

Für die Wärmeübertragung zwischen zwei Fluiden konstanter Temperatur durch eine mehrschichtige ebene Wand – wie in Bild 8.14 dargestellt – gilt analog der Gl.(8.16) und (8.28):

$$\dot{Q} = \dfrac{(T_1 - T_{n+1}) A}{\dfrac{1}{\alpha_1} + \sum_{i=1}^{n} \dfrac{\delta_i}{\lambda_i} + \dfrac{1}{\alpha_2}}$$ (8.29)

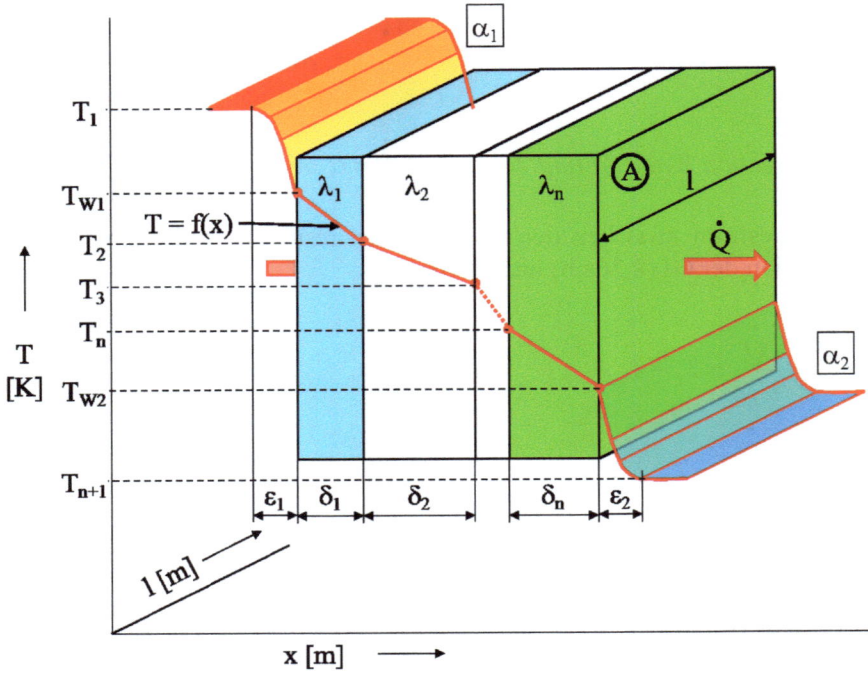

Bild 8.14 Eindimensionaler Wärmeübergang zwischen zwei Fluid-Strömungen konstanter Temperatur, die durch eine mehrschichtige ebene Wand getrennt sind – schematisch

Die strömenden Fluide werden oft von einem Rohr getrennt. Für den allgemeinen Fall eines mehrschichtigen Rohres – Bild 8.15 – gilt analog der Gl.(8.25) und (8.29):

$$\dot{Q} = \frac{(T_1 - T_{n+1})2\pi l}{\dfrac{1}{r_1 \alpha_1} + \sum_{i=1}^{n}\left(\dfrac{1}{\lambda_i} \ln \dfrac{r_{i+1}}{r_i}\right) + \dfrac{1}{r_2 \alpha_2}} \qquad (8.30)$$

8.3 Der Wärmeübergang (die Konvektion)

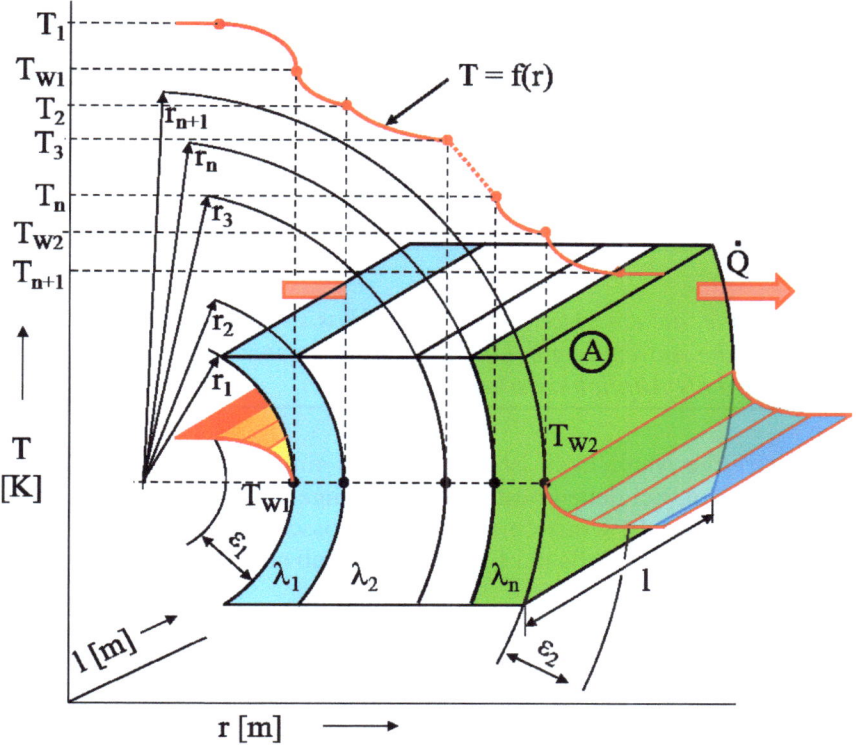

Bild 8.15 Eindimensionaler Wärmeübergang zwischen zwei Fluid-Strömungen konstanter Temperatur, die durch eine mehrschichtige Rohrwand getrennt sind – schematisch

8.3.2 Grundlagen der Ähnlichkeitstheorie im Bezug auf die Konvektion

Die mathematische Beschreibung der Konvektion ist infolge der zahlreichen Faktoren, die den Wärmeübergangskoeffizienten beeinflussen, sehr komplex.

Für eine bereits ausgeführte Anlage ist der bei der Konvektion entstandene Wärmestrom experimentell durch Messung der Temperaturen an der Wand und in den Strömungen ableitbar. Der entsprechende Wärmeübergangskoeffizient ist jedoch nur für dieses Experiment gültig. Jeder andere Fall setzt die Änderung mindestens einer Einflussgröße voraus, wodurch der Wert allgemein unproportional geändert wird. Andererseits ist es durch die Vielzahl der Einflussgrößen praktisch kaum möglich, sämtliche Fälle experimentell zu erfassen.

Andererseits ist es im Falle einer ausgeführten Anlage besonders wichtig zu erfahren, wie sich der Wärmeübergang ändert, wenn eine Kenngröße der Anlage oder die Funktionsbedingungen geändert werden – beispielsweise eine der Temperaturen oder die Strömungsgeschwindigkeit.

Aus diesem Grund ist es erforderlich, die Bedingungen für die Extrapolation experimentell gewonnener Kenntnisse von einem Modell aus zu präzisieren.

> *Definition*
> *Die Methode, die eine Modellbildung auf Basis experimentell gewonnener Daten für die Anwendung bei anderen als den gemessenen Vorgängen gewährt, wird als **Ähnlichkeitstheorie** bezeichnet.*

Die geometrische Ähnlichkeit ist das erste und einfachste Ähnlichkeitskriterium für zwei Anlagen, bei denen bestimmte Vorgänge verglichen werden sollen. So wird beispielsweise die Umströmung einer Karosserie oft aus Experimenten mittels eines ähnlichen Modells in kleinerem Maßstab abgeleitet.

Die Ähnlichkeitstheorie in Bezug auf Konvektion wurde im wesentlichen von **Nusselt** entwickelt. Die Differentialgleichungen des Wärmeübergangs wurden dabei derart umgestellt, dass die Kenngrößen dimensionslos auftreten. Bei Vorgängen, die thermodynamisch und strömungsmechanisch ähnlich sind, bleiben diese Kenngrößen unverändert als Ähnlichkeitskriterien.

Die dimensionslose Form des Wärmeübergangskoeffizienten – allgemein als **Nusselt-Zahl** bezeichnet – ist:

$$Nu = \frac{\alpha\, l}{\lambda} \quad (8.31)$$

dabei ist l die charakteristische Strömungslänge, wie in Bild 8.16 dargestellt:
- bei durchströmtem Rohr   =   Innendurchmesser d_i
- bei umströmtem Rohr   =   Außendurchmesser d_a
- bei längs überströmter, ebener Platte = Länge l_s

8.3 Der Wärmeübergang (die Konvektion)

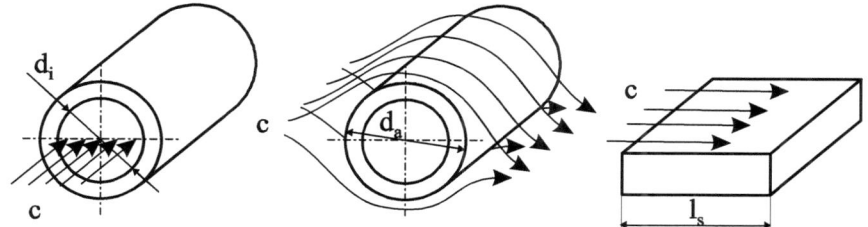

Bild 8.16 Charakteristische Länge bei durchströmtem und umströmtem Rohr bzw. bei Strömung entlang einer Platte

Wenn die Nusselt-Zahl ermittelt werden kann, so ist daraus auch der Wärmeübergangskoeffizient ableitbar – die anderen zwei Kenngrößen λ und l in der Gl. (8.31) werden vorausgesetzt.

Die Nusselt-Zahl ist wiederum eine Kombination thermodynamischer und strömungsmechanischer Ähnlichkeitszahlen, die den Vorgang charakterisieren. Allgemein ist jede Kombination von Ähnlichkeitskriterien bzw. -zahlen selbst ein Ähnlichkeitskriterium bzw. eine Ähnlichkeitszahl.

Im Folgenden werden die für den Wärmeübergang wichtigsten Ähnlichkeitszahlen und einige ihrer Beziehungen zur Nusselt-Zahl aufgestellt:

Reynolds-Zahl: $$Re = \frac{cl}{\nu} \quad (8.32)$$

dabei sind ν die kinematische Viskosität des Fluids als Verhältnis der dynamischen Viskosität zur Dichte $\quad \nu = \frac{\eta}{\rho} \left[\frac{m^2}{s}\right]$;

l die charakteristische Strömungslänge

c die Strömungsgeschwindigkeit

Péclet-Zahl: $$Pe = \frac{cl}{a} \quad (8.33)$$

dabei ist a die Temperaturleitzahl (Stoffwert): $a = \dfrac{\lambda}{\rho \cdot c_p}$

Prandtl-Zahl: $$Pr = \frac{Pe}{Re} = \frac{\nu}{a} = \frac{\eta \cdot c_p}{\lambda}$$ (8.34)

Grashof-Zahl: $$Gr = \frac{g \cdot \gamma \cdot \Delta T \cdot l^3}{\nu^2}$$ (8.35)

dabei sind γ der volumetrische Ausdehnungskoeffizient des Fluids

   g   die Erdbeschleunigung

Rayleigh-Zahl: $$Ra = Gr \cdot Pr = \frac{g \cdot \gamma \cdot \Delta T \cdot l^3}{\nu \cdot a}$$ (8.36)

Die Stoffwerte werden allgemein für mittlere Werte der Fluidtemperatur ermittelt. Die Beziehung der aufgestellten Ähnlichkeitszahlen zur Nusselt-Zahl entspricht allgemein der Form:

$$Nu = f(Re, Pr, Gr)$$ (8.37)

- bei erzwungener Konvektion kann die Grashof-Zahl vernachlässigt werden. Es gilt dann:

$$Nu = f(Re, Pr)$$ (8.37a)

- bei freier Konvektion ist wiederum die Reynolds-Zahl vernachlässigbar. Es gilt dann:

$$Nu = f(Gr, Pr)$$ (8.37b)

Insbesondere bei erzwungener Konvektion ist die Art der Strömung maßgebend für den Wärmeübergang. Die Strömungsart kann mittels der Reynolds-Zahl ermittelt werden:

a) *Laminare Strömung*: die Flüssigkeitsteilchen bewegen sich dabei auf parallelen Bahnen. Es erfolgt keine Vermischung quer zur Strömungsrichtung. Bei Innenströmungen in Rohren beispielsweise ist dies der Fall für jede Strömung, bei der die Kombination der jeweiligen Kenngrößen eine Reynolds-Zahl

$$Re < 2300 \quad \text{ergibt.}$$

8.3 Der Wärmeübergang (die Konvektion)

b) *Turbulente Strömung*: die Flüssigkeitsteilchen vermischen sich längs und quer zur Strömung in lokalen Verwirbelungen. Das trifft bei Rohrströmungen für Reynolds-Zahlen

$$Re > 10000 \quad zu.$$

Im Bereich Re (2300...10000) wechselt die Strömung ständig zwischen laminar und turbulent. Bei längs angeströmten Wänden und quer angeströmten Rohren gelten höhere Werte für die kritischen Reynolds-Zahlen der Übergangsgebiete.

Die Nusselt-Zahl und damit auch der Wärmeübergangskoeffizient steigen mit der Reynolds-Zahl. Bei turbulenter Strömung ist also der Wärmeübergang größer. Physikalisch ist dies durch den intensiveren Energieaustausch infolge der Vermischung erklärbar.

Der konkrete Zusammenhang zwischen der Nusselt-Zahl und den anderen Ähnlichkeitszahlen gemäß der Gl. (8.37) wurde für eine Reihe von Modellen – Rohre, Platten, u.a. – bei verschiedenen Strömungsarten ermittelt. Einige Beispiele sind in Tabelle 8.1 zusammengefasst.

Der Geltungsbereich der jeweiligen expliziten Form der Gl. (8.38) wird außer der Reynolds-Zahl durch eine Anzahl von Kenngrößen des Prozesses bestimmt, wie in den Anwendungsbeispielen in Tabelle 8.1 dargestellt.

Tabelle 8.1 Berechnungsgleichungen für die Konvektion

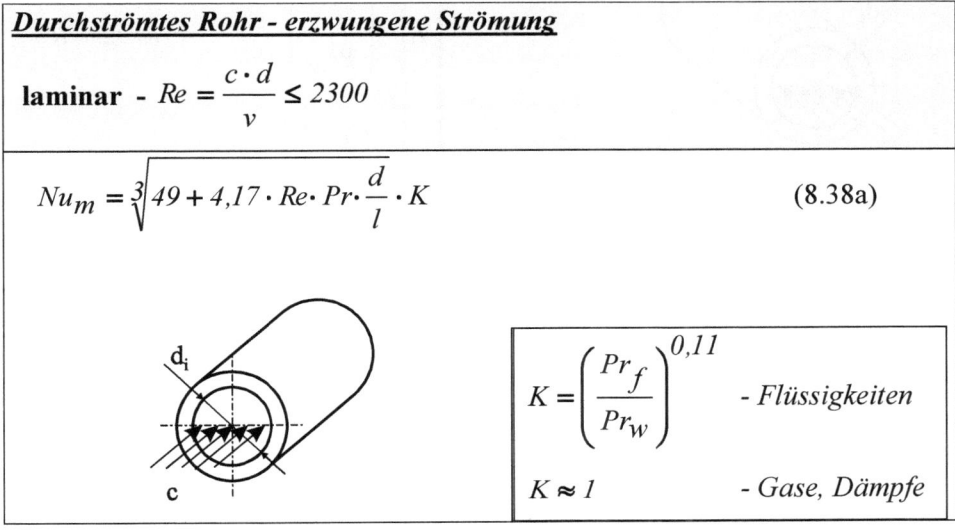

Durchströmtes Rohr - erzwungene Strömung

laminar - $Re = \dfrac{c \cdot d}{v} \leq 2300$

$$Nu_m = \sqrt[3]{49 + 4{,}17 \cdot Re \cdot Pr \cdot \dfrac{d}{l} \cdot K} \qquad (8.38a)$$

$K = \left(\dfrac{Pr_f}{Pr_w}\right)^{0{,}11}$ - *Flüssigkeiten*

$K \approx 1$ - *Gase, Dämpfe*

Fortsetzung Tabelle 8.1 Berechnungsgleichungen für die Konvektion

Durchströmtes Rohr - erzwungene Strömung

turbulent und übergehend - $Re = \dfrac{c \cdot d}{v} = 2300 \div 1000000$

$Pr = 0{,}5 \div 1{,}5$

$$Nu_m = 0{,}0214 \cdot \left(Re^{0,8} - 100\right) \cdot Pr^{0,4} \cdot \left[1 + \left(\dfrac{d}{l}\right)^{\frac{2}{3}}\right] \cdot K \qquad (8.38\text{b})$$

$Pr = 1{,}5 \div 500$

$$Nu_m = 0{,}012 \cdot \left(Re^{0,87} - 280\right) \cdot Pr^{0,4} \cdot \left[1 + \left(\dfrac{d}{l}\right)^{\frac{2}{3}}\right] \cdot K \qquad (8.38\text{c})$$

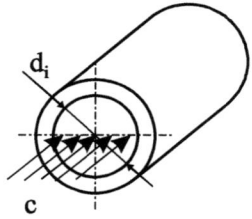

$$K = \left(\dfrac{Pr_f}{Pr_w}\right)^{0,11} \quad \text{- Flüssigkeiten}$$

$$K = \left(\dfrac{T_f}{T_w}\right)^{n} \quad \text{- Gase, Dämpfe}$$

n	Vorgang	T_f / T_w
0	Gaskühlung	> 1
0,45	Lufterwärmung	$0{,}5 \div 1$
0,12	CO_2-Erwärmen	$0{,}5 \div 1$
-0,18	Wasserdampf-Erwärmung	$0{,}67 \div 1$

$Pr_W = f(T_W)$ aus Stofftabellen

8.3 Der Wärmeübergang (die Konvektion)

Fortsetzung Tabelle 8.1 Berechnungsgleichungen für die Konvektion

Quer umströmtes Rohr - erzwungene Strömung

$T_f = 293{,}15 \, [K]$

$$Nu_m = C \cdot Re^m \cdot \left(\frac{T_W}{T_f}\right)^{0{,}25} \quad (8.38d)$$

$T_f = 293{,}15 \, [K]; \; T_W = 393{,}15 \, [K]$

$$Nu_m = C_1 \cdot Re^m \quad (8.38e)$$

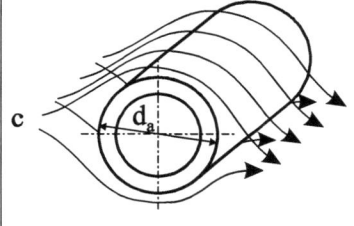

$Re = \dfrac{c \cdot d}{v}$	m	C	C_1
$1 \div 4$	0,330	0,872	0,891
$4 \div 40$	0,385	0,802	0,821
$40 \div 4000$	0,466	0,600	0,615
$4000 \div 40000$	0,618	-	0,174
$40000 \div 400000$	0,805		0,0239

Längs angeströmte Platte - erzwungene Strömung

laminar - $Re = \dfrac{c \cdot d}{v} \leq 100000$

$$Nu_m = 0{,}664 \cdot \sqrt{Re} \cdot \sqrt[3]{Pr} \cdot K \quad (8.38f)$$

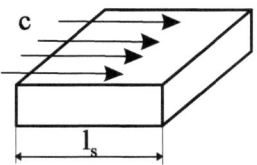

$Pr = 0{,}6 \div 2000$

Fortsetzung Tabelle 8.1 Berechnungsgleichungen für die Konvektion

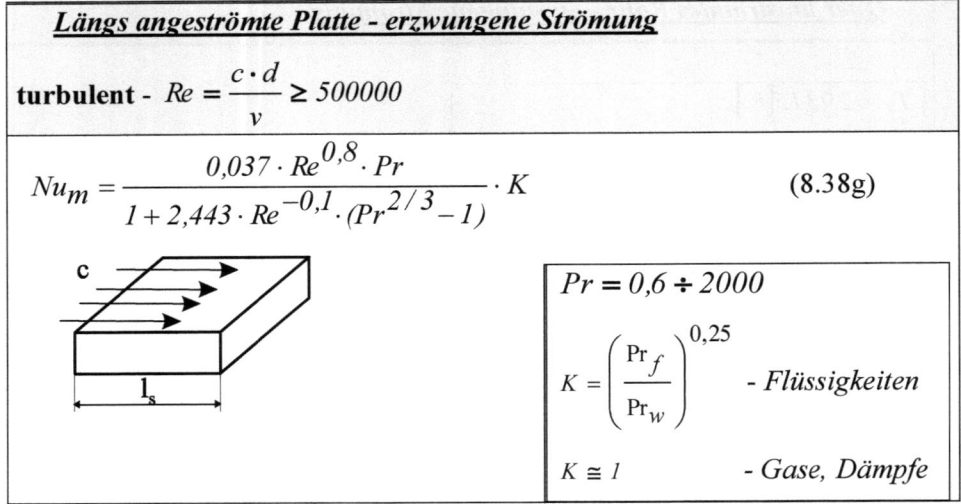

Dabei sind die Temperaturen der Fluidströmung (T_f) und der Wand (T_W) Mittelwerte zwischen der Ein- und Ausströmstelle. Daraus resultieren, wie in Tabelle 8.1 dargestellt, Mittelwerte der Nusselt-Zahlen Nu_m.

Ähnliche Beziehungen gelten für folgende Modelle:
- freie Strömung auf senkrechte, waagerechte oder geneigte Wand
- Kondensation von langsam strömenden Dampf
- Verdampfen von Wasser auf einer Heizfläche

8.3.3 Wärmetauscher

Die Kenntnis über die Konvektionsprozesse dient in der Kraftfahrzeugtechnik insbesondere der Auslegung von Wärmetauschern. Die Wärmetauscher werden von zwei oder mehreren Fluiden durchströmt, zwischen denen der Wärmeaustausch stattfindet. Die Wärmetauscher werden allgemein nach dem Fluid klassifiziert, dessen Wärmeaufnahme oder -abgabe von Interesse ist. Wärmetauscher mit zwei strömenden Medien, die durch die Wände des Wärmetauschers getrennt sind, bilden einen typischen Fall für die Kraftfahrzeugtechnik.

Im Bild 8.17 sind drei grundsätzliche Varianten elementarer Wärmetauscher dargestellt:
- mit Gleichströmung → beide Fluide strömen in gleicher Richtung
- mit Gegenströmung → die Strömungsrichtungen sind entgegengesetzt
- mit (Kreuz-) Querströmung

8.3 Der Wärmeübergang (die Konvektion) 563

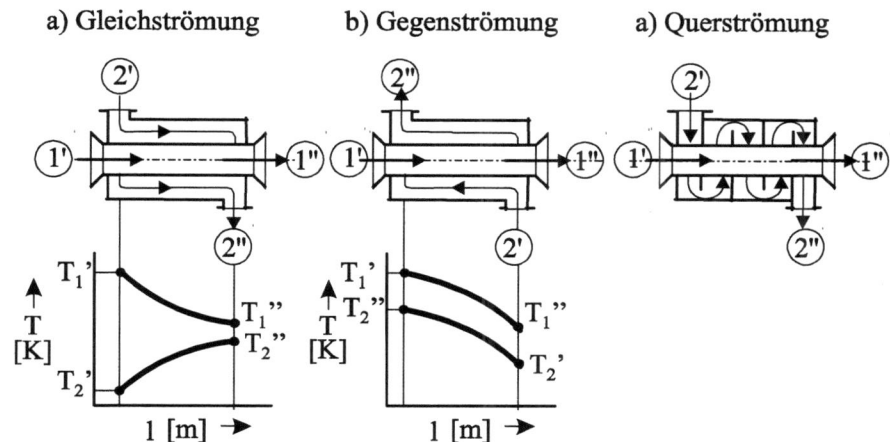

Bild 8.17 Elementare Wärmetauscher

dabei ist:

① - Primärströmung

② - Sekundärströmung

Die Kenngrößen des Wärmetauschers mit Querströmung liegen zwischen den Werten der ersten zwei Modelle. Bei dem Wärmetauscher mit Gleichströmung liegt die Temperatur in der Sekundärströmung stets unter jener in der Primärströmung.

Entlang eines Wärmetauschers mit Gleichströmung ist die Temperaturverteilung sehr ungleichmäßig. Durch die Gegenströmung kann praktisch eine konstante Temperaturdifferenz entlang des Wärmetauschers erreicht werden. Entsprechend der unterschiedlichen Temperaturdifferenzen sind die thermischen und die mechanischen Belastungen im Wärmetauscher mit Gleichströmung sehr komplex; in der Nähe des Auslaufes ist der Wärmetauscher infolge der kleinen Temperaturdifferenzen eher uneffektiv genützt.

Unabhängig von der Art der Strömung ist der elementare Wärmefluss durch die einzelnen Flächeeinheiten entlang des Rohres variabel, entsprechend der Temperaturdifferenz.

Es gilt:

$$d\dot{Q} = K(T) \cdot dT \cdot dA \quad (8.38) \text{ wobei} \begin{cases} K = \dfrac{1}{\dfrac{1}{\alpha_1} + \dfrac{\delta}{\lambda} + \dfrac{1}{\alpha_2}} \quad Ebene Wand \\ K = \dfrac{1}{r_1 \alpha_1} + \dfrac{1}{\lambda} ln \dfrac{r_2}{r_1} + \dfrac{1}{r_2 \alpha_2} \quad Rohr \end{cases} \quad (8.39)$$

Bei Kenntnis der Temperaturdifferenz am Eingang im Wärmetauscher bzw. der Strömungs- und Stoffkenngrößen kann der Wärmestrom entlang eines Wärmetauschers genau ermittelt werden.

8.4 Die Wärmestrahlung

8.4.1 Elementare Modelle der Wärmestrahlung

Die Wärmestrahlung ist eine Form der Energieübertragung, die keinen direkten Kontakt der austauschenden Systeme erfordert. Ihre Intensität hängt jedoch sowohl vom Stoff beider Systeme, als auch vom Stoff des Zwischenmediums ab. Hauptsächlich ist aber eine Strahlung von den Temperaturen der strahlenden Körper abhängig, wie im Bild 8.18 schematisch dargestellt ist. Es gilt:

$$\left| \dot{Q} \right| = \left| \dot{Q}_{12} \right| - \left| \dot{Q}_{21} \right| = f(T_1, A_1, S_1; T_2, A_2, S_2; S_3) \quad (8.40)$$

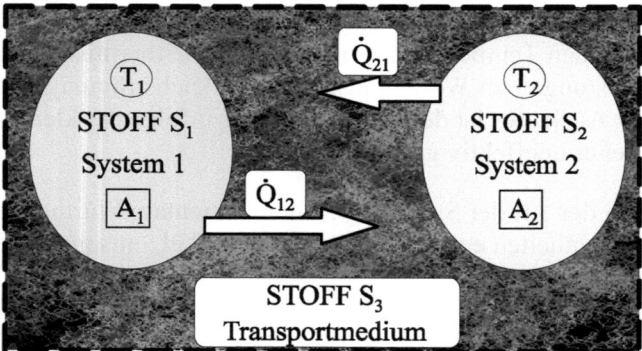

Bild 8.18 Wärmestrahlung zwischen zwei Systemen mit unterschiedlichen Temperaturen

8.4 Die Wärmestrahlung

Eine Strahlung ist ein Energietransport, der mittels elektromagnetischer Wellen realisiert wird. Diese Wellen entstehen aus den Bewegungen im molekularen Bereich auf Grund der inneren Energie des Systems und werden vom System nach außen emittiert (ausgesandt). Je höher die innere Energie des Systems, desto größer ist die Intensität (Amplitude und Frequenz) der in die Umgebung emittierten elektromagnetischen Wellen. Werden diese Wellen von einem anderen System absorbiert, so ändert sich die kinetische Energie seiner Moleküle, was als Temperaturänderung registriert wird.

Eine Welle ist also nicht „warm", sondern ihre Wirkung ist eine Erwärmung. Daraus wird abgeleitet, dass die Wärmeübertragung zwischen zwei Systemen, die nicht im direkten Kontakt stehen, durch Umwandlung in und von elektromagnetischer Energie möglich ist. Wie jede Schwingung, ist eine elektromagnetische Schwingung durch ihre Frequenz bzw. durch die Wellenlänge – als Kehrwert der Frequenz bei konstanter Übertragungsgeschwindigkeit (Lichtgeschwindigkeit) – gekennzeichnet. Das allgemeine Spektrum der elektromagnetischen Wellen ist in Bild 8.19 dargestellt.

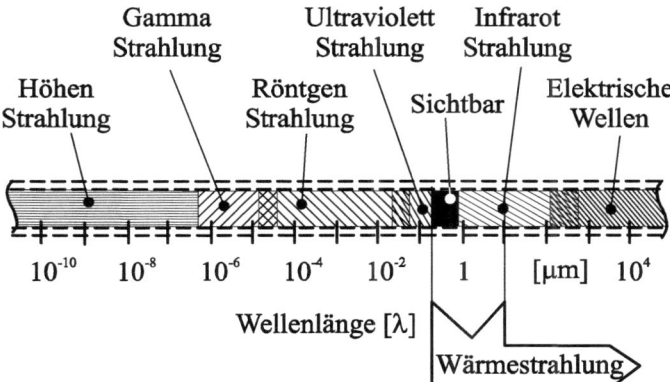

Bild 8.19 Emissionsspektrum der Strahlung mittels elektromagnetischer Wellen

Jede Strahlung – also auch die Wärmestrahlung – wird grundsätzlich auf allen Wellenlängen emittiert, gleichzeitig als Gamma-, Röntgen-, Infrarotstrahlung usw.

Die durch die Wärmestrahlung emittierte Energie entfällt allerdings zum größten Teil auf den Wellenlängenbereich:
$$\lambda = 0{,}35 \ldots 10 \, [\mu m]$$
Innerhalb dieses Bereiches liegt die Lichtstrahlung bei
$$\lambda = 0{,}35 \ldots 0{,}75 \, [\mu m]$$

Beispiele:

Selektive Verteilung der Energiestrahlung nach Wellenlängenbereichen:

- *aus der gesamten Energie einer Glühlampe (Fadentemperatur 2700 [°C]-3000 [°C]) werden ca. 88% als Lichtenergie bzw. 12% im unsichtbaren Infrarotbereich der Wärmestrahlung emittiert. Im Falle der zur Erde gesandten Sonnenenergie ist das Verhältnis zwischen sichtbarer und unsichtbarer Wärmestrahlung 70% zu 30%.*

- *das Glas ist für elektromagnetische Wellen im sichtbaren Wellenlängenbereich durchlässig, für Infrarotwellenlängen jedoch nicht. Die Sonnenstrahlen, die durch ein Fensterglas in einen Raum gelangen, übertragen einen Teil ihrer Energie an jene Gegenstände in den Raum, die eine niedrigere Temperatur haben. Diese Energieabgabe bewirkt eine proportionale Senkung der Wellenenergie und demzufolge die Zunahme der Wellenlängen der elektromagnetischen Wellen zum Infrarotbereich hin. Diese Wellen können aber die Glasscheiben nicht mehr durchqueren. Das erklärt die Temperaturerhöhung eines Raumes infolge Sonneneinstrahlung durch geschlossene Fenster. In ähnlicher Weise kann der Treibhauseffekt in der Atmosphäre erklärt werden.*

- *die Temperaturerhöhung eines Körpers hat umgekehrt eine Senkung der Wellenlängen zur Folge (die Erhöhung der inneren Energie bewirkt die Frequenzerhöhung der elektromagnetischen Wellen). Diese Veränderung verläuft von Infrarot zum sichtbaren Bereich hin. So kann beispielsweise das „Glühen" eines Metalls erklärt werden.*

Absorption, Reflexion und Durchlässigkeit von Strahlungen

Jedes materielle System ist – abhängig von seiner Temperatur – eine Quelle von Wärmestrahlung. Es emittiert auch dann Wärme in die Umgebung bzw. zu einem benachbarten System, wenn seine Temperatur niedriger als jene der Umgebung bzw. des benachbarten Systems ist. Diese Tatsache widerspricht nicht dem 2. HS der Thermodynamik, wonach die Wärme von selbst nur vom System höherer zum System niedrigerer Temperatur übergehen kann: die von einem System ausgestrahlte Energie ist nicht identisch mit der globalen Energie-/Wärmeübertragung zwischen zwei Systemen. Die Wärmeübertragung ist die Summe des energetischen Austausches zwischen beiden Systemen. Das System mit niedrigerer Temperatur sendet auch Energie, und zwar in allen Richtungen, so auch in Richtung des Systems mit höherer Temperatur. Die Richtung und der Betrag des globalen Wärmeübergangs resultiert als Bilanz in einem dynamischen Austauschprozess.

8.4 Die Wärmestrahlung

Ein festes, flüssiges oder gasförmiges System kann – wie im Bild 8.20 dargestellt – eine Wärmestrahlung absorbieren, reflektieren oder durchlassen, ähnlich wie eine Lichtstrahlung.

Die entsprechenden Anteile werden wie folgt bezeichnet:

a – Absorptionskoeffizient

r – Reflexionskoeffizient

d – Durchlasskoeffizient

Als Bilanz resultiert:

$$E = E_a + E_r + E_d \tag{8.41}$$

oder $\quad E = aE + rE + dE = E(a + r + d) \tag{8.41a}$

Daraus resultiert:

$$a + r + d = 1 \tag{8.42}$$

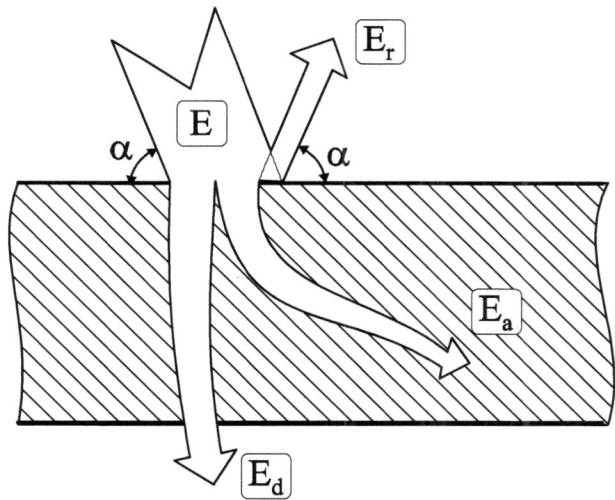

Bild 8.20 Absorption, Reflexion und Durchlassen einer Wärmestrahlung

Die Werte dieser Koeffizienten hängen unter anderem von der Stoffart, -oberfläche und -dichte des angestrahlten Systems ab.

- eine *absorbierte Wärmestrahlung* wird in innere Energie umgewandelt.

> *Definition*
>
> *Ein Körper, der eine gesamte Strahlung absorbiert (a=1), wird als* **schwarzer Körper** *bezeichnet.*

- eine *reflektierte Wärmestrahlung* entspricht den Gesetzen der Lichtstrahlung: bei einer spiegelnden Reflexion sind Einfalls- und Ausfallswinkel gleich; bei diffuser Reflexion auf matten Oberflächen wird die reflektierte Strahlung nach allen Richtungen verteilt.

> *Definition*
>
> *Ein Körper, der die gesamte Strahlung reflektiert (r = 1) wird als* **weißer Körper** *bezeichnet.*

Allgemein ist das Verhalten der Körper bei Licht- und Wärmestrahlung ähnlich. Ein direkter Zusammenhang zwischen Aussehen und Verhalten bei Wärmestrahlung ist jedoch nicht herstellbar.

Beispiele:

Schwarze Körper:	*Ruß*	$a = 0,95$
	weiße Emaille	$a = 0,91$
	schwarzer Samt	$a = 0,99$
Weiße Körper:	*polierte Goldoberfläche*	$a = 0,02$
	polierte Kupferoberfläche	$a = 0,02$

> *Definition*
>
> *Die durchgehende Wärmestrahlung charakterisiert* **diatherme Körper** *(d = 1). Dazu zählen ein- und zweiatomige Gase.*

Schwarzer und grauer Körper

Das Modell des absolut schwarzen Körpers basiert auf der Ähnlichkeit mit einem Hohlraum, welcher mit einer kleinen Öffnung versehen ist, wie im Bild 8.21 dargestellt.

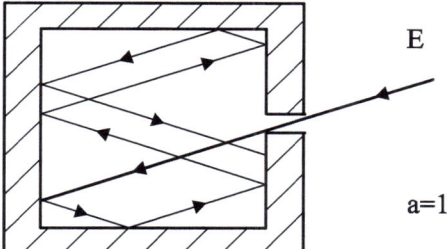

Bild 8.21 Modell eines schwarzen Körpers bei absorbierter Wärmestrahlung

Keine der wiederholten Reflexionen auf den spiegelnden Oberflächen des Hohlraumes kann nach außen gelangen. Als Strahler emittiert ein solcher Körper bei einer bestimmten Temperatur den größten Energiestrom im Vergleich mit anderen Körpern.

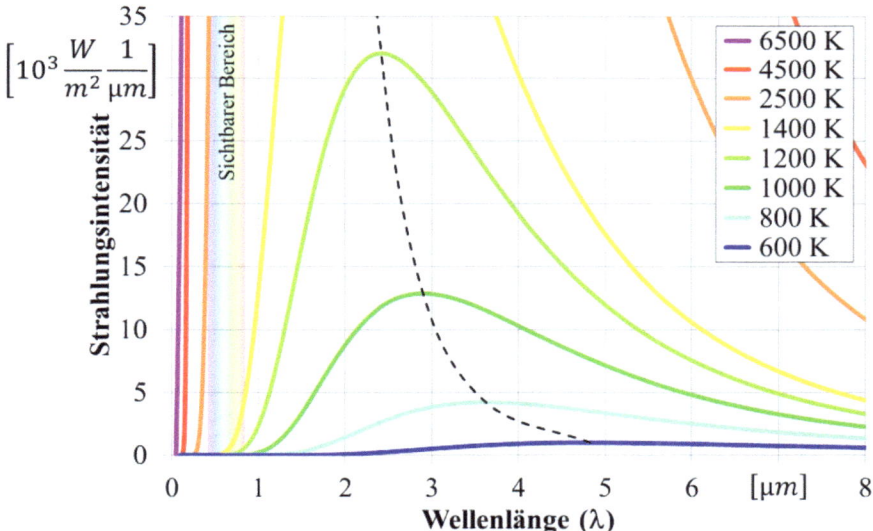

Bild 8.22 Strahlungskenngrößen des schwarzen Körpers

Die Wellenlängen der Emission eines schwarzen Körpers umfassen das gesamte Wellenlängen-Spektrum von 0 bis ∞. Die Strahlungsintensität ist jedoch eine

Funktion der jeweiligen Wellenlänge bzw. der Temperatur, wie im Bild 8.22 dargestellt.

Die Strahlungsintensität des schwarzen Körpers kann bei einer gleichen Temperatur und Wellenlänge von keinem anderen Körper überschritten werden. Der schwarze Körper ist ein Referenzmodell für die maximale Intensität einer Wärmestrahlung. Zur Beurteilung der Emission realer technischer Körper – auch als „farbige" Körper bezeichnet – wird ein zweiter Referenzverlauf der Strahlungsintensität vereinbart: dabei ist die Intensitätsverteilung auf Wellenlängen ähnlich wie beim schwarzen Körper, die absoluten Werte jedoch mit einem konstanten Reduktionsfaktor $\varepsilon < 1$ multipliziert.

> *Definition*
>
> Der Faktor ε ist als **Emissionsverhältnis** definiert.

Im Bild 8.23 ist der daraus resultierende Intensitätsverlauf dargestellt. Der als Modell für eine solche Strahlung vereinbarte Körper wird als **grauer Körper** bezeichnet. Der Verlauf der Wärmeintensität farbiger Körper wird allgemein im Vergleich mit dem schwarzen und grauen Körper bewertet.

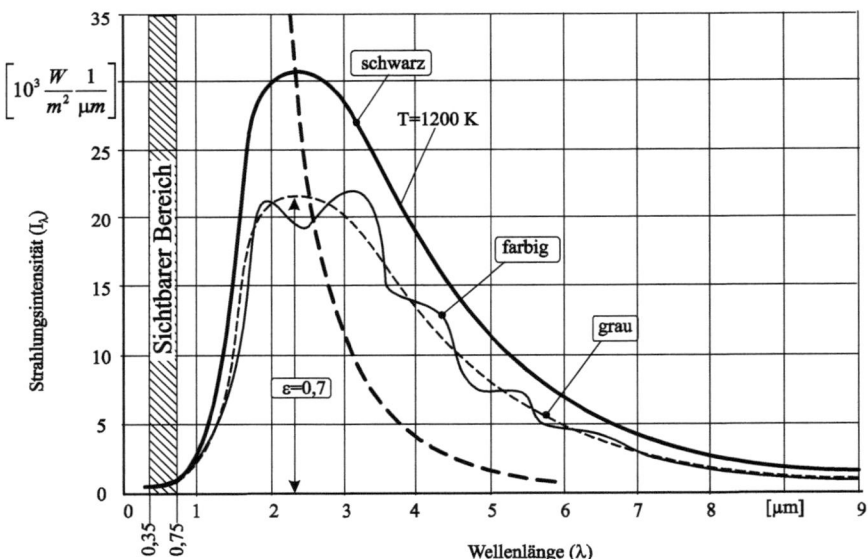

Bild 8.23 Strahlungsmodell für farbige und graue Körper

8.4 Die Wärmestrahlung

Gas- und Flammenstrahlung

Im Gegensatz zur Strahlung fester Körper erfolgt die Wärmestrahlung der Gase selektiv, nur auf bestimmten Wellenlängen. Die Wärmeabsorption erfolgt analog auf den gleichen Wellenlängen. Die Gase, deren Moleküle aus einem und aus zwei symmetrischen Atomen bestehen, sind diatherm $(d = 1, r = 0, a = 0)$. Sie können also eine Wärmestrahlung weder absorbieren noch emittieren. Zu solchen Gasen zählen: O_2, N_2, Luft, H_2, teilweise CO. Eine „saubere" Atmosphäre kann also keine Sonnenstrahlung absorbieren. Dieses Verhalten ändert sich, wenn der Anteil an dreiatomigen Gasen oder an Partikel in der Atmosphäre zunimmt. Beispiele für solche Stoffe sind: CO_2, SO_2, H_2O (Wasserdampf), O_3, C_mH_n.

Eine Reflexion ist bei Gasen in keinem Fall gegeben, so dass bezüglich ihres Verhaltens bei Wärmestrahlung folgende Form der Gl. (8.42) gilt:

$$a + d = 1 \qquad (8.42a)$$

Ein Sonderfall bei der Wärmestrahlung der Gase ist die Flammenstrahlung.

> *Definition*
> *Eine **Flamme** ist ein Gasgemisch während eines Verbrennungsprozesses.*

Die Flammen werden in „leuchtend" und „nicht leuchtend" eingeteilt:
- nichtleuchtende Flammen – die beispielsweise bei der Verbrennung von H_2 und CO entstehen – haben eine vernachlässigbare Strahlungsintensität.
- dagegen ist die Strahlung leuchtender Flammen durch eine hohe Strahlungsintensität gekennzeichnet. Obwohl die Emissions-/ Absorptionskoeffizienten einzelner glühender Kohlenstoffteilchen niedrig sind $(\varepsilon = a = 0{,}05)$, wird durch die Vielzahl dieser extrem kleinen Teilchen $(\varnothing \cong 0{,}003 \, [mm])$ eine Strahlungsintensität im Bereich des schwarzen Körpers erreicht. Daher bestimmt die Flammenstrahlung entscheidend die Wärmeübertragungen in Brennkammern.

Die Farbe einer Flamme gibt Auskunft über ihre Temperatur und somit über die Qualität der Wärmeentwicklung infolge der Verbrennung. So ist eine Farbenänderung von rot über gelb zu blau die Folge der Verkürzung der emittierten Wellenlänge, was auf die Temperaturerhöhung hindeutet. Auf der temperaturbedingten Wellenlänge einer Strahlung im sichtbaren Bereich basiert die optische Messung des Temperaturgradienten in Brennräumen von Kolbenmotoren während eines Verbrennungsprozesses.

Der Wärmestrom, der von der Flächeneinheit (1 [m²]) eines schwarzen Körpers in den Raum in einer halbkugeligen Front ausgestrahlt wird, wie im Bild 8.24 schematisch dargestellt, beträgt nach **Stefan und Boltzmann**:

$$\dot{q}_s = \sigma \cdot T^4 \left[\frac{W}{m^2}\right] \tag{8.43}$$

$$\dot{Q}_s = \dot{q} A [W] \tag{8.44}$$

mit der physikalischen Konstante (Stefan-Boltzmann Konstante):

$$\sigma \cong 5{,}67 \cdot 10^{-8} \left[\frac{W}{m^2 \cdot K^4}\right] \tag{8.45}$$

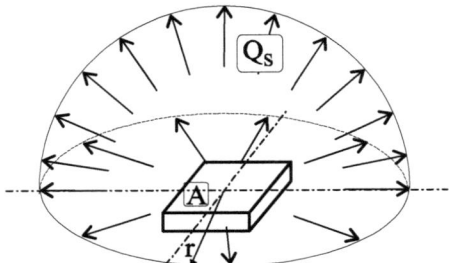

Bild 8.24 Modell zur Berechnung des Wärmestroms einer Strahlung

Für eine bequemere Rechnung wird die Umstellung der Gl. (8.43) wie folgt empfohlen:

$$\dot{q} = C_s \left(\frac{T}{100}\right)^4, \tag{8.46}$$

$$\text{mit } C_s = 10^8 \cdot T = 5{,}67 \left[\frac{W}{m^2 K^4}\right] \tag{8.45a}$$

Bei technischen Oberflächen, die allgemein von Modell des schwarzen Körpers abweichen, ist der ausgestrahlte Wärmestrom zwar geringer, jedoch einem ähnlichen Gesetz wie in der Gl.(8.46) entsprechend:

$$\dot{q} = \varepsilon \cdot C_s \left(\frac{T}{100}\right)^4 \tag{8.47}$$

- mit ε = Emissionsverhältnis
  wobei $\varepsilon = a$ (Kirchhoffsches Gesetz)
- mit   a = Absorptionskoeffizient

8.4.2 Wärmeübertragung durch Strahlung zwischen Körperoberflächen

Zur Berechnung des Wärmestroms infolge einer Strahlung werden an dieser Stelle zwei repräsentative Modelle aufgeführt:

a) ebene Wände, die sich parallel gegenüberstehen wie in Bild 8.25:

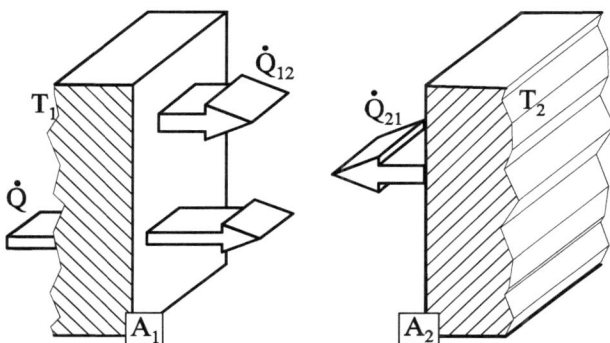

Bild 8.25 Wärmestrahlung zwischen zwei parallel gegenüberliegenden, ebenen Wänden – schematisch

$$\dot{Q} = \frac{C_s}{\dfrac{1}{\varepsilon_1} + \dfrac{1}{\varepsilon_2} - 1} \cdot A \cdot \left[\left(\frac{T_1}{100}\right)^4 - \left(\frac{T_2}{100}\right)^4\right] \tag{8.48}$$

Dabei bezeichnet Index 1 die strahlende bzw. Index 2 die angestrahlte Fläche.

b) die angestrahlte Fläche (A_2) umgibt vollkommen die strahlende Fläche (A_1) wie in Bild 8.26:

$$\dot{Q} = \frac{C_s}{\dfrac{1}{\varepsilon_1} + \dfrac{A_1}{A_2}\left(\dfrac{1}{\varepsilon_2} - 1\right)} A_1 \left[\left(\frac{T_1}{100}\right)^4 - \left(\frac{T_2}{100}\right)^4\right] \tag{8.49}$$

$$\text{(für } A_2 \gg A_1 \rightarrow \dot{Q} = C_s \cdot \varepsilon_1 A_1 \cdot \left[\left(\frac{T_1}{100}\right)^4 - \left(\frac{T_2}{100}\right)^4\right]\text{)} \tag{8.49a}$$

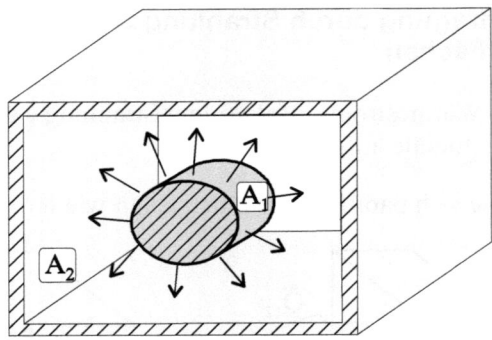

Bild 8.26 Wärmestrahlung zwischen einem zentralen Strahler und einer umgebenden Fläche – schematisch

Eine Strahlung tritt meist im Zusammenhang mit einem Wärmeübergang (Konvektion) und einer Wärmeleitung auf. Zur Vereinfachung der Berechnungen wird ein "Wärmeübergangskoeffizient durch Strahlung" $\alpha_s \left[\dfrac{W}{m^2 \cdot K}\right]$ gebildet. Analog der Gleichung des Wärmestromes für die Konvektion – Gl. (8.26) – gilt in diesem Fall:

$$\alpha_s = \frac{\dot{Q}_{Strahlung}}{A(T_1 - T_2)} \tag{8.50}$$

$$\rightarrow \quad \alpha_{s_{a)}} = \frac{C_s}{\dfrac{1}{\varepsilon_1} + \dfrac{1}{\varepsilon_2} - 1} \cdot \frac{\left(\dfrac{T_1}{100}\right)^4 - \left(\dfrac{T_2}{100}\right)^4}{T_1 - T_2} \tag{8.51a}$$

und

$$\rightarrow \quad \alpha_{s_{b)}} = \frac{C_s}{\dfrac{1}{\varepsilon_1} + \dfrac{A_1}{A_2}\left(\dfrac{1}{\varepsilon_2} - 1\right)} \cdot \frac{\left(\dfrac{T_1}{100}\right)^4 - \left(\dfrac{T_2}{100}\right)^4}{T_1 - T_2} \tag{8.51b}$$

Analog gilt für die Wärmeleitung entsprechend Gl. (8.10):

$$\alpha_L = \frac{\lambda}{\delta} \tag{8.52}$$

Daraus resultiert: $\quad \alpha_{gesamt} = \alpha_{Leitung} + \alpha_{Konvektion} + \alpha_{strahlung}$

Anwendungsbeispiele und Übungen zu Kapitel 8

Wärmeleitung

Ü 8.1 Eine einschichtige Blechwand in der Karosserie eines Fahrzeugs hat eine Fläche von 0,7 [m²] und eine Dicke von 3mm. Ihre Wandtemperatur beträgt auf der Außenseite -7 [°C] und auf der Innenseite +9 [°C].

Aufgaben:

1. Berechnung des Wärmestroms, der Wärmestromdichte und des Wärmewiderstands.
2. Berechnung der Distanz in der Wand von der Innenfläche aus, bei der die Temperatur 0 [°C] beträgt.
3. Berechnung der Größen von Punkt 1 bei einer Außentemperatur von +10 [°C] und einer Innentemperatur von +12 [°C].
4. Berechnung der Größen von Punkt 1 bei einer Blechdicke von 6 [mm].
5. Berechnung der Größen von Punkt 1 bei Änderung der Blechart von Stahl auf Aluminium.

Angaben: $\lambda_{Stahl} = 59 \left[\dfrac{W}{mK}\right]; \quad \lambda_{Aluminium} = 238 \left[\dfrac{W}{mK}\right]$

Lösung:

1. $\dot{Q} = \dfrac{\lambda}{\delta} A (T_{W1} - TW)$ (8.10)

$$\dot{Q} = \dfrac{59 \cdot 0,7}{3 \cdot 10^{-3}} \left[(273,15 + 9) - (273,15 - 7)\right]$$

$$\dot{Q} = 220,27 \, [kW]$$

$$\dot{q} = \dfrac{\dot{Q}}{A} \quad (8.11)$$

$$\dot{q} = \dfrac{220,27}{0,7} = 314,67 \left[\dfrac{kW}{m^2}\right]$$

$$R = \frac{\Delta t}{\dot{Q}} = \frac{\delta}{\lambda A}$$

$$R = \frac{16}{220,27 \cdot 10^3} = \frac{3 \cdot 10^{-3}}{59 \cdot 0,7} = 0,0726 \left[\frac{K}{kW}\right]$$

2. $T = T_{W1} - \frac{\dot{Q}}{\lambda A}(x - x_1)$ \qquad (8.9a)

$$(273,15 + 0) = (273,15 + 9) - \frac{220,27}{59 \cdot 0,7}(x - 0)$$

Daraus $x = 1,68 \cdot 10^{-3} [m] \rightarrow x = 1,68 [mm]$.

3. $\dot{Q} = \frac{59 \cdot 0,7}{3 \cdot 10^{-3}}(12 - 10) = 27,53 [kW]$

$$\dot{q} = \frac{27,53}{0,7} = 39,33 \left[\frac{kW}{m^2}\right]$$

$$R = \frac{2}{27,53 \cdot 10^3} = \frac{3 \cdot 10^{-3}}{59 \cdot 0,7} = 0,0726 \left[\frac{K}{kW}\right]$$

(unverändert)

4. $\dot{Q} = \frac{59 \cdot 0,7}{6 \cdot 10^{-3}}[(273,15 + 9) - (273,15 - 7)]$

$$\dot{Q} = 110,13 [kW]$$

$$\dot{q} = \frac{110,13}{0,7} = 157,33 \left[\frac{kW}{m^2}\right]$$

$$R = \frac{16}{110,13 \cdot 10^3} = \frac{6 \cdot 10^{-3}}{59 \cdot 0,7} = 0,145 \left[\frac{K}{kW}\right]$$

5. $\dot{Q} = \frac{238 \cdot 0,7}{3 \cdot 10^{-3}}[9 - (-7)] = 888,53 [kW]$

$$\dot{q} = \frac{888,53}{0,7} = 1269,33 \left[\frac{kW}{m^2}\right]$$

$$R = \frac{16}{888,53 \cdot 10^3} = \frac{3 \cdot 10^{-3}}{238 \cdot 0,7} = 0,018 \left[\frac{K}{kW}\right]$$

Ü 8.2 Die Karosseriewand mit der gleichen Fläche wie in **Ü 8.1** besteht aus einer Innenschicht aus Stahlblech (3mm dick), einer Isolierschicht aus Glaswolle (20 [mm] dick) und einem Außenmantel aus Aluminium (2 [mm] dick). Die Temperatur auf der Außenfläche beträgt -7 [°C], auf der Innenfläche +9 [°C].

Aufgaben: Berechnung des Wärmestroms, der Wärmestromdichte und des Wärmewiderstands.

Angabe: $\lambda_{Glaswolle} = 0{,}037 \left[\dfrac{W}{mK}\right]$

Lösung:

$$\dot{Q} = \dfrac{A(T_a - T_{n+1})}{\sum_{i=1}^{3} \dfrac{\delta_i}{\lambda_i}} \qquad (8.16)$$

$$\dot{Q} = \dfrac{0{,}7[9-(-7)]}{\dfrac{3 \cdot 10^{-3}}{59} + \dfrac{20 \cdot 10^{-3}}{0{,}037} + \dfrac{2 \cdot 10^{-3}}{238}} = 0{,}0207 \,[kW]$$

$$\dot{q} = \dfrac{0{,}0207}{0{,}7} = 0{,}02959 \left[\dfrac{kW}{m^2}\right]$$

$$R = \dfrac{16}{0{,}0207 \cdot 10^3} = 772{,}95 \left[\dfrac{K}{kW}\right]$$

Ü 8.3 Eine Heißwasserleitung aus Stahlrohr (D=160 [mm], d=148 [mm]) ist mit Glaswolle isoliert. Die Isolierschicht beträgt 70mm. Die Isolierung ist mit einem Aluminiumblechmantel von 1mm Dicke umgeben.

Aufgabe:

Ermittlungs der Wärmeverlust auf 10m Leitungslänge, bei einer Wandinnentemperatur von 180 [°C] und einer Außentemperatur von 30 [°C].

Angaben:

Stahl: $\lambda_1 = 50 \left[\dfrac{W}{mK}\right]$

Glaswolle: $\lambda_2 = 0{,}046 \left[\dfrac{W}{mK}\right]$

Aluminium: $\lambda_3 = 200 \left[\dfrac{W}{mK}\right]$

Lösung:

$$\dot{Q} = \dfrac{2\pi l \cdot (T_1 - T_4)}{\dfrac{1}{\lambda_1}\ln\dfrac{r_2}{r_1} + \dfrac{1}{\lambda_2}\ln\dfrac{r_3}{r_2} + \dfrac{1}{\lambda_3}\ln\dfrac{r_4}{r_3}} \qquad (8.25)$$

$$\dot{Q} = \dfrac{2\pi \cdot 10[m] \cdot (180-30)[K]}{\dfrac{1}{50\left[\tfrac{W}{mK}\right]}\ln\dfrac{0{,}08}{0{,}074} + \dfrac{1}{0{,}046\left[\tfrac{W}{mK}\right]}\ln\dfrac{0{,}15}{0{,}08} + \dfrac{1}{200\left[\tfrac{W}{mK}\right]}\ln\dfrac{0{,}151}{0{,}15}} = 690{,}4\,[W]$$

Stahl	Glaswolle	Aluminium	
0,00156	13,66	0,00003	$\left[\dfrac{mK}{W}\right]$

Kommentar: Die Wärmedämmung in der Rohrwand und im Blechmantel ist im Vergleich mit der Isolierung vernachlässigbar, wie die entsprechenden Glieder im Nenner zeigen.

Anwendungsbeispiele und Übungen zu Kapitel 8   579

Konvektion

  In einer Heizungsleitung mit der Länge l = 4 [m] bzw. mit dem Innendurchmesser d= 12,7 [mm] strömt Wasser mit einer mittleren Temperatur von 80 [°C]. Die Strömungs-geschwindigkeit beträgt 1 [m/s], die mittlere Wandtemperatur des Rohres 50 [°C].

Aufgabe:

1. Bestimmung des Wärmeübergangskoeffizienten.

2. Berechnung des Wärmestromes und der Wärmestromdichte je 1 [m] Leitung.

3. Berechnung des Wärmestromes, wenn die Strömungsgeschwindigkeit des Wassers auf 0,05 [m/s] sinkt.

Angaben: Folgende Stoffwerte für Wasser (bei 80 [°C], 1 [bar]) wurden aus dem Wärmeatlas entnommen:

$$\eta = 355 \cdot 10^{-6}\,[Pa \cdot s] \;;\; \lambda = 670{,}0 \cdot 10^{-3}\left[\frac{W}{m \cdot K}\right]$$

$$\rho = 971{,}8\left[\frac{kg}{m^3}\right] \qquad a = 0{,}164 \cdot 10^{-6}\left[\frac{m^2}{s}\right]$$

$$c_p = 4{,}196\left[\frac{kJ}{kgK}\right]$$

Lösung:

1. Zur Bestimmung der Strömungsart wird zuerst die Reynolds-Zahl berechnet:

$$Re = \frac{cd}{v} \qquad (8.32) \qquad \text{mit} \qquad v = \frac{\eta}{\rho}$$

$$v = \frac{355 \cdot 10^{-6}\,[Pa \cdot s]}{971{,}8\left[\dfrac{kg}{m^3}\right]} = 0{,}365 \cdot 10^{-6}\left[\frac{m^2}{s}\right]$$

$$\rightarrow Re = \frac{1\left[\frac{m}{s}\right] \cdot 12{,}7 \cdot 10^{-3}[m]}{0{,}365 \cdot 10^{-6}\left[\frac{m^2}{s}\right]} = 34766 \rightarrow \text{turbulent}$$

Zur Bestimmung der Nusselt-Zahl kann aus Tabelle 8.1 eine Formel für erzwungene, turbulente Strömung in einem Rohr abgelesen werden. Ihre Form hängt von der Prantl-Zahl ab:

$$Pr = \frac{v}{a} = \frac{0{,}365 \cdot 10^{-6}\left[\frac{m^2}{s}\right]}{0{,}164 \cdot 10^{-6}\left[\frac{m^2}{s}\right]} = 2{,}23$$

Damit ist Pr > 1,5. Dabei gilt für Flüssigkeiten

$$K = \left(\frac{Pr_f}{Pr_w}\right)^{0{,}11}$$

Aus dem Wärmeatlas wird dafür Pr_w (50 [°C]) = 3,57 ermittelt.

Aus Tabelle 8.1:

$$\rightarrow Nu_m = 0{,}012\left(34766^{0{,}87} - 280\right) \cdot$$

$$2{,}23^{0{,}4}\left[1 + \left(\frac{12{,}7 \cdot 10^{-3}}{4}\right)^{\frac{2}{3}}\right]\left(\frac{2{,}23}{3{,}57}\right)^{0{,}11}$$

$$\rightarrow Nu_m = 138{,}76$$

aus Gl.(8.31) wird dann abgeleitet:

$$\alpha_m = \frac{\lambda Nu_m}{d} = \frac{0{,}670\left[\frac{W}{mK}\right] \cdot 138{,}76}{12{,}7 \cdot 10^{-3}[m]} = 7320\left[\frac{W}{m^2 K}\right]$$

2. Zur Berechnung des Wärmestroms von der Wasserströmung zur Rohrwand wird Gl. (8.26a) herangezogen. Es gilt:

Anwendungsbeispiele und Übungen zu Kapitel 8

$$\dot{Q} = \alpha A (T_f - T_w) \qquad (8.26a)$$

→ für 1m Rohr gilt:

$$A = \pi d l = 3{,}14 \cdot 12{,}7 \cdot 10^{-3} \cdot 1 = 0{,}04 \, [m^2]$$

$$\dot{Q} = 7289 \left[\frac{W}{m^2 K}\right] \cdot 0{,}04 \, [m^2] \cdot (80-50) [K] = 8{,}72 \, [kW] \text{(vgl.}$$

$$\alpha = 7320 \left[\frac{W}{m^2 K}\right] mit \frac{\lambda}{\delta} \text{ in } \boxed{\text{Ü 8.1}})$$

$$\dot{q} = 7320 \left[\frac{W}{m^2 K}\right] \cdot 30 \, [K] = 219{,}61 \left[\frac{KW}{m^2}\right]$$

3. Die Strömung wird laminar; mit der entsprechenden Gleichung in Tabelle 8.1 resultiert

$$Nu = 4{,}41 \, ; \quad \alpha = 232{,}8 \left[\frac{W}{m^2 K}\right] \text{ und daraus}$$

$$\dot{Q} = 0{,}279 \, [kW]$$

Ü 8.5 In der gleichen Leitung wie in der **Ü 8.4** strömt Luft bei einer mittleren Temperatur von 0 [°C] mit 10 [m/s] bei einem Druck von 1 [bar]. Die mittlere Wandtemperatur des Rohres beträgt auch in diesem Fall t = 50 [°C].

Aufgabe:

1. Bestimmung des Wärmeübergangskoeffizienten.
2. Berechnung des Wärmestroms und der Wärmestromdichte je 1 Meter Leitung.

Angaben: Folgende Stoffwerte der Luft (bei 0 [°C], 1 [bar]) werden aus dem Wärmeatlas entnommen:

$$\eta = 17{,}24 \cdot 10^{-6} \, [Pa \cdot s] \qquad \lambda = 24{,}18 \cdot 10^{-3} \left[\frac{W}{mK}\right]$$

$$\rho = 1{,}275 \left[\frac{kg}{m^3}\right] \qquad a = 188{,}3 \cdot 10^{-7} \left[\frac{m^2}{s}\right]$$

$$c_p = 1{,}006 \left[\frac{kJ}{kgK}\right]$$

Lösung: Es wird wie bei Ü 8.4 der vorgegangen:

1. $Re = \dfrac{cd}{v}$;

$$v = \frac{\eta}{\rho} = \frac{17{,}24 \cdot 10^{-6}\,[Pa \cdot s]}{1{,}275 \left[\dfrac{kg}{m^3}\right]} = 13{,}52 \cdot 10^{-6} \left[\frac{m^2}{s}\right]$$

$$Re = \frac{10\left[\dfrac{m}{s}\right] \cdot 12{,}7 \cdot 10^{-3}\,[m]}{13{,}52 \cdot 10^{-6}\left[\dfrac{m^2}{s}\right]} = 9393$$

→ annähernd turbulent

Zur Bestimmung der Nusselt-Zahl wird zuerst die Prandtl-Zahl berechnet:

$$Pr = \frac{v}{a} = \frac{13{,}52 \cdot 10^{-6}\left[\dfrac{m^2}{s}\right]}{18{,}83 \cdot 10^{-6}\left[\dfrac{m^2}{s}\right]} = 0{,}718$$

Es ist also ein Gebiet mit Pr < 1 → die Formel Ü 8.4 kann nicht mehr angewendet werden. Ebenfalls nach Tab 8.1 gilt für Pr (0,5 - 1,5):

$$Nu_m = 0{,}0214 \left(Re^{0{,}8} - 100\right) Pr^{0{,}4} \left[1 + \left(\frac{d}{l}\right)^{2/3}\right] \cdot K$$

→ $Nu_m = 0{,}0214 \left(9393^{0{,}8} - 100\right) \cdot$

$$0{,}718^{0{,}4} \left[1 + \left(\frac{12{,}7 \cdot 10^{-3}}{4}\right)^{2/3}\right] \cdot K$$

Der Faktor K ist nur bei laminarer Gasströmung als K=1 einsetzbar. Bei turbulenter Gasströmung bzw. im Übergangsgebiet gilt:

$$K = \left(\frac{T_f}{T_W}\right)^n$$

und für Lufterwärmung bei $\frac{T_f}{T_W} = 0{,}5\ldots1 \Rightarrow$ n=0.45

Daraus resultiert:

$$K = \left(\frac{273+0}{273+50}\right)^{0{,}45} = 0{,}84^{0{,}45} = 0{,}92$$

und $\quad Nu_m = 24{,}88$

Aus der Gl.(8.31) wird abgeleitet:

$$\alpha_m = \frac{\lambda \cdot Nu_m}{d} = \frac{24{,}18 \cdot 10^{-3}\left[\frac{W}{mK}\right] \cdot 24{,}88}{12{,}7 \cdot 10^{-3}[m]} = 48{,}74\left[\frac{W}{m^2 K}\right]$$

Kommentar: Trotz 10-facher Strömungsgeschwindigkeit ist α_{Luft} um das 150-fache kleiner als α_{Wasser}. Die Temperaturen wie im Beispiel Ü 8.4 würden diesen Sachverhalt nur unwesentlich ändern.

2. Zur Berechnung des Wärmestroms von der Wand zur Luftströmung wird Gl.(8.26b) herangezogen. Es gilt:

$$\dot{Q} = \alpha A (T_w - T_f)$$

$$\dot{Q} = 48{,}74 \left[\frac{W}{m^2 \cdot K}\right] \cdot 0{,}04[m^2] \cdot 50[K] = 97{,}48[W]$$

$$\dot{Q} = 0{,}097[kW]$$

bzw. $\dot{q} = 2{,}437 \left[\frac{kW}{m^2}\right]$

Strahlung

Ü 8.6 Eine der Wände einer Werkshalle hat die Abmessungen 20 [m] x 4 [m]. Die Wandtemperatur (Halleninnenseite) beträgt 20 [°C]. In der Halle befindet sich ein Kessel mit 6 [m²] Oberfläche bei einer Temperatur von 200 [°C].

Aufgaben:
1. Berechnung des Wärmestromes
2. Berechnung des Wärmeübergangskoeffizienten der Strahlung

Angaben: Emissionsverhältnis des Kessels: 0,95 (ε_1)

Emissionsverhältnis der Wand: 0,9 (ε_2)

Lösung: Auch wenn die angestrahlte Wand in diesem Beispiel den Kessel nicht vollständig umgibt, ist sie als Teil eines solches Systems vorhanden. Es gilt also das Modell nach Gl. (8.49):

$$\dot{Q} = \frac{C_s}{\frac{1}{\varepsilon_1} + \frac{A_1}{A_2}\left(\frac{1}{\varepsilon_2} - 1\right)} \cdot A_1 \left[\left(\frac{T_1}{100}\right)^4 - \left(\frac{T_2}{100}\right)^4\right]$$

$$\dot{Q} = \frac{5,67 \left[\frac{W}{m^2 K^4}\right]}{\frac{1}{0,95} + \frac{6}{20 \cdot 4}\left(\frac{1}{0,9} - 1\right)} \cdot 6[m^2] \cdot$$

$$\left[\left(\frac{200 + 273,15}{100}\right)^4 - \left(\frac{20 + 273,15}{100}\right)^4\right][K^4]$$

$$\dot{Q} = 13641 [W] \rightarrow 13,702 [kW]$$

α_s resultiert aus Gl. (8.50) zu:

$$\alpha_s = \frac{\dot{Q}}{A \Delta T} = \frac{13702 [W]}{6[m^2] \cdot 180 [K]} = 12,69 \frac{W}{m^2 K}$$

| Kommentar: | Im Vergleich mit dem Wärmeübergangskoeffizienten bei einer erzwungenen Flüssigkeitsströmung ist dieser Wert sehr gering.(vgl. Ü 8.4 $\alpha = 7320 \left[\frac{W}{m^2 K}\right]$)

Im Vergleich mit dem Wärmeübergangskoeffizienten einer Gasströmung resultieren ähnliche Größenordnungen (vgl. Ü 8.5 $\rightarrow \alpha = 48{,}74 \left[\frac{W}{m^2 K}\right]$)

Ü 8.7 Eine Wasserleitung entsprechend Ü 8.3 wird durch einen Raum geführt, dessen Lufttemperatur 20 [°C] beträgt.

| Aufgaben: | Ermittlung des Wärmestromes der von der Leitung in den Raum ausgestrahlt wird.

| Angaben: | $d_A = 20\,[mm]$; $\varepsilon = 0{,}758$; $t_{w\,Außen} = 23\,[°C]$; $l = 4\,[m]$

| Lösung: | Das Flächenverhältnis ergibt $A_{Raum} \gg A_{Rohr}$. Dafür gilt die Gl. (8.49a) in der vereinfachten Form:

$$\dot{Q} = C_s \varepsilon_1 A_1 \left[\left(\frac{T_1}{100}\right)^4 - \left(\frac{T_2}{100}\right)^4\right]$$

$$= C_s \varepsilon_{Rohr} A_{Rohr} \left[\left(\frac{T_{Rohr}}{100}\right)^4 - \left(\frac{T_{Raum}}{100}\right)^4\right]$$

mit $A_{Rohr} = \pi \cdot d_A \cdot l \rightarrow$

$$\dot{Q} = 5{,}67 \left[\frac{W}{m^2 K^4}\right] \cdot 0{,}758 \cdot \pi \cdot 20 \cdot 10^{-3} \cdot 4 [m^2] \cdot$$
$$\left[\left(\frac{50 + 273{,}15}{100}\right)^4 - \left(\frac{20 + 273{,}15}{100}\right)^4\right]$$

$$\dot{Q} = 38{,}02\,[W]$$

Ü 8.8 Im Fahrgastraum eines Automobils befinden sich vier Personen.

Frage: Welcher Wärmestrom wird von den vier Personen in den Fahrgastraum ausgestrahlt?

Angaben:
- Körpertemperatur jeder Person: 37 [°C]

(die Wärmedämmung durch Kleidung wird an dieser Stelle vernachlässigt)

- Hautoberfläche jeder Person (durchschnittlicher Wert): 2 [m²]
- Emissionskoeffizient einer Person: $\varepsilon = 0{,}9$
- Temperatur im Fahrgastraum: 20 [°C]
- Die Oberfläche des umgebenden Fahrgastraumes ist erheblich größer als die Hautoberfläche aller Insassen.

Lösung: Das Modell entspricht jenem aus Ü 8.7.

Es gilt:

$$\dot{Q} = C_s \varepsilon_1 A_1 \left[\left(\frac{T_1}{100} \right)^4 - \left(\frac{T_2}{100} \right)^4 \right] \tag{8.49a}$$

$$\dot{Q} = 5{,}67 \cdot 0{,}9 \cdot 4 \cdot 2 \left[\left(\frac{273{,}15 + 37}{100} \right)^4 - \left(\frac{273{,}15 + 20}{100} \right)^4 \right]$$

$$= 0{,}76257 \, [kW]$$

Fragen zu Kapitel 8

-zu beantworten ohne Unterlagen-
(Lösungen am Ende des Kapitels)

F 8.1 Erläutern Sie anhand einer Skizze die Arten und die prinzipiellen Verläufe der Wärmeübertragung in einem Verbrennungsmotor – von der Flamme im Brennraum, über Brennraumwand und Kühlwasser zur Umgebungsluft.

F 8.2 Erläutern Sie anhand eines geeigneten Diagramms die Farbänderung eines Metallteils während seiner Erwärmung bis zum Glühen!

F 8.3 Wodurch unterscheiden sich die Temperaturverläufe bei einer Wärmeleitung in einer ebenen Wand bzw. in einem Rohr? Skizzieren Sie die Verläufe und begründen Sie den Unterschied!

F 8.4 Wie ändern sich die Intensität und die Wellenlänge der Strahlung eines schwarzen Körpers bei der Zunahme dessen Temperatur? (Erklärung anhand eines Diagramms). Wie kann die Strahlung eines technischen (realen) Körpers ausgehend vom schwarzen Körper beschrieben werden?

F 8.5 Eine ebene Karosseriewand wird mit einem Material beschichtet, welches eine 5-mal geringere Wärmeleitfähigkeit als das Wandmaterial hat Die Dicke des Wandmaterials soll um 40% reduziert werden. Wie dick soll die Beschichtung im Verhältnis zur neuen Wanddicke sein, um den Wärmewiderstand der zu ersetzenden Karosseriewand beizubehalten?

Aufgaben zu Kapitel 8

-zu lösen ohne Unterlagen-
(Lösungen am Ende des Kapitels)

A 8.1 Eine Ziegelmauer mit einer Dicke von 24 [cm] soll mit einer Holztäfelung derart isoliert werden, dass Sie den gleichen Wärmewiderstand R wie eine Ziegelmauer mit einer Dicke von 38 [cm] hat. (Die betrachteten Ziegelmauern werden innen- und außen geputzt, mit gleicher Putzschichtdicke betrachtet.) Wie dick soll die Holztäfelung sein?

Angaben: $\lambda_{Ziegel} = 0{,}87$ [W/(m·K)]; $\lambda_{Holz} = 0{,}14$ [W/(m·K)]

A 8.2 Eine Ziegelsteinwand mit der Dicke 12 [cm] – beiderseits mit 1,5 [cm] Putz versehen – soll mit einer Heraklithplatte derart isoliert werden, dass der Wärmewiderstand (R) so groß wie bei einer 38 [cm] dicken Ziegelsteinwand mit ähnlichen Putzschichten wird.
Wie dick muss die Heraklithplatte sein?
Folgende Wärmeleitzahlen sind bekannt:

Ziegelstein: $\lambda_{Ziegel} = 0{,}87 \left[\dfrac{W}{m \cdot K}\right]$

Heraklith: $\lambda_{Heraklith} = 0{,}072 \left[\dfrac{W}{m \cdot K}\right]$

A 8.3 Eine Heißwasserleitung aus Stahl hat einen Innendurchmesser von 19 [mm] und einen Außendurchmesser von 25 [mm].

Fragen:
8.3.1 Welchen Außendurchmesser soll eine Kupferleitung mit dem gleichen Innendurchmesser haben, um den gleichen Wärmewiderstand zu leisten? Leitungslänge und Temperaturgefälle bleiben dabei unverändert.
8.3.2 Wie dick muss eine Isolationsschicht sein, wenn alle Abmessungen des Kupferrohrs gleich denen des Stahlrohres bleiben sollen??

Lösungen zu den Fragen von Kapitel 8

F 8.1

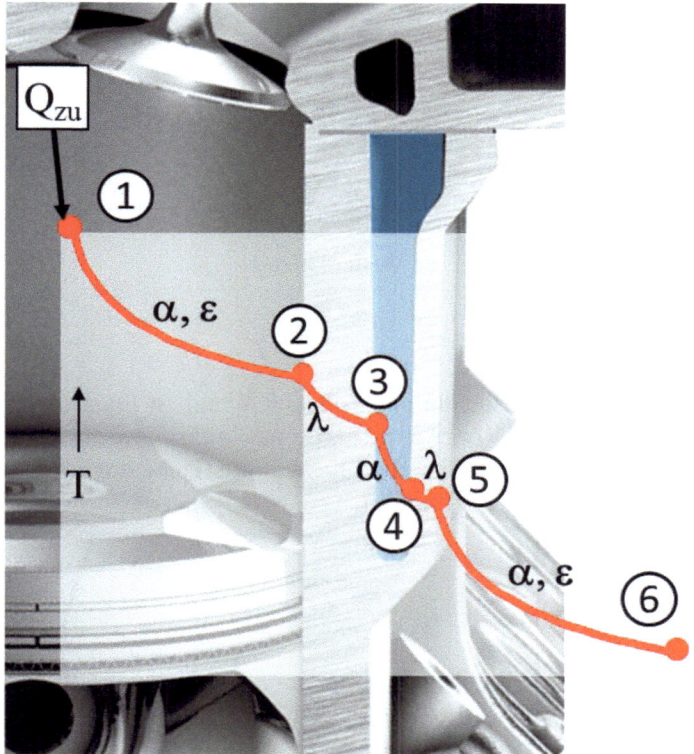

Die Flame strahlt von ① überwiegend Wärme aus (ε), an die Zylinderwand wird die Wärme zum Teil als Konvektion (α) übertragen, in der rohrförmigen Wand ② → ③ und ④ → ⑤ erfolgt eine Wärmeleitung (λ), im Kühlwasser ③ → ④ tritt auf Grund der Strömung Konvektion (α) auf. Ab ⑤ zu ⑥ strahlt der Zylinderblock Wärme ab (ε), die Luftströmung nimmt die Wärme teilweise in Form von Konvektion (α) ab.

F 8.2 Modell des schwarzen Körpers

Die Wellenlänge der von einem schwarzen Körper ausgestrahlten Wärmestrahlung ist abhängig von dessen Oberflächentemperatur.

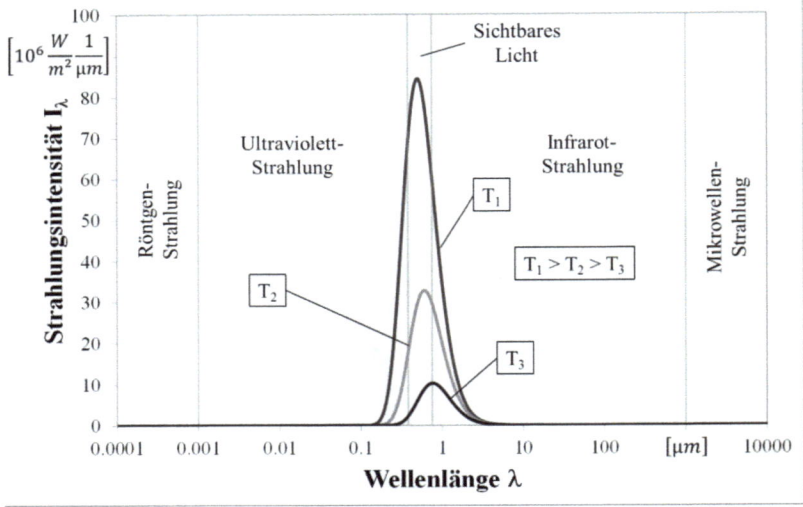

F 8.3

Der Temperaturverlauf in einer ebenen Wand ist linear. Der Temperaturverlauf in einer Rohrwand folgt einer logarithmischen Funktion, da mit zunehmendem Radius die Querschnittsfläche zur Übertragung der Wärme logarithmisch zunimmt.

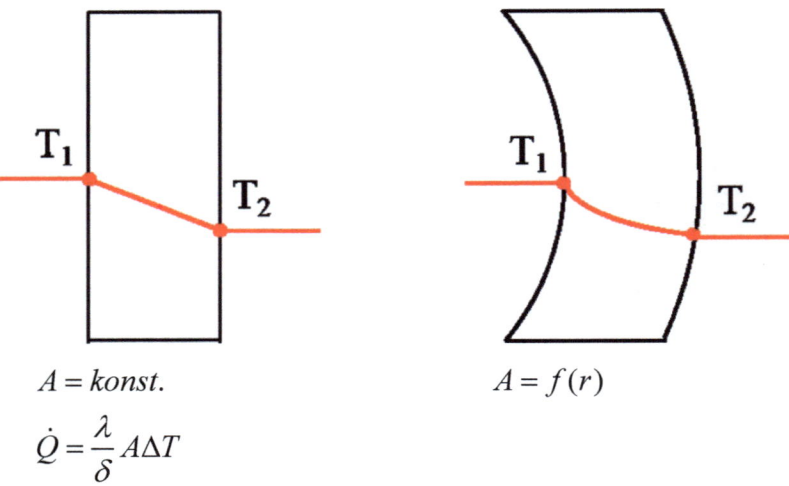

$A = konst.$ $A = f(r)$

$$\dot{Q} = \frac{\lambda}{\delta} A \Delta T$$

F 8.4

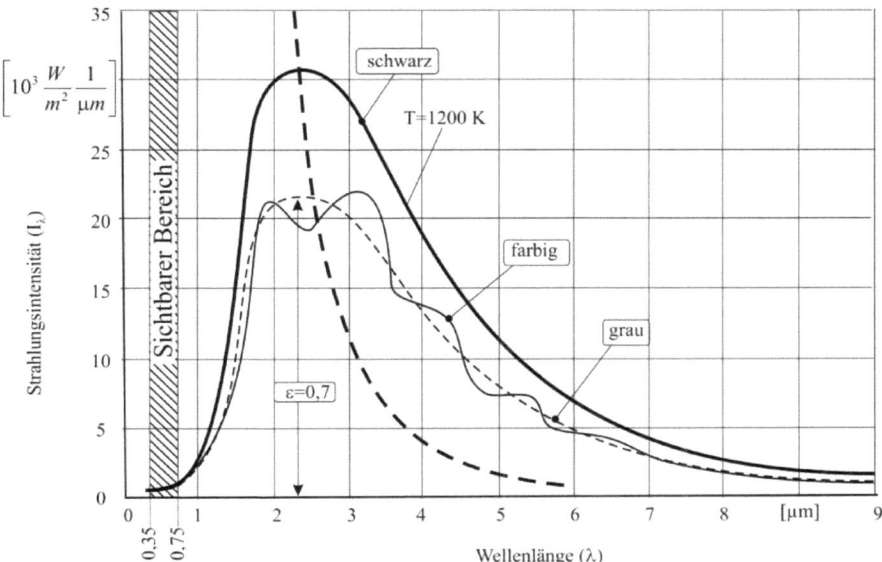

Mit steigender Temperatur steigt die Strahlungsintensität des schwarzen Körpers während sich das Spektrum der ausgestrahlten elektromagnetischen Wellen in Richtung kleinerer Wellenlängen verschiebt.

Die Beschreibung eines technischen Körpers erfolgt durch einen schwarzen Körper, dessen Strahlungsmaximum im gleichen Wellenlängenbereich liegt. Dieser stellt die Grenzkurve der maximalen Strahlungsintensität dar. Der Wert der Strahlungsintensität dieses schwarzen Körpers wird mit einem, über den gesamten Wellenlängenbereich, konstanten Wert ε, dem Emissionsverhältnis – multipliziert. Die resultierende Kurve eines grauen Körpers wird zur Approximation eines farbigen Körpers verwendet.

F 8.5

$$R = \frac{\Delta T}{\dot{Q}} = \frac{1}{A}\sum_{i=1}^{n}\frac{\delta_i}{\lambda_i}, \qquad R = konst., \quad und \quad A = konst.$$

$$\frac{\delta_W}{\lambda_W} = \frac{\delta_{Wneu}}{\lambda_W} + \frac{\delta_{Isolation}}{\lambda_{Isolation}}$$

$$mit \quad \lambda_{Isolation} = \frac{1}{5}\lambda_W \quad und \quad \delta_{Wneu} = 0{,}6\delta_W$$

$$\delta_{Isolation} = \frac{\delta_W - 0{,}6\delta_W}{5} = \frac{2}{25}\delta_W = \frac{2}{25}\frac{\delta_{Wneu}}{0{,}6}$$

$$\underline{\underline{\frac{\delta_{Isolation}}{\delta_{Wneu}} = \frac{2}{15}}}$$

Lösungen zu den Aufgaben von Kapitel 8

A 8.1

$$R = \frac{\Delta T}{\dot{Q}} = \frac{1}{A}\sum_{i=1}^{n}\frac{\delta_i}{\lambda_i}$$

mit $R_{38} = R_{24} = konst.$, und $A_{38} = A_{24}$

$$\frac{\delta_P}{\lambda_P} + \frac{\delta_{38}}{\lambda_{38}} + \frac{\delta_P}{\lambda_P} = \frac{\delta_P}{\lambda_P} + \frac{\delta_{24}}{\lambda_{24}} + \frac{\delta_P}{\lambda_P} + \frac{\delta_{Holz}}{\lambda_{Holz}}$$

mit $\lambda_{38} = \lambda_{24} = \lambda_{Ziegel}$

$$\delta_H = \left(\frac{\delta_{38} - \delta_{24}}{\lambda_{Ziegel}}\right)\lambda_{Holz} = \left(\frac{0{,}38 - 0{,}24}{0{,}87}\right)\cdot 0{,}14$$

$$\underline{\underline{\delta_H = 2{,}25\ [cm]}}$$

A 8.2

$$R = \frac{\Delta T}{\dot{Q}} = \frac{1}{A}\sum_{i=1}^{n}\frac{\delta_i}{\lambda_i}$$

mit $R_{38} = R_{12} = konst.$, und $A_{38} = A_{12}$

$$\frac{\delta_P}{\lambda_P} + \frac{\delta_{38}}{\lambda_{38}} + \frac{\delta_P}{\lambda_P} = \frac{\delta_P}{\lambda_P} + \frac{\delta_{12}}{\lambda_{12}} + \frac{\delta_P}{\lambda_P} + \frac{\delta_{Heraklith}}{\lambda_{Heraklith}}$$

mit $\lambda_{38} = \lambda_{12} = \lambda_{Ziegel}$

$$\delta_{Heraklith} = \left(\frac{\delta_{38} - \delta_{12}}{\lambda_{Ziegel}}\right)\lambda_{Heraklith} = \left(\frac{0{,}38 - 0{,}12}{0{,}87}\right)\cdot 0{,}072$$

$$\underline{\underline{\delta_H = 2{,}15\ [cm]}}$$

A 8.3

8.3.1

$$R = \frac{\Delta T}{\dot{Q}} = \frac{1}{A}\sum_{i=1}^{n}\frac{1}{\lambda_i}\ln\frac{r_{i+1}}{r_i}$$

mit $R_{Stahl} = R_{Kupfer} = konst.$, $r_{i,Stahl} = r_{i,Kupfer} = 19\ [mm]$

$$\frac{1}{\lambda_{Stahl}}\ln\frac{25}{19} = \frac{1}{\lambda_{Kupfer}}\ln\frac{r}{19} \rightarrow \frac{\lambda_{Kupfer}}{\lambda_{Stahl}}\ln\frac{25}{19} = \ln\frac{r}{19}$$

$$\ln\left(\frac{25}{19}\right)^{\frac{\lambda_{Kupfer}}{\lambda_{Stahl}}} = \ln\frac{r}{19} \rightarrow r = 19\cdot\left(\frac{25}{19}\right)^{\frac{\lambda_{Kupfer}}{\lambda_{Stahl}}} = 19\cdot\left(\frac{25}{19}\right)^{\frac{370}{50}}$$

$$\underline{\underline{r = 144{,}8\ [mm]}}$$

8.3.2

$$R = \frac{\Delta T}{\dot{Q}} = \frac{1}{A}\sum_{i=1}^{n}\frac{1}{\lambda_i}\ln\frac{r_{i+1}}{r_i}$$

$mit \quad R_{Stahl} = R_{Kupfer} = konst.$

$r_{i,Stahl} = r_{i,Kupfer} = 19 \; [mm], \quad r_{a,Stahl} = r_{a,Kupfer} = 25 \; [mm]$

$$\frac{1}{\lambda_{Stahl}}\ln\frac{25}{19} = \frac{1}{\lambda_{Kupfer}}\ln\frac{25}{19} + \frac{1}{\lambda_{Isolation}}\ln\frac{r}{25}$$

$$\frac{\lambda_{Isolation}}{\lambda_{Stahl}}\ln\frac{25}{19} = \frac{\lambda_{Isolation}}{\lambda_{Kupfer}}\ln\frac{25}{19} + \ln\frac{r}{25}$$

$$r = 25\cdot\left[\left(\frac{25}{19}\right)^{\frac{\lambda_{Isolation}}{\lambda_{Stahl}}}\cdot\left(\frac{25}{19}\right)^{-\frac{\lambda_{Isolation}}{\lambda_{Kupfer}}}\right]$$

$$r = 25\cdot\left[\left(\frac{25}{19}\right)^{\frac{0,55}{50}}\cdot\left(\frac{25}{19}\right)^{-\frac{0,55}{370}}\right]$$

$\underline{\underline{r = 25,065 \; [mm]}}$

Literatur zu Kapitel 8

[1] Baehr, H. D.; Kabelac, St.: Thermodynamik, 16. Auflage
   Springer Vieweg, 2016
   ISBN 978-3-662-49567-4

[2] Cerbe, G.; Wilhelms, G.: Einführung in die Thermodynamik,
   18. Auflage
   Carl Hanser Verlag, 2017
   ISBN 978-3-446-45119-3

[3] Eastop, T.: Applied Thermodynamics for Engineering Technologists,
   5. Edition, Longman Group, 1993
   ISBN 0-582-09193-4

[4] Elsner, N.; Dittmann, A.: Grundlagen der Technischen Thermodynamik: Energielehre und Stoffverhalten, 8.Auflage
   Akademie- Verlag Berlin, 1993
   ISBN 3-05-501390-5

[5] Elsner, N.; Fischer, S.; Huhn, J.: Grundlagen der Technischen Thermodynamik: Wärmeübertragung, 8.Auflage
   Akademie-Verlag Berlin, 1993
   ISBN 3-05-501389-1

[6] Lucas, K.: Thermodynamik: Die Grundgesetze der Energie- und Stoffumwandlungen, 7.Auflage
   Springer Verlag, 2011
   ISBN 978-3-540-42034-7

[7] Mills, A. F.; Coimbra, C.F.M.: Basic Heat and Mass Transfer
   Temporal Publishing, LLC, 2015
   ISBN 978-0096 3053 03

[8] Pischinger, R.; Kraßnig, G.; Taucar, G.; Sams, Th.: Thermodynamik der Verbrennungskraftmaschine, 3.Auflage
Springer Verlag Wien- New York, 2009
ISBN 978-3-211-99276-0

[9] Stephan, K.; Schaber, K.: Thermodynamik, 19.Auflage
Springer Verlag, 2013
ISBN 3-642-300974

[10] Tschöke, H.; Mollenhauer, K.; Maier, R. (Hrsg.): Handbuch Dieselmotoren, 4. Auflage, Springer Vieweg, 2018,
ISBN 978-3-658-07696-2

[11] Wetzel, Th. (Hrsg.) VDI Wärmeatlas, 12.Auflage
Springer Vieweg Verlag, 2019
ISBN 978-3-662-52988-1

9 Messung thermodynamischer Größen

9.1 Thermodynamische Messgrößen in der Technik

Die thermodynamischen Messgrößen in der Technik sind nach den Untersuchungszielen und -methoden sowie nach Art des entwickelten Moduls einteilbar.

9.1.1 Arbeitsmedium

Die Stoffeigenschaften des Arbeitsmediums in einem Modul und ihre mögliche Abhängigkeit von Zustandsänderungen sind maßgebend für den zu realisierenden Vorgang. Übliche Arbeitsmedien für thermodynamische Prozesse, zum Beispiel in Fahrzeugmodulen sind:

- Gase
- Gasgemische
- Dämpfe
- Gas-Dampf-Gemische
- Flüssigkeiten

Typische Stoffeigenschaften mit Einfluss auf thermodynamische Zustandsgrößen sind zum Beispiel:

- spezifische Wärmekapazität: $c_p, c_v \left[\dfrac{J}{kgK} \right]$

- Gaskonstante: $R \left[\dfrac{J}{kgK} \right]$

- Konzentration der Anteile bei Gasgemischen: $\xi_i \left[\dfrac{kg_i}{kg_{Gem}} \right]$; $r_i \left[\dfrac{m_i^3}{m_{Gem}^3} \right]$

- spezifische Volumen an Phasengrenzen bei Dämpfen: $v', v'' \left[\dfrac{m^3}{kg} \right]$

- Wärmeleitfähigkeit: $\lambda \left[\dfrac{W}{mK}\right]$

- Viskosität: kinematisch: $\nu \left[\dfrac{m^2}{s}\right]$

  dynamisch: $\eta \left[\dfrac{N}{m^2}s\right]$; $\left[\dfrac{kg}{m \cdot s}\right]$

Die Stoffeigenschaften – als Basis zur Definition eines Arbeitsmediums – werden allgemein in Einrichtungen der physikalischen Thermodynamik ermittelt und analysiert und liegen den Kraftfahrzeugingenieuren in Form von Tabellen und Diagrammen vor. Tabelle 9.1 und 9.2 stellen als Beispiele solche Eigenschaften dar.

Tabelle 9.1 Eigenschaften der atmosphärischen Luft in Abhängigkeit von der Höhe über dem Meeresspiegel

Höhe (h) [m]	Temperatur (T) [K]	Druck (p) $\left[10^5 \dfrac{N}{m^2}\right]$	Dichte (ρ) $\left[\dfrac{kg}{m^3}\right]$
0	288,15	1,013250	1,225
200	286,85	0,989454	1,20165
400	285,55	0,966114	1,17865
600	284,25	0,943223	1,15598
800	282,95	0,920775	1,13366
1000	281,65	0,898763	1,11166
1200	280,35	0,877180	1,08999
1400	279,05	0,856020	1,06865
1600	277,75	0,835277	1,04764
1800	276,45	0,814943	1,02694
2000	275,15	0,795014	1,00655
2200	273,85	0,775483	0,98648
2400	272,55	0,756342	0,96672
2600	271,25	0,737588	0,94726

Tabelle 9.2 Stoffeigenschaften einiger idealer Gase bei t=0 [°C] und p=1,01325 [bar]

Stoff	Eigenschaft	Dichte (ρ) $\left[\frac{kg}{m^3}\right]$	Molare Masse ($\overline{M}$) $\left[\frac{kg}{kmol}\right]$	Gas-konstante (R) $\left[\frac{J}{kgK}\right]$	molare Wärmekapazität ($\overline{c}_{mp}$) $\left[\frac{kJ}{kmolK}\right]$	($\overline{c}_{mv}$) $\left[\frac{kJ}{kmolK}\right]$
Wasserstoff	H_2	0,0898	2,0158	4124,5	28,7212	20,4069
Stickstoff	N_2	1,2505	28,0134	296,8	29,1726	20,8583
Sauerstoff	O_2	1,4289	31,999	259,8	29,2497	20,9354
Luft		1,2928	28,953	287,2	29,1124	20,7981
Kohlendioxid	CO_2	1,9768	44,0098	188,9	35,9541	27,6398
Kohlenmonoxid	CO	1,2500	28,0104	296,8	29,1797	20,8654
Stickstoffmonoxid	NO	1,3402	30,0061	277,1	29,9309	21,6166
Wasserdampf	H_2O	-	18,0152	461,5	33,4377	25,1234
Methan	CH_4	0,7168	16,0427	518,3	34,6120	26,2977
Ethan	C_2H_6	1,3560	30,0696	276,5	51,9556	43,6413

9.1.2 Verhalten des Arbeitsmediums in thermodynamischen Prozessen

Bei der Anwendung eines Arbeitsmediums in einem Prozess werden seine Zustandsgrößen sowie seine energetischen Größen als Funktion der jeweiligen Zustandsänderungen ermittelt, analysiert und optimiert:

Beispiele:

Zustandsgrößen: Druck, spezifisches Volumen,

Temperatur

Energetische Größen: spezifische Energie,

spezifische Enthalpie,

spezifische Entropie

Das Verhalten des Arbeitsmediums in thermodynamischen Prozessen als Beispiel in der Kraftfahrzeugtechnik wird von Forschungs- und Entwicklungsingenieuren bei der Gestaltung und Optimierung der jeweiligen Funktion eines Fahrzeugmoduls betrachtet.

9.1.3 Fahrzeugmodul als thermodynamisches System

Beim Fahrzeugmodul selbst ist die Analyse auf die Ein- und Ausgangsgrößen in das und aus dem System fokussiert.

Beispiele:

- *Spezifische Wärme, Wärmestrom*   (zu- und abgeführt)
- *Spezifische Arbeit*   (zu- und abgeführt)
- *Massenstrom*   (zu- und abgeführt)
- *Drehmoment*   (abgeführt)
- *Leistung*   (abgeführt)

Die Analyse der Fahrzeugmodulfunktion wird allgemein von Versuchs- und Serviceingenieuren vorgenommen.

9.2 Messung von Zustandsgrößen in Arbeitsmedien

Während eines thermodynamischen Prozesses können die Zustandsgrößen in einem Arbeitsmedium in folgenden Formen gemessen werden:

- Statisch: in einem Zustand – in einzelnen Punkten während der Zustandänderung
- Dynamisch: als Verlauf zwischen zwei Zuständen während einer Zustandsänderung

Die folgenden Beispiele sind lediglich eine Einführung zur Herstellung von Zusammenhängen zwischen analytischer und experimenteller Untersuchung in der Thermodynamik.

9.2.1 Druckmessung

Die statische Druckmessung mittels Manometer oder U-Rohr, die in der Fachliteratur ausreichend beschrieben ist, wird in der Kraftfahrzeugtechnik nur noch in seltenen Fällen angewandt.

Dagegen ist die dynamische Messung weit verbreitet. Bild 9.1 enthält eine Übersicht der Messverfahren.

9.2 Messung von Zustandsgrößen in Arbeitsmedien

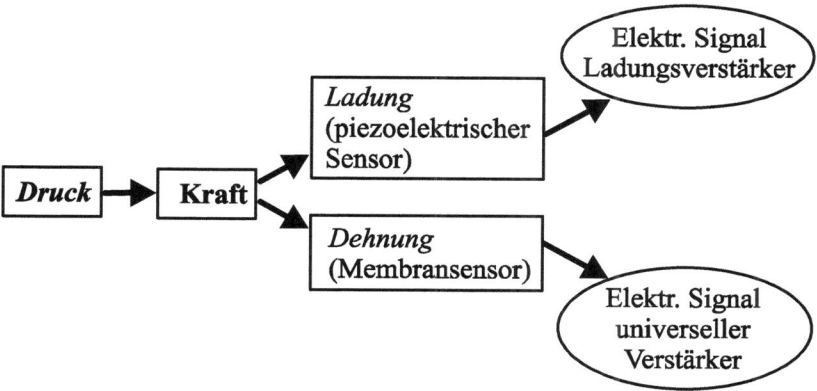

Bild 9.1 Übersicht der Messverfahren zur Druckmessung

Piezoelektrische Druckaufnehmer

Das Messprinzip eines piezoelektrischen Druckaufnehmers beruht auf dem Entstehen einer elektrischen Ladung bei der Druckbeaufschlagung eines Quarzkristalls. Dabei können die Messelemente aus Quarzkristallen longitudinal oder transversal angeordnet werden. Im Bild 9.2 ist ein Druckaufnehmer mit transversaler Anordnung der Quarzkristallscheiben dargestellt.

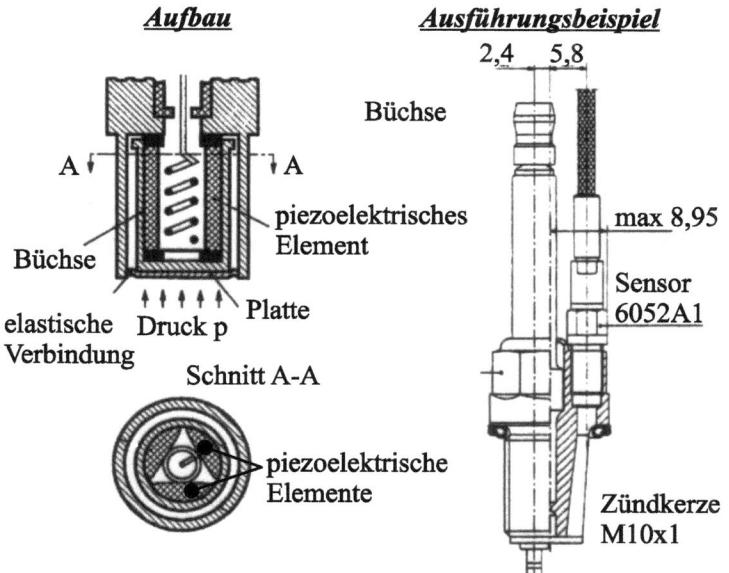

Bild 9.2 Piezoelektrische Druckmessung – Sensor mit transversaler Anordnung der Quarzkristall-Scheiben

Dabei hängt die elektrische Ladung der Quarzkristallscheiben von der Querdehnung infolge der Längsbeaufschlagung ab. Die Empfindlichkeit des Druckaufnehmers steigt demzufolge mit dem Verhältnis Länge/Breite der Scheiben. Bei der Transversalanordnung ist dagegen die beaufschlagte Fläche maßgebend für die Empfindlichkeit des Aufnehmers.

Die Kennlinie eines piezoelektrischen Druckaufnehmers wird mittels einer Druckwaage geeicht. Allgemein resultiert eine lineare Funktion des Typs

$U = f(p)$,

die über Ladungsverstärker zum Oszilloskop übertragen wird. Die Empfindlichkeit eines Aufnehmers hängt allgemein von der Temperatur am Einsatzort ab. Üblicherweise beträgt die Signaländerung etwa 2% je 100 [°C] – in einem Temperaturintervall von 0 [°C] bis 400 [°C]. Bei 573 [°C] (Curie-Temperatur) verschwindet der piezoelektrische Effekt – unabhängig von der Bauart – schlagartig.

Die Eigenfrequenz eines piezoelektrischen Druckaufnehmers beträgt 60 bis 100 [kHz], der Messbereich beträgt bis zu 10 [kHz].

Im Bild 9.3 ist der Druckverlauf im Arbeitsmedium (Benzin) in der Druckleitung eines Direkteinspritzsystems nach dem Druckstoßverfahren bei zwei Arbeitsfrequenzen dargestellt.

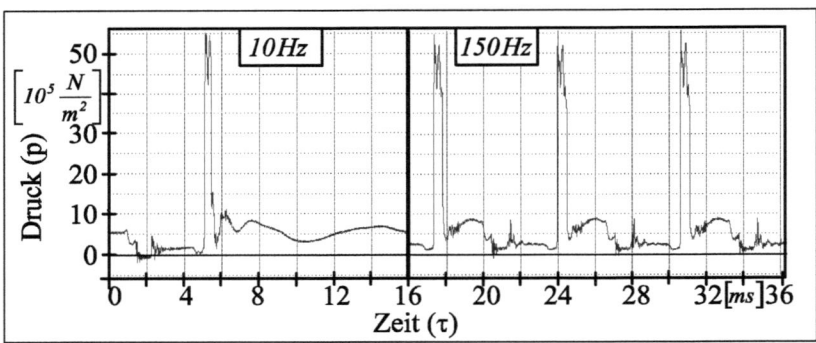

Bild 9.3 Druckverlauf im Arbeitsmedium (Benzin) in der Druckleitung eines Direkteinspritzsystems nach dem Druckstoßverfahren

Dehnmessstreifen

Das Messprinzip eines Dehnmessstreifens beruht auf der Abhängigkeit des elektrischen Widerstandes eines Werkstoffs von seiner Dehnung bei Druckbeaufschlagung.

Dehnmessstreifen werden auf Oberflächen von Biegemembranen, Biegekörpern oder Stauchkörpern angeordnet. Im Bild 9.4 ist die Funktionsweise eines Druckaufnehmers mit Dehnmessstreifen dargestellt. Der Druck und

9.2 Messung von Zustandsgrößen in Arbeitsmedien

Frequenzmessbereich eines Druckaufnehmers mit Dehnmessstreifen ist allgemein geringer als jener eines piezoelektrischen Druckaufnehmers.

Aufbau eines Membran-Drucksensors mit Auswerteeinheit

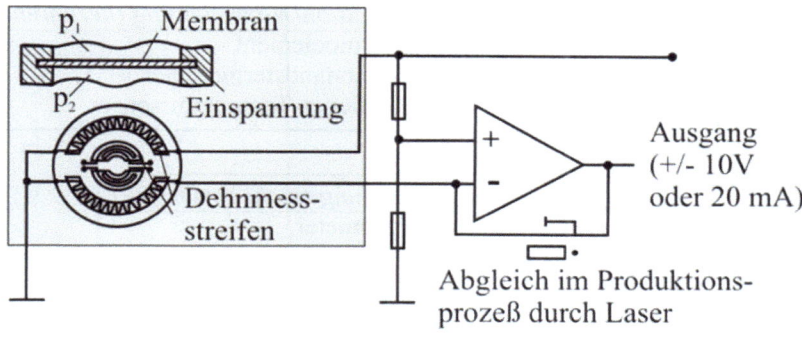

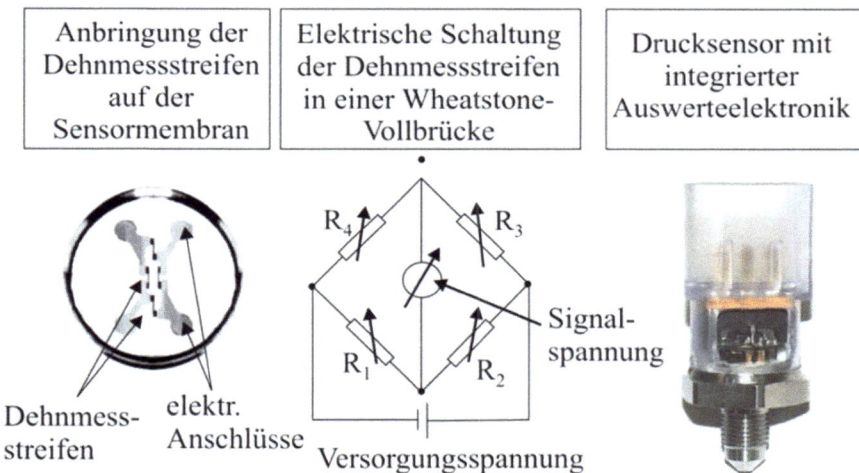

Bild 9.4   Druckmessung mittels Dehnmessstreifen

Ein solcher Druckaufnehmer findet beispielsweise in Ansaugsystemen von Fahrzeugverbrennungsmotoren Einsatz und dient der Anpassung der zugeführten Kraftstoffmenge an die momentanen Kenngrößen der durchströmenden Luft.

9.2.2 Temperaturmessung

In Bild 9.5 sind repräsentative Verfahren zur Temperaturmessung dargestellt.

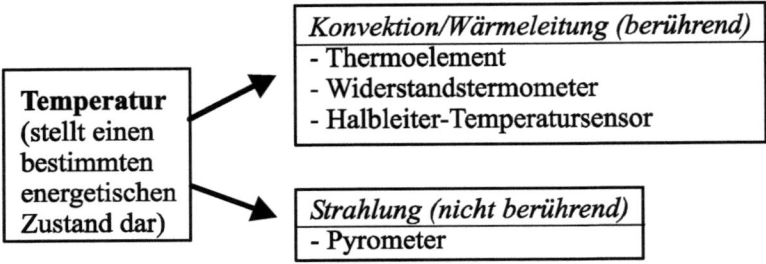

Bild 9.5 Verfahren zur Temperaturmessung

Flüssigkeitsthermometer

Für die statische Temperaturmessung eignen sich besonders Flüssigkeitsthermometer. Das Messprinzip beruht auf der Ausdehnung der Flüssigkeit bei Temperaturzunahme, bei konstantem Druck, entsprechend dem stoffeigenen thermischen Ausdehnungskoeffizienten α – wie in Kapitel 1.6 dargestellt. Quecksilber hat dabei einen ausgesprochen großen Ausdehnungskoeffizienten

$$\alpha_Q = 182 \cdot 10^{-6} \left[K^{-1} \right]$$

Beim Einfüllen von Quecksilber in ein Glasrohr resultiert:

$$\alpha = \alpha_Q - \alpha_{Glas} = 180 \cdot 10^{-6} \left[K^{-1} \right].$$

Flüssigkeitsthermometer werden allgemein in einem Temperaturbereich von – 190°C bis +600°C verwendet. Unterhalb des Erstarrungspunktes von Quecksilber (-38,86°C) werden Alkohol- oder Pentan-Thermometer eingesetzt.

Thermoelemente

Thermoelemente – wie in Bild 9.6 dargestellt – sind für statische und dynamische Messungen anwendbar.

9.2 Messung von Zustandsgrößen in Arbeitsmedien

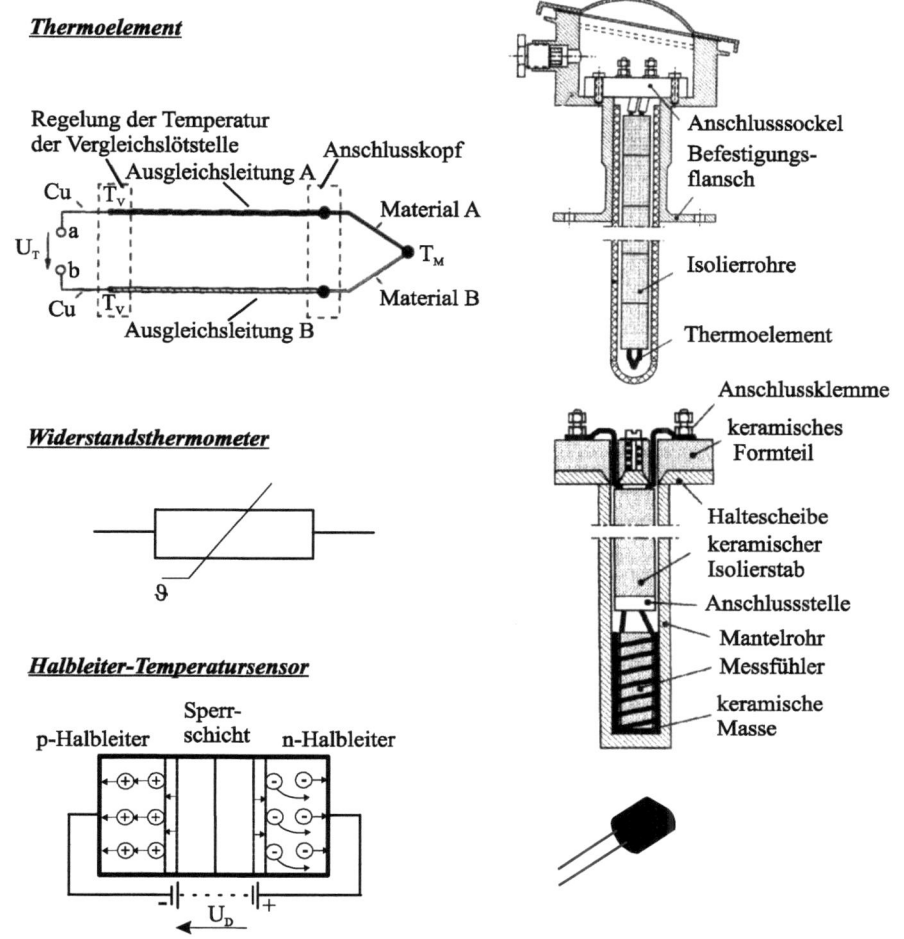

Bild 9.6 Temperaturmessung durch Konvektion / Wärmeleitung

Das Messprinzip beruht auf der Entstehung einer elektrischen Spannung beim Kontakt von zwei Leitungen aus unterschiedlichen Werkstoffen in zwei Punkten infolge einer Temperaturdifferenz zwischen den Kontaktpunkten.

Übliche Werkstoffe sind dabei:

- Eisen-Konstantan
- Nickel-Chrom / Nickel
- Platin-Platin / Rhodium

Widerstandsthermometer

Widerstandsthermometer – wie ebenfalls in Bild 9.6 dargestellt – sind für statische und dynamische Messungen anwendbar.

Das Messprinzip beruht auf der temperaturabhängigen Änderungen eines elektrischen Widerstandes. Bei Widerstandsthermometern mit Metallleitung ist eine lineare Funktion zwischen Widerstand und Temperatur üblich.

Halbleiter-Temperatursensor

Bei der Anwendung von Halbleitern sind nichtlineare, relativ steile Funktionen realisierbar, die besonders bei Temperaturregelungen anwendbar sind.

Strahlungsthermometer

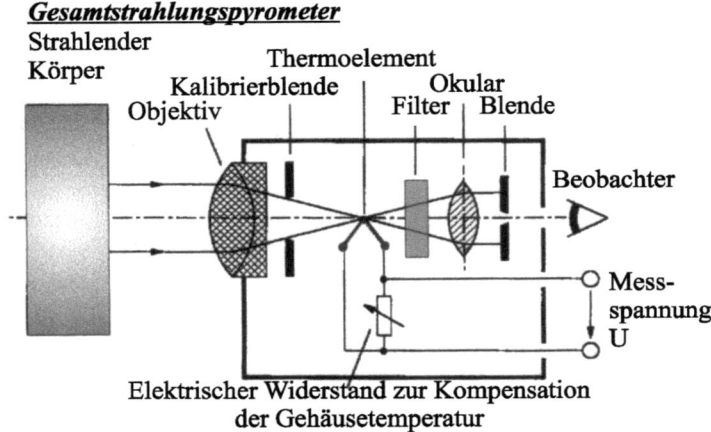

Bild 9.7 Strahlungsthermometer

Strahlungsthermometer – wie in Bild 9.7 dargestellt – werden generell für Temperaturen über 700°C verwendet.

Gesamtstrahlungs-Pyrometer nutzen den Effekt der Strahlung eines Wärmestroms im gesamten Wellenlängenbereich. Im Strahlungsempfänger wird die Strahlungsintensität bei verschiedenen Wellenlängen gemessen und die Temperatur entsprechend einer Funktion wie in Bild 8.19 abgeleitet. Dabei kann beispielsweise ein optischer Vergleich mit einem Wolfram-Faden mit definierter (gemessener) Temperatur vorgenommen werden.

Akustische Temperaturmessung

Die akustische Temperaturmessung geht von der Fortpflanzung von Druckwellen in einem Medium mit bekannten Eigenschaften als adiabate Zustandsänderung aus. Diese als Schallgeschwindigkeit definierte Fortpflanzung wurde in Ü 3.11 als Funktion der Temperatur abgeleitet:

$$c = \sqrt{kRT}$$

Das Fortpflanzungsmedium ist durch die spezifischen Wärmekapazitäten bei konstantem Druck und Volumen und somit von einem Isentropenexponenten

$$k = \frac{c_p(T)}{c_v(T)}$$

charakterisiert. Die Messstrecke wird dabei genau eingestellt, als Messgröße dient die Fortpflanzungsdauer eines Signals vom Sender zum Empfänger:

$$t = \frac{s}{c}.$$

Die Impulsfrequenz entspricht allgemein 0,6 bis 2 [MHz] (Ultraschallbereich).

9.2.3 Feuchtemessung

Die Messung der Feuchte – beispielsweise in atmosphärischer Luft – kann mit einem kapazitiven Sensor erfolgen, wobei die Kapazität eines Kondensators von der Zusammensetzung des Dielektrikums – in diesem Fall ein Polymer mit veränderlicher eingeschlossener Wassermasse – abhängt. In Bild 9.8 ist der Aufbau eines Feuchtigkeitssensors dargestellt.

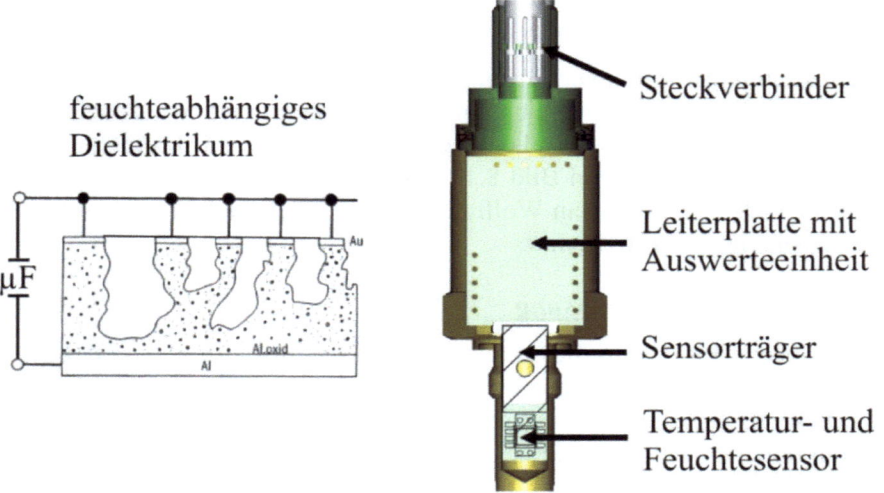

Bild 9.8 Feuchtigkeitssensor – Messprinzip und Ausführungsbeispiel mit integriertem Temperatursensor

9.2.4 Wegmessung

Die Messung von Strecken und dadurch von ein- oder mehrdimensionalen Volumenänderungen kann statisch und dynamisch erfolgen. Bild 9.9 enthält eine Übersicht der üblichen Messverfahren.

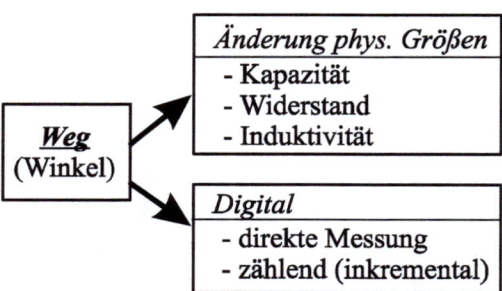

Bild 9.9 Übersicht der Messverfahren zur Wegmessung

Induktive Wegaufnehmer

In Bild 9.10 sind unterschiedliche Formen induktiver Messaufnehmer dargestellt.

9.2 Messung von Zustandsgrößen in Arbeitsmedien

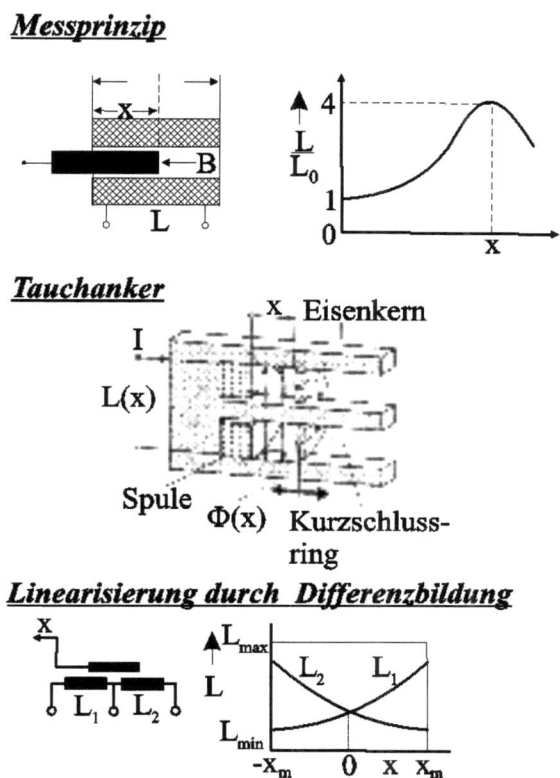

Bild 9.10 Induktive Wegaufnehmer

Aktive Aufnehmer sind entweder elektrodynamisch – mit Induktionsspule im Luftspalt eines Magnetkreises – oder als stabförmiger Permamagnet in einer Spule ausgeführt.

Passive Aufnehmer benötigen eine Energiequelle, allgemein in Form von Wechselspannung.

Inkrementale Wegaufnehmer

Die inkrementalen Wegaufnehmer – optischer oder magnetischer Bauart – für die Messung von Strecken (bei Translation) oder Winkeln (bei Rotation) basieren auf einer elektronischen Zählung der entsprechenden Impulse bei definierten Unstetigkeiten – als Schlitze oder Bohrungen – im bewegten Teil. In Bild 9.11 ist ein inkrementaler Wegaufnehmer mit optischer Messung dargestellt.

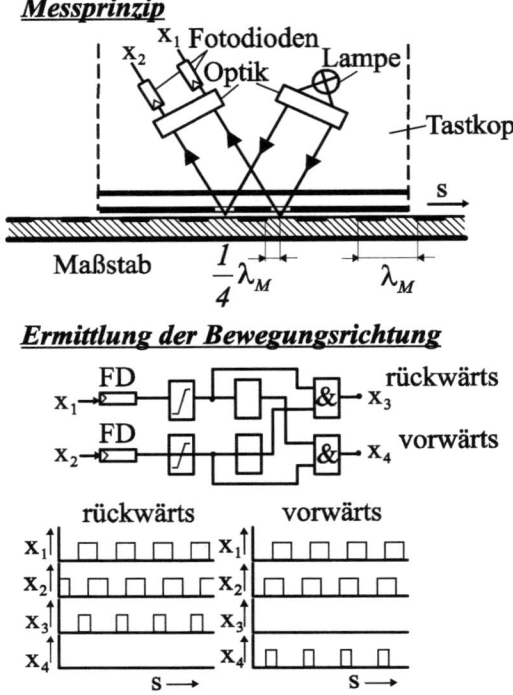

Bild 9.11 Inkrementale Wegmessung auf Basis optischer Signale

Kapazitive Wegaufnehmer

Die kapazitiven Wegaufnehmer arbeiten nach dem Prinzip der Kapazitätsänderung eines Kondensators in Abhängigkeit von der Distanz zwischen seinen geladenen Flächen.

9.3 Ermittlung von Zustandsänderungen

Aus der Kombination der simultan gemessenen Werte mehrerer Zustandsgrößen kann der Verlauf einer Zustandsänderung ermittelt werden. Die simultane, dynamische Messung von Druck und Temperatur des Arbeitsmediums in einem System als Funktion der Weg- oder Volumenänderung erlaubt beispielsweise die Aufstellung eines p,V- und eines T,s-Diagramms für die jeweilige Zustandsänderung. Dadurch wird ein direkter Vergleich des berechneten mit dem gemessenen Prozess möglich. In Bild 9.12 ist als Beispiel der Druckverlauf als Funktion des Kurbelwinkels im Arbeitsmedium eines Kolbenmotors dargestellt.

9.3 Ermittlung von Zustandsänderungen   613

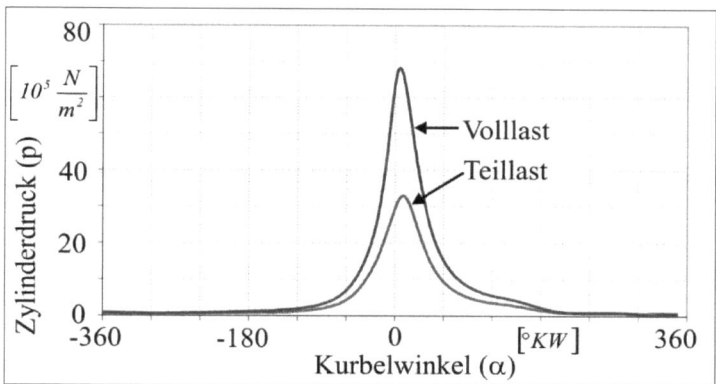

Bild 9.12 Druckverlauf in einem Viertaktmotor als Funktion des Kurbelwinkels in Teillast und Volllast

Der Druckverlauf wurde dabei mittels eines piezoelektrischen Aufnehmers und der Volumenverlauf mittels eines inkrementalen Winkelgebers auf der rotierenden Schwungscheibe des Motors simultan aufgenommen. Die Überlagerung der Verläufe auf einer Kolbenstrecke (Hub bzw. Takt) ergibt ein p,V-Diagramm in der Form, die in Kap. 5.1 ausführlich dargestellt und in Bild 9.13 gezeigt ist.

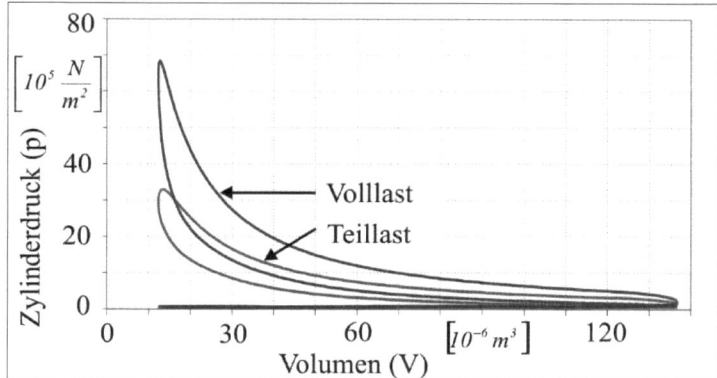

Bild 9.13 p,V-Diagramm eines Arbeitsspieles eines Viertaktmotors in Teillast und Volllast

Die Berechnung und Eintragung von Hyperbeln mit konstanten Temperaturwerten in diesem Diagramm auf Basis der Zahlenwerte für pV würde eine zusätzliche Temperaturangabe bedeuten. Eine Temperaturmessung ist für eine ausreichende Genauigkeit jedoch vorteilhaft, soweit der Temperaturgradient im Zylinder, insbesondere während der Verbrennung, mit einem Mittelwert darstellbar ist. Das

Diagramm in Bild 9.13 zeigt die Veränderung der Zustandsänderungen zwischen Volllast und Teillast.

Die kombinierte, simultane Messung von Zustandsgrößen ermöglicht nicht nur eine passive Feststellung eines Prozessverlaufs, sondern auch seine aktive Korrektur. Beispielsweise wird durch die simultane, dynamische Messung von Druck, Temperatur und Feuchte der in einem Fahrzeug-Verbrennungsmotor während der Fahrt angesaugten atmosphärischen Luft eine Anpassung der Vorgänge im Motor an die aktuellen Bedingungen möglich: durch entsprechende Korrelationen, beispielsweise von Kraftstoffmenge, Einspritz- und Zündwinkel, wird dabei die optimale Einstellung zwischen spezifischem Kraftstoffverbrauch und Schadstoffemission realisiert, die unter der aktuellen Situation in dem vom Fahrer angeforderten Lastpunkt möglich ist. Bild 9.14 zeigt einige Ergebnisse einer solchen Abstimmung.

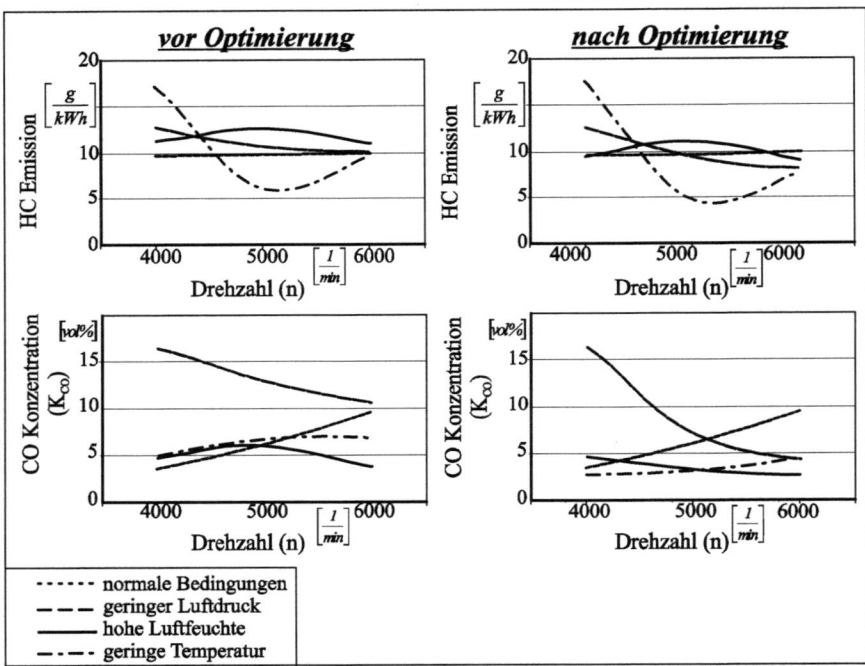

Bild 9.14 Optimierung der Funktionsparameter eines Fahrzeugmotors für spezifische atmosphärische Bedingungen

Literatur zu Kapitel 9

[1]   van Basshuysen, R.; Schäffer, F.: Handbuch Verbrennungsmotor,
        8. Auflage Springer Vieweg, 2017
        ISBN 978-3-658-10901-1

[2]   Klingenberg, H.: Automobil- Messtechnik, Band B- Optik
        Springer Verlag, 1994
        ISBN 3-540-57714-9

[3]   Klingenberg, H.: Automobil- Messtechnik, Band C- Abgasmesstechnik
        Springer Verlag, 1995
        ISBN 3-540-59108-7

[4]   Lucas, K.: Thermodynamik: Die Grundgesetze der Energie- und Stoffumwandlungen, 7.Auflage
        Springer Verlag, 2011
        ISBN 978-3-540-42034-7

[5]   Pischinger, R.; Kraßnig, G.; Taucar, G.; Sams, Th.: Thermodynamik der Verbrennungskraftmaschine, 3.Auflage
        Springer Verlag Wien- New York, 2009
        ISBN 978-3-211-99276-0

[6]   Pischinger, St.; Seiffert, U.: Vieweg Handbuch Kraftfahrzeugtechnik,
        8.Auflage, Springer Vieweg, 2016
        ISBN 978-3-658-09527-7

[7]   Schütz, T.: Hucho - Aerodynamik des Automobils, 6.Auflage
        Springer Vieweg Verlag, 2013
        ISBN 978-3-834-81919-2

[8]   Stan, C.: Direkteinspritzsysteme für Otto- und Dieselmotoren
      Springer Verlag Berlin- Heidelberg- New York, 1999
      ISBN 3-540-65287-6

[9]   Stan, C.: Direct Injection Systems- The Next Decade in Engine Technology, SAE International Inc. Warrendale, 2002
      ISBN 0-7680-1070-5

[10] Stan, C.: Alternative Antriebe für Automobile, 5. Auflage,
      Springer Verlag, 2020
      ISBN 978-3-662-485117

[11] Sher, E.: Handbook of Air Pollution from Internal Combustion Engines, Academic Press Boston, 1998
      ISBN 0-12-639855-0

[12] Tschöke, H.; Mollenhauer, K.; Maier, R. (Hrsg.): Handbuch Dieselmotoren, 4. Auflage, Springer Vieweg, 2018,
      ISBN 978-3-658-07696-2

[13] Wetzel, Th. (Hrsg.) VDI Wärmeatlas, 12.Auflage
      Springer Vieweg Verlag, 2019
      ISBN 978-3-662-52988-1

10 Grundlagen und Beispiele der Prozesssimulation

10.1 Einführung

Die Gestaltung, Optimierung und Anpassung thermodynamischer Prozesse in technischen Systemen, so zum Beispiel im Kraftfahrzeug, für alle gegebenen Fahrzustände und Umgebungsbedingungen betreffen insbesondere die folgenden Funktionsmodule (Bild 10.1):

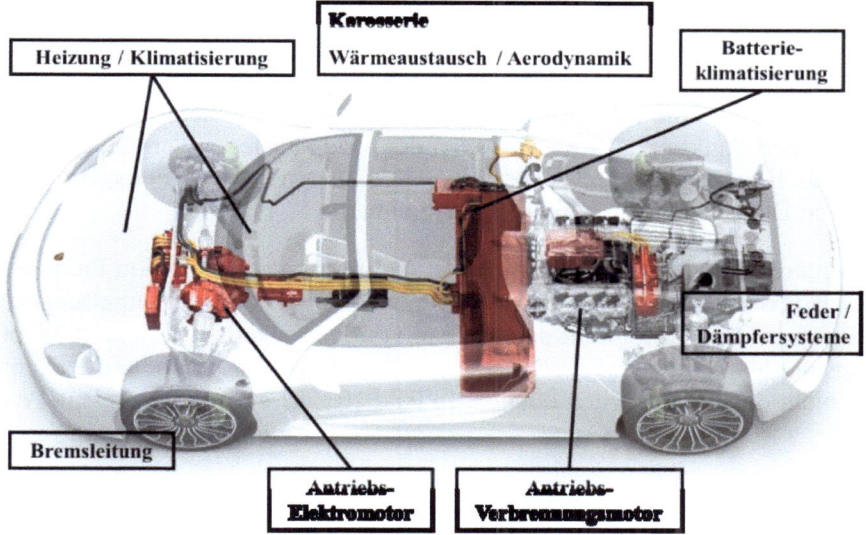

Bild 10.1 Funktionsmodule im Kraftfahrzeug, die mittels thermodynamischer Simulation gestaltet, optimiert und an das Fahrzeug angepasst werden

- Verbrennungsmotor: Ladungswechsel, Kraftstoffeinspritzung, Gemischbildung, Verbrennung, Bildung der Abgasprodukte, Kühlung, Schmierung
- Elektromotor: Prozesse in gasförmigen und flüssigen Kühlungsmedien

- Batterien: Prozesse in Klimatisierungssystemen
- Heizung/ Klimatisierung: Prozesse in Arbeitsmedien in Kreisläufen, Wärmeübertragung über Wärmetauscher, Luftströmung im Fahrgastraum
- Karosserie: Einfluss des Wärmeaustausches von Fahrzeugen zur Umgebung und umgekehrt auf die aerodynamischen Prozesse, Gestaltung der Luftzufuhr an Wärmetauscher für Wasser und Öl sowie an die Bremsen
- Federungs- und Dämpfungssysteme: Prozesse in gasförmigen und flüssigen Arbeitsmedien.

Die Komplexität und die Variabilität der Prozesse in solchen Funktionsmodulen für moderne Kraftfahrzeuge zwingen zur Erweiterung der Gestaltung und der experimentellen Untersuchung mit einer akkuraten nummerischen Simulation.

• Ein erster, grundsätzlicher Vorteil der nummerischen Simulation thermodynamischer Prozesse in den Funktionsmodulen eines Kraftfahrzeuges besteht in der großen Anzahl der Kombinationen von Variablen und Parametern, welche eindeutige Trends über die Funktion erkennen lassen. Dadurch kann stets ein Optimum zwischen Funktion und Aufwand bei der Modulauslegung erreicht werden. Ein solches Ergebnis ist durch experimentelle Untersuchungen bei vertretbaren Kosten und Dauer praktisch nicht mehr erreichbar.

• Ein weiterer grundsätzlicher Vorteil der nummerischen Simulation thermodynamischer Prozesse besteht in einer tiefgehenden Analyse der Verkettung von Prozessstadien: Das ermöglicht den Aufbau von Kausalketten, welche die Optimierungsmöglichkeiten erweitern, Es gibt zahlreiche Prozessstadien, die experimentell nicht detektiert werden können. In Bild 10.2 ist ein solches Beispiel dargestellt:

10.1 Einführung

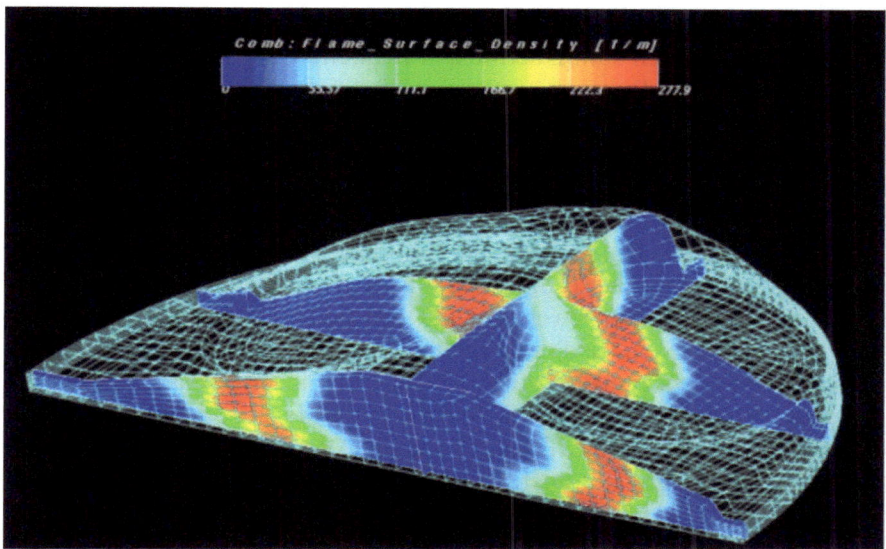

Bild 10.2 Virtuelle Schnittstellen durch den Brennraum eines Kolbenmotors während des Verbrennungsablaufs

Der Brennraum im Zylinder eines Dieselmotors wurde im Rahmen einer nummerischen Simulation in eine Million Elementarvolumen geteilt, in denen die Bildung und Verbrennung eines Luft- Kraftstoff- Gemisches in allen Prozessstadien analysiert wurden. Das umfasst die gegenseitige Beeinflussung der Strömungsbahnen von Luft und Kraftstofftropfen, die Kraftstoffverdampfung, die Gemischverbrennung und die Bildung von Abgasbestandteilen. Ein solcher Prozess ist sehr inhomogen, mehrere Prozessstadien finden zum Teil gleichzeitig, in unterschiedlichen Brennraumzonen statt, wie in Kap 7 (Bild 7.12) bereits dargestellt wurde. Daraus resultiert, dass zu jedem Zeitpunkt während der Verbrennung die Temperatur, der Druck oder die Stickoxidkonzentration in jeder Brennraumzone einen anderen Wert haben können. Gerade die Stickoxidkonzentration ist aufgrund der aktuellen Anforderungen genau zu lokalisieren, um dann minimiert zu werden. Mittels Simulation können dafür beispielsweise beliebige Schnitte durch den Brennraum vorgenommen werden um den Flammenverlauf, wie in Bild 10.2, oder Temperatur-, Druck- und Konzentrationswerte zu beobachten:

„Wo sind die Kirschen in der Schwarzwälder Torte und welche davon haben noch einen Stein?" Ohne die Torte zu schneiden ist das nicht feststellbar!

Das Schneiden eines Brennraums kann aber nur virtuell sein, wenn der Prozess nicht beeinträchtigt werden soll. Durch experimentelle Untersuchungen können, als Beispiel, die Zonen in Brennraum in denen die Stickoxidkonzentration erhöht ist nicht geortet werden, wohl aber die Gesamtemission nach dem Auslassventil, in jedem Zyklus. Die Simulation ermöglicht Kombinationen von Parametern – Einspritzdruck, Position der Einspritzdüse, Form der Brennraummulde – die zu einer Senkung der Stickoxidkonzentration führen, die Experimentalanalyse dient dabei der Validierung und Kalibrierung der Simulationsdaten. Zur nummerischen Simulation thermodynamischer Prozesse in Funktionsmodulen von Kraftfahrzeugen gibt es derzeit mehrere bewehrte CFD (Computational Fluid Dynamics) Codes, als kommerzielle ein- und dreidimensionale Programme, die zum Teil auf bestimmte Vorgänge spezialisiert sind: Abläufe in Einspritzanlagen, Verbrennungsprozesse, Luftströmungen in Zylindern, vereinfachte Gesamtprozessbetrachtungen. (FIRE, BOOST, AMESim, Fluent, STAR CD, KIVA) Zu jedem dieser Codes gibt es umfangreiche, ausführliche Manuals, Tutorials und Schulungsprogramme. [23] [24] [25] [26] [27] [28]. Anderseits enthalten diese Codes Bibliotheken mit Grundbausteinen und Erfahrungswerten für viele der verwendeten Parameter.

Und dennoch – der direkte Übergang von der thermodynamischen Berechnung eines Funktionsmoduls zur Prozesssimulation mittels Computer hat selten korrekte Ergebnisse erbracht. Zwischen diesen beiden Stationen erscheinen die Grundlagen der Simulation, die Gegenstand dieses Kapitels sind, als unverzichtbar. Dazu gehören einerseits umfangreiche Kenntnisse über die mögliche Ausführung des jeweiligen Moduls, anderseits eine klare Arbeitsstrategie:

10.1 Einführung

- Ausführungen: Im Falle eines Dieselmotors mit Direkteinspritzung, als Beispiel, können geringfügige Änderungen der Brennraumform, der Gestaltung der Ein- und Auslasskanäle, der Ventilsteuerzeiten, der Lage und Ausführung der Einspritzdüse, sowie des Ladedrucks, kombiniert oder einzeln, sprunghafte Änderungen bezüglich Kraftstoffverbrauch und Schadstoffemissionen verursachen. Eine methodische Änderung solcher Parameter im Simulationsprogramm würde zu einer unbeherrschbaren Anzahl von Kombinationen führen. Eine enge Zusammenarbeit zwischen Motorenspezialist und Simulationsexperten erscheint daher als unabdingbar.

- Arbeitsstrategie: Im Falle des vorher erwähnten Moduls - ein Dieselmotor mit Direkteinspritzung – soll beispielsweise die Stickoxidemission deutlich reduziert werden. Die Motorentwickler erhoffen sich einen solchen Effekt auch infolge einer Variabilität des Nockenprofils der Einlassventile. Der Simulationsexperte soll eine wirksame Prozessverkettung zwischen Nockenprofil und Stickoxidemission finden. Dazu sollen die vorher genannten Parameter - Gestaltung der Ein- und Auslasskanäle, Ventilsteuerzeiten, Lage und Ausführung der Einspritzdüse und Ladedruck – mit einbezogen werden. Eine solche Aufgabe erscheint als kaum lösbar, ungeachtet der Leistungsstärke des Simulationsprogramms. Mit einer richtigen Arbeitsstrategie ist jedoch das Problem zügig lösbar. Für das aufgeführte Beispiel wird die Luftbewegung im Zylinder analysiert, weiter ihr Einfluss auf die Bewegung und Verdampfung der eingespritzten Kraftstofftropfen und der anschließende Brennverlauf, der für die Konzentration der Abgasbestandteile im Brennraum verantwortlich ist. Der Zusammenhang zwischen Nockenprofil der Einlassventile und der Stickoxidkonzentration wird in dieser Verkettung deutlich, wie ein Simulationsbeispiel im nächsten Kapitel zeigt. Für ein besseres Verständnis der Grundlagen der Simulation thermodynamischer Prozesse im Kraftfahrzeug wird in diesem Kapitel Bezug auf zwei Funktionsgruppen genommen, die von der Wirkungsweise sehr unterschiedlich sind:

- Kolbenmotor: Zukunftsträchtige Otto- und Dieselmotoren haben bezüglich der Prozessoptimierung Potentiale, wie im Bild 10.3 dargestellt. Darunter zählen insbesondere die Ventilsteuerung, die mehrstufige Aufladung, die innere Gemischbildung durch Kraftstoffdirekteinspritzung, die kontrollierte Selbstzündung und das Management der Wärmeübertragung (Kühlung). Im Bild 10.4 ist beispielhaft eine Simulationskette, gebildet aus ein- und dreidimensionalen Programmen, zur Prozessberechnung in einem modernen Dieselmotor mit Kraftstoffdirekteinspritzung dargestellt.

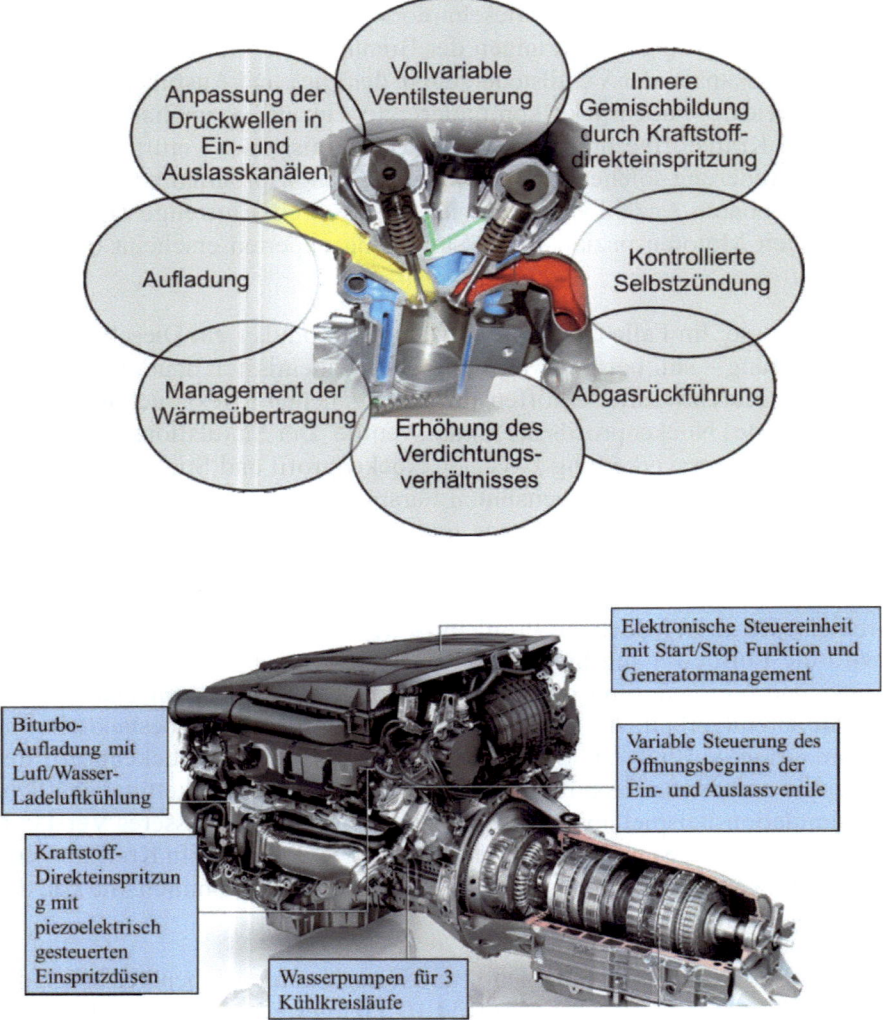

Bild 10.3 Optimierungspotentiale von Otto- und Dieselmotoren (Quelle Daimler)

10.1 Einführung

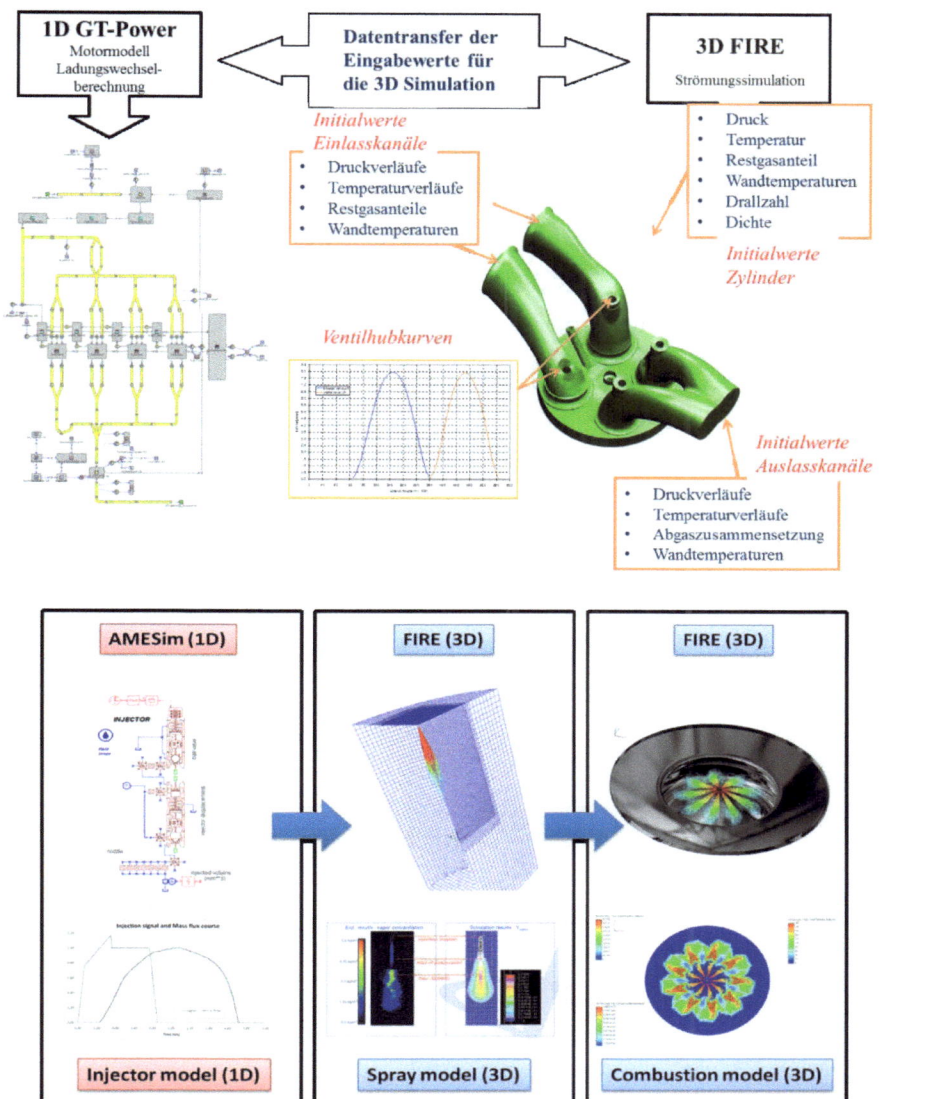

Bild 10.4 Simulationskette zur Prozessoptimierung in einem modernen Dieselmotor

- Kühlmittelkreislauf: in den neusten Ausführungen von Antriebs- Kolbenmotoren besteht das Gesamtkühlsystem aus drei separaten Kreisläufen, wie in Bild 10.5 dargestellt, - aus einem Mikrokreislauf (rot) , der den Zylinderkopf, die Abgasrezirkulation und das Heizungsmodul umfasst – aus einem Hauptkreislauf (blau), der den Motorblock, das Kurbelgehäuse und den Motor- und Getriebeölkühler umfasst – und aus einem Niedertemperaturkreislauf (orange) für die Ladeluftkühlung.

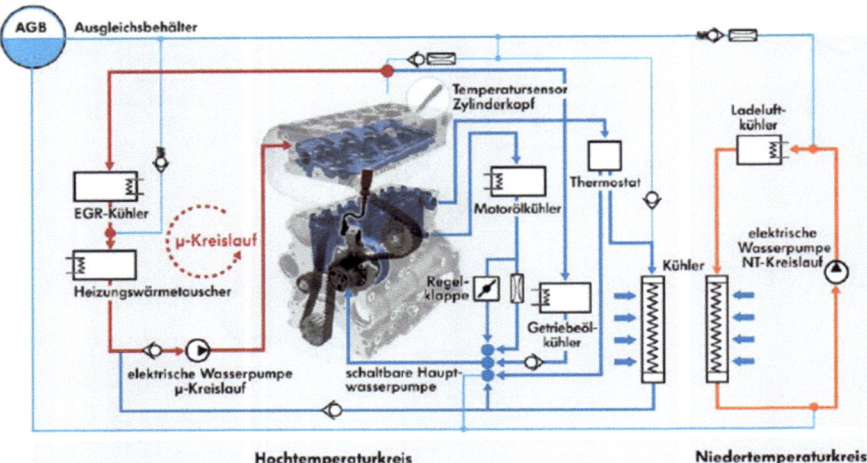

Bild 10.5 Kühlsystem mit drei Kreisläufen für moderne Kolbenmotoren (Quelle: Daimler)

Im Bild 10.6 sind es als Beispiel die Elemente zur Simulation der Prozesse in einem Teil eines solchen Kühlkreislaufs dargestellt.

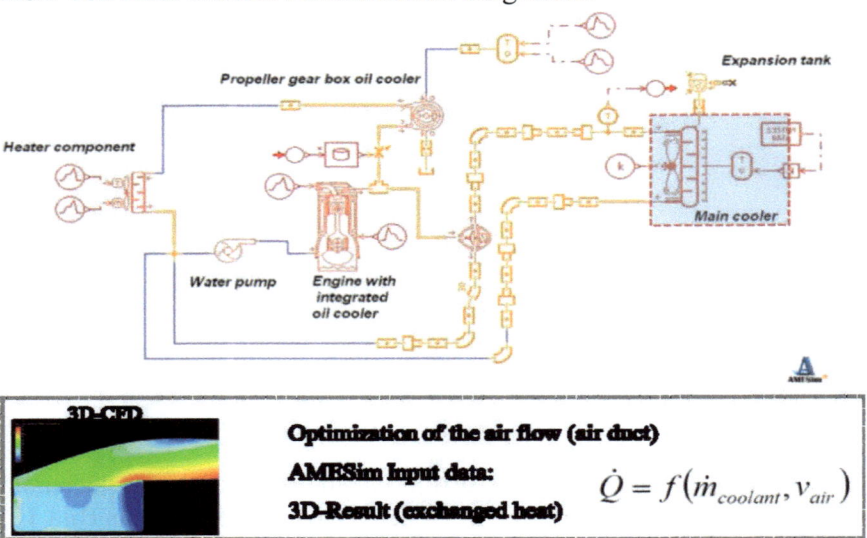

Bild 10.6 Simulation der Prozesse im Kühlkreislauf eines modernen Kolbenmotors

In den folgenden Abschnitten werden der Ablauf der Modellierung und einige konkrete Ergebnisse, bezogen auf einen Motor und auf einen Kühlkreislauf, dargestellt.

10.2 Ablauf der Modellierung mittels numerischer Simulation

Jede Modellierung mittels numerischer Simulation verläuft über vier Hauptstationen:

- **Problemstellung** - bestehend aus der Modularisierung des physikalischen System mit Beschreibung der Zustandsänderungen im System und der Wechselwirkungen zwischen dem System und seiner Umgebung, wie in Kapitel 1 beschrieben und in Bild 1 dargestellt.
- **Mathematische Formulierung** – bestehend aus dem Aufbau von Differenzialgleichungen welche die thermodynamischen und strömungsmechanischen Vorgänge im System beschreiben.
- **Diskretisierung** – bestehend aus der Bildung von finiten Differenzen und finiten Volumen die als algebraische Gleichungen ausgedrückt werden.
- **Numerische Lösung** – die im Allgemeinen auf iterative Methoden basiert. Die numerische Lösung muss stets mittels geeigneter Experimente validiert und kalibriert werden.

Die Modellierung thermodynamischer Prozesse in Kraftfahrzeugmodulen erfolgt nahezu ausschließlich auf Basis phänomenologischer Methoden, wie im Kapitel 1 definiert. Deterministische Methoden, wie beispielsweise in der Technischen Mechanik angewendet, sind dafür, aufgrund der kaum feststellbaren Vorgänge in jedem der unzähligen materiellen Teilchen, so gut wie nicht anwendbar. Für die numerische Simulation bedeutet das, dass neben Erhaltungsgleichungen für Energie, Impuls, Masse oder chemische Spezies – die auch eine phänomenologische Basis haben – auch zugeschnittene Gleichungen, wie beispielsweise für die Nusselt-Zahl (8.38) erscheinen, die keineswegs empirisch sind, sondern eine umfangreiche Gattung von Phänomenen beschreiben. In der numerischen Simulation ist bei der Arbeit mit phänomenologisch aufgestellten Gleichungen stets darauf zu achten, für welches Modell, bis zu welcher Grenze und mit welchen Beschränkungen und Korrekturfaktoren sie anzuwenden sind.

10.2.1 Modularisierung des physikalischen Systems

Nach der Gestaltung der idealisierten thermodynamischen und strömungsmechanischen Prozesse und nach dem ersten Entwurf des jeweiligen Funktionsmoduls wird die Modularisierung vorgenommen. Einige Regeln sind dafür sehr vorteilhaft:

- die thermodynamischen und die strömungsmechanischen Vorgänge sollen in dieser ersten Phase auf das Wesentliche reduziert werden.
- Schmale Spalten, Absätze und Stufen sind zu füllen oder zu glätten; unwesentliche geometrische Details sollen unberücksichtigt bleiben.
- Die Anzahl der elementaren Volumina ist zu minimieren.

Im Bild 10.7 ist die Modularisierung einer Einspritzdüse für Benzin- Direkteinspritzung in Ottomotoren als Beispiel dargestellt.

10.2 Ablauf der Modellierung mittels numerischer Simulation

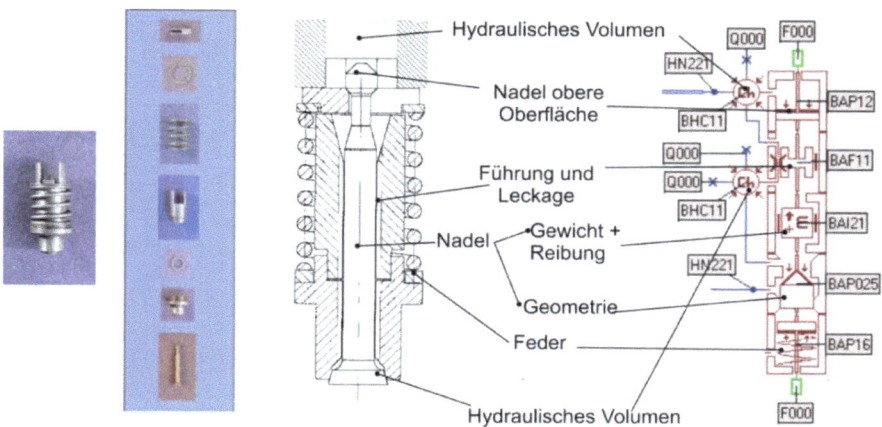

Bild 10.7 Modularisierung des physikalischen Systems am Beispiel einer Düse für Kraftstoffdirekteinspritzung in Ottomotoren

Das Bild zeigt die montierte Düse, die Bauelemente, die maßgebliche Zeichnung und den Aufbau des Modells mittels des eindimensionalen AMESim Codes. Bei der Modellierung der Einspritzdüse samt Einspritzleitung sind zum Beispiel folgende Aspekte einzubeziehen und in dem verwendeten Code entsprechend zu aktivieren:

- Kompressibilität des flüssigen Kraftstoffs mit steigendem Druck in der Leitung und Düse

- Ausdehnung der Wände der Einspritzleitung mit steigendem Druck.

- Veränderung des Kompressionsmoduls und der Viskosität des flüssigen Kraftstoffs sowie des Elastizitätsmoduls der Einspritzleitung mit Druck und Temperatur

- Kavitationserscheinungen in der Einspritzleitung und in der Einspritzdüse infolge hin- und rücklaufenden Druckwellen im Kraftstoff sowie der Temperatur die vom Brennraum zur Düse infolge Wärmeleitung übertragen wird.

Ein komplexer Code wie AMESim enthält solche Funktionsmodule in Bibliotheken. Darüber hinaus sind in den Bibliotheken elektrische, hydraulische und mechanische Module vorhanden, wie im Bild 10.8 verdeutlicht wird.

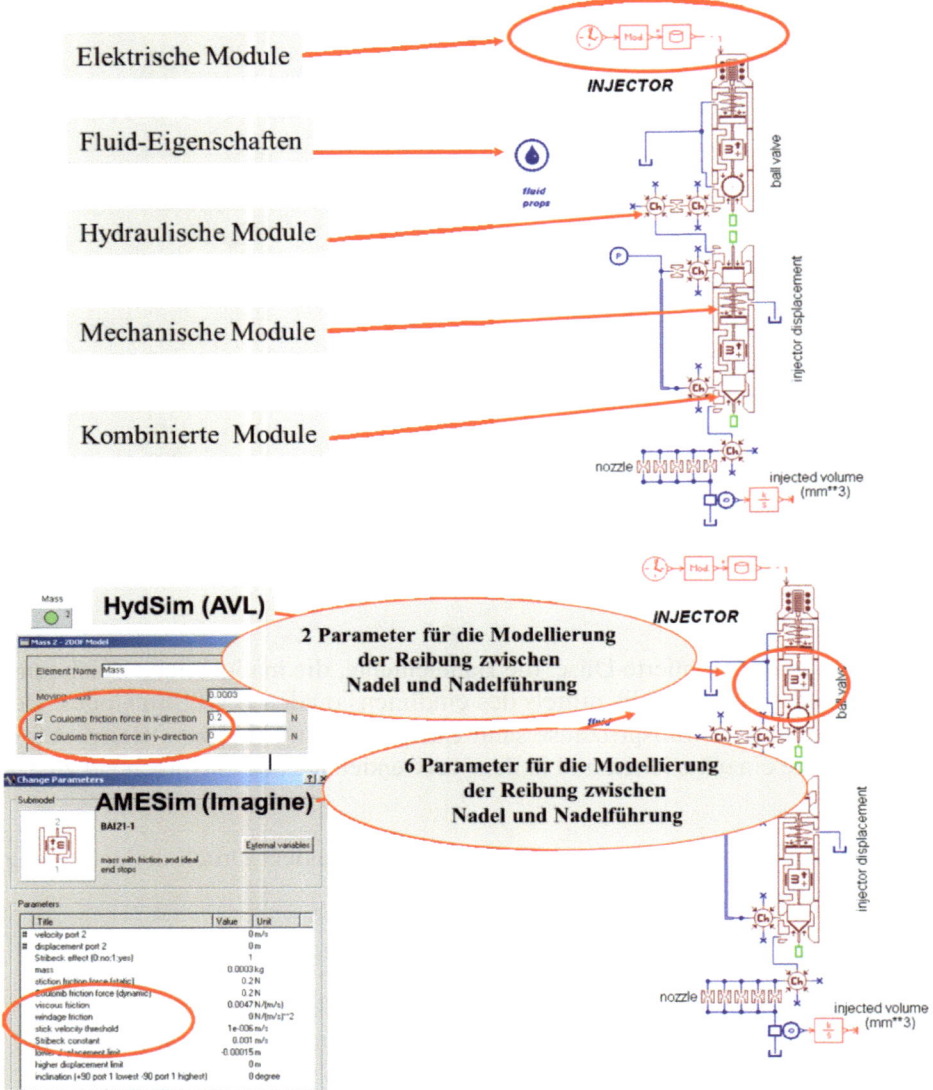

Bild 10.8 Module in den Bibliotheken des eindimensionalen AMESim Codes am Beispiel einer Common Rail Düse

10.2.2 Mathematische Formulierung

Die Basis der Berechnung bilden die Erhaltungsgleichungen für Masse, Impuls, Energie und chemische Spezies. Bild 10.9, Bild 10.10 und Bild 10.11 stellen die Schemata und die Differenzialgleichungen für die Erhaltung von Masse, Impuls und Energie dar. Die Erhaltung der Energie wird dabei vom ersten Hauptsatz der Thermodynamik abgeleitet, der für geschlossene und für offene Systeme in den Gleichungen (2.6a) (2.18a) bzw. (2.10), (2.10a) im Kapitel 2 beschrieben wurde.

Kontinuitätsgleichung (Erhaltung der Masse)

**Die zeitliche Änderung der Masse im Volumenelement =
$\sum$ der einströmenden Massenströme in das Volumenelement −
$\sum$ der ausströmenden Massenströme in das Volumenelement**

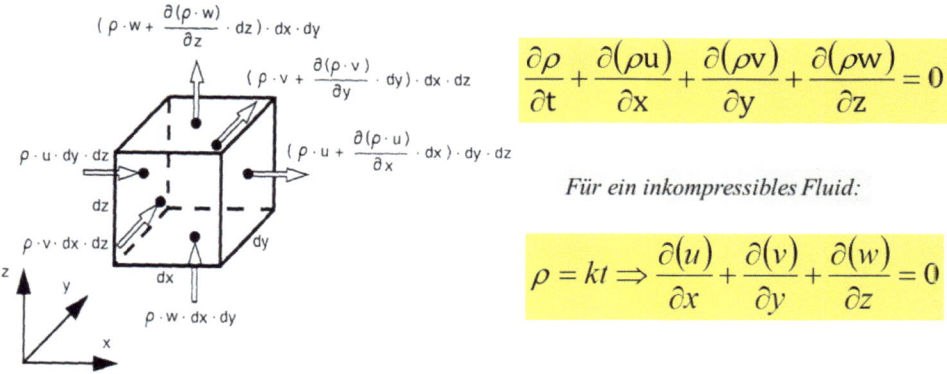

$$\frac{\partial \rho}{\partial t} + \frac{\partial(\rho u)}{\partial x} + \frac{\partial(\rho v)}{\partial y} + \frac{\partial(\rho w)}{\partial z} = 0$$

Für ein inkompressibles Fluid:

$$\rho = kt \Rightarrow \frac{\partial(u)}{\partial x} + \frac{\partial(v)}{\partial y} + \frac{\partial(w)}{\partial z} = 0$$

Bild 10.9 Erhaltung der Masse (Kontinuitätsgleichung) für ein Elementarvolumen

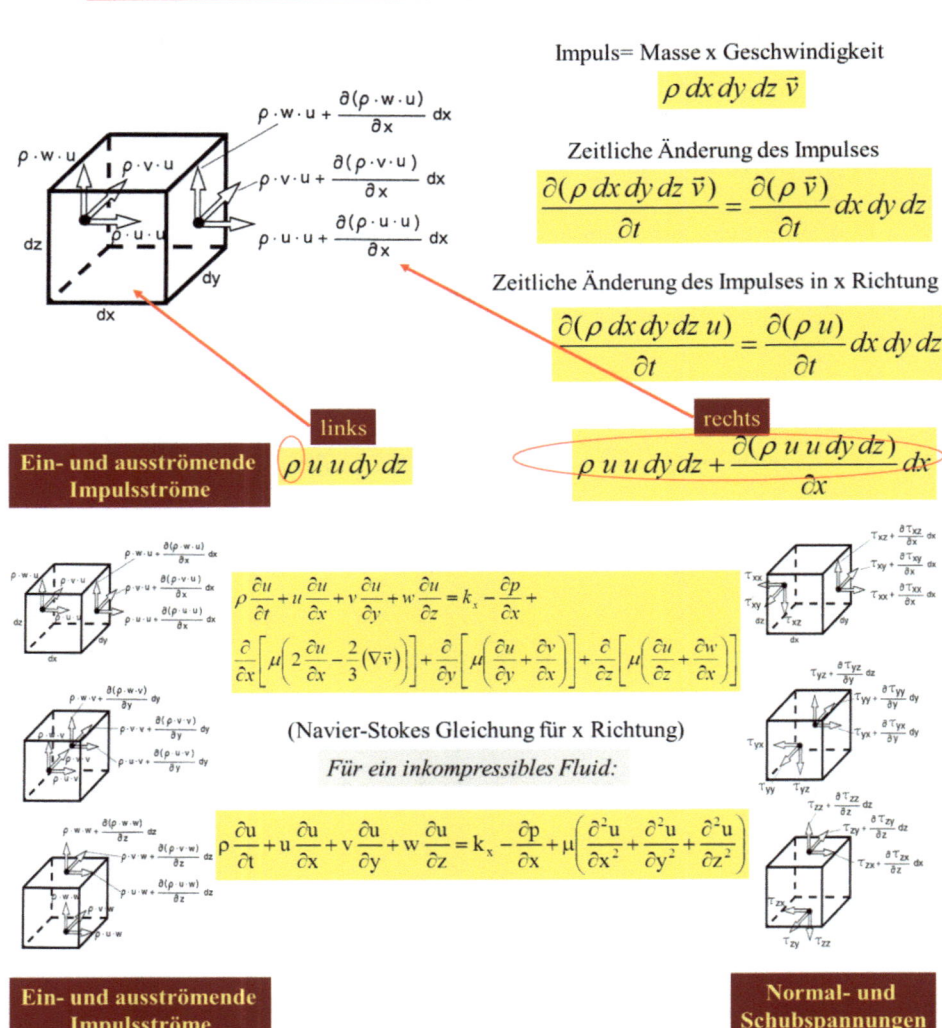

Bild 10.10 Erhaltung des Impulses (Impulsgleichung) für ein Elementarvolumen - Navier-Stokes Gleichung

10.2 Ablauf der Modellierung mittels numerischer Simulation

Energiegleichung (Erhaltung der Energie)

Die zeitliche Änderung der inneren und kinetischen Energieströme im Volumenelement =
∑ der durch die Strömung ein- und ausfließenden Energieströme +
∑ der durch Wärmeleitung ein- und ausfließenden Energieströme +
∑ der durch Druck-, Normalspannungs- und Schubspannungskräfte am Volumenelement geleisteten Arbeit pro Zeit +
∑ der Energiezufuhr von außen +
Arbeit pro Zeit, die durch das Wirken von Volumenkräfte verursacht wird

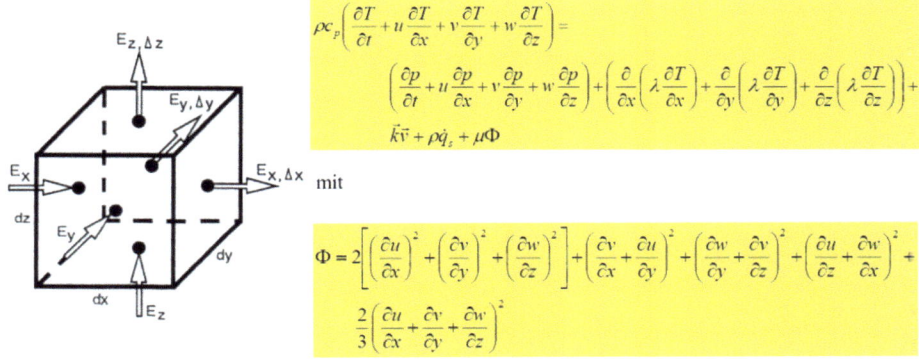

$$\rho c_p \left(\frac{\partial T}{\partial t} + u \frac{\partial T}{\partial x} + v \frac{\partial T}{\partial y} + w \frac{\partial T}{\partial z} \right) =$$

$$\left(\frac{\partial p}{\partial t} + u \frac{\partial p}{\partial x} + v \frac{\partial p}{\partial y} + w \frac{\partial p}{\partial z} \right) + \left(\frac{\partial}{\partial x}\left(\lambda \frac{\partial T}{\partial x} \right) + \frac{\partial}{\partial y}\left(\lambda \frac{\partial T}{\partial y} \right) + \frac{\partial}{\partial z}\left(\lambda \frac{\partial T}{\partial z} \right) \right) +$$

$$\vec{k}\vec{v} + \rho \dot{q}_z + \mu \Phi$$

mit

$$\Phi = 2\left[\left(\frac{\partial u}{\partial x}\right)^2 + \left(\frac{\partial v}{\partial y}\right)^2 + \left(\frac{\partial w}{\partial z}\right)^2 \right] + \left(\frac{\partial v}{\partial x} + \frac{\partial u}{\partial y}\right)^2 + \left(\frac{\partial w}{\partial y} + \frac{\partial v}{\partial z}\right)^2 + \left(\frac{\partial u}{\partial z} + \frac{\partial w}{\partial x}\right)^2 + \frac{2}{3}\left(\frac{\partial u}{\partial x} + \frac{\partial v}{\partial y} + \frac{\partial w}{\partial z}\right)^2$$

Bild 10.11 Erhaltung der Energie (Energiegleichung)

10.2.3 Diskretisierung

Die Diskretisierung besteht in der Bildung von finiten Differenzen oder finiten Volumina und dem Aufbau eines Systems von algebraischen Gleichungen. Damit wird der Übergang von dem kontinuierlichen Ablauf eines Prozesses zu einer Verkettung eigenständiger Zustände. Bei der Diskretisierung wird zwischen eindimensionalen und dreidimensionalen Betrachtungen unterschieden. Manchmal wird auch von so genannten Null-dimensionalen Verfahren berichtet, die nichts anderes als eine Betrachtung der thermodynamischen Prozessabläufe wie in den vergangenen Kapiteln dieses Buches beschrieben ist, wobei diese in jedem Punkt einer Richtung oder eines Raumes als gleich, also als homogen betrachtet werden.

- In eindimensionalen Verfahren werden finite Differenzen Methoden (FDM) eingesetzt. Dabei wird ein Intervall Ω auf dem eine Differenzialgleichung gelöst werden soll, in (i_{Dmax}) Teilintervalle gleicher Größe geteilt, wie im Bild 10.12 dargestellt.

Eindimensionale- Finite Differenzen

Dabei wird das Intervall (W), auf dem eine Differentialgleichung gelöst werden soll, in (i_{Dmax}) Teilintervallen gleicher Größe zerlegt.

$$\delta_x = \frac{\Omega}{i_{Dmax}}$$

Es entsteht somit ein Gitter, das die Punkte $x_i = i\delta_x$ mit $i = 0 ... i_{Dmax}$ enthält.

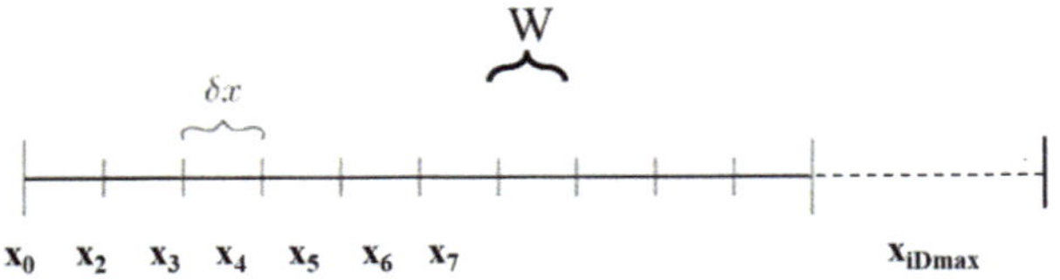

Definition der Ableitung einer differenzierbaren Funktion (u)

$$\frac{du}{dx} = \lim_{\delta x \to 0} \frac{u(x+\delta_x) - u(x)}{\delta_x}$$

Der kontinuierliche Differentialoperator du/dx wird am Gitterpunkt x_i durch einen diskreten Differenzenoperator approximiert.

$$\left[\frac{du}{dx}\right]_i = \frac{u(x+\delta_x) - u(x)}{\delta_x}$$

Bild 10.12 Eindimensionale Diskretisierung - finite Differenzen

- In der dreidimensionalen Diskretisierung werden folgende Methoden angewendet:

    - Finite Differenzen (FDM)
    - Finite Volumina (FVM)
    - Finite Elemente (FEM)
    - Spektralmethoden (SM)

- FDM: es werden die Differenzialoperatoren durch Differenzen ersetzt. Die diskreten Zustandsgrößen werden als Punkte in einem Gitter betrachtet, die in definierten Distanzen zueinander stehen.

- FVM: es werden Polyeder gebildet und ein numerisches Netz generiert, wie in Bild 10.13 dargestellt.

10.2 Ablauf der Modellierung mittels numerischer Simulation

Die Differentialgleichung wird über das gesamte Strömungsgebiet integriert.

Volumen
→ **getrennt in konvexen Polyedervolumen**
→ **numerische Netzgenerierung**

Zelle des numerischen Netzes = Volumen
Volumenintegral → in Oberflächenintegrale umgewandelt (jeweils eines für alle Seitenflächen) => die Ordnung aller Differentialoperatoren sich um eins reduziert.

Die Oberflächenintegrale werden durch die in den Zellenmittelpunkten definierten Zustandsgrößen ausgedrückt.

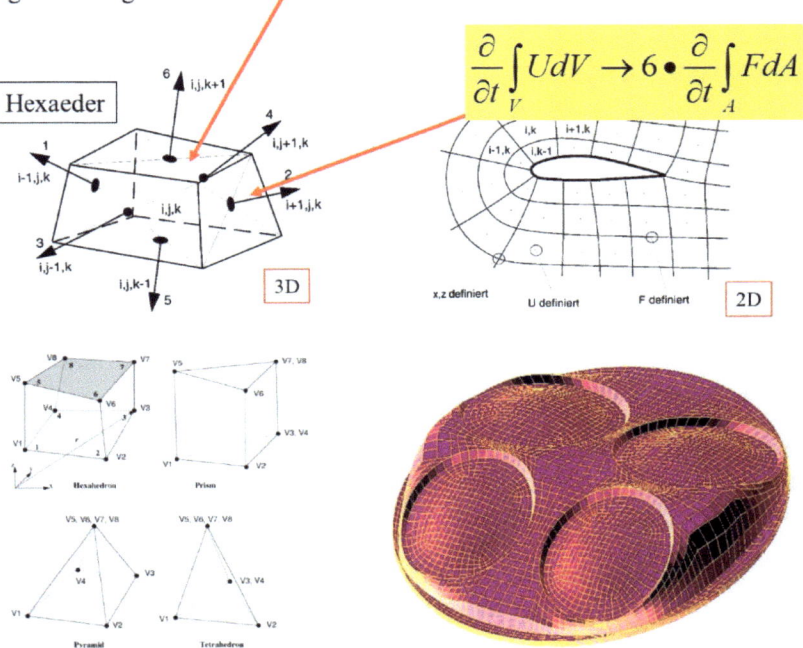

$$\frac{\partial}{\partial t}\int_V U dV \rightarrow 6 \bullet \frac{\partial}{\partial t}\int_A F dA$$

Bild 10.13 Finite Volumen Methode

- FEM: es werden partielle Differenzialgleichungen mit Randbedingungen näherungsweise in Gitterzellen (Finite Elemente) gelöst. Eine solche Methode wird allerdings für die Simulation thermodynamischer und strömungsmechanischer Prozesse eher selten angewendet. Sie wird allgemein zur Berechnung von Schwingungen oder mechanischen Beanspruchungen angewandt.

- SM: es wird dabei eine Kodierung der gegebenen Netztopologie vorgenommen. In diesem Rahmen werden Polynome sehr hoher Ordnung diskretisiert. Die räumliche Verteilung der Werte einzelner Zustandsgrößen wird durch Funktionen appoximiert, deren Koeffizienten als Spektrum betrachtet werden. In diesem Fall ist kein numerisches Netz erforderlich. Auf Grund ihrer Komplexität wird dieses Verfahren für technische Systeme noch nicht angewendet.

10.2.4 Numerische Lösung

Bei numerischen Lösungen werden direkte und indirekte Löser verwendet.

- die direkten Löser liefern nach einer endlichen Zahl von Schritten die exakte Lösung.

- die iterativen Löser liefern eine Folge von Näherungslösungen die zwar einen konvergenten Verlauf haben, jedoch für eine angemessene Anzahl von Iterationen noch Differenzen zeigen.

10.3 Beispiele zur numerischen Simulation der Prozesse in einem Kolbenmotor

Die wesentlichen Abschnitte des Prozessablaufes in einem Otto- oder Dieselmotor mit Kraftstoffdirekteinspritzung - als meist verwendetes Verfahren in jetzigen und zukünftigen Varianten – sind die Folgenden:

- **Ladungswechsel:** Zufuhr einer Luftmasse in den Zylinder und Bewegung dieser Strömung im Zylinder nach oder noch während des Ausstoßes der Abgasbestandteile aus vorheriger Verbrennung

- **Gemischbildung:** Einspritzung des Kraftstoffs, Zerfall der Flüssigkeit in Tropfen, Bewegung der Tropfen im Zylinder und Interaktion mit der Luftströmung, Tropfenverdampfung und Bildung eines Luft- Kraftstoffgemisches mit mehr oder weniger homogenen Zonen

- **Verbrennung:** Chemische Reaktion des Kraftstoffs mit dem Sauerstoff aus der Luft entlang einer Flammenfront oder in Selbstzündzentren.

Die nachfolgenden Betrachtungen stellen keine vollständige Verkettung dieser Prozesse und ihrer Simulation dar – wofür der Rahmen dieses Buches nicht reicht – sondern repräsentative Beispiele aus einigen Prozessstufen.

10.3.1 Luftströmung am Einlass des Zylinders

Im Bild 10.14 ist die Geschwindigkeitsverteilung in der Luftströmung am Einlass des Zylinders eines Kolbenmotors

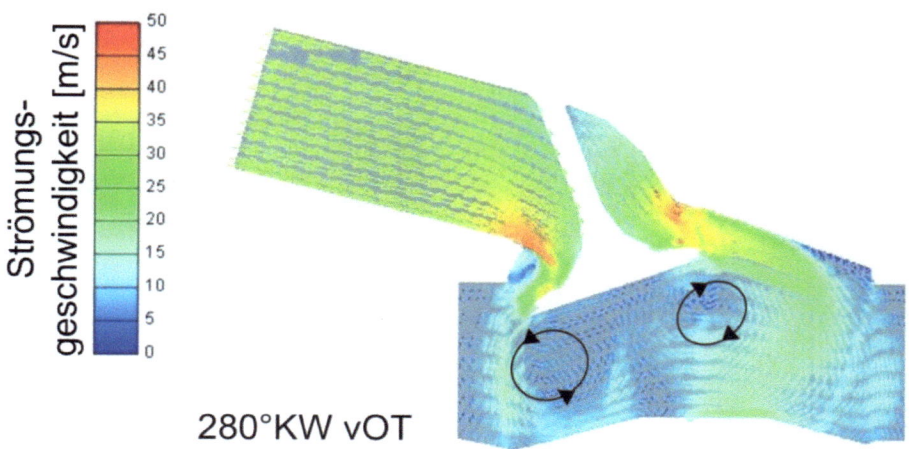

Bild 10.14 Geschwindigkeitsgradienten der einströmenden Luft im Zylinder eines Kolbenmotors – 3D Simulation mittels FIRE zur Ermittlung des effektiven Durchflusses am Ventil für 1D Strömungssimulation

bei geöffnetem Einlassventil, als Ergebnis einer dreidimensionalen Simulation dargestellt. In der gezeigten Sequenz befindet sich der Kolben bei 280 [^{0}KW] vor dem oberen Totpunkt. Im Einlasskanal, bis kurz vor dem Ventilsitz sind die Geschwindigkeitsvektoren parallel und gleich lang, was auf eine eindimensionale Strömung deutet. Für diesen Abschnitt genügt also in der Regel die Berechnung mittels eines eindimensionalen Codes, mit dem Vorteil einer geringen Komplexität und einer kürzeren Rechendauer. Im Bild 10.15 sind die wesentlichen

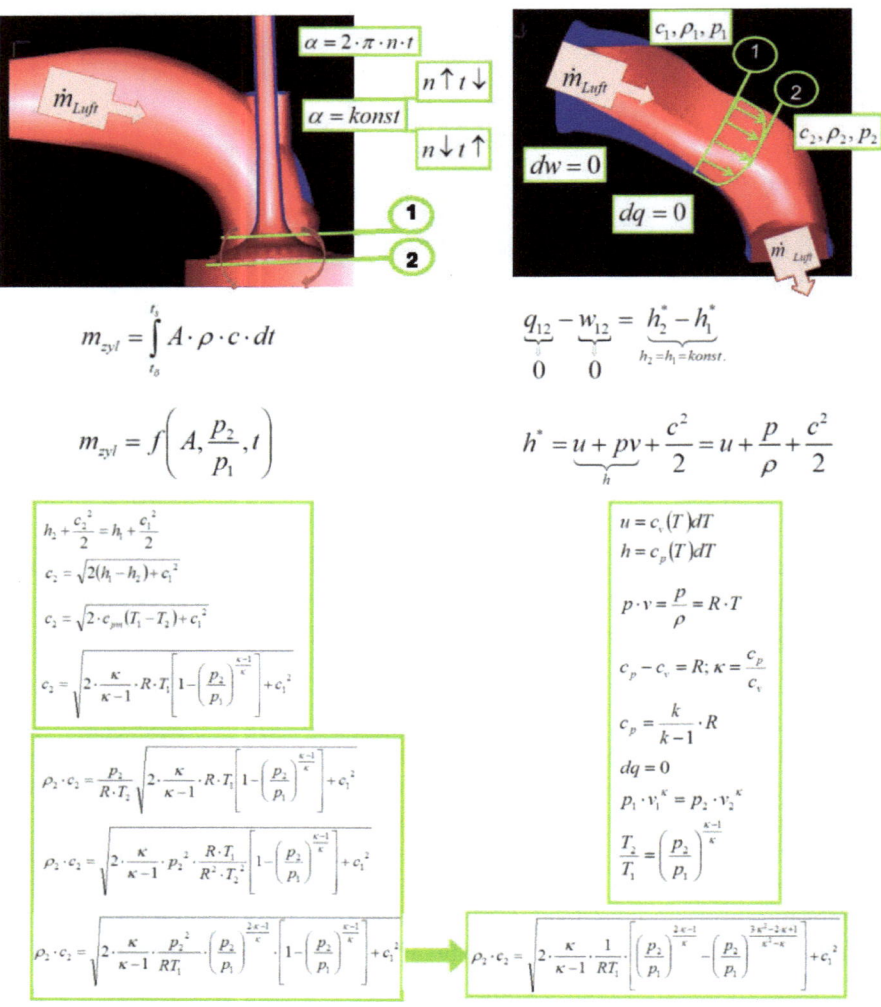

Bild 10.15 Angesaugte Luftmasse als Funktion des Öffnungswinkels des Einlassventils

thermodynamischen Zusammenhänge erfasst. Der Einlasskanal ist ein offenes System; die Energiebilanz wird also mittels Gl. (2.16a), mit der Definition der spezifischen Ruheenthalpie entsprechend Gl. (2.12a) aufgestellt. Anderseits wird für die Masse der Luft im betrachteten Abschnitt des Einlasskanals für die Betrachtungsdauer ($t_1 - t_0$) die Kontinuitätsgleichung angewandt. Der Vorgang wird als Isentrop angenommen; ein Arbeitsaustausch mit der Umgebung dieses Abschnitts findet auch nicht statt. Demzufolge bleibt die spezifische Ruheenthalpie zwischen Eingang (1) und Ausgang (2) an diesem Kanalabschnitt unverändert. Auf dieser Basis kann die Austrittsgeschwindigkeit c_2 in Abhängigkeit von

10.3 Beispiele zur numerischen Simulation der Prozesse in einem Kolbenmotor

Druckverhältnis am Ein- und Ausgang des Kanalabschnitts und der Eingangstemperatur und – geschwindigkeit berechnet werden. Vorteilhafter ist jedoch die Berechnung des Produkts ($\rho_2 \cdot c_2$) anstatt der Geschwindigkeit (c_2). Dieses Produkt ist in dieser Form in der zu lösenden Kontinuitätsgleichung enthalten. Dadurch wird eine separate Berechnung der Variablen (c_2) vermieden. Wie aus dem Ergebnis für ($\rho_2 \cdot c_2$) im Bild 10.15 ersichtlich erscheinen dabei nur noch die Druckverhältnisse, die Eingangstemperatur und – geschwindigkeit sowie der Isentropenexponent. In manchen Codes, so in dem Beispiel im Bild 10.16 werden die Druckverhältnisse

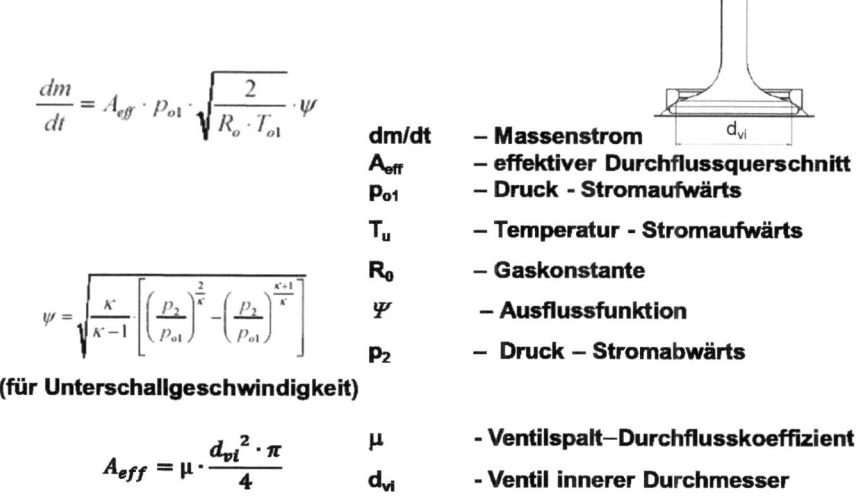

$$\frac{dm}{dt} = A_{eff} \cdot p_{o1} \cdot \sqrt{\frac{2}{R_o \cdot T_{o1}}} \cdot \psi$$

- dm/dt – Massenstrom
- A_{eff} – effektiver Durchflussquerschnitt
- p_{o1} – Druck - Stromaufwärts
- T_u – Temperatur - Stromaufwärts
- R_0 – Gaskonstante
- Ψ – Ausflussfunktion
- p_2 – Druck – Stromabwärts

$$\psi = \sqrt{\frac{\kappa}{\kappa-1} \cdot \left[\left(\frac{p_2}{p_{o1}}\right)^{\frac{2}{\kappa}} - \left(\frac{p_2}{p_{o1}}\right)^{\frac{\kappa+1}{\kappa}}\right]}$$

(für Unterschallgeschwindigkeit)

$$A_{eff} = \mu \cdot \frac{d_{vi}^2 \cdot \pi}{4}$$

- μ - Ventilspalt–Durchflusskoeffizient
- d_{vi} - Ventil innerer Durchmesser

Bild 10.16 Angesaugte Luftmasse als Funktion des Öffnungswinkels des Einlassventils mit CFD Boost

in einem Term (ψ) erfasst. Die Zusammensetzung solcher Terms ist bei der Anwendung eines CFD Codes stets zu kontrollieren, um den Gültigkeitsbereich klar zu definieren. In der Gleichung im Bild 10.16 wird im Vergleich zur theoretischen Gleichung für die Masse (m_{zyl}) im Bild 10.15 ein effektiver Durchflussquerschnitt (A_{eff}) anstatt eines geometrischen (A) eingeführt. Dieser hängt von einem Ventilspalt- Durchflusskoeffizient ab. Solche Koeffizienten werden auf Basis experimenteller Messungen oder dreidimensionaler Berechnungen in Abhängigkeit der Fluidviskosität, Strömungsgeschwindigkeit, Wandrauhigkeit, Druck, Temperatur und weiterer Fluideigenschaften ermittelt und in Programmbibliotheken erfasst. Im Bild 10.17 ist als Beispiel ein solcher Durchflusskoeffizient (Durchflussbeiwert) in Abhängigkeit vom Hub des Einlassventils dargestellt.

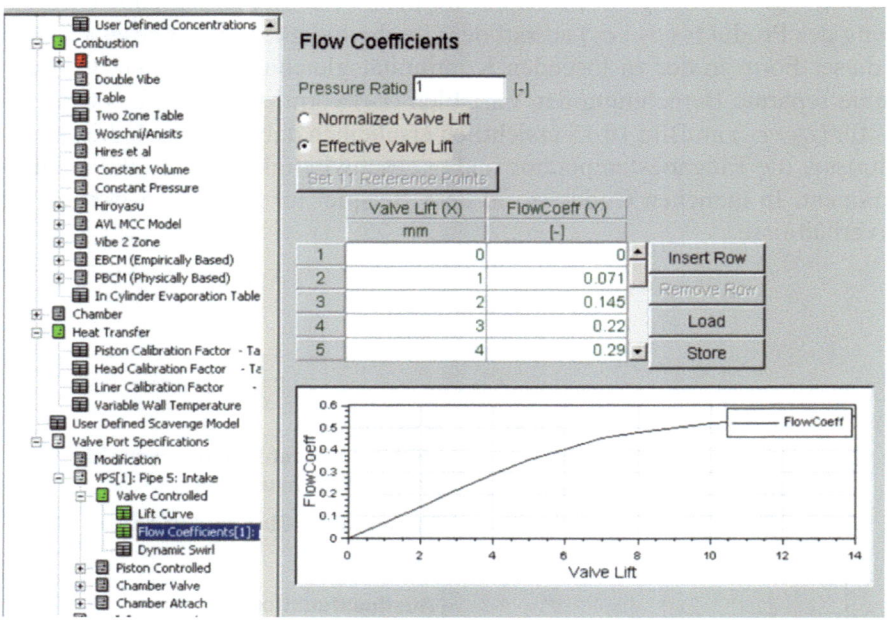

Bild 10.17 1D BOOST – Ladungswechselvorgänge – Programmbibliotheken: Durchflusskoeffizient in Abhängigkeit vom Hub des Einlassventils

Solche Werte geben zwar eine Orientierung zur Größenordnung, sollten aber durch Messungen oder durch dreidimensionale Simulation der Vorgänge in der Ventilspalt genau ermittelt werden, wie im Bild 10.18 dargestellt.

10.3 Beispiele zur numerischen Simulation der Prozesse in einem Kolbenmotor 639

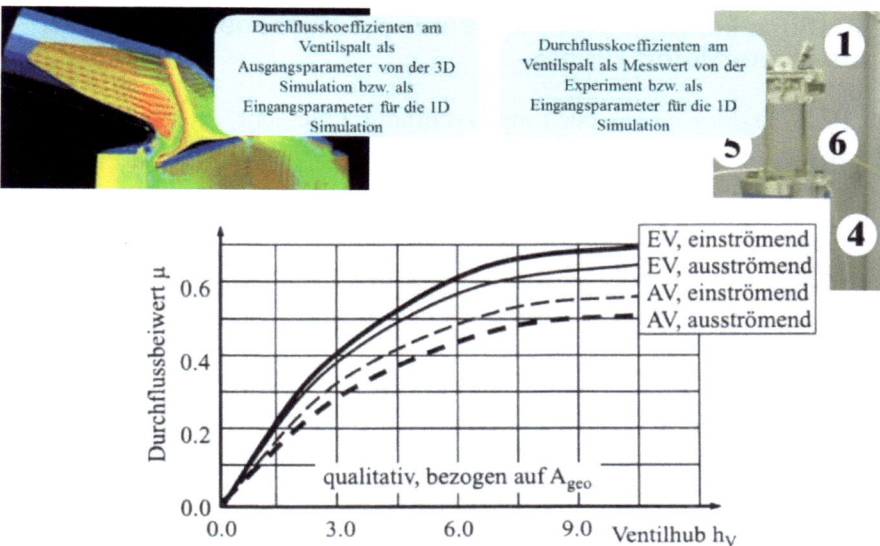

Bild 10.18 Durchflussbeiwert – Vergleich Experiment – 3D Berechnung

Ein Ergebnis der dreidimensionalen Simulation dieser Vorgänge war bereits in Bild 10.14 aufgeführt: Die Zunahme der Strömungsgeschwindigkeit in der Ventilspalt, entsprechend Querschnittsverengung führt zur turbulenten Strömung in der Nähe der Wände, wodurch die Axialkomponenten der Geschwindigkeit sinken. In dem Bild 10.14 ist übrigens auch zu sehen, welch negativen Einfluss die Ventilform auf die Strömung im Zylinder und demzufolge auf die Zylinderfüllung hat: Der Abriss der Strömung an der Ventilkante führt zu einem Drall unter der Ventilplatte, wodurch die Füllung des Zylinders mit Luft beeinträchtigt wird.

10.3.2 Einfluss konstruktiver Parameter auf Massenströme in und aus einem Motorzylinder

Im Bild 10.19 ist der Einfluss des Einlassventildurchmessers

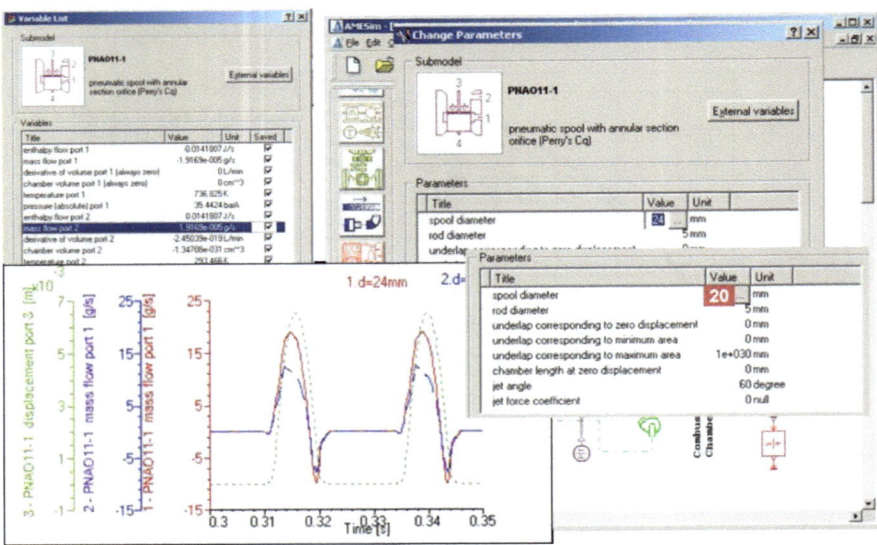

Bild 10.19 1D AMESim – Parameteranalyse: Einfluss des Einlassventildurchmessers auf dem Luftmassenstrom im Zylinder eines Kolbenmotors

auf den Luftmassenstrom zum Zylinder ersichtlich. Es werden dabei zwei Ventildurchmesser - 20 mm und 24 mm - betrachtet. Das Diagramm zeigt für die zwei Varianten den zeitabhängigen Luftmassenstrom. Im Diagramm ist als Vergleichsbasis auch der zeitabhängige Ventilhub dargestellt. Es ist offensichtlich, dass ein kleinerer Ventildurchmesser zu einer Abnahme des Luftmassenstroms führt. Die Simulation bietet darüber hinaus quantitative Verhältnisse, aber auch qualitative Aussagen zum Verlauf der Strömung. Interessant sind dabei die negativen Amplituden, die die rücklaufenden Strömungen beim Schließen des Ventils erfahren. Die Betrachtung der entsprechenden Druckwellenreflexionen erfolgte im Kapitel 3 – Ü3.11, Bild Ü3.11/1. Auf gleicher Basis können die Druckwellenreflexionen im Auspuff eines Kolbenmotors, während der Abgasströmung durch die Auslassventile betrachtet werden. Im Bild 10.20 ist die zeitabhängige Abgasmassenströmung am Auslassventil

10.3 Beispiele zur numerischen Simulation der Prozesse in einem Kolbenmotor 641

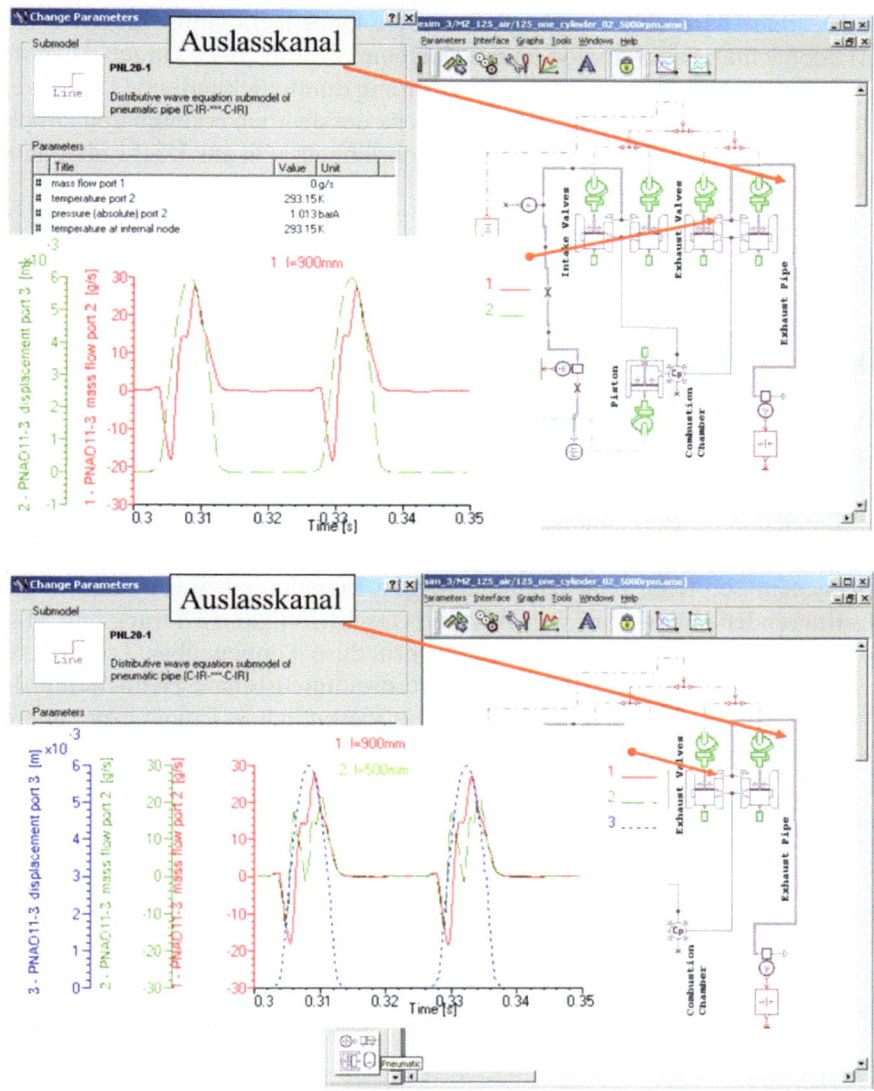

Bild 10.20 1D AMESim – Parameteranalyse: Einfluss der Auspufflänge auf Abgasmassenstrom

für zwei unterschiedliche Längen des Auspuffrohres – 900 mm und 500 mm -dargestellt. Die Vergleichsbasis ist auch in diesem Fall der zeitabhängige Ventilhub. Bei einer Länge des Auspuffrohres von 900 mm kann beobachtet werden, dass die Strömung zunächst eine Reflexion zum Zylinder erfährt, was den überkritischen Verhältnissen in der sehr engen Spalt am Beginn der Öffnung geschuldet wird. Im weiteren Verlauf wird eine Unstätigkeit infolge einer Reflexionsdruckwelle im Auspuff beobachtet. Die Situation ändert sich beim Einsatz eines kurzen Auspuffrohres – 500 mm - indem die Abgas- Ausströmung durch rücklaufende Druckwellen wesentlich beeinträchtigt wird. Die Differenz der deutlich erkennbaren Druckwellenperioden entspricht der zwei Auspuffrohrlängen, wie aus Ü3.11 abgeleitet werden kann.

10.3.3 Direkteinspritzung des Kraftstoffes in den Brennraum eines Kolbenmotors und Bildung eines Kraftstoff- Luftgemisches

Die Einspritzung eines Kraftstoffs in den Brennraum eines Kolbenmotors wird sowohl eindimensional als auch dreidimensional betrachtet. Mit eindimensionalen Modellen kann zwar die zeitabhängige Kraftstoffverdampfung berechnet werden; die dreidimensionale Berechnung liefert jedoch zusätzlich Ergebnisse über die örtliche Verteilung dieser Verdampfung. Für die Simulationen der Vorgänge im Einspritzsystem selbst ist eine eindimensionale Berechnung meist ausreichend. Die resultierenden Daten – im wesentlichen Geschwindigkeits- Druck und Massenströmungsverlauf am Ausgang der Einspritzdüse können über Transferelemente als Eingangsparameter für die weitere dreidimensionale Betrachtung der Prozesse im Brennraum genutzt werden. Die wesentlichen Eingangsparameter sind dabei, wie im Bild 10.21 verdeutlicht:

- die Strahleindringtiefe zwischen Düsenfront und Lage der vordersten Tropfen
- die Break-up Länge, zwischen Düsenfront und der Front, an der der flüssige Kern aufgerissen wird

10.3 Beispiele zur numerischen Simulation der Prozesse in einem Kolbenmotor 643

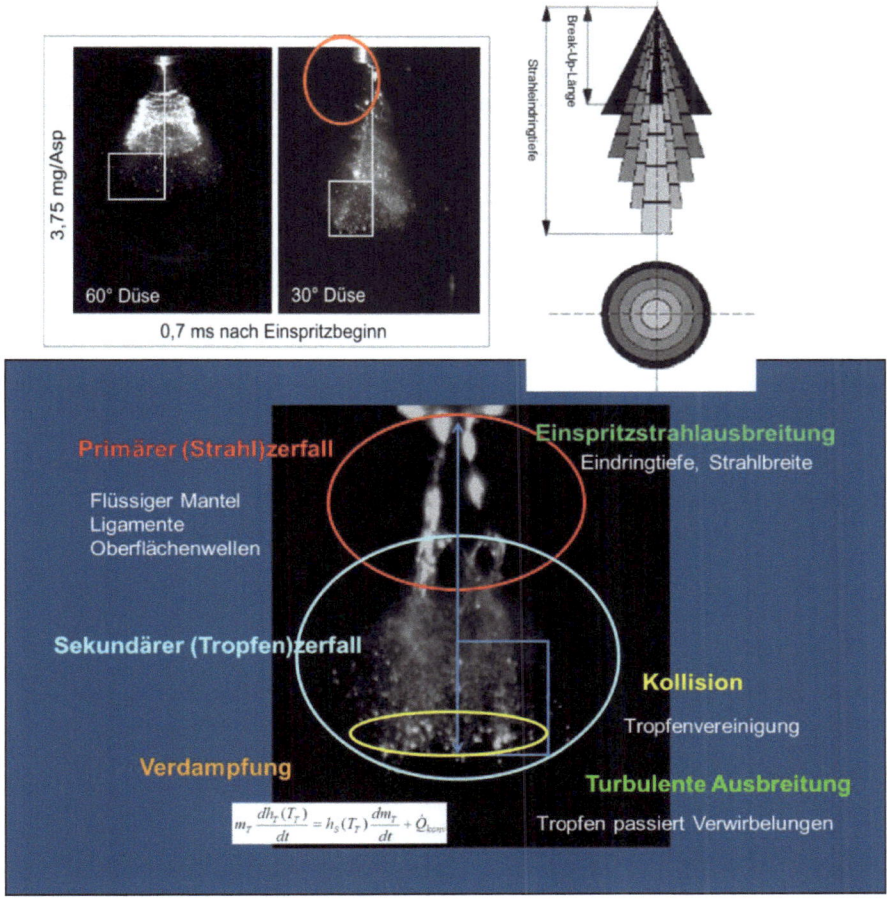

Bild 10.21 3D-Verdampfungsmodelle: Bildung, Zerfall und Verdampfung des Einspritzstrahls

Die Definition eines vordersten Tropfens und eines flüssigen Kerns bedarf gewiss einer genauen Betrachtung von Zuständen und Vorgängen im Strahl. Allgemein wird, wie in Bild 10.21 dargestellt, zwischen einem primären Strahlzerfall und einem sekundären Tropfenzerfall unterschieden, wonach die Verdampfung erfolgt. Dabei sind Tropfenkollisionen und ihre turbulente Ausbreitung zu berücksichtigen. Der Aufbruch des Strahls während des primären Zerfalls wird hauptsächlich durch die hohe Relativgeschwindigkeit zwischen dem eingespritzten Kraftstoff und der Luft im Brennraum verursacht. Der primäre Zerfall wird allgemein mittels phänomenologisch abgeleiteten Ähnlichkeitszahlen charakterisiert, in diesem Fall:

- die Reynolds- Zahl, zur Beschreibung des Verhältnisses zwischen der Trägheit und der Zähigkeit der Tropfen im flüssigen Kern wodurch die Strömung laminar oder turbulent werden kann:

$$Re = \frac{c \cdot l}{v_T} \quad (8.32)$$

$$\text{mit} \quad v_T = \frac{\eta_T}{\rho_T}$$

$$l = d_T \qquad \text{- Tropfendurchmesser}$$

- die Ohnesorge- Zahl, zur Beschreibung des Verhältnisses zwischen der Oberflächenspannung (σ_T) und der Zähigkeit der Tropfen im flüssigen Kern (η_T):

$$Oh = \frac{\eta_T}{\sqrt{\rho_T \cdot \sigma_T \cdot d_T}} \quad (10.1)$$

Der primäre Zerfall eines Flüssigkeitsstrahls wird allgemein als Zertropfen, Zerwellen und Zerstäuben, wie im Bild 10.22 ersichtlich, dargestellt.

Zone A: Zertropfen (laminarer Strahlzerfall)
→ Zerfall durch axialsymmetrische Schwingungen, initiier an der Austrittsöffnung,
→ Tropfen mit gleichem Durchmesser

Zone B und C: Zerwellen
→ Zerfall bei höheren Relativgeschwindigkeiten aufgrund von wellenförmigen Schwingungen

Zone D: Zerstäuben (turbulenter Strahlzerfall)
→verursacht von transversalen Schwingungen im Strahl

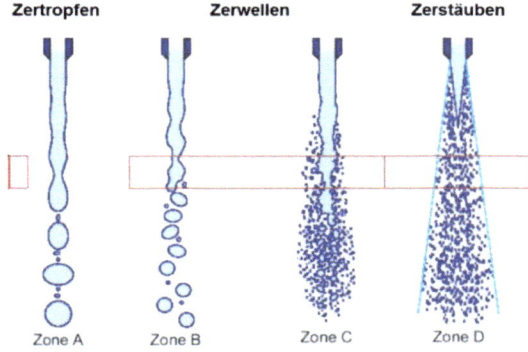

Bild 10.22 Primärer Zerfall eines Flüssigkeitsstrahls

Maßgebend sind dabei Schwingungen entlang und quer zur Strahlachse. Mit Hilfe der Reynolds- und der Ohnesorge- Zahl können diese Zonen mit relativ guter Genauigkeit definiert werden, wie Bild 10.23 zeigt.

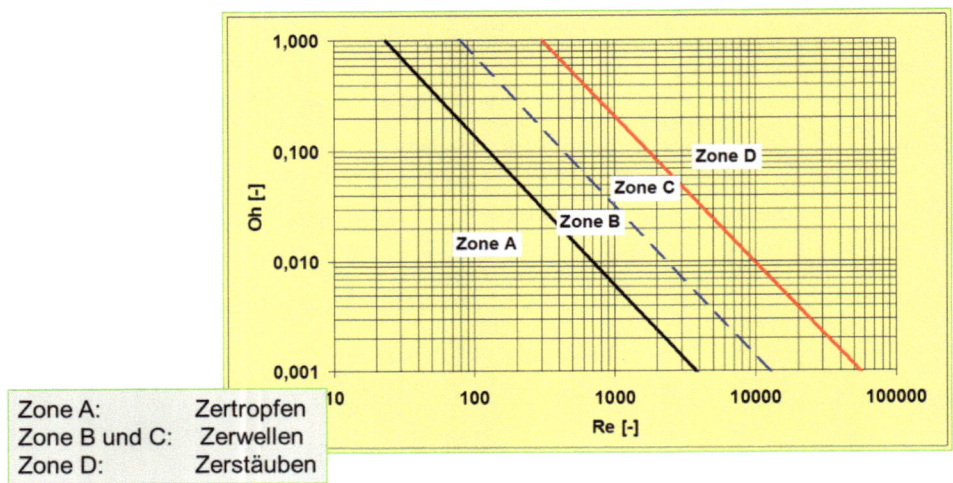

Bild 10.23 3D-Verdampfungsmodelle – Primärer Zerfall: Zusammenhang zwischen Reynolds- und Ohnesorge-Zahl zur Beschreibung der Zerfallart

Der sekundäre Tropfenzerfall wird von der Interaktion zwischen den flüssigen Kraftstofftropfen und der gasförmigen Luft verursacht. Die Art des Zerfalls und die Form der Tropfen kann mit guter Genauigkeit mittels der Weber- Ähnlichkeitszahl (We) ermittelt werden. Es gilt:

$$We = \frac{\rho \cdot d_T \cdot c^2}{\sigma_T} \qquad (10.2)$$

Der Zusammenhang zwischen der Art des Zerfalls und der Weber- Zahl ist im Bild 10.24 dargestellt.

10.3 Beispiele zur numerischen Simulation der Prozesse in einem Kolbenmotor

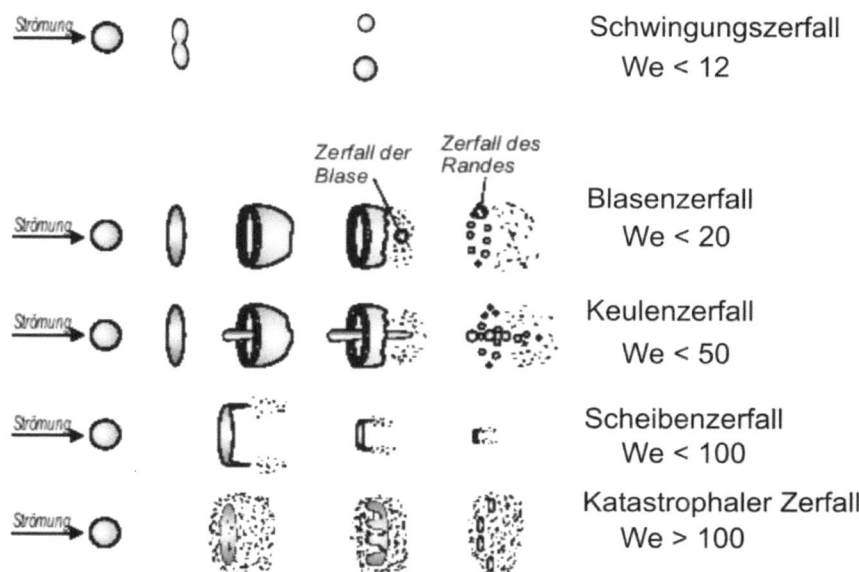

Bild 10.24 3D-Verdampfungsmodelle – Sekundärer Zerfall: Zerfallart in Abhängigkeit der Weber-Zahl

Für eine ausreichende Homogenisierung des Kraftstoff- Luft- Gemisches und einer schnellen Kraftstoffverdampfung vor der Verbrennung ist ein katastrophaler Zerfall von großem Vorteil. Dafür ist einerseits der Einspritzdruck, andersseits die Kraftstoffeigenschaften insbesondere die Oberflächenspannung besonders wichtig.

Die Ergebnisse der Simulation sollten stets, für repräsentative Parameter- Kombinationen durch experimentelle Analyse validiert werden. Im Bild 10.25 ist ein solcher Vergleich als Beispiel dargestellt.

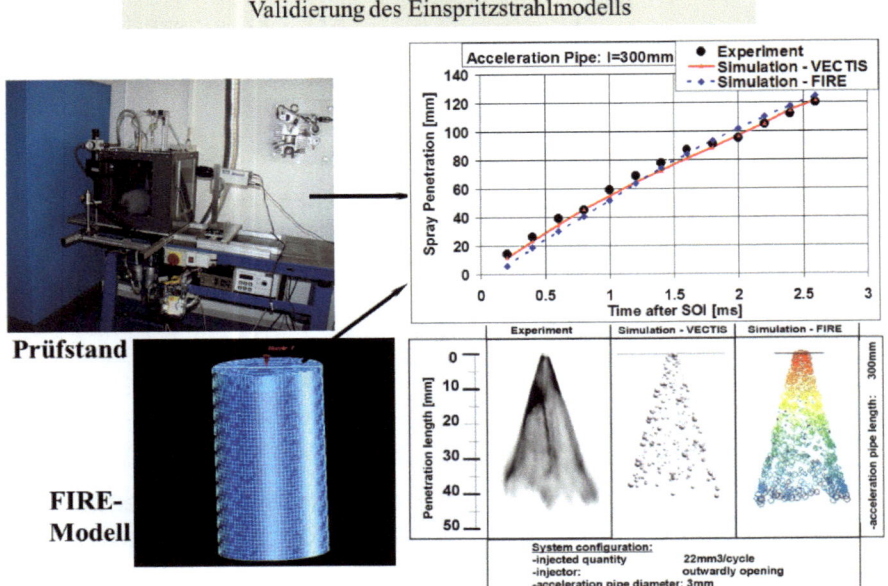

Bild 10.25 3D-Verdampfungsmodelle – Kalibrierung des Strahlmodells –

Auf dem Prüfstand wird in dem Fall mittels einer Direkteinspritzanlage Benzin in ein Messbehälter eingespritzt. Im Behälter befindet sich ein Gas dessen Druck variiert werden kann, um den Kompressionsdruck der Luft im Zylinder des Motors während der Einspritzung zu simulieren. In dem gezeigten Fall wird der Strahl mittels Stroboskop seitlich beleuchtet, getaktet auf die Einspritzfrequenz. Der Zeitpunkt der Beleuchtung entspricht der gewünschten Dauer nach Beginn der Einspritzung. Dadurch kann die Strahlentwicklung genau beobachtet und mittels Schnellgeschwindigkeitskamera dokumentiert werden. Diese Methode ist ausreichend um die zeitabhängige Strahlentwicklung, den primären und den sekundären Zerfall in einer ersten Annäherung einschätzen zu können. Für die genauere Untersuchung der Tropfengröße und ihrer Verteilung im Strahl werden allgemein Strahlenschnitte mittels Laser vorgenommen, so zum Beispiel bei der PIV (Particle Image Velocimetry) Methode. Wie im Bild 10.25 ersichtlich, besteht in dem gezeigten Fall eine gute Übereinstimmung zwischen der Simulation, die mittels zwei unterschiedlichen Codes durchgeführt wurde, und der Messung der Straheigenschaften. Der Zusammenhang zwischen der Strahleindringtiefe und der Zeit, wie im Diagramm in Bild 10.25 dargestellt, ist von besonderer Bedeutung: Die Strahlentwicklung folgt praktisch einer Gerade, was ein Ausdruck dessen ist, das die Distanz zwischen den Tropfenfronten im Strahl während der Einspritzung

10.3 Beispiele zur numerischen Simulation der Prozesse in einem Kolbenmotor   649

konstant bleibt. Eine Verlangsamung der Funktion in der ersten Tropfenfront würde zu einem Zusammenprall mit den nachkommenden Tropfen bedeuten, was zu großen flüssigen Kernen führen würde. Eine Beschleunigung des Verlaufes würde einen Strahlriss signalisieren. Anderseits ist der Bezug der Strahllänge auf die Zeit nichts anderes als der Ausdruck der Tropfengeschwindigkeit: Eine Strahleindringtiefe von 60 [mm] bei 1 [ms] bedeutet, dass die Strahlfront eine Geschwindigkeit von 60 [m/s] hat. Ein Beispiel zur dreidimensionalen Simulation eines Einspritzstrahls bei Benzin- Direkteinspritzung ist im Bild 10.26 ersichtlich.

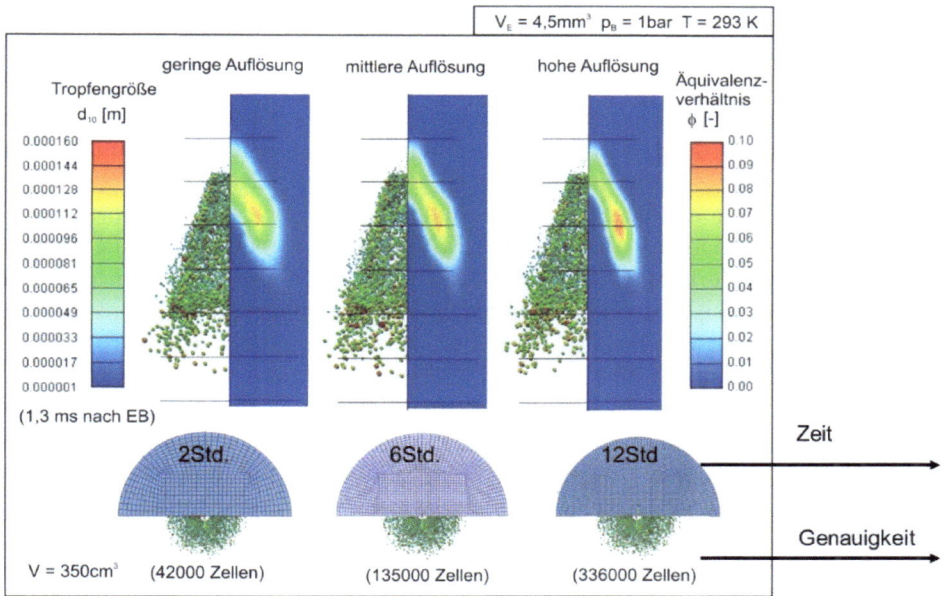

Bild 10.26 3D-Verdampfungsmodelle

Daraus können, wie im Bild gezeigt, die zeit- und ortabhängige Kraftstofftropfengröße und das Kraftstoff Luft Verhältnis abgeleitet werden. Ein wichtiger Aspekt bei der dreidimensionalen Simulation derartiger Vorgänge ist die optimale Einstellung der Auflösung. Oft wird eine maximale Auflösung gewählt, die die höchste Genauigkeit erwarten lässt. Dabei sollte nicht nur die Erhöhung der Rechenzeit betrachtet werden, sondern auch der Aufwand beim Aufbau des Modells und die Empfindlichkeit des Lösungsalgorithmus, die zu Fehlern oder zum Abbruch führen kann. Im Bild sind drei Auflösungsstufen dargestellt, wobei der Brennraum in 42.000 Zellen (elementare Volumina), in 135.000 und in 336.000 Zellen geteilt wurde. Die Rechendauer für diese einzige Parameterkombination bei der Benzin- Direkteinspritzung in den Brennraum wächst von 2 auf 6 und dann auf 12 Stunden. Bei der Berechnung der Tropfengröße besteht zwischen den Ergebnissen bei den drei Auflösungen praktisch kein Unterschied, was für die minimale Auflösung spricht. Beim Äquivalenzverhältnis ist die Situation anders: Erst bei der höchsten Auflösung sind Kerne mit hoher Kraftstoffkonzentration in der Luft zu erkennen, in denen eine unvollständige Verbrennung oder Dissoziationsreaktionen vorkommen können.

10.3.4 Verbrennung eines Kraftstoff- Luft- Gemisches im Brennraum eines Kolbenmotors

Für die Berechnung von Verbrennungsvorgängen wurden bis vor kurzem eindimensionale Codes auf Basis eines Zweizonen Modells [29] häufig angewendet. Das Modell geht von einer Zone mit Abgas und einer mit frischem Kraftstoff-Luft- Gemisch aus, die von einer klar definierten, durchgehenden Flammenfront getrennt sind. Diese Definition der Zonen setzt voraus, dass sowohl das Abgas als auch das frische Gemisch bezüglich chemischer Spezies, Konzentrationen, Temperaturen und Drücke homogen sind. Das Modell eignet sich für die Berechnung stationärer Vorgänge, wobei das Kraftstoff- Luft- Gemisch homogen sein muss. Das trifft meist für Ottomotoren mit Vergaser oder Saugrohreinspritzung zu. Das wesentliche Ergebnis ist dabei der Brennverlauf über den Kurbelwinkel [dQ/dα], oder über die Zeit [dQ/dt]. Bei Kraftstoffdirekteinspritzung in Otto- und Dieselmotoren entsteht jedoch zunächst ein Kraftstoffstrahl der eine erhebliche Inhomogenität im Brennraum verschafft. Der Zerfall, die Verdampfung und die Vermischung der Kraftstofftropfen im Strahl mit der Luft im Brennraum müssen per se dreidimensional betrachtet werden, wie im vorausgegangenen Abschnitt 10.3.3 beschrieben. Darüber hinaus laufen die Prozessabschnitte der Direkteinspritzung, Gemischbildung und Verbrennung zum großen Teil gleichzeitig in unterschiedlichen Zonen des Brennraumes, wie im Kapitel 7 beschrieben und im Bild 7.12 dargestellt. Dieser Prozessablauf erfordert eindeutig eine dreidimensionale Betrachtung. Dafür wurden komplexe Modelle entwickelt. Die meist angewendeten sind:

- Eddy Break Up (Magnussen)   [30]
- Flamelet (CFM/MCFM)   [31]
- Probability Density Function (PDF)   [32]
- Auto Ignition (HCCI/Knock)   [33]

Für die Bildung von NO_x und Ruß werden dazu weitere Modelle implementiert:

- erweiterter Zeldowich- Algorithmus (NO_x)

10.3 Beispiele zur numerischen Simulation der Prozesse in einem Kolbenmotor

- Kennedy- Hirayasu- Magnussen (Ruß)

Das Eddy Break Up Modell (Magnussen) wird angewendet wenn der Einfluss der chemischen Reaktionen auf den Verbrennungsprozess größer als jener der Turbulenz bei der Vermischung der Kraftstoff und Luftanteile ist. Der Brennverlauf wird in dem Fall von der Geschwindigkeit der chemischen Reaktionen bestimmt. Dieses Modell wird meist für die Berechnung der Verbrennung in Dieselmotoren bei Drehzahlen bis 4000 [min^{-1}] eingesetzt. Eine Anwendung bei Ottomotoren ist sinnvoll bei geringen Lasten und Drehzahlen, für homogenes Kraftstoff- Luft- Gemisch, mittels Saugrohreinspritzung oder Vergaser.

Das Flamelet Modell (CFM/MCFM) wird angewendet wenn die turbulente Mischung von Kraftstoff und Luft makroskopische Bewegungen verursacht, die zu einer Verzerrung der Flammenfront führt. Lokale Flammenauslöschungen werden dabei berücksichtigt. Das Modell wird, wie Eddy Break Up, für homogene Ladungen von Kraftstoff und Luft angewendet. Der Unterschied ist allerdings, dass auch Volllastbereiche mit geringen turbulenten Anteilen simuliert werden können. Beispiele zur Ergebnisform sind im Bild 10.27 dargestellt.

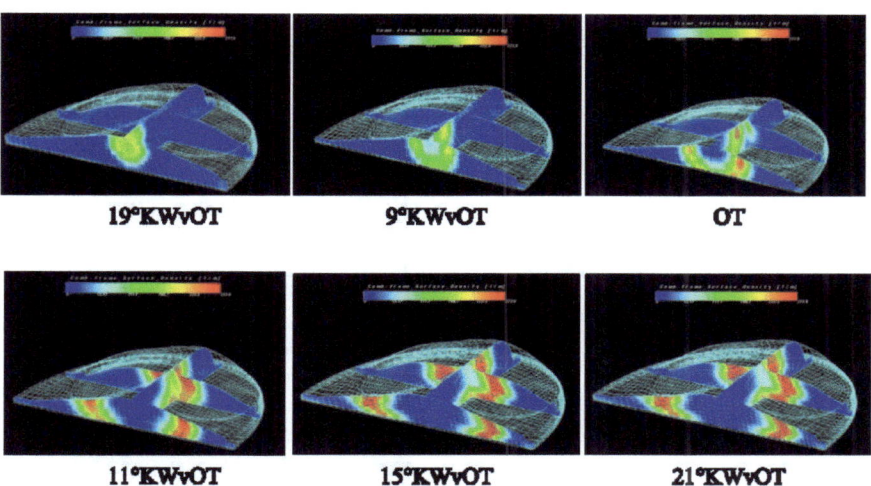

Bild 10.27a Flamelet-Modell: (CFM; MCFM)

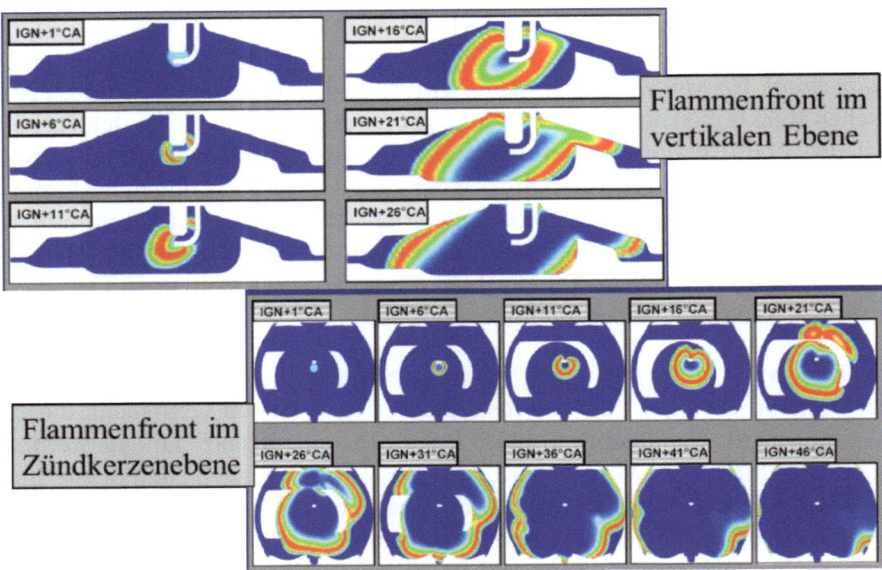

Bild 10.27b Flamelet-Modell: (CFM; MCFM)

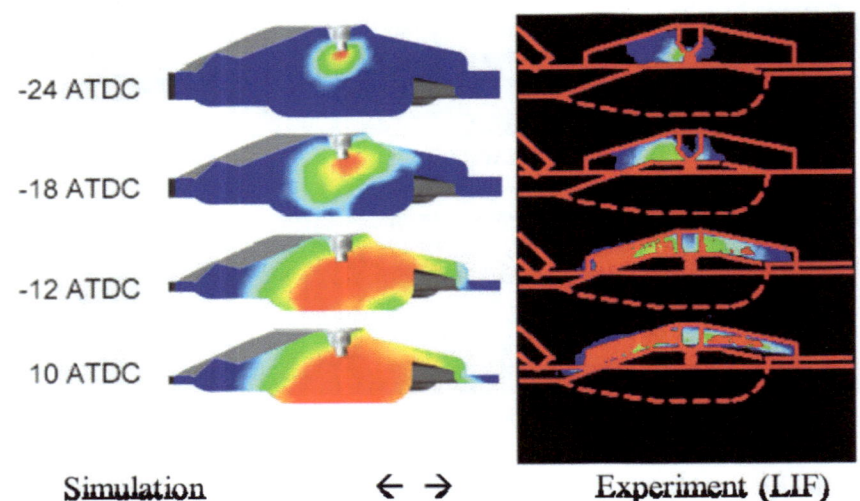

Bild 10.27c Flamelet-Modell: (CFM; MCFM)

Im Bild 10.27a ist die Flammenausbreitung in drei angewählten Querschnitten im Brennraum, bei unterschiedlichem Kurbelwinkel in horizontalen und vertikalen Schnitten durch den Brennraum illustriert. Wie im Bild 10.27c dargestellt, ist eine

10.3 Beispiele zur numerischen Simulation der Prozesse in einem Kolbenmotor   653

experimentelle Validierung der Simulationsergebnisse mit modernen Analysemethoden - in diesem Fall LIF (Laser Induzierte Fluoreszenz) - möglich.

Das Probability Density Function (PDF) Modell betrachtet den Einfluss von mikroskopischen Wirbeln auf den Stofftransport während des Verbrennungs-prozesses. Die Dichteverteilung in jeder Zelle des Brennraums wird dabei mit einem „Monte Carlo" Wahrscheinlichkeitsalgorithmus [34] analysiert. Das PDF Modell ist zwar komplexer als die zwei vorhin erwähnten Verfahren, es gewährt allerdings eine sehr realitätsnahe Simulation der Vorgänge. Die Anwendungsgebiete umfassen inhomogene Kraftstoff- Luftgemische, wie bei Kraftstoffdirekteinspritzung, bei Voll- und Teillast, und selbst hochturbulente Prozesse. Ein Beispiel zur Ergebnis-darstellung mittels des PDF Modells wurde im Kap. 7, Bild 7.13 aufgeführt. Für die Berechnung von Dissoziationsprodukten wie NO, NO_2, H, O, OH werden, wie bereits erwähnt weitere Modelle implementiert. Diese basieren auf die Prozesse und Mechanismen die im Kapitel 7.5, im Zusammenhang mit dem Ablauf der Verbrennungsreaktionen dargestellt wurden – Gl. (7.35) bis (7.50), Bild 7.10 und Bild 7.11.

10.3.5 Simulation eines gesamten Motorprozesses, von Ladungswechsel, Kraftstoffdirekteinspritzung und Gemischbildung bis zur Verbrennung, mittels gekoppelter ein- und dreidimensionalen Programme

Die wesentlichen Schritte einer solchen Prozesssimulation werden am Beispiel eines Dieselmotors mit zwei Einlass- und zwei Auslassventilen, mit Kraftstoffdirekteinspritzung und Turboaufladung dargestellt. Um das Potential einer solchen Simulation zu verdeutlichen wird nicht ein Prozess sondern eine Prozessänderung bei der Variation eines Parameters gezeigt [35]. Dadurch können die Wirkungen einer solchen Änderung in allen Prozessabschnitten, von der Lufteinströmung, Kraftstoffeinspritzung, Bildung des Kraftstoff- Luft- Gemisches bis hin zum Verbrennungsvorgang und zur Bildung der NO_x Emission verfolgt werden. Somit kann eine kausale Kette zwischen Ursache und Wirkung erkannt werden, die in dieser Form durch experimentelle Messungen nicht möglich wäre. Der Variationsparameter ist in dem Fall das Profil der Nocken der Einlassventile, wodurch der Verlauf und die Dauer der Ventilöffnung beeinflusst werden. Das Profil wurde in dem gegebenen Fall in Schritten von jeweils 15° Nockenwinkel verlängert. Für die Simulation der Prozessabschnitte wurden unterschiedliche CFD Codes angewendet und miteinander gekoppelt. Einerseits sind solche Codes auf bestimmte Prozessabschnitte besonders spezialisiert, obwohl die Struktur und die Grundgleichungen die gleichen sind, wie im Kap. 10.2 dargestellt. Ein entsprechend anwendungsgebundener Einsatz erhöht die Effektivität der Simulationsarbeit.

Anderseits ist für manche Prozessabschnitte eine dreidimensionale Simulation empfehlenswert, während für andere eine eindimensionale Betrachtung völlig ausreicht. Eine solche Simulationskette wurde im Kapitel 7, in Bild 7.12 dargestellt. Bevor eine derart gekoppelte ein- und dreidimensionale Simulation vorgenommen wird ist es dennoch empfehlenswert, eine etwas gröbere eindimensionale Simulation des gesamten Prozesses mit einem dafür bewährten CFD Code vorzunehmen. Das erlaubt die zügige Berechnung des Prozesses in vielen Funktionspunkten und mit zahlreichen Parameterkombinationen. Die besonders erfolgversprechenden Kombinationen können dann mit hoher Genauigkeit mittels der gekoppelten Codes analysiert werden. Für die erste eindimensionale Simulation des gesamten Prozesses wurde in dem hier betrachteten Fall der eindimensionale Code GT Power [36] verwendet. Das Modell ist im Bild 10.28 dargestellt. Es enthält Submodelle

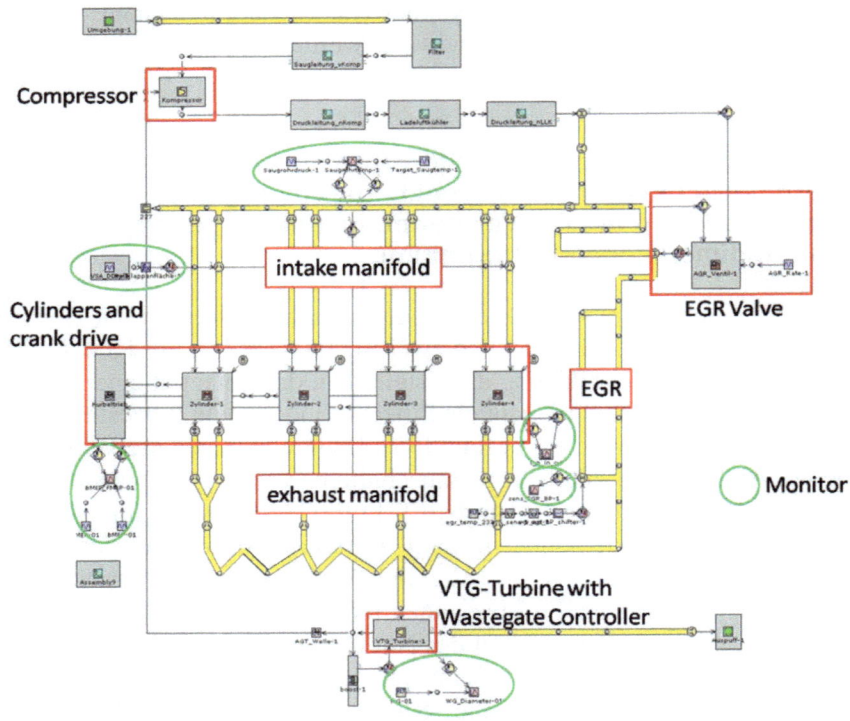

Bild 10.28 1D GT Power Simulation des gesamten Motorprozesses

Für Einlass- und Auslasskanäle und Ventile, Filter, Verdichter, Turbine, Ladeluftkühler, Abgasrückführsystem und Zylinderinnenräume. Die Modellkalibrierung erfolgt auf Basis folgender experimentell gewonnener Daten: Druckverlauf im

10.3 Beispiele zur numerischen Simulation der Prozesse in einem Kolbenmotor 655

Zylinder während des gesamten Prozesses, Massenströme am Einlass und Auslass, Temperaturen an mehreren Stellen im Ein- und Auslasssystem, am Verdichter, an der Turbine und am Ladeluftkühler. Im Bild 10.29 ist ein Vergleich der gemessenen und der berechneten Druckverläufe

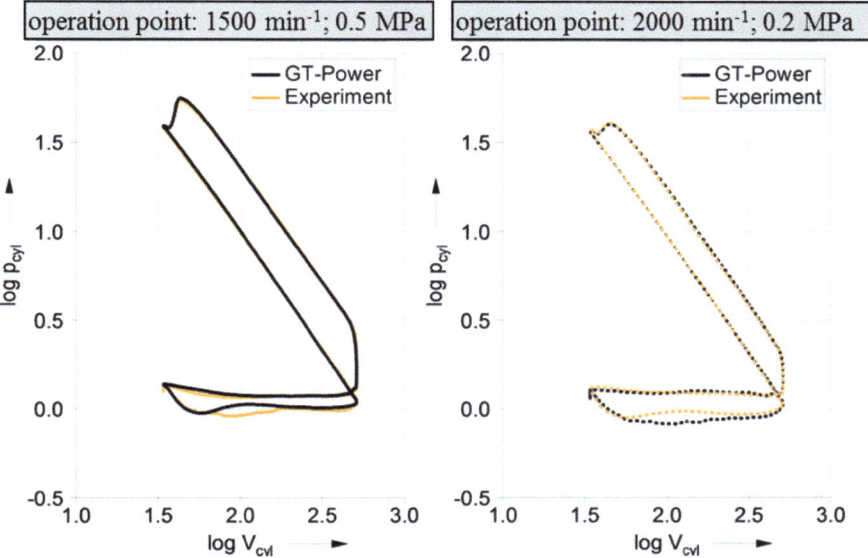

Bild 10.29 Kalibration des CFD-Modells

im Zylinder für zwei Kombinationen von Last und Drehzahl ersichtlich. Auf dieser Basis erfolgt die dreidimensionale Simulation für die Prozessabschnitte in denen eindimensionale Betrachtungen nur eine begrenzte Analyse der Vorgänge erlauben. In dem betrachteten Beispiel wurde dafür das dreidimensionale Code AVL Fire [23] angewendet mit dessen Hilfe die Geometrien von Ein-, Auslasskanälen und Brennraum, sowie die Position der Einspritzdüse im Brennraum berücksichtigt werden können. Im Bild 10.30 ist eine solche Konfiguration ersichtlich.

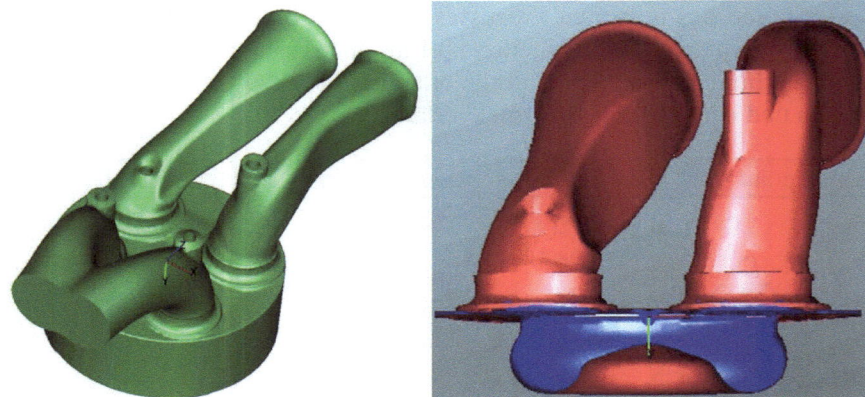

Bild 10.30 3D FIRE Brennraumkonfiguration

In die dreidimensionale Prozesssimulation mittels AVL Fire wurden Submodelle für folgende Prozessabschnitte implementiert:

- Zerstäubung der Kraftstofftropfen nach Verlassen der Einspritzdüse, mit Berücksichtigung der Interaktion mit der Luftbewegung im Brennraum – Submodell Wave [37]
- Interaktion der Kraftstofftropfen mit den Brennraumwänden – Submodell Mundo/ Sommerfeld [38],[39].
- Phasenveränderung der Kraftstofftropfen von Flüssigkeit zu Dampf, mit Berücksichtigung des Wärmeübergangs (Konvektion) von Tropfen zur umgebenden Luft im Brennraum – Submodell Dukowitz [40],[41].
- Kraftstofffilm an Brennraumwänden, mit Berücksichtigung der Abtragung von Tropfen ab diesem Film durch die Luftströmung im Brennraum- Submodell Schadel/Hanratty [42]
- Tropfengröße, auf Basis des Schadel/ Hanratty Submodells – Submodell Kataoka [43]
- Verbrennungsablauf, im Falle von Zonen mit unterschiedlichen Komponenten – Luft/ Kraftstoff, Luft/ verbranntes Gas von der Abgasrückführung, Kraftstoff, verbranntes Gas. Dabei wird die turbulente Mischung von Kraftstoff und Luft, die diffusive Verbrennung und die Bildung von NO_x und HC betrachtet – Submodell ECFM3Z [44]
- zeitabhängige NO_x- Bildung bei Luftüberschuss und hoher Verbrennungs- temperatur – Submodell Heywood [45]

10.3 Beispiele zur numerischen Simulation der Prozesse in einem Kolbenmotor

- zeitabhängige Ruß- Bildung aus Kohlenwasserstoff- Molekülen bei Luftmangel – Submodell Kennedy/ Magnussen/ Hiroyasu [46]
- Partikelbildung – Submodell Nordin [47]

Die Modellkalibrierung erfolgte auch in diesem Fall, wie bei der eindimensionalen Simulation mittels des Vergleichs der gemessenen und der berechneten Druckverläufe im Zylinder während einer Arbeitsspiels. Für die Kalibrierung wurden zusätzlich die berechneten Werte für NO_x und Ruß den gemessenen Werten angepasst. Die Analyse der Ergebnisse folgt einem kausalen Faden: Luftbewegung im Zylinder, Beeinflussung der Kraftstofftropfenbewegung durch die Luftbewegung, Verbrennungsablauf mit Temperaturverlauf, NO_x Bildung, Rußbildung. Diese Ergebnisse werden im Folgenden beispielhaft dargestellt.

Im Bild 10.31 ist die Luftbewegung in einem waagerechten Querschnitt durch den Brennraum dargestellt. Dabei ist es zu beachten, dass der Eintrittswinkel der zwei Einlasskanäle in den Brennraum unterschiedlich ist, wie im Bild 10.30 ersichtlich. Der Luftdrall

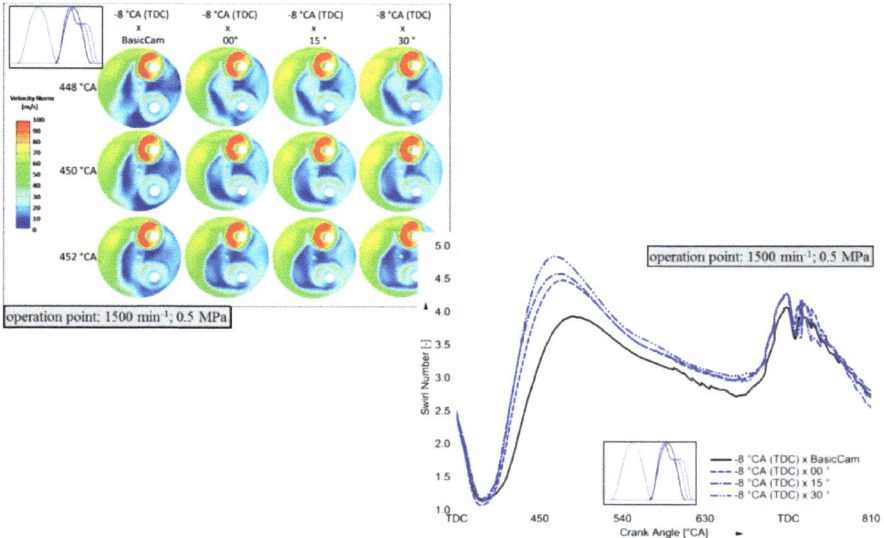

Bild 10.31 Geschwindigkeit der einströmenden Luft und Drallzahl

nimmt bei größerem Öffnungswinkel der Nocken zu. Anderseits bewirkt aber die längere Ventilöffnung auch einen Reflux der Strömung, wodurch die im Zylinder einbehaltene Luftmasse sinkt. Der intensivere Luftdrall bei längerer

Ventilöffnung bewirkt jedoch eine bessere Gemischbildung mit dem Kraftstoff, wie in Bild 10.32 ersichtlich ist:

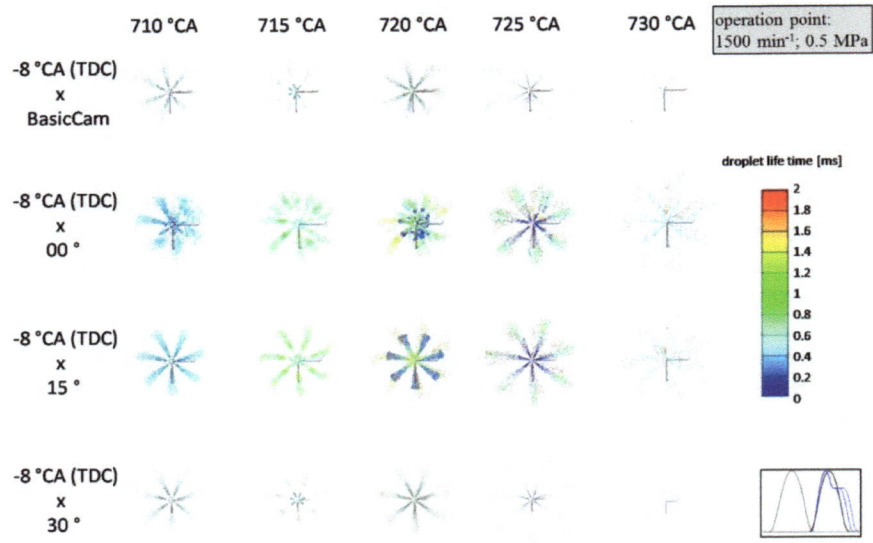

Bild 10.32 Tropfenverteilung und –verdampfungsdauer

Der Drall im Kraftstoffstrahl nimmt proportional dem Luftdrall zu, was zur schnelleren Verdampfung der Kraftstofftropfen führt. Der Effekt der schnelleren Verdampfung ist im Ablauf der Verbrennung klar erkennbar. Bild 10.33

10.3 Beispiele zur numerischen Simulation der Prozesse in einem Kolbenmotor 659

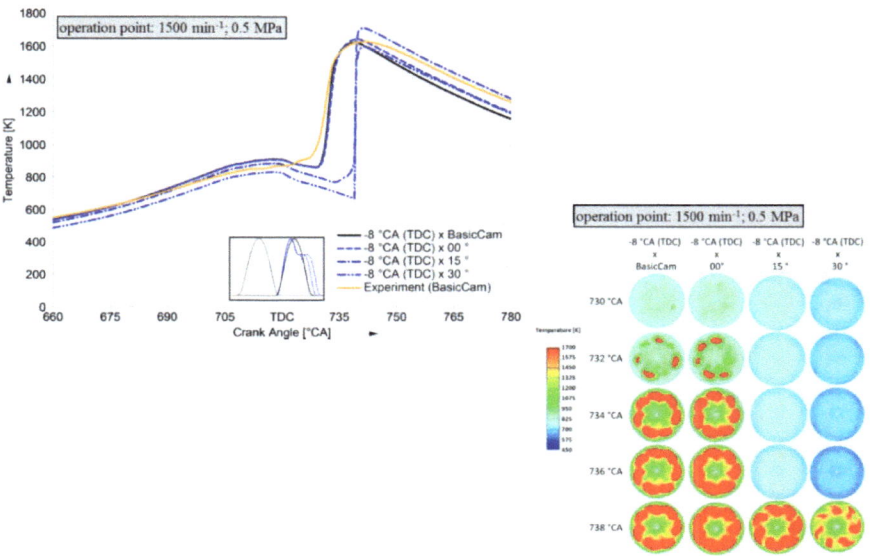

Bild 10.33 Mittlere Verbrennungstemperatur und Temperaturverteilung in einer horizontalen Ebene

zeigt den Temperaturverlauf während der Verbrennung für die entsprechenden Nockenprofile bei einer gegebenen Kombination von Last und Drehzahl – 0,5 [MPa] / 1500 [min^{-1}]. Für den Basisnocken, entsprechend dem geringsten Öffnungswinkel der Einlassventile hat die Drallbewegung der Luft, also auch des Kraftstoffs das niedrigste Niveau, was die längste Verdampfungsdauer bewirkt. Das hat eine Konzentration der Kraftstofftropfen in der Mitte der Kolbenmulde zur Folge. Dadurch erfolgt zwar der Beginn der Verbrennung früher als bei den Varianten mit höherem Drall. Der weitere Verlauf der Verbrennung ist aber im Vergleich zu diesem verzögert, was aus dem Temperaturverlauf im Bild 10.33 ableitbar ist. Dieser Verlauf beeinflusst die NO$_x$ Bildung, wie im Bild 10.34 gezeigt.

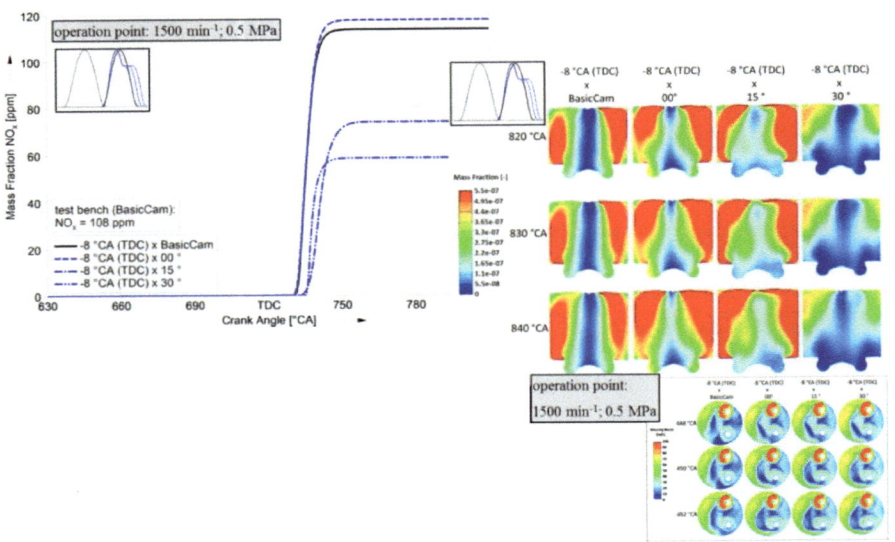

Bild 10.34 Globale und lokale NOx- Bildung

Im Bild 10.35 ist der Verlauf der Rußbildung im Brennraum dargestellt.

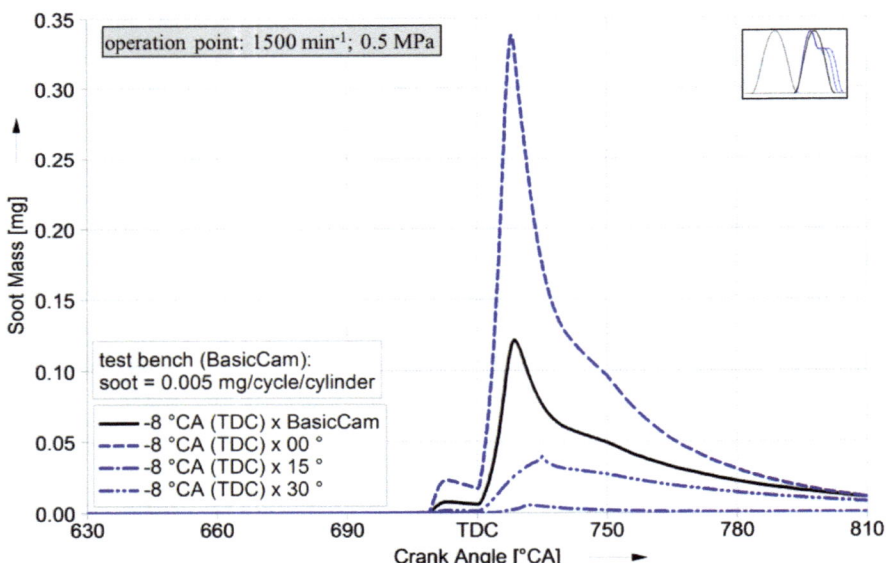

Bild 10.35 Rußmasse im Brennraum

10.3 Beispiele zur numerischen Simulation der Prozesse in einem Kolbenmotor

Die besten Ergebnisse liefert dabei das Nockenprofil das eine mittlere Öffnungsdauer der Ventile gewährt. Auf der einen Seite ist zwar der Drall sehr förderlich für die Gemischbildung und Verbrennung, wie erwähnt. Auf der anderen Seite bewirkt aber eine zu lange Öffnungsdauer einen Reflux der Luftströmung aus dem Zylinder, wodurch die Luftmasse im Zylinder sinkt, was wiederum die Rußbildung begünstigt. In einer derartigen gekoppelten Simulation der Prozessabschnitte in einem Kolbenmotor kann also deutlich gezeigt werden, wie der Öffnungsverlauf und die Öffnungsdauer der Einlassventile den Ablauf der Verbrennung und die Schadstoffbildung beeinflusst. Die Ableitung eines solchen Zusammenhanges ist durch rein experimentelle Messungen nicht möglich.

10.3.6 Simulation eines Kühlmittelkreislaufes im Kraftfahrzeug

Im Bild 10.36 sind als erstes Beispiel die Komponenten eines konventionellen Kühlsystems für Kolbenmotoren dargestellt.

Das Kühlmittel, welches durch das System strömt, wird über eine Zentrifugalpumpe (2) gefördert. Bislang wurden die Kühlmittelpumpen direkt vom Motor angetrieben, was den Nachteil der direkten Abhängigkeit von der Motordrehzahl hat. Neuerdings werden die Kühlmittelpumpen elektrisch angetrieben und in Abhängigkeit des Kühlbedarfs kennfeldgesteuert. In der klassischen Variante, mit Pumpenantrieb durch den Motor, bleibt das Thermostat (4) zunächst geschlossen. Das Kühlmittel zirkuliert ausschließlich im Motor (7) und nimmt die vom Motor übertragene Wärme auf. Die einzige Systemkomponente, die Wärme in dem Fall an den Fahrzeuginnenraum abgibt, ist der Kabinenwärmetauscher (5). Der Motor und das Kühlmittel erwärmen sich mit zunehmender Betriebsdauer bis eine Temperatur des Kühlmittels erreicht ist, bei der das Thermostat anspricht. In Abhängigkeit der ausgelegten Thermostatfunktion, wird der kleine Kühlkreislauf auf den großen Kühlkreislauf mit dem Hauptwärmetauscher (1) erweitert. Reicht die Fahrgeschwindigkeit (8) zur Senkung der Kühlmitteltemperatur nicht aus, wird der meist elektrisch betriebene Lüfter (3) hinzugeschaltet.

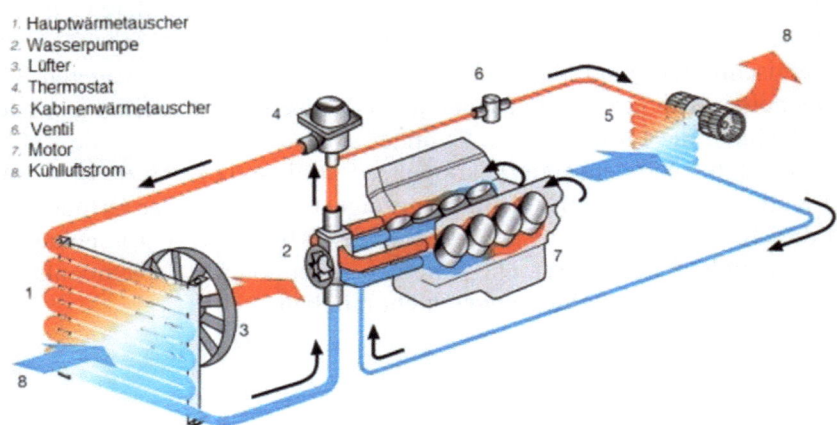

Bild 10.36 Schema eines konventionellen Kühlmittelkreislaufes im Kraftfahrzeug

Ein klassisches Kühlmittel besteht aus der Mischung von Wasser mit Ethylenglykol, meist in gleichen Anteilen. Mit modernen Maßnahmen zur Abdichtung können Kühlsysteme funktionssicher bis zu einer Temperatur von +108 °C arbeiten. Der Vorteil einer solchen Kühlmitteltemperatur besteht in der ausreichenden Temperaturdifferenz für den Wärmeaustausch über den Kühler an die Umgebung.

Um den Kühlbedarf aufgeladener Kolbenmotoren ausreichend abdecken zu können muss der Systemdruck im Kühlkreislauf angehoben werden. Folglich werden der Siedepunkt und die bereits erwähnte Temperaturdifferenz zur Wärmeübertragung weiter erhöht, wie im Kapitel 6.2 dargestellt. Dies wird beispielsweise durch die Einbeziehung eines Druckentlastungsmechanismus im Kühlerverschluss erreicht. In der Warmlaufphase nehmen das spezifische Volumen des Kühlmittels und sein Druck zu. Dies erfolgt bis der Systemdruck einen Wert erreicht, bei dem das Ventil im Kühlerverschluss schlagartig öffnet und das überhitze Kühlmittel in den Expansionstank strömen kann. Infolge dessen verringert sich zwangsläufig der Druck auf einen Betrag ab welchem ein zweites ausgelegtes Überdruckventil den Kühlerverschluss öffnet und das Kühlmittel wieder auf der abgewandten Seite in den Expansionsbehälter saugt. Die Zunahme des Druckes um 1 bar erhöht die Siedetemperatur der Wasser/ Ethylenglykolmischung auf 128 °C.

Gekoppelte experimentelle Untersuchungen und Simulationen beziehen sich auf die unterschiedlichen Lastzuständen, wie der Fahrt bei Höchstgeschwindigkeit, bei Bergfahrt, Stop & Go Betrieb und der Startphase unter Berücksichtigung der klimatischen Bedingung in der das Fahrzeug betrieben wird.

10.3 Beispiele zur numerischen Simulation der Prozesse in einem Kolbenmotor

Aktuelle Optimierungsgebiete sind beispielsweise eine beschleunigte Warmlaufphase zur Reduzierung der Reibungsverluste im Antriebsstrang oder ein rasches Aufheizen der Bestandteile des Abgastraktes um eine schnelles Ansprechen der Katalysatoreinheit zu ermöglichen. Ein 3-Wege-Katalysator benötigt eine Betriebstemperatur von mindestens 250 °C um eine ausreichend hohe Konvertierungsrate zu erzielen. Dies wird teilweise dadurch erzielt, dass in der Warmlaufphase des Motors (in dem Falle des Ottomotors), neben einem geschlossenen Thermostat und demzufolge einem geschlossen Hauptkühlmittelkreislauf, die Einspritzmenge erhöht wird. Unverbrannter Kraftstoff gelangt demzufolge in den Abgastrakt, und verbrennt bei Luftmangel, also teilweise unvollständig, um den Katalysator aufzuheizen. Weitere Bestandteile, die für ein verbessertes Warmlaufverhalten zunehmend integriert werden, sind, wie erwähnt, motordrehzahlunabhängige Kühlmittelpumpen die vom Motorsteuergerät kennfeldgesteuert betrieben werden. Beim Kaltstart wird die Kühlmittelpumpe abgeschaltet. In dem Fall wird keine Wärme aus dem Kühlmittel um den Motorkopf und Motorblock abtransportiert. Darüber hinaus werden schaltbare Luftklappen am Eingang zum Kühlerpacket eingesetzt und je nach Bedarf an Fahrtwindkühlung verstellt. Weitere Module zur thermischen Anpassung des Kühlsystems an die erwähnten Lastzustände sind beispielsweise steuerbare Thermostate und Lüfter. Entsprechende Steuerfunktionen dieser Module gewähren auch eine Verhinderung des schnellen Abkühlens des Motors nach Abstellen. Daraus kann ein Verbrauchsvorteil durch eine höhere Starttemperatur nach einem längeren Stillstand des Fahrzeuges erreicht werden.

In diesem Simulationsbeispiel wird ein Kühlkreislauf mit Ölkühler und Kabinenwärmetauscher, wie im Bild 10.37 dargestellt, betrachtet. Mit dem erstellten Modell kann das Aufwärmverhalten des Kühlmittelkreises in Abhängigkeit der Lastzustände und der Wärmeverbraucher an Bord bei gegebenen Umgebungsbedingungen analysiert und optimiert werden. Das Modell erlaubt Variantenstudien mit geänderten Konfigurationen, Modulen, Materialien, Kühlmittel oder Steuerfunktionen.

Basis für Simulation von Wärmetransportvorgängen in einem Kühlsystem sind die zeitabhängigen Kenngrößen, die von der Wärmequelle den Kühlmitteln übertragen werden. Die Wärmequelle ist in diesem Fall der Verbrennungsmotor selbst, von dem aus die Wärmeübertragung an die Arbeitsmedien Öl und Kühlflüssigkeit geleitet werden.

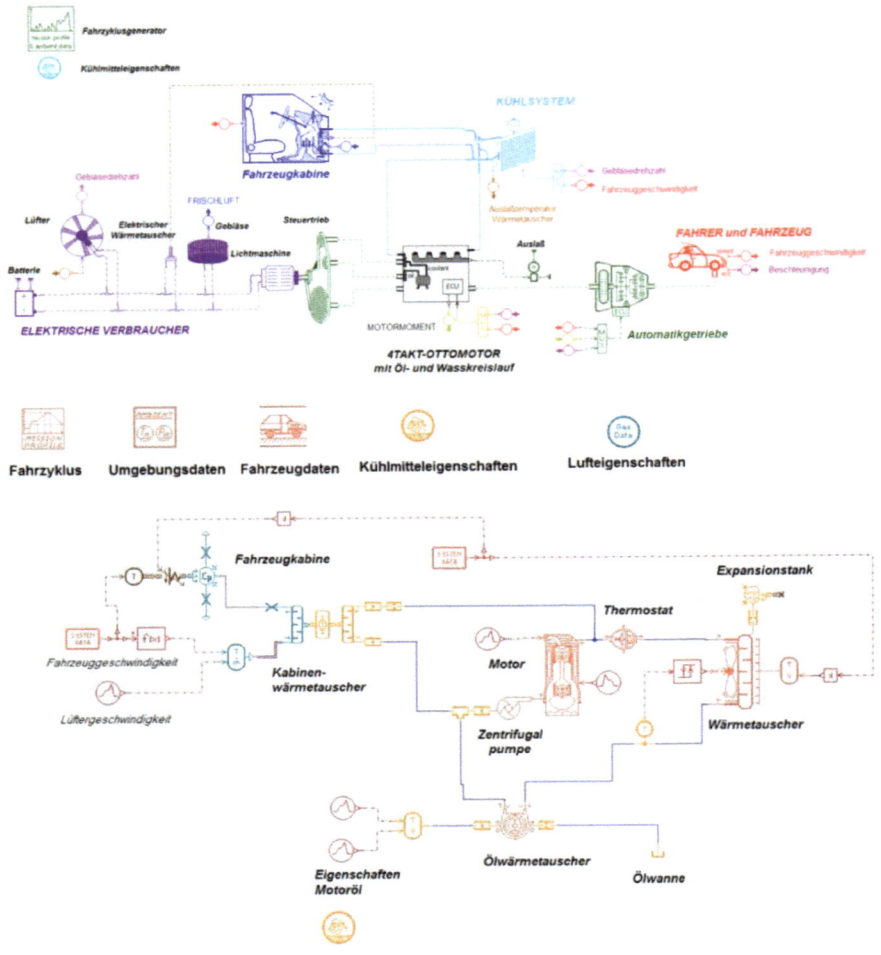

Bild 10.37 Modell eines Kühlmittelkreislaufes und seiner Funktionsmodule

Der Modellaufbau erfolgt beispielsweise mit dem eindimensionalen Code AMESim wie folgt:

Der Code enthält einen Ordner „Thermomanagement Fahrzeug" in dem folgende Bibliotheken und Module vorhanden sind:

Komponentenbibliothek „COOLING SYSTEM"

Die Komponenten werden in der geplanten Reihenfolge verbunden. Es entsteht eine Konfiguration wie im Bild 10.38 dargestellt.

10.3 Beispiele zur numerischen Simulation der Prozesse in einem Kolbenmotor

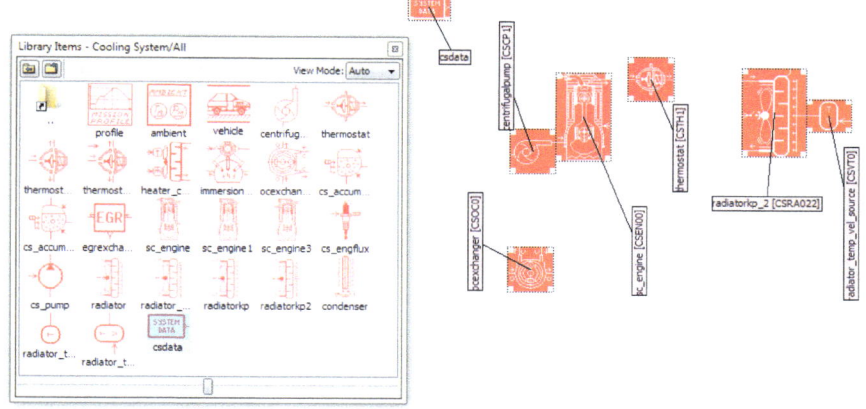

Bild 10:38 Modellierung der Kühlkreislaufkomponenten

Thermo-hydraulische Komponenten

Komponentenbibliothek „THERMAL HYDRAULIC"

Die Komponenten werden auch in diesem Fall in der geplanten Reihenfolge verbunden. Es entsteht eine Konfiguration wie im Bild 10.39 dargestellt.

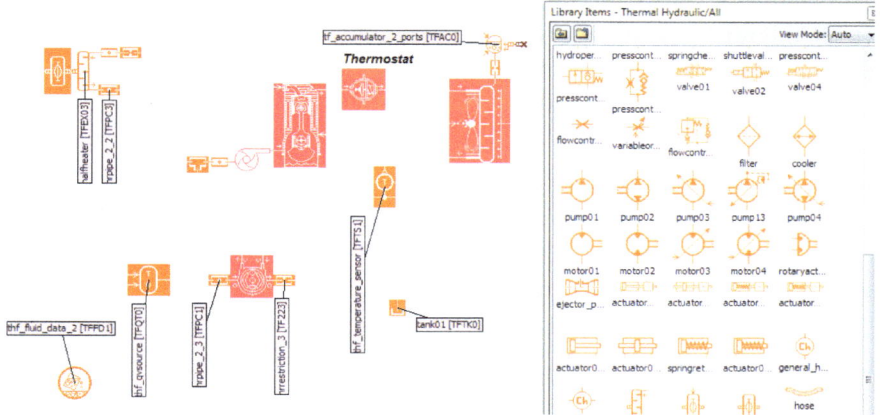

Bild 10.39 Modellierung der thermisch/ hydraulischer Komponenten

Komponentenbibliothek „THERMAL PNEUMATIC" erzeugt .

Mit den Modulen aus dieser Bibliothek wird der Kabinenwärmetauscher, wie im Bild 10.40 modelliert.

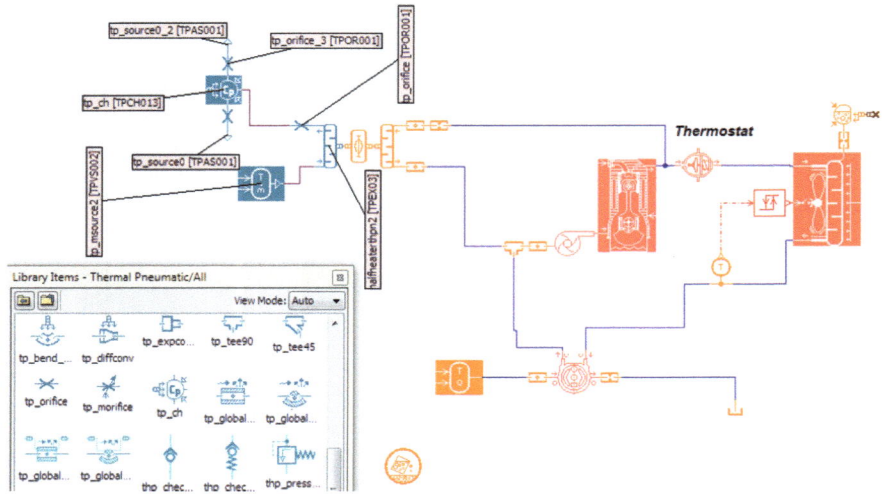

Bild 10.40 Modellierung vom Fahrzeugwärmetauscher

Signalobjekte

Für die Berechnung sind Signalobjekte in das Modell einzufügen. Mit den Signalobjekten werden Konstanten, Variablen und Verläufe als Eingabegrößen für modellierte Kühlkreislaufkomponenten hinterlegt. In dem Beispiel im Bild 10.41 sind Eingabegrößen zur Beschreibung des Ölflusses über den Ölkreiskühler zum Tank und Zustandsgrößen der Luft im Fahrgastraum dargestellt.

10.3 Beispiele zur numerischen Simulation der Prozesse in einem Kolbenmotor

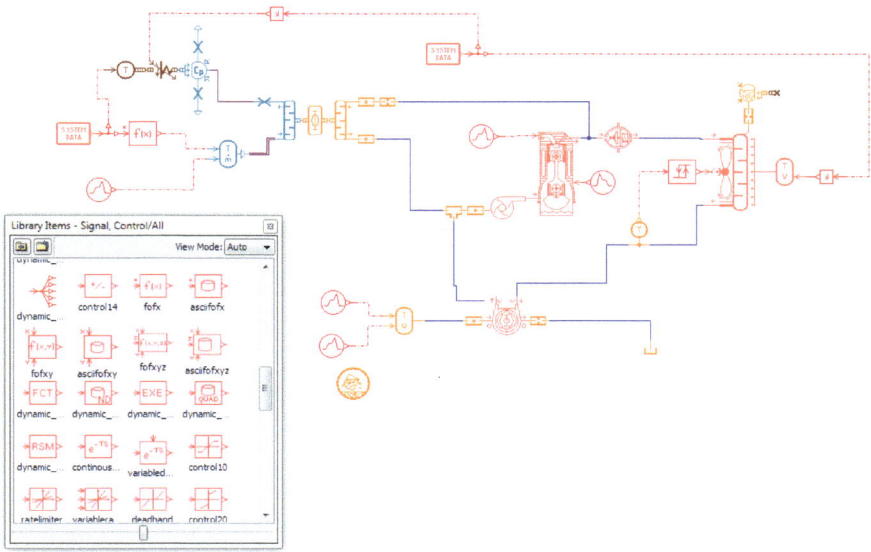

Bild 10.41 Modellierung der Signale und Regelstrecken

Submodell und Parameter Mode

Wenn alle Module und Ports verbunden, beziehungsweise geschlossen sind, wird der Submodell Modus zugänglich. In diesem Modus kann für jedes Modul ein Submodul ausgewählt werden, in dem jede Komponenten in verschiedenen Varianten modelliert werden kann. Solche Submodule sind im Bild 10.42 illustriert.

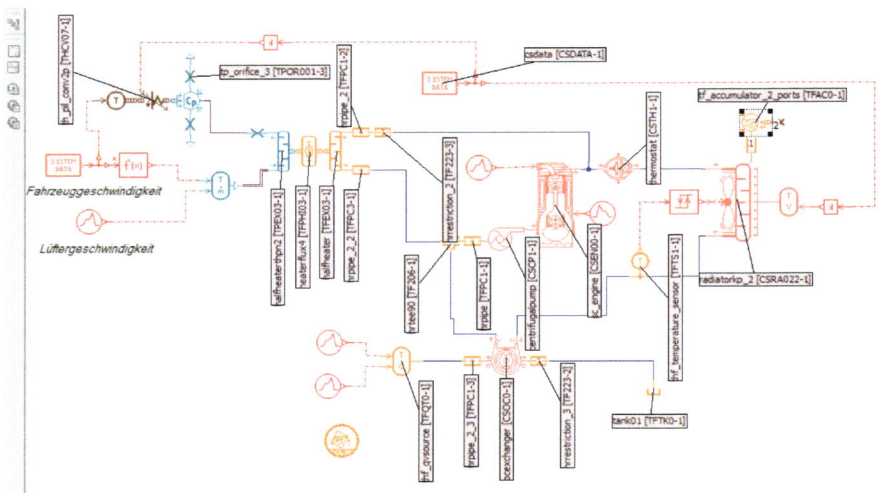

Bild 10.42 Submodelle

Im einem weiteren Schritt kann im „Parameter Mode" jedes Objekt mit den Eingabegrößen versehen werden.

Wenn alle Größen im Gesamtmodell vollständig und richtig beschrieben sind, wird die Berechnung im „Simulation Mode" zugänglich. In diesem Modus werden nunmehr benutzerdefinierte Berechnungen durchgeführt.

Literatur zu Kapitel 10

[1] ***: AVL FIRE Thermo Fluid Simulation Software, www.avl.com, 2016

[2] ***: AVL BOOST Virtual Engine Development, www.avl.com, 2016

[3] ***: AMESim (Advanced Modelling Environment for Simulation) Version 4.2.0, User Manual, Imagine Roanne, France, 2006

[4] ***: ANSYS FLUENT 12.0 User's Guide, Ansys Inc., Lebanon, USA, 2009

[5] ***: STAR CD v4.26, www.cd-adapco.com, 2016

[6] Kong, S.; Han, Z.; Reitz, R.: The development and application of a diesel ignition and combustion model for multidimensional engine simulation, SAE Paper 950278

[7] Guezennec, Y.G.; Hammawa, W.: Two zone heat release analysis of combustion data and calibration of heat transfer correlation in an IC engine, SAE Paper 1999-01-0218

[8] Ertesvag, I.S.; Magnussen, B.F.: The eddy dissipation turbulence energy cascade model, in Combustion Science and Technology, Vol. 159, 2000, Issue 1

[9] Peters, N.: Laminar diffusion flamelet models in non-premixed turbulent combustion, in Progress in Energy and Combustion Science, Vol. 10, Issue 3, 1984

[10] Stöllinger, M.; Heinz, S.: PDF modelling and simulation of premixed turbulent combustion, in Monte Carlo Methods Appl., Vol. 14, No. 4, de Gruyter, 2008

[11] Liang, J.; Reitz, R.; Iyer, C.; Yi, J.: Modelling knock in spark ignition engines using a G equation combustion model incorporating detailed chemical kinetics, SAE Paper 2007-01-0165

[12] Müller-Gronbach, T.; Novak, E.; Ritter, K.: Monte Carlo Algorithmen, Springer Verlag, Berlin 2012, ISBN 978-3-540-89140-6

[13] Stan, C.; Taeubert, S.; Goeldner, M.; Stapelmann, A.; Meusel, J.: Process improvement within an advanced car diesel engine in base on the variability of a concentric cam system,
SAE Paper 2011-24-0092

[14] ***: GT-Power – Users Manuals, Version 6.1, Gamma Technologies Inc., 2004

[15] Liu, A. B.; Reitz, R. D.: Modeling the effects of drop drag and break-up on fuel sprays, SAE paper 930072, SAE International, Warrendale, USA, March 1993

[16] Mundo, C.; Sommerfeld, M.; Tropea, C.: Experimental Studies of the Deposition and Splashing of Small Liquid Droplets Impinging on a Flat Surface", Paper I-18, ICLASS-94, Rouen, 1994

[17] Mundo, C.; Sommerfeld, M.; Tropea, C.: Droplet-Wall Collisions - Experimental Studies of the Deformation and Breakup Process", Int. J. Multiphase Flow, Vol. 21, No. 2, pp. 151-173, 1995

[18] Dukowicz, J.K.: A particle-fluid numerical model for liquid sprays, Journal of Computational Physics, Vol. 35, No. 2, pp. 229–253, April 1980

[19] Dukowicz, J. K.: Quasi-steady droplet phase change in the presence of convection, Tech. Rep. LA- 7997-MS, Los Alamos Scientific Laboratory, New Mexico, NM, USA, 1979

[20] Schadel, S.A.; Hanratty, T.J.: Interpretation of Atomization Rates of the Liquid Film in Gas-Liquid Annular Flow, Int.J. Multiphase Flow, Vol. 15, No. 6, pp. 893-900, 1989

[21] Kataoka, I.; Ishii, M.; Mishima, K.: Generation and Size Distribution of Droplet in Annular Two- Phase Flow, Journal of Fluids Engineering, Vol.105, pp.230, 1983

[22] Colin, O.; Benkenida, A.; The 3-Zones Extended Coherent Flame Model (ECFM3Z) for Computing Premixed / Diffusion Combustion", Oil & Gas Science and Technology – Rev. IFP, Vol. 59 (2004), No. 6, pp. 593-609

[23] Heywood, J.B.: Internal Combustion Engine Fundamentals, McGraw-Hill, New York, USA, 1988,
ISBN 9780070286375

[24] Magnussen, B. F.; Hjertager, B.H.: Mathematical modeling of turbulent combustion with special emphasis on soot formation and combustion, 16th International Symposium on Combustion, Pittsburgh, USA, 1977

[25] Nordin, N.: Complex Chemistry Modeling of Diesel Spray Combustion", PhD Thesis, Chalmers University of Technology, 2001F

11 Klimaschutz durch Thermodynamik

11.1 Einführung

Die Vermeidung der Erderwärmung, die im Wesentlichen von Treibhausgasen in der Atmosphäre verursacht wird, ist zu einem existentiellen Problem der Menschen geworden.

Die Europäische Kommission strebt eine Klimaneutralität bis zum Jahr 2050 an, wodurch der Temperaturanstieg in der Atmosphäre auf 1,5 [°C] begrenzt werden soll.

Klimaneutralität bedeutet keineswegs emissionslose Funktion von Systemen, sie besteht in der Reduzierung und Rezirkulation der Treibhausgas-Emissionen, insbesondere der Kohlendioxidemission aus den von Menschen generierten Handlungen und Prozesse.

Die Klimaneutralität könnte, gemäß den EU Ansätzen, durch folgende Maßnahmen erreicht werden: Energieeffizienz, Nutzung erneuerbarer Energien, emissionsminimierte (well-to-wheel) und vernetzte Mobilität, Industrie und Wirtschaft mit Kohlendioxidemission-Kreislauf, Infrastruktur- und Netzverbindungen, Biowirtschaft und natürliche CO_2-Senkung sowie CO_2-Abscheidung und -Speicherung der verbleibenden Emissionen.

Die Thermodynamik des Maschinen- und Fahrzeugbaus ist die zentrale, tragende Säule der Klimaneutralität, weil auf ihren Hauptgebieten, Energieumwandlung und Energieübertragung in technischen Systemen, die Energieformen Wärme und Arbeit, ihr Austausch und die Verbrennung der jeweiligen Energieträger analysiert, berechnet und optimiert werden.

Dieses Kapitel stellt eine neue Betrachtungsform in einem Buch zur Technischen Thermodynamik dar. Sein Hauptanliegen ist, den Studenten und den Entwicklungsingenieur in den Bereichen Maschinen- und Kraftfahrzeugbau geeignete Werkzeuge und Herangehensmethoden zu verschaffen die sie in die Lage versetzen, klimaneutrale Systeme und Prozesse zu gestalten.

Zu solchen Zwecken müssen Energien von mehreren Funktionsmodulen kombiniert, umverteilt oder rezirkuliert werden, um letzten Endes ein weitreichendes Recycling des Kohlendioxidausstoßes zu erreichen.

In vielen Fällen werden dafür rechtslaufende Prozesse in Wärmekraftmaschinen mit linkslaufenden Prozessen in Wärmepumpen oder Klimaanlagen kombiniert. Kühlwasser- und Abgaswärme von Kolbenmotoren werden in anderen Anlagen, für einen Wärmetransport kombiniert, Abwasser wird für Heizung genutzt. Aus dem Kohlendioxidausstoß von Kohlekraftwerken oder Stahlwerken wird Kraftstoff für Otto- und Dieselmotoren hergestellt.

Solche kombinierten Systeme und Prozesse werden oft technisch komplex oder kostenintensiv, das Hauptziel – die Kohlendioxidneutrale Funktion – rechtfertigt aber solche Nachteile. Es liegt in der Hand des Entwicklers, die besten Kompromisse dafür zu finden.

Das erfordert solide Kenntnisse der Thermodynamik-Grundlagen und gute Kombinationsfähigkeiten.

Um eine solche Arbeit zu erleichtern wurden bei der Beschreibung der Systeme und Prozesse in den folgenden Abschnitten des Kapitels 11 stets Verbindungen zu den Grundlagenkapiteln in diesem Buch hergestellt. Die Wegweiser dafür sind die blau markierten Hinweise zu den entsprechenden Kapiteln, Bildern oder Gleichungen.

Die folgenden Beispiele zur konkreten und komplexen Anwendbarkeit thermodynamischer Kenntnisse sollen zur besseren Schätzung der Grundlagen – von Kreisprozessen und Hauptsätzen über Arbeitsmedien und Dampf bis hin zur Verbrennung und Wärmeübertragungsformen – beitragen.

11.2 Kohlendioxidfressende Otto- und Dieselmotoren

Wärmekraftmaschinen (WKM) können durchaus mit Treibstoff auf Basis des Kohlendioxids aus den Verbrennungsanlagen in Heiz- und Kraftwerken, in Stahlwerken oder Zementfabriken mechanische Arbeit leisten. Solche Arbeit wird für die Mobilität auf der Erde, in der Luft und auf See, aber auch in stationären Anlagen wie Stromgeneratoren, Kompressoren und Pumpen benötigt.

Zukunftsträchtige Alternativen zu Erdöl und Erdgas als fossile Kraftstoffe für WKM sind gewiss die Alkohole und Öle aus Pflanzen/Pflanzenresten, weil durch Photosynthese in den Pflanzen ein effizientes Recycling des durch Verbrennung emittierten Kohlendioxids entsteht. Ein Recycling der Kohlendioxidemissionen

11.2 Kohlendioxidfressende Otto- und Dieselmotoren

von Energie- und Industrieanlagen die (noch) auf Kohle-, Erdöl-, und Erdgasbasis arbeiten stellt jedoch eine höhere Stufe der Umweltentlastung dar.

Die Bundesrepublik Deutschland hat, durch ihre wirtschaftlichen und industriellen Leistungen, die höchsten Kohlendioxidemissionen in Vergleich zu allen europäischen Ländern - 800 Millionen Tonnen pro Jahr (2018). Davon stammen 300 Millionen Tonnen vom Energiesektor, 133 Millionen Tonnen von den Heizungsanlagen in Unternehmensgebäuden und Wohnungen, 160 Millionen Tonnen aus der Industrie und 160 Millionen Tonnen vom Straßenverkehr (PKW und LKW). Daraus resultiert eine klare thermodynamische Aufgabe: Der Verkehr sollte idealerweise die gleichhohe Kohlendioxidemission der Industrie aufnehmen und in mechanische Arbeit umwandeln. Jede Stufe einer solchen Umwandlung ist allerdings an Entropiezunahme und Wirkungsgrade gebunden, deswegen ist, analog den Prozessen in den Wärmekraftmaschinen selbst, eine ideale, vollständige Umsetzung nicht möglich. Der Recyclinggrad des Kohlendioxids ist dennoch ein unerlässlicher Beitrag zur Umweltschonung.

In einem deutschen Stahlwerk (ThyssenKrupp, Duisburg) werden jährlich 15 Millionen Tonnen Stahl produziert, wobei 8 Millionen Tonnen CO_2 - 1% der gesamten deutschen CO_2 Emission - entstehen. Durch ein neues Verfahren (Carbon2Chem, 2018) wird das vom Stahlwerk emittierte Kohlendioxid in Filtern gesammelt, gespeichert und anschließend durch Synthese mit Wasserstoff in Methanol umgewandelt. Dabei wird der Wasserstoff direkt neben dem Werk, mittels eigenen, dezentralen Windkraftanlagen elektrolytisch hergestellt.

Das Abgas aus dem Stahlwerk wird in einem Speicher angesaugt, das enthaltene Kohlendioxid wird über einen alkalischen Filter bei 80°C-120°C separiert, wonach der Filter gekühlt und das Gas zu einem Behälter geführt wird – wie im Bild 11.1 im Falle einer Anlage in Hinwil/Zürich, Schweiz gezeigt. Dieser Prozess erfolgt zyklisch. Das Kohlendioxid wird vom Behälter zu einer chemischen Anlage geführt und mit einer Wasserstoff-Strömung über Katalysatoren zu einer Synthese-Reaktion geführt, woraus Methanol und Wasser resultieren. Das Carbon2Chem Programm sieht die zukünftige Umwandlung von 20 Millionen Tonnen CO_2 pro Jahr. Eine ähnliche Anlage wurde vor Kurzem in Island in Betrieb genommen: Dort werden aus 6000 Tonnen CO_2 4000 Tonnen Methanol hergestellt, wobei die Wasserstoffproduktion mittels umweltfreundlicher Elektrolyse 600 [MW] erfordert.

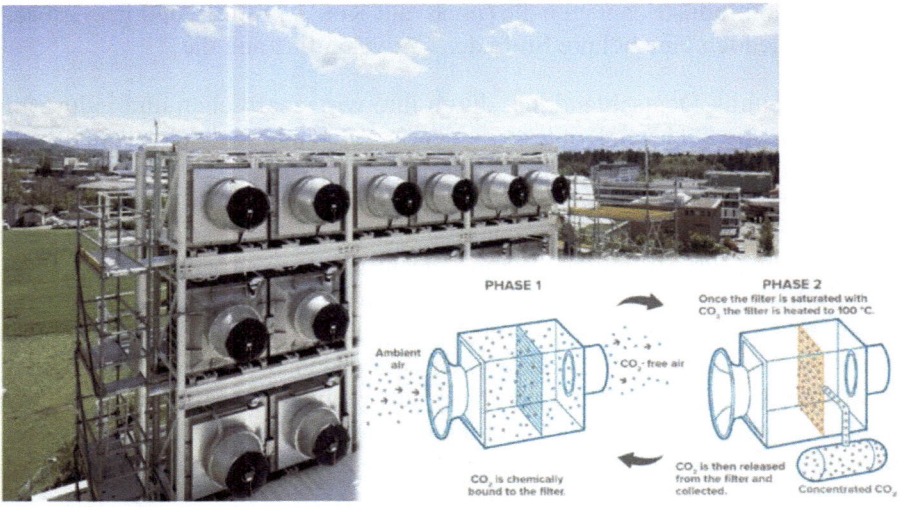

Bild 11.1 Anlage zum Einfangen von Kohlendioxid aus industriellen Abgasen und seiner Speicherung zwecks weiterer Verwendung [3]

Das in dieser Weise hergestellte Methanol wird neuerdings in großen Schiffs-Dieselmotoren (s. Kap. 5.1.2 und Bild 5.3, sowie Bild 5.4) als Treibstoff (s. Kap. 7.3 und Tabelle 7.1) eingesetzt:

Wärtsila hat dafür einen neuartigen Viertakt-Dieselmotor, B&W/MAN einen Zweitaktmotor, beide mit Hochdruck-Direkteinspritzung entwickelt. Beide Motorenarten unterscheiden sich in Bezug auf Gemischbildungs- und Verbrennungsverfahren grundsätzlich von den klassischen Dieselmotoren: Um die Selbstzündung im Dieselmotor (s. Kap.7.6 Verbrennungsformen in Otto- und Dieselmotoren) für das Methanol, deren Cetanzahl sehr niedrig ist (CZ 3 anstatt CZ 50-54 für Dieselkraftstoff) einzuleiten, wird in den neuen Verfahren eine Pilot-Einspritzung verwendet, wie im Bild 11.2 gezeigt. Diese besteht in einer geringen Dosis Dieselkraftstoff, der vor der Haupteinspritzung von Methanol in den Brennraum eingeleitet wird. Die Selbstzündung und Verbrennung des Dieselkraftstoffs schafft heiße Zonen im Brennraum, wodurch die Methanol Zündung erfolgt, ähnlich einer klassischen Glühzündung, wie Anhand von Bild 7.18 im Kap. 7.6 erklärt wurde. Solche Motoren werden zunehmend in modernen Schiffen eingesetzt: Als Beispiel, der Öltanker „Lindager" mit einer Tragfähigkeit von 49.962 Tonnen, bei einer Länge von 186 Metern, hat einen Zweitakt-Dieselmotor von Hyundai-B&W mit einer Leistung von 10.320 [kW]. Der Vorteil des Methanols als Hauptraftstoff in Dieselmotoren besteht nicht nur in dem Recycling des Kohlendioxids, sondern auch in der erheblichen Senkung der Stickoxidemission, unter der gesetzlichen Grenze und in der kompletten Eliminierung der Partikelemission.

11.2 Kohlendioxidfressende Otto- und Dieselmotoren 677

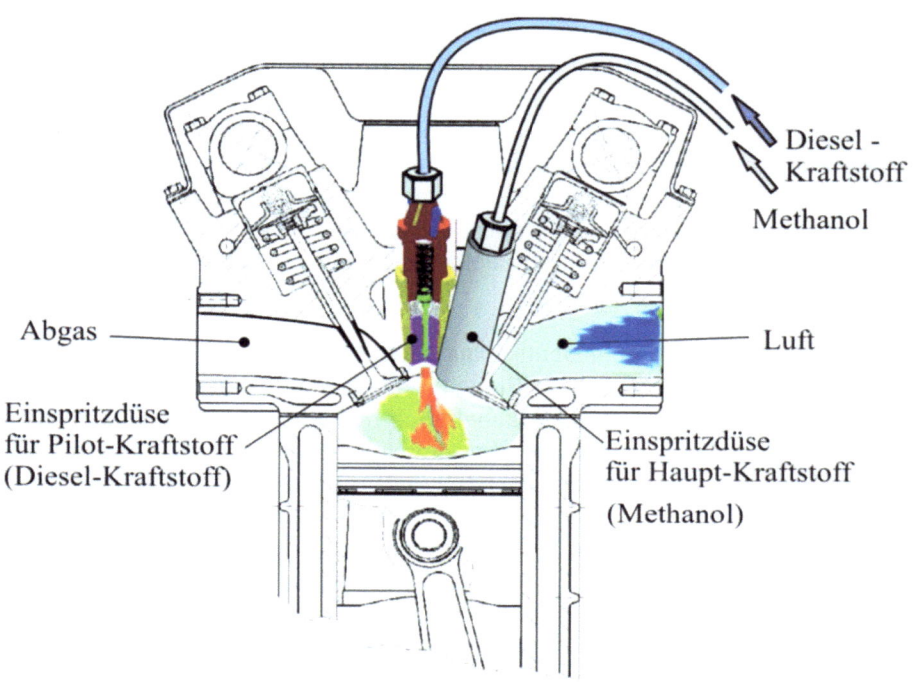

Bild 11.2 Diesel-Viertaktmotor mit Pilot-Einspritzung von Dieselkraftstoff und Haupteinspritzung von Methanol [8]

Ottomotoren arbeiten mit Fremdzündung, wie im Kap. 7.6 erläutert und im Bild 7.14 gezeigt. Die Bildung des Luft-/Kraftstoffgemisches erfolgt entweder außerhalb des Brennraums, in dem Ansaugrohr - mittels Vergaser oder Saugrohreinspritzung – oder durch die Direkteinspritzung des Kraftstoffes in den Brennraum, welche die zukunftsträchtige Variante darstellt. In der chinesischen Stadt Xi´an (4 Millionen Einwohner), fahren 10.000 Taxis, und damit 80% der gesamten Taxi-Flotte der Metropole mit 100% Methanol, insbesondere als Maßnahme zur Luftreinigung. Die chinesische Regierung zieht im Übrigen die Subventionierung der Elektroautos mit Batterie deutlich zurück, zugunsten von Automobilen mit Verbrennungsmotoren welche alternative Kraftstoffe wie Methanol verwenden.

11.3 Wärme, Strom und Kraftstoff aus Müll

Otto- und Dieselmotoren können, wie im Kap. 11.2 erwähnt, das Methanol aus der Synthese des von der Industrie emittierten Kohlendioxid mit elektrolytisch gewonnenem Wasserstoff als Treibstoff nutzen. Die Mobilität wird demzufolge weitgehend Kohlendioxidneutral, indem die Motoren etwa so viel davon emittieren wieviel sie bekommen. Für Deutschland heißt es: aus 160 Millionen Tonnen CO_2 die von der Industrie ausgestoßen werden Treibstoff machen, die 160 Millionen Tonnen CO_2 die ohnehin von Personen- und Lastwagen im Straßenverkehr entstehen damit „neutralisieren".

Die CO_2 Emission beträgt in Deutschland jedoch viel mehr: es sind 800 Millionen Tonnen jährlich (2018), 300 Millionen Tonnen davon nur im Energiesektor! Grundsätzlich erscheint als praktikabel auch neben jedem Heiz- und Kraftwerk eine Anlage zur Speicherung des abgestoßenen Kohlendioxids und eine Windkraftanlage zur elektrolytischen Herstellung von Wasserstoff zu versehen. Die Synthese von Kohlendioxid und Wasserstoff ergibt dann Methanol als Motorenkraftstoff. Heiz- und Kraftwerke die Kohlendioxid abstoßen werden mit Kohle, Erdgas und Erdöl betrieben. Eine sinnvolle Alternative zu dieser „Nahrung" ist die Müllverbrennung. Dadurch entsteht gewiss auch Kohlendioxid – jedoch ist bislang die Müllverbrennung ein Verfahren, welches parallel zu Strom- oder Wärmeerzeugung verläuft, wodurch die Kohlendioxidemission addiert wird. Die Alternative ist also, aus dem Müll sowohl Wärme und Strom, als auch Treibstoff für die Mobilität mit Verbrennungsmotoren oder Elektromotoren zu machen.

Weltweit gibt es 2200 Müllverbrennungsanlagen (2015), in denen 255 Millionen Tonnen Abfall verbrannt werden. Bis 2025 wird eine Zunahme auf 2750 Anlagen für 430 Millionen Tonnen Müll erwartet. In Deutschland sind derzeit 69 Müllverbrennungsanlagen im Betrieb.

Als Müll werden die Anteile von Abfall bezeichnet, die bei Umgebungsdruck mit Sauersoff aus der Luft brennbar sind. Das sind insbesondere der Hausmüll und der Siedlungsabfall, die vorwiegend organische Kohlenwasserstoffe enthalten. Der untere Heizwert von solchem Müll (s. als Vergleich Kap. 7.3, Gl. (7.3), Tabelle 7.1) beträgt 9 -11 [MJ/kg], also ein Viertel der üblichen Werte für Benzin und Dieselkraftstoff (Tabelle 7.1). Aus 1 [kg] feuchtem Müll können 1,3 [MJ] bzw. 0,36[kWh] Elektroenergie gewonnen werden, wobei die Verfahrensstufen und die dazu gehörenden Wirkungsgrade zu berücksichtigen sind.

In einer Müllverbrennungsanlage wird nach einer Mülltrocknung bei über 100 [°C] eine Entgasung bei 250-900 [°C] und anschließend eine unterstöchiometrische und damit unvollständige Verbrennung bei 800-1150 [°C] statt, woraus Kohlenmonoxid und unverbrannte Kohlenwasserstoffe bei geringer

Stickoxidemission entstehen (s. Kap. 7.4.4, Bild 7.9). In einer weiteren Stufe des Brennprozesses wird zusätzliche Luft zugeführt, wodurch die CO- und HC- Zwischenprodukte vollständig zum Kohlendioxid und Wasser verbrannt werden. Dieses Zweistufen-Verbrennungsverfahren ist ähnlich jenem in Dieselmotoren mit Vor- und Wirbelkammer (Kap. 7.6, Bild 7.15) und dient einer letzten Endes vollständigen Verbrennung mit viel Kohlendioxid und möglichst wenig HC-, CO- und NO_x Emissionen.

Das somit entstandene Rauchgas gibt die Wärme an die Heizflächen des Dampfkessels (s. Kap. 8.3.3, Bild 7.18) ab.

Bei der Verbrennung des Mülls ist allgemein nicht bekannt, welche in ihm beinhaltete Stoffe in welchen Mengen zu einem bestimmten Zeitpunkt in die Reaktion eingehen. Kritisch sind beispielsweise PVC, Batterien, elektronische Bauteile und Lacke, wodurch auch Chlorwasserstoffsäure (Salzsäure), Fluorwasserstoff (Flusssäure) sowie Quecksilber und schwermetallhaltige Stäube entstehen können. Aus diesem Grund ist die Abgasreinigung besonders wichtig. Das hilft wiederum der Gewinnung von sauberem Kohlendioxid, welches bei der Synthese mit Wasserstoff zu purem Methanol führt.

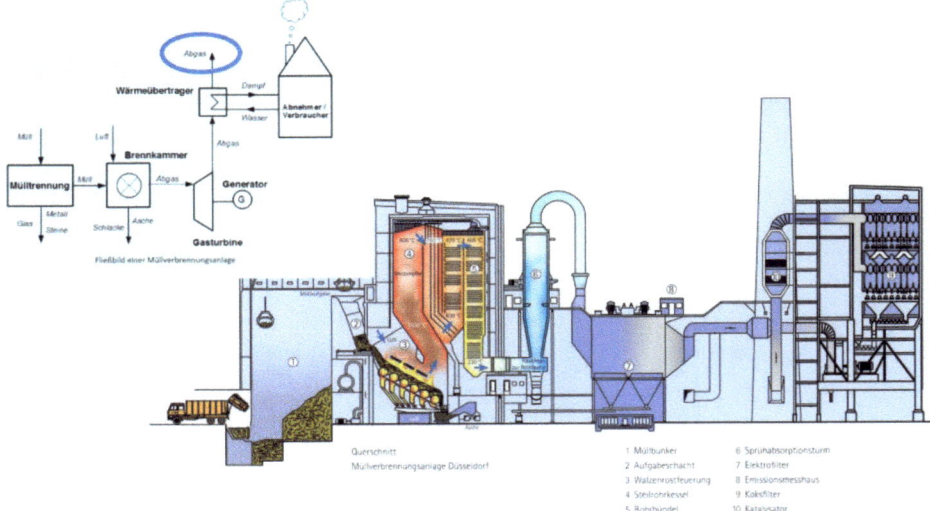

Bild 11.3 Müllverbrennungsanlage zur Gewinnung von Wärme und Elektroenergie mittels Gasturbine und Generator. Das im Abgas der Anlage enthaltene Kohlendioxid kann zur Methanolsynthese genutzt werden. Der dazu erforderliche Wasserstoff kann elektrolytisch, auch mit der von der Anlage produzierten Elektroenergie, hergestellt werden (Quelle: Heizkraftwerk Düsseldorf)

Jeder Einwohner Europas produziert im Durchschnitt 475 Kilogramm Müll jährlich (in Deutschland nur 455 [kg/Jahr]), das sind 1,3 Kilogramm pro Tag!

Der Restmüll, nach der Trennung, gelangt allgemein in Müllverbrennungsanlagen.

In dem Heizkraftwerk München Nord werden jährlich in einem ersten Anlagen-Modul 800.000 Tonnen Steinkohle befeuert, in weiteren zwei Modulen werden 650.000 Tonnen Restmüll verbrannt. Durch die Verbrennung dieser Energieträger werden 900 [MW] Wärme und 411 [MW] Elektroenergie generiert. Die jährliche Kohlendioxidemission der Gesamtanlage beträgt rund 3 Millionen Tonnen pro Jahr (2015). Als Vergleich, im Stahlwerk Duisburg von Thyssen Krupp entstehen 8 Millionen Tonnen CO2 jährlich.

Eins der weltweit modernsten Heizkraftwerke mit Müllverbrennung befindet sich in Bozen/Südtirol, Italien. Südtirol hat eins der strengsten ökologischen Umweltgesetze Europas, von der Sammlung bis zur Verwertung aller Arten von Abfällen: 52% der Abfälle der Region werden recycelt, 44% werden verbrannt, nur 4% werden gelagert. In der Müllverbrennungsanlage werden 130.000 Tonnen Müll jährlich verbrannt, und damit 59 [MW] Wärme und 15 [MW] Elektroenergie produziert. Alle emittierten Schadstoffe sind weit unter den besonders niedrigen zulässigen Grenzen. Dioxin 1% der Norm, Stickoxide 15% der Norm, Partikel 8% der Norm. Das Abgas besteht praktisch nur aus Kohlendioxid und Wasserdampf. Der nächste Schritt ist auch in diesem Fall die zusätzliche Erzeugung von Methanol.

Bild 11.4 Heizkraftwerk in Bozen/ Italien – Funktionsschema (Quelle: ECO Center AG, Bozen)

Fazit: Die regionale Verwertung vom Müll löst nicht nur das Problem überfüllter Mülldeponien, sondern trägt auch zur Versorgung mit Wärme, Elektroenergie und Treibstoff, mit einem beachtlichen Anteil, neben den zentralen Versorgungsnetzen, bei. Sie ist aber in erster Linie ein wesentlicher Beitrag zur Senkung der Kohlendioxidbelastung der Umwelt.

11.4 Wärme, Strom und Kraftstoff aus Biogas

Erdgas ist ein natürlicher, fossiler Energieträger und besteht zu 85 - 95% aus Methan, ein Alkan mit der chemischen Struktur CH_4 (Kap. 7.1). Methan hat als Gas eine um 1,8-mal geringere Dichte als Luft bei gleichem Druck und gleicher Temperatur, was aus der thermischen Zustandsgleichung, in Anbetracht der jeweiligen Molmasse ableitbar ist (Gl.3.1, Gl.3.2). Methan hat als Energieträger etwa den gleichen unteren Heizwert wie Benzin und Dieselkraftstoff (Tabelle 7.1). Es wird daher auch als Brennstoff oder Treibstoff in Heizungsanlagen, Heizkraftwerken und Wärmekraftmaschinen aller Art verwendet.

Erdgas emittiert bei seiner Verbrennung mit Luft, bei einem etwas höheren Gemischheizwert als Benzin/Luft oder Dieselkraftstoff/Luft-Gemische (Tabelle 7.1), zwar weniger Kohlendioxid als Benzin oder Dieselkraftstoff bei Verbrennung einer gleichen Menge, auf Grund des geringeren C/H Verhältnisses in seinem Molekül (Kap. 7.4). Es ist dennoch, als fossiler Kraftstoff, ein Emittent von nicht recyclebaren Kohlendioxid. Dafür gibt es jedoch einen regenerativen Ersatzträger mit gleichen energetischen und verbrennungstechnischen Eigenschaften.

Es handelt sich dabei um Biogas welches 50 – 75%, Methan enthält. Biogas entsteht durch Vergärung von Biomasse jeder Art – Bioabfall (Speisereste, Rasenschnitt), Gülle, Mist, Pflanzenreste oder gezielt angebaute Energiepflanzen. Schweinemist hat beispielsweise einen Biogasertrag von 60 [m^3/Tonne] mit 60% Methangehalt, Hühnermist 80 [m^3/Tonne] mit 52% Methangehalt, Bioabfall 100 [m^3/Tonne] mit 61% Methangehalt.

Biogas entsteht infolge der Zersetzung der organischen Anteile in der Biomasse durch Mikroorganismen, unter Ausschluss von Sauerstoff. In dieser Weise werden die enthaltenen Kohlenhydrate, Eiweiße und Fette hauptsächlich in Methan und Kohlendioxid umgewandelt.

Das Methan von Biogas kann aufgrund der gleichen Eigenschaften in beliebigen Anteilen mit Erdgas gemischt werden. Beide können separat oder in variablen Gemischen in Feuerungsanlagen und in Wärmekraftmaschinen für stationären oder für mobilen Einsatz als Brennstoff/Kraftstoff genutzt werden.

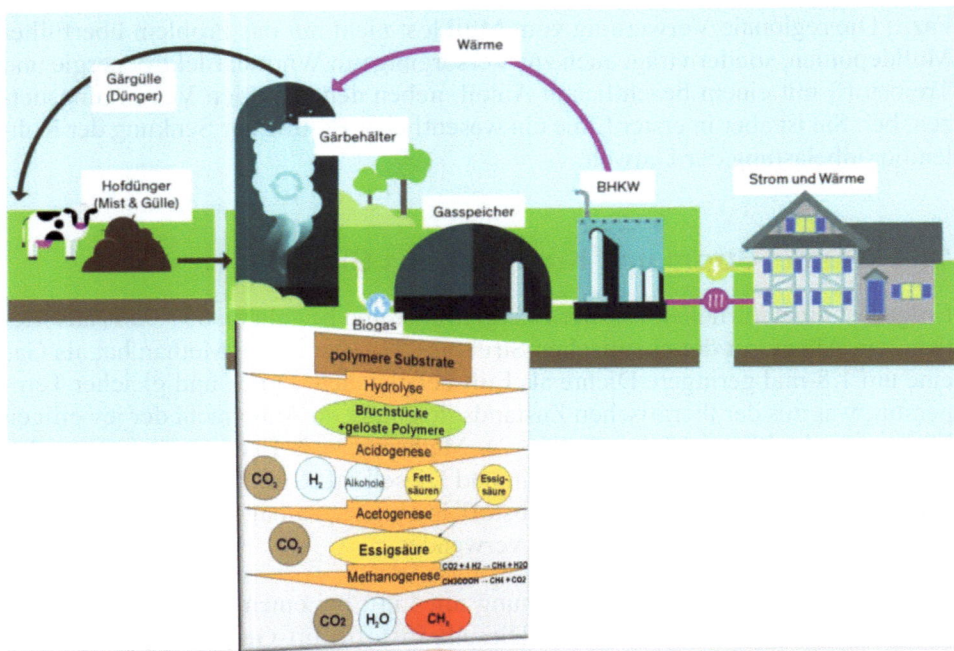

Bild 11.5 Biogasanlage mit angekoppelten Biogasheizkraftwerk (BHKW) zur Strom- und Wärmeerzeugung und beispielhafte Prozessabschnitte bei der Entstehung von Methan

Die einfachere, direkte Biogas-Nutzung ist innerhalb einer Biogasanlage selbst geboten, mittels Verbrennungsmotoren die als Generatorantriebe zur Erzeugung elektrischer Energie wirken. In Deutschland gibt es 9500 derartige, dezentral arbeitende Anlagen (2019), in anderen Ländern nimmt diese Art der Verwendung von Biogas zu. Als Beispiel, in einer kleinen Biogasanlage in einer ländlichen osteuropäischen Region werden täglich aus 55 Tonnen Kuhmist aus einer einzigen benachbarten Farm 370 [kWh] Elektroenergie gewonnen. Diese Energie würde reichen, um die 32,3 [kWh] Batterien von 11 VW eUp vollständig zu laden. Damit könnten aber auch Verbrennungsmotoren für Fahrzeuge angetrieben werden, wie in einem weiteren Abschnitt dieses Kapitels erklärt.

Biogas, gegenwärtig noch gemischt mit Erdgas aus den bestehenden Erdgasnetzen ist der meist eingesetzte Kraftstoff in Blockheizkraftwerken, in denen Elektroenergie und Nutzwärme generiert werden. Als Wärmekraftmaschinen zur Umwandlung der Kraftstoffenergie in mechanischer Arbeit für Stromgeneratoren und in Wärme werden Otto- und Dieselmotoren (Kap. 5.1.2, Bild 5.1), Gas- und Dampfturbinen (Kap. 5.1.3, Bild 5.7), Stirling Motoren und Dampfkraftanlagen

11.4 Wärme, Strom und Kraftstoff aus Biogas

nach dem Clausius-Rankine-Kreisprozess (Kap.6.3.1, Bild 6.8) eingesetzt. All diese Wärmekraftmaschinen mit ihren Prozessgrenzen, sowie den Vor- und Nachteilen bezüglich spezifischer Arbeit und thermischen Wirkungsgrades wurden im Kap. 5.1 / Bild 5.1, Bild 5.2, Bild 5.3, Bild 5.4 , Bild 5.5, Bild 5.6, Bild 5.7, Bild 5.8, Bild 5.9, Bild 5.10 dargestellt.

Der Vorteil von Kraft-Heizkraftwerken gegenüber den getrennten Anlagen zur Erzeugung von Wärme und von Elektroenergie liegt in der effizienteren Nutzung der Kraftstoffenergie.

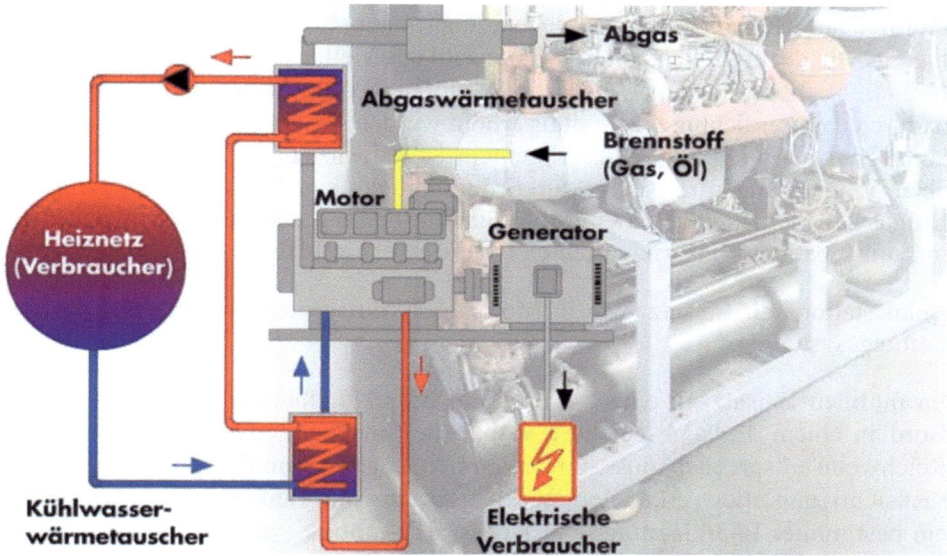

Bild 11.6 Kraftheizkraftwerk - schematisch

In Anlagen zur alleinigen Elektroenergie-Erzeugung mittels einer Wärmekraftmaschine, häufig eine Kolbenmaschine, werden generell etwa 30% der zugeführten Wärme durch die Kühlung und ein gleicher Prozentsatz durch die Abgaswärme ungenützt an die Umgebung abgegeben. In Heizkraftwerken werden diese beiden Anteile für Heizzwecke oder für andere Wärmeanwendungen genutzt, wodurch der gesamte thermische Wirkungsgrad (Kap. 4.2) auf 80% bis 90% steigt. In zwei neuen Anlagen dieser Art, die in Chemnitz in Betrieb genommen werden (2020) sind fünf, beziehungsweise sieben große Gasmotoren eingesetzt, um 150 [MW] elektrische und 130 [MW] thermische Leistung zu generieren. Für die Wärmeversorgung der Stadt werden zusätzlich drei neue Heizkessel eingesetzt, die ebenfalls mit Erdgas/Biogas befeuert werden und eine Leistung von insgesamt 100 [MW] erbringen. Die Kombination von Motor-Kraftheizwerken und Heizkessel mit gleichem Treibstoff, Erdgas/Biogas ist derzeit die modernste Form der Versorgung mit Elektroenergie und Wärme, dadurch wird eine Senkung der Kohledioxidemission von bis zu 40% gegenüber traditionellen Kohle-Kraftwerken erreicht.

Die Nutzung von Methan, derzeit aus Biogas-Erdgas-Gemisch, zukünftig aus 100% Biogas, in Wärmekraftmaschinen für Mobilität ist ein weiteres Feld mit einem besonders großen Potential in Hinblick auf die globale Senkung der Kohlendioxidemission.

Aufgrund der ähnlichen Werte von Luftbedarf, unterer Heizwert und Gemischheizwert von Methan und Benzin ist eine Umstellung von Fahrzeugen mit Ottomotoren auf Methanbetrieb weitgehend unproblematisch. Eine derartige Umstellung ist von der erheblich höheren Oktanzahl des Methans im Vergleich zu Benzin (Tabelle 7.1) besonders begünstigt: In Motoren die nur mit Methan arbeiten kann dadurch das Verdichtungsverhältnis erhöht werden, wodurch der thermische Wirkungsgrad merklich zunimmt. Allgemein ist jedoch, aufgrund der noch schwachen Versorgungsinfrastruktur für Erdgas/Biogas eine bivalente Nutzung von Erdgas und Benzin in gleichem Motor üblich – zwei Tanks, aber der gleiche Motor, mit separaten Einspritzsystemen für die zwei Kraftstoffe.

Beim stationären Einsatz, wie in Motor-Heizkraftwerken kommt das Gas über Leitungssystemen.

Im mobilen Einsatz, in einem Automobil oder Nutzfahrzeug, wird das Gas an Bord in einem Tank gespeichert, wobei die Speichermenge einer vertretbaren Reichweite entsprechen muss. Im Zusammenhang mit dem Fahrprofil, bei der Berücksichtigung aller verketteten Wirkungsgrade vom Tank zum Rad, wird dafür ein bestimmter Energieertrag vom Kraftstoff benötigt – als Produkt des unteren Heizwertes [MJ/kg] mit der Kraftstoffmasse [kg]. Andererseits hat der Tank ein auf das Fahrzeug angepasstes, begrenztes Volumen, in dem die erforderliche Gasmasse gespeichert werden muss. Eine hohe Gasdichte bekommt aus dieser Perspektive eine besondere Bedeutung für den mobilen Einsatz – viel Masse in wenig Volumen.

11.4 Wärme, Strom und Kraftstoff aus Biogas

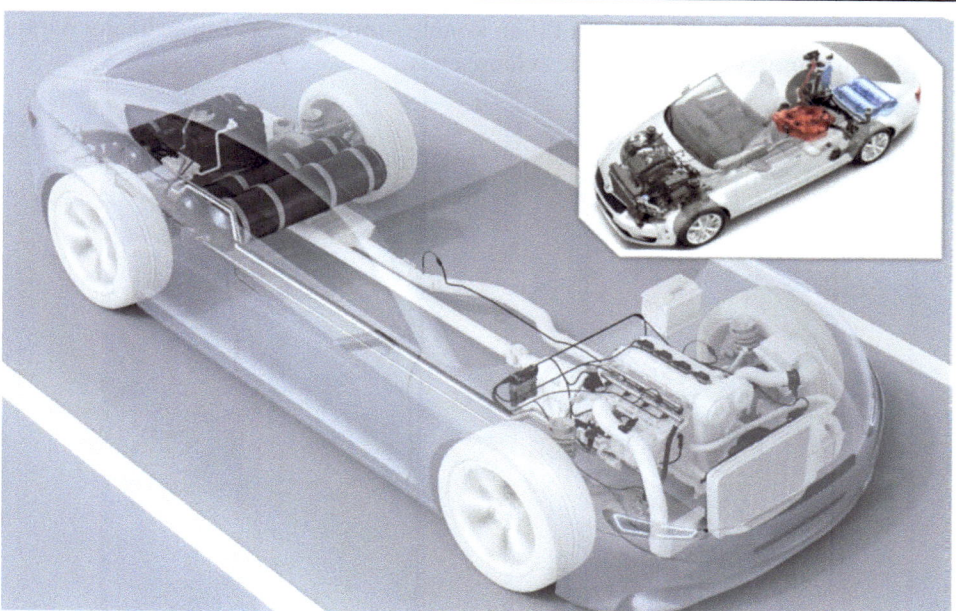

Bild 11.7 Automobile mit Ottomotor für bivalenten Betrieb Methangas/Benzin, mit separaten Tanks

Bei Umgebungsdruck und -temperatur (Gl. 3.1), beispielsweise 20 [°C], 0,1 [MPa], beträgt die Methangasdichte 0,657 [kg/m³] (vgl. flüssiges Wasser 1000 [kg/m³]. Entsprechend Gl. 3.1 kann die Gasdichte entweder durch Druckerhöhung oder durch Temperatursenkung erhöht werden. Die meist angewandte Technik für den mobilen Einsatz ist die Druckerhöhung bis 20 [MPa], - allgemein bezeichnet als CNG (Compressed Natural Gas) - wodurch die Gasdichte, entsprechend, um das 200-fache – in dem Beispiel auf 131 [kg/m³] bzw. 0,131 [kg/l] steigt. Flüssiges Benzin hat mit 0,75 [kg/l] (Tabelle 7.1) eine nahezu sechsfache Dichte, bei etwa gleichem Heizwert. Das ergibt beim Übergang von Benzin auf Methan eine erheblich reduzierte Reichweite. Auf der anderen Seite ist der Gemischeizwert (Gl. 7.7), der für die Wärmezufuhr durch Verbrennung sorgt, etwas größer für das Methan/Luft-Gemisch als für das Benzin/Luft-Gemisch, was ein höheres Drehmoment erwarten lässt. Das hängt allerdings von der Art der Methanzufuhr zum Brennraum ab: Bei Zufuhr über das Saugrohr nimmt das Methan als entlastetes Gas mit geringer Dichte, der mitströmenden Luft „den Platz" zum Teil weg, was in der Gl. 7.7 durch V_{kst} dargestellt ist. Dadurch gelangt weniger Gemisch in den Brennraum, als im Falle von flüssigem Benzin und Luft. Somit wird die Wärmezufuhr etwas verringert. Dieses Problem kann bei einer Direkteinspritzung des unter Druck stehenden Gases direkt in den Brennraum vermieden werden, weil die Luft bereits zuvor den Raum füllen konnte – mit der Gas Einspritzung darauf erfolgt nur eine „Verdichtung" des Gemisches.

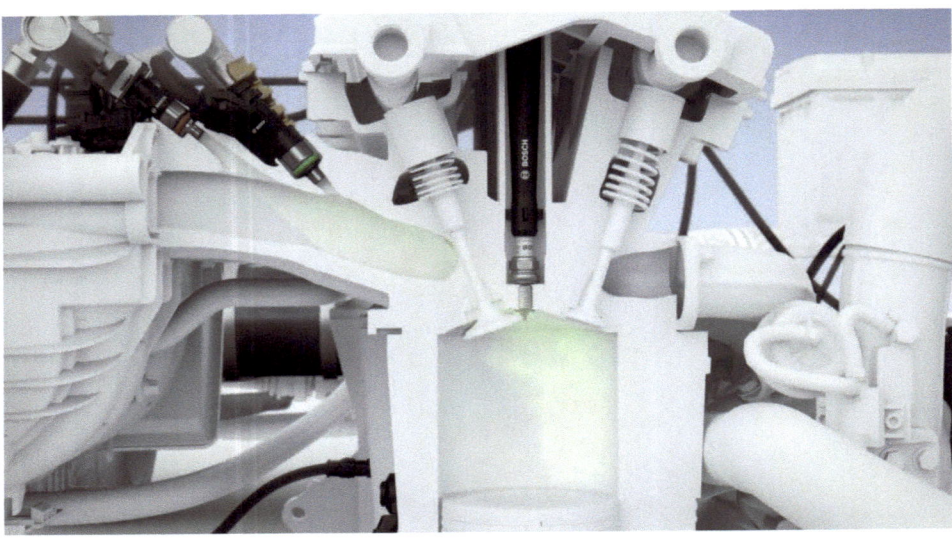

Bild 11.8 Düsen für die Einspritzung von Methangas und, alternativ, von flüssigem Benzin ins Saugrohr eines Ottomotors (Quelle: Bosch)

Derzeit werden zahlreiche moderne Automobile mit CNG/Benzin - Betrieb hergestellt (2020): Beispiele sind Audi A3 Sportback (96 kW), Skoda Skala G-Tec (66 kW), VW Golf (96 kW), Fiat Panda (52 kW), Seat Ibiza (66 kW). Bei all diesen Modellen beträgt die Reichweite im CNG Betrieb, aufgrund des Gasdichteproblems, trotz größeren Gas- als Benzin-Tanks, kaum die Hälfte jener bei Benzin-Betrieb.

Wie vorhin erwähnt und durch Gl. 3.1 dargestellt, eine Alternative zur Druckerhöhung zwecks höherer Methandichte ist die Temperatursenkung. Als Folge muss das Gassystem thermisch isoliert werden. In Anbetracht des Aufwandes für die Isolierung ist es ratsam, bei der Gaskühlung unter die Phasengrenze zu gehen, bis in die flüssige Phase des Methans hinein (Kap. 6.1, Bild 6.1), bei der die Dichte sprunghaft steigt. Das bei minus 161-164 [°C] / 0,1 [MPa] (Umgebungsdruck) verflüssigte Methan – allgemein bezeichnet als LNG (Liquefied Natural Gas) - hat gegenüber CNG die dreifache Dichte, die kryogene Speichertechnik ist aber technisch aufwändiger und kostspieliger. Deswegen wird diese Variante in erster Linie bei großen Schiffen, insbesondere bei LNG transportierenden Tankern verwendet. Es gibt derzeit (2020) über 320 LNG betriebene Schiffe und über 500 neue Bestellungen.

In Straßenfahrzeugen wird LNG aufgrund der kostenintensiven Speicherung nicht für Automobile, sondern nur für große Nutzfahrzeuge angewendet - Scania mit 302 [kW] Ottomotoren, IVECO mit 339 [kW] Ottomotoren. Volvo hat Dieselmotoren mit LNG Einspritzung entwickelt, bei denen die Zündung mit einer Piloteinspritzung einer kleinen Menge Dieselkraftstoff, wie im Kap. 11.2 erklärt, erfolgt.

Inzwischen entstehen in Europa auch Flüssig-Biogasanlagen mit weitreichenden Tankstellen-Netzen.

Die Bio-LNG Nutzung in Automobilen mit Otto- und Dieselmotoren erscheint daher als vielversprechend. Ab diesem Punkt wird ein Vergleich zwischen Bio-LNG und Bio-Methanol Verwendung in Automobilmotoren nach technischem Aufwand und Kosten erforderlich. Bio-Methanol, einsetzbar wie im Kap. 11.2 beschrieben, kann nämlich auch aus Biogas durch Synthese mit Wasserstoff gewonnen werden. Die Energie für die elektrolytische Wasserstoff Gewinnung kann vom biogasbetriebenen Blockheizkraftwerk an der Biogasanlage oder durch die dort installierten Wind-/ Solarkraftanlagen generiert werden. Was wird dann von Technik und Kosten her günstiger: Die Produktion des tiefgekühlten LNG und seine Speicherung und Einspritzung über thermisch isolierte Anlagen, oder die Herstellung von Methanol aus Biogas und Wasserstoff, wobei flüssiges Methanol genauso unaufwändig wie Benzin gespeichert und eingespritzt werden kann? Das werden zukünftige Pilotprojekte zeigen.

11.5 Wärmepumpen mit Abwasser und wirkungsgradmaximierte Verbrennungsmotoren

In Wärmekraftmaschinen wird Arbeit infolge einer Umwandlung von Wärme erzeugt. Wie in den Kapiteln 11.1, 11.2 und 11.3 gezeigt, kann die entsprechende Wärme aus dem von der Industrie erzeugten Kohlendioxid, aus Müllverbrennung und aus Abfall-Biogas produziert werden. In dieser Weise wird die für Elektroenergieerzeugung oder für Mobilität gewonnene Arbeit weitgehend klimaneutral. Darüber hinaus kann, wie beschrieben, auch die von der Wärmekraftmaschine Kreisprozess-bedingt abgeführte Wärme als Nutzwärme in anderen Anlagen verwendet werden.

In dem Zusammenhang mit der abgeführten Wärme erscheint die Kopplung eines rechtslaufenden, arbeitsschaffenden Kreisprozesses, mit einem linkslaufenden, wärmegenerierenden Kreisprozess als besonders effizient. Linkslaufende Kreisprozesse dieser Art werden in Wärmepumpen realisiert, wie im Kap. 5.2.1 dargestellt.

Kann ein Dieselmotor vier Mal mehr Energie (als Wärme) generieren, als die Energie die ihm als Müll, in einer der oben beschriebenen Formen zugeführt wurde? Das ist möglich, ohne ein „Perpetuum Mobile 4. Grades" zu werden. Dabei ist die Energieumwandlung (von Wärme in Arbeit) von dem Energietransport (Wärme mittels Arbeit) klar zu unterscheiden:

Umwandlung: Eine Wärmekraftmaschine, beispielsweise ein Dieselmotor, empfängt Wärme aus der Verbrennung eines Kraftstoffes mit Sauerstoff aus der Luft und wandelt sie zu 40-47% in Arbeit um. Der Rest der Wärme wird durch Motorkühlung (25-28%) und über die verbrannten und ausgestoßenen Gase (25-30%) bei hohen Temperaturen (500-700[°C]) an die Umgebung abgegeben. Ein geringer Prozentsatz der zugeführten Energie wird als Reibung in den bewegten Motorteilen verloren.

Transport: Wärme kann von einem System mit niedriger Temperatur aufgenommen und zu einem System mit höherer Temperatur transportiert und abgegeben werden, wenn dafür eine mechanische Arbeit geleistet wird, die der Differenz zwischen abgeführter und zugeführter Wärme entspricht.

Die Wärme von Abwasser aus Wohn- und Industriegebäuden oder von Kühlwasser aus Wärmekraftmaschinen und anderen Anlagen oder Prozessen kann bereits von einer Temperatur von 10 – 20 [°C] einem Arbeitsmedium im geschlossenen Kreislauf durch Wärmetauscher übertragen werden und durch dessen Verdichtung bei Temperaturen von 70 – 80 [°C] über entsprechende Wärmetauscher einem Heizsystem übertragen werden. Für die Verdichtung des Arbeitsmediums ist eine entsprechende Arbeit erforderlich.

Wenn eine Abwasserströmung beispielsweise ein Rohr mit dem Durchmesser von einem Meter durchläuft, das auf 70 Meter Länge von einem spiralen Wärmetauschrohr umwickelt ist und dadurch nur 4 [°C] abgibt, entsteht ein Wärmestrom von 33 [kW]. Dieser Wärmestrom wird im Wärmetauschrohr dem Arbeitsmedium übergeben. Das dampfförmige Arbeitsmedium kann mittels eines Verdichters/Kompressors auf einen höheren Druck gebracht werden, wodurch, als Begleiterscheinung, auch seine Temperatur zunimmt, beispielsweise bis 70 [°C]. In dem Zustand überträgt das Arbeitsmedium über einen Wärmetauscher einen entsprechenden Wärmestrom dem Wasser in einem Heizungskreislauf. Nach dem Wärmeaustausch wird das teilweise kondensierte Arbeitsmedium in einem Entlastungsmodul – allgemein ein Entlüftungsventil oder Drossel - auf den ursprünglichen Druck gebracht, wodurch seine Temperatur sinkt, und zwar weit unter jene der Abwasserströmung am Eingang in den spiralen Wärmetauscher, von wo aus der Zyklus wieder beginnt.

11.5 Wärmepumpen mit Abwasser und wirkungsgradmax. Verbrennungsmotoren

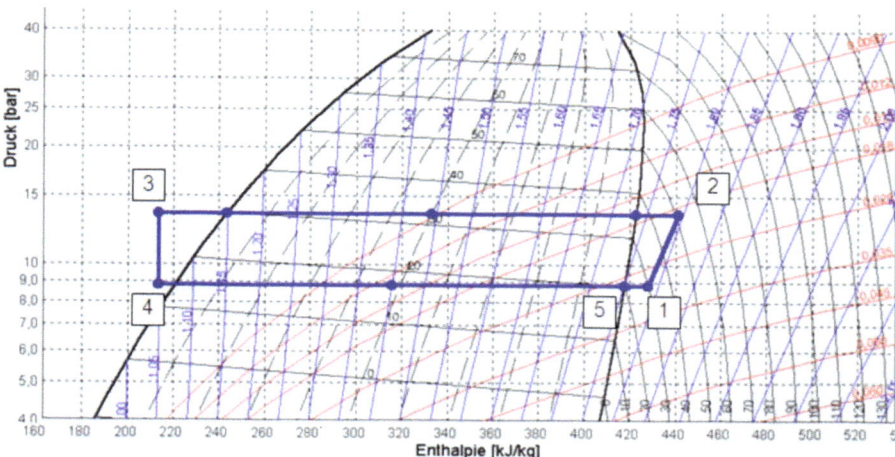

Bild 11.9 Linkslaufender Kreisprozess im Arbeitsmedium einer Wärmepumpe: Auf der Enthalpie-Abszisse kann die Differenz zwischen der abgegebenen Wärme $q_{23}=h_{23}$ und der zugeführten Wärme $q_{41}=h_{41}$ als Verdichterarbeit $w_{12}=h_{12}$ abgelesen werden

Das Arbeitsmedium wird so gewählt, dass es im Wärmetauscher auf der Abwasserseite kondensieren und in dem Wärmetauscher auf der Heizungskreislauf-Seite verdampfen kann, um einen jeweils intensiven Wärmeaustausch zu gewähren. Der linkslaufende Dampfkreisprozess und das Funktionsschema einer solche Anlage, die als Wärmepumpe bezeichnet wird, ist im Kap. 6.3, Bild 6.9 sowie im Bild 11.9 und im Bild 11.10 dargestellt.

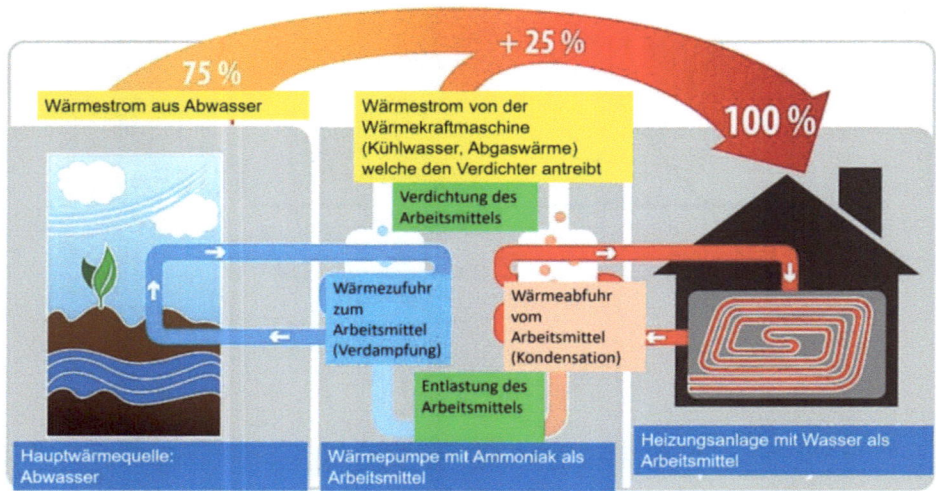

Bild 11.10 Funktionsschema einer Wärmepumpe mit Nutzung von Abwasser als Hauptwärmequelle sowie vom Kühlwasser und Abgaswärme der antreibenden Wärmekraftmaschine als Nebenwärmequellen

Der Transport und die Verdichtung des Arbeitsmediums werden von einem Verdichter/Kompressor geleistet. Die Verdichtungsarbeit kann entweder von einem Elektromotor oder von einer Wärmekraftmaschine realisiert werden. Ein Elektromotor hat einen Wirkungsgrad von 90 – 95%, die Elektroenergie wird ihm aber allgemein von einem Kraftwerk zugeleitet. Dieses hat, je nach verwendetem Energieträger – Kohle, Erdgas, Erdöl oder Kernenergie – einen Wirkungsgrad von 25% bis 50%. Dadurch bleibt der Gesamtwirkungsgrad bei der Nutzung eines Verdichters mit Elektromotor unter 47%. Einen solchen Wirkungsgrad kann ein stationär arbeitender Dieselmotor auch erreichen. Gewiss, es sollte auch in diesem Fall die gesamte Energiekette von der Erdölförderung und -raffinierung bis zum Transport an die Verwendungsstelle in Betracht gezogen werden. Ab diesem Punkt zeigt aber der Dieselmotor als Modul einer Wärmepumpe seine ganzen Valenzen: Die Wärme die durch Motorkühlung (25-28%) und über die verbrannten und ausgestoßenen Gase (25-30%) bei hohen Temperaturen (500-700[°C]) sonst an die Umgebung abgegeben würde, kann in diesem Fall dem Wärmetauscher, neben dem Abwasser, zugeleitet werden.

In dieser Weise kommt der Dieselmotor auf einen gesamten thermischen Wirkungsgrad – als Summe der Arbeit und der abgeleiteten Wärmeanteile zur zugeführten Wärme durch Verbrennung – von mehr als 90%! Damit kann er jedem Elektromotor Konkurrenz machen!

Hierzu muss aber unbedingt auch die dem Motor zugeführte Wärme betrachtet werden: Der Kraftstoff, der mit Sauerstoff aus der Luft im Motor brennt muss kein Erdgas, kein Benzin und kein Diesel sein – er kann Methanol aus dem von der Industrie erzeugten Kohlendioxid oder aus Müllverbrennungsanlagen aber auch Abfall-Biogas sein. Der Motor der mit einem solchen Kraftstoff in stationärem Betrieb den Kompressor einer Wärmepumpe anzutreiben hat muss auch nicht unbedingt ein Diesel sein. Dafür kann auch ein Otto-, ein Wankel- ein Stirlingmotor oder eine Gasturbine, je nach technischen Bedingungen und Ankopplungsbedarf zu anderen Modulen, eingesetzt werden.

Die Wärmepumpen mit Abwassernutzung werden besonders effizient, wenn der Wärmefluss 100 [kW] übersteigt, so in Wohnvierteln, Industriegebäuden und Einkaufszentren. Um die gesamte erforderliche Wärme für Heizung und Warmwasser in einem solchen Gebäudekomplex abzusichern werden neben der Wärmepumpe auch Heizkessel mit Brennkammern vorgesehen, die mit dem gleichen Kraftstoff wie der Wärmepumpen-Motor versorgt sind. Gegenüber einer alleinigen Kesselheizung mir Gasbrennkammer sinkt die Kohlendioxidemission beim Einsatz einer Wärmepumpe mit Elektromotor um 45%, mit einem Gas-Ottomotor statt Elektromotor sogar um 60%! Wenn der Motor Biogas aus einer benachbarten Biogasanlage bekommt kann die Wärmepumpe als CO_2 neutral betrachtet werden. Die Nutzung von Methanol aus Industrie-Kohlendioxid und klimaneutral produziertem Wasserstoff ergibt eine noch bessere Gesamtbilanz des Kohlendioxids.

Ein gutes Beispiel von Wärmepumpe im Wohnbereich ist die Anlage in einem Block mit 78 Appartements in Berlin-Karlshorst, in dem 80% der Wärme mit einer Wärmepumpe abgesichert wird. Die Kohlendioxidemission wird somit gegenüber einer klassischen Gasheizungsanlage halbiert. Solche Anlagen können weit verbreitet werden, wenn bei der Erneuerung der Abwasserleitungen eines Orts oder Wohnviertels Rohre mit integriertem Wärmetauscher verlegt werden, wie im Bild 11.11 dargestellt.

Bild 11.11 Abwasserrohre mit integriertem Wärmetauscher

Eine sehr nützliche Eigenschaft jeder Wärmepumpe ist ihre alternative Nutzung als Klimaanlage, durch Umkehrung des Kreislaufs des Arbeitsmittels: Durch seine Ableitung nach Verdichtung zum Niedertemperatur-Wärmetauscher wird die Wärme dem Abwasser abgeführt. Durch das Entlastungsventil wird dann das Arbeitsmedium derart gekühlt, dass es in dem Obertemperatur-Wärmetauscher Wärme von dem „früheren" Heizkreislauf im Gebäude aufnehmen kann.

In dem Ort Kalundbord, Dänemark, arbeiten drei Wärmepumpen mit jeweils 3,3 [MW], die Abwasser von Kläranlagen bei Temperaturen von 15-30 [°C] nutzen, wovon so viel Wärme entzogen wird, dass die Temperatur um 5[°C] sinkt. Mit jeder der 3 Anlagen, in denen das Arbeitsmedium Ammoniak ist, wird so viel Wärme transportiert, dass die Wassertemperatur im Heizungskreislauf bis auf 80 [°C] steigt. Die 3 Kompressoren werden von jeweils vier Kolbenmotoren angetrieben. Diese Versorgung mit Wärme und Warmwasser kommt 4400 Einwohnern zu Gute.

Das spektakulärste Beispiel einer effizienten Wärmepumpe bietet das Hotel Carlson in St. Moritz, Schweiz. Das Hotel bietet zahlreiche Suites, Indoor- und Outdoor-Pools, Saunen und Dampfbäder, wofür das Wasser umgewälzt und erwärmt werden muss. Der entsprechende Energieverbrauch beträgt 800.000 [kWh] jährlich. In einer klassischen Heizungsanlage mit Brennkammer unter einem Kessel würden dafür 80.000 Liter Schweröl verbrannt. Die vorteilhaftere Lösung in Bezug auf den Energieverbrauch und insbesondere auf die Luft in St. Moritz war bei der Hotelrekonstruktion im Jahre 2007 eine Wärmepumpe zu installieren, die mit der Wärme der gesammelten Strömungen von Abwasser aus Bädern und Pools versorgt wird.

Diese Abwasserströmungen werden in einem Betonspeicher mit 25 [m³] gesammelt und geben über einen Wärmetauscher soviel Wärme ab, bis ihre Temperatur um 3[°C] sinkt, bevor sie in das Abwassersystem der Stadt geführt werden. Die

Wärmepumpe wird bei dieser Anwendung von einem Elektromotor angetrieben, um die Lärm- und Schadstoffbelastung ringsum das Hotel ganz zu vermeiden. Mit diesem System wird das frische Wasser auf eine Temperatur von 60 [°C] gebracht.

Solche Lösungen sollten tatsächlich auf breiter Ebene eingesetzt werden, gerade bei Gebäudeheizungen und Warmwasserzubereitung, weil diese die Kategorie mit dem größten Anteil an Primärenergieverbrauch auf globaler Ebene ist – vor Industrie, Bau, Zementproduktion oder Verkehr.

St. Moritz ist nur 34 Kilometer Luftlinie von Davos entfernt, wo die höchsten Repräsentanten der Industrienationen der Welt über die Klimaneutralität der menschlichen Aktivitäten jährlich debattieren.

Die intelligente Ankopplung von Systemen zur Generierung von Wärme und von Arbeit auf Basis von kohlendioxidneutralen Energieträgern hat die höchste Priorität in Bezug auf die Erhaltung der Weltklimas!

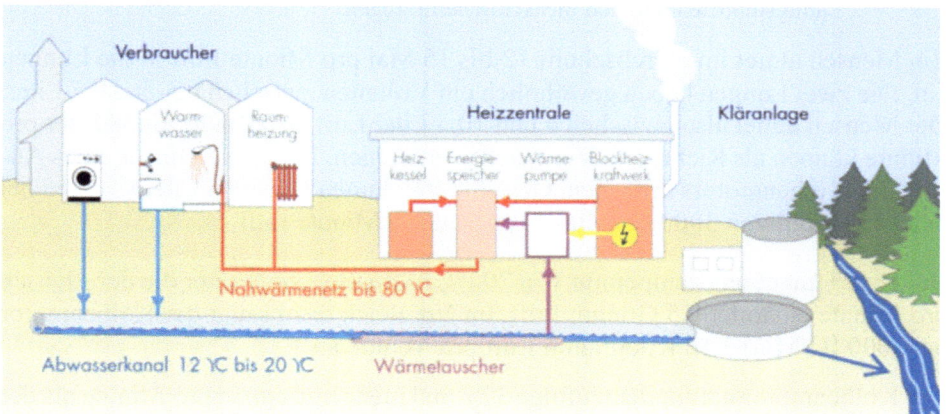

Bild 11.12 Intelligente Ankopplung von Systemen zur Generierung von Wärme und Arbeit auf Basis von kohlendioxidneutralen Energieträgern

11.6 Mensch und Motor: Energieverbrauch und Kohlendioxidemission im Vergleich

Auf der Erde gibt es derzeit 1,3 Milliarden Verbrennungsmotoren in Automobilen und 7,7 Milliarden Menschen (04/2020). Ein Vergleich des Kohlendioxausstoßes zwischen den Kolben von Verbrennungsmotoren und den menschlichen Lungen führt zu bemerkenswerten Ergebnissen.

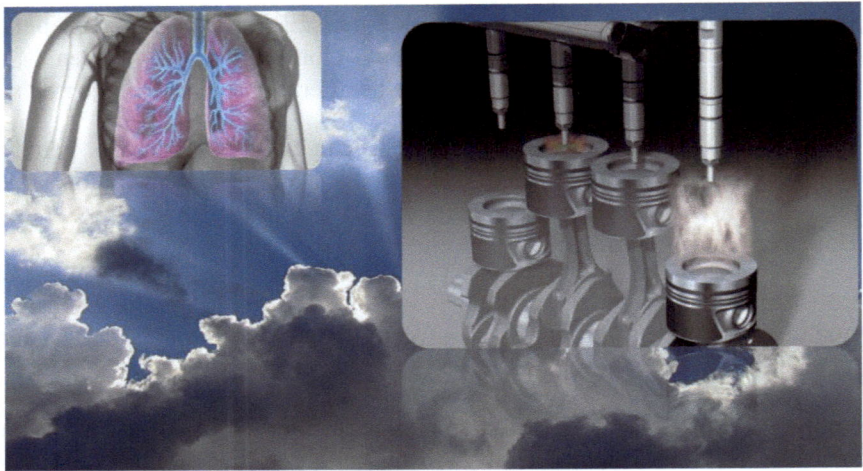

Bild 11.13 Vergleich des Kohlendioxidausstoßes zwischen den Kolben von Verbrennungsmotoren und den menschlichen Lungen

Ein Mensch atmet im Durchschnitt 12 bis 15 Mal pro Minute Luft in die Lungen ein. Die zwei Lungen haben gewöhnlich ein Volumen zwischen 0,5 und 0,7 Liter. Der Mensch atmet also zwischen 6 und 10,5 Liter Luft pro Minute ein. 8 Liter pro Minute können als Richt- und Vergleichswert dienen. Die vier Zylinder eines Automobil-Kolbenmotors mit einem Gesamthubvolumen von zwei Litern saugen bei einer Drehzahl von 3000 [U/Min] 1500 Mal pro Minute Luft an.

Bei einer Umgebungstemperatur von 20 [°C] enthalten die 8 Liter die der Mensch pro Minute einatmet 9,5 Gramm Luft. Im Vergleich dazu saugt der Kolbenmotor bei 3000 [U/Min] 3,56 Kilogramm Luft pro Minute an.

Der Kolbenmotor nimmt demzufolge 375-mal mehr Luftmasse pro Minute als der Mensch ein.

Die Welt ist aber derzeit insbesondere vom Kohlendioxidausstoß aus allen Prozessen auf dem Planeten beschäftigt. In dieser Hinsicht wird der Vergleich Mensch-Motor besonders interessant: Der Mensch atmet unter den gezeigten Bedingungen, bei voller Puste, eine Abluft aus, in der sich durchschnittlich 0,605 Gramm Kohlendioxid pro Minute befinden. Beim Motor sind es, unter den gezeigten Bedingungen, bei Volllast, 750 Gramm Kohlendioxid pro Minute, also 1240-mal mehr als beim Menschen (beide Kohlendioxidwerte werden des Weiteren noch abgeleitet).

Zwischen dem Lufteinnahme-Verhältnis Motor/Mensch und dem Kohlendioxidausgabe-Verhältnis Motor/Mensch steht also ein Faktor von rund 1:3 (375:1240).

Diese Zahlen können wie folgt abgeleitet werden: Der Mensch atmet in den 8 Liter Luft pro Minute 21%Vol. Sauerstoff, 78%Vol. Stickstoff (s. Kap. 3.3), 0,038%Vol. Kohlendioxid und im übrigen Edelgase wie Neon, Argon, Krypton. Beim Ausatmen sind es 17%Vol. Sauerstoff (4%Vol. wurden also einbehalten), 78%Vol. Stickstoff (unverändert zwischen Ein- und Ausatmen) und, nunmehr auch 4,03%Vol. Kohlendioxid, welches aus der Verbrennung der eingenommenen Nahrung, beziehungsweise aus den Prozessen im gesamten Organismus resultieren.

Fazit: von dem eingeatmeten Luftvolumen wurden 4% Sauerstoff einbehalten, in dem ausgeatmeten Luftvolumen erschienen rund 4% Kohlendioxid. Allerdings hat das Kohlendioxid Moleküle mit einer größeren Masse als jene die 99% der Luft ausmachen (Stickstoff und Sauerstoff) – Kap. 3.1.2 Aus diesem Grund ist die ausgeatmete Luft schwerer als die eingeatmete, ein bemerkenswertes Ergebnis!

Der Vergleich zwischen der innerhalb eines Jahres eingenommenen Luftmasse und der ausgestoßenen Kohlendioxidmasse zwischen Menschen und Motor führt dann zu einer ganz neuen Erkenntnis:

Im Falle des Menschen bedeuten die 9,5 Gramm Luft pro Minute 0,57 Kilogramm Luft pro Stunde, beziehungsweise 5 Tonnen Luft pro Jahr! Der Kohlendioxidausstoß von 0,605 Gramm pro Minute summiert sich zu 318 Kilogramm pro Jahr.

Der Motor braucht 3,56 Kilogramm Luft pro Minute, das sind 1871,136 Tonnen jährlich -vorausgesetzt er würde das gesamte Jahr über, durchgehend, bei Volllast mit 3000 [U/Min] laufen.

Der Motor läuft aber nicht durchgehend bei voller Last und munterer Drehzahl das ganze Jahr über. Der Mensch aber auch nicht: Wenn er sich eine angenehme Zeit im Sessel genehmigte, würde er 2100 [m^3 Luft] jährlich einatmen, vorausgesetzt dieser Zustand würde sich ein Jahr lang nicht ändern. Der Kohlendioxidausstoß würde unter diesen Bedingungen 163 Kilogramm jährlich betragen (4,03%Vol CO_2 in der ausgeatmeten Luft multipliziert mit der CO_2 Dichte). Wenn der Mensch aber richtig belastet würde, wären es 25.000 [m^3Luft] und 1980 [kg CO_2].

Der Motor, seinerseits, würde bei Volllast und 3000 [U/Min] wie erwähnt, 3,56 [kg Luft/Min] ansaugen. Dazu müssen, unter stöchiometrischen Verhältnissen, 0,242 [kg Oktan/Min] zwecks Verbrennung zugeführt werden, sei es Benzin oder Dieselkraftstoff (s. Kap. 7.4.2, Gl. (7.14)). Das wären in einer Stunde 14,52 Kilogramm Benzin, das bedeutet 19,7 Liter! Das ist tatsächlich der Preis für eine Stunde Vollgas mit einem Zweiliter-Motor bei einer ordentlichen Drehzahl!

Die reale Perspektive ist jedoch eine andere: Die jährliche Durchschnittfahrstrecke eines Automobils in der Europäischen Union liegt statistisch bei 15.000 Kilometer im Stadt-Land Verkehr und zwar nicht immer bei Volllast, sondern nach einem Fahrprofil zwischen Leerlauf, Teillast und selten Volllast. Ein Automobil funktioniert also etwa 2 Stunden täglich, der Mensch aber 24 aus 24!

Der durchschnittliche jährliche Streckenverbrauch eines Mittelklasse-Automobils mit Kolbenmotor beträgt 7 [Liter Kraftstoff/100 km], das sind 1050 Kilogramm Kraftstoff pro Jahr. Daraus resultieren, bei einer üblicherweise vollständigen Verbrennung des Oktans, 3255 [kg CO_2] (Kap. 7, Ü 7.4).

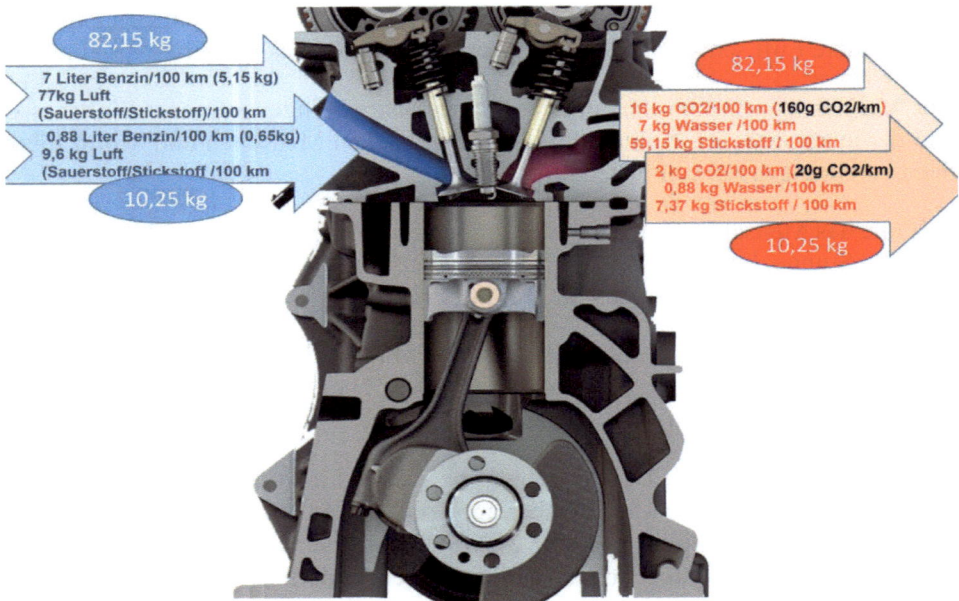

Bild 11.14 Bilanz der Edukte und Produkte bei der vollständigen Kraftstoffverbrennung mit Sauerstoff aus der Umgebungsluft in einem Ottomotor, wenn der Verbrauch 7 Liter Benzin/100 km beträgt. Um eine Emission von 20 Gramm CO2/ km zu erreichen, sollte der Kraftstoffverbrauch 0,88 Liter/100 km betragen

Der Kohlendioxidausstoß von Automobilen wurde von der Europäischen Union ab 2020 auf einen Flottenwert von 95 [g CO_2/km] gesenkt. 0,095 [kg/km] ergeben bei 15.000 [km/Jahr] 1425 kg CO_2/Jahr. Bei der für 2050 geplanten CO_2 -Limitierung von 20 [gCO2/km], die ein Flottenverbrauch von 0,88 [Liter

11.6 Mensch und Motor: Energieverbrauch und Kohlendioxidemission im Vergleich

Kraftstoff/100km] bedeuten würde, wäre der jährliche Kohlendioxidausstoß gerade einmal 300 Kilogramm. Der jährliche Kohlendioxidausstoß des Menschen war, je nach Belastung, zwischen 163 und 1980 Kilogramm Kohlendioxid jährlich.

Die Verbrennungsmotoren moderner Automobile emittieren also jährlich genauso viel Kohlendioxid wie Menschen die manchmal faulenzen und manchmal sehr aktiv sind!

Für einen einzelnen Verbrennungsmotor in einem Automobil wird jedoch kaum möglich sein einen Kraftstoffverbrauch von 0,88 [l/100km] zu erreichen, der zu 20 Gramm Kohlendioxidausstoß je Kilometer führen könnte. Dafür gibt es zwei Alternativlösungen: Entweder eine Kombination Verbrennungsmotor/Elektromotor im Antriebssystem jedes einzelnen Autos, oder die Herstellung einer überproportionalen Anzahl von Elektroautos im Vergleich zu Verbrenner-Autos innerhalb einer Marke.

Vor solchen Lösungen ist aber, wie in Kap. 11.2, 11.3, 11.4, 11.5 gezeigt, die Nutzung von CO_2 neutralen Bio-Kraftstoffen zu betrachten.

Der Mensch ernährt sich mit vielen Energieträgern welche Kohlenstoff enthalten, so wie der Motor. Auch wenn der jährliche Kohlendioxidausstoß von Menschen und Motor vergleichbar ist, besteht zwischen den jeweiligen Energieträgern ein prinzipieller Unterschied: Die Lebensmittel mit denen sich der Mensch ernährt enthalten Kohlenstoffatome welche in einem natürlichen, relativ kurzzeitigen biologischen Kreislauf recycelt sind. Der Motor wird bisher hauptsächlich mit fossilen Brennstoffen ernährt – Kraftstoffe aus Erdöl, sowie Erdgas – die in Millionen von Jahren in jener Form entstanden sind. Das vom Motor ausgestoßene Kohlendioxid infolge ihrer Verbrennung wird in der Atmosphäre, ohne Recycling innerhalb eines messbaren Zeitintervalls akkumuliert.

Die Schlussfolgerung dieses Vergleichs: Der Motor braucht zum großen Teil, wie der Mensch, Energieträger, die eine Photosynthese durchlaufen, wie Bioabfall, oder organische Veränderungen erfahren haben, wie Biogas. Erst dann wird ein Vergleich zwischen der Kohlendioxidemissionen von Mensch und Motor zulässig.

Welche der Lebensmittel des Menschen enthalten Kohlenstoffatome, die dann, infolge des Energieverarbeitung im Organismus zu Kohlendioxid werden? Die Antwort ist klar: alle! Der Mensch braucht Kohlenwasserstoffe, Proteine und Fette, alle enthalten Kohlenstoffatome. Mineralstoffe wie Eisen, Kobalt, Kupfer, Mangan, Selen oder Zink, sowie Vitamine wie Thiamin, Niacin oder Pyridoxin sind in einem so geringen Prozentsatz enthalten, dass sie für eine reine Massenbilanz vernachlässigbar sind.

Was die Nahrungsmenge anbetrifft, braucht ein gesunder Mensch der weder faul noch Leistungssportler ist eine tägliche Lebensmittelzufuhr von durchschnittlich 2000 Kilokalorien, also 8363 Kilojoule. Die Ernährungswissenschaftler teilen diese Nahrung allgemein sehr strikt: Täglich 264 Gramm Kohlenhydrate (Kohlenwasserstoffe in der Motorsprache), 66 Gramm Fette, 72 Gramm Proteine. Dazu noch mindestens 2,2 Liter Wasser pro Tag. Und wenn es mal ein Bier statt Wasser wird, sollen seine Kohlenhydrate von der oben genannten Nahrungslimit abgezogen werden.

Die strikt empfohlenen Kohlenhydrate, Fette und Proteine sollen an dieser Stelle, für ein besseres Verständnis, in ihrer schmackhaften Form aufgeführt werden, um nicht zu abstrakt zu bleiben. Es empfiehlt sich eine solche Bilanz für ein ganzes Jahr zu machen, weil der Mensch nicht jeden Tag die gleiche Menge an Bananen oder Kartoffel isst. Es ist weiterhin auch sehr aufschlussreich zwischen den Empfehlungen der Ernährungswissenschaftler und der Realität einen qualifizierten Vergleich anzustellen, wie in der folgenden Tabelle.

Tabelle 11.1 Lebensmittel für Menschen/ pro Kopf und Jahr – Empfehlungen und tatsächlicher Verbrauch

LEBENSMITTEL-GRUPPE	IST: PRO-KOPF-VERBRAUCH (DURCHSCHNITT)*	SOLL: EMPFEHLUNG DGE**PRO JAHR
Getreideerzeugnisse (Brot, Brötchen, Nudeln u.a.)	**fast 90 kg**	**73 kg**
Reis, Hülsenfrüchte und Kartoffeln	**fast 70 kg** 4,5 kg Reis, 0,5 kg Hülsenfrüchte, fast 61 kg Kartoffeln und 1,5 kg Kartoffelstärke	**73 kg**
Zucker, Glukose, Isoglukose, Honig und Kakao	**50 kg,** davon 33 kg Zucker, 9,1 kg Glukose, 1,1 kg Isoglukose, 1 kg Honig, 3,1 kg Kakaomasse	keine Empfehlung
Gemüse und Obst	**über 200 kg,** davon ca. 91 kg Gemüse, 70 kg Obst, 45 kg Zitrusfrüchte, ca. 4 kg Schalenfrüchte, 1,4 kg Trockenobst	**Insgesamt 237,25 kg** 146 kg (Gemüse) 91,25 kg (Obst)

11.6 Mensch und Motor: Energieverbrauch und Kohlendioxidemission im Vergleich

LEBENSMITTEL-GRUPPE	IST: PRO-KOPF-VERBRAUCH (DURCHSCHNITT)*	SOLL: EMPFEHLUNG DGE**PRO JAHR
Fleisch und Fleischerzeugnisse	fast 90 kg, davon 1,4 kg Rind- und Kalbsfleisch, 54,1 kg Schweinefleisch, 0,9 kg Schaf- und Ziegenfleisch, 0,5 kg Innereien, fast 19 kg Geflügelfleisch, fast 2 kg sonstiges Fleisch	15,6 kg
Fisch und Fischerzeugnisse	fast 16 kg	7,8 kg
Milch und Milcherzeugnisse	134 kg, davon ca.103 kg Frischmilcherzeugnisse, 6 kg Sahne, 2,1 kg Kondensmilch, 0,3 kg Ziegenmilch, 23 kg Käse 1,7 kg Vollmilchpulver, 1 kg Magermilchpulver	Insgesamt 91,25 kg 73 kg Milch/Joghurt 18,25 kg Käse
Milch und Milcherzeugnisse	134 kg, davon ca.103 kg Frischmilcherzeugnisse, 6 kg Sahne, 2,1 kg Kondensmilch, 0,3 kg Ziegenmilch, 23 kg Käse 1,7 kg Vollmilchpulver, 1 kg Magermilchpulver	Insgesamt 91,25 kg 73 kg Milch/Joghurt 18,25 kg Käse
Öle und Fette	fast 20 kg, davon 5,6 kg Butter, 5,3 kg Margarine, 0,3 kg Speisefette, 11,2 kg Speiseöl	Insgesamt 9,13 kg 5,48 kg 3,65 kg
Eier	über 210	156 Eier

* Bundesanstalt für Landwirtschaft und Ernährung (BLE) (2010): Statistisches Jahrbuch über Ernährung, Landwirtschaft und Forsten. Bonn. (206. Verbrauch von Nahrungsmitteln je Kopf)
**Deutsche Gesellschaft für Ernährung

Der Mensch isst also in Deutschland, im Durschnitt, jährlich 1,6-mal mehr, als er sollte. Die Statistik macht keine Angaben über die Unterschiede zwischen Asketen und Gourmands.

Der Motor funktioniert mit fossilen und mit regenerativen Kraftstoffen.

Ein Dieselkraftstoff aus Erdöl besteht allgemein aus 84% Kohlenstoff und 16% Wasserstoff (Kap. 7.4.1, Tabelle 7.2), Erdgas (Methan) aus 75% Kohlenstoff und 25% Wasserstoff. Der untere Heizwert beider Kraftstoffe ist annähernd gleich (Tabelle 7.1), geringfügig größer fürs Methan. Es ist also vorteilhafter ein Kilogramm Methan anstatt eines Kilogramms Dieselkraftstoff für einen gleichen Energiegehalt in Form von Wärme zu verbrennen. Im Abgas wird aber nach der Methan-Verbrennung mehr Wasser und weniger Kohlendioxid als im Falle der Dieselkraftstoffverbrennung zu finden sein.

Das Methan für den Motor sollte allerdings in der Zukunft nicht mehr aus fossilem Erdgas, sondern aus Biogas entstammen, um ein Recycling der Kohlendioxidemission in der Natur zu gewähren. Die Reste aller oben aufgeführten Lebensmittel der Menschen bilden die beste Basis für Biogas-Gewinnung für die Motornahrung in Form von Methan.

Ähnliche recyclebare Kraftstoffe sind: Methanol, Ethanol (aus gleichen Pflanzenresten wie Biogas herstellbar), Dimethylether und Oxymethylendimethylether.

Im Methanol sind 37,5% Kohlenstoff enthalten, was ein wesentlicher Vorteil gegenüber dem Dieselkraftstoff mit 84% Kohlenstoff zu sein scheint. Allerdings ist der untere Heizwert des Methanols geringer, aufgrund seines Sauerstoffgehaltes (Tabelle 7.1). Für den gleichen Energieerhalt wie im Dieselkraftstoff muss demzufolge die verbrannte Methanolmenge 2,2-mal höher werden. Damit wird auch die verbrannte Kohlenstoffmenge 2,2-mal höher, entsprechend 82,5% Kohlenstoff im Vergleich zu dem Dieselkraftstoff, was immer noch günstiger ist. Der wahre Vorteil ist aber, dass der Kohlendioxidanteil aus der Methanol Verbrennung recyclebar ist, wie in Kap.7.2 und im Kap.7.3 erläutert.

Eine ähnliche Perspektive eröffnet die Verbrennung von Ethanol aus Zuckerohr oder Pflanzenresten. Der Kohlenstoffgehalt von Ethanol ist 52,2% (Tabelle 7.2). Allerdings ist auch in diesem Fall, wie beim Methanol, der untere Heizwert geringer, aufgrund des Sauerstoffgehaltes (Tabelle 7.1). Für den gleichen Energieerhalt wie im Dieselkraftstoff muss demzufolge die verbrannte Ethanolmenge 1,6-mal höher werden. Damit wird auch die verbrannte Kohlenstoffmenge 1,6-mal höher, entsprechend 83% Kohlenstoff im Vergleich zu dem Dieselkraftstoff, was immer noch günstiger ist. Der Vorteil ist auch in diesem Fall, dass der Kohlendioxidanteil aus der Ethanol Verbrennung recyclebar ist.

Auf einer solchen Basis kann man tatsächlich die Kohlendioxidausstöße von Mensch und Motor vergleichen!

Literatur zu Kapitel 11

[1] Heywood, J.B.: Internal Combustion Engine Fundamentals, 2-nd Edition, McGraw Hill Education, 2018
ISBN 978-1-260-11610-6

[2] Mills, A. F.; Coimbra, C.F.M.: Basic Heat and Mass Transfer
Temporal Publishing, LLC, 2015
ISBN 978-0096 3053 03

[3] Maus, W. (Hrsg.) et al.: Zukünftige Kraftstoffe – Energiewende des Transports als ein weltweites Klimaziel,
Springer Vieweg, 2019,
ISBN 978-3-662-58005-9

[4] Pischinger, St.; Seiffert, U.: Vieweg Handbuch Kraftfahrzeugtechnik, 8.Auflage
Springer Vieweg, 2016
ISBN 978-3-658-09527-7

[5] Stan, C.: Direkteinspritzsysteme für Otto- und Dieselmotoren
Springer Verlag Berlin- Heidelberg- New York, 1999
ISBN 3-540-65287-6

[6] Stan, C.: Direct Injection Systems- The Next Decade in Engine Technology, SAE International Inc. Warrendale, 2002
ISBN 0-7680-1070-5

[7] Stan, C.: Alternative Antriebe für Automobile, 5. Auflage,
Springer Verlag, 2020
ISBN 978-3-662-485117

[8] Stan, C.; Hilliger, E.: Pilot Injection System for Gas Engines using Electronically Controlled Ram Tuned Diesel Injection, 22. CIMAC Con-gress, Proceedings, Copenhagen, 04/1998

[9] Sher, E.: Handbook of Air Pollution from Internal Combustion Engines, Academic Press Boston, 1998
ISBN 0-12-639855-0

[10] Tschöke, H.; Mollenhauer, K.; Maier, R. (Hrsg.): Handbuch Dieselmotoren, 4. Auflage, Springer Vieweg, 2018,
ISBN 978-3-658-07696-2

[11] Wetzel, Th. (Hrsg.) VDI Wärmeatlas, 12.Auflage
Springer Vieweg, 2019
ISBN 978-3-662-52988-1

Verzeichnis angeführter Thermodynamiker

AVOGADRO, Amadeo (1776-1856)	italienischer Physiker, formuliert das Gesetz über die Gleichheit der Molekülanzahl in verschiedenen Gasen bei gleichem Druck und gleicher Temperatur (1811)
BERNOULLI, Daniel (1700-1782)	schweizer Physiker und Mathematiker (geb. in den Niederlanden), führt den Bernoulli-Effekt ein
BOLTZMANN, Ludwig (1844-1906)	österreichischer Physiker, führt die Strahlungs-Konstante ein
BOYLE, Robert (1627-1691)	irischer Naturforscher, erstellt Zusammenhänge der Zustandsgleichung idealer Gase
CARATHEODORY, Constantin (1873-1950)	deutsch-griechischer Mathematiker, wichtige Arbeiten über Variationsrechnung, funktionentheoretische Probleme und Maßtheorie
CARNOT, Sadi (1796-1832)	französischer Physiker, erstellt die mathematische und physikalische Begründung des zweiten Hauptsatzes der Thermodynamik (1819)
CELSIUS, Anders (1701-1744)	schwedischer Astronom, führt die Temperatur nach der Celsius-Skala ein
CLAUSIUS, Rudolf Julius Emanuel (1822-1888)	deutscher Mathematiker und Physiker, Pionier der Thermodynamik

DALTON, John (1766-1844)	englischer Chemiker und Physiker, begründete die Atomtheorie, formulierte das *DALTONsche Gesetz bei Gasgemischen*
DIESEL, Rudolf (1858-1913)	deutscher Ingenieur, Erfinder des Verbrennungsmotors mit Selbstzündung (Patent 1892)
EINSTEIN, Albert (1879-1955)	deutscher Physiker (ab 1940 US Staatsbürger), formuliert die Relativitätstheorie. Nobelpreis 1921
FAHRENHEIT, Gabriel Daniel (1686-1736)	deutscher Physiker, führt die Temperatur nach der Fahrenheit-Skala und die Nutzung von Quecksilber im Thermometer ein
FOURIER, Jean Baptiste Joseph (1768-1830)	französischer Mathematiker und Physiker, Entwickler der FOURIER-Reihen und des Konvektiongesetzes
GAY-LUSSAC, Louis Joseph (1778-1850)	französischer Chemiker und Physiker, erstellt Zusammenhänge der Zustandsgleichung idealer Gase
GIBBS, Josiah Willard (1839-1903)	US Physiker, formuliert die Phasenregelung, definiert die freie Enthalpie von Brennstoffen
JOULE, James Prescott (1818-1889)	englischer Physiker, erstellt den Zusammenhang zwischen innerer Energie und Temperatur eines Gases
KELVIN (Sir William Thompson) (1824-1907)	nordirischer Mathematiker und Physiker, führt die absolute Temperatur nach der Kelvin-Skala ein (um 1852)
LOSCHMIDT, Josef (1821-1895)	österreichischer Physiker, ermittelt die Anzahl der Moleküle in einem Gasvolumen (1865)

MARIOTTE, Edme (ca.1620-1684)	französischer Geistlicher und Naturforscher, erstellt Zusammenhänge der Zustandsgleichung idealer Gase
MOLLIER, Richard (1863-1935),	deutscher Ingenieur, führt das MOLLIER-Diagramm für feuchte Luft ein
NEWTON, Sir Isaac (1642-1727)	englischer Mathematiker und Philosoph, formuliert das Gesetz der Wärmeleitung
OTTO, Nikolaus (1832-1891)	deutscher Ingenieur, Erbauer eines der ersten Verbrennungsmotoren mit Fremdzündung (1876)
PLANCK, Max Karl Ernst (1858-1947)	deutscher Physiker, entwickelte als erster die Quantentheorie, erhielt 1918 den Nobelpreis für seine Untersuchungen der Strahlungsvorgänge schwarzer Körper
PRANDTL, Ludwig (1875-1953)	deutscher Physiker, Mitbegründer der Aero- und Hydrodynamik, untersuchte die Grenzschichtausbildung zwischen strömender Flüssigkeit und ruhender Wand sowie die Tragflügelumströmung
REYNOLDS, Osborne (1842-1892)	englischer Physiker, formuliert das Ähnlichkeitskriterium für laminare und turbulente Strömungen, Reynolds-Zahl (1883)
SEMJONOV, Nicolai (1896-1986)	russischer Chemiker, entwickelt die Theorie der Kettenreaktionen während eines Verbrennungsprozesses, Nobelpreis 1956
STEFAN, Josef (1835-1893)	österreichischer Physiker, entdeckte mit L. Boltzmann das *Stefan-Boltzmann'sche Strahlungsgesetz*

STIRLING, Robert (1790-1878)	schottischer Geistlicher, Erfinder des Stirling- Motors (Patent 1816)
WATT, James (1736-1819)	Schottischer Erfinder, Erbauer einer der ersten funktionierenden Dampfmaschine (Patent 1769)

Sachwortverzeichnis

A

Abgas 8, 125, 143, 284, 292, 303ff, 316ff, 422, 454, 466ff, 480ff, 489, 494

Abgaskomponenten 458, 466, 470, 474, 483, 484, 488

Abgaszusammensetzung 461

Absolute Feuchte 403, 404, 422

Absorptionskoeffizient 567, 571, 572

Adiabate (Zustandsänderung) 153, 164, 242, 609

Alkane 446

Alkene 447

Alkine 448

Alkohole 444, 448

Anergie 257ff

Antrieb 81, 225, 281, 300, 301, 306

Arbeit

-Druckänderungsarbeit 21, 29ff, 88, 156, 160, 163, 169, 170, 175, 246

-Kreisprozessarbeit 28, 236, 248, 282, 288, 290, 292, 394, 396, 444, 489

-spezifische Arbeit 602

- Volumenänderungsarbeit 21ff, 31, 34, 135, 155, 156, 160, 163, 168, 170, 173

Avogadro 128

B

Bernoulli- Gleichung 104

Brennstoff 283, 287, 443, 444

Brennstoffzelle 306

C

Carnot-Kreisprozess 229ff, 249, 309, 310, 315, 317

Cetanzahl 460

Clausius-Integral 233, 240, 266

D

Dampf

-Dampfgehalt 388

-Heißdampf 394, 401, 409

-Nassdampf 386, 394, 396, 399ff, 409

-Sattdampf 384, 404

Dichte 9, 11, 12, 15, 17, 132, 147, 150, 458ff, 557, 600, 601

Diesel 287

Dissipationsvorgang 224, 229, 239

Dissoziation 470

Drosselung 290, 292, 294, 399, 400, 488, 492, 494

Druck

-Druckänderungsarbeit 21, 29ff, 88, 156, 160, 163, 169, 170, 175, 246

-Druckmessung 602, 603, 605

-Druckverhältnis 303, 314

Dynamisches Gleichgewicht 9, 476

E

Energie

-chemische Energie 28, 283, 443, 450, 452, 455

-innere Energie 1, 36, 82ff, 134ff, 150ff, 163, 223ff, 239, 254, 257, 296, 384, 388, 454, 489, 494, 539, 565

-kinetische Energie 3, 28, 86, 90, 92, 93, 127, 300, 492, 537, 565

Enthalpie

-Ruheenthalpie 93, 108, 636

-spezifische Enthalpie 93, 151, 296, 408ff, 417ff, 454, 601

Entlastung 84, 97, 158ff, 170, 229, 251ff, 281ff, 298ff, 314ff

Entropie 164, 228, 233ff, 296, 420, 601

-spezifische Entropie 234, 296, 420, 601

Exergie 257, 258

F

Fahrgastraum 316, 317, 398, 422, 618, 666

Feuchte

-absolute Feuchte 403ff, 422

-feuchte Luft 1, 125, 401ff, 410ff, 422

-relative Feuchte 403ff, 422

Flammen

-Flammenfront 287, 485, 488, 489, 494, 634, 651

-Flammenfrontgeschwindigkeit 494

-Flammenstrahlung 571

Fluid 17, 125, 135, 381, 485, 538, 549ff, 637

G

Gas

-Gas-Dampf-Gemisch 1, 381, 401, 402, 410, 599

-Gasgemisch 1, 125, 143ff, 231, 402, 405, 477, 571, 599

-Gaskonstante 13, 127ff, 141ff, 152, 166, 599, 601

-Gasturbine 88, 100, 158, 300, 306

-ideales Gas 15, 16, 133, 135, 137, 140, 141, 146, 246, 282, 303, 313, 315, 402

-reales Gas 16

Gemischbildung 288, 292, 294, 390, 456, 485, 486, 488ff, 617, 621, 634, 653, 658

Geschwindigkeit

-Reaktionsgeschwindigkeit 477, 495

-Schallgeschwindigkeit 609

Gleichgewichtszustand 14, 20, 225, 241

Grashof-Zahl 558

Grauer Körper 569, 570

Grenzschicht 551, 552

H

Hauptsatz

-erster Hauptsatz 79ff, 91, 96ff, 99, 223, 282

-zweiter Hauptsatz 223, 225, 281, 310

Heizwert

-Gemischheizwert 80, 456ff

-oberer Heizwert 455

-unterer Heizwert 455ff

Homogenes Gemisch 287, 290, 450, 485, 651

I

Ideales Gas 15, 16, 133, 135, 137, 140, 141, 146, 246, 282, 303, 313, 315, 402

Innere Energie 1, 36, 82ff, 134ff, 150ff, 163, 223ff, 239, 254, 257, 296, 384, 388, 454, 489, 494, 539, 565

Irreversible

Zustandsänderungen 19, 87, 99, 228, 228, 249

Isentrope

(Zustandsänderung) 165ff, 299

Isentropenexponent 166, 166, 172, 305, 609, 637

Isobare

(Zustandsänderung) 153, 157, 159, 251, 303

Isochore

(Zustandsänderung) 153ff, 250

Isotherme

(Zustandsänderung) 153, 161, 162, 252

Isotrop 381, 488, 542

J

Joule-Kreisprozess 301, 302

K

Karosserie 537ff, 556, 618

Kältemaschine 248, 307ff, 392

Kettenreaktion 476, 480

Kilomol 128ff, 149, 463, 476, 477, 479

Kinetische Energie 3, 28, 86, 90, 92, 93, 127, 300, 492, 537, 565

Klimaanlage 248, 307ff, 381, 383, 390ff, 422

Kohlendioxid 138, 381ff, 392, 393, 401, 444, 468, 601

Kohlenmonoxid 401, 601

Kohlenwasserstoff 444, 449, 470, 657

Kolbenmotor 8, 33, 84ff, 161, 164, 170, 283ff, 296, 300, 305, 306, 486ff, 571, 612, 619, 621ff, 634ff

Kolbenverdichter 97

Kompression 26, 27, 34, 281, 490, 493, 648

Kompressor 33, 255, 257

Konvektion 422, 537, 538, 542, 549, 552ff, 574, 607, 656

Klopfende Verbrennung

    (Klopfen) 493, 494

Kraftfahrzeugtechnik 33, 97ff, 281, 283, 305, 381, 390, 394, 413, 562, 599ff

Kraftstoff

-Kraftstoff-Luft-Verhältnis 450, 451, 484, 491

Kreisprozess 27, 28, 34, 82ff, 224ff, 281ff, 394ff, 480

Kritischer Punkt 384

Kühler 100, 623, 654, 662

L

Ladungswechsel 33, 84, 88, 97, 283ff, 452, 488, 489, 617, 634, 653

Ladungswechselarbeit 292, 489

Leistung 90, 97, 102, 539, 602

Leistungsziffer 309, 310, 315, 317, 398

Luft

-Luftbedarf 457, 458, 461, 464, 465

-Luft-Kraftstoff-Verhältnis 451, 452, 455, 457, 466ff

-Luftmangel 484, 489, 657, 663

-Luftüberschuss 292, 467ff, 483, 489, 656

M

Masse 5ff, 24, 29, 79ff, 126ff, 144ff, 223, 242, 246, 282, 290, 296ff, 384ff, 404ff, 461, 538, 629

Massenanteil 144, 146, 148, 150, 151, 462

Molekül 3, 9, 28, 86, 94, 126ff, 145ff, 224, 461, 463, 470, 477, 480, 481, 537, 565, 657

Molmasse 149, 150, 461, 463

Motor

-Dieselmotor 158, 291, 292, 294, 303, 451, 456, 470, 485, 488ff, 619, 621ff, 650ff

-Ottomotor 99, 153, 287ff, 390, 451, 456, 488, 489, 491ff, 626, 650

-Viertaktmotor 284, 613

-Zweitaktmotor 284

N

-Nassdampf 386, 394, 396, 399ff, 409

Nebel 336, 337, 353, 354

Nusselt-Zahl 556ff, 625

O

Oktanzahl 493

Olefine 447

Otto-Kreisprozess 287, 288, 296, 297

Ottomotor 99, 153, 287ff, 390, 451, 456, 488, 489, 491ff, 626, 650

P

Partialdruck 145, 150, 402, 403, 416, 478, 479

Péclet-Zahl 557

Perpetuum Mobile 81, 84, 225, 228

Phase 5, 10ff, 125ff, 135ff, 296, 311, 313, 381ff, 444, 454, 656, 662

Phasenregel 10, 12, 381

Photon 538

Polytrope (Zustandsänderung) 153, 170ff

Polytropenexponent 172, 175

Prandtl-Zahl 558, 582

Prozessgröße 25, 33, 36, 86, 136

Q

Querstrom 562

R

Rayleigh-Zahl 558

Reales Gas 16

Reaktionsgeschwindigkeit 477, 495

Reflexion 566ff, 640ff

Reflexionskoeffizient 567

Relative Feuchte 403ff, 422

Reversible Zustandsänderungen 19ff, 87, 95ff, 156, 164, 228ff

Reynolds-Zahl 557ff

Rohrströmung 559

S

Sattdampf 384, 404

Sättigungslinie 416ff

Sauerstoff 80, 125ff, 402, 443ff, 471, 601, 634

Sauerstoffanteil 450, 462, 464, 468, 473

Sauerstoffbedarf 464

Sauerstoffkonzentration 468ff, 504

Schallgeschwindigkeit 609

Schwarzer Körper 568

Seiliger-Kreisprozess 287ff

Selbstzündung 288, 294, 489, 494ff, 621

Stationärer Prozess 88ff

Stickoxid 401, 619ff

Stöchiometrischer Luftbedarf 458, 464ff

Stöchiometrisches Verhältnis 450

Strahlungsintensität 569ff, 609

Strömung

-laminare Strömung 558

-turbulente Strömung 559

Strömungsmaschine 100, 300ff

System

-geschlossenes System 6, 15, 21ff, 84, 91, 95, 98, 99, 154ff

-offenes System 6, 21, 31, 88, 91, 95, 100ff, 154, 159ff, 165ff, 171ff, 247, 300, 636

-Systemgrenze 5, 9, 14, 22, 35ff, 36, 94, 200

-Systemeigenschaft 25, 86

-thermodynamisches System 4ff, 21, 248, 308, 602

T

Temperatur 2ff, 9ff, 35, 128, 224, 537ff, 662

Temperaturmessung 606ff, 613

Thermischer Wirkungsgrad 226ff, 230ff, 237, 249

Thermische Zustandsgleichung 9ff, 125ff

Thermodynamisches System 4ff, 21, 248, 308, 602

Thermoelement 606

Thermometer 606ff

Treibhauseffekt 566

Tripelpunkt 388

Turbine 29ff, 88ff, 100ff, 158, 164, 170, 300ff, 394, 654

Turbinenarbeit 305, 396

Turbulenzmodell 485

Turbulente Strömung 559

U

Unvollständige Verbrennung 470ff, 491, 650

V

Verbrennung

-Verbrennungsmotoren 283ff, 485ff

-Verbrennungsprodukte 461ff, 466ff, 470ff, 480, 488

-Verbrennungsreaktion 445, 464, 470, 476ff, 485ff, 653

-Verbrennungsrechnung 461ff, 483

-Verbrennungstemperatur 466, 481ff, 659

Verdampfungsenthalpie 389, 401, 408, 422, 460

Verdichter 29ff, 97, 101ff, 164ff, 170ff, 300ff, 655

Verdichtung 26, 33, 97, 160, 164, 170, 229, 251ff, 287ff, 300ff

Verdichtungsverhältnis 287ff, 292ff, 390, 491ff

Viskosität 458, 557, 600, 627

Viertaktmotor 284, 613

Vollständiges Differential 234

Vollständige Verbrennung 445, 466ff, 484

Volumen 10, 12ff, 126

Volumenänderungsarbeit 21ff, 31, 34, 135, 155, 156, 160, 163, 168, 170, 173

W

Wärme 1ff, 35ff, 79ff

Wärmekapazität 134ff, 150ff, 166ff, 255, 316, 408, 453

Wärmeleitung 537ff, 540ff, 607, 627

Wärmeleitfähigkeit 541ff

Wärmepumpe 248, 307ff, 316ff, 394, 398ff

Wärmeübergang 537, 549ff, 566, 574, 656

Wärmeübergangskoeffizient 551ff, 574

Wärmestrahlung 538, 564ff

Wärmestrom 90, 416, 539ff, 546ff, 564, 571ff

Wärmestromdichte 539, 544, 548ff

Wärmetauscher 100, 312ff, 562ff, 618, 661

Wärmewiderstand 540, 544, 548ff

Wasserdampf 125, 388ff, 402ff, 454, 601

Wassergasreaktion 480, 482ff

Wasserstoff 444, 457ff, 465, 601

Wegmessung 610ff

Wirkungsgrad 226ff, 230ff, 235ff, 249, 292ff, 489

Z

Zustand

-Zustandsänderung 19, 87, 99, 228, 228, 249

-Zustandsgleichung 11ff, 125ff, 147

-Zustandsgröße 9ff, 17ff, 134, 602

Zweitaktmotor 284

Zweiter Hauptsatz 223, 225, 281, 310

MIX
Papier aus verantwortungsvollen Quellen
Paper from responsible sources
FSC® C105338

If you have any concerns about our products,
you can contact us on
ProductSafety@springernature.com

In case Publisher is established outside the EU,
the EU authorized representative is:
**Springer Nature Customer Service Center GmbH
Europaplatz 3, 69115 Heidelberg, Germany**

Printed by Libri Plureos GmbH
in Hamburg, Germany